Flegel/Birnstiel/Nerreter

Elektrotechnik für Maschinenbau und Mechatronik

Georg Flegel † • Karl Birnstiel • Wolfgang Nerreter

Elektrotechnik für Maschinenbau und Mechatronik

8., völlig neu bearbeitete Auflage

bearbeitet von Wolfgang Nerreter, Holger Borcherding
und Uwe Meier

mit 474 Bildern und 48 Tabellen

HANSER

Dipl.-Ing. Georg Flegel †, 1910 – 1984
Prof. Dr.-Ing. Karl Birnstiel, Koblenz

Bearbeitung der 8. Auflage:
Prof. Dr.-Ing. Wolfgang Nerreter, Lemgo
Prof. Dr.-Ing. Holger Borcherding, Hessisch-Oldendorf
Prof. Dr.-Ing. Uwe Meier, Lemgo

Bibliografische Information Der Deutschen Bibliothek
Die Deutsche Bibliothek verzeichnet diese Publikation in der Deutschen Nationalbibliografie; detaillierte bibliografische Daten sind im Internet über <http://dnb.ddb.de> abrufbar.

ISBN 3-446-22858-6

Internet: http://www.hanser.de

Lektorat: Dipl.-Ing. Erika Hotho
Herstellung: Dipl.-Ing. Franziska Kaufmann
Satz: gesetzt mit Adobe InDesign
Druck und Bindung: Druckhaus „Thomas Müntzer“ GmbH, Bad Langensalza
Printed in Germany

Vorwort zur 8. Auflage

Als Georg Flegel im Jahr 1961 die erste Auflage dieses Lehrbuches verfasste, war er der Ansicht, dass Maschinenbau und Elektrotechnik einander bedingen und nicht ausschließen. Seine sorgfältige Art, die Elektrotechnik dem Maschinenbauer zu erklären, hat diesem Werk viele Auflagen eingebracht.
Georg Flegel hat noch die 6. Auflage seines Werkes erlebt. Von der 3. bis zur 7. Auflage hat Karl Birnstiel das Werk mitbetreut. Zur 7. Auflage kam Wolfgang Nerreter als Autor hinzu.
Leider schied Karl Birnstiel vor Beginn der Bearbeitung zur 8. Auflage aus dem Autorenteam aus. Als neue Co-Autoren haben Holger Borcherding das Kapitel Leistungselektronik und Uwe Meier das Kapitel Informationsübertragung übernommen.

In der 8. Auflage, die völlig neu bearbeitet wurde, ist die Struktur geändert und es wurden die Sachgebiete geordnet und zusammengefasst; in den Kapiteln 1 ... 11 sind die Grundlagen dargestellt und in den Kapiteln 12 ... 18 werden Anwendungen beschrieben. Bei der Neukonzeption haben wir auch die Anforderungen der Mechatronik einbezogen.

Selbstverständlich sind die neuesten Normen und die neue Rechtschreibung berücksichtigt.

Zwischen der 1. und der 8. Auflage sind mehr als vier Jahrzehnte vergangen, in denen sich vor allem in der Technik viele Neuentwicklungen ergeben haben. Konnte 1961 noch das gesamte Fachwissen der Elektrotechnik weitgehend in einem Band untergebracht werden, so ist dies nunmehr unmöglich. Die vorliegende 8. Auflage ist daher lediglich als Einführung in die Elektrotechnik zu verstehen.

Man kann den Umfang des Werkes nicht beliebig anwachsen lassen. Ein Lehrbuch muss nicht nur bezahlbar, sondern auch studierbar bleiben.
Wer in einzelne Fachgebiete tiefer eindringen will, sollte dies mit Hilfe der Fachliteratur tun. Deshalb ist im Anhang ein nach Kapiteln geordnetes Literaturverzeichnis enthalten.

Zum zweispaltigen Satz sind wir auf den Rat von Fachleuten übergegangen. Das Auge vermag die Spaltenbreite „mit einem Blick" zu erfassen, wodurch das Lesen erleichtert wird. Zwar sind viele Leser an einspaltig gesetzte Lehrbücher gewöhnt, aber wir sind sicher, dass sie sich vom Vorteil des zweispaltigen Satzes überzeugen lassen.

Da sich die mathematischen Hilfsmittel geändert haben und weiterentwickelt worden sind, können wir auf umständliche Herleitungen verzichten. Wir brauchen nicht mehr zu zeigen, wie algebraische Gleichungen umgeformt oder z.B. die Lösungen eines linearen Gleichungssystems gefunden werden; die Studierenden können dies dem Taschenrechner oder einem Mathematikprogramm überlassen.

Die wichtigsten Fachausdrücke der Elektrotechnik werden bei ihrem ersten Erscheinen im Text auch in *englischer Sprache* gebracht; dabei bevorzugen wir die *amerikanische* Schreibweise. Nicht nur in der Elektrotechnik, sondern auch im Maschinenbau und in der Mechatronik ist die englische Fachsprache zunehmend von Bedeutung.

Wir hoffen, dass unsere Neubearbeitung gut aufgenommen wird, und wären dankbar für Nachrichten an den Verlag mit Verbesserungsvorschlägen, Kritik oder Fehlermeldungen.

Dem Carl Hanser Verlag danken wir für die gute und vertrauensvolle Zusammenarbeit. Insbesondere danken wir Frau Dipl.-Ing. Erika Hotho für die Betreuung des Projekts und Frau Dipl.-Ing. Franziska Kaufmann für Ratschläge zum Layout. Weiterhin danken wir Herrn Dr. Heinrich Kalvelage, Magdeburg, für die Beratung zum Thema Elektrochemie.

Nun noch ein Wort an Sie, liebe Leserin und lieber Leser: Wir freuen uns, wenn Sie uns Vertrauen entgegenbringen und mit unserem Buch arbeiten. Für Ihr Studium wünschen Ihnen viel Erfolg

im Juli 2004 die Verfasser.

Inhaltsverzeichnis

1 Grundbegriffe

1.1 Elektrische Ladung

1.1.1 Mit Bernstein fing alles an

Schon im klassischen Griechenland war folgendes Experiment bekannt: Wird Bernstein mit einem Katzenfell gerieben, so zieht er leichte Gegenstände, z. B. eine Flaumfeder, an. Nach dem griechischen Wort für Bernstein wurden um 1600 alle derartigen Erscheinungen „elektrisch" genannt. Man bezeichnet den Gegenstand, von dem die Kraftwirkung ausgeht, als „geladen" und sagt, er trägt eine **Ladung** *(charge)*.
Das Formelzeichen für die physikalische Größe Ladung ist Q.

Nach systematisch durchgeführten Experimenten erkannte man, dass es zwei Arten von Ladungen gibt, und formulierte:

> Gleichartige Ladungen stoßen einander ab; ungleichartige Ladungen ziehen einander an.

Die unterschiedlichen Arten der Ladung werden durch die Vorzeichen „+" und „–" gekennzeichnet.

Als erster führte Charles Augustin de COULOMB 1785 genaue Messungen durch; nach ihm werden die Kräfte als **COULOMB-Kräfte** bezeichnet. Er erkannte, dass der Betrag der Kraft proportional dem Produkt der Ladungen und umgekehrt proportional dem Quadrat des Abstandes a der Ladungen ist:

$$F \sim \frac{|Q_1 Q_2|}{a^2} \tag{1.1}$$

Die Einheit der Ladung ist:

$[Q]$ = **1 Coulomb** = 1 C

Zum Heben von Lasten sind die COULOMB-Kräfte zwar nicht geeignet, dennoch gibt es wichtige technische Anwendungen; so werden z. B. beim Laserdrucker die elektrisch geladenen Tonerpartikel durch COULOMB-Kräfte an den vorbestimmten Stellen festgehalten, bis sie durch Erhitzen aufgeschmolzen und damit fixiert sind.

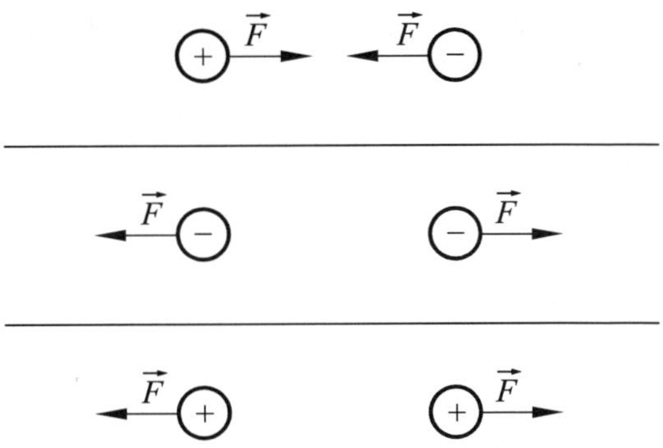

Bild 1.1 COULOMB-Kräfte auf Ladungen

Die COULOMB-Kräfte auf Ladungen sind formelmäßig analog zur Gravitationskraft, mit der sich zwei schwere Massen m_1 und m_2 anziehen:

$$F \sim \frac{m_1 m_2}{a^2} \tag{1.2}$$

Im Gegensatz zu der stets positiven Masse können Ladungen unterschiedliche Vorzeichen haben; es gibt bei ihnen anziehende und abstoßende Kräfte.

1.1.2 Ausgleich und Trennung von Ladungen

Jede Ladung ist an einen **Ladungsträger** *(charge carrier)* gebunden. Diese sind die Atombausteine Elektron und Proton; ihre Ladung wird als **Elementarladung** *(elementary charge)* bezeichnet, sie erhält das Formelzeichen e:

$$e = 1{,}6022 \cdot 10^{-19}\ \mathrm{C} \tag{1.3}$$

Jedes Proton trägt eine positive, jedes Elektron eine negative Elementarladung; Neutronen sind ungeladen.
Für die Beschreibung der grundlegenden Vorgänge in der Elektrotechnik ist das BOHRsche Atommodell ausreichend; darin besteht ein Atom aus Protonen und Neutronen, die den Atomkern bilden, und Elektronen, welche diesen auf Kreis- oder Ellipsenbahnen umlaufen. Der Durchmesser eines Atomkerns ist wesentlich geringer als der des betreffenden Atoms. Im Atomkern wirken auf die Protonen und Neutronen starke Anziehungskräfte mit geringer Reichweite; diese sog. **Kernkräfte** sind wesentlich stärker als die COULOMB-Kräfte, mit denen die Protonen einander abstoßen.

Jede Ladung Q ist ein ganzzahliges Vielfaches der Elementarladung e.

Beispiel 1.1
Wir wollen die Anzahl der Elektronen berechnen, die zur Ladung $Q = -1$ C gehören.

$Q = -1\ \text{C} = k \cdot (-e)$

$k = -1\ \text{C} / (-1{,}6 \cdot 10^{-19}\ \text{C}) = 6{,}25 \cdot 10^{18}$

Werden zwei Stoffe, die Ladungen $Q_1 = -Q_2$ (gleicher Betrag, aber unterschiedliche Vorzeichen) tragen, zur Berührung gebracht, so können sich die Ladungen ausgleichen; dies setzt allerdings voraus, dass die Ladungsträger in den betreffenden Stoffen beweglich sind. Der Ladungsausgleich wird durch die Kräfte bewirkt, mit denen sich die Ladungen anziehen.

Umgekehrt ist für die Trennung zweier Ladungen eine Energiezufuhr erforderlich; so sammeln sich z. B. beim Reiben des Bernsteins auf ihm und dem Katzenfell unterschiedliche Ladungen an. Das Experiment lässt sich auch mit einem Kunststoffkamm nachvollziehen, der an einem Pullover gerieben wird.

1.1.3 Leiter und Nichtleiter

Die elektrischen Wirkungen des geriebenen Gegenstandes sind dann längere Zeit nachweisbar, wenn sich die Ladungsträger in diesem Gegenstand nicht oder nur sehr wenig bewegen können. Man bezeichnet einen derartigen Stoff als **Isolator** *(insulator)*. Zu diesen Stoffen gehören z. B. Glas, Porzellan und die meisten Kunststoffe, aber auch einige Flüssigkeiten, z. B. reines Wasser oder Transformatoröl, und sämtliche Gase.

Ein Stoff, in dem sich Ladungen *gut* bewegen können, wird als **Leiter** *(conductor)* bezeichnet. Zu diesen Stoffen gehören z. B. viele Metalle. Der beste Leiter ist Silber, dann folgen Kupfer, Aluminium und Gold.

In Metallen sind ausschließlich *Elektronen* die beweglichen Ladungsträger. Wie man sich diese Beweglichkeit erklären kann, soll im Folgenden kurz erläutert werden.

Man stellt sich vor, dass die Elektronen eines Atoms in *Schalen* angeordnet sind; das Bild 1.2 zeigt als Beispiel das Modell des Aluminiumatoms, bei dem sich drei Elektronen in der äußeren Schale befinden, die **Valenzelektronen** genannt werden. Wegen des höheren Abstandes vom Atomkern sind sie mit geringeren Coulomb-Kräften an den positiv geladenen Atomkern gebunden als die übrigen Elektronen auf den inneren Schalen.

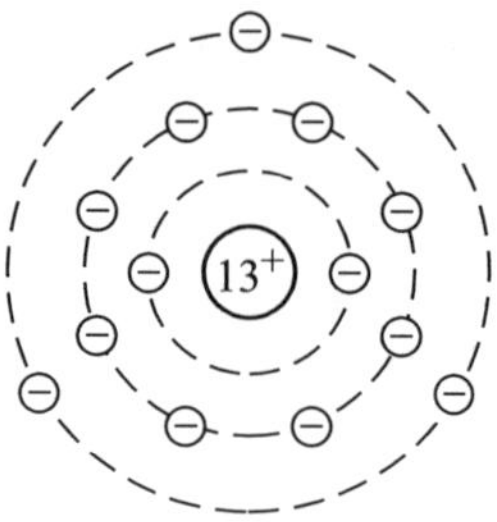

Bild 1.2 Modell des Aluminiumatoms

Der Abstand der Metallatome in einem Kristallgitter liegt in der Größenordnung des Atomdurchmessers. Auf die Valenzelektronen wirken auch die anziehenden Kräfte von den Atomkernen der benachbarten Atome mit der Folge, dass von jedem Atom im Durchschnitt ein Valenzelektron abgelöst wird, das als frei bewegliches Elektron nicht mehr an ein bestimmtes Atom gebunden ist, sondern der Gesamtheit der Atome im Kristallverband angehört.

Ein Atom oder ein Molekül, das nach außen hin elektrisch geladen wirkt, wird als **Ion** bezeichnet; die Metallatome, denen je ein Elektron entzogen wurde, sind also **ionisiert**. Die frei beweglichen Elektronen führen in dem Raum zwischen den positiven Metallionen regellose und ungeordnete Bewegungen aus, die sich nach außen im Allgemeinen nicht bemerkbar machen.
Die frei beweglichen Elektronen verhalten sich im Metall wie die Moleküle eines Gases in einem geschlossenen Gefäß; sie werden deshalb in ihrer Gesamtheit auch als **Elektronengas** bezeichnet.

Zwischen den Leitern und den Nichtleitern steht eine weitere Art von Stoffen, die man als **Halbleiter** *(semiconductor)* bezeichnet; hierzu gehören nicht nur Germanium und Silizium, sondern auch Mischkristalle wie z. B. GaAs oder SiC.

Halbleiter besitzen bei Zimmertemperatur nur wenige frei bewegliche Ladungen und wirken dabei nahezu wie Isolatoren; durch Energiezufuhr, z. B. durch Erwärmung, wird die Anzahl der Ladungen stark erhöht. Halbleiter-Bauelemente erhalten ihre besonderen Eigenschaften durch die Einlagerung von Fremdatomen in das Kristallgitter, was als **Dotierung** bezeichnet wird.

1.1.4 Elektrische Spannung

Ist ein Körper ungeladen, so heißt das nicht etwa, dass er keine Ladung enthält, sondern vielmehr, dass sich die (stets vorhandenen) Ladungen nach außen hin in ihrer Wirkung aufheben.

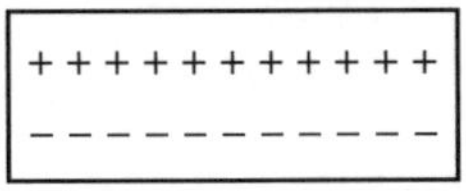

Bild 1.3 Die Elektrizitätsmengen eines ungeladenen Körpers heben sich nach außen hin auf

Sind in einem Körper A weniger und in einem anderen Körper B mehr Elektronen vorhanden als jeweils im ungeladenen Zustand, so wirkt der Körper A nach außen *positiv geladen* (Elektronenmangel) und der Körper B *negativ geladen* (Elektronenüberschuss). Zur besseren Übersichtlichkeit gibt man nur die jeweils überzähligen Ladungen Q_p bzw. Q_n an.

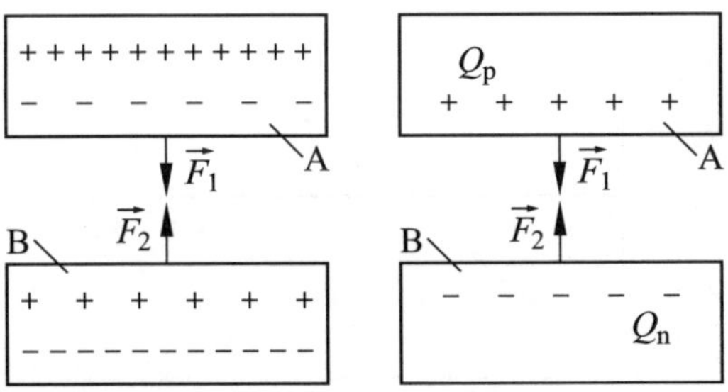

Bild 1.4 Elektronenmangel bewirkt die positive Ladung des Körpers A und Elektronenüberschuss die negative Ladung des Körpers B

Wie im Bild 1.4 dargestellt, bewirken die Coulomb-Kräfte eine Anziehung der beiden gegensinnig geladenen Körper A und B. Sollen nun die beiden Körper entgegen der Kraftrichtung weiter voneinander entfernt werden, so wird hierfür *Energie* benötigt: Eine Ladungstrennung erfordert eine Energiezufuhr.

Man könnte nun, um die Ladungstrennung quantitativ zu beschreiben, die Energie W angeben, die für den Vorgang erforderlich ist. Diese Energie sagt jedoch nichts darüber aus, wie viel Ladung getrennt worden ist. Deshalb wird in der Elektrotechnik der Quotient aus Energie und Ladung verwendet, der **elektrische Spannung** oder kurz **Spannung** *(voltage)* U genannt wird:

$$U = \frac{W}{Q} \tag{1.4}$$

Die Einheit der Spannung U ist:

$$\frac{1\,\mathrm{J}}{1\,\mathrm{C}} = \mathbf{1\ Volt} = 1\,\mathrm{V} \tag{1.5}$$

Der Begriff Spannung ist allgemein bekannt; so übt z. B. eine gespannte Zugfeder Kräfte auf ihre Endpunkte aus.

Während es sich bei der Kraft um eine gerichtete Größe, also um einen **Vektor** handelt, ist die Spannung U als Quotient der ungerichteten Größen W und Q ebenfalls ungerichtet, sie ist also ein **Skalar**. Der Spannung U wird jedoch ein **Richtungssinn** von der positiven Ladung Q_p zur negativen Ladung Q_n zugeordnet.

Ist in einer Schaltung der Richtungssinn einer Spannung zunächst unbekannt, so nimmt man willkürlich einen **Bezugssinn** an, der durch einen **Bezugspfeil** dargestellt wird, und vereinbart:

> Ist der Zahlenwert einer durch einen Bezugspfeil beschriebenen Spannung positiv (z.B. U_1 in Bild 1.5), so stimmt der Richtungssinn mit dem Bezugssinn überein; ist der Zahlenwert einer Spannung negativ, so sind Richtungssinn und Bezugssinn einander entgegengesetzt.

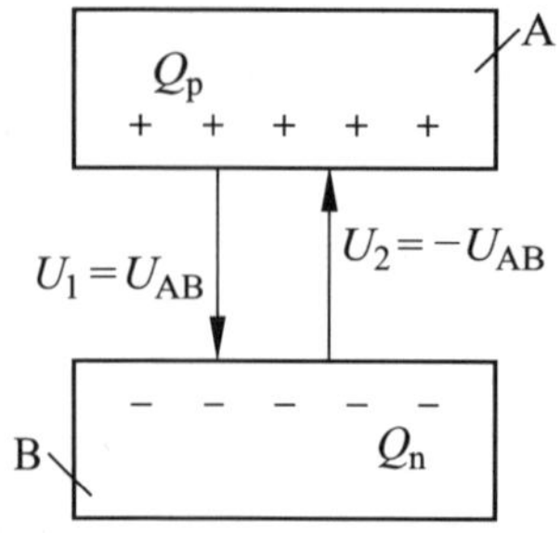

Bild 1.5 Zusammenhang zwischen dem Richtungssinn der Spannung U_{AB} und dem Bezugssinn U_1 bzw. U_2

Der Zusammenhang zwischen Bezugssinn und Richtungssinn ist bei der Spannungsmessung mit dem **Voltmeter** von Bedeutung. Der Bezugssinn der Spannung ist dabei von der mit „+“ bezeichneten Klemme zu der mit „–“ bezeichneten Klemme festgelegt (Bild 1.6). Wird bei der Messung ein positiver Wert angezeigt, so bedeutet dies, dass Bezugssinn und Richtungssinn übereinstimmen und eine Spannung mit dem Richtungssinn von „+“ nach „–“ anliegt.
Wird ein negativer Spannungswert angezeigt, so sind Bezugssinn und Richtungssinn einander entgegengesetzt und es liegt eine Spannung mit dem Richtungssinn von „–“ nach „+“ an.

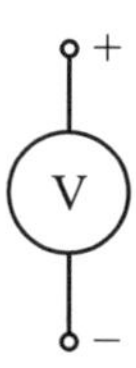

Bild 1.6 Voltmeter mit Klemmenbezeichnungen für Gleichspannung

1.2 Elektrischer Strom

1.2.1 Stromstärke

Eine geordnete Bewegung von Ladungsträgern wird als **elektrischer Strom** oder kurz als **Strom** *(current)* bezeichnet. Erfolgt die Bewegung gleichmäßig mit konstanter Geschwindigkeit, so spricht man von einem **Gleichstrom** *(direct current)*.

Die ungeordnete Bewegung der Elektronen in einem metallischen Leiter stellt keinen Strom dar.

Ein elektrischer Strom kann drei unterschiedliche **Wirkungen** hervorrufen:

- Erzeugung von Wärmeenergie;
- Erzeugung magnetischer Erscheinungen;
- Erzeugung chemischer Veränderungen der durchströmten Stoffe.

Jede dieser Wirkungen wird in der Elektrotechnik genutzt.

Unter der Stärke einer Strömung versteht man im Allgemeinen die auf die Zeit bezogene Menge der bewegten „Teilchen“. Beim elektrischen Strom wird Ladung bewegt und die **Stromstärke** I eines Gleichstromes ist der Quotient aus Ladung und Zeit:

$$I = \frac{Q}{t} \tag{1.6}$$

Die Einheit der Stromstärke I ist:

$$\frac{1\ \text{C}}{1\ \text{s}} = \mathbf{1\ Ampere} = 1\ \text{A} \tag{1.7}$$

Im technischen Sprachgebrauch wird zwischen dem Strom, also der Bewegung von Ladungen, und der Stromstärke häufig nicht unterschieden: Die Stromstärke wird meist kurz als „Strom“ bezeichnet.

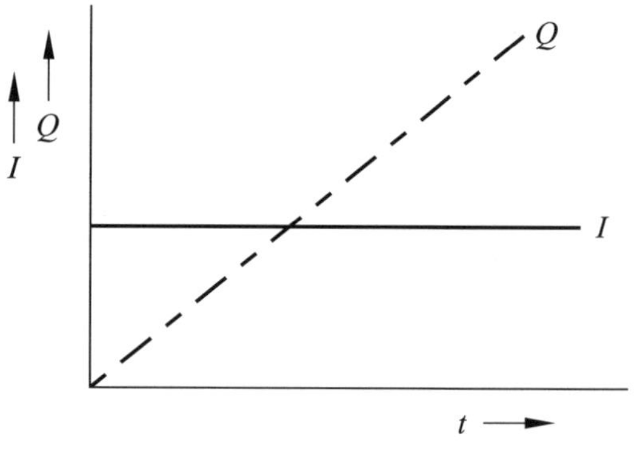

Bild 1.7 Ladungs-Zeit-Diagramm und Strom-Zeit-Diagramm eines Gleichstromes

1.2.2 Stromkreis

Ein Gleichstrom kann nur in einem geschlossenen Kreis fließen, der als **Stromkreis** *(circuit)* bezeichnet wird. Die Ladungsströmung wird von einer **Quelle** *(source)* angetrieben, welche die Ladungstrennung bewirkt. In einem Stromkreis mit metallischen Leitern liegt am Pluspol der Quelle ein *Mangel* und am Minuspol ein *Überschuss* negativer Ladungsträger vor.

Die Ladungstrennung kann durch elektrochemische Prozesse, z. B. bei Batterien oder Brennstoffzellen, oder durch elektromechanische Energiewandler, wie z. B. bei der sog. „Lichtmaschine" im Kraftfahrzeug erfolgen.

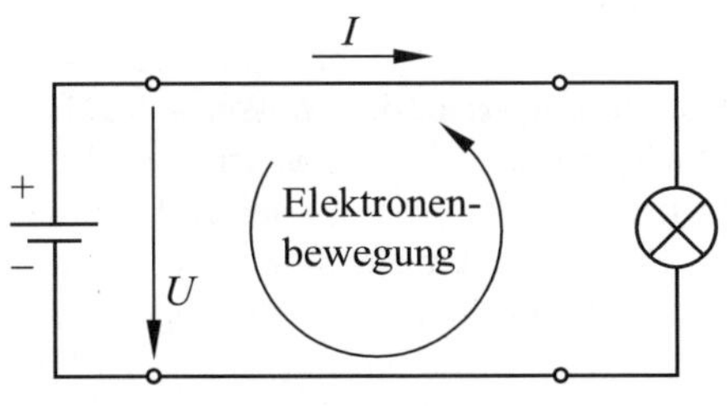

Bild 1.8 Einfacher Stromkreis mit Batterie und Glühlampe

Die COULOMB-Kräfte sorgen dafür, dass die Elektronen in den Leitungen vom Minuspol der Quelle abgestoßen und vom Pluspol angezogen werden.

1.2.3 Richtungssinn und Bezugssinn

Im Bild 1.8 ist auch der **Richtungssinn** des Stromes eingetragen. Willkürlich wurde festgelegt: Der elektrische Strom fließt *außerhalb der Quelle* von ihrem Pluspol zu ihrem Minuspol. Demzufolge fließt der elektrische Strom *innerhalb der Quelle* von ihrem Minuspol zum Pluspol.
Nach dieser Definition strömen in metallischen Leitern die Elektronen entgegen dem Richtungssinn des Stromes (Bild 1.8).

Die in der Gl. (1.4) zur Beschreibung der Stromstärke verwendete Ladung Q kann positiv oder negativ sein. Während sich in Metallen ausschließlich Elektronen als negative Ladungsträger bewegen, können in Flüssigkeiten oder in Gasen positive und negative Ladungsträger zur Stromstärke beitragen. Dies muss bei einer allgemein gültigen Definition der Stromstärke berücksichtigt werden.

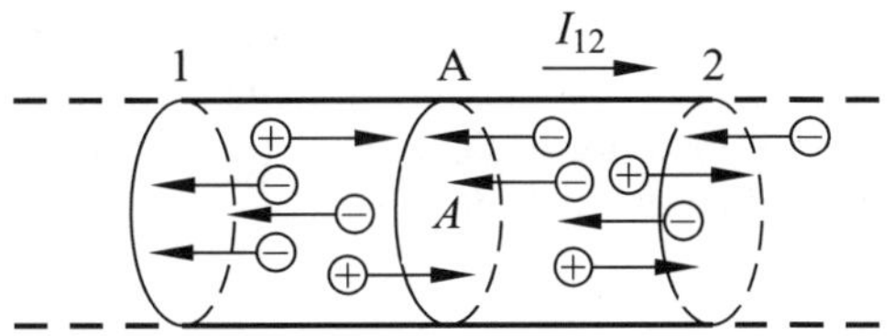

Bild 1.9 Bewegung positiver und negativer Ladungsträger durch einen Querschnitt A

Wie bei einer zweispurigen Straße, bei der die in entgegengesetzter Richtung strömenden Fahrzeuge zur Erhöhung der Belastung beitragen, wird die Stromstärke durch die in entgegengesetzter Richtung strömenden Ladungen *erhöht*. Mit der positiven Ladung Q_p, die in der Zeitspanne t durch den Querschnitt A strömt, und der entsprechenden negativen Ladung Q_n setzen wir an:

$$I_{12} = \frac{Q_p - Q_n}{t} \tag{1.8}$$

Wegen $Q_p > 0$ und $Q_n < 0$ ist die so definierte Stromstärke I_{12} positiv. Der zugehörige **Richtungssinn** des Stromes I_{12} stimmt mit der Bewegungsrichtung *positiver* Ladungsträger überein.

Beispiel 1.2
Ein Gleichstrom 1 A fließt in einem metallischen Leiter 1 min lang. Welche Ladung bewegt sich dabei durch einen Querschnitt?

$Q_p = 0$; $Q_n = -I\,t = -60\ \text{A s} = -60\ \text{C}$

Oft ist in einer Schaltung der Richtungssinn eines Stromes zunächst unbekannt. So kann z. B. die im Bild 1.10 dargestellte Batterie eines Fahrzeugs

- den Anlasser treiben und es fließt der Strom I_A;
- von der „Lichtmaschine" geladen werden und es fließt der Strom I_L.

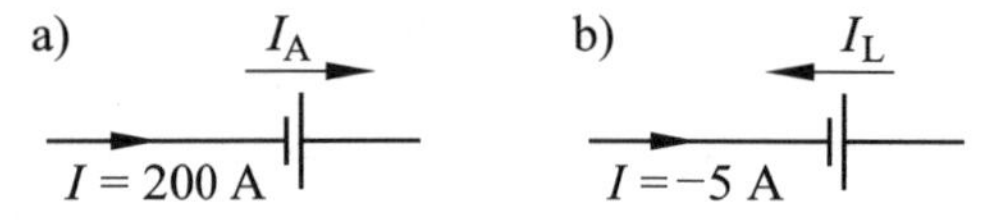

Bild 1.10 Zusammenhang zwischen dem Richtungssinn I_A bzw. I_L und dem Bezugssinn I des Stromes

Für die Bearbeitung eines Stromes mit unterschiedlichem Richtungssinn gibt man willkürlich einen **Bezugssinn** vor, der durch einen Bezugspfeil dargestellt wird, und vereinbart:

> Ist der Zahlenwert eines durch einen Bezugspfeil beschriebenen Stromes positiv, so stimmt der Richtungssinn mit dem Bezugssinn überein; ist der Zahlenwert eines Stromes negativ, so sind Richtungssinn und Bezugssinn einander entgegengesetzt.

Die Begriffe Richtungssinn und Bezugssinn sind in DIN 5489 genormt; der Bezugspfeil wird *in* den Leitungszug gezeichnet. Im Bild 1.10a ist der Zahlenwert des Stromes $I = 200$ A positiv und der Strom $I_A = I$ treibt den Anlasser; im Bild 1.10b ist der Zahlenwert des Stromes $I = -5$ A negativ und die Batterie wird mit dem Strom $I_L = -I$ geladen.

Der Zusammenhang zwischen Bezugssinn und Richtungssinn ist bei der Strommessung mit dem **Amperemeter** von Bedeutung. Der Bezugssinn des Stromes ist dabei von der mit „+" bezeichneten Klemme zu der mit „–" bezeichneten Klemme festgelegt.

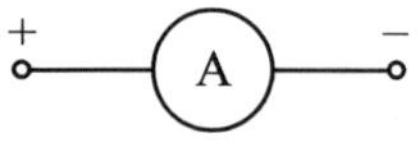

Bild 1.11 Amperemeter mit Klemmenbezeichnungen für Gleichstrom

Wird bei der Messung ein positiver Wert angezeigt, so bedeutet dies, dass Bezugssinn und Richtungssinn übereinstimmen und dass ein Strom mit dem Richtungssinn von „+" nach „–" fließt. Die Anzeige eines negativen Stromwertes bedeutet, dass Bezugssinn und Richtungssinn einander entgegengesetzt sind und dass ein Strom mit dem Richtungssinn von „–" nach „+" fließt.

1.3 Leistung und Energie

1.3.1 Erzeuger und Verbraucher

Ein elektrischer Stromkreis besteht im einfachsten Fall aus zwei Energiewandlern: Der eine wandelt nichtelektrische Energie in elektrische Energie um, er wird daher als **Erzeuger** (elektrischer Energie) bezeichnet; der andere wandelt elektrische Energie in nichtelektrische Energie um, er wird daher als **Verbraucher** (elektrischer Energie) bezeichnet.

Der im Bild 1.12 dargestellte einfache Stromkreis mit einem Gleichstromgenerator, der als Erzeuger arbeitet, und einem Motor, der als Verbraucher arbeitet, lässt sich mit einem Flüssigkeitsstromkreis vergleichen. Die Pumpe bzw. der Generator bewirken den Antrieb der Wassermoleküle bzw. der Ladungsträger. Die Wassermenge bzw. die Elektrizitätsmenge geben in der Turbine bzw. im Motor Energie ab. Ein Hahn bzw. ein Schalter dienen zur Unterbrechung der Strömung.

Es ist keinesfalls erforderlich, dass ein Wassermolekül vor der Energieabgabe in der Turbine die Pumpe durchlaufen haben muss. Die Energie steht vielmehr sofort nach dem Einschalten zur Verfügung, sie wird in einer Kraftwelle auf die Wasserteilchen in der Druckleitung übertragen. In gleicher Weise übertragen die COULOMB-Kräfte nach dem Einschalten des Stromkreises die Energie auf die bewegten Ladungsträger, die diese an den Motor abgeben. Die Ausbreitung dieser Kräfte läuft nach dem Einschalten des Stromkreises nahezu mit Lichtgeschwindigkeit ab, so dass ein Strom im gesamten Stromkreis unmittelbar nach dem Einschalten zu fließen beginnt.

Die beweglichen Ladungsträger im Stromkreis brauchen also nicht erst die Quelle zu durchlaufen, um Energie aufzunehmen; dies ist vor allem bei einem Wechselstrom von Bedeutung, bei dem die Elektronen nur um eine Ruhelage pendeln.

Wenn der Anteil der Zweidrahtleitung, die den Generator mit dem Motor verbindet, und des

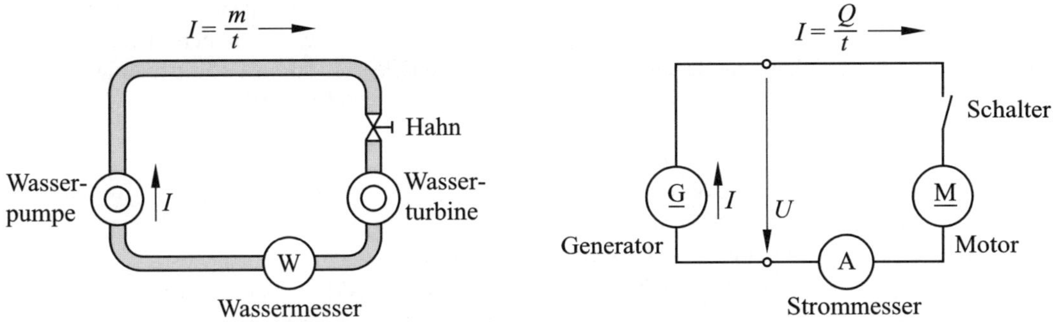

Bild 1.12 Vergleich zwischen einem Wasser- und einem elektrischen Stromkreis

Strommessers am Energieumsatz vernachlässigt werden kann, steht die gesamte Energie, die im Generator für die Ladungstrennung aufgewendet wird, dem Motor zur Verfügung. Bei gleichmäßigem Energiefluss kann die Leistung als Quotient aus Energie und Zeit berechnet werden:

$$P = \frac{W}{t} \tag{1.9}$$

Die Einheit der Leistung P ist:

$$\frac{1\,\text{J}}{1\,\text{s}} = \mathbf{1\,Watt} = 1\,\text{W} \tag{1.10}$$

Wir erweitern die Gl. (1.9) mit der Ladung Q und setzen die Gln. (1.4 und 1.6) ein:

$$P = \frac{W}{Q} \cdot \frac{Q}{t} = U\,I \tag{1.11}$$

Hieraus ergibt sich die Einheitengleichung:

$$1\,\text{W} = 1\,\text{V} \cdot 1\,\text{A} \tag{1.12}$$

1.3.2 Der Begriff Eintor

Viele Bauteile und Geräte der Elektrotechnik haben *zwei* Anschlussdrähte oder -klemmen. Da diese Anschlüsse früher auch **Pole** genannt wurden, wird ein solches Bauteil oder Gerät als **Zweipol** bezeichnet.

In letzter Zeit hat sich für zwei funktionell zusammengehörige Klemmen der Begriff **Tor** *(port)* durchgesetzt. Die Begriffe **Eintor** *(oneport)* und Zweipol sind also gleichbedeutend. So sind z. B. in der Schaltung 1.12 der Gleichstromgenerator, der Motor und das Amperemeter Eintore.

An jedem Eintor kann sowohl der Bezugssinn der Spannung als auch der Bezugssinn des Stromes frei gewählt werden. Dadurch können sich jedoch nur *zwei* unterschiedliche Zuordnungen – gleichsinnig oder gegensinnig – der Bezugspfeile für Spannung und Strom ergeben; diese beiden möglichen Zuordnungen sind im Bild 1.13 dargestellt.

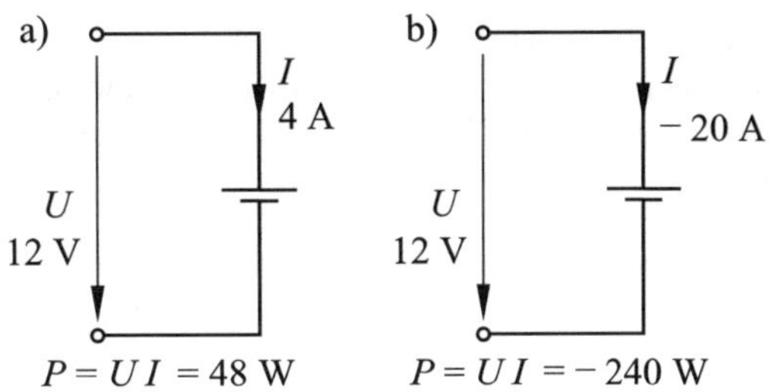

Bild 1.13 Bei gleichsinnigen Bezugspfeilen von Strom und Spannung ist die Leistung $P = U\,I$ positiv, wenn das Eintor als Verbraucher wirkt (a); wirkt das Eintor als Erzeuger, so ist die Leistung $P = U\,I$ negativ (b)

Die Eigenschaft eines Eintors, als Erzeuger oder Verbraucher zu wirken, ist vielfach nicht von vornherein festgelegt oder bekannt. So liefert z. B. der Akkumulator eines Kraftfahrzeugs beim Startvorgang die Energie für den Elektromotor, der „Anlasser“ genannt wird; er wirkt dabei als Erzeuger. Wird der Akkumulator dagegen von

der „Lichtmaschine“ geladen, so wirkt er als Verbraucher.
Werden an dem Akkumulator die Bezugspfeile für Strom und Spannung gleichsinnig gewählt (Bild 1.13a), so wirkt er wie der Motor im Bild 1.12 für $U > 0$ und $I > 0$ als Verbraucher mit der Leistung $P = U\,I > 0$. Wenn jedoch der Akkumulator als Erzeuger arbeitet, dann fließt der Strom entgegen dem gewählten Bezugspfeil und es ist $I < 0$ (Bild 1.13b); die Leistung $P = U\,I$ ist dabei negativ.

Am Vorzeichen der Leistung ist also erkennbar, ob ein Eintor als Erzeuger oder als Verbraucher wirkt. Dies hat vor allem den Vorteil, dass die Wirkungsweise eines Eintors nicht von vornherein bekannt sein muss: Ergibt sich im Zuge einer Berechnung, dass die Leistung eines Eintors *positiv* ist, so handelt es sich um einen *Verbraucher*; ist die Leistung *negativ*, so wirkt das Eintor als *Erzeuger*.

Ein weiterer Vorteil liegt darin, dass die Leistungsbilanz für sämtliche Eintore einer Schaltung vereinfacht geschrieben werden kann:

$$\sum P = 0 \tag{1.13}$$

Die Summe der Leistungen sämtlicher Eintore in einer Schaltung ist gleich Null, wenn jede Verbraucherleistung positiv und jede Erzeugerleistung negativ eingesetzt wird.

Der beschriebene Zusammenhang zwischen dem Vorzeichen der Leistung und der Eigenschaft eines

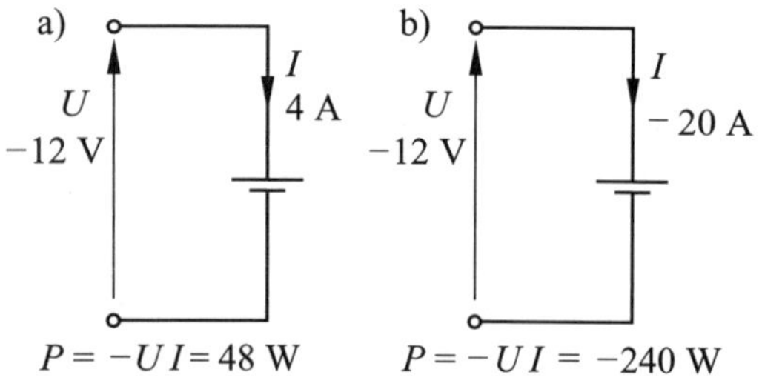

Bild 1.14 Bei entgegengesetzten Bezugspfeilen U und I ist die Leistung $P = -U\,I$ positiv, wenn das Eintor als Verbraucher wirkt (a); wirkt das Eintor als Erzeuger, so ist die Leistung $P = -U\,I$ negativ (b)

Eintors, als Erzeuger oder Verbraucher zu wirken, lässt sich auch dann herstellen, wenn die Bezugspfeile von Strom und Spannung einander entgegengerichtet sind (Bild 1.14); in diesem Fall gilt für die Leistung:

$$P = -U\,I \tag{1.14}$$

Beispiel 1.3
An einem Akkumulator werden mit zwei Messgeräten der Strom $I = -2{,}4$ A und die Spannung $U = 12{,}5$ V gemessen.
Wir wollen die Leistung berechnen, die dabei umgesetzt wird, und entscheiden, ob der Akkumulator als Erzeuger oder als Verbraucher wirkt.

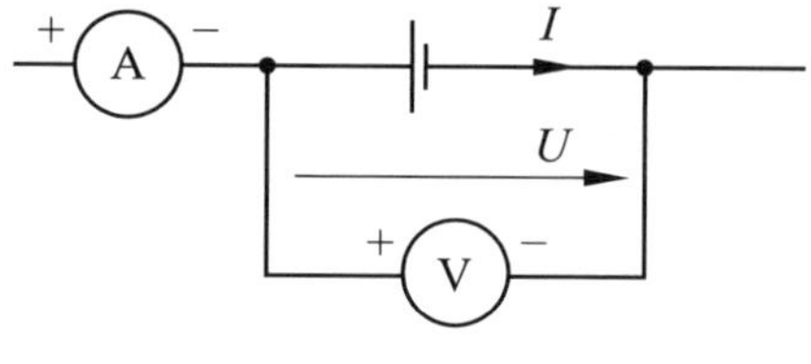

Bild 1.15 Akkumulator mit Messgeräten für Strom und Spannung

Die Bezugspfeile für U und I sind an jedem Messgerät von der „+“-Klemme zur „–“-Klemme festgelegt. Der Strom durch das Voltmeter wird vernachlässigt.
Am Akkumulator hat der Bezugspfeil für I die gleiche Richtung wie der Bezugspfeil für U; wir berechnen die Leistung deshalb mit der Gl. (1.11):

$$P = U\,I = 12{,}5\text{ V} \cdot (-2{,}4\text{ A}) = -30\text{ W}$$

Wegen $P<0$ wirkt der Akkumulator als Erzeuger.

1.3.3 Wirkungsgrad

Vielfach wird mit einem elektrischen Gerät eine Energiewandlung durchgeführt. Dabei ist die *nutzbare* abgegebene Leistung P_{ab} kleiner als die zugeführte Leistung P_{zu}. Der Quotient aus diesen beiden Leistungen wird als **Wirkungsgrad** *(efficiency)* η bezeichnet:

$$\eta = \frac{P_{ab}}{P_{zu}} \tag{1.15}$$

Beispiel 1.4
Ein Motor mit dem Wirkungsgrad 0,78 gibt an der Welle die mechanische Leistung 1,5 kW ab. Welche Leistung nimmt der Motor auf und welche Verluste P_{verl} entstehen im Motor?

$$P_{\text{zu}} = \frac{P_{\text{ab}}}{\eta} = 1923 \text{ W}$$

$$P_{\text{verl}} = P_{\text{zu}} - P_{\text{ab}} = 423 \text{ W}$$

1.3.4 Elektrowärme

Wie schon erwähnt, ist die Erzeugung von Wärmeenergie eine der Wirkungen des elektrischen Stromes.
Ein Stoff der Masse m, der von der Temperatur ϑ_1 auf die Temperatur $\vartheta_2 > \vartheta_1$ erwärmt wird, nimmt dabei die **thermische Energie** W_{th} auf, die auch *Wärmeenergie* genannt wird:

$$W_{\text{th}} = c\, m\, (\vartheta_2 - \vartheta_1) = c\, m\, \Delta\vartheta \qquad (1.16)$$

Dabei ist c die Energie, die zur Erwärmung von 1 kg des Stoffes um 1 K erforderlich ist; sie wird als **spezifische Wärmekapazität** bezeichnet.
Wird der Stoff durch einen elektrischen Heizleiter erwärmt, dann ist wegen der unvermeidlichen Verluste die nutzbare Leistung P_{th} kleiner als die dem Heizleiter zugeführte Leistung $P = U\,I$.

Tabelle 1.1: Spezifische Wärmekapazität c (Auswahl)

Stoff	$\frac{\text{kJ}}{\text{kg} \cdot \text{K}}$
Wasser	4,187
Transformatoröl	1,8
Luft	1
Aluminium	0,9
Stahl	0,46
Kupfer	0,39

Beispiel 1.5
Ein Warmwasserbereiter mit dem Anschlusswert 1,5 kW hat den Wirkungsgrad 70 %. Wie lange dauert es, bis 1,5 l Wasser von 10 °C auf 80 °C erwärmt werden?

$$W_{\text{th}} = c\, m\, \Delta\vartheta = 439{,}6 \text{ kJ} = P_{\text{th}}\, t$$

Die Leistung P_{th} ist:

$$P_{\text{th}} = \eta\, P = 0{,}7 \cdot 1{,}5 \text{ kW} = 1050 \text{ W}$$

Mit den Gln. (1.9 und 1.10) berechnen wir:

$$t = \frac{W_{\text{th}}}{P_{\text{th}}} = 0{,}116 \text{ h} \approx 7 \text{ min}$$

1.4 Elektrischer Widerstand

1.4.1 Der Begriff Widerstand

Damit in einem Metalldraht ein Strom I fließt, muss Energie zugeführt werden; dies lässt sich durch Anlegen einer Spannung U erreichen. Bei einem Eintor, das ausschließlich als *Verbraucher* wirken kann, wird der Quotient aus Spannung und Strom als **Widerstand** *(resistance)* R bezeichnet:

$$R = \frac{U}{I} \qquad (1.17)$$

Die Einheit des Widerstandes R ist:

$$\frac{1 \text{ V}}{1 \text{ A}} = \mathbf{1\ Ohm} = 1\ \Omega \qquad (1.18)$$

Der Widerstand eines metallischen Leiters lässt sich durch die Schwingungen der Atome des Kristallgitters erklären; diese Schwingungen stellen eine Bewegungshemmung, also einen *Widerstand*, für die in Leiterrichtung strömenden Elektronen dar. Wird die Bewegungshemmung durch Anlegen einer Spannung überwunden, so entsteht Wärme, da ein Strom fließt; im Leiter wird dabei Leistung umgesetzt.

Nach DIN 1324 ist der Widerstand R stets positiv. Ist eine der Größen U oder I negativ und die andere positiv, so führt der Ansatz $R = -U/I$ zu einem positiven Widerstandswert.
Die Leistung P, die im Widerstand in Wärmeleistung P_{th} umgewandelt wird, berechnen wir mit den Gln. (1.11 und 1.17):

$$P = P_{\text{th}} = R\, I^2 = \frac{U^2}{R} \qquad (1.19)$$

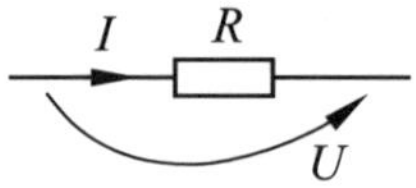

Bild 1.16 Schaltzeichen des Widerstandes mit Bezugspfeilen für Strom und Spannung

Der Kehrwert des Widerstandes R wird als **Leitwert** *(conductance)* G bezeichnet:

$$G = \frac{I}{U} = \frac{1}{R} \tag{1.20}$$

Im deutschen Sprachraum hat der Leitwert die Einheit 1 Siemens = 1 S = 1 / Ω. Im englischen Sprachraum werden der Name Ohm und die Einheit Ω umgedreht: 1 mho = 1 ℧ (sprich: mou).

1.4.2 Das OHMsche Gesetz

Trägt man für einen Metalldraht, dessen Temperatur ϑ konstant gehalten wird, den Strom I über der Spannung U auf, so erhält man als I-U-Kennlinie eine Gerade. Der Widerstand des Drahtes hat für jeden Punkt der Geraden denselben Wert:

$$R = \frac{U}{I} = \text{const.} \tag{1.21}$$

Der durch diese Gleichung beschriebene Zusammenhang wird **OHMsches Gesetz** genannt. Ein konstanter, also vom Strom oder von der Spannung unabhängiger Widerstand wird dementsprechend als **OHMscher Widerstand** bezeichnet.
Die Steigung der I-U-Kennlinie eines OHMschen Widerstandes ist der konstante Leitwert G.

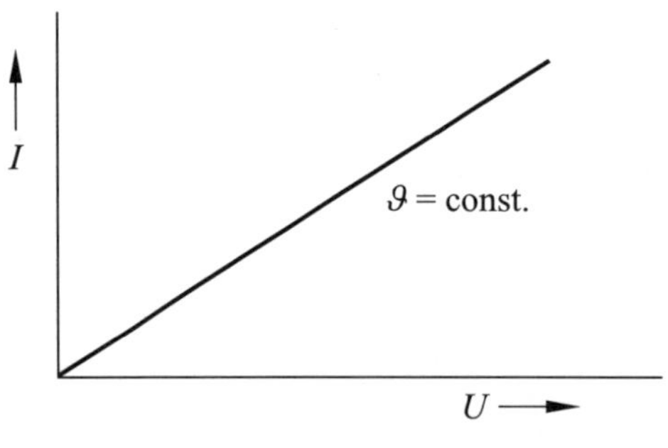

Bild 1.17 I-U-Kennlinie eines OHMschen Widerstandes

Beispiel 1.6
Durch einen OHMschen Widerstand R = 150 Ω fließt der Strom 0,2 A. Welche Spannung liegt dabei an dem Widerstand?

$U = R\,I = 150\ \Omega \cdot 0{,}2\ \text{A} = 30\ \text{V}$

Beispiel 1.7
Welcher Strom fließt durch den Leitwert G = 55 mS, der an der Spannung 12 V liegt?

$I = G\,U = 55\ \text{mS} \cdot 12\ \text{V} = 0{,}66\ \text{A}$

1.4.3 Linearer Leiter

Ein Leiter, der überall gleichen Querschnitt A hat und dessen Querschnittsabmessungen wesentlich kleiner als die Länge l sind, wird **linearer Leiter** genannt. Es ist unerheblich, ob der Leiter gerade ausgestreckt oder gekrümmt ist; so ist z. B. der gewendelte Glühdraht einer Glühlampe ein linearer Leiter.

Bei einem linearen Leiter ist der Strom I gleichmäßig auf den Querschnitt A verteilt. Der Quotient aus Strom und Querschnitt, der als **Stromdichte** *(current density)* J bezeichnet wird, hat an jeder Stelle des Leiters denselben Wert:

$$J = \frac{I}{A}\,; \quad \text{Einheit: } 1\,\frac{\text{A}}{\text{m}^2} \tag{1.22}$$

Beim linearen Leiter fällt die Spannung U gleichmäßig über der Länge l ab. Der Quotient aus beiden Größen wird **elektrische Feldstärke** *(electric field strength)* E genannt:

$$E = \frac{U}{l}\,; \quad \text{Einheit: } 1\,\frac{\text{V}}{\text{m}} \tag{1.23}$$

Wenn das OHMsche Gesetz gilt, wie z. B. bei einem Metalldraht, dessen Temperatur konstant bleibt, dann ist die Stromdichte J linear von der Feldstärke E abhängig. Der konstante Proportionalitätsfaktor wird als **Leitfähigkeit** *(conductivity)* γ bezeichnet:

$$\gamma = \frac{J}{E}\,; \quad \text{Einheit: } 1\,\frac{\text{S}}{\text{m}} \tag{1.24}$$

Da Leiterquerschnitte im Allgemeinen in der Einheit mm^2 angegeben werden, ist für die Leitfähigkeit die Einheit $S\,m/mm^2$ üblich.
Der Kehrwert der Leitfähigkeit wird **spezifischer Widerstand** *(resistivity)* genannt:

$$\rho = \frac{E}{J}\,; \quad \text{Einheit: } 1\,\Omega\,\text{m} \qquad (1.25)$$

Der Widerstand R eines linearen Leiters lässt sich mit den Gln. (1.22 ... 1.25) umformen:

$$R = \frac{U}{I} = \frac{E\,l}{JA} = \frac{\rho l}{A} = \frac{l}{\gamma A} \qquad (1.26)$$

Beispiel 1.8
Die Wicklung eines Motors besteht aus 400 m Kupferdraht von 0,2 mm^2 Querschnitt. Welchen Widerstand hat sie bei 20 °C?
Mit der Leitfähigkeit für Kupfer aus der Tabelle 1.2 berechnen wir:

$$R = \frac{l}{\gamma A} = \frac{400\ \text{m}}{56\,\frac{\text{S m}}{\text{mm}^2}\cdot 0{,}2\ \text{mm}^2} = 35{,}7\ \Omega$$

Tabelle 1.2 Leitwert und Temperaturkoeffizienten von Metallen (Auswahl)

Metall	γ_{20} $\frac{\text{S m}}{\text{mm}^2}$	α_{20} $10^{-3}\,\frac{1}{\text{K}}$	β_{20} $10^{-6}\,\frac{1}{\text{K}^2}$
Silber	62,5	3,8	0,7
Kupfer	56	3,92	0,6
Gold	44	4,0	0,5
Aluminium	35	3,77	1,3
Magnesium	22	3,9	1
Wolfram	18	4,1	1
Zink	16	3,7	2
Nickel	10,5	4,85	9
Eisen	10	4,55	6
Platin	9,25	2,9	0,6
Zinn	9,1	4,2	6
Blei	4,8	4,2	2
Neusilber Cu Ni17 Zn23	3,33	0,35	—
Manganin Cu Mn12 Ni2	2,32	0,02	—
Konstantan Cu Ni45 Mn1	2	−0,003	—
Chromnickel Ni80 Cr20	0,91	0,1	—

1.4.4 Widerstand von Isolierstoffen

Da feste Isolierstoffe im Allg. eine niedrige Wärmeleitfähigkeit aufweisen, kühlt man Geräte, in denen hohe Verluste entstehen, zweckmäßig mit flüssigen Isolierstoffen. In der Tab. 1.3 sind die Werte des spezifischen Widerstands für einige technisch wichtige Isolierstoffe zusammengestellt.

Tabelle 1.3 Spezifischer Widerstand von Isolierstoffen

Stoff	ρ in Ω m
destilliertes Wasser	$10^3 \ldots 10^5$
Wasser, reinst	$2{,}5\cdot 10^5$
Hartpapier	10^8
Porzellan	10^{10}
Transformatoröl	10^{12}
PVC	10^{13}
Polyethylen PE	10^{13}
Polystyrol	10^{15}

1.4.5 Nichtlinearer Widerstand

Ist die *I-U*-Kennlinie eines Eintors keine Gerade durch den Nullpunkt, dann hat der Widerstand in den einzelnen Punkten unterschiedliche Werte; ein derartiger Widerstand wird **nichtlinearer Widerstand** genannt.

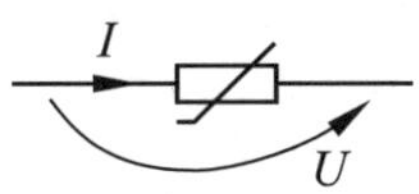

Bild 1.18 Schaltzeichen eines nichtlinearen Widerstandes mit Bezugspfeilen für Strom und Spannung

Sämtliche Halbleiter-Bauelemente, z. B. Dioden, haben nichtlineare *I-U*-Kennlinien. Auch metallische Leiter, deren Temperatur nicht konstant bleibt, sind nichtlineare Widerstände; das Bild 1.19 zeigt als Beispiel die *I-U*-Kennlinie einer Glühlampe.
Die Nichtlinearität der *I-U*-Kennlinien von elektronischen Bauelementen ist keineswegs ein „Betriebsunfall“; die stark ausgeprägten Nichtlinearitäten ergeben vielmehr die besonderen Eigenschaften dieser Bauelemente.

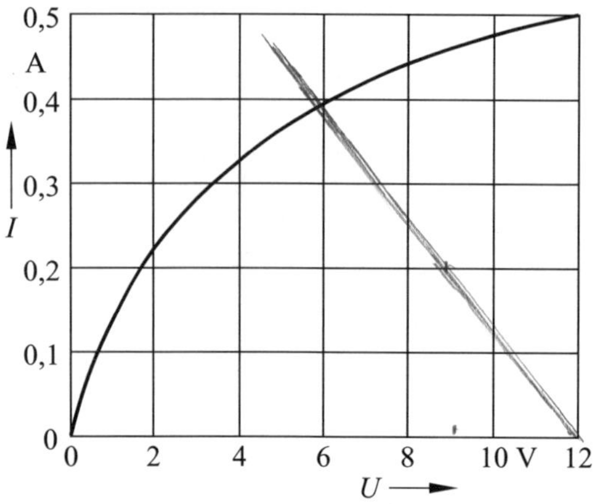

Bild 1.19 *I-U*-Kennlinie einer Glühlampe

Beispiel 1.9
Wir wollen den Widerstand der Glühlampe mit der *I-U*-Kennlinie nach Bild 1.19 für die Spannungen 4 V, 8 V und 12 V berechnen.

Für $U = 4$ V ist $I = 0{,}32$ A $\rightarrow$ $R = 12{,}5\ \Omega$;

für $U = 8$ V ist $I = 0{,}44$ A $\rightarrow$ $R = 18{,}2\ \Omega$;

für $U = 12$ V ist $I = 0{,}5$ A $\rightarrow$ $R = 24\ \Omega$.

1.4.6 Temperaturabhängigkeit

Die Abhängigkeit eines Widerstandes von der Temperatur wird durch **Temperaturkoeffizienten** (TK) α und β beschrieben. Zur Berechnung des bei der Temperatur ϑ vorliegenden Widerstandes R_ϑ geht man z. B. vom Widerstand R_{20} aus, der bei der **Bezugstemperatur** 20 °C vorliegt, und setzt mit den TK α_{20} und β_{20} an:

$$R_\vartheta = R_{20}\,[1 + \alpha_{20}(\vartheta - 20\,°\mathrm{C}) + \beta_{20}(\vartheta - 20\,°\mathrm{C})^2] \qquad (1.27)$$

Für die Bezugstemperatur 0 °C werden entsprechend der Bezugswiderstand R_0 und die TK α_0 und β_0 benötigt:

$$R_\vartheta = R_0\,[1 + \alpha_0\,\vartheta + \beta_0\,\vartheta^2] \qquad (1.28)$$

Die TK α_{20} und β_{20}, die nur für die Bezugstemperatur 20 °C verwendet werden dürfen, sind in der Tabelle 1.2 für einige Metalle angegeben.

Beispiel 1.10
Eine Kupferwicklung hat bei 20 °C den Widerstand 100 Ω. Welchen Widerstand hat sie bei 80 °C?
Wir entnehmen die TK α_{20} und β_{20} aus der Tab. 1.2 und setzen in die Gl. (1.27) ein:

$$R_\vartheta = 100\ \Omega \cdot [1 + \alpha_{20}\,60\ \mathrm{K} + \beta_{20}(60\ \mathrm{K})^2]$$

$$R_\vartheta = 100\ \Omega \cdot [1 + 0{,}2352 + 0{,}0022] = 123{,}7\ \Omega$$

Ist der Widerstand für die Bezugstemperatur nicht gegeben, so muss er vorab mit Hilfe der Gl. (1.27) oder der Gl. (1.28) berechnet werden.

Beispiel 1.11
Ein Leiterseil aus Aluminium hat bei 12 °C den Widerstand 1,8 Ω. Welchen Widerstand hat es bei 70 °C?
Zunächst setzen wir für $\vartheta = 12$ °C an:

$$1{,}8\ \Omega = R_{20}\,[1 - \alpha_{20} \cdot 8\ \mathrm{K} + \beta_{20} \cdot (8\ \mathrm{K})^2]$$

Damit berechnen wir: $R_{20} = 1{,}856\ \Omega$

$$R_\vartheta = R_{20}\,[1 + \alpha_{20} \cdot 50\ \mathrm{K} + \beta_{20} \cdot (50\mathrm{K})^2] = 2{,}21\ \Omega$$

Mit steigender Temperatur nimmt bei Metallen die Schwingungsweite der Atome des Kristallgitters und damit auch die Bewegungshemmung der in Leiterrichtung strömenden Elektronen zu. Man bezeichnet solche Leiter, deren Widerstand mit steigender Temperatur zunimmt, als **Kaltleiter**.

Beispiel 1.12
Die Betriebstemperatur des Wolframdrahtes einer Glühlampe, die an 230 V die Leistung 100 W aufnimmt, beträgt 2500 °C. Welchen Widerstand hat die Lampe bei 20 °C?
Zunächst berechnen wir den Widerstand für die Betriebstemperatur:

$$R = \frac{U^2}{P} = 529\ \Omega$$

Nun setzen wir die TK α_{20} und β_{20} aus der Tab. 1.2 in die Gl. (1.27) ein:

$$529\ \Omega = R_{20}\,[1 + \alpha_{20} \cdot 2480\ \mathrm{K} + \beta_{20} \cdot (2480\ \mathrm{K})^2]$$

Damit berechnen wir: $R_{20} = 30{,}5\ \Omega$

1.4.7 Supraleitung

Auch bei sehr niedrigen Temperaturen hängt der Widerstand im Allgemeinen nichtlinear von der Temperatur ab. Einige Metalle wie z. B. Silber (Ag), Kupfer (Cu) und Gold (Au) weisen bei wenigen Kelvin einen Restwiderstand auf; im Bild 1.20 ist der spezifische Widerstand $\rho = 1/\gamma$ über der Temperatur T aufgetragen.
Bei einer Gruppe von Stoffen springt der elektrische Widerstand bei der **Sprungtemperatur** *(critical temperature)* T_S auf einen unmessbar kleinen Wert: Diese Stoffe werden als **Supraleiter** *(superconductor)* bezeichnet.

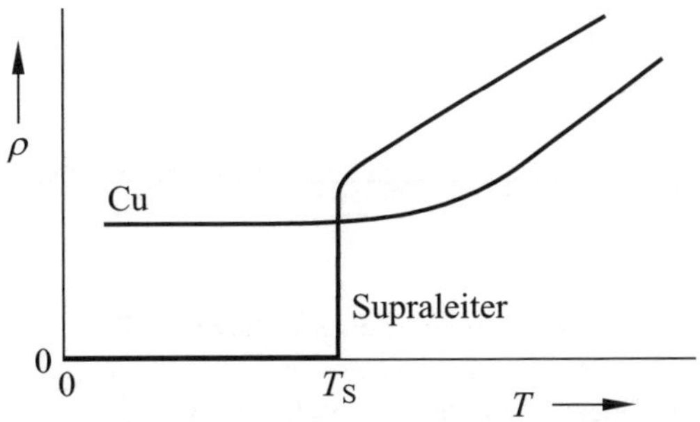

Bild 1.20 Spezifischer Widerstand in der Umgebung des absoluten Nullpunkts

Ein Strom, der in einem supraleitenden Stoff fließt, erfordert zwar keine Energiezufuhr, doch wird Energie für die Kühlung des Leitermaterials benötigt. Bei einer Erwärmung des Leiters über die Sprungtemperatur verschwindet die Supraleitung. Auch Magnetfelder können die Supraleitung aufheben.
Technische Anwendung findet die Supraleitung z.B. bei Spulen der Kernfusionsforschung, bei Kernspin-Tomographen und bei der Magneto-Encephalographie MEG (Messung der Magnetfelder der Gehirnströme). Als Werkstoffe werden Niob-Titan NbTi ($T_S = 10$ K) und Nb_3Sn ($T_S = 18$ K) eingesetzt, die mit Helium gekühlt werden.

Ab 1986 wurden sog. *Hochtemperatur-Supraleiter* (z.B. $Y_1Ba_2Cu_3O_7$) mit Sprungtemperaturen über 77 K entwickelt. Die hierbei mögliche Kühlung mit flüssigem Stickstoff ist wesentlich einfacher und billiger als die Kühlung mit Helium.

Eine technische Nutzung der Hochtemperatur-Supraleiter kommt etwa zwei Jahrzehnte nach ihrer Entdeckung nur allmählich in Gang, da es immer noch nicht möglich ist, aus der keramikartigen Grundsubstanz Bänder oder Drähte herzustellen, mit denen geeignete Geräte konstruiert werden können. Man behilft sich zur Zeit (2003) damit, dass man die Bestandteile der Keramik als Pulver in Silberrohre füllt, die dann mechanisch und thermisch bearbeitet werden.

1.5 Quellen

1.5.1 Leerlauf und Kurzschluss

Eine **Quelle** ist ein Eintor, das elektrische Energie an einen Verbraucher abgeben kann. Ob und wie viel Energie abgegeben wird, hängt nicht nur von der Quelle selbst, sondern auch von dem Stromkreis ab, mit dem die Quelle verbunden ist.

In zwei Sonderfällen des Betriebes gibt eine Quelle keine Leistung ab, es ist also $P = -UI = 0$ (Bild 1.21):

- Der Quelle wird kein Strom entnommen, es ist also $I = 0$; diese Betriebsart wird **Leerlauf** genannt. Dementsprechend wird die Spannung bei $I = 0$ als **Leerlaufspannung** U_0 bezeichnet. Bei Leerlauf der Quelle ist der Leitwert des angeschlossenen Verbrauchers $G = I / U = 0$.
- Die Quelle wird an ihren Klemmen mit einem Widerstand $R = 0$ überbrückt, so dass die Klemmenspannung $U = 0$ ist. Diese Betriebsart wird als **Kurzschluss** bezeichnet und der dabei fließende Strom der Quelle wird **Kurzschlussstrom** I_k genannt.

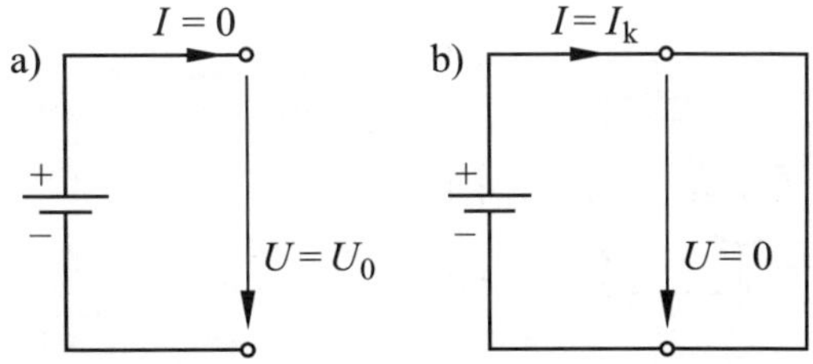

Bild 1.21 Leerlauf (a) und Kurzschluss (b) einer Quelle

1.5.2 Ideale Quellen

Eine Quelle, die unabhängig von der Belastung an ihren Klemmen eine konstante Spannung – die **Quellenspannung** U_q – aufweist, wird **ideale Spannungsquelle** genannt. Bild 1.22 zeigt das Schaltzeichen und die *I-U*-Kennlinie einer derartigen Quelle. Da die maximale Leistung begrenzt ist, verläuft die *I-U*-Kennlinie nur bis zum Strom I_{max} linear. Ein Beispiel für eine ideale Spannungsquelle ist mit sehr guter Näherung das Versorgungsnetz; seine an der Steckdose zur Verfügung stehende Spannung ist weitgehend unabhängig von der Belastung durch zugeschaltete Verbraucher.

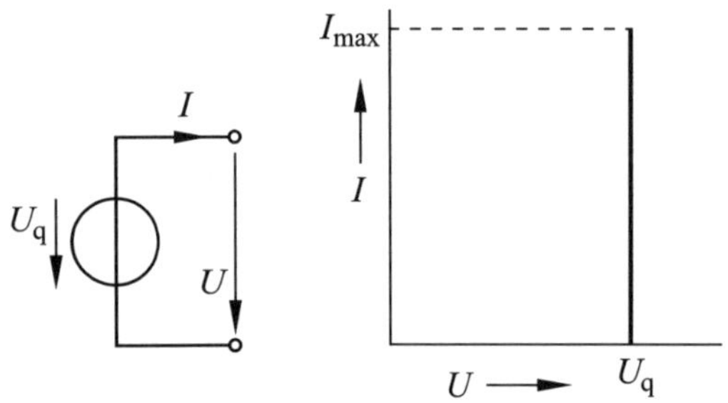

Bild 1.22 Schaltzeichen und *I-U*-Kennlinie der idealen Spannungsquelle

Eine Quelle, die unabhängig von der Belastung an ihren Klemmen einen konstanten Strom – den **Quellenstrom** I_q – treibt, wird **ideale Stromquelle** genannt (Bild 1.23). Da die maximale Leistung begrenzt ist, verläuft die *I-U*-Kennlinie nur bis zur Spannung U_{max} linear. So setzt man z.B. ideale Stromquellen zum Laden wiederaufladbarer Batterien ein; sie werden durch elektronische Schaltungen realisiert.

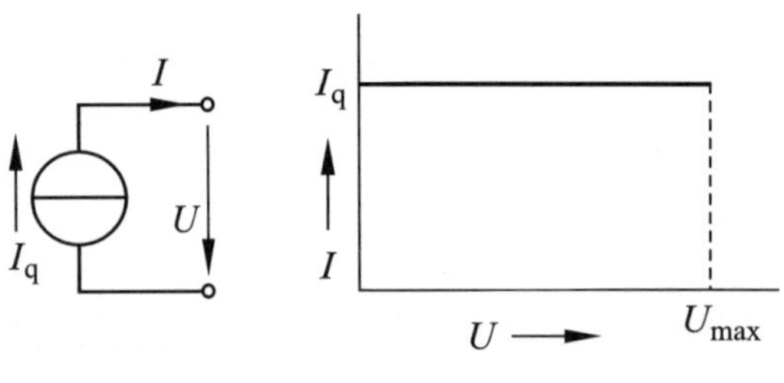

Bild 1.23 Schaltzeichen und *I-U*-Kennlinie der idealen Stromquelle

1.5.3 Lineare Quellen

Viele Quellen, z.B. die elektrochemischen Elemente, haben eine lineare *I-U*-Kennlinie. Eine derartige Quelle wird als **lineare Quelle** bezeichnet. Bild 1.24 zeigt hierfür ein Beispiel: Die Achsenabschnitte der Geraden sind der Kurzschlussstrom I_k bei der Spannung $U = 0$ und die Leerlaufspannung U_0 beim Strom $I = 0$.

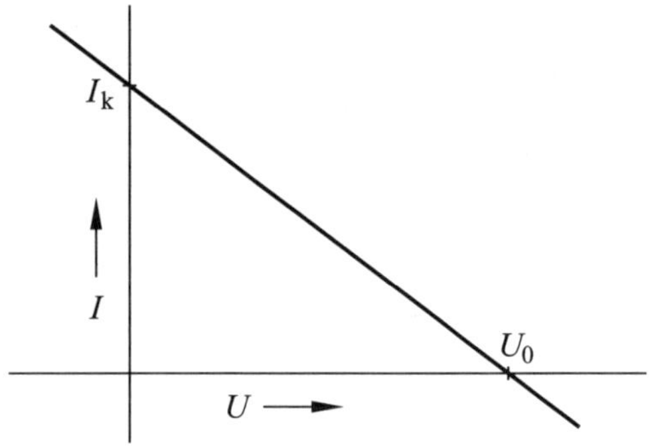

Bild 1.24 *I-U*-Kennlinie einer linearen Quelle

Die lineare Quelle lässt sich durch zwei gleichwertige Ersatzschaltungen darstellen:

- Die **lineare Spannungsquelle** besteht aus der Reihenschaltung einer idealen Spannungsquelle und eines **Innenwiderstandes** R_i. Bei Leerlauf ($I = 0$) fällt an diesem Innenwiderstand keine Spannung ab und die Leerlaufspannung ist $U_0 = U_q$. Bei Kurzschluss ($U = 0$) fließt der Kurzschlussstrom:

$$I_k = \frac{U_q}{R_i} \tag{1.29}$$

- Die **lineare Stromquelle** besteht aus der Parallelschaltung einer idealen Stromquelle und eines **Innenleitwerts** G_i. Bei Kurzschluss ($U = 0$) fließt kein Strom durch den Innenleitwert; der Kurzschlussstrom ist also $I_k = I_q$. Bei Leerlauf ($I = 0$) fließt der Quellenstrom I_q durch den Innenleitwert G_i und bewirkt die Leerlaufspannung:

$$U_0 = \frac{I_q}{G_i} \tag{1.30}$$

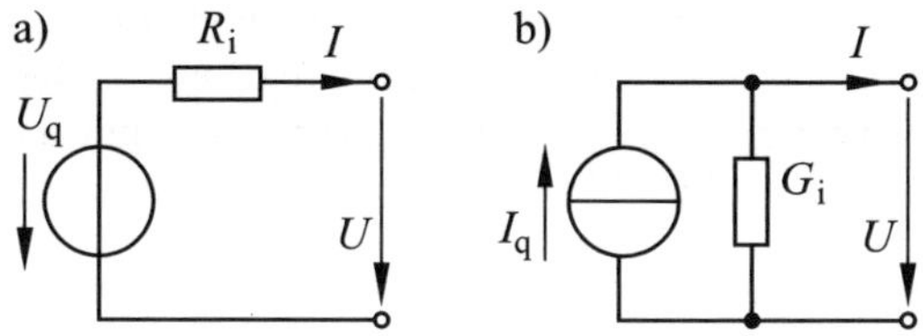

Bild 1.25 Ersatzschaltungen der linearen Quelle:
a) lineare Spannungsquelle, b) lineare Stromquelle

Mit $U_0 = U_q$ und $I_k = I_q$ ergibt sich aus den Gln. (1.29 und 1.30):

$$G_i = \frac{I_q}{U_0} = \frac{I_k}{U_q} = \frac{1}{R_i} \qquad (1.31)$$

Beispiel 1.13
Eine Mignonzelle hat die Leerlaufspannung 1,5 V und den Kurzschlussstrom 0,6 A. Wir wollen die Elemente der Ersatzschaltungen berechnen.

Die lineare Spannungsquelle hat die Größen

Quellenspannung: $U_q = U_0 = 1{,}5\text{ V}$

Innenwiderstand: $R_i = \frac{U_q}{I_k} = 2{,}5\ \Omega$

Die lineare Stromquelle hat die Größen

Quellenstrom: $I_q = I_k = 0{,}6\text{ A}$

Innenleitwert: $G_i = \frac{1}{R_i} = 0{,}4\text{ S}$

Beide Ersatzschaltungen der linearen Quelle beschreiben die lineare *I*-*U*-Kennlinie in gleicher Weise. Die Spannungsquelle wird vorzugsweise dann verwendet, wenn die Klemmenspannung in der Größenordnung der Leerlaufspannung $U_0 = U_q$ ist; die Stromquelle wird dann verwendet, wenn der Strom in der Größenordnung des Kurzschlussstromes $I_k = I_q$ ist. Sind die Elemente der einen Ersatzschaltung bekannt, so können die Elemente der anderen mit den Gln.(1.29 ... 1.31) berechnet werden.

Beispiel 1.14
Von einem NiCd-Akkumulator sind die Quellenspannung $U_q = 6$ V und der Innenwiderstand $R_i = 0{,}2\ \Omega$ bekannt. Welche Werte haben die Elemente der linearen Stromquelle?

Wir berechnen den Quellenstrom mit der Gl. (1.29):

$$I_k = \frac{U_q}{R_i} = 30\text{ A}$$

Den Innenleitwert berechnen wir mit der Gl. (1.31):

$$G_i = \frac{1}{R_i} = 5\text{ S}$$

Die Gerade im Bild 1.24 hat die Steigung $m = -I_k/U_0 = -G_i$ und den Achsenabschnitt $I_k = I_q$ auf der *I*-Achse. Die Geradengleichung lautet:

$$I = I_q - G_i\, U \qquad (1.32)$$

Wir formen diese Gleichung mit den Gln.(1.29 und 1.31) um:

$$U = U_q - R_i\, I \qquad (1.33)$$

Diese Gleichung bzw. die hierzu äquivalente Gl. (1.32) beschreibt die *I*-*U*-Kennlinie des Eintors Quelle; sie wird daher als **Eintorgleichung** bezeichnet.

Beispiel 1.15
Der Mignonzelle (s. Beispiel 1.13) wird der Strom 60 mA entnommen. Welche Klemmenspannung stellt sich dabei ein?

$$U = U_q - R_i\, I = 1{,}5\text{ V} - 2{,}5\ \Omega \cdot 60\text{ mA} = 1{,}35\text{ V}$$

Beispiel 1.16
An dem belasteten NiCd-Akkumulator (s. Beispiel 1.14) wird die Klemmenspannung 5,84 V gemessen. Welcher Strom fließt dabei?

$$I = I_q - G_i\, U = 30\text{ A} - 5\text{ S} \cdot 5{,}84\text{ V} = 0{,}8\text{ A}$$

2 Gleichstrom-Schaltungen

2.1 Bestimmung des Arbeitspunktes

Beim einfachen Stromkreis (Bild 1.8) ist die Klemmenspannung U der Quelle gleich der Spannung des Verbrauchers. Ist diese Spannung bekannt, so kann der Strom I mit der I-U-Kennlinie des Verbrauchers bestimmt werden.
Handelt es sich jedoch z. B. um eine lineare Quelle, so ist ihre Klemmenspannung U nicht von vornherein bekannt. Zur Bestimmung der Klemmenspannung U und des Stromes I müssen in diesem Fall *zwei* Gleichungen gelöst werden; dies kann entweder grafisch oder rechnerisch geschehen.

Das Bild 2.1 zeigt die grafische Lösung für den Fall, dass der Verbraucher ein OHMscher Widerstand ist; seine I-U-Kennlinie ist eine Gerade (s. Abschnitt 1.4.2). Diese schneidet die I-U-Kennlinie der linearen Spannungsquelle in einem Punkt, der **Arbeitspunkt** *(bias point)* genannt wird. In diesem Punkt stimmen die Spannungen der beiden Eintore überein und der Strom I der Quelle ist gleich dem Strom des OHMschen Widerstandes.

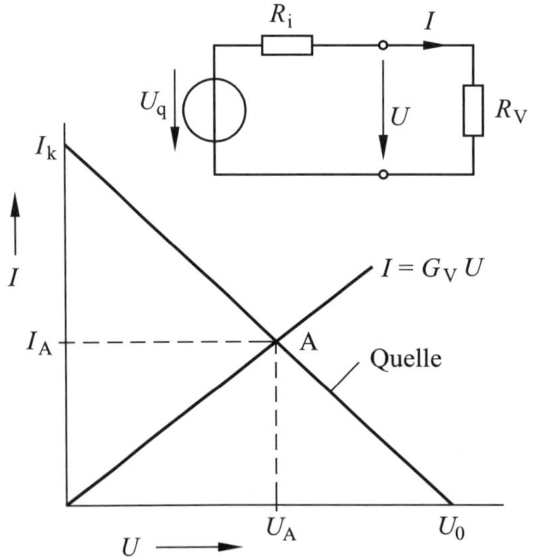

Bild 2.1 Einfacher Stromkreis und grafische Bestimmung des Arbeitspunktes A im I-U-Kennlinienfeld

Zur *Berechnung* der Spannung U_A und des Stromes I_A für den Arbeitspunkt der Schaltung 2.1 setzen wir in die Gln. (1.21 und 1.31) die Bedingungen $U = U_A$ und $I = I_A$ für den Arbeitspunkt ein:

$$U_A = U_q - R_i I_A \tag{2.1}$$

$$U_A = R_V I_A \tag{2.2}$$

Wir lösen nach I_A auf und erhalten:

$$I_A = \frac{U_q}{R_i + R_V} \tag{2.3}$$

Ist der Strom I_A bekannt, so lässt sich die Spannung U_A entweder mit der Gl. (2.1) oder mit der Gl. (2.2) berechnen.

Beispiel 2.1
Die Quellenspannung eines Stromkreises nach Bild 2.1 ist $U_q = 12$ V. Beim Strom $I = 1{,}5$ A wird die Klemmenspannung $U = 11{,}7$ V gemessen. Wie groß sind der Innenwiderstand R_i und der Verbraucherwiderstand R_V?

$$I_A = 1{,}5\text{ A};\quad U_A = 11{,}7\text{ V};\quad R_V = \frac{U_A}{I_A} = 7{,}8\ \Omega$$

$$R_i = \frac{U_q - U_A}{I_A} = 0{,}2\ \Omega$$

2.2 Knotensatz

2.2.1 Der Begriff Knoten

Beim einfachen Stromkreis fließt an jeder Stelle derselbe Strom I; in dieser Hinsicht handelt es sich dabei um einen Sonderfall. In einer beliebigen Schaltung kann sich der Strom *verzweigen*: In einem Teil der Leitungen strömen Ladungen zum **Verzweigungspunkt** *(branch point)* hin, in den übrigen Leitungen vom Verzweigungspunkt weg.

Da die Ladungen im Verzweigungspunkt nicht gespeichert werden können, ist die gesamte zuströmende Ladung gleich der gesamten wegströmenden Ladung. Wegen $I = Q/t$ gilt entsprechend für die Ströme: Die Summe der zufließenden Ströme I_{zu} ist gleich der Summe der abfließenden Ströme I_{ab}:

$$\sum I_{ab} = \sum I_{zu} \tag{2.4}$$

Dieser Zusammenhang gilt auch dann, wenn sich die stromführenden Leiter nicht in einem Punkt treffen, sondern beliebig angeordnet sind; so gilt z. B. sowohl für das Bild 2.2a als auch für das Bild 2.2b: $I_1 + I_2 = I_3 + I_4 + I_5$.

Es ist also unerheblich, wie die stromführenden Leiter miteinander verbunden sind. Entscheidend ist lediglich, dass sämtliche Ströme erfasst werden, die eine (geschlossene) Hüllfläche um den Verzweigungspunkt „durchstoßen“.

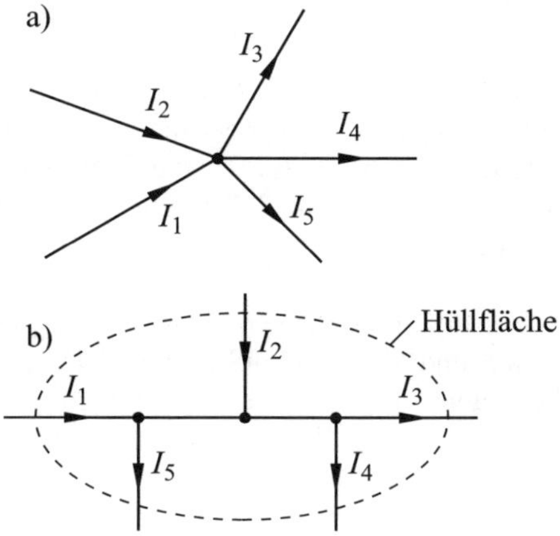

Bild 2.2 Verbindung der stromführenden Leiter in einem Punkt (a) und beliebig (b)

Da man das Gebiet, innerhalb dessen die Leiter miteinander verbunden sind, als **Knoten** *(node)* bezeichnet, wird der durch Gl. (2.4) beschriebene Zusammenhang **Knotensatz** genannt. Vielfach ist hierfür auch die Bezeichnung **1. Kirchhoffscher Satz** gebräuchlich.

In der Mechanik gibt es zwei Bedingungen für den Gleichgewichtszustand eines Körpers: das Gleichgewicht der Kräfte und das der Drehmomente. Entsprechend besitzt auch die Elektrotechnik zwei Bedingungen für die stationäre elektrische Strömung. Der Knotensatz ist eine dieser Gleichgewichtsbedingungen; er verlangt, dass sich die Ströme an jedem Knoten »im Gleichgewicht« befinden.

2.2.2 Knotengleichung

Wir sortieren zunächst die Gl. (2.4) so, dass sämtliche Ströme auf *einer* Seite der Gleichung stehen:

$$\sum I_{ab} - \sum I_{zu} = 0 \tag{2.5}$$

Eine einfache mathematische Formulierung des Knotensatzes ergibt sich dann, wenn man z. B. sämtliche Bezugspfeile so einzeichnet, dass sie zum Knoten hinweisen. Wegen $\Sigma I_{ab} = 0$ erhält man damit die Knotengleichung in der Form:

$$\sum I = 0 \tag{2.6}$$

In der Praxis ist die beschriebene einheitliche Zuordnung der Strombezugspfeile „zum Knoten hin“ im Allg. nicht gegeben. Die Gl. (2.6) kann jedoch stets angewendet werden, wenn man vereinbart, dass die *abfließenden* Ströme mit *geändertem* Vorzeichen in die Summe eingesetzt werden.

Beispiel 2.2
Für die Schaltung 2.2 sind folgende Ströme gegeben: $I_1 = 1{,}5$ A; $I_2 = 0{,}4$ A; $I_3 = 1{,}8$ A; $I_4 = 0{,}6$ A. Welcher Strom I_5 fließt und welchen Richtungssinn hat dieser Strom?

Wir tragen in die Knotengleichung (2.6) die dem Knoten zufließenden Ströme positiv und die abfließenden Ströme mit geändertem Vorzeichen, also negativ, ein:

$$I_1 + I_2 - I_3 - I_4 - I_5 = 0$$

Der gesuchte Strom I_5 ist:

$$I_5 = I_1 + I_2 - I_3 - I_4 = -0{,}5 \text{ A}$$

Der Richtungssinn dieses Stromes ist entgegengesetzt zu dem im Bild 2.2 eingetragenen Bezugspfeil für I_5; der Strom fließt also zum Knoten hin.

Wie schon beschrieben, ergibt der Bezugspfeil eines Stromes nur im Zusammenhang mit dem Vorzeichen des Zahlenwertes eine Aussage über den Richtungssinn (s. Abschnitt 1.2.3).

2.2.3 Parallelschaltung von Widerständen

Derjenige Teil einer Schaltung, in dem ein und derselbe Strom fließt, wird als **Zweig** *(branch)* bezeichnet. Der einfache Stromkreis besteht also aus einem einzigen Zweig. Sind dagegen in einer Schaltung Verzweigungspunkte vorhanden, so besteht die Schaltung aus mehreren Zweigen.

Eine **Parallelschaltung** *(parallel connection)* von Zweigen liegt dann vor, wenn die betreffenden Zweige an *derselben* Zweigspannung liegen. Das Bild 2.3a zeigt als Beispiel die Parallelschaltung der drei Widerstände R_1, R_2 und R_3. Für die Ströme in diesen Widerständen gilt:

$$I_1 = \frac{U}{R_1}; \quad I_2 = \frac{U}{R_2}; \quad I_3 = \frac{U}{R_3} \tag{2.7}$$

Die Summe dieser Ströme ist nach dem Knotensatz gleich dem Gesamtstrom I:

$$I = I_1 + I_2 + I_3 = U\left(\frac{1}{R_1} + \frac{1}{R_2} + \frac{1}{R_3}\right) \tag{2.8}$$

Die drei Widerstände lassen sich rein rechnerisch zu einem einzigen Widerstand R_e zusammenfassen, der an derselben Zweigspannung U liegt und den Gesamtstrom

$$I = \frac{U}{R_e} \tag{2.9}$$

aufnimmt; dieser Widerstand wird als **Ersatzwiderstand** *(equivalent resistance)* bezeichnet.

Durch einen Vergleich der Gln. (2.7 und 2.8) erhalten wir den Kehrwert des Ersatzwiderstandes:

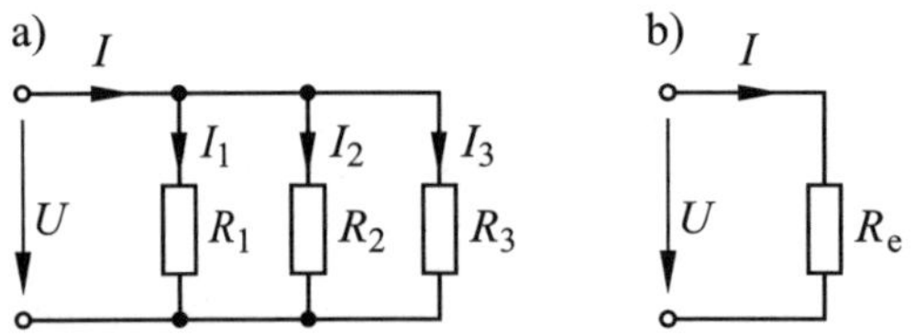

Bild 2.3 Parallelschaltung von drei Widerständen (a) und Ersatzwiderstand (b)

$$\frac{1}{R_e} = \frac{1}{R_1} + \frac{1}{R_2} + \frac{1}{R_3} \tag{2.10}$$

Der Kehrwert des Ersatzwiderstandes einer Parallelschaltung ist gleich der Summe der Kehrwerte sämtlicher Teilwiderstände.

Die Gl. (2.10) lässt sich mit Hilfe des Leitwertes $G = 1/R$ einfacher formulieren:

$$G_e = G_1 + G_2 + G_3 \tag{2.11}$$

Der Ersatzleitwert einer Parallelschaltung ist gleich der Summe sämtlicher Teilleitwerte.

Beispiel 2.3
Drei Widerstände $R_1 = 50\ \Omega$, $R_2 = 75\ \Omega$ und $R_3 = 150\ \Omega$ liegen parallel an der Spannung $U = 150$ V. Wie groß sind der Ersatzwiderstand R_e und der Gesamtstrom I? Welche Teilströme I_1, I_2 und I_3 fließen dabei?

Wir setzen die Leitwerte $G_1 = 1/R_1 = 20$ mS, $G_2 = 13{,}33$ mS und $G_3 = 6{,}67$ mS in die Gl. (2.11) ein und erhalten:

$$G_e = 40\text{ mS}$$

Der Ersatzwiderstand ist:

$$R_e = \frac{1}{G_e} = 25\ \Omega$$

Den Gesamtstrom I und die Teilströme berechnen wir mit der Gl. (1.20):

$$I = G_e\, U = 40\text{ mS} \cdot 150\text{ V} = 6\text{ A}$$

$$I_1 = G_1\, U = 3\text{ A}; \quad I_2 = 2\text{ A}; \quad I_3 = 1\text{ A}$$

Wie das Beispiel zeigt, ist der Ersatzwiderstand einer Parallelschaltung stets kleiner als der kleinste Teilwiderstand.

Schreibt man eine der Gln. (2.7) oder die Gl. (2.9) mit Hilfe des Leitwerts und dividiert zwei dieser Gleichungen durcheinander, so erhält man den Quotienten zweier Ströme; so gilt zum Beispiel:

$$\frac{I_1}{I_2} = \frac{G_1}{G_2} \qquad (2.12)$$

Die Ströme einer Parallelschaltung verhalten sich wie die Leitwerte, durch die sie fließen. Diese Aussage, die als **Stromteilerregel** bezeichnet wird, gilt wegen $I = G_e\,U$ auch für den Ersatzleitwert G_e einer Parallelschaltung:

$$\frac{I_1}{I} = \frac{G_1}{G_e} \qquad (2.13)$$

Jeder Zweigstrom verhält sich zum Gesamtstrom einer Parallelschaltung wie der Zweigleitwert zum Ersatzleitwert.

Beispiel 2.4
Durch den Teilwiderstand $R_1 = 100\ \Omega$ einer Parallelschaltung von mehreren Widerständen, die den Gesamtstrom $I = 1{,}2$ A aufnimmt, fließt der Teilstrom $I_1 = 0{,}5$ A. Welchen Gesamtleitwert G_e hat die Schaltung?

Wir setzen $G_1 = 10$ mS und die Ströme in die Gl. (2.13) ein und erhalten: $G_e = 24$ mS

Beispiel 2.5
Durch zwei parallel geschaltete Widerstände R_1 und R_2 soll der Gesamtstrom $I = 0{,}1$ A fließen. Dabei soll in $R_1 = 100\ \Omega$ die Leistung $P_1 = 0{,}36$ W entstehen. Welchen Wert muss der Widerstand R_2 erhalten?

Wir berechnen zunächst den Teilstrom I_1:

$$P_1 = R_1 I_1^2; \quad I_1 = 0{,}06\ \text{A} = 60\ \text{mA}$$

Den Teilstrom I_2 berechnen wir mit der Knotengleichung:

$$I_2 = I - I_1 = 0{,}04\ \text{A}$$

Mit der Gl. (2.12) ergibt sich:

$$G_2 = \frac{I_2}{I_1} G_1 = \frac{I_2}{I_1 R_1} = 6{,}67\ \text{mS}$$

Der gesuchte Widerstand ist $R_2 = 150\ \Omega$.

2.3 Maschensatz

2.3.1 Maschengleichung

Eine **Masche** *(mesh)* ist ein beliebiger, in sich geschlossener Weg, der sowohl über Leiter als auch über Spannungspfeile geführt sein kann. In einer elektrischen Schaltung lassen sich im Allgemeinen mehrere Maschen bilden; dies gilt auch für den einfachen Stromkreis (Bild 2.1).

Als **Maschengleichung** bezeichnet man die Summe aller Spannungen, die zu einer Masche gehören. So ist z.B. die Gl. (2.1) eine Maschengleichung des einfachen Stromkreises (Bild 2.1). Wir stellen sie so um, dass sämtliche Größen auf einer Seite stehen, und erhalten für $U = U_A$ und $I = I_A$:

$$R_i I + U - U_q = 0 \qquad (2.14)$$

Entsprechend der Gl. (2.6) setzt man für die Spannungen einer Masche an:

$$\sum U = 0 \qquad (2.15)$$

Damit diese Gleichung mit der Gl. (2.14) übereinstimmt, ordnet man der Masche einen **Umlaufsinn** zu und vereinbart, dass diejenigen Spannungen, deren Bezugssinn *nicht* mit dem Umlaufsinn übereinstimmt, mit *geändertem* Vorzeichen in die Gl. (2.15) einzusetzen sind.

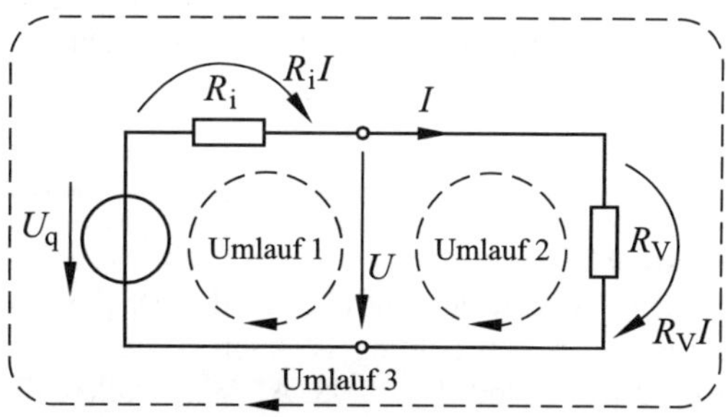

Bild 2.4 Schaltung 2.1 mit möglichen Maschen

Beispiel 2.6
Wir wollen sämtliche Maschengleichungen für die im Bild 2.4 dargestellte Schaltung ermitteln.

Beim Umlauf 1 werden der Spannungsabfall $R_i I$ und die Klemmenspannung U im Bezugssinn durchlaufen, sie werden daher positiv in die Gl. (2.15) eingesetzt. Die Quellenspannung U_q wird beim Umlauf 1 entgegen dem Bezugssinn durchlaufen, sie wird daher negativ in die Gl. (2.15) eingesetzt:

$$R_i I + U - U_q = 0$$

Beim Umlauf 2 wird der Spannungsabfall $R_V I$ im Bezugssinn und die Klemmenspannung U entgegen dem Bezugssinn durchlaufen:

$$R_V I - U = 0$$

Beim Umlauf 3 werden die Spannungsabfälle $R_i I$ und $R_V I$ im Bezugssinn und die Quellenspannung U_q entgegen dem Bezugssinn durchlaufen:

$$R_i I + R_V I - U_q = 0$$

Der durch die Gl. (2.15) beschriebene Zusammenhang wird **Maschensatz** genannt. Vielfach ist hierfür auch die Bezeichnung **2. Kirchhoffscher Satz** gebräuchlich. Dieser Satz ist die zweite Gleichgewichtsbedingung der Elektrotechnik; er verlangt, dass sämtliche Spannungen auf einem geschlossenen Weg »im Gleichgewicht« sind.

Der einfache, unverzweigte Stromkreis ist der Sonderfall einer Masche, weil dabei überall auf dem Umlaufweg derselbe Strom fließt. Im Allgemeinen trifft man jedoch auf einem Umlauf unterschiedliche Ströme an.

Beispiel 2.7
In den Zweigen der Masche (Bild 2.5), die Teil einer größeren Schaltung ist, fließen die Ströme $I_1 = 0{,}14$ A und $I_2 = 0{,}08$ A. Wir wollen die Spannung U_{AB} berechnen.

Zunächst setzen wir die Maschengleichung an:

$$R_1 I_1 + U_{AB} - R_2 I_2 - U_q = 0$$

Damit berechnen wir: $U_{AB} = 17{,}4$ V

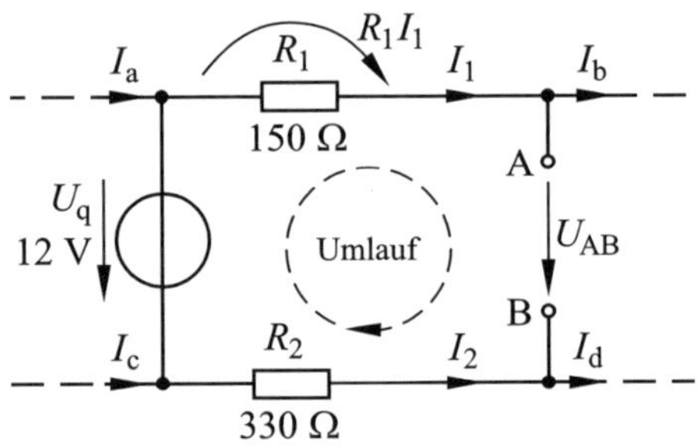

Bild 2.5 Schaltung zum Beispiel 2.7

2.3.2 Potenzial

Da eine Spannung U stets zwischen zwei Punkten wirkt, kann bei Kenntnis sämtlicher Spannungen in einer Schaltung bezüglich eines einzelnen Punktes dieser Schaltung nichts ausgesagt werden. Ein ähnliches Problem tritt z. B. bei der Höhenbestimmung im Gelände auf, bei der lediglich Höhendifferenzen gemessen werden. Um die absolute Höhe angeben zu können, muss ein Nullpunkt willkürlich festgelegt werden (z. B. Normal-Null NN, der Amsterdamer Pegel).

Jedem einzelnen Punkt einer Schaltung kann eine Größe zugeordnet werden, die als **Potenzial** *(potential)* φ bezeichnet wird. Eine Spannung U ist eine Potenzialdifferenz. So gilt z. B. für die Spannung U_{AB} im Bild 2.5:

$$U_{AB} = \varphi_A - \varphi_B \tag{2.16}$$

In einer Schaltung bzw. einem Gerät kann *einem* beliebigen Punkt, der **Bezugspunkt** genannt wird,

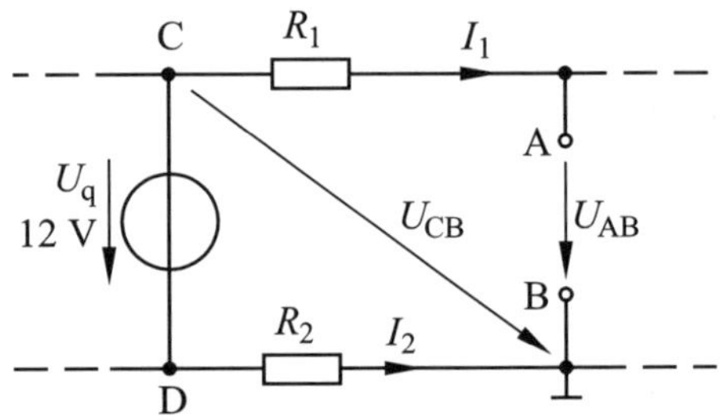

Bild 2.6 Schaltung vom Beispiel 2.7 mit Bezugspotenzial im Punkt B

das **Bezugspotenzial** $\varphi = 0$ V zugeordnet werden. Dieser Punkt wird auch **Masse** genannt; er wird vielfach mit dem Gehäuse des Geräts leitend verbunden, welches mit Erde leitend verbunden („geerdet“) wird. Dadurch wird verhindert, dass zwischen Gehäuse und Umgebung eine gefährliche Spannung auftreten kann (s. Kap. 18).

Der Punkt mit dem Potenzial $\varphi = 0$ wird in einer Schaltung durch das Zeichen $\perp$ gekennzeichnet. Die Spannung zwischen einem Punkt der Schaltung und dem Bezugspunkt ist gleich dem Potenzial dieses Punktes.

Beispiel 2.8
In der Schaltung 2.6 ist der Punkt B geerdet. Welche Potenziale haben die übrigen Punkte?

Zunächst setzen wir $\varphi_B = 0$ in die Gl. (2.16) ein und erhalten:

$$\varphi_A = U_{AB} = 17{,}4 \text{ V}$$

Dann setzen wir an:

$$U_{DB} = \varphi_D - \varphi_B = R_2 I_2 = 26{,}4 \text{ V}$$

Mit $\varphi_B = 0$ ergibt sich: $\varphi_D = 26{,}4$ V

Schließlich setzen wir an:

$$U_{CD} = U_q = \varphi_C - \varphi_D = 12 \text{ V}$$

Mit $\varphi_D = 26{,}4$ V ergibt sich: $\varphi_C = 38{,}4$ V

2.3.3 Reihenschaltung von Widerständen

Bei einer **Reihenschaltung** *(series connection)* von Eintoren wird jedes Eintor vom gleichen Strom I durchflossen. Das Bild 2.7 zeigt als Beispiel die Reihenschaltung von drei Widerständen.

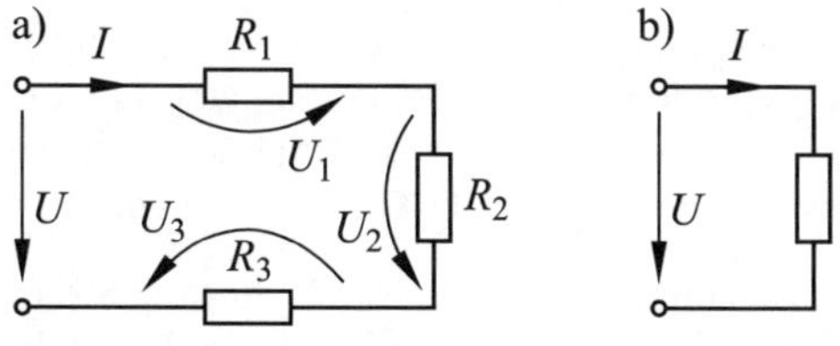

Bild 2.7 Reihenschaltung von drei Widerständen (a) und Ersatzwiderstand (b)

Die drei Widerstände lassen sich rein rechnerisch zu einem Ersatzwiderstand R_e zusammenfassen, der vom Strom I durchflossen wird und an der Spannung U liegt:

$$U = R_e I \tag{2.17}$$

Wir lösen die Maschengleichung

$$R_1 I + R_2 I + R_3 I - U = 0 \tag{2.18}$$

nach U auf und erhalten durch einen Koeffizientenvergleich mit der Gl. (2.17):

$$R_e = R_1 + R_2 + R_3 \tag{2.19}$$

Der Ersatzwiderstand einer Reihenschaltung von Widerständen ist gleich der Summe sämtlicher Teilwiderstände.

Die Teilspannungen der Schaltung 2.7 lassen sich als Produkte mit dem Faktor I angeben:

$$U_1 = R_1 I; \quad U_2 = R_2 I; \quad U_3 = R_3 I \tag{2.20}$$

Bei der Division von je zwei dieser Gleichungen kürzt sich der Strom heraus. Man erhält z. B. für die Teilspannungen U_1 und U_2:

$$\frac{U_1}{U_2} = \frac{R_1}{R_2} \tag{2.21}$$

Die Spannungen einer Reihenschaltung verhalten sich wie die Widerstände, an denen sie abfallen. Diese Aussage, die als **Spannungsteilerregel** bezeichnet wird, gilt auch für den Ersatzwiderstand R_e der Reihenschaltung:

$$\frac{U_1}{U} = \frac{R_1}{R_e} \tag{2.22}$$

Beispiel 2.9
Zwei in Reihe geschaltete Widerstände $R_1 = 130\ \Omega$ und R_2 liegen an der Gesamtspannung $U = 35$ V. Welchen Wert muss R_2 für $U_1 = 12{,}3$ V erhalten?

Wir setzen $U_2 = U - U_1 = 22{,}7$ V in die Gl. (2.21) ein und berechnen: $R_2 = 239{,}9\ \Omega$

2.4 Ersatzschaltungen

2.4.1 Ersatzwiderstand

Befinden sich in einer Schaltung zwischen zwei Klemmen ausschließlich Widerstände, so können sie durch ihren **Ersatzwiderstand** ersetzt werden.

Der Ersatzwiderstand lässt sich problemlos ermitteln, wenn sich die parallel geschalteten Widerstände einerseits und die in Reihe geschalteten Widerstände andererseits Schritt für Schritt zusammenfassen lassen.

Beispiel 2.10
Wir wollen den Ersatzwiderstand der Schaltung ermitteln.

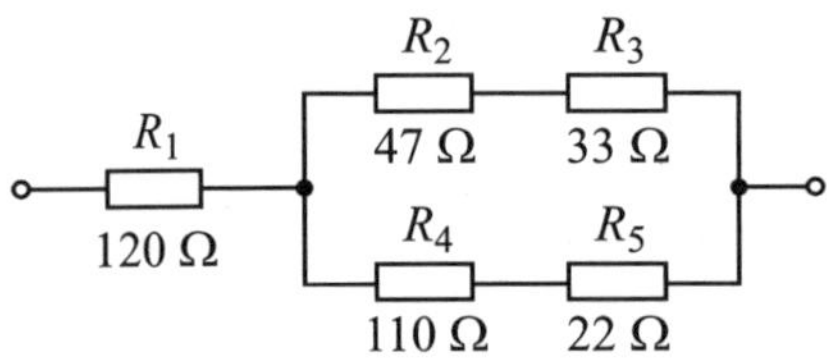

Zunächst fassen wir die in Reihe geschalteten Widerstände R_2 und R_3 zum Ersatzwiderstand R_{e23} = 80 Ω sowie R_4 und R_5 zum Ersatzwiderstand R_{e45} = 132 Ω zusammen.
Dann addieren wir deren Leitwerte und erhalten den Leitwert G_{eP} der Parallelschaltung:

$$G_{eP} = G_{e23} + G_{e45} = 12{,}5\,\text{mS} + 7{,}58\,\text{mS} = 20{,}08\,\text{mS}$$

Der gesuchte Ersatzwiderstand ist die Summe von R_1 und $R_{eP} = 1/G_{eP}$:

$$R_e = R_1 + R_{eP} = 120\,\Omega + 49{,}81\,\Omega = 169{,}81\,\Omega$$

Wenn das beschriebene Vorgehen nicht zum Ziel führt, schaltet man zweckmäßig eine Quelle an die Schaltung und berechnet mit Maschen- und Knotengleichungen den Gesamtstrom I als Funktion der Gesamtspannung U, womit sich der Ersatzwiderstand $R_e = U/I$ bestimmen lässt.

Beispiel 2.11
Wir wollen den Ersatzwiderstand $R_e = U/I$ der Brückenschaltung berechnen.

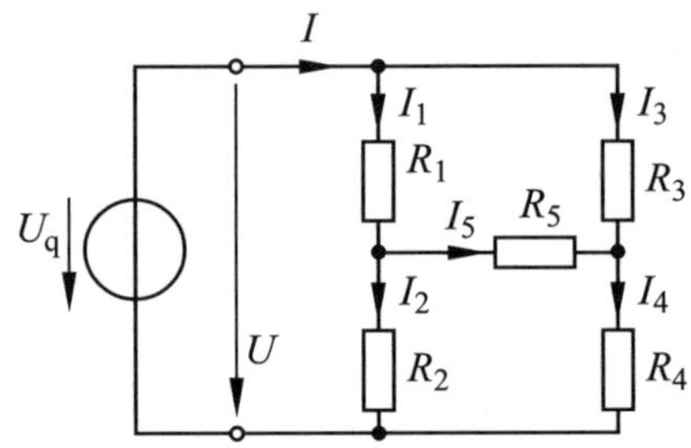

Wir lösen die Knotengleichungen

$$I - I_1 - I_3 = 0; \quad I_1 - I_2 - I_5 = 0; \quad I_3 + I_5 - I_4 = 0$$

und die Maschengleichungen

$$R_1 I_1 + R_2 I_2 - U = 0$$

$$R_3 I_3 + R_4 I_4 - U = 0$$

$$R_1 I_1 + R_5 I_5 - R_3 I_3 = 0$$

nach dem Strom I auf und berechnen mit den Abkürzungen

$$R_{12} = R_1 + R_2\,; \quad R_{34} = R_3 + R_4$$

den Ersatzwiderstand $R_e = U/I$:

$$R_e = \frac{R_{12}(R_3 R_4 + R_{34} R_5) + R_1 R_2 R_{34}}{(R_{12} + R_{34}) R_5 + (R_1 + R_3)(R_2 + R_4)}$$

2.4.2 Ersatzquelle

Enthält eine Schaltung zwischen zwei Klemmen außer Widerständen auch eine oder mehrere Quellen, so kann diese Schaltung durch eine **Ersatzquelle** ersetzt werden. Dabei gibt es zwei Möglichkeiten:

- die Schaltung wird durch eine lineare Spannungsquelle mit der Quellenspannung U_{qe} und dem Innenwiderstand R_{ie} ersetzt (Bild 2.8a); man bezeichnet dies auch als **Thévenin-Theorem**.
- die Schaltung wird durch eine lineare Stromquelle mit dem Quellenstrom I_{qe} und dem Innenleitwert G_{ie} ersetzt (Bild 2.8b); man spricht dabei auch vom **Norton-Theorem**.

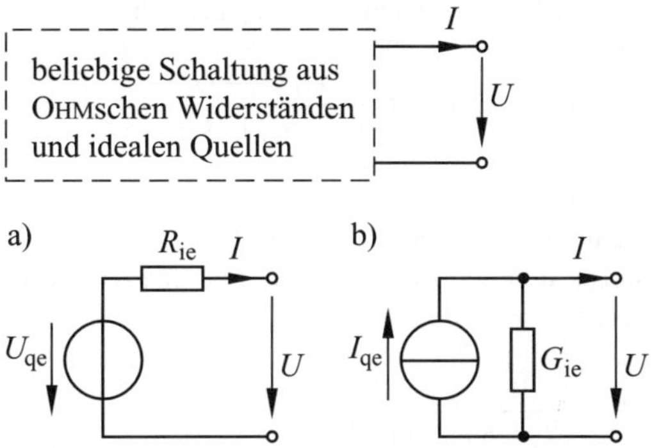

Bild 2.8 Teil einer linearen Schaltung zwischen zwei Knoten und Ersatzquellen:
(a) lineare Spannungsquelle, (b) lineare Stromquelle

Die Quellenspannung U_{qe} der Ersatzquelle ist die Leerlaufspannung U_0 des zu ersetzenden Schaltungsteils. Entsprechend ist der Quellenstrom I_{qe} der Ersatzquelle gleich dem Kurzschlussstrom I_k des zu ersetzenden Schaltungsteils. Da nur *eine* der beiden Größen benötigt wird, bestimmt man zweckmäßig diejenige, die sich einfacher ermitteln lässt.

Der Innenwiderstand R_{ie} bzw. der Innenleitwert G_{ie} der Ersatzquelle kann dadurch bestimmt werden, dass man sich die zu ersetzende Schaltung *quellenfrei* denkt: Jede ideale Spannungsquelle wird durch einen Kurzschluss und jede ideale Stromquelle durch eine Unterbrechung des Leiterweges ersetzt. Der Widerstand zwischen den Klemmen der quellenfreien Schaltung ist der Innenwiderstand R_{ie}; entsprechend ist der Leitwert zwischen den Klemmen der quellenfreien Schaltung gleich dem Innenleitwert G_{ie}.

Beispiel 2.12
Zwei Batterien $U_{q1} = 1{,}5$ V; $R_{i1} = 0{,}02\ \Omega$ und $U_{q2} = 1{,}2$ V; $R_{i2} = 0{,}03\ \Omega$ sind in Reihe geschaltet. Wir wollen die Kenngrößen der Ersatzquellen berechnen.

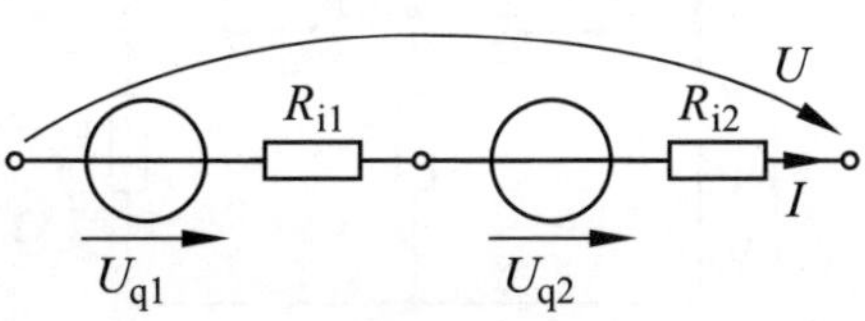

Für Leerlauf ($I = 0$) ergibt die Maschengleichung $U_{q1} + U_{q2} - U = 0$ die Leerlaufspannung $U = U_0$ der Reihenschaltung. Diese Leerlaufspannung ist die Quellenspannung der Ersatzquelle:

$$U_{qe} = U_0 = U_{q1} + U_{q2} = 2{,}7 \text{ V}$$

Nun denken wir uns die Reihenschaltung quellenfrei und ersetzen jede ideale Spannungsquelle durch eine Kurzschlussverbindung. Dabei bleibt die Reihenschaltung der Innenwiderstände übrig:

$$R_{ie} = R_{i1} + R_{i2} = 0{,}05\ \Omega$$

Der Innenleitwert ist $G_{ie} = 1/R_{ie} = 20$ S. Der Quellenstrom der Ersatzquelle ist:

$$I_{qe} = G_{ie}\, U_{qe} = 54 \text{ A}$$

Wie schon im Abschnitt 1.5.3 erläutert, sind die Ersatzspannungsquelle und die Ersatzstromquelle gleichwertig. Deshalb ist es im Allgemeinen nicht erforderlich, beide Ersatzquellen zu bestimmen, und man begnügt sich mit derjenigen Quelle, deren Größen sich einfacher ermitteln lassen.

Beispiel 2.13
Wir wollen die Ersatzquelle der von einer idealen Spannungsquelle gespeisten Brückenschaltung ermitteln.

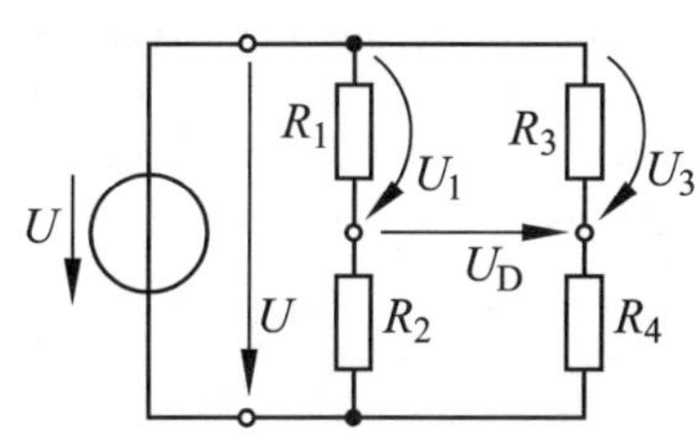

Zunächst berechnen wir die Spannungen U_1 und U_3 mit der Spannungsteilerregel:

$$U_1 = U \cdot \frac{R_1}{R_1 + R_2}; \; U_3 = U \cdot \frac{R_3}{R_3 + R_4}$$

Die Ersatzquellenspannung U_{qe} ist die Diagonalspannung U_D der unbelasteten Brücke.

Mit der Maschengleichung berechnen wir:

$$U_{qe} = U_D = U_3 - U_1 = U \cdot \frac{R_2 R_3 - R_1 R_4}{(R_1 + R_2)(R_3 + R_4)}$$

Den Innenwiderstand erhalten wir, indem wir die ideale Spannungsquelle kurzschließen und den Widerstand zwischen den Klemmen berechnen, zwischen denen U_D liegt:

$$R_{ie} = \frac{1}{G_1 + G_2} + \frac{1}{G_3 + G_4}$$

Wie das Beispiel zeigt, lässt sich für die von einer idealen Spannungsquelle gespeiste Brückenschaltung (kurz: spannungsgespeiste Brücke) die Ersatzspannungsquelle einfach ermitteln.

Beispiel 2.14
Wir wollen die Ersatzquelle der von einer idealen Stromquelle gespeisten Brückenschaltung ermitteln.

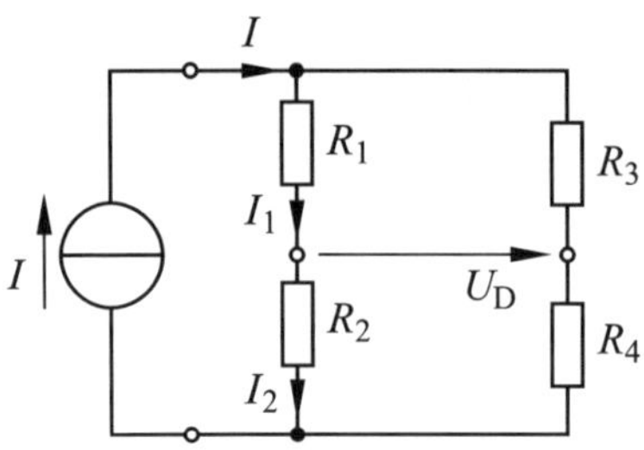

Zunächst denken wir uns die Brücke zwischen den Klemmen kurzgeschlossen, zwischen denen die Spannung U_D liegt, und berechnen die Ströme I_1 und I_2 mit der Stromteilerregel:

$$I_1 = I \cdot \frac{G_1}{G_1 + G_3}; \; I_2 = I \cdot \frac{G_2}{G_2 + G_4}$$

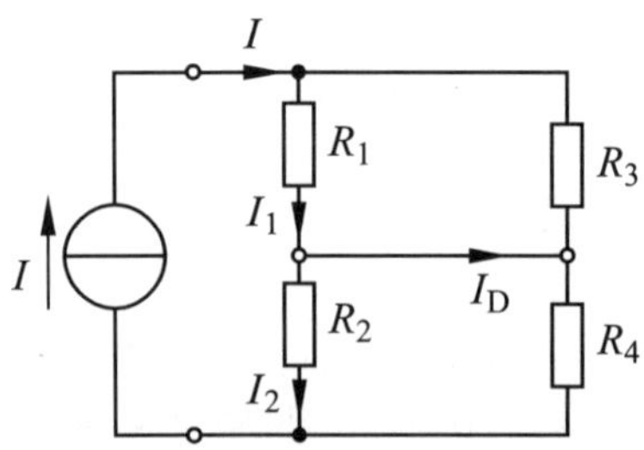

Mit der Knotengleichung berechnen wir:

$$I_{qe} = I_D = I_1 - I_2 = I \cdot \frac{G_1 G_4 - G_2 G_3}{(G_1 + G_3) \cdot (G_2 + G_4)}$$

Den Innenleitwert erhalten wir, indem wir die ideale Stromquelle durch eine Unterbrechung ersetzen und den Leitwert zwischen den Klemmen berechnen, an denen die Spannung U_D liegt:

$$G_{ie} = \frac{1}{R_1 + R_3} + \frac{1}{R_2 + R_4}$$

2.5 Überlagerungssatz

Die Berechnung der Spannungen und Ströme einer linearen Schaltung, die *mehrere* Quellen enthält, kann dadurch vereinfacht werden, dass man diese Quellen *einzeln* berücksichtigt und zunächst die von ihnen hervorgerufenen Teilströme bzw. Teilspannungen berechnet. Diese werden nach dem **Überlagerungssatz** (HELMHOLTZ, 1853) addiert; man erhält dadurch den Gesamtstrom bzw. die Gesamtspannung.

Bei der Berechnung eines Teilstromes bzw. einer Teilspannung bleibt nur *eine* Quelle in der Schaltung; die übrigen Quellen werden unwirksam gemacht, wobei

- eine Spannungsquelle durch einen Kurzschluss ersetzt wird;
- eine Stromquelle durch eine Unterbrechung ersetzt wird.

Beispiel 2.15
Wir wollen den Strom I_4 mit dem Überlagerungssatz berechnen.

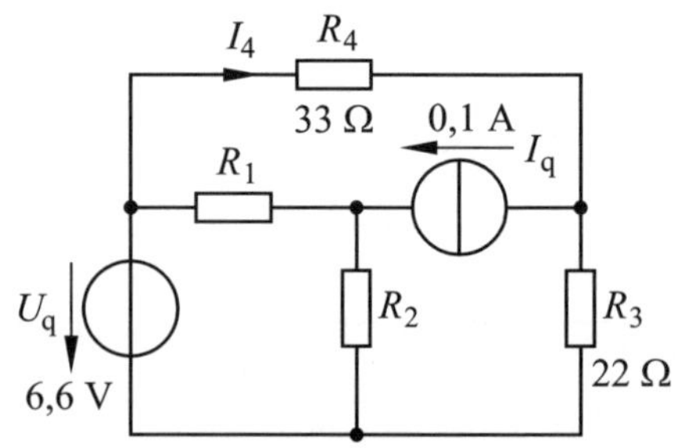

Wir berücksichtigen zunächst die Spannungsquelle und ersetzen die Stromquelle durch eine Unterbrechung. Dabei fließt durch den Widerstand R_4 der Teilstrom:

$$I_{4a} = \frac{U_q}{R_3 + R_4} = 0{,}12 \text{ A}$$

Anschließend berücksichtigen wir die Stromquelle und ersetzen die Spannungsquelle durch eine Unterbrechung. Diese bewirkt, dass sowohl die Widerstände R_1 und R_2 als auch die Widerstände R_3 und R_4 parallel geschaltet sind. Wir setzen mit der Stromteilerregel an:

$$\frac{I_q}{G_3 + G_4} = \frac{I_{4b}}{G_4}$$

Damit berechnen wir den Teilstrom $I_{4b} = 0{,}04$ A und erhalten den Gesamtstrom:

$$I_4 = I_{4a} + I_{4b} = 0{,}16 \text{ A}$$

2.6 Knotenpotenzialverfahren

Eine Schaltung mit mehreren Maschen wird **Netzwerk** *(network)* oder kurz **Netz** genannt. Mit zunehmender Zahl der Knoten und Zweige wird die Berechnung, d.h. die Auflösung der Knoten- und Maschengleichungen, aufwändiger. Bei größeren Netzwerken arbeitet man daher zweckmäßig mit Rechnerunterstützung.

Im Folgenden befassen wir uns mit der **Netzwerkanalyse** *(network analysis)*, bei der sämtliche Quellen- und Widerstandswerte gegeben und die Zweigspannungen und -ströme gesucht sind.

Die Zweigspannungen werden mit dem **Knotenpotenzialverfahren** berechnet. Dabei wird ein Knoten des Netzwerks als **Bezugsknoten** ausgewählt, dem das Bezugspotenzial $\varphi = 0$ V zugeordnet wird (s. Abschn. 2.3.2). Der Bezugsknoten erhält die Knotennummer 0 und die übrigen Knoten werden aufsteigend nummeriert.

Ein Netzwerk, das mit dem Knotenpotenzialverfahren bearbeitet werden soll, darf nur aus Leitwerten und Stromquellen bestehen. Widerstände müssen in Leitwerte und lineare Spannungsquellen in lineare Stromquellen (s. Abschn. 1.5.3) umgewandelt werden.

Der Name des Verfahrens rührt daher, dass als unbekannte Größen die Potenziale der Knoten berechnet werden. Ein Knotenpotenzial ist gleich der Spannung zwischen diesem Knoten und dem Bezugsknoten, weil das Potenzial des Bezugsknotens den Wert $\varphi_0 = 0$ hat; so gilt z. B. für die Spannung zwischen den Knoten 1 und 0:

$$U_{1,0} = \varphi_1 - \varphi_0 = \varphi_1 \tag{2.23}$$

Die Spannung zwischen einem Knoten und dem Bezugsknoten wird als **Knotenspannung** bezeichnet.
Beim Knotenpotenzialverfahren wird für jeden Knoten mit einer Knotennummer > 0 die Knotengleichung angesetzt; der Bezugsknoten mit der Knotennummer Null bleibt unberücksichtigt, weil sein Potenzial $\varphi_0 = 0$ festgelegt ist. Die Zweigspannungen der Schaltung werden durch Knotenspannungen ersetzt.

Beispiel 2.16
Wir wollen für die im Diagonalzweig mit einem Widerstand R_L belastete Brückenschaltung das Gleichungssystem des Knotenpotenzialverfahrens aufstellen.

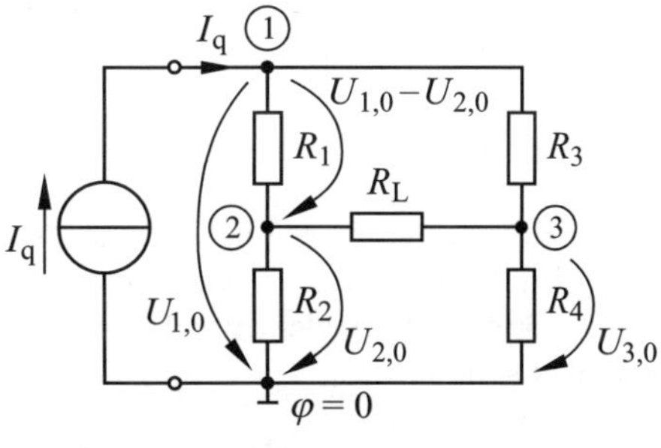

Die Knotengleichungen lauten:

$$G_1\,(U_{1,0} - U_{2,0}) + G_3\,(U_{1,0} - U_{3,0}) = I_q$$

$$G_1\,(U_{1,0} - U_{2,0}) = G_2\,U_{2,0} + G_L\,(U_{2,0} - U_{3,0})$$

$$G_3\,(U_{1,0} - U_{3,0}) + G_L\,(U_{2,0} - U_{3,0}) = G_4\,U_{3,0}$$

Für die Knotengleichungen wurde jeder Widerstand durch seinen Leitwert ersetzt.
Wir schreiben das Gleichungssystem in Matrixform:

G_1+G_3	$-G_1$	$-G_3$		$U_{1,0}$		I_q
$-G_1$	$G_1+G_2+G_L$	$-G_L$	$\cdot$	$U_{2,0}$	$=$	0
$-G_3$	$-G_L$	$G_3+G_4+G_L$		$U_{3,0}$		0

Mit den Knotenspannungen können die Zweigspannungen berechnet werden; so fällt z. B. am Widerstand R_1 die Spannung $U_{1,0} - U_{2,0}$ ab.

Die quadratische Matrix des Gleichungssystems, in der die Leitwerte stehen, wird als **Knoten-Leitwertmatrix** bezeichnet. Die 1. Zeile und die 1. Spalte gehören zum Knoten 1, die 2. Zeile und die 2. Spalte gehören zum Knoten 2 usw.

Wie das Beispiel zeigt, ist die Knoten-Leitwertmatrix symmetrisch; ihre Felder sind nach einem einfachen Schema aufgefüllt:

- die Hauptdiagonalelemente sind positiv, die übrigen Elemente negativ;
- in jedem Hauptdiagonalelement steht die Summe der Leitwerte, die mit einem Anschluss am betreffenden Knoten liegen;
- in jedem der übrigen Elemente steht die negative Summe der Leitwerte, die zwischen den zugehörigen Knoten liegen.

In der einspaltigen Matrix auf der rechten Seite des Gleichungssystems stehen die Quellenströme. Weist der Bezugspfeil eines Quellenstromes zum betreffenden Knoten hin, so wird dieser Strom zum zugehörigen Matrixelement addiert; andernfalls wird er subtrahiert.

Wegen des einfachen Aufbaus der Matrizen ist es nicht erforderlich, zu Beginn einer Schaltungsberechnung mit dem Knotenpotenzialverfahren die Knotengleichungen aufzustellen; die Matrizen des Gleichungssystems können vielmehr zu Beginn der Berechnung direkt aufgefüllt werden.

Eine Schaltung, die mit dem Knotenpotenzialverfahren bearbeitet wird, darf lediglich Stromquellen und Leitwerte enthalten. Widerstände und lineare Spannungsquellen können problemlos entsprechend umgewandelt werden. Eine ideale Spannungsquelle lässt sich jedoch nicht in eine Ersatzschaltung aus Leitwert und Stromquelle umwandeln, sie scheint also für die Bearbeitung mit dem Knotenpotenzialverfahren nicht geeignet zu sein.
Für dieses Problem gibt es eine elegante Lösung, die wir an einer Schaltung mit *einer* idealen Spannungsquelle zeigen wollen. Wir legen den Bezugsknoten an einen Pol dieser Quelle und kennen damit eine Knotenspannung; das Gleichungssystem enthält eine Gleichung weniger.

Beispiel 2.17
Wir wollen das Gleichungssystem des Knotenpotenzialverfahrens für die Schaltung mit der idealen Spannungsquelle aufstellen.

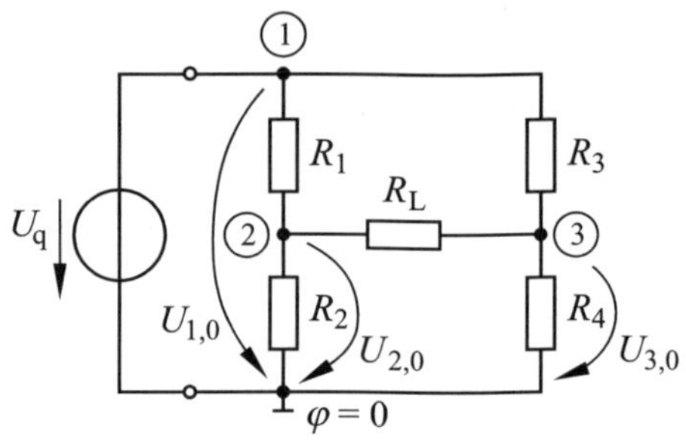

Da wir die Spannung $U_{1,0} = U_q$ bereits kennen, ist die Zeile 1 des Gleichungssystems nicht erforderlich.

				U_q		
$-G_1$	$G_1+G_2+G_L$	$-G_L$	$\cdot$	$U_{2,0}$	$=$	0
$-G_3$	$-G_L$	$G_3+G_4+G_L$		$U_{3,0}$		0

Die Produkte $G_1\,U_q$ und $G_3\,U_q$ bringen wir auf die rechte Seite des Gleichungssystems:

$G_1+G_2+G_L$	$-G_L$	$\cdot$	$U_{2,0}$	$=$	G_1U_q
$-G_L$	$G_3+G_4+G_L$		$U_{3,0}$		G_3U_q

3 Zeitabhängige Größen

3.1 Periodische Größen

3.1.1 Periodendauer und Frequenz

Für eine zeitabhängige Spannung $U(t) = u$ und einen zeitabhängigen Strom $I(t) = i$ werden in der Elektrotechnik Kleinbuchstaben als Formelzeichen verwendet. Alle übrigen zeitabhängigen Größen erhalten den Zusatz „(t)“; so ist z. B. $P(t)$ eine zeitabhängige Leistung.

Eine zeitabhängige Größe wird als **periodisch** bezeichnet, wenn sich ihr Zeitverlauf nach der **Periodendauer** *(period)* T wiederholt. Man sagt, dass die periodische Größe *schwingt*, und bezeichnet den Vorgang als **Schwingung** *(oscillation)*.

Die Anzahl der Schwingungen, die eine periodische Größe in einer Sekunde durchführt, wird **Frequenz** *(frequency)* f genannt:

$$f = \frac{\text{Schwingungszahl}}{\text{Sekunde}} \tag{3.1}$$

Die Einheit der Frequenz f ist:

$[f] = 1$ **Hertz** $= 1\ \text{Hz} = 1\ \text{s}^{-1}$

Die Periodendauer T der Schwingung ist der Kehrwert der Frequenz f:

$$T = \frac{1}{f}\ ; \quad \text{Einheit: } 1\ \text{s} \tag{3.2}$$

Eine schwingende Größe nimmt in jeder Periode einen Maximalwert und einen Minimalwert an. Die Differenz dieser Größen wird **Schwingungsbreite** oder auch **Spitze-Spitze-Wert** *(peak-to-peak value)* genannt. Das zugehörige Formelzeichen der Größe erhält den Index pp; so gilt z. B. für einen Strom:

$$i_{pp} = i_{max} - i_{min} \tag{3.3}$$

Es ist nicht zulässig, den Index pp an die Einheit der Größe zu schreiben.

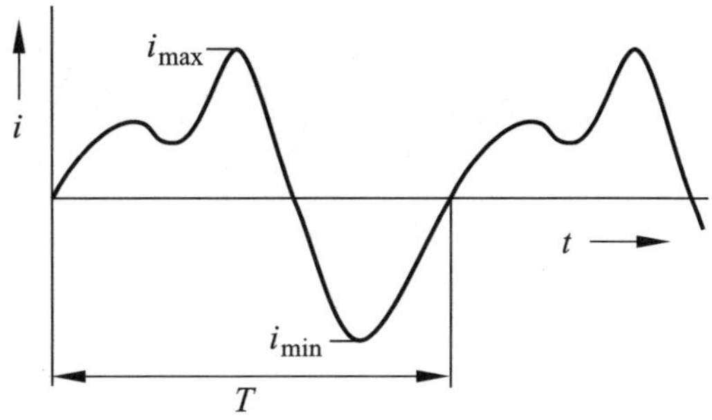

Bild 3.1 Liniendiagramm eines periodischen Stromes

Der größte *Betrag*, den eine periodische Spannung u bzw. ein periodischer Strom i in einer Periode annimmt, wird als **Scheitelwert** *(crest value)* $\hat{u}$ bzw. $\hat{i}$ bezeichnet.

3.1.2 Gleichwert und Gleichrichtwert

Der arithmetische Mittelwert eines periodischen Stromes oder einer periodischen Spannung wird auch **Gleichwert** genannt. Für einen Strom gilt:

$$\overline{i} = \frac{1}{T}\int_0^T i\,\mathrm{d}t \tag{3.4}$$

Das Formelzeichen für den Gleichwert wird durch einen Überstrich gekennzeichnet (z. B. $\overline{i}$; sprich: i quer).
Hat eine periodische Größe den Gleichwert Null, so wird sie als **Wechselgröße** bezeichnet. Ist z. B. $\overline{i} = 0$, so ist der Strom i ein **Wechselstrom** $i_\sim$ *(alternating current)*. Entsprechend handelt es sich bei der Spannung u mit $\overline{u} = 0$ um eine **Wechselspannung** $u_\sim$ *(alternating voltage)*.

Ein periodischer Strom mit dem Gleichwert $\overline{i} \neq 0$ wird **Mischstrom** genannt; dementsprechend wird eine zeitabhängige Spannung mit dem Gleichwert $\overline{u} \neq 0$ als **Mischspannung** bezeichnet.

Wird von einer periodischen Größe der *Betrag* gebildet, so spricht man von einer **Gleichrichtung**; wie das Bild 3.2 zeigt, wird dabei der negative Anteil „nach oben geklappt“. Eine derartige Gleichrichtung ist z. B. mit einer Zweipulsschaltung (s. Kap. 16) möglich.

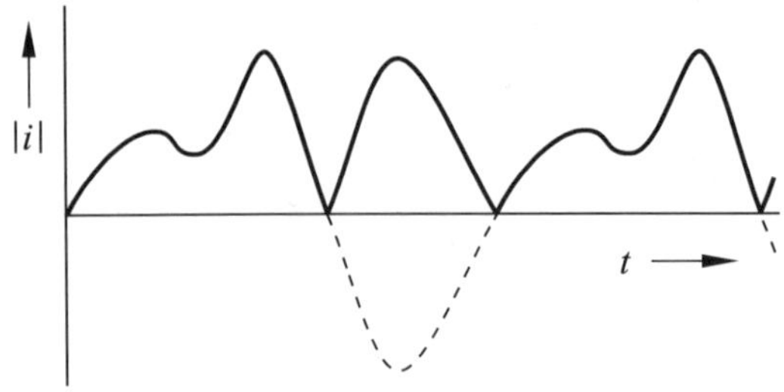

Bild 3.2 Betrag des Stromes nach Bild 3.1

Der arithmetische Mittelwert $\overline{|i|}$ eines gleichgerichteten Stromes wird als **Gleichrichtwert** bezeichnet:

$$\overline{|i|} = \frac{1}{T}\int_0^T |i|\,\mathrm{d}t \tag{3.5}$$

3.1.3 Wirkleistung und Effektivwert

Ein zeitabhängiger Strom i, der durch einen OHMschen Widerstand R fließt, erwärmt diesen Widerstand, wobei die Leistung $P(t)$ zeitabhängig ist:

$$P(t) = R\,i^2 \tag{3.6}$$

Der arithmetische Mittelwert der Leistung $P(t)$ wird **Wirkleistung** *(active power)* P genannt:

$$P = \frac{R}{T}\int_0^T i^2\,\mathrm{d}t \tag{3.7}$$

Dieselbe Wirkleistung P könnte auch durch einen Gleichstrom I entstehen, der durch denselben OHMschen Widerstand R fließt:

$$P = R\,I^2 \tag{3.8}$$

Die Stromstärke I dieses Gleichstromes, der dieselbe Wirkleistung in dem OHMschen Widerstand R hervorruft wie der zeitabhängige Strom i, wird **Effektivwert** *(root-mean-square value, RMS)* I_{eff} genannt; der Index eff wird jedoch im Allgemeinen weggelassen. Wir setzen die Gl. (3.8) in die Gl. (3.7) ein und erhalten:

$$I = \sqrt{\frac{1}{T}\int_0^T i^2\,\mathrm{d}t} \tag{3.9}$$

Entsprechend gilt für den Effektivwert U einer periodischen Spannung:

$$U = \sqrt{\frac{1}{T}\int_0^T u^2\,\mathrm{d}t} \tag{3.10}$$

Effektivwerte sind nur für Ströme und Spannungen definiert. Als Formelzeichen wird stets ein Großbuchstabe U bzw. I verwendet.

Der entscheidende Vorteil des Effektivwerts liegt darin, dass die Wirkleistung an einem OHMschen Widerstand mit der Gl. (3.8) berechnet werden kann. Wegen

Scheitelfaktor Spg.
$K_S = \frac{\hat{u}}{U}$

$$R = \frac{U}{I} \tag{3.11}$$

gilt entsprechend:

$$P = \frac{U^2}{R} \tag{3.12}$$

In der Technik wird deshalb bei der Angabe einer periodischen Spannung bzw. eines periodischen Stromes stets der Effektivwert genannt; auf Ausnahmen hiervon wird gesondert hingewiesen.

Setzt man die Gl. (3.11) in die Gl. (3.8) oder in die Gl. (3.12) ein, so erhält man:

$$P = U\,I \tag{3.13}$$

Beispiel 3.1
Ein Eintor wird an einer periodischen Spannung mit dem Effektivwert U = 230 V betrieben, wobei die Wirkleistung P = 100 W entsteht. Wir wollen den Effektivwert I des Stromes und den Widerstand R des Eintors berechnen.

Mit der Gl. (3.13) ergibt sich: I = 0,4348 A.

Den Widerstand berechnen wir mit der Gl. (3.11) und erhalten: R = 529 Ω.

3.2 Sinusgrößen

3.2.1 Kreisfrequenz und Phasenwinkel

Eine Sinusgröße ist eine periodische Spannung bzw. ein periodischer Strom mit der Frequenz f. Der Ansatz für eine Sinusspannung lautet:

$$u = \hat{u}\cos(2\pi f t + \varphi_u) \tag{3.14}$$

Entsprechend wird für einen Sinusstrom angesetzt:

$$i = \hat{i}\cos(2\pi f t + \varphi_i) \tag{3.15}$$

Bei einer Sinusschwingung wird der Scheitelwert $\hat{u}$ bzw. $\hat{i}$ als **Amplitude** *(amplitude)* bezeichnet.

Die vor der Zeit t stehenden Faktoren werden zur **Kreisfrequenz** *(angular frequency)* ω zusammengefasst:

$$\omega = 2\pi f \tag{3.16}$$

Während eine Frequenz in der Einheit 1 Hertz = 1 Hz angegeben wird, ist für die Kreisfrequenz ω (griech. Buchstabe omega) die Einheit s^{-1} vorgeschrieben. Mit der Kreisfrequenz ω lautet der Ansatz für eine Sinusspannung:

$$u = \hat{u}\cos(\omega t + \varphi_u) \tag{3.17}$$

Man kann sich das Zustandekommen einer zeitabhängigen Sinusgröße als Projektion eines Zeigers, der mit der Winkelgeschwindigkeit ω rotiert, auf eine Ebene erklären. Hat z. B. der Zeiger die Länge $\hat{u}$, so ist die Projektion gleich dem Augenblickswert $u = \hat{u}\cos(\omega t + \varphi_u)$.

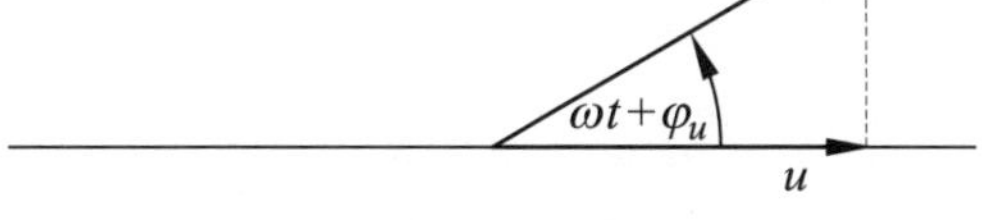

Bild 3.3 Die Projektion des rotierenden Zeigers, dessen Länge gleich der Amplitude ist, ergibt für den Zeitpunkt t den Augenblickswert u der Sinusgröße

Das Argument der cos-Funktion in der Gl. (3.17) bzw. in der Gl. (3.15) wird als **Phasenwinkel** *(phase angle)* bezeichnet; zum Zeitpunkt $t = 0$ ist es gleich dem Winkel φ_u bzw. φ_i. Dieser Winkel wird daher **Nullphasenwinkel** genannt. Als Index des Nullphasenwinkels wird die zugehörige physikalische Größe angegeben.
Üblicherweise wird der Nullphasenwinkel im Bereich $-\pi \le \varphi_u \le \pi$ gewählt.

Beispiel 3.2
Eine Sinusspannung mit dem Scheitelwert $\hat{u}$ = 18 V hat zum Zeitpunkt $t = 0$ den Augenblickswert u = 4,2 V. Welchen Nullphasenwinkel hat diese Spannung?

Wir setzen die Größen $\hat{u}$, u und $t = 0$ in die Gl. (3.14) ein und berechnen:

$$\varphi_{u1} = \arccos(4{,}2/18) = 76{,}5°$$

Wegen $\cos\varphi = \cos(-\varphi)$ gibt es in dem Bereich $-180° \le \varphi_u \le 180°$ eine weitere Lösung:

$$\varphi_{u2} = -76{,}5°$$

Eine Sinusschwingung mit dem Nullphasenwinkel $\varphi_u = 0$ bzw. $\varphi_i = 0$ wird als **nullphasige Schwingung** bezeichnet.

Der Nullphasenwinkel beschreibt die Phasenverschiebung der Sinusgröße. Das Bild 3.4 zeigt als Beispiel eine Spannung, welche der nullphasigen Schwingung **voreilt**; dabei ist ihr Nullphasenwin-

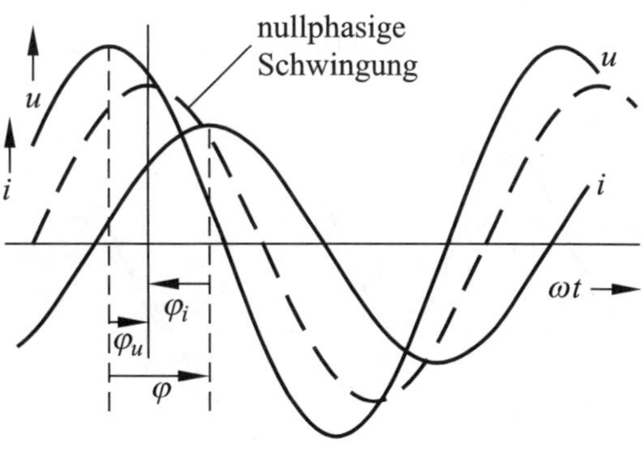

Bild 3.4 Nullphasige Schwingung und hierzu nacheilender Strom i sowie voreilende Spannung u

kel $\varphi_u > 0$. Außerdem zeigt das Bild 3.4 als Beispiel einen Sinusstrom, welcher der nullphasigen Schwingung **nacheilt**; dabei ist sein Nullphasenwinkel $\varphi_i < 0$.

Für $\varphi_u \neq \varphi_i$ ist die Spannung u gegen den Strom i **phasenverschoben**. Man bezeichnet die Differenz der Nullphasenwinkel als **Phasenverschiebungswinkel** *(phase angle)* φ:

$$\varphi = \varphi_u - \varphi_i \tag{3.18}$$

Ein *positiver* Nullphasenwinkel erhält einen Pfeil in Richtung zu *höheren* Winkelwerten, ein *negativer* Nullphasenwinkel erhält einen Pfeil, der zu *niedrigeren* Winkelwerten weist; entsprechendes gilt für einen Phasenverschiebungswinkel φ.

3.2.2 Kenngrößen

Da jede Sinusspannung symmetrisch zur Achse $u = 0$ und jeder Sinusstrom symmetrisch zur Achse $i = 0$ ist, hat eine Sinusspannung nach Gl. (3.17) bzw. ein entsprechender Sinusstrom den arithmetischen Mittelwert $\overline{u} = 0$ bzw. $\overline{i} = 0$.

Eine Sinusgröße hat stets den Gleichwert Null.

Zur Berechnung des Effektivwertes bilden wir zunächst die Leistung $P(t)$ und setzen dazu die Gl. (3.15) in die Gl. (3.6) ein:

$$P(t) = R\,[\,\hat{\imath}\,\cos(\omega t + \varphi_i)\,]^2 \tag{3.19}$$

Wie das Bild 3.5 zeigt, schwingt die Leistung $P(t)$ mit der doppelten Frequenz des Sinusstromes.

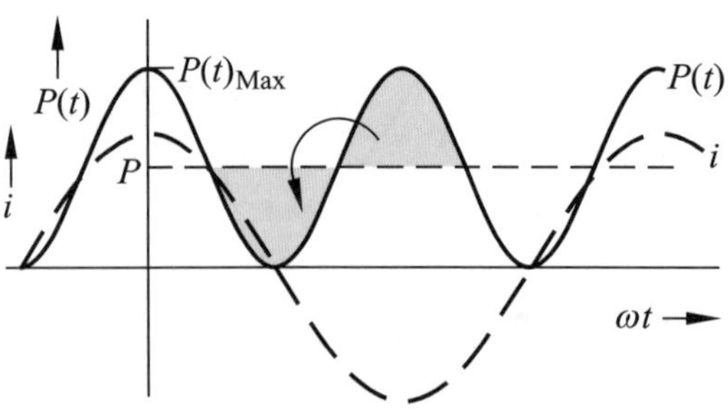

Bild 3.5 Ein Sinusstrom fließt durch einen OHMschen Widerstand: Leistung $P(t)$ und Wirkleistung P

Die Wirkleistung P beträgt genau die Hälfte des Maximalwerts der Leistung $P(t)$, denn die „Berge“ oberhalb des Mittelwerts füllen genau die „Täler“ unterhalb des Mittelwerts aus:

$$P = R\,I^2 = 0{,}5\;P(t)_{\max} = 0{,}5\;R\,\hat{\imath}^{\,2} \tag{3.20}$$

Hieraus ergibt sich der Zusammenhang zwischen dem Effektivwert und der Amplitude:

$$I = \frac{\hat{\imath}}{\sqrt{2}} \tag{3.21}$$

Wegen $U = R\,I$ gilt für eine Sinusspannung entsprechend:

$$U = \frac{\hat{u}}{\sqrt{2}} \tag{3.22}$$

Effektivwerte sind nur für Ströme und Spannungen definiert.
Dass die Leistung eines Sinusstromes schwingt (Bild 3.5), ist bei Erwärmungsvorgängen wegen der Trägheit der Wärmewirkung unbedeutend. Bei Beleuchtungsanlagen und elektrischen Antrieben kann sich die Schwingung der Leistung $P(t)$ störend auswirken.

Wird ein Sinusstrom mit einer Zweipulsschaltung (s. Kap. 16) gleichgerichtet, so wird der *Betrag* gebildet. Wir setzen die Gl. (3.15) in die Gl. (3.5) ein und berechnen den Gleichrichtwert dieses Stromes durch Integration:

$$\overline{|i|} = \frac{2}{T}\int_{-T/4}^{T/4} \hat{\imath}\,\cos\omega t\;\mathrm{d}t = \frac{2\,\hat{\imath}}{\pi} \tag{3.23}$$

Der Quotient aus dem Effektivwert und dem Gleichrichtwert einer Wechselgröße wird als **Formfaktor** bezeichnet; für einen Sinusstrom gilt:

$$k_\mathrm{f} = \frac{I}{\overline{|i|}} = \frac{\hat{\imath}\cdot\pi}{\sqrt{2}\cdot 2\,\hat{\imath}} = 1{,}111 \tag{3.24}$$

Der Formfaktor einer Sinusgröße hat stets den Wert $k_\mathrm{f} = 1{,}111$. Dieser Faktor ist z. B. in der Messtechnik von Bedeutung.

4 Elektrisches Feld

Wenn sich in einem Raumgebiet die Wirkungen elektrischer Ladungen nachweisen lassen, dann sagt man, dass in diesem Gebiet ein **elektrisches Feld** *(electric field)* vorhanden ist. Die Ladungen können sich in Bewegung oder in Ruhe befinden. Bewegen sich die Ladungen, so fließt ein elektrischer Strom; dies setzt voraus, dass ein Stromkreis, also ein geschlossener Weg elektrischer Leiter vorliegt.
Die Ladungen können sich nur dann nicht bewegen, wenn der Stromkreis durch einen Isolator unterbrochen ist. Man bezeichnet diesen Sonderfall des elektrischen Feldes in einem Isolierstoff als **elektrostatisches Feld** *(electrostatic field).*

4.1 Kondensatoren

Ein **Kondensator** *(capacitor)* besteht aus zwei Metallflächen, die durch einen Isolator elektrisch voneinander getrennt sind. Beim **Plattenkondensator** sind die Metallflächen planparallele Platten im Abstand l; der Zwischenraum wird vom Isolator ausgefüllt, der auch **Dielektrikum** genannt wird.

Verbindet man eine Quelle mit einem Kondensator, so fließt kurzzeitig ein Strom; durch ihn wird die Ladung Q von der einen Platte abgezogen und der anderen hinzugefügt. Der Strom hört dann zu fließen auf, wenn der Kondensator auf die Quellenspannung aufgeladen ist.

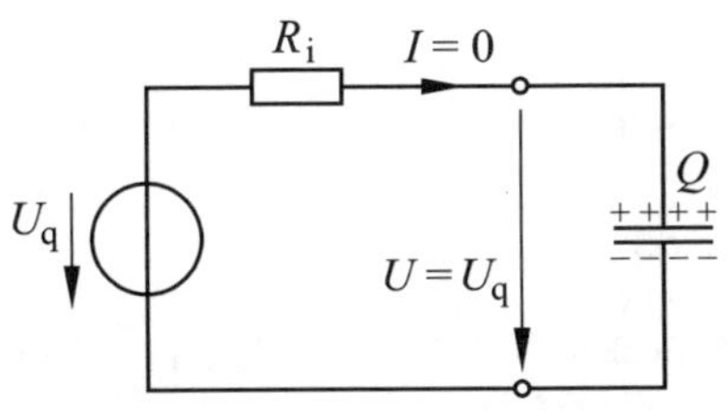

Bild 4.1 Aufgeladener Kondensator an einer Quelle mit der Quellenspannung U_q

Ein Metallteil, das an einen Nichtleiter grenzt, wird als **Elektrode** bezeichnet. Ist der Ladevorgang beendet, so besitzt die eine Elektrode des Kondensators die positive Ladung $Q > 0$ und die andere, auf welche diese Ladungen verschoben wurden, trägt die Ladung $-Q$. Man sagt kurz, der Kondensator enthält die Ladung Q.

Der Quotient aus Ladung und Spannung eines Kondensators wird **elektrische Kapazität** *(capacitance)* C genannt:

$$C = \frac{Q}{U} \tag{4.1}$$

Die Einheit der Kapazität ist:

$$[C] = 1\,\frac{\text{A s}}{\text{V}} = 1\,\frac{\text{Coulomb}}{\text{Volt}} = 1\,\frac{\text{C}}{\text{V}} = 1\ \textbf{Farad} = 1\ \text{F}$$

Eine Kapazität kann nicht nur für das Bauelement Kondensator angegeben werden, sondern auch für eine beliebige Anordnung aus zwei Leiterflächen, die durch einen Isolator elektrisch getrennt sind.

Beispiel 4.1
Welche Ladung trägt ein Kondensator mit der Kapazität 15 µF, der an der Spannung 12 V liegt?

$Q = C\,U = 15\ \mu\text{F} \cdot 12\ \text{V} = 0{,}18\ \text{mC}$

4.2 Flussdichte und Feldstärke

Auch auf die Ladungen eines Plattenkondensators wirken COULOMB-Kräfte; dadurch ziehen die Ladungen *ungleichen* Vorzeichens auf den gegenüberliegenden Elektroden einander an.
Da diese Ladungen im Metall frei beweglich sind, wandern sie an die einander gegenüberliegenden Oberflächen der Elektroden. Um Material einzusparen, kann man die Elektroden so dünn machen, wie es fertigungstechnisch möglich ist.
Die Ladungen *gleichen* Vorzeichens auf einer Elektrode des Plattenkondensators stoßen einander ab. Daher verteilt sich die Ladung gleichmäßig über die Oberfläche A der Platte.

Der Quotient aus Ladung und Fläche wird **elektrische Flussdichte** D genannt; hierfür wird auch die Bezeichnung **Verschiebungsdichte** *(dielectric displacement)* verwendet:

$$D = \frac{Q}{A}\ ; \ \text{Einheit: } 1\,\frac{\text{C}}{\text{m}^2} \qquad (4.2)$$

Die Wirkung der Ladung ist nicht nur im Bereich der Platten, sondern im gesamten Feldraum zwischen den Platten nachweisbar. Dies bedeutet, dass auch die elektrische Flussdichte D im gesamten Feldraum vorhanden ist.
Entsprechendes gilt auch für die elektrische Feldstärke E. Da beim Plattenkondensator die Spannung U gleichmäßig über dem Abstand l der Platten abfällt, beschreibt die Gl. (1.23) den Zusammenhang zwischen diesen Größen.

Ein elektrisches Feld, wie es z. B. im Dielektrikum eines geladenen Kondensators vorliegt, wird durch **Feldlinien** *(lines of force)* dargestellt, die jeweils an einer positiven Teilladung beginnen und an einer negativen Teilladung enden. Die Dichte der Feldlinien gibt die Stärke des Feldes an: Je dichter die Feldlinien, desto größer sind die elektrische Feldstärke E und die elektrische Flussdichte D.

Da sich die Ladungen auf den Elektroden des Plattenkondensators gleichmäßig verteilen, sind die Feldlinien im Inneren des Dielektrikums parallel; außerdem haben sie gleiche Abstände. Ein derartiges Feld wird **homogenes Feld** genannt.

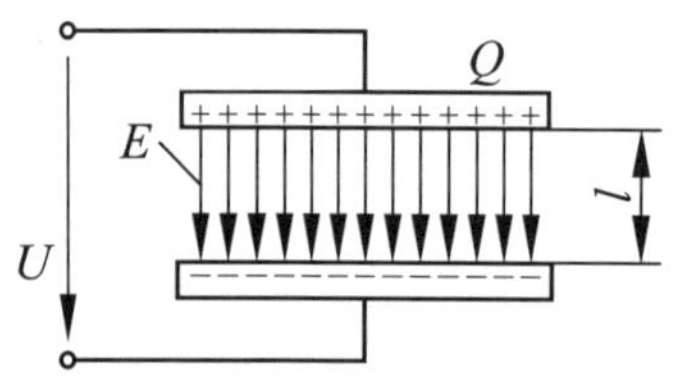

Bild 4.2 Homogenes Feld im Dielektrikum eines Plattenkondensators

In der Nähe des Randes der Platten sind die Ladungen nicht gleichmäßig verteilt, das Feld ist dort inhomogen. Dieser Feldanteil ist vernachlässigbar, wenn der Plattenabstand l wesentlich kleiner als die Länge und die Breite der Platte ist.

Je höher die Spannung U zwischen den Platten und damit die Feldstärke E, desto größer ist die Ladung und damit die elektrische Flussdichte D.

Demnach sind die Feldstärke und die Flussdichte einander proportional. Der Proportionalitätsfaktor wird als **Permittivität** *(permittivity)* ε (griech. Buchstabe epsilon) bezeichnet und es gilt:

$$D = \varepsilon E \qquad (4.3)$$

Die Permittivität des leeren Raumes (Vakuum) wird als **elektrische Feldkonstante** ε_0 bezeichnet:

$$\varepsilon_0 = 8{,}854 \cdot 10^{-12}\,\frac{\text{A s}}{\text{V m}} = 8{,}854 \cdot 10^{-12}\,\frac{\text{F}}{\text{m}} \qquad (4.4)$$

Damit lässt sich die elektrische Flussdichte für Vakuum angeben:

$$D_0 = \varepsilon_0 E \qquad (4.5)$$

Bei der elektrischen Flussdichte D_0 trägt der Kondensator die Ladung $Q_0 = D_0 A$. Befindet sich ein Isolierstoff zwischen den Platten, so ist bei unveränderter Feldstärke E die Ladung Q größer als die Ladung D_0; dementsprechend ist $D > D_0$. Der Quotient aus D und D_0 wird **Permittivitätszahl** *(relative permittivity)* genannt:

$$\varepsilon_r = \frac{D}{D_0} = \frac{Q}{Q_0} \qquad (4.6)$$

Mit den Gln. (4.3, 4.5 und 4.6) ergibt sich:

$$\varepsilon = \varepsilon_r\, \varepsilon_0 \qquad (4.7)$$

Tabelle 4.1 Permittivitätszahl von Isolierstoffen

Stoff	ε_r
Aluminiumoxid (Al_2O_3)	10
Bariumtitanat	> 1000
Glas	5 ... 12
Glimmer	5 ... 8
Hartpapier	5
Luft, trocken	1,0006
Papier, ölgetränkt	4,3
Polyethylen (PE)	2,3
Polypropylen (PP)	2,3
Polystyrol (PS)	2,5
Tantaloxid (Ta_2O_5)	25
Transformatoröl	2,3
Wasser, reinst	80,8

4.3 Kraft auf eine Ladung

Für die Herleitung des Zusammenhangs zwischen der elektrischen Feldstärke und der COULOMB-Kraft auf eine Ladung gehen wir von der Energie $W = F\,l$ aus, die bei der Verschiebung einer sehr kleinen „Probeladung“ $q \ll Q$ von der einen Kondensatorplatte auf die andere umgesetzt wird. Wenn die Ladung q so klein ist, dass sich die gesamte Ladung Q praktisch nicht ändert, dann bleibt auch die Spannung U bei der Verschiebung praktisch konstant. Mit der Gl. (1.4) ergibt sich:

$$U = \frac{W}{q} = \frac{F\,l}{q} \qquad (4.8)$$

Für ein homogenes Feld, bei dem die Spannung U zwischen den Kondensatorplatten gleichmäßig über dem Plattenabstand l abfällt, kann die Feldstärke E mit der Gl. (1.23) berechnet werden:

$$E = \frac{U}{l} = \frac{F}{q} \qquad (4.9)$$

Auf eine beliebige Ladung Q wirkt in einem elektrischen Feld der Feldstärke E die Kraft:

$$\vec{F} = Q\,\vec{E} \qquad (4.10)$$

4.4 Energie des geladenen Kondensators

Wird ein Kondensator, dessen Kapazität konstant ist, mit konstantem Strom geladen, so nimmt seine Ladung $Q(t) = I\,t$ linear mit der Zeit zu (Bild 1.7); entsprechendes gilt für die Spannung $u = Q(t)\,/\,C$.

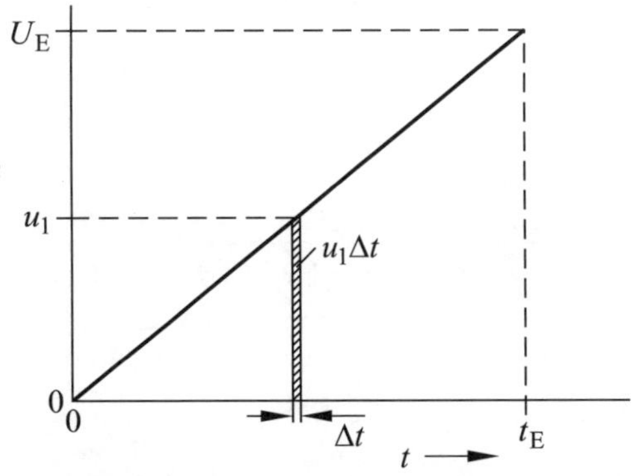

Bild 4.3 Laden eines Kondensators mit I = const.

Durch den Strom I wird in der Zeitspanne Δt dem auf die Spannung u_1 aufgeladenen Kondensator die Teilenergie $\Delta W = u_1\; I\; \Delta t$ zugeführt. Die gesamte Energie

$$W = I \sum\; (u\,\Delta t) \qquad (4.11)$$

ist die mit dem Strom I multiplizierte Fläche des Dreiecks unter der Kurve im Bild 4.3. Zum Zeitpunkt t_E enthält der Kondensator die Energie:

$$W_E = 0{,}5\; U_E\, I\, t_E = 0{,}5\; U_E\; Q_E$$

Mit der Gl. (4.1) gilt allgemein:

$$W = 0{,}5\; C\; U^2 \qquad (4.12)$$

Beispiel 4.2
Welche Kapazität muss ein Kondensator mit der Nennspannung 100 V haben, damit in ihm die Energie 1 J gespeichert werden kann?

Wir setzen $W = 1\ \mathrm{J} = 1\ \mathrm{N\,m} = 1\ \mathrm{W\,s}$ in die Gl. (4.12) ein und berechnen:

$$C = \frac{2\;W}{U^2} = 200\ \mu\mathrm{F}$$

4.5 Kondensator an Sinusspannung

Wird ein Kondensator mit der Kapazität C an einer Quelle betrieben, deren Spannung u zeitabhängig ist, so ist auch seine Ladung $Q(t)$ zeitabhängig und es gilt:

$$Q(t) = \int i\;\mathrm{d}t \qquad (4.13)$$

Mit der Gl. (4.1) ergibt sich:

$$\int i\;\mathrm{d}t = C\,u \qquad (4.14)$$

In differenzieller Form lautet diese Gleichung für eine konstante Kapazität C = const.:

$$i = C\,\frac{\mathrm{d}u}{\mathrm{d}t} \qquad (4.15)$$

Wird der Kondensator an einer Sinusspannung $u = \hat{u}\cos(\omega\, t + \varphi_u)$ mit dem Nullphasenwinkel $\varphi_u = 0$ betrieben, so fließt durch ihn der Strom:

$$i = \omega\, C\, \hat{u}\cos(\omega\, t + 90°) \qquad (4.16)$$

[Hinweis: Die zeitliche Ableitung von $\cos\omega t$ ergibt $-\omega\sin\omega t = \omega\cos(\omega\, t + 90°)$].
Der Strom in der Gl. (4.16) hat den Nullphasenwinkel $\varphi_i = 90°$ und die Amplitude $\hat{i} = \omega\, C\, \hat{u}$. Durch den Kondensator an Sinusspannung fließt ein Sinusstrom, welcher der Spannung um 90° voreilt.

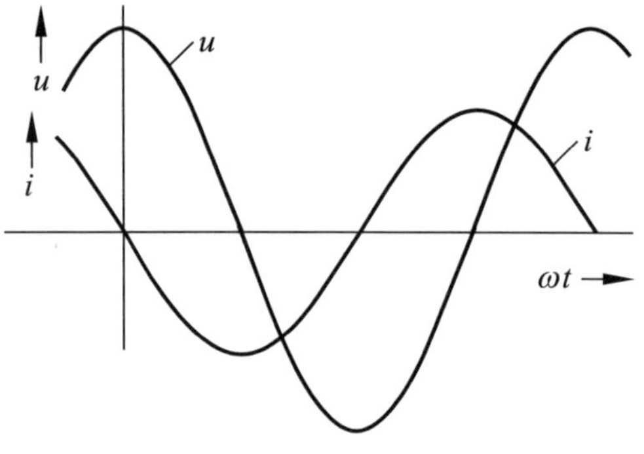

Bild 4.4 Liniendiagramm von Spannung und Strom an einem Kondensator mit konstanter Kapazität

4.6 Polarisationsverluste

Jedes Isolierstoff-Atom bzw. -Molekül enthält Ladungen, die aber nicht frei beweglich sind. Ist der Isolierstoff ungeladen, so haben die positiven Ladungen Q_p und die negativen $Q_n = -Q_p$ bei jedem Isolierstoff-Atom bzw. -Molekül den gleichen Betrag.
Die Ladungsschwerpunkte von Q_p und Q_n fallen jedoch nicht zusammen; dadurch entsteht ein Gebilde, das als **Dipol** *(dipole)* bezeichnet wird.

In einem *homogenen* Feld, z. B. dem Feld eines Plattenkondensators, wird jeder Dipol ausgerichtet, weil auf die positive Ladung eine Kraft in Feldrichtung und auf die negative Ladung eine Kraft gleichen Betrages entgegen der Feldrichtung wirkt (Bild 4.5).
In einem Wechselfeld kehren sich die Feldrichtung und die Ausrichtung der Dipole laufend um. Dies

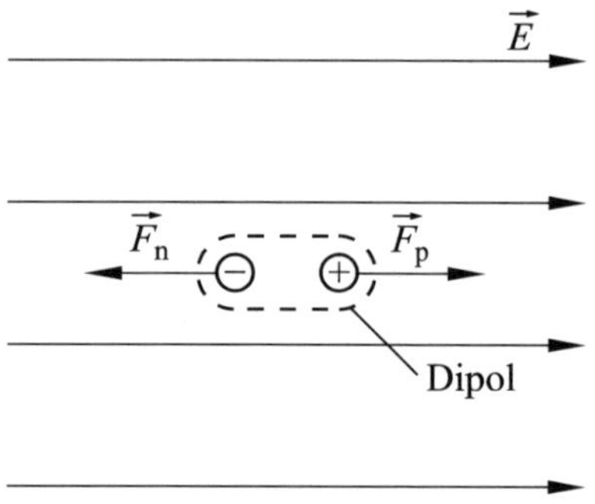

Bild 4.5 Dipol (schematische Darstellung) in einem homogenen elektrischen Feld

geschieht um so häufiger, je höher die Frequenz f der Wechselspannung ist. Die Drehung der Dipole bewirkt eine Verlustleistung; man bezeichnet sie als **Polarisationsverluste**. Diese in Wärme umgesetzten Verluste werden dem elektrischen Feld entnommen.
Die Polarisationsverluste sind bei der Umpolung des Wasser-Moleküls, das ebenfalls ein Dipol ist, besonders hoch. Deshalb darf die Isolation eines Gerätes kein Wasser enthalten; Isolierpapier muss z. B. im Vakuum getrocknet werden, bevor es mit Öl getränkt wird.
Die Polarisationsverluste sind nicht immer unerwünscht: Beim Mikrowellenherd dienen sie zur Erwärmung der Speisen und Getränke.

In einem *inhomogenen* Feld sind auch die Beträge der Kräfte unterschiedlich (Bild 4.6). Die resultierende Kraft versucht, den Dipol in die Richtung höherer Feldstärke zu bewegen; dieser Kraft kann der Dipol in Gasen und Flüssigkeiten folgen.

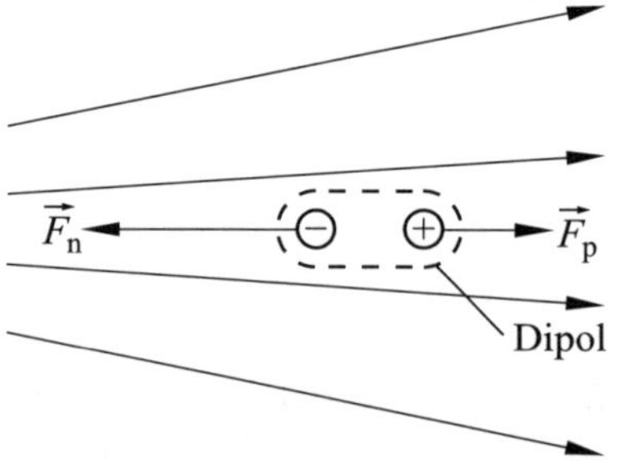

Bild 4.6 Dipol im inhomogenen elektrischen Feld

So werden z. B. die in der Luft vorhandenen Wassermoleküle von dem inhomogenen elektrischen Feld einer Hochspannungs-Freileitung zum Leiter hin gezogen. Vor allem bei Nebel oder Regen kann man die in Schall umgesetzten Bewegungen dieser H_2O-Dipole in der Umgebung der Freileitung hören: Die Freileitung „brummt".

4.7 Schaltvorgang in einer Schaltung mit einem Kondensator

Wird ein Kondensator zum Zeitpunkt $t = 0$ an eine Quelle mit der Quellenspannung U_q und dem Innenwiderstand R_i geschaltet, so lautet die Maschengleichung:

$$R_i\, i + u_C = U_q \tag{4.17}$$

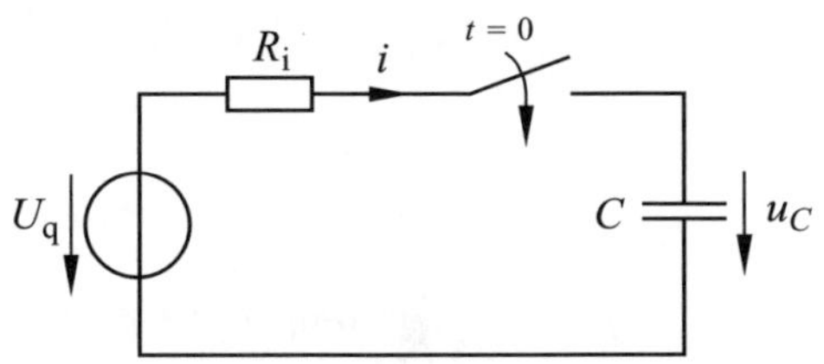

Bild 4.7 Schaltvorgang in einer Schaltung mit einem Kondensator

Die Größen U_q und R_i können auch die Ersatzgrößen einer linearen zweipoligen Schaltung sein (s. Abschnitt 2.4.2).
Setzt man die Gl. (4.15) in die Gl. (4.17) ein, so erhält man mit der **Zeitkonstanten** *(time constant)* τ (griech. Buchstabe tau)

$$\tau = R_i\, C \tag{4.18}$$

eine lineare Differenzialgleichung 1. Ordnung für die Spannung u_C des Kondensators:

$$\tau \frac{du_C}{dt} + u_C = U_q \tag{4.19}$$

Für die Lösung dieser Gleichung werden zwei Größen benötigt:

1. Die **Anfangsbedingung** *(initial condition,* IC*)* $U_A = u_C$ für $t = 0$. Ist z. B. der Kondensator im Schaltzeitpunkt $t = 0$ ungeladen, so ist $U_A = 0$.
2. Der **Endwert** $U_E = u_C$ für $t \to \infty$. Dabei ist der Strom $i = 0$ und es ist $U_E = U_q$.

Mit diesen Größen lautet die Lösung der Gl. (4.19):

$$u_C = U_E + (U_A - U_E) \cdot e^{-\frac{t}{\tau}} \tag{4.20}$$

Mit den Gln. (4.15 und 4.18) ergibt sich:

$$i = \frac{U_E - U_A}{R_i} \cdot e^{-\frac{t}{\tau}} \tag{4.21}$$

Beispiel 4.3

Ein entladener Kondensator $C = 2{,}0\ \mu F$ wird zum Zeitpunkt $t = 0$ an eine Quelle $U_q = 10$ V; $R_i = 50\ \Omega$ geschaltet. Wir wollen die Liniendiagramme der Spannung u_C und des Stromes i zeichnen.

$U_A = 0$; $U_E = 10$ V; $\tau = R_i\, C = 0{,}1$ ms

$u_C = 10\ V \cdot (1 - e^{-t/\tau})$; $i = 0{,}2\ A \cdot e^{-t/\tau}$

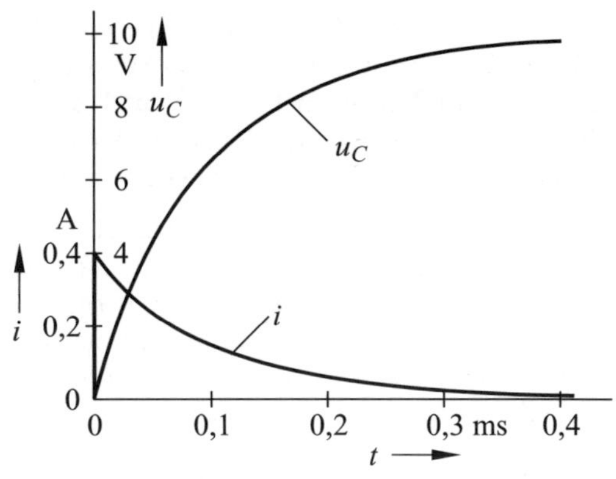

Beispiel 4.4

Ein auf 100 V aufgeladener Kondensator $C = 0{,}15\ \mu F$ entlädt sich über seinen Isolationswiderstand 50 GΩ. Wir wollen die Spannung u_C berechnen, die zum Zeitpunkt $t = 4\ \tau$ an den Klemmen des Kondensators liegt.

$U_A = 100$ V; $U_E = 0$; $\tau = R\, C = 7500$ s $= 125$ min

Für $t = 4\ \tau = 500$ min ist $e^{-t/\tau} = e^{-4} = 0{,}0183$

$u_C = U_A \cdot e^{-t/\tau} = 1{,}83$ V

5 Magnetisches Feld

5.1 Feldlinien von Magneten

Ein **Magnet** *(magnet)* ist ein Körper, der Eisenteile anziehen und festhalten kann. Eine der Wirkungen, die ein Magnet hervorrufen kann, ist also die Erzeugung von *Kräften.* An den beiden Enden jedes Magneten ist die Kraftwirkung am stärksten; diese Stellen werden als **Pole** *(pole)* bezeichnet. Das Gebiet zwischen den Polen, in dem nur geringe magnetische Wirkungen vorhanden sind, wird **indifferente Zone** genannt.

Ein Raumgebiet, in dem sich magnetische Wirkungen nachweisen lassen, bezeichnet man als **magnetisches Feld** *(magnetic field).* Die Ursache der magnetischen Wirkung ist stets eine *Bewegung* von Ladungen. Es gibt zwei unterschiedliche Arten der Erzeugung eines Magnetfeldes:

- Da sich in einem stromführenden Leiter Ladungen bewegen, ist ein solcher Leiter stets von einem Magnetfeld umgeben. Das Magnetfeld verschwindet, wenn der Strom abgeschaltet wird. Ein Magnet, dessen durch stromführende Leiter erzeugtes Magnetfeld technisch genutzt wird, wird **Elektromagnet** genannt.
- Ein Magnet, dessen Magnetfeld dauernd besteht und nicht wie ein Strom abgeschaltet werden kann, wird als **Dauermagnet** *(permanent magnet)* bezeichnet. Das Magnetfeld wird hierbei von Elektronen bei der Bewegung um Atomkerne des Dauermagnetmaterials erzeugt.

In der *Natur* kommen starke Magnetfelder in der Umgebung der Strombahnen von Blitzströmen vor. Die Wirkungen natürlicher Dauermagneten sind dagegen schwach; so gehen z. B. von Magneteisenstein Fe_3O_4, einem hochwertigen Eisenerz, schwache magnetische Wirkungen aus.

Auch der Planet *Erde* besitzt ein Magnetfeld. Die leicht drehbare Magnetnadel eines Kompasses stellt sich etwa in die geografische Nord-Süd-Richtung ein. Der Pol, der nach Norden zeigt, wird als **Nordpol**, der andere als **Südpol** bezeichnet. Als Ursache des Erdmagnetfeldes nimmt man Ströme im Erdinneren an.

Die Bezeichnungen *Nordpol* und *Südpol*, die eigentlich nur bei der Magnetnadel eines Kompasses Bedeutung haben, werden auch bei jedem anderen Magneten verwendet.

Die Kräfte, die zwei Magnete aufeinander ausüben, sind von der *Art* der Pole abhängig.

> Gleichnamige Pole stoßen einander ab, ungleichnamige Pole ziehen einander an.

Der Nordpol der Magnetnadel wird vom Südpol des Erdmagnetfelds angezogen, der zwischen dem kanadischen Festland und dem geografischen Nordpol liegt; der magnetische Nordpol liegt am Rand der Antarktis. Wegen der großen Entfernung zwischen magnetischem und geografischem Pol zeigt der Kompass nicht exakt nach Norden; es entsteht eine *Missweisung*, die ortsabhängig ist.

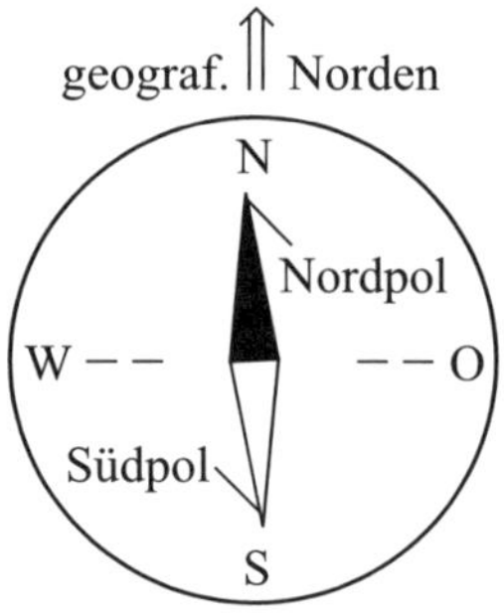

Bild 5.1 Anzeige eines Kompasses in der Mitte Deutschlands (z. B. Kassel)

Zwar kann die *Richtung* eines Magnetfelds durch eine kleine drehbare Magnetnadel angezeigt werden, die aber keine Information über die Stärke des Magnetfelds liefert. Magnetfelder werden daher zweckmäßig mit geeigneten Messgeräten gemessen.

Ein Hilfsmittel zur grafischen Darstellung des Feldverlaufs sind die **Feldlinien**. Die *Richtung* einer Feldlinie gibt für die betreffende Stelle die Richtung der Kraft an, in die sich eine drehbare Magnetnadel einstellt. Die *Dichte* der Feldlinien ist wie beim elektrischen Feld ein Maß für die Stärke des Feldes, also für den Betrag der Kraft, die das Magnetfeld auf ein Eisenstück ausübt.

Ein Feld, dessen Feldlinien an jeder Stelle gleichen Abstand und gleiche Richtung haben, wird **homogen** genannt. Wegen des gleichen Abstands der Feldlinien hat das homogene Feld an jeder Stelle gleiche Feldstärke. So ist z. B. das Magnetfeld in unmittelbarer Nähe eines Pols des Stabmagneten (Bild 5.2 b) nahezu homogen und im übrigen Feldraum inhomogen.

a)

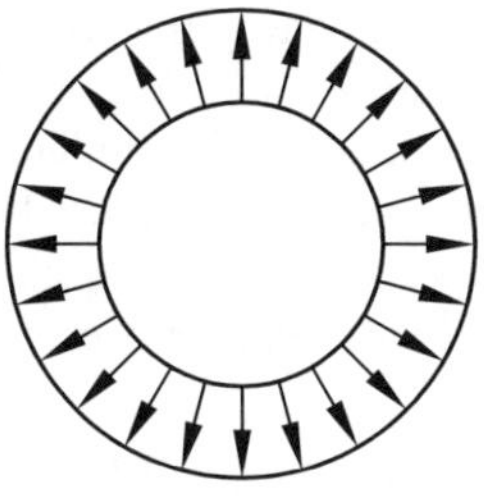

b)

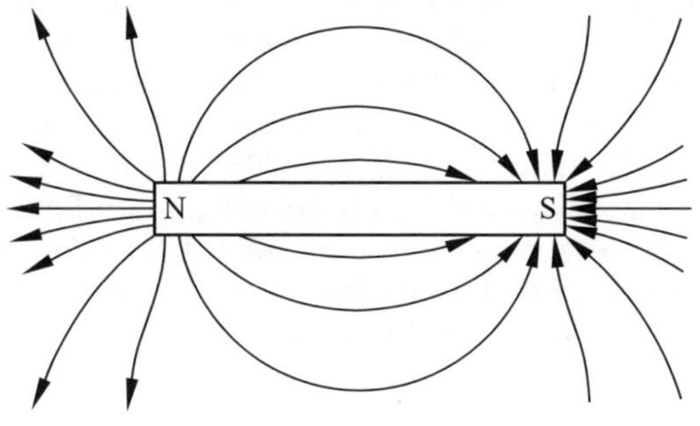

Bild 5.2 Feldlinien im Inneren eines radial magnetisierten Ringmagneten (a) bzw. in der Umgebung eines Stabmagneten (b)

Im Gegensatz zu den Feldlinien eines elektrischen Feldes, die stets einen Anfang und ein Ende haben, ist jede Feldlinie eines Magnetfeldes *in sich geschlossen.* Dies gilt auch für Dauermagnete: Bei ihnen schließen sich die Feldlinien im Magnetmaterial.

Dass magnetische Feldlinien in sich geschlossen sind, erkennt man z. B. beim Feld eines stromführenden Leiters: Die Feldlinien eines langen, geraden, zylindrischen Leiters sind konzentrische Kreise senkrecht zur Leiterachse (Bild 5.3). Mit wachsendem Abstand vom Leiter nimmt die Stärke des Magnetfeldes ab; dies zeigen die zunehmenden Abstände zwischen je zwei Feldlinien.

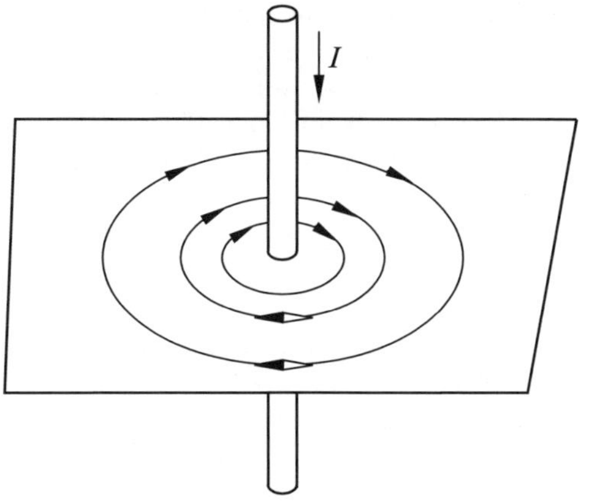

Bild 5.3 Feldlinien in der Umgebung eines geraden, stromdurchflossenen Leiters

Bei der Darstellung in einer Ebene (Bild 5.4) wird die Stromrichtung durch einen *Punkt* angedeutet, wenn der Strom *zum* Betrachter *hin*fließt (man sieht die Spitze des Pfeils). Fließt der Strom *vom* Betrachter *weg*, so wird die Stromrichtung durch ein *Kreuz* angedeutet (man sieht die Federn des Pfeils).

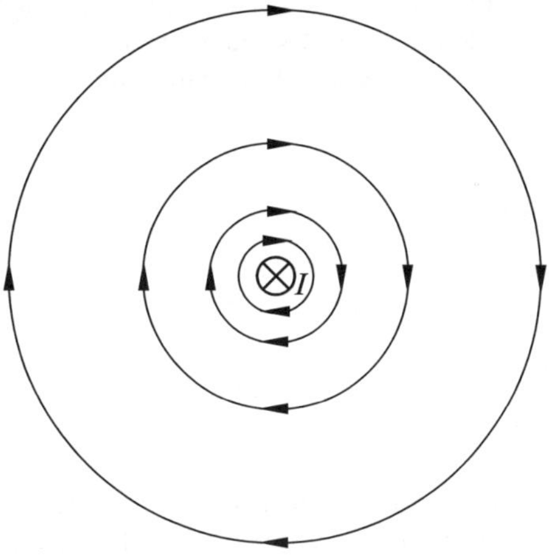

Bild 5.4 Ebene Darstellung der Feldlinien in der Umgebung eines stromdurchflossenen Leiters

5.2 Magnetische Flussdichte

Die *Intensität* eines Magnetfeldes wird zweckmäßig mit Hilfe einer Anordnung definiert, bei der ein sehr langer, gerader Stromleiter senkrecht zu den Feldlinien eines homogenen Magnetfeldes geführt ist, das zwischen zwei planparallelen Magnetpolen entsteht. Auf den Leiter, der den Strom I führt, wird im Magnetfeld der Länge l senkrecht zur Zeichenebene im Bild 5.5 die Kraft F ausgeübt.

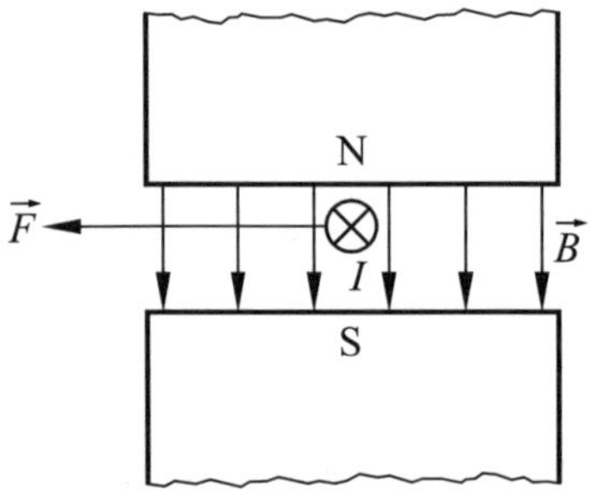

Bild 5.5 Kraft auf einen stromführenden Leiter in einem ursprünglich homogenen Magnetfeld (das inhomogene Magnetfeld des Leiters ist nicht dargestellt)

Die Kraft ist um so größer, je größer die Stromstärke I bzw. je größer die Länge l des Leiters im Magnetfeld und je stärker die Intensität des Magnetfeldes ist. Mit diesem Zusammenhang lässt sich die physikalische Größe definieren, welche die Intensität des Magnetfelds beschreibt; sie wird **magnetische Flussdichte** *(magnetic flux density)* B genannt:

$$B = \frac{F}{I\,l} \tag{5.1}$$

Die Einheit der magnetischen Flussdichte B ist:

$$1\,\frac{\text{N}}{\text{Am}} = 1\,\frac{\text{J}}{\text{Am}^2} = 1\,\frac{\text{VAs}}{\text{Am}^2} = 1\,\frac{\text{V s}}{\text{m}^2} = 1\ \textbf{Tesla} = 1\ \text{T}$$

Die Flussdichte ist ebenso wie die Kraft eine gerichtete Größe, also ein Vektor. Das Bild 5.5 zeigt die Zuordnung der Vektoren $\vec{F}$ und $\vec{B}$ zum Richtungssinn der Stromstärke I.

So wie es zur Stromdichte einen zugehörigen Strom gibt, so gehört zu einer Flussdichte B ein **magnetischer Fluss** *(magnetic flux)* Φ (griech. Buchstabe Phi). Für ein homogenes Magnetfeld lässt sich der Fluss Φ, der durch die Fläche A hindurchtritt, einfach berechnen:

$$\Phi = B\,A \tag{5.2}$$

Die Einheit des magnetischen Flusses Φ ist:

$$[\Phi] = 1\,\frac{\text{V s}}{\text{m}^2}\cdot 1\,\text{m}^2 = 1\ \text{V s} = 1\ \textbf{Weber} = 1\ \text{Wb}$$

Man zeichnet die Feldlinien eines Magnetfeld stets so, dass zwischen zwei benachbarten Feldlinien der gleiche Teilfluss Φ_T hindurchtritt. Damit kann man bei einem inhomogenen Feld vom Abstand der Feldlinien auf die Flussdichte B schließen: Je kleiner der Abstand der Feldlinien ist, desto größer ist dort die magnetische Flussdichte.
Die Tangente an eine Feldlinie ergibt die Richtung des Feldvektors im betreffenden Punkt.

5.3 Durchflutungsgesetz

Die Flussdichte des Magnetfelds in der Umgebung eines stromdurchflossenen Leiters ist von der Stromstärke I abhängig. Sie nimmt mit wachsendem Abstand r von der Mittelachse des Leiters ab. Die Inhomogenität des Feldes zeigen die zunehmenden Abstände der kreisförmig den Leiter umgebenden Feldlinien an (Bild 4.4). Befindet sich der stromdurchflossene Leiter im *Vakuum*, so hat die Flussdichte den Betrag:

$$B = \mu_0\,\frac{I}{2\pi r} \tag{5.3}$$

Diese Beziehung gilt auch dann mit sehr guter Näherung, wenn der Leiter in Luft oder einem anderen „unmagnetischen" Material (s. Kap. 5.5) eingebettet ist.
Die Größe μ_0 wird **magnetische Feldkonstante** *(absolute permeability)* genannt:

$$\mu_0 = 4\pi\cdot 10^{-7}\,\frac{\text{V s}}{\text{A m}} = 1{,}257\cdot 10^{-6}\,\frac{\text{V s}}{\text{A m}} \tag{5.4}$$

Werden N Leiter vom gleichen Strom I durchflossen, so bestimmt die Summe der Ströme, die von einer kreisförmigen Feldlinie mit dem Radius r umfasst werden, die Flussdichte des Magnetfelds:

$$B = \mu_0\,\frac{N\,I}{2\pi r} \tag{5.5}$$

Dabei ist es für die magnetische Wirkung unerheblich, ob es sich um N parallele Leiter oder um einen einzelnen Leiter handelt, der zu einer Spule mit der Windungszahl N aufgewickelt ist.
Die Summe der Ströme, die von einer Feldlinie umfasst werden, wird **Durchflutung** *(magnetomotive force)* Θ (griech. Buchstabe Theta) genannt:

$\Theta = N\,I$; Einheit: 1 A (5.6)

Diese Gleichung gilt mit $N = 1$ auch für den Sonderfall des Einzelleiters.
Durch Einsetzen in die Gl. (5.5) erhält man:

$$B = \mu_0 \frac{\Theta}{2\pi r} \qquad (5.7)$$

Eine kreisförmige Feldlinie mit dem Radius r, die den stromdurchflossenen Leiter umschließt, hat die Länge $l = 2\,\pi\,r$. Man kann sich vorstellen, dass für jedes Teilstück der Feldlinie der gleiche Anteil an Durchflutung aufzubringen ist, und bezeichnet die Durchflutung je Länge als **magnetische Feldstärke** *(magnetic field strength)* H:

$$H = \frac{\Theta}{l} \qquad (5.8)$$

Wird diese Gleichung mit $l = 2\pi r$ in die Gl. (5.7) eingesetzt, so erkennt man, dass im Vakuum die Flussdichte der magnetischen Feldstärke proportional ist:

$$B = \mu_0 H \qquad (5.9)$$

Ein Magnetfeld kann also entweder durch die Flussdichte B oder durch die Feldstärke H beschrieben werden.

Sind bei einer symmetrischen Anordnung die Feldlinien konzentrische Kreise (Bild 5.6), so hat die magnetische Feldstärke längs einer Feldlinie konstanten Betrag. Das Produkt $H\,l = \Theta$ ist die von einer Feldlinie umfasste Durchflutung, unabhängig vom Radius r des kreisförmigen Weges.

Wird der geschlossene Weg, der die Leiter umfasst, nicht als konzentrischer Kreis um die Leiter gewählt, so ändert sich der Betrag der Feldstärke

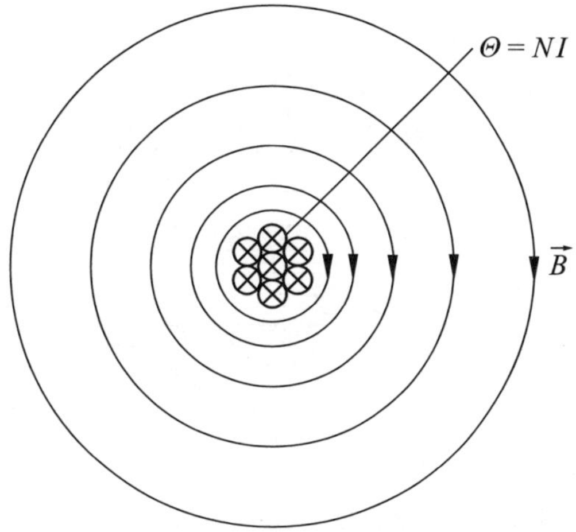

Bild 5.6 Die Durchflutung Θ erzeugt die magnetische Flussdichte B

längs des Weges. In diesem Fall ist die Länge l der Feldlinie in so kleine Teilstücke der Länge Δl aufzuteilen, dass für jedes dieser Teilstücke der Betrag H der Feldstärke als konstant angesehen werden kann. Damit ergibt sich die Durchflutung:

$$\Theta = \sum (H\,\Delta l) \qquad (5.10)$$

Diese für die Berechnung magnetischer Kreise maßgebende Beziehung wird als **Durchflutungsgesetz** bezeichnet.

5.4 Spulen

Das Magnetfeld in der Umgebung eines einzelnen Leiters ist für viele technische Anwendungen zu schwach. Wickelt man den Leiter zu einer **Spule** *(coil)* auf, so erhält man in ihrem Inneren ein Magnetfeld, das sich aus der Überlagerung der Magnetfelder sämtlicher Einzelleiter ergibt.

Das Bild 5.7 zeigt, dass das Magnetfeld im Inneren der **Zylinderspule** einem homogenen Feld nahekommt. Bei der näherungsweisen Berechnung der Feldstärke H_i im Mittelpunkt der Zylinderspule setzt man für den Innenraum ein homogenes Feld an und vernachlässigt das inhomogene Feld im Außenraum. Mit der Länge l und der Windungszahl N der Spule ergeben die Gln. (5.6 und 5.8):

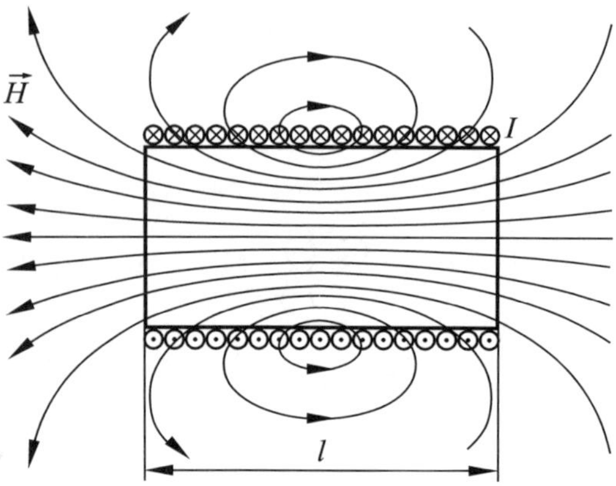

Bild 5.7 Zylinderspule

$$H_i \approx \frac{NI}{l} \tag{5.11}$$

Ein mit dieser Gleichung berechneter Wert kommt dem wahren Wert der Feldstärke im Mittelpunkt der Spule nahe, wenn die Länge der Spule ein Mehrfaches des Durchmessers beträgt.

Die Zylinderspule ist zwar einfach zu fertigen, hat aber den Nachteil, dass ihr Magnetfeld im Außenraum vielfach störend wirkt. Der Vorteil der **Kreisringspule** *(toroidal coil)* besteht in einem geringen Streufeld im Außenraum, da das Magnetfeld im Spuleninneren konzentriert ist.

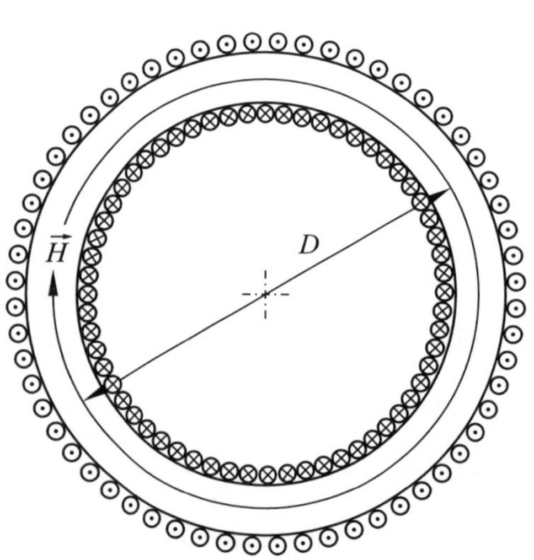

Bild 5.8 Kreisringspule

Für die Fertigung der Kreisringspule werden teure Wickelmaschinen benötigt.

Bei der Kreisringspule umschließt jede Feldlinie im Innenraum die Durchflutung $\Theta = NI$.
Im Bild 5.8 ist die mittlere Feldlinie mit der Länge $l_m = \pi D$ eingezeichnet. An jeder Stelle dieser Feldlinie hat die Feldstärke den Betrag:

$$H_m = \frac{NI}{\pi D} \tag{5.12}$$

5.5 Materie im Magnetfeld

Die Gl. (5.9) beschreibt den Zusammenhang zwischen der Flussdichte B_0 und der magnetischen Feldstärke H für *Vakuum*. Wird die Umgebung des stromführenden Leiters bzw. der Innenraum der Spule mit einem Material gleichmäßig ausgefüllt, so liegt bei gleicher Feldstärke H eine Flussdichte B vor, die von der Flussdichte B_0 für Vakuum abweicht. Dieser Zusammenhang wird mit Hilfe der **Permeabilitätszahl** μ_r beschrieben:

$$B = \mu_r B_0 = \mu_r \mu_0 H \tag{5.13}$$

Das Produkt aus der Permeabilitätszahl μ_r und der magnetischen Feldkonstanten μ_0 wird als **Permeabilität** *(permeability)* μ bezeichnet:

$$\mu = \mu_r \mu_0 \tag{5.14}$$

Die Permeabilität μ hat die gleiche Einheit wie die magnetische Feldkonstante μ_0 (s. Gl. 5.4).

Tabelle 5.1 Permeabilitätszahl μ_r einiger Stoffe

Stoff	μ_r
Wismut	0,999843
Silber	0,999921
Blei	0,999984
Kupfer	0,999990
Luft	1,00000035
Tantal	1,000018
Aluminium	1,000024
Wolfram	1,000067
Platin	1,000256

Bei den meisten Stoffen ist der Unterschied zwischen B und B_0 sehr gering; dies bedeutet, dass ihre Permeabilitätszahl $\mu_r \approx 1$ beträgt.
Stoffe mit $\mu_r < 1$ werden als **diamagnetisch**, Stoffe mit $\mu_r > 1$ als **paramagnetisch** bezeichnet. Die geringen Unterschiede werden z. B. bei Messverfahren ausgenutzt.

Beispiel 5.1
Welche Feldstärke H und welche Flussdichte B herrschen auf der Feldlinie mit dem Durchmesser D = 20 cm in einer luftgefüllten Kreisringspule, deren 400 Windungen vom Strom 0,8 A durchflossen werden?

Die Durchflutung ist $\Theta = NI$ = 320 A. Mit der Gl. (5.12) ergibt sich die Feldstärke H=509,3 A/m. Die Flussdichte ist:

$$B = \mu_r \mu_0 H = 1 \cdot 4\pi \cdot 10^{-7} \frac{\mathrm{V\,s}}{\mathrm{A\,m}} \cdot 509{,}3 \; \frac{\mathrm{A}}{\mathrm{m}} = 0{,}64 \text{ mT}$$

Bei einigen Stoffen ist der Unterschied zwischen B und B_0 wesentlich größer als bei den paramagnetischen Stoffen; diese Stoffe mit $\mu_r \gg 1$ werden nach dem technisch wichtigsten unter ihnen, dem *Eisen*, als **ferromagnetische Stoffe** bezeichnet.

Außer dem Eisen sind von Natur aus auch Nickel und Kobalt ferromagnetisch. Außerdem gibt es viele ferromagnetische Legierungen, darunter sogar solche, deren Bestandteile nicht zu den ferromagnetischen Stoffen gehören.

Ferromagnetismus kann nur bei bestimmten Kristallstrukturen fester Stoffe auftreten. Besonders deutlich wird dies am Beispiel von Chromnickelstahl CrNi 18/8: Obwohl seine Bestandteile Eisen (74 %) und Nickel (8 %) ferromagnetisch sind, ist dieser Stahl aufgrund seiner normalen Kristallstruktur (Austenit) unmagnetisch. Nach einer Kaltverformung kann jedoch Martensit entstehen, wobei der Chromnickelstahl ferromagnetisch ist.

Man kann sich einen ferromagnetischen Stoff vereinfacht aus „Elementarmagneten" bestehend vorstellen. Innerhalb der sog. **Weissschen Bezirke** (0,001 … 0,1 mm³) sind sämtliche Elementarmagnete gleich ausgerichtet. Solange die Weissschen Bezirke ungeordnet sind, wirkt ein solcher Stoff nach außen unmagnetisch.
Wird dieser Stoff zum ersten Mal in ein Magnetfeld zunehmender Feldstärke H gebracht, so ergibt sich eine Abhängigkeit $B = f(H)$, die als **Neukurve** bezeichnet wird (Bild 5.9). Zunächst wachsen diejenigen Weissschen Bezirke, deren Ausrichtung mit der Richtung des äußeren Feldes übereinstimmt (a). Dann vergrößern die Gebiete, deren Magnetisierungsrichtung nicht zu stark von der Richtung des angelegten Magnetfeldes abweicht, durch Wegfall der Trennwände die schon ausgerichteten Bezirke (b), wobei die Flussdichte im ferromagnetischen Stoff besonders stark zunimmt. Schließlich werden die übrigen Weissschen Bezirke in die Richtung des äußeren Feldes gedreht (c); man bezeichnet einen Stoff, bei dem dies der Fall ist, als **gesättigt**. Nach dem Erreichen der Sättigung nimmt die Flussdichte B nur noch wie im Vakuum zu (d); die Steigung der Neukurve ist dabei gleich μ_0.

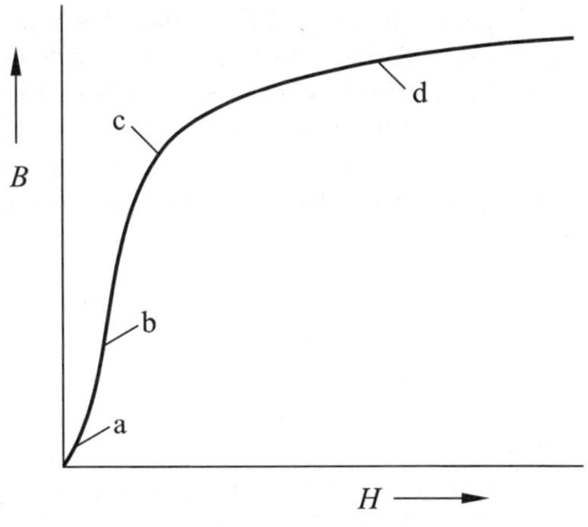

Bild 5.9 Neukurve eines ferromagnetischen Stoffes

Nimmt die magnetische Feldstärke H in einem ferromagnetischen Material, z. B. im Kern einer Kreisringspule, durch Erhöhen der Stromstärke zu, so wird, wie beschrieben, die Neukurve durchlaufen. Nach dem Abschalten des Stromes, also bei H = 0, bleibt eine Flussdichte, die **Remanenzflussdichte** B_r genannt wird (Bild 5.10).

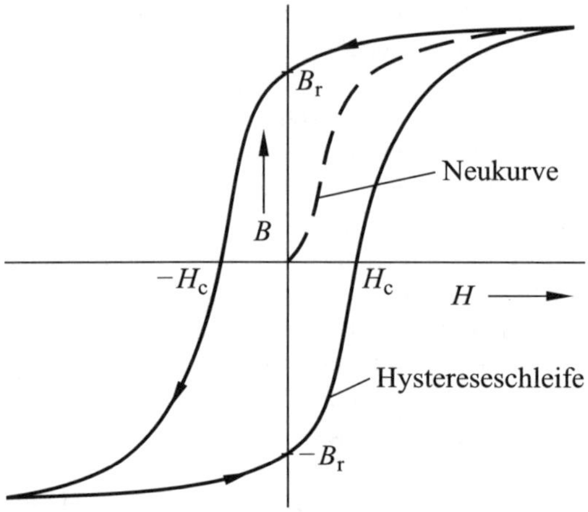

Bild 5.10 Hystereseschleife eines ferromagnetischen Stoffes

Die vollständige Entmagnetisierung des ferromagnetischen Materials erfordert, ebenso wie die Magnetisierung, eine Energiezufuhr. Dazu muss der Magnetisierungsstrom umgepolt werden, so dass ein Magnetfeld in Gegenrichtung das Restmagnetfeld kompensiert.
Die Feldstärke, bei der mit $B = 0$ das Magnetfeld im ferromagnetischen Stoff restlos abgebaut ist, wird als **Koerzitivfeldstärke** H_c bezeichnet. Eine weitere Magnetisierung mit $-I$, ein Abschalten des Stromes und eine folgende Magnetisierung mit $+I$ ergibt die im Bild 5.10 dargestellte **Hystereseschleife** *(hysteresis loop).*

Die ferromagnetischen Eigenschaften sind temperaturabhängig. Da die innere thermische Energie die spontane Ausrichtung der Weissschen Bezirke erschwert, wird die Remanenzflussdichte mit zunehmender Temperatur kleiner. Bei der **Curie-Temperatur** verschwindet der Ferromagnetismus sprunghaft und der Stoff ist oberhalb dieser Temperatur praktisch unmagnetisch. Die Curie-Temperatur von Eisen liegt bei 770 °C, die von Nickel bei 358 °C.

Ferromagnetische Stoffe, die in ein Magnetfeld gebracht werden, erfahren eine Änderung der geometrischen Abmessungen; dieser Effekt wird **Magnetostriktion** genannt. Er ist z.B. die Ursache des „Brummens" von Transformatoren und Magneten, die an Wechselspannung betrieben werden.

5.6 Magnetische Werkstoffe

Je nach der Form der Hystereseschleife ergeben sich unterschiedliche magnetische Eigenschaften. Die magnetischen Werkstoffe können grundsätzlich in zwei Gruppen eingeteilt werden:

- Stoffe, die häufig ummagnetisiert werden, (z.B. in Transformatoren), besitzen eine schmale Hystereseschleife mit kleiner Koerzitivfeldstärke; sie werden als **magnetisch weich** bezeichnet.
- Dauermagnete dürfen sich nur schwer entmagnetisieren lassen, sie müssen eine breite Hystereseschleife mit hoher Koerzitivfeldstärke besitzen. Da Dauermagnete früher aus gehärtetem Stahl hergestellt wurden, bezeichnet man ihre Werkstoffe als **magnetisch hart**.

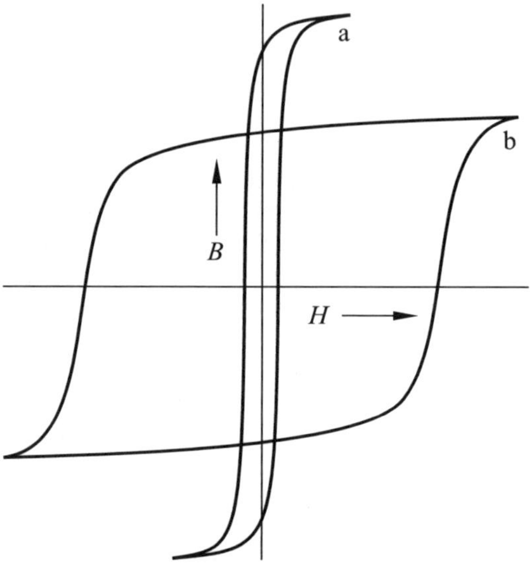

Bild 5.11 Hystereseschleife eines magnetisch weichen (a) und eines magnetisch harten (b) Stoffes

Bei den *magnetisch weichen* Werkstoffen verzichtet man auf die Darstellung der Hystereseschleife und zeichnet eine mittlere Kurve, die **Magnetisierungskurve** genannt wird (Bild 5.12).

Bei **Elektroblech** für elektrische Maschinen gibt die erste Zahl der Normbezeichnung die Ummagnetisierungsverluste an (s. Kap. 5.10). Die zweite Zahl gibt die Blechdicke in 1/100 mm an; so hat z.B. Elektroblech V400-50A die Dicke 0,5 mm.

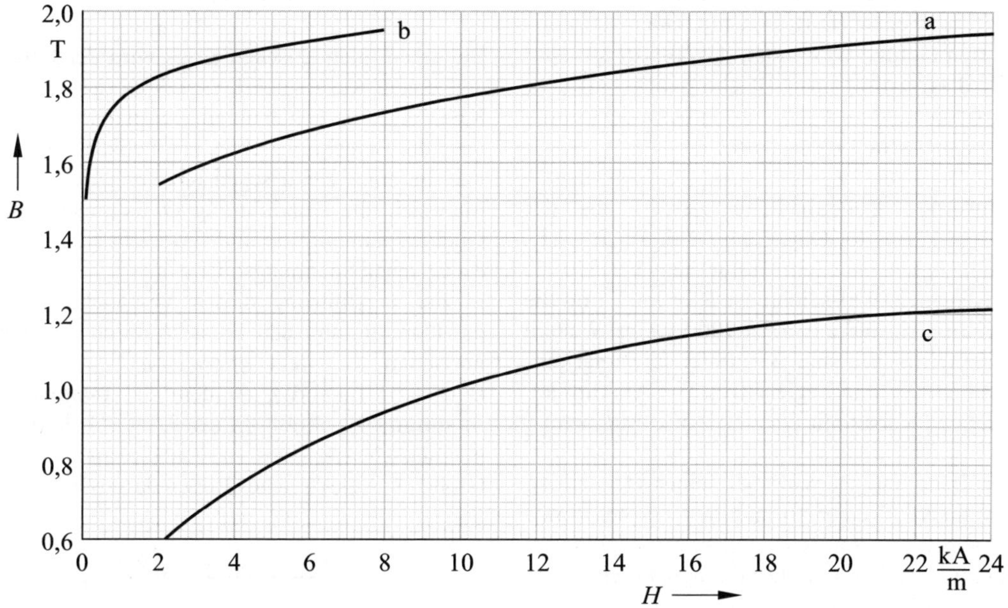

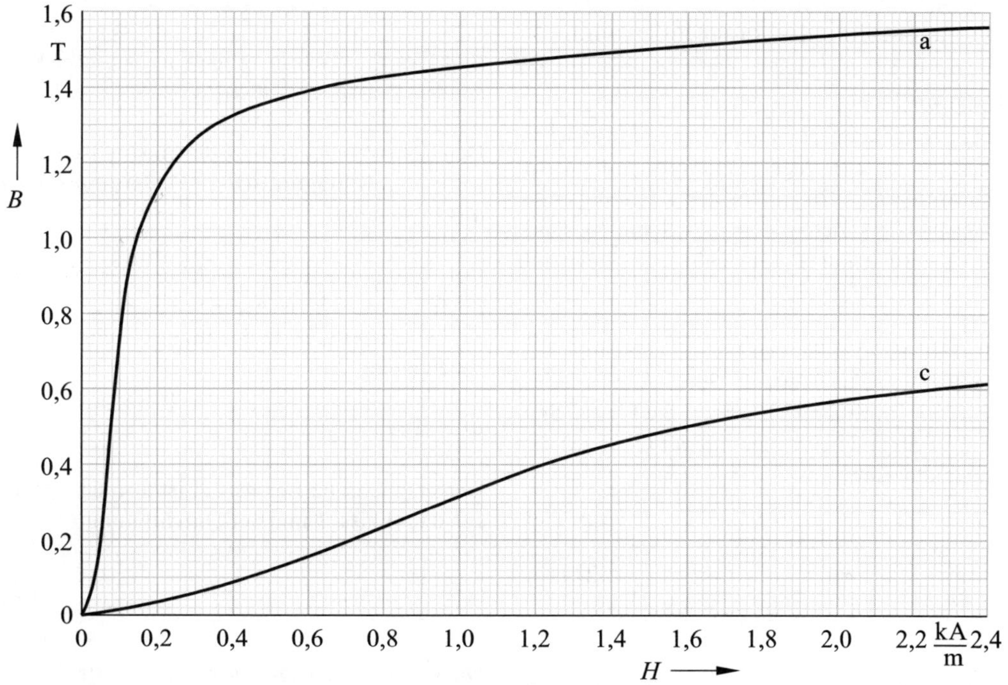

Bild 5.12 Magnetisierungskurven: a) kaltgewalztes Elektroblech V 400-50 A (isotrop), b) kornorientiertes Elektroblech VM 97-30N (anisotrop, Magnetisierung in Walzrichtung), c) Grauguss

Für Transformatoren werden außer den isotropen Elektroblechen auch Bleche mit einem kornorientierten Gefüge verwendet, das **Textur** genannt wird; diese anisotropen Bleche haben bei einer Magnetisierung in Walzrichtung besonders günstige magnetische Eigenschaften.

Hochwertige Dauermagnete werden aus der Neodym-Eisen-Bor-Legierung $Nd_{12}Fe_{14}B$ hergestellt; ihre CURIE-Temperatur liegt bei 330 °C. Die Remanenz-Flussdichte ist $B_r \approx 1{,}4$ T und die Koerzitiv-Feldstärke ist $H_c \approx 1000$ kA/m. Weitere Magnetwerkstoffe sind Bariumferrit, Samarium-Kobalt $SmCo_5$ und Legierungen von Aluminium, Nickel und Kobalt mit Eisen (AlNiCo-Magnete).

Jeder Dauermagnet wird bei seiner Herstellung im Magnetfeld einer stromdurchflossenen Spule aufmagnetisiert. Im Betrieb muss stets darauf geachtet werden, dass der Dauermagnet nicht durch ein zu starkes Gegenfeld, durch eine zu starke Erwärmung oder durch Erschütterungen entmagnetisiert wird. Ein Dauermagnet, der sich in einem magnetischen Kreis befindet, darf nicht ausgebaut werden, da er hierdurch entmagnetisiert wird.

Beispiel 5.2

Welche Feldstärke H und welche Flussdichte B herrschen auf der Feldlinie mit dem Durchmesser D = 20 cm in der Kreisringspule des Beispiels 5.1, deren Kern aus Schmiedestahl (Magnetisierungskurve a in Bild 5.12) gefertigt ist?

Da die Feldstärke nicht vom Material abhängig ist, ergibt sich derselbe Wert $H = 509{,}3$ A/m wie im Beispiel 5.1. Im Bild 5.12 lesen wir die Flussdichte $B = 1{,}37$ T ab und berechnen mit der Gl. (5.13) die Permeabilitätszahl:

$$\mu_r = \frac{B}{\mu_0 H} = \frac{1{,}37 \ \frac{\text{V s}}{\text{m}^2}}{4\pi \cdot 10^{-7} \ \frac{\text{V s}}{\text{A m}} \cdot 509{,}3 \ \frac{\text{A}}{\text{m}}} = 2141$$

Die Permeabilitätszahl μ_r gibt an, um welchen Faktor die Flussdichte im Eisenkern höher ist als die der luftgefüllten Kreisringspule.

5.7 Magnetische Kreise

Bei einem magnetischen Kreis wird der Fluss Φ auf einem vorgeschriebenen Weg geführt; die Kreisringspule ist hierfür ein Beispiel. Rein formal wird die Berechnung eines magnetischen Kreises wie die eines elektrischen Kreises durchgeführt: Man sieht die Durchflutung Θ als „magnetische Quellenspannung“ an und vergleicht sie mit einer elektrischen Spannungsquelle U_q.
In der Fortführung dieses Vergleichs „treibt“ die Durchflutung den Fluss Φ durch den **magnetischen Leitwert** *(permeance)* Λ (griech. Buchstabe Lambda), an dem die **magnetische Spannung** V_m abfällt. In der Ersatzschaltung des magnetischen Kreises werden die magnetischen Größen wie elektrische Größen dargestellt.

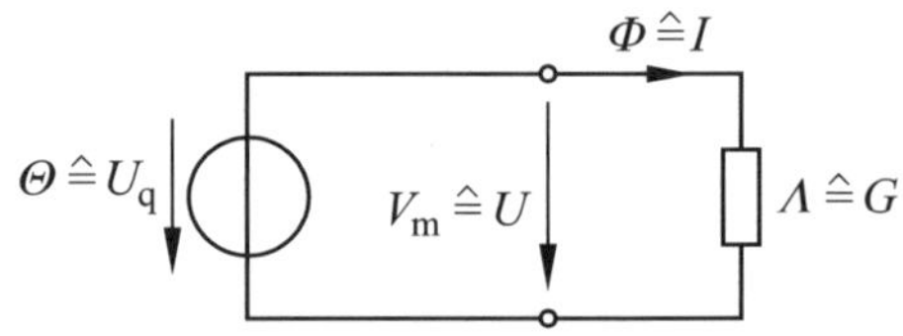

Bild 5.13 Ersatzschaltung eines magnetischen Kreises mit dem konstanten Leitwert Λ

Der Kehrwert $R_m = 1/\Lambda$ des magnetischen Leitwerts wird **magnetischer Widerstand** *(reluctance)* genannt.

Der Zusammenhang, welcher der Gleichung $I = G\,U$ des elektrischen Kreises entspricht, wird als **OHMsches Gesetz des magnetischen Kreises** bezeichnet:

$$\Phi = \Lambda\,\Theta \tag{5.15}$$

Der magnetische Leitwert Λ ist also der Quotient aus dem Fluss Φ und der Durchflutung Θ:

$$\Lambda = \frac{\Phi}{\Theta} \tag{5.16}$$

Die Einheit des magnetischen Leitwerts ist:

$$[\Lambda] = 1\,\frac{\text{Vs}}{\text{A}} = 1\ \textbf{Henry} = 1\ \text{H}$$

Der magnetische Leitwert ist nur dann konstant, wenn der magnetische Kreis frei von ferromagnetischem Material ist. Enthält der magnetische Kreis ferromagnetisches Material, so ist der magnetische Leitwert Λ von der Feldstärke H bzw. von der Flussdichte B abhängig.

Beispiel 5.3
Der Ringkern der Kreisringspule des Beispiels 5.2 hat den Querschnitt A = 1,5 cm². Welchen Leitwert Λ hat der Kreis, wenn die Stromstärke in der Spule 0,4 A bzw. 0,8 A beträgt?

Die Feldlinienlänge ist $l = \pi D = \pi \cdot 0{,}2$ m = 0,628 m.
Der Strom I = 0,4 A in der Spule erzeugt die Durchflutung $\Theta = N I = 160$ A. Für die magnetische Feldstärke $H = \Theta / l = 255$ A/m lesen wir im Bild 5.12 auf der Kurve a) die Flussdichte $B = 1{,}22$ T ab und berechnen damit den Fluss $\Phi = BA = 183$ µVs. Mit der Gl. (5.16) ergibt sich der magnetische Leitwert $\Lambda = 1{,}144$ µH.
Der Strom I = 0,8 A ergibt $\Theta = 320$ A und B = 1,37 T (s. Beispiel 5.2). Für Φ = 205,5 µVs berechnen wir mit der Gl. (5.16) den magnetischen Leitwert $\Lambda = 0{,}642$ µH.

Häufig ist bei technischen Anwendungen ein **Luftspalt** *(air gap)* erforderlich, der den Eisenweg unterbricht; bei jeder rotierenden elektrischen Maschine ist z. B. ein Luftspalt zwischen Ständer und Läufer vorhanden.
In der Ersatzschaltung ist der Leitwert Λ_L des Luftspalts konstant und unabhängig vom Fluss, wogegen der Leitwert Λ_{Fe} des Eisenwegs vom Fluss Φ abhängt.

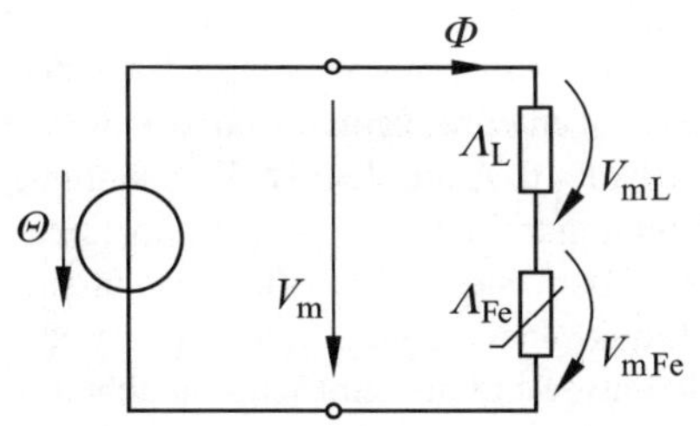

Bild 5.14 Ersatzschaltung eines magnetischen Kreises mit Eisenweg und Luftspalt

Wenn der Fluss Φ durch die „in Reihe geschalteten“ Leitwerte von Eisen- und Luftweg gegeben ist, dann kann die hierfür erforderliche Durchflutung als Summe der magnetischen Spannungen am Eisenweg und am Luftspalt berechnet werden. Dabei wird in jedem Wegstück der Länge l ein homogenes Feld angenommen, so dass für die magnetische Spannung entsprechend der Gl. (1.23) gilt:

$$V_m = H\, l \tag{5.17}$$

Beispiel 5.4
Im Eisenkern der Kreisringspule des Beispiels 5.3 ist ein Luftspalt der Länge l_L = 1 mm vorhanden. Welche Durchflutung ist erforderlich, damit im Luftspalt die Flussdichte B_L = 1,37 T vorliegt? Welchen magnetischen Leitwert hat der Kreis?

Die magnetische Spannung im Luftspalt berechnen wir mit den Gln. (5.5, 5.9 und 5.17):

$$V_{mL} = H_L\, l_L = \frac{B_L}{\mu_0}\, l_L = 1090 \text{ A}$$

Der magnetische Fluss Φ ist im Eisen und im Luftspalt gleich:

$$\Phi = B_L\, A_L = B_{Fe}\, A_{Fe} = 2{,}055 \cdot 10^{-4} \text{ Vs}$$

Wegen $A_L = A_{Fe}$ ist $B_{Fe} = B_L = 1{,}37$ T. Aus der Kurve a) im Bild 5.13 lesen wir die Feldstärke $H_{Fe} = 510$ A/m ab und berechnen mit $l_{Fe} = l - l_L = 0{,}627$ m (s. Beispiel 5.3) die magnetische Spannung im Eisen:

$$V_{mFe} = H_{Fe}\, l_{Fe} = 320 \text{ A}$$

Die Durchflutung ist die Summe der magnetischen Spannungen:

$$\Theta = N I = V_{mL} + V_{mFe} = 1410 \text{ A}$$

Den magnetischen Leitwert berechnen wir mit der Gl. (5.16):

$$\Lambda = \frac{\Phi}{\Theta} = 0{,}146 \text{ µH}$$

Vielfach wird für einen magnetischen Kreis eine Zylinderspule verwendet. Obwohl diese Spule nur einen Teil des magnetischen Kreises umschließt, verlaufen sämtliche Feldinien im Eisen, wenn der Eisenkern geschlossen ist, da das Eisen eine viel höhere magnetische Leitfähigkeit als die es umgebende Luft hat.
Der Leitwert des Kreises wird aber wesentlich kleiner, wenn der Eisenweg durch einen Luftspalt unterbrochen ist (s. Beispiele 5.3 und 5.4). Ein Teil des Gesamtflusses Φ_{ges}, der **Streufluss** Φ_σ, verläuft dann nutzlos über Luftwege und steht für die beabsichtigte Verwendung im Luftspalt nicht zur Verfügung.

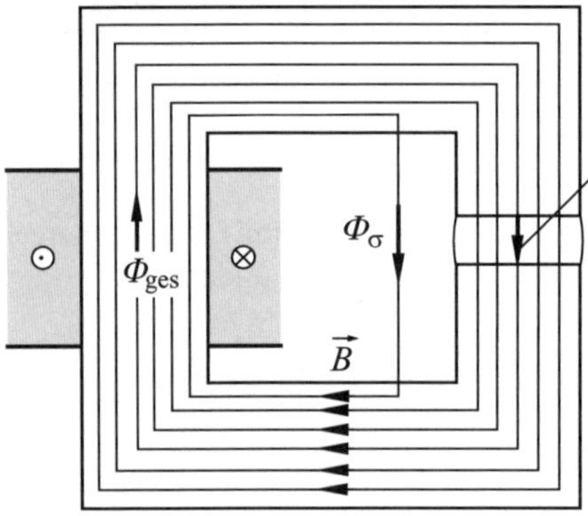

Bild 5.15 Magnetischer Kreis mit Streuung

Die Spule muss zusätzlich zum Nutzfluss Φ_L im Luftspalt den Streufluss Φ_σ aufbringen; sie erzeugt den Gesamtfluss:

$$\Phi_{ges} = \Phi_L + \Phi_\sigma \tag{5.18}$$

Der Quotient aus dem Streufluss Φ_σ und dem Nutzfluss Φ_L im Luftspalt wird als **Streufaktor** σ (griech. Buchstabe sigma) bezeichnet:

$$\sigma = \frac{\Phi_\sigma}{\Phi_L} \tag{5.19}$$

Der Streufaktor ist nicht nur von der Geometrie des gesamten magnetischen Kreises, sondern auch von der Sättigung des Eisens abhängig. Mit Computerprogrammen können der Streufluss und die Flussdichte im Eisen auch für die nichtlineare Magnetisierungskennlinie berechnet werden.

5.8 Induktion

5.8.1 Induktionsgesetz

Wenn das Magnetfeld, das eine Spule durchsetzt, sich zeitlich ändert, dann entsteht an den Klemmen der Spule während dieser Änderung eine Spannung. Man bezeichnet den Vorgang als **Induktion** *(induction)* und sagt, die Spannung wird *induziert*.
Das Bild 5.16 zeigt eine einfache Anordnung, mit welcher der Induktionsvorgang demonstriert werden kann: Ein Stabmagnet wird in eine Spule geschoben, an die ein Spannungsmesser angeschlossen ist; dabei entsteht während der Bewegung des Magneten eine positive Spannung. Wird danach der Magnet wieder aus der Spule herausgezogen, so wird eine negative Spannung induziert.

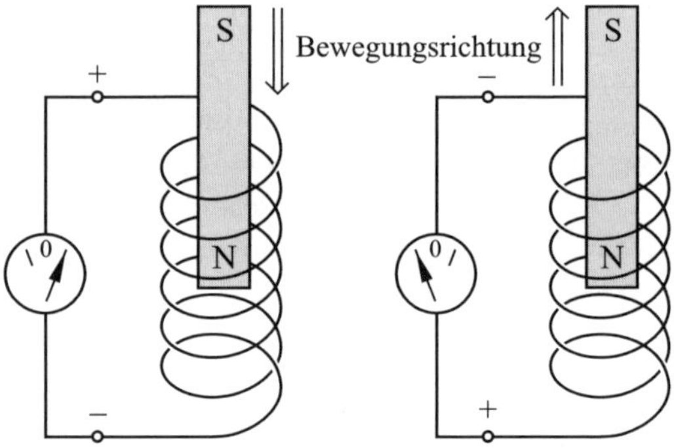

Bild 5.16 Während der Bewegung des Stabmagneten wird in der Spule eine Spannung induziert

Die Spannung u ist von der Geschwindigkeit v des Magneten abhängig. Diese Geschwindigkeit bestimmt die zeitliche Änderung $\mathrm{d}\Phi/\mathrm{d}t$ des magnetischen Flusses: Wenn der Magnet in die Spule hineingeschoben wird, dann nimmt der Fluss zu und es ist $\mathrm{d}\Phi/\mathrm{d}t > 0$; wenn der Magnet aus der Spule herausgezogen wird, dann nimmt der Fluss ab und es ist $\mathrm{d}\Phi/\mathrm{d}t < 0$. Außerdem ist die Spannungshöhe der Windungszahl N der Spule proportional.
Damit lässt sich der Zusammenhang, der den Induktionsvorgang beschreibt und daher **Induktionsgesetz** genannt wird, angeben:

$$u = N\frac{\mathrm{d}\Phi}{\mathrm{d}t} \tag{5.20}$$

Die Gl. (5.20) gilt für eine rechtssinnig gewickelte Spule, an der die Bezugspfeile für die Spannung u und für den Fluss $\Phi(t)$ *gleiche* Richtung haben (Bild 5.17).

Die Spannung u, die in der Spule induziert wird, ist eine Quellenspannung, denn sie treibt einen Strom i im angegebenen Bezugssinn (Bild 5.17) durch einen angeschlossenen Verbraucher.
Wenn der Fluss durch eine äußere Ursache (z. B. die Annäherung des Stabmagneten) im Bezugssinn anwächst, dann ist $\mathrm{d}\Phi_a/\mathrm{d}t > 0$. Der von der induzierten Spannung im Bezugssinn getriebene Strom i erzeugt in der Spule eine innere Flussänderung $\mathrm{d}\Phi_i/\mathrm{d}t < 0$, welche der Flussänderung $\mathrm{d}\Phi_a/\mathrm{d}t$ entgegengerichtet ist. Dieser Zusammenhang wird als **Lenzsches Gesetz** bezeichnet:

> Ein durch Induktion erzeugter Strom fließt stets so, dass sein Magnetfeld der induzierenden Flussänderung entgegenwirkt.

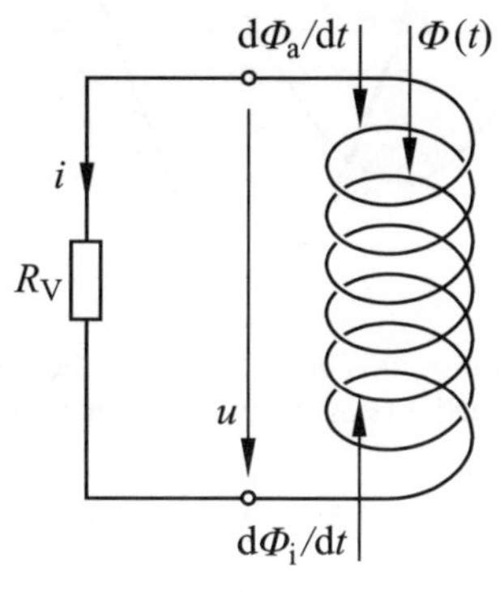

Bild 5.17 Wenn sich das Magnetfeld in der Spule zeitlich ändert, dann treibt die induzierte Spannung u einen zeitabhängigen Strom i durch den Verbraucher

In der Literatur wird das Induktionsgesetz vielfach ohne Berücksichtigung der Bezugspfeile für u und $\Phi(t)$ und ohne Berücksichtigung des Wickelsinnes der Spule in der Form

$$u = -N\,\frac{\mathrm{d}\Phi}{\mathrm{d}t} \tag{5.21}$$

angegeben. Dabei soll das Minuszeichen lediglich auf die Gegenwirkung hinweisen.

Ist die Spule *linkssinnig* gewickelt, so gilt die Gl. (5.21) für den Induktionsvorgang bei *gleichsinnigen* Bezugspfeilen für u und $\Phi(t)$. Die Gl. (5.21) gilt auch dann, wenn die Spule *rechtssinnig* gewickelt ist und die Bezugspfeile für u und $\Phi(t)$ einander *entgegengesetzt* sind.

Es ist unerheblich, wie die Änderung des magnetischen Flusses zustande kommt; so kann sich z. B. entweder bei ruhender Spule das Magnetfeld bewegen oder bei ruhendem Magnetfeld die Spule bewegen. Entscheidend für eine Spannungsinduktion ist lediglich, dass sich das Magnetfeld in der Spule ändert. Die Gln. (5.20 bzw. 5.21) gelten auch für eine Leiterschleife, die als Spule mit der Windungszahl $N = 1$ angesehen werden kann.

Beispiel 5.5
Eine rechtssinnig gewickelte Spule mit der Breite b = 25 mm und der Windungszahl N = 100 wird mit der konstanten Geschwindigkeit υ = 1 m/s durch ein homogenes Magnetfeld bewegt. Wenn sich die Spule vollständig im Magnetfeld befindet, wird sie vom Fluss Φ_{max} = 0,625 mVs durchsetzt. Welche Spannung wird in der Spule induziert?

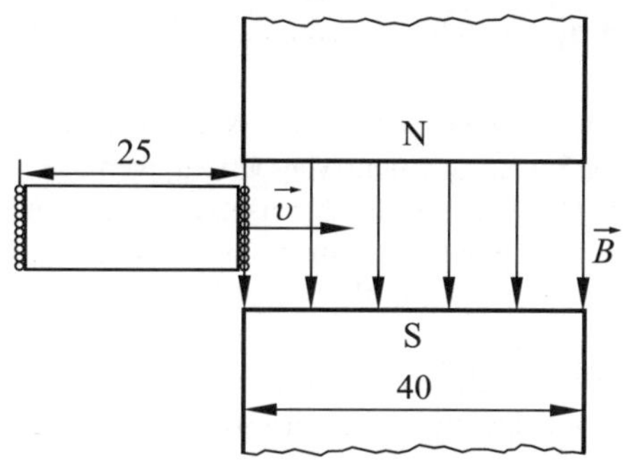

Der Fluss Φ, der die Spule durchsetzt, steigt zunächst vom Wert $\Phi_0 = 0$, der zum Zeitpunkt $t_0 = 0$ vorliegt, linear bis zum Wert Φ_{max} an; dieser Wert wird zum Zeitpunkt $t_1 = b/\upsilon = 25$ ms erreicht.

Zwischen t_0 und t_1 hat der Fluss die konstante Steigung:

$$\frac{\mathrm{d}\Phi}{\mathrm{d}t} = \frac{\Phi_{max} - 0}{t_1 - t_0} = 25\ \mathrm{mV}$$

Wir nehmen gleichsinnige Bezugspfeile für u und $\Phi(t)$ an und berechnen mit der Gl. (5.20) die Spannung, die von t_0 bis t_1 induziert wird:

$u = 2{,}5\ \text{V} = \text{const.}$

Von $t_1 = 25$ ms bis $t_2 = 40$ ms wird die Spule vom Fluss Φ_{max} durchsetzt; das Magnetfeld ändert sich dabei nicht und die induzierte Spannung ist $u = 0$. Wenn die Spule aus dem Magnetfeld herausbewegt wird, dann nimmt der Fluss linear ab, bis er zum Zeitpunkt $t_3 = 65$ ms den Wert $\Phi_0 = 0$ erreicht; von t_2 bis t_3 ist $u = -2{,}5\ \text{V} = \text{const.}$

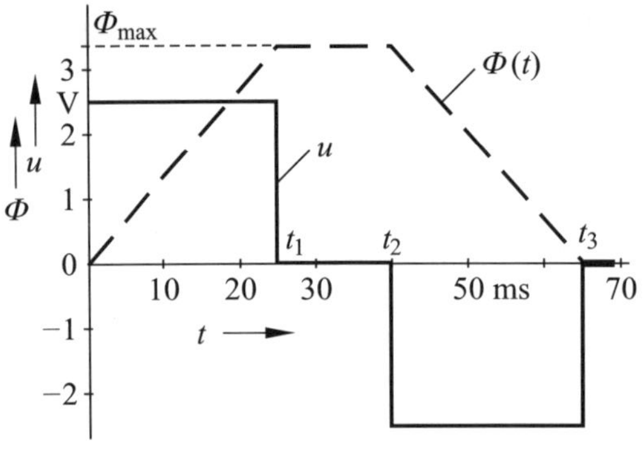

5.8.2 Induktion bei Drehbewegung

Bei rotierenden elektrischen Maschinen rotieren häufig Spulen in einem Magnetfeld; wenn sich der Fluss Φ, der die Spule durchsetzt, zeitlich ändert, wird in der Spule eine Spannung u induziert.
Das Bild 5.18 zeigt als Beispiel eine rechteckige Leiterschleife der Fläche A, die in einem homogenen Magnetfeld der Flussdichte B mit der konstanten Winkelgeschwindigkeit ω rotiert.

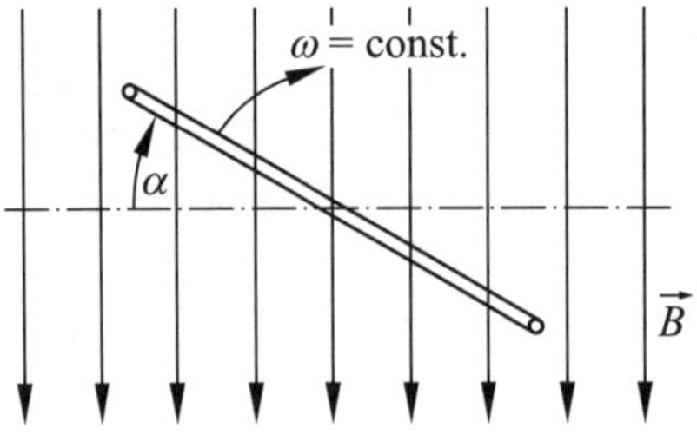

Bild 5.18 Induktion bei der Drehung einer Leiterschleife in einem homogenen Magnetfeld

Der Fluss Φ, von dem die Schleife durchsetzt wird, ist vom Winkel $\alpha = \omega t$ abhängig:

$$\Phi = B\,A\cos\alpha = B\,A\cos\omega t \tag{5.22}$$

Dieser Fluss ist zeitabhängig. So hat z. B. zum Zeitpunkt $t = 0$ der Fluss das Maximum $\Phi_{max} = B\,A$; beim Winkel $\alpha = 90°$ hat der Fluss den Wert $\Phi = 0$. Wir setzen für die Leiterschleife die Windungszahl $N = 1$ an und berechnen mit der Gl. (5.20) die induzierte Spannung:

$$u = B\,A\,\omega\cdot\sin(-\omega t) = -\omega\,\Phi_{max}\cdot\sin(\omega t) \tag{5.23}$$

Das Bild 5.19 zeigt den Zeitverlauf des Flusses Φ, der die Leiterschleife durchsetzt, und der Spannung u, die in der Leiterschleife induziert wird.

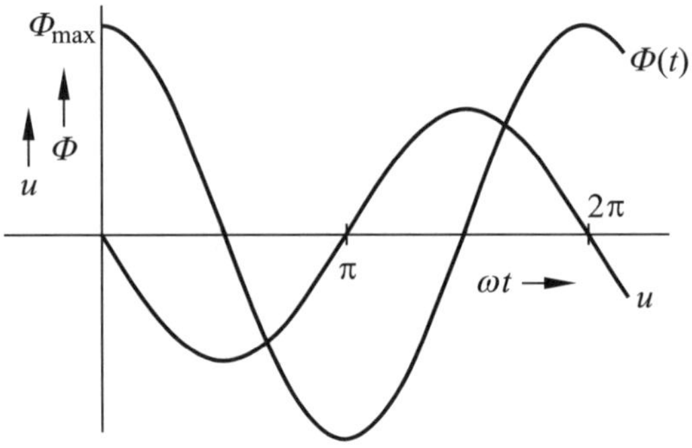

Bild 5.19 Fluss $\Phi(t)$ und Spannung u bei der Rotation einer Leiterschleife in einem homogenen Magnetfeld

5.8.3 Induktion bei ruhender Spule

Eine Spannungsinduktion setzt nicht unbedingt eine *Bewegung* der Spule voraus; sie ist auch bei einer *ruhenden* Spule möglich, die von einem zeitabhängigen Fluss $\Phi(t)$ durchsetzt wird.

Wird die ruhende Spule z.B. von einem magnetischen Fluss $\Phi(t) = \Phi_{max}\cdot\cos(\omega t)$ durchsetzt, so wird in ihr die bereits in der Gl. (5.23) beschriebene Spannung $u = -\omega\,\Phi_{max}\cdot\sin(\omega t)$ induziert. Wie im Bild 5.19 ist u gegen $\Phi(t)$ phasenverschoben.

Die Spannung u hat den Scheitelwert:

$$\hat{u} = N\omega\,\Phi_{max} = N\cdot 2\,\pi f\cdot\Phi_{max} \tag{5.24}$$

Mit der Gl. (3.21) berechnen wir den Effektivwert der Spannung:

$$U = 4{,}44\, N f\, \Phi_{max} \quad (5.25)$$

Beispiel 5.6
Eine Spule wird von einem sinusförmig schwingenden Fluss mit dem Maximalwert 3,2 mVs und der Frequenz 50 Hz durchsetzt. Wie viele Windungen muss die Spule erhalten, damit in ihr die Spannung 230 V induziert wird?

Wir setzen $\Phi_{max} = 3{,}2$ mVs sowie $U = 230$ V und $f = 50\ s^{-1}$ in die Gl. (5.25) ein und berechnen die Windungszahl $N = 324$.

Die Flussänderung, die eine Spannungsinduktion in einer Spule bewirkt, kann auch von dem zeitabhängigen Strom i hervorgerufen werden, der durch die Windungen *derselben* Spule fließt. In diesem Fall wird der Induktionsvorgang, bei dem die Spule selbst das Magnetfeld erzeugt, als **Selbstinduktion** *(self induction)* bezeichnet.

Wird dagegen das Magnetfeld durch eine *äußere* Ursache geändert, z. B. durch die Bewegung des Stabmagneten (s. Abschn. 5.8.1), so spricht man von **Fremdinduktion**.

Die beiden Vorgänge Selbstinduktion und Fremdinduktion können auch gleichzeitig an einer Spule auftreten; dies ist dann der Fall, wenn das die Spule durchsetzende Magnetfeld durch eine äußere Ursache geändert wird und dabei ein Strom in der Spule fließt.

Bei der Selbstinduktion ruft der Strom i den magnetischen Fluss $\Phi(t)$ hervor. Weist der magnetische Kreis den strom*un*abhängigen Leitwert Λ = const. auf, so hat entsprechend der Gl. (5.15) der magnetische Fluss die gleiche Zeitabhängigkeit wie der Strom:

$$\Phi(t) = \Lambda\, \Theta(t) = \Lambda\, N\, i(t) \quad (5.26)$$

In der Spule wird dabei nach Gl. (5.20) eine zeitabhängige Spannung induziert:

$$u = N \frac{d\Phi}{dt} = N^2 \Lambda \frac{di}{dt} \quad (5.27)$$

Die induzierte Spannung ist dabei der Stromänderung proportional. Das Produkt $N^2 \cdot \Lambda$ wird als **Selbstinduktivität** oder kurz als **Induktivität** *(inductance)* L bezeichnet:

$$L = N^2 \Lambda\,; \quad \text{Einheit: 1 Henry} = 1\ \text{H} \quad (5.28)$$

Beispiel 5.7
Wir wollen die Selbstinduktivität der Kreisringspule aus dem Beispiel 5.1 berechnen, die den Querschnitt $A = 1{,}5\ cm^2$ hat und deren Innenraum mit Luft gefüllt ist.

Im Beispiel 5.1 wurde gezeigt, dass ein Strom 0,8 A die Durchflutung $\Theta = N\,I = 320$ A erzeugt, welche die Flussdichte $B = 0{,}64$ mT hervorruft. Der Fluss Φ ist näherungsweise:

$$\Phi = B\,A = 0{,}96 \cdot 10^{-7}\ \text{Vs}$$

Mit der Gl. (5.16) berechnen wir den magnetischen Leitwert $\Lambda = \Phi / \Theta = 0{,}3 \cdot 10^{-9}$ H.
Für $N = 400$ ergibt sich die Induktivität:

$$L = N^2 \Lambda = 48\ \mu\text{H}$$

Wir setzen die Gl. (5.28) in die Gl. (5.27) ein und erhalten die Spannung u, die an der Spule durch Selbstinduktion vom Strom i erzeugt wird:

$$u = L \frac{di}{dt} \quad (5.29)$$

Entsprechend dieser Gleichung ist die Induktivität L die Eigenschaft eines Eintors, an dem ein zeitabhängiger Strom i mit einer zeitabhängigen Spannung u verknüpft ist. Das Bild 5.20 zeigt das Schaltzeichen des Eintors L.

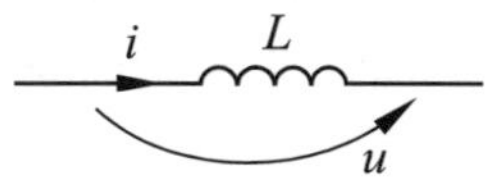

Bild 5.20 Schaltzeichen des Eintors L mit Bezugspfeilen für Strom und Spannung

Das im Bild 5.20 dargestellte Schaltzeichen ist nach DIN EN 60617 nicht nur für ein Eintor mit der Induktivität L, sondern auch für eine Spule und eine Wicklung einer elektrischen Maschine vorgesehen.

In einer stromdurchflossenen Spule entstehen im Allgemeinen Verluste in ihrem OHMschen Widerstand R. Wir verwenden für eine verlustbehaftete Spule die im Bild 5.21 dargestellte Ersatzschaltung, bei welcher der OHMsche Widerstand R und die Induktivität L in Reihe geschaltet sind.

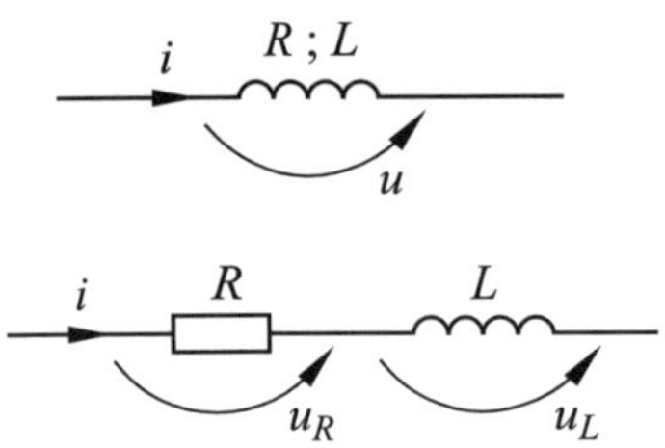

Bild 5.21 Verlustbehaftete Spule und Ersatzschaltung

Beispiel 5.8
Die Wicklung der Spule des Beispiels 5.7 hat den OHMschen Widerstand $R = 0{,}24\ \Omega$; sie wird von einem Sinusstrom $i = 0{,}1\ \text{A} \cdot \cos \omega t$ mit der Frequenz 1 kHz durchflossen. Wir wollen die Spannung u an den Klemmen dieser Spule berechnen.

Die Spannung am OHMschen Widerstand R ist:

$$u_R = R\, i = 24\ \text{mV} \cdot \cos \omega t$$

Die Spannung an der Induktivität berechnen wir mit den Gln. (3.16 und 5.29):

$$u_L = \omega\, L \cdot 0{,}1\ \text{A} \cdot (-\sin \omega t)$$
$$= 30{,}16\ \text{mV} \cdot \cos(\omega t + 90°)$$

Die Spannung u an den Klemmen der Spule ist ebenfalls eine Sinusspannung. Wir berechnen sie als Summe der beiden Teilspannungen (s. Beispiel 6.1):

$$u = u_R + u_L = 38{,}54\ \text{mV} \cdot \cos(\omega t + 51{,}5°)$$

5.9 Energie des magnetischen Feldes

5.9.1 Energie einer Spule

Da ein Magnet Kräfte ausüben kann, enthält sein magnetisches Feld ein Arbeitsvermögen, das als **magnetische Energie** bezeichnet wird. Einem Elektromagneten wird diese Energie durch seine Erregerwicklung zugeführt; in ihr wird beim Einschalten elektrische in magnetische Energie umgewandelt.

Die Energie ΔW, welche der Spule des Magneten (Bild 5.21) beim Einschalten in der Zeitspanne Δt zugeführt wird, lässt sich in zwei Anteile zerlegen:

$$\Delta W = u\, i\, \Delta t = (u_R + u_L)\, i\, \Delta t$$

Mit $u_R = R\, i$ ergibt sich:

$$\Delta W = R\, i^2\, \Delta t + u_L\, i\, \Delta t \qquad (5.30)$$

Der erste Summenterm beschreibt die Verlustleistung im OHMschen Widerstand der Spule; der zweite beschreibt die magnetische Energie ΔW_m, die wir für eine Spule konstanter Induktivität mit der Gl. (5.29) umformen:

$$\Delta W_m = u_L\, i\, \Delta t = L\, i\, \Delta i \qquad (5.31)$$

Wird eine Induktivität L = const. an konstanter Spannung betrieben so steigt gemäß Gl. (5.29) der Strom linear an, bis er zum Zeitpunkt t_E den Endwert I_E erreicht.

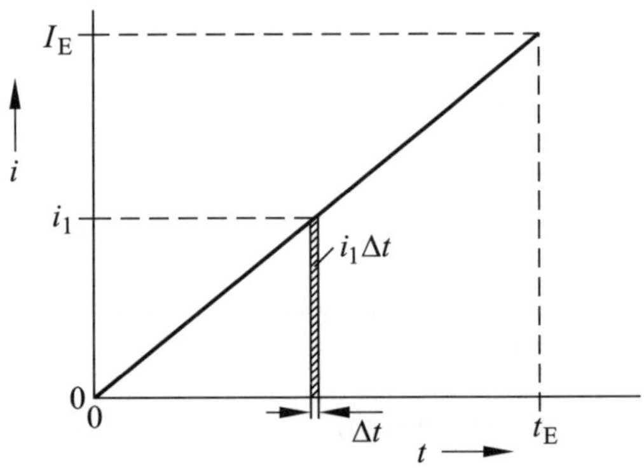

Bild 5.22 Betrieb einer Induktivität mit U = const.

Die gesamte magnetische Energie W_m, die der beim Einschalten stromlosen Spule zugeführt wird, bis schließlich der Strom I_E fließt, ist die Summe sämtlicher ΔW_m; sie entspricht dem Flächeninhalt des Dreiecks im Bild 5.22.

$$W_m = L \sum i \,\Delta i = \frac{1}{2} L I_E^2 \tag{5.32}$$

Für einen beliebigen Strom I gilt:

$$W_m = 0{,}5\, L\, I^2 \tag{5.33}$$

Wenn in der Spule nach dem Einschalten ein Gleichstrom I fließt, dann bleibt die magnetische Energie konstant; sie braucht also der Spule nur einmal beim Einschalten zugeführt zu werden.

Fließt durch die Spule ein Sinusstrom mit dem Scheitelwert $\hat{\imath} = \sqrt{2}\, I$, so weist die magnetische Energie das Maximum $0{,}5\, L\, \hat{\imath}^2 = L\, I^2$ auf, wenn der Strom den positiven oder negativen Scheitelwert erreicht; beim Nulldurchgang des Stromes ist $W_m = 0$.

Beispiel 5.9
Welche magnetische Energie hat die Spule des Beispiels 5.7, wenn sie von einem Strom 0,1 A durchflossen wird?

Wir setzen $L = 48\ \mu\text{H}$ und $I = 0{,}1$ A in die Gl. (5.33) ein und berechnen:

$$W_m = 0{,}5\, L\, I^2 = 0{,}24 \cdot 10^{-6}\ \text{VAs} = 0{,}24\ \mu\text{J}$$

5.9.3 Ein- und Ausschalten einer Spule

Ändert sich der Strom in einer Spule, so ändert sich auch ihre Energie:

- Bei einem Stromanstieg muss der Spule Energie zugeführt werden;
- bei einer Stromabnahme muss Energie aus der Spule entfernt werden.

Der zeitliche Übergang von einem stationären Zustand in einen anderen wird als **Übergangsvorgang** *(transient)* bezeichnet; für ihn ist stets eine endliche Zeitspanne erforderlich.

Die Spule mit der konstanten Induktivität L = const. wird zum Zeitpunkt $t = 0$ vom **Anfangswert** I_A des Stromes durchflossen; sie wird zu diesem Zeitpunkt mit einem idealen Schalter unterbrechungsfrei an eine Quelle mit der Quellenspannung U_q geschaltet, die für $t \to \infty$ den **Endwert** I_E des Stromes durch die Spule treibt.

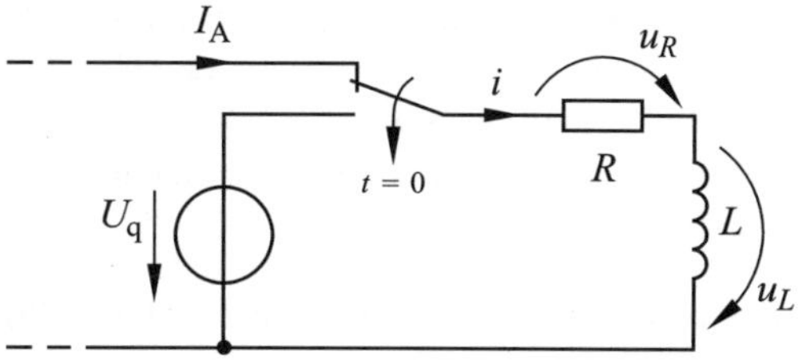

Bild 5.23 Schaltvorgang an einer Spule

Für $t \to \infty$ ist der Übergangsvorgang abgeschlossen und der Strom i ändert sich nicht mehr. Da hierfür nach Gl. (5.29) $u_L = 0$ ist, gilt für den Endwert des Stromes:

$$I_E = \frac{U_q}{R} \tag{5.34}$$

Zur Berechnung des Stromes i, der während des Übergangsvorgangs fließt, setzen wir die Maschengleichung für $t > 0$ an:

$$u_L + u_R - U_q = 0 \tag{5.35}$$

Wir bringen die Quellenspannung auf die rechte Seite und setzen die Gln. (1.17 und 5.29) ein:

$$L \frac{\mathrm{d}i}{\mathrm{d}t} + R\, i = U_q \tag{5.36}$$

Diese Gleichung dividieren wir durch den Widerstand R:

$$\frac{L}{R} \cdot \frac{\mathrm{d}i}{\mathrm{d}t} + i = \frac{U_q}{R} \tag{5.37}$$

Der Quotient aus L und R ist die **Zeitkonstante** *(time constant)* τ (griech. Buchstabe tau):

$$\tau = \frac{L}{R} \tag{5.38}$$

Wir setzen die Gln. (5.34 und 5.38) in die Gl. (5.37) ein und erhalten eine lineare Differenzialgleichung 1. Ordnung für den Strom i der Spule:

$$\tau \frac{di}{dt} + i = I_E \tag{5.39}$$

Für ihre Lösung werden zwei Größen benötigt:

1. Die **Anfangsbedingung** *(initial condition,* IC*)* $I_A = i$ für $t = 0$. Ist z. B. die Spule im Schaltzeitpunkt $t = 0$ stromlos, so ist $I_A = 0$.
2. Der Endwert $I_E = i$ für $t \to \infty$. Dabei ist die Spannung $u_L = 0$ und es ist $I_E = U_q/R$.

Mit diesen Größen lautet die Lösung der Gl. (5.39):

$$i = I_E + (I_A - I_E) \cdot e^{-\frac{t}{\tau}} \tag{5.40}$$

Die Spannung an der Induktivität ist:

$$u_L = R\,(I_E - I_A) \cdot e^{-\frac{t}{\tau}} \tag{5.41}$$

Beispiel 5.10

Eine stromlose Spule mit dem OHMschen Widerstand $R = 0{,}24\ \Omega$ und der Induktivität $L = 48\ \mu H$ wird zum Zeitpunkt $t = 0$ an eine Quelle $U_q = 1{,}5$ V geschaltet. Wir wollen die Liniendiagramme des Stromes i und der Spannung u_L zeichnen.

$I_A = 0$; $I_E = 6{,}25$ A ; $\tau = 0{,}2$ ms

$i = 6{,}25\ A \cdot (1 - e^{-t/\tau})$; $u_L = 1{,}5\ V \cdot e^{-t/\tau}$

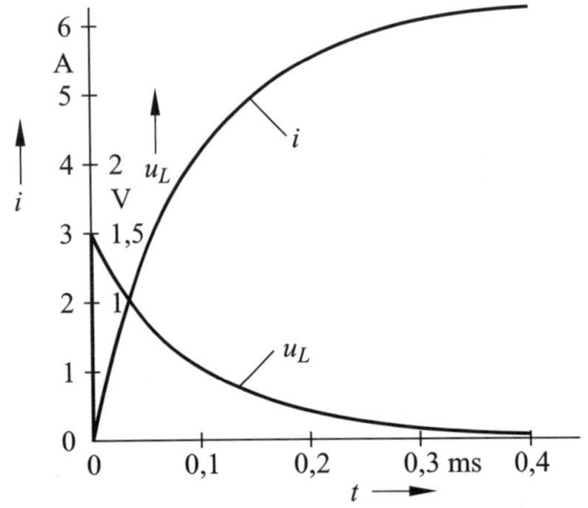

5.10 Verluste im magnetischen Feld

5.10.1 Wirbelstromverluste

Durchsetzt ein zeitabhängiges Magnetfeld ein Metallstück, so bildet infolge der Spannungen, die im Metall induziert werden, ein elektrisches Feld aus. Die von diesen Spannungen hervorgerufenen Ströme werden **Wirbelströme** *(eddy current)* genannt.

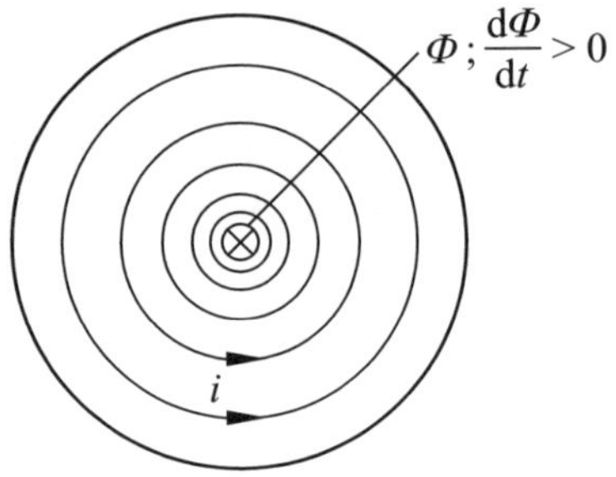

Bild 5.24 Wirbelströme in einem Eisenkern

Entsprechend dem LENZschen Gesetz fließen die Wirbelströme stets so, dass ihr Magnetfeld der induzierenden Flussänderung entgegenwirkt. Das Bild 5.24 zeigt einen Fluss Φ, der im Bezugssinn ansteigt, wobei $d\Phi/dt > 0$ ist; die von den Wirbelströmen $i > 0$ erzeugte Magnetfeldänderung $d\Phi_W/dt$ wirkt dem Flussanstieg entgegen.

Sowohl die Wärmewirkung als auch die magnetische Wirkung der Wirbelströme finden in der Technik vielfältige Anwendung.

Die *Wärmewirkung* wird z. B. im Induktionsofen (Bild 5.25) zum Schmelzen von Metallen ausgenutzt. Außerdem werden Werkstücke beim Schmieden, Löten oder Härten induktiv erwärmt.

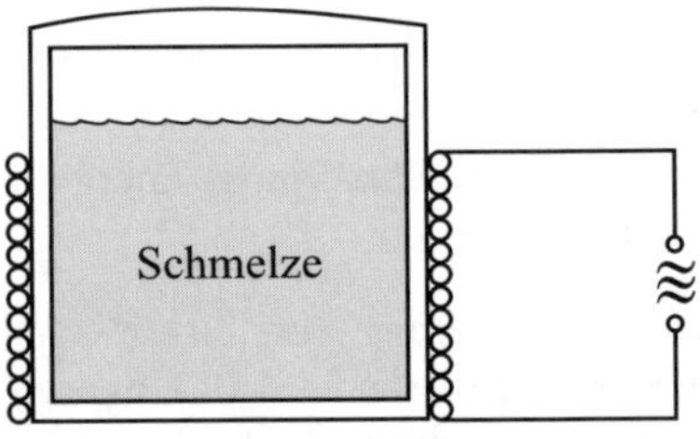

Bild 5.25 Prinzip des Induktions-Schmelzofens

Da die induzierte Spannung gemäß Gl. (5.25) auch von der Frequenz abhängig ist, werden z. B. Induktionsöfen mit Spannungen betrieben, deren Frequenz im Bereich 500 … 2000 Hz liegt.

Die *magnetische Wirkung* der Wirbelströme wird z. B. bei der **Wirbelstrombremse** ausgenutzt. In einer elektrisch leitenden Scheibe, die sich durch ein örtlich begrenztes Magnetfeld dreht, werden Spannungen induziert, die Wirbelströme treiben. Diese erzeugen ein Magnetfeld, welches dem Hauptmagnetfeld entgegenwirkt, wodurch die Scheibe gebremst wird. Die beim Bremsen umgesetzte Energie erwärmt die Scheibe.

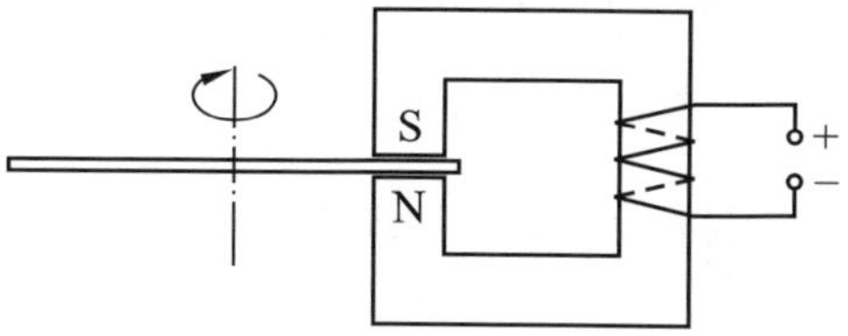

Bild 5.26 Wirbelstrombremse

Im Gegensatz zu mechanischen Bremsen arbeitet die Wirbelstrombremse verschleißfrei. Soll die Scheibe bis zum Stillstand abgebremst werden, so muss der Bremsvorgang durch eine mechanische Bremse beendet werden, da die Wirbelstrombremse bei kleinen Drehzahlen fast wirkungslos wird.
Für kleine Bremsleistung, z. B. zur Abbremsung eines elektrischen „Zählers“, wird das Magnetfeld von einem Dauermagnet erzeugt. Bei Fahrzeugen werden Elektromagnete verwendet.

In elektrischen Maschinen (Transformatoren, Generatoren, Motoren) würden Wirbelströme zu unerwünschter Erwärmung führen. Außerdem könnte bei bewegten Maschinenteilen infolge der magnetischen Wirkung eine Bewegungshemmung entstehen. Deshalb muss die Entstehung von Wirbelströmen nach Möglichkeit verhindert werden.

Ein Eisenkern, der einen zeitabhängigen Fluss $\Phi(t)$ führen soll, wird zur Herabsetzung der Wirbelstromverluste aus **Elektroblech** geschichtet; man bezeichnet einen derartigen Kern als „lamelliert“ oder „geblättert“. Da jedes Elektroblech auf der Oberfläche eine dünne Isolationsschicht trägt, können sich Wirbelströme nur noch im einzelnen Blech ausbilden, das von einem Bruchteil des Gesamtflusses $\Phi(t)$ durchsetzt wird.

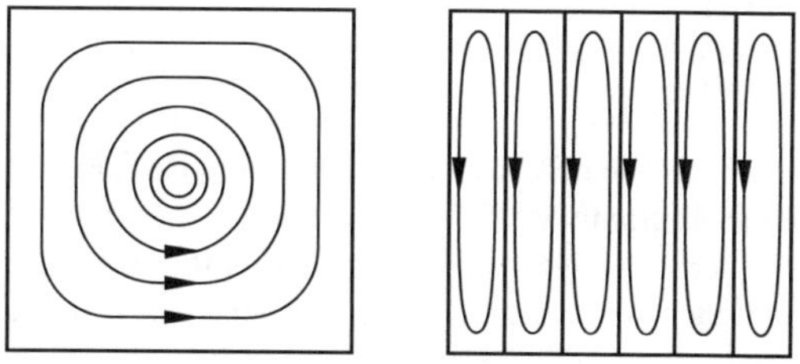

Bild 5.27 Wirbelstrombahnen in einem massiven Eisenkern (a) und in einem geblechten Kern (b)

Der wirksame Eisenquerschnitt des lamellierten Kerns ist wegen der Isolationsschichten kleiner als sein geometrischer Querschnitt. Der Quotient aus Eisenquerschnitt und geometrischem Querschnitt wird **Eisenfüllfaktor** genannt; sein Wert liegt im Bereich 0,95 … 0,97.

Zur Herabsetzung der Wirbelstromverluste enthalten Elektrobleche etwa 2,5 … 4 % Silizium; dadurch wird praktisch ohne Beeinflussung der magnetischen Eigenschaften der elektrische Widerstand des Eisens erhöht.

Spulen, die mit Strömen hoher Frequenz betrieben werden, erhalten Ferritkerne, die aus Eisenoxid und anderen Metalloxiden bestehen. Die Ferritmaterialien, die durch Sintern in Form gebracht werden, weisen einen um $10^5 \dots 10^9$ höheren spezifischen Widerstand als Eisen auf; dadurch entstehen in Ferritkernen keine Wirbelstromverluste. Die maximale Flussdichte in einem Ferritkern liegt allerdings nur bei etwa 10 % der Flussdichte von Eisen.

5.10.2 Hystereseverluste

Die Magnetisierungskurve eines Eisenkerns, der zyklisch ummagnetisiert wird, durchläuft eine Hystereseschleife. Die Verluste beim Durchlaufen einer Hystereseschleife sind ihrem Flächeninhalt proportional; sie werden als **Hystereseverluste** bezeichnet.

5.10.3 Eisenverluste

In einem Eisenkern, der von einem Wechselfluss $\Phi(t)$ durchsetzt wird, entstehen sowohl Wirbelstromverluste P_W als auch Hystereseverluste P_H; sie werden zu den **Eisenverlusten** P_{Fe} zusammengefasst:

$$P_{Fe} = P_W + P_H \tag{5.42}$$

Für Elektroblech, das in einem Wechselfeld mit dem Maximalwert 1,5 T der Flussdichte bei der Frequenz 50 Hz betrieben wird, gibt die erste Zahl der Normbezeichnung die Eisenverluste je kg Masse in 1/100 W an.

Beispiel 5.11
Welche Eisenverluste hat ein Transformator, dessen Eisenkern aus 490 kg Elektroblech VM97-30N besteht, das beim Maximalwert 1,5 T der Flussdichte mit 50 Hz betrieben wird?

$$P_{Fe} = 490\ \text{kg} \cdot 97\ \text{W} / (100\ \text{kg}) = 475\ \text{W}$$

Da die Eisenverluste nichtlinear von der Flussdichte abhängig sind, ist eine Umrechnung auf andere Flussdichtewerte als 1,5 T nicht ohne weiteres möglich; falls erforderlich, müssen Angaben des Herstellers eingeholt werden.

5.11 Kräfte im Magnetfeld

5.11.1 Zugkraft eines Magneten

Das Bild 5.28 zeigt einen Ausschnitt aus dem Bild 5.29. Das Eisenstück, zu dem der Nordpol gehört, ist feststehend; das bewegliche Eisenstück, zu dem der Südpol gehört, wird auch **Anker** genannt.

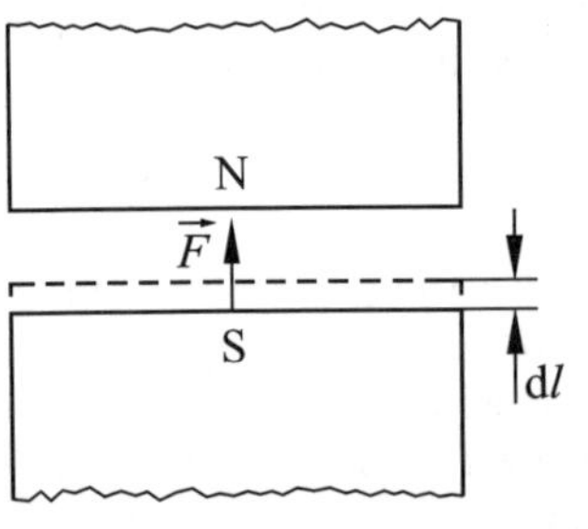

Bild 5.28 Zur Berechnung der Zugkraft des Magneten

Bewegt sich der Südpol mit der Kraft $\vec{F}$ gegen eine rückhaltende Kraft um den infinitesimal kleinen Weg dl auf den Nordpol zu, so wird die Arbeit $\mathrm{d}W = F\,\mathrm{d}l$ verrichtet.
Durch die Bewegung nimmt das Volumen des Luftspalts um $\mathrm{d}V = A\ \mathrm{d}l$ ab, was auch eine Abnahme der magnetischen Energie (s. Gl. 5.35) nach sich zieht:

$$\mathrm{d}W_m = \frac{B^2}{2\,\mu_0} A\ \mathrm{d}l \tag{5.43}$$

Wir nehmen an, dass die Flussdichte B während der Bewegung des Südpols durch eine Regelung des Spulenstromes konstant gehalten wird.

Mit $\mathrm{d}W = F\,\mathrm{d}l = \mathrm{d}W_m$ erhalten wir die Zugkraft des Magneten:

$$F = \frac{A B^2}{2\,\mu_0} \tag{5.44}$$

5.11.2 Elektromagnete

Der Weicheisenanker eines Elektromagneten, dessen grundsätzlichen Aufbau das Bild 5.29 zeigt, wird vom Magnetfeld in die Spule gezogen.
Elektromagnete arbeiten als

- Hubmagnete zum Heben von Lasten, Betätigen von Gestängen, Öffnen und Schließen von Kontakten und Ventilen;
- Haltemagnete zum Festhalten und Transportieren magnetischer Teile;
- Schwingmagnete zum Erregen der zum Betrieb von Rütteltischen, Rasierapparaten oder Zahnbürsten notwendigen Vibrationen.

Der **Gleichstrommagnet** wird meist rotationssymmetrisch gefertigt. Sein Magnetkreis besteht aus massivem Material. Bei ruhendem Anker bestimmen die Spannung und der Widerstand der Spule den Spulenstrom und damit die Durchflutung, unabhängig von der Länge des Luftspaltes. Die Flussdichte und damit die Zugkraft nehmen daher bei wachsender Luftspaltlänge stark ab (s. Beispiel 5.12), so dass die im Bild 5.29 dargestellte Anordnung nur Hübe von wenigen mm Länge erlaubt.

Für größere Hublängen bis etwa 40 mm werden der Anker und der ihn aufnehmende Boden konisch ausgebildet.

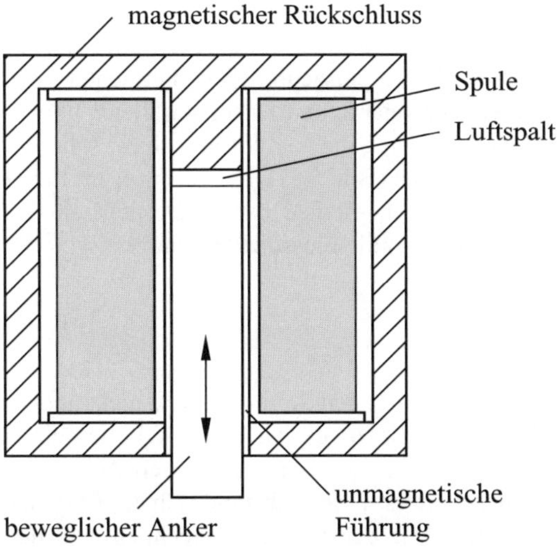

Bild 5.29 Schnitt durch einen Elektromagneten

Beispiel 5.12

Die Magnetspule eines Gleichstrommagneten nach Bild 5.29 hat N = 3000 Windungen, den Widerstand R = 300 Ω und liegt an U = 24 V. Die Ankerfläche ist A = 4 cm^2. Wir wollen die Zugkraft des Magneten für die Luftspaltlänge l = 1 mm bzw. 2 mm berechnen und dabei die Streuung und die magnetische Spannung des Eisens unberücksichtigt lassen.

$I = U/R = 80$ mA ; $\Theta = NI = 240$ A

Für $l = 1$ mm ist $H = \Theta / l = 240$ kA/m

$B = \mu_0 H = 0{,}302$ T

Mit der Gl. (5.44) ergibt sich: $F = 14{,}5$ N

Für $l = 2$ mm ist $B = 0{,}151$ T ; $F = 3{,}63$ N

Um die zusätzliche Erwärmung durch die Eisenverluste klein zu halten, wird der Eisenkreis eines **Wechselstrommagneten** aus Elektroblechen gefertigt. Häufig verwendet man dazu die Normschnitte für Kleintransformatoren.

Im Wesentlichen bestimmt der induktive Blindwiderstand (s. Kap. 6.1) der Spule den Strom und damit die Durchflutung. Dieser induktive Widerstand, der bei großer Luftspaltlänge sehr klein ist, wächst mit abnehmendem Luftspalt stark an. Dadurch bleibt die Zugkraft praktisch unabhängig von der Luftspaltlänge.
Der Anker eines Wechselstrom-Hubmagneten muss immer voll anziehen; wird er in einer Zwischenstellung blockiert, so „verbrennt" die Wicklung durch den zu hohen Strom.

Die Zugkraft des Wechselstrommagneten ist zeitabhängig. Da sich die Flussdichte sinusförmig mit der Netzfrequenz ändert, schwingt die Kraft mit doppelter Netzfrequenz (Kurve F_a im Bild 5.30).

Zwar ist diese Zeitabhängigkeit während des Hubes wegen der Trägheit der bewegten Masse ohne Bedeutung, doch wenn der Anker am Ende des Hubes am Boden aufliegt, entstehen Vibrationen. Der Magnet „brummt" und es besteht die Gefahr, dass sich die aufeinander prallenden Flächen mit der Zeit zerschlagen.

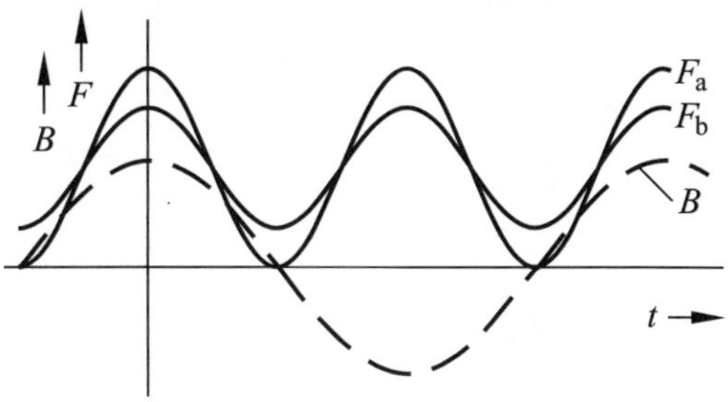

Bild 5.30 Zugkraft von Wechselstrommagneten

Die Kraftmaxima werden verkleinert und die Täler teilweise aufgefüllt (Kurve F_b im Bild 5.30), wenn in die Fläche, mit welcher der Anker auf den Boden auftrifft, ein Kurzschlussring aus Kupfer eingelassen wird.
Der im Ring fließende Kurzschlussstrom erzeugt ein zusätzliches phasenverschobenes Magnetfeld, dessen Flussdichte ihren Maximalwert etwa im Augenblick des Nulldurchgangs der Flussdichte des ursprünglichen Feldes hat. Durch die Wirkung des Zusatzfeldes wird der Anker dauernd mit ausreichender Kraft festgehalten.

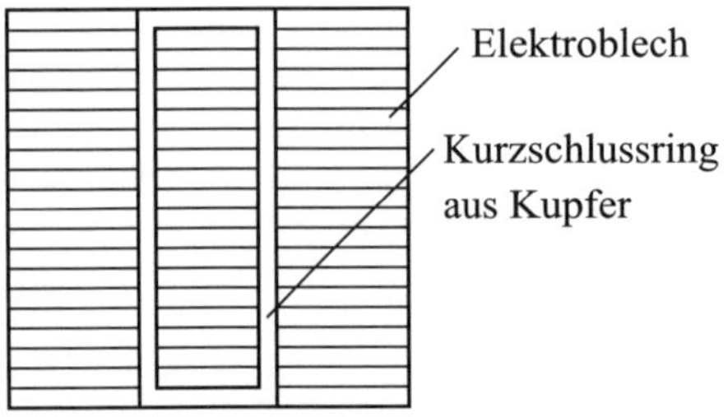

Bild 5.31 Anker eines Wechselstrommagneten (Blick auf die den Boden berührende Fläche)

5.11.3 LORENTZ-Kraft und HALL-Effekt

Auf eine Ladung Q, die sich mit der Geschwindigkeit υ durch ein Magnetfeld der Flussdichte B bewegt, wird die **LORENTZ-Kraft** F ausgeübt:

$$F = Q\,\upsilon\,B \tag{5.45}$$

Die LORENTZ-Kraft ist senkrecht zur Bewegungsrichtung der Ladung und senkrecht zum Magnetfeld gerichtet.

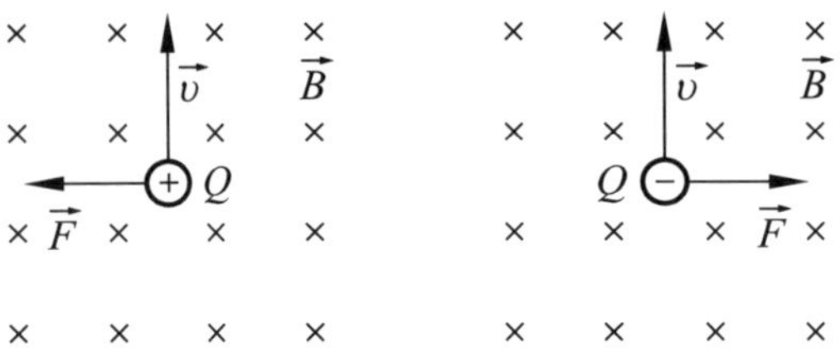

Bild 5.32 Kraft auf bewegte Ladungen

Die LORENTZ-Kraft auf einen stromdurchflossenen Leiter, der sich in einem Magnetfeld befindet, bewirkt eine seitliche Ablenkung der bewegten Ladungsträger. Dadurch wird die Konzentration der Ladungsträger auf der einen Leiterseite erhöht und auf der anderen erniedrigt, was eine Spannung zur Folge hat, die als **HALL-Spannung** bezeichnet wird.

Der **HALL-Effekt** wird in **HALL-Generatoren** ausgenutzt, die man durch Aufdampfen dünner, schwach dotierter Halbleiterschichten (z.B. Indium-Antimonid InSb) auf ein Trägermaterial erhält. Wird ein solcher HALL-Generator von einem Steuerstrom I_{st} durchflossen, so bewirkt ein Magnetfeld eine Leerlaufspannung, die z.B. bei InSb für I_{st} = 15 mA und B = 1 T bis zu 1 V betragen kann. HALL-Generatoren werden z.B. in Annäherungsschaltern, Drehzahlmessern und zur Steuerung von Elektronik-Motoren eingesetzt.

Auch auf zwei stromdurchflossene Leiter werden LORENTZ-Kräfte ausgeübt. Wir betrachten den Sonderfall zweier zylindrischer, paralleler, unendlich langer Leiter, die vom Strom I_1 bzw. I_2 durchflossen werden (Bild 5.33). Der Strom I_1 im Leiter 1 erzeugt ein Magnetfeld, das am Ort des Leiters 2 gemäß Gl. (5.3) die Flussdichte B_1 aufweist:

$$B_1 = \frac{\mu_0 I_1}{2\pi a} \tag{5.46}$$

Ist der Leiter, der den Strom I_1 führt, nicht unendlich lang, so liefert die Gl. (5.47) lediglich einen Näherungswert. Der Leiter 2, dessen Achse von der des Leiters 1 den Abstand a hat, führt den Strom I_2. Mit der Gl. (5.1) berechnen wir den Betrag der Kraft, die vom Magnetfeld des Leiters 1 auf den Leiter 2 ausgeübt wird:

$$F_2 = \frac{\mu_0 I_1 I_2 l}{2\pi a} \tag{5.47}$$

Dabei ist l die gemeinsame Länge der parallelen Leiter. Vom Magnetfeld des Leiters, der den Strom I_2 führt, wird entsprechend eine Kraft auf den Leiter 1 ausgeübt.

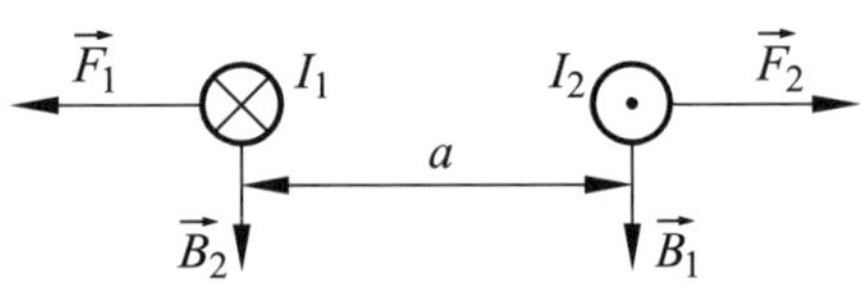

Bild 5.33 Kräfte auf zwei stromdurchflossene Leiter

Über die Kraft zwischen zwei stromführenden Leitern ist die Einheit 1 Ampere definiert.
Die Richtung der Kraftvektoren lässt sich dem Bild 5.5 entnehmen. Allgemein gilt:

> Bei gleichem Richtungssinn des Stromes ziehen die beiden Leiter einander an; bei entgegengesetztem Richtungssinn des Stromes stoßen die Leiter einander ab.

6 Wechselstrom-Schaltungen

6.1 Sinusgrößen

6.1.1 Effektivwertzeiger

Sinusspannungen und -ströme werden durch Zeiger dargestellt (s. Kap. 3). Entspricht die Länge des Zeigers dem Effektivwert U bzw. I, so bezeichnet man die Zeiger als **Effektivwertzeiger**. Der Winkel des Zeigers ist der Nullphasenwinkel.

Zeiger werden durch Unterstreichen gekennzeichnet; sie können grafisch oder rechnerisch addiert werden.
Bei der grafischen Addition werden die Zeiger geometrisch addiert, so wie dies auch bei der Addition von Kräften geschieht, die in unterschiedliche Richtungen wirken.

Beispiel 6.1
Wir wollen die beiden Spannungen u_R und u_L aus dem Beispiel 5.8 grafisch addieren.

$$u_R = 24\ \text{mV} \cdot \cos \omega t$$

$$u_L = 30{,}16\ \text{mV} \cdot \cos(\omega t + 90°)$$

Zunächst berechnen wir mit der Gl.(3.21) die Effektivwerte und bestimmen die Nullphasenwinkel:

$$U_R = 16{,}97\ \text{mV}\,;\ \varphi_R = 0\,;\ U_L = 21{,}33\ \text{mV}\,;\ \varphi_L = 90°$$

Dann wählen wir einen geeigneten Maßstab, tragen die Zeiger auf und bilden $\underline{U} = \underline{U}_R + \underline{U}_L$.

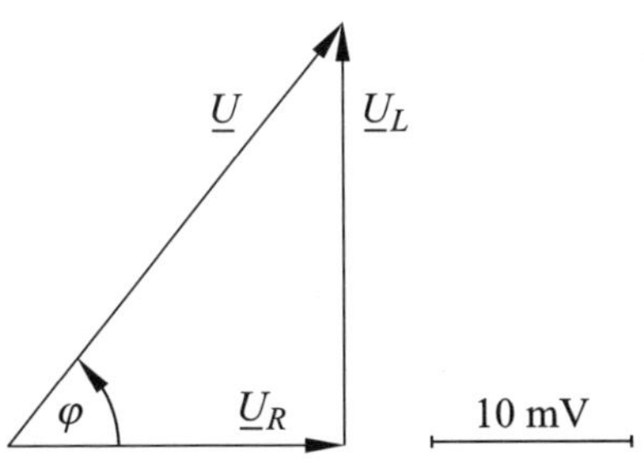

Wir lesen das Ergebnis ab: $U = 27{,}3\ \text{mV}\,;\ \varphi = 52°$

Das Ergebnis der grafischen Addition kann man etwas einfacher mit der komplexen Rechnung erhalten. Dazu wird jeder Zeiger als **komplexes Symbol** dargestellt, in dem der Effektivwert und nach dem **Versorzeichen** $\underline{/\quad}$ der Winkel enthalten sind. Für die Rechenoperationen (s. Anhang) empfehlen wir einen Taschenrechner oder ein Mathematikprogramm.

Beispiel 6.2
Wir wollen die Summe der Spannungen u_R und u_L des Beispiels 6.1 mit Hilfe der komplexen Rechnung ermitteln.

$$\underline{U} = \underline{U}_R + \underline{U}_L = 16{,}97\ \text{mV}\underline{/0°} + 21{,}33\ \text{mV}\underline{/90°}$$

Das Ergebnis lautet:

$$\underline{U} = 27{,}26\ \text{mV}\underline{/51{,}5°}$$

Man verzichtet im Allgemeinen darauf, das komplexe Ergebnis einer Addition von Größen in die zeitabhängige Form umzuwandeln und mit Hilfe der cos-Funktion darzustellen, weil die wesentlichen Größen Effektivwert und Nullphasenwinkel auch in der komplexen Größe enthalten sind.

6.1.2 Grundeintore

Wird ein OHMscher Widerstand von einem Sinusstrom durchflossen, so fällt dabei an ihm eine phasengleiche Sinusspannung ab (s. Beispiel 5.8); die Nullphasenwinkel der Spannung und des Stromes sind also gleich. Für die komplexen Größen gilt:

$$\underline{U} = R\,\underline{I} \qquad (6.1)$$

Der Quotient aus der komplexen Spannung $\underline{U}$ und dem komplexen Strom $\underline{I}$ wird als **komplexer Widerstand** $\underline{Z}$ bezeichnet:

$$\underline{Z} = \frac{\underline{U}}{\underline{I}} \qquad (6.2)$$

Im Gegensatz zu $\underline{U}$ und $\underline{I}$ ist $\underline{Z}$ kein Zeiger, sondern eine zeitlich konstante Größe.

Fließt ein Sinusstrom $\underline{I}$ durch ein Eintor mit der Induktivität L, so fällt an ihm eine Sinusspannung $\underline{U}$ ab, welche dem Strom um 90° voreilt (s. Beispiel 5.8). Für die komplexen Größen gilt:

$$\underline{U} = \mathrm{j}\,\omega\,L\,\underline{I} \tag{6.3}$$

Der Operator j der komplexen Rechnung beschreibt eine Drehung um 90°.

> An einem Eintor mit der Induktivität L eilt die Sinusspannung dem Sinusstrom um 90° vor.

Das Eintor mit der Induktivität L hat den komplexen Widerstand:

$$\underline{Z} = \mathrm{j}\,\omega\,L \tag{6.4}$$

Liegt eine Sinusspannung $\underline{U}$ an einem Eintor mit der Kapazität C, so fließt ein Strom, welcher der Spannung um 90° voreilt (s. Kap. 4.5). Für die komplexen Größen gilt:

$$\underline{I} = \mathrm{j}\,\omega\,C\,\underline{U} \tag{6.5}$$

> An einem Eintor mit der Kapazität C eilt die Sinusspannung dem Sinusstrom um 90° nach.

Die drei Eintore R, L und C werden auch als **Grundeintore** bezeichnet. Das Bild 6.1 zeigt die Schaltzeichen der Grundeintore mit Bezugspfeilen für Spannung und Strom sowie die zugehörigen Zeigerdiagramme.

Der Kehrwert des komplexen Widerstandes wird **komplexer Leitwert** genannt:

$$\underline{Y} = \frac{\underline{I}}{\underline{U}} = \frac{1}{\underline{Z}} \tag{6.6}$$

Das Eintor mit der Kapazität C hat den komplexen Leitwert:

$$\underline{Y} = \mathrm{j}\,\omega\,C \tag{6.7}$$

Der Betrag Z des komplexen Widerstandes $\underline{Z}$ wird als **Scheinwiderstand** *(impedance)* bezeichnet. Der Realteil des komplexen Widerstandes heißt **Wirkwiderstand** *(resistance)* R, der Imaginärteil heißt **Blindwiderstand** *(reactance)* X.
Ein Eintor mit der Induktivität L hat den Blindwiderstand $X = \omega\,L$; ein Eintor mit der Kapazität C hat den Blindwiderstand:

$$X = -\frac{1}{\omega C} \tag{6.8}$$

Der Betrag Y des komplexen Leitwerts $\underline{Y}$ wird **Scheinleitwert** *(admittance)* genannt. Der Realteil des komplexen Leitwerts heißt **Wirkleitwert** *(conductance)* G, der Imaginärteil heißt **Blindleitwert** *(susceptance)* B.
Ein Eintor mit der Kapazität C hat den Blindleitwert $B = \omega\,C$; ein Eintor mit der Induktivität L hat den Blindleitwert:

$$B = -\frac{1}{\omega L} \tag{6.9}$$

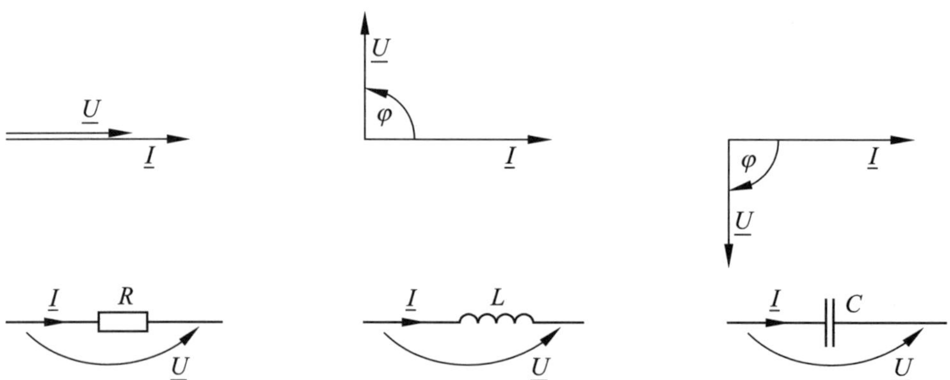

Bild 6.1 Grundeintore

Tabelle 6.1 Komponenten der Grundeintore

	Komplexer Widerstand $\underline{Z} = R + \mathrm{j}\,X = Z\,\underline{/\varphi}$				Komplexer Leitwert $\underline{Y} = G + \mathrm{j}\,B = Y\,\underline{/-\varphi}$		
	Wirk-widerstand *resistance* R	Blind-widerstand *reactance* X	Schein-widerstand *impedance* Z	Winkel *angle* φ	Wirk-leitwert *conductance* G	Blind-leitwert *susceptance* B	Schein-leitwert *admittance* Y
OHMscher Widerstand R	R	0	R	0	$G = \frac{1}{R}$	0	$G = \frac{1}{R}$
Ideales Eintor L	0	ωL	ωL	90°	0	$-\frac{1}{\omega L}$	$\frac{1}{\omega L}$
Ideales Eintor C	0	$-\frac{1}{\omega C}$	$\frac{1}{\omega C}$	−90°	0	ωC	ωC

Beispiel 6.3
Welchen Scheinleitwert hat ein Kondensator mit der Kapazität $C = 0{,}47\ \mu\mathrm{F}$, der an Wechselspannung (Sinusspannung) 230 V; 50 Hz liegt? Welcher Strom fließt dabei?

Mit der Kreisfrequenz $\omega = 2\,\pi f = 314\ \mathrm{s}^{-1}$ berechnen wir den Scheinleitwert:

$Y = \omega\, C = 0{,}148\ \mathrm{mS}$

Der Strom hat den Effektivwert $I = Y U = 34\ \mathrm{mA}$.

6.1.3 Reihenschaltungen

Bei einer **Reihenschaltung** *(series connection)* fließt ein und derselbe Strom durch sämtliche Elemente.

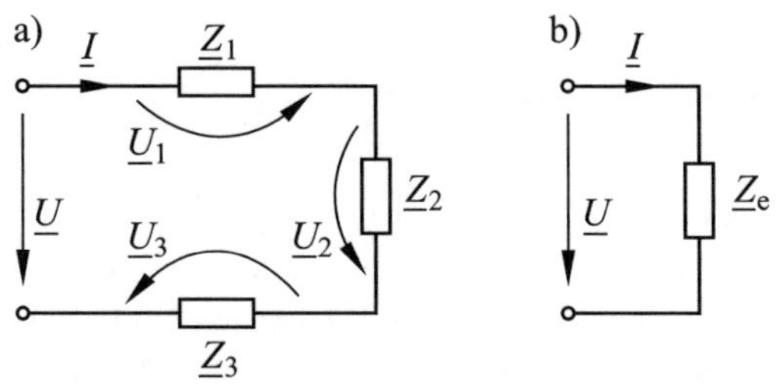

Bild 6.2 Reihenschaltung komplexer Widerstände

Wie in der Gleichstromtechnik können die in Reihe geschalteten Widerstände zu einem Ersatzwiderstand zusammengefasst werden. Entsprechend der Gl. (2.19) gilt für n in Reihe geschaltete Widerstände:

$$\underline{Z}_e = \sum_{i=1}^{n} \underline{Z}_i \tag{6.10}$$

Mit dem Ersatzwiderstand lässt sich der Zusammenhang zwischen der Spannung und dem Strom entsprechend der Gl. (6.2) angeben.

Beispiel 6.4
Wir wollen den Ersatzwiderstand für die Reihenschaltung aus dem OHMschen Widerstand $R = 1{,}8\ \Omega$ und der Induktivität $L = 0{,}54\ \mathrm{mH}$ für die Frequenz 400 Hz berechnen und damit die Spannung an dieser Reihenschaltung ermitteln, die beim Strom 5 A entsteht.

$\underline{Z}_1 = R = 1{,}8\ \Omega$

$\underline{Z}_2 = \mathrm{j}\,\omega L = \mathrm{j}\,2\,\pi f L = \mathrm{j}\ 1{,}357\ \Omega$

$\underline{Z}_e = \underline{Z}_1 + \underline{Z}_2 = 1{,}8\ \Omega + \mathrm{j}\ 1{,}357\ \Omega$

$\underline{Z}_e = 2{,}254\ \Omega\ \underline{/37°}$

$\underline{U} = \underline{Z}_e\,\underline{I} = 2{,}254\ \Omega\ \underline{/37°} \cdot 5\ \mathrm{A}\ \underline{/0°}$

$\underline{U} = 11{,}27\ \mathrm{V}\ \underline{/37°}$

Die komplexen Widerstände können in der komplexen Ebene dargestellt werden. Jeder Widerstand wird dabei durch einen Pfeil symbolisiert,

---

Beispiel 6.5
Wir wollen die Widerstände des Beispiels 6.4 in der komplexen Ebene darstellen.

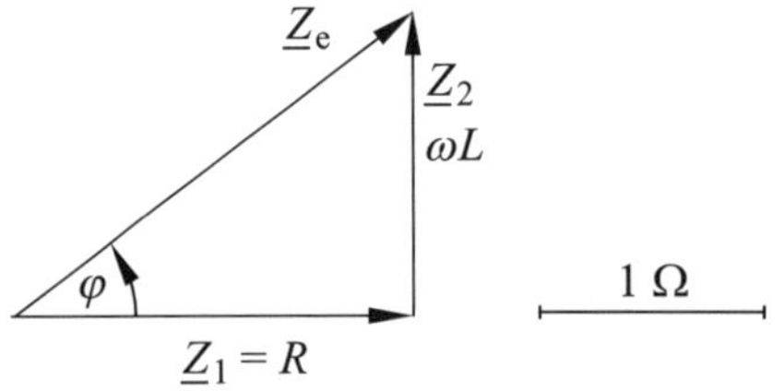

An Gleichspannung nimmt eine Spule einen höheren Strom auf als an Wechselspannung. Da der Blindwiderstand ωL der Spule den Strom „drosselt", wird eine Spule an Wechselspannung auch **Drossel** genannt.

Beispiel 6.6
Eine Spule nimmt an Gleichspannung 230 V den Strom $I_1 = 10$ A auf, an Sinusspannung 230 V bei 50 Hz dagegen nur $I_2 = 2$ A. Wir wollen den Wirk-, den Blind- und den Scheinwiderstand der Spule berechnen. Außerdem wollen wir die Induktivität und den Phasenverschiebungswinkel ermitteln.

Wirkwiderstand: $R = U / I_1 = 23\ \Omega$

Scheinwiderstand: $Z = U / I_2 = 115\ \Omega$

Der Zusammenhang zwischen dem Wirkwiderstand R, dem Blindwiderstand $X = \omega L$ und dem Scheinwiderstand Z lautet:

$$R^2 + X^2 = Z^2$$

Damit berechnen wir den Blindwiderstand, die Induktivität und den Phasenverschiebungswinkel:

$$X = \sqrt{Z^2 - R^2} = 112{,}7\ \Omega$$

$$L = \frac{X}{\omega} = 359\ \text{mH}$$

$$\varphi = \text{Arctan}\ \frac{X}{R} = 78{,}5°$$

6.1.4 Reihenresonanz

In einer Reihenschaltung der drei Grundeintore R, L und C entstehen drei Teilspannungen. Die Teilspannung $\underline{U}_R$ ist in Phase mit dem Strom; die Teilspannung $\underline{U}_L$ eilt dem Strom um 90° vor und die Teilspannung $\underline{U}_C$ eilt dem Strom um 90° nach.

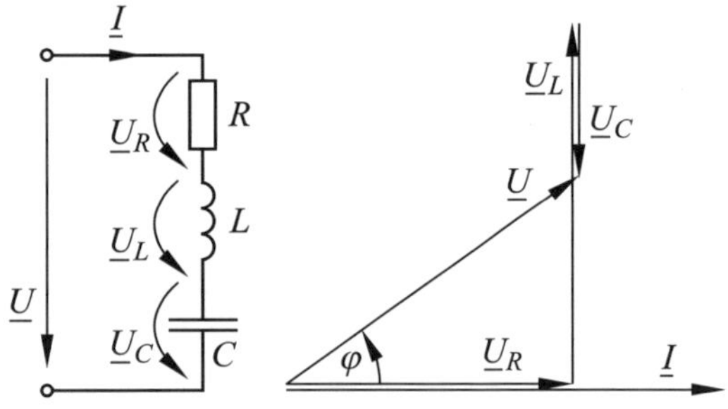

Bild 6.3 Reihenschaltung der drei Grundeintore und Zeigerdiagramm

Die beiden Spannungen $\underline{U}_L$ und $\underline{U}_C$ haben entgegengesetzte Phasenlage; ihre Summe ist von der Frequenz f bzw. von der Kreisfrequenz ω abhängig:

$$\underline{U}_L + \underline{U}_C = \text{j}\left(\omega L - \frac{1}{\omega C}\right)\underline{I} \tag{6.11}$$

Bei der **Resonanzfrequenz** f_r ist:

$$\underline{U}_L + \underline{U}_C = 0 \tag{6.12}$$

Die Reihenschaltung der Grundeintore befindet sich dabei im Zustand der **Reihenresonanz** *(series resonance)*. Wir berechnen die Resonanzfrequenz, indem wir den Klammerausdruck der Gl. (6.11) gleich Null setzen, und erhalten:

$$\omega_r = \frac{1}{\sqrt{LC}}\ ;\ f_r = \frac{1}{2\pi\sqrt{LC}} \tag{6.13}$$

Die Spannungen $\underline{U}_L$ und $\underline{U}_C$ heben sich bei Resonanz in ihrer Wirkung nach außen hin auf, und die Spannung $\underline{U}$ liegt am OHMschen Widerstand R. Der Strom nimmt bei Reihenresonanz den maximalen Wert U/R und der Scheinwiderstand der Reihenschaltung den minimalen Wert $Z = R$ an.

Die Effektivwerte U_R und U_C können bei Resonanz erheblich höher als der Effektivwert U der an der Reihenschaltung liegenden Spannung sein; man bezeichnen dies als **Resonanzüberhöhung**.

Beispiel 6.7
Welcher Kondensator muss zu der Spule des Beispiels 6.6 in Reihe geschaltet werden, damit bei 50 Hz der maximal mögliche Strom fließt? Welchen Effektivwert I_{max} hat dieser Strom bei $U = 230$ V? Für welche Spannung U_C muss der Kondensator ausgelegt sein?

Der maximale Strom fließt bei der Resonanzfrequenz 50 Hz. Mit $\omega_r = 314\ s^{-1}$ berechnen wir:

$$C = \frac{1}{\omega_r^2 L} = 28{,}2\ \mu F\ ;\ I_{max} = \frac{U}{R} = 10\ A$$

$$U_L = \omega L I_{max} = X_L I_{max} = 1127\ V$$

Bei Resonanz ist $U_L - U_C = 0\ ; U_C = U_L = 1127$ V

6.1.5 Parallelschaltungen

Sämtliche Elemente einer **Parallelschaltung** *(parallel connection)* liegen an derselben Spannung.

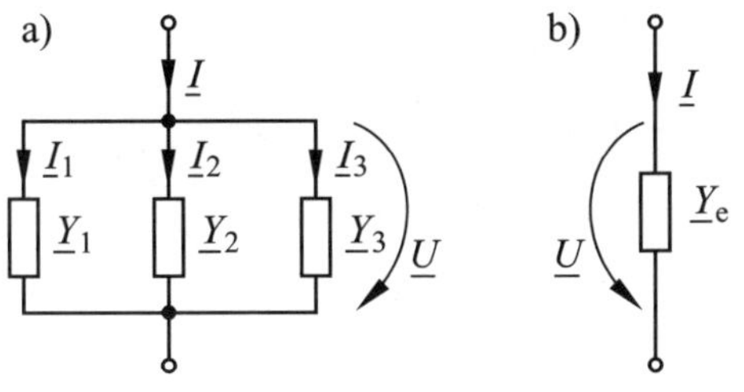

Bild 6.4 Parallelschaltung komplexer Leitwerte

Wie in der Gleichstromtechnik können die parallel geschalteten Leitwerte zu einem Ersatzleitwert zusammengefasst werden. Entsprechend Gl. (2.11) gilt für n parallel geschaltete Leitwerte:

$$\underline{Y}_e = \sum_{i=1}^{n} \underline{Y}_i \qquad (6.14)$$

Mit dem Ersatzleitwert lässt sich der Zusammenhang zwischen der Spannung und dem Strom entsprechend der Gl. (6.2) angeben.

Beispiel 6.8
Ein Grundeintor $C = 10\ \mu F$ ist einem Leitwert $G = 11{,}3\ \mu S$ parallel geschaltet. Beide liegen an Sinusspannung 230 V; 50 Hz. Wir wollen die Ströme und den Phasenverschiebungswinkel berechnen.

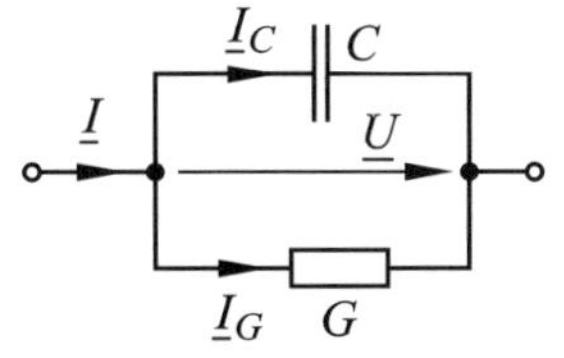

$$I_C = \omega C U = 2 \pi f C U = 722{,}5\ mA$$

$$I_G = G U = 2{,}6\ mA$$

$$\underline{I} = \underline{I}_G + \underline{I}_C = 2{,}6\ mA \angle 0° + 722{,}5\ mA \angle 90°$$

$$\underline{I} = 722{,}5\ mA \angle 89{,}8°$$

Der Phasenverschiebungswinkel der Spannung gegen den Strom ist $\varphi = -89{,}8°$.

Die in diesem Beispiel beschriebene Parallelschaltung ist die Ersatzschaltung eines verlustbehafteten Kondensators.

Wie das Beispiel zeigt, kann der Phasenverschiebungswinkel eines verlustbehafteten Kondensators nahe bei $-90°$ liegen. Deshalb wird vom Komplementwinkel $\delta = 90° + \varphi$ der Tangens gebildet und als **Verlustfaktor** d bezeichnet:

$$d = \tan \delta = \tan (90° + \varphi) \qquad (6.15)$$

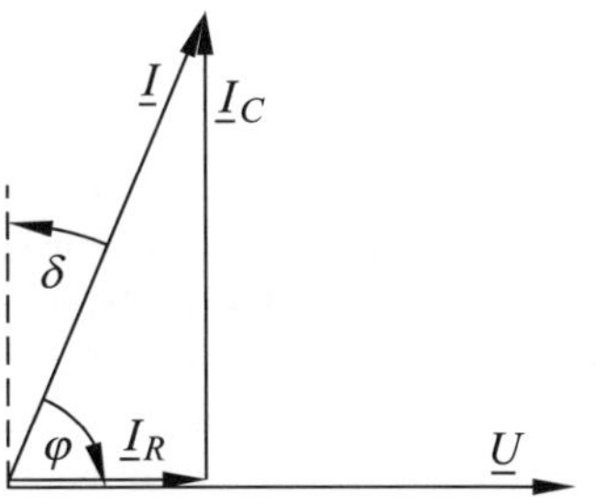

Bild 6.5 Phasenverschiebungswinkel φ und Komplementwinkel δ eines verlustbehafteten Kondensators

Beispiel 6.9
Wir wollen den Verlustfaktor d des Kondensators aus dem Beispiel 6.8 berechnen.

$d = \tan 0{,}2° = 3{,}5 \cdot 10^{-3}$

6.1.6 Parallelresonanz

In einer Parallelschaltung der drei Grundeintore R, L und C entstehen drei Teilströme. Der Teilstrom $\underline{I}_R$ ist in Phase mit der anliegenden Spannung; der Teilstrom $\underline{I}_L$ eilt der Spannung um 90° nach und der Teilstrom $\underline{I}_C$ eilt der Spannung um 90° vor.

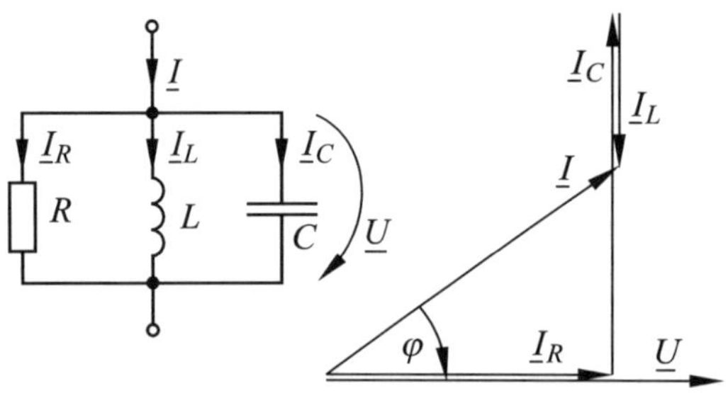

Bild 6.6 Parallelschaltung der drei Grundeintore und Zeigerdiagramm

Die beiden Ströme $\underline{I}_L$ und $\underline{I}_C$ haben entgegengesetzte Phasenlage; ihre Summe ist von der Frequenz f bzw. von der Kreisfrequenz ω abhängig:

$$\underline{I}_L + \underline{I}_C = \mathrm{j}\left(\omega C - \frac{1}{\omega L}\right) \underline{U} \tag{6.16}$$

Bei der **Resonanzfrequenz** f_{r} ist:

$$\underline{I}_L + \underline{I}_C = 0 \tag{6.17}$$

Die Parallelschaltung der Grundeintore befindet sich dabei im Zustand der **Parallelresonanz** *(parallel resonance)*. Wir berechnen die Resonanzfrequenz, indem wir den Klammerausdruck der Gl.(6.16) gleich Null setzen, und erhalten:

$$\omega_{\mathrm{r}} = \frac{1}{\sqrt{L\,C}} \;;\; f_{\mathrm{r}} = \frac{1}{2\pi\sqrt{L\,C}} \tag{6.18}$$

Die Ströme $\underline{I}_L$ und $\underline{I}_C$ heben sich bei Resonanz in ihrer Wirkung nach außen hin auf, und der Strom $\underline{I}$ fließt durch den OHMschen Widerstand R. Der Strom nimmt bei Reihenresonanz den minimalen Wert U/R und der Scheinwiderstand der Parallelschaltung den maximalen Wert $Z = R$ an.

Die Effektivwerte I_R und I_C können bei Resonanz erheblich höher als der Effektivwert I des durch die Parallelschaltung fließenden Stromes sein; man bezeichnet dies als **Resonanzüberhöhung**.

6.1.7 Wirk-, Blind- und Scheinleistung

Fließt ein Sinusstrom durch einen OHMschen Widerstand, so entsteht nach Gl.(3.19) eine zeitabhängige Leistung $P(t)$, deren arithmetischer Mittelwert die Wirkleistung $P = U\,I$ ist (s. Kap. 3). Da die Leistung $P(t)$ stets positiv ist, nimmt der OHMsche Widerstand ausschließlich elektrische Energie auf und wandelt sie in nichtelektrische Energie um.

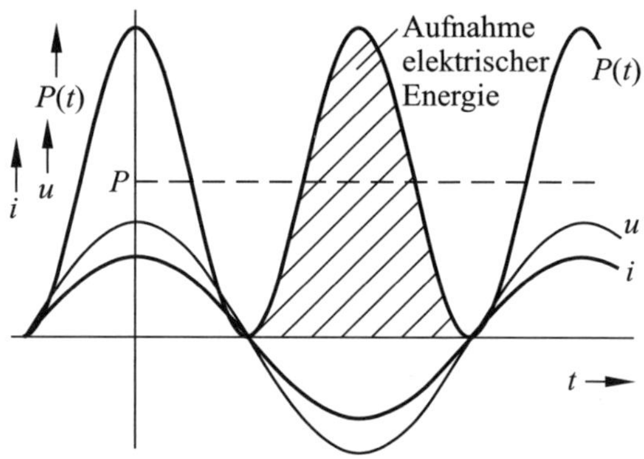

Bild 6.7 Leistung $P(t)$ eines OHMschen Widerstandes

Fließt ein Sinusstrom durch ein Eintor mit der Induktivität L, so eilt der Strom i der Spannung u um 90° nach. Diese Phasenverschiebung hat zur Folge, dass die Leistung $P(t) = u\,i$

- positiv ist, wenn das Produkt $u\,i$ positiv ist;
- negativ ist, wenn das Produkt $u\,i$ negativ ist.

Da die aufgenommene elektrische Energie des Eintors mit der Induktivität L gleich der abgegebenen ist, hat die Wirkleistung den Wert $P = 0$.

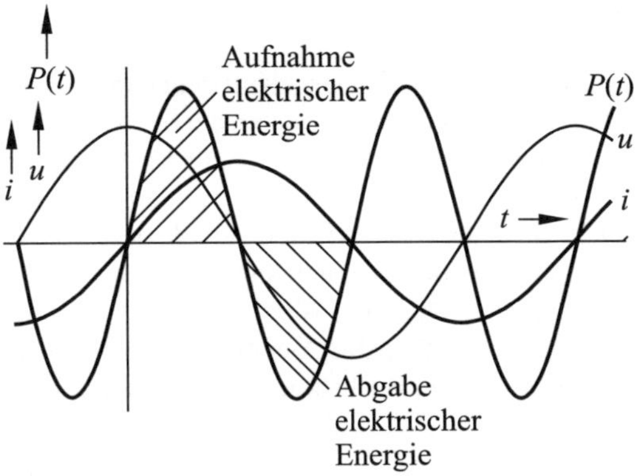

Bild 6.8 Leistung $P(t)$ eines Eintors mit der Induktivität L

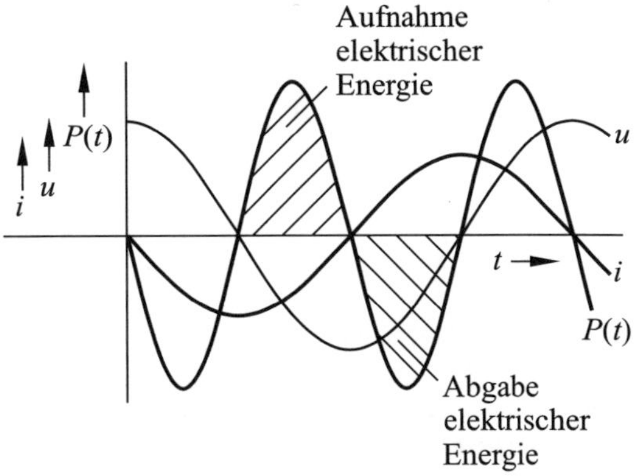

Bild 6.9 Leistung $P(t)$ eines Eintors mit der Kapazität C

Die Wirkleistung ist $P = 0$; das Eintor mit der Induktivität L nimmt im zeitlichen Mittel keine Energie auf. Die Energie pendelt zwischen der übrigen Schaltung (z.B. der Quelle) und dem Eintor; sie wird im Eintor als magnetische Energie eine Viertelperiode lang gespeichert und in der nächsten Viertelperiode der Spannung an die übrige Schaltung zurückgegeben (Bild 6.8).
Zu der pendelnden Energie wird eine Leistungsgröße definiert, die man als **Blindleistung** *(reactive power)* Q bezeichnet:

$$Q = X_L I^2 = \omega L I^2 \tag{6.19}$$

Die Blindleistung wird in der Einheit **1 var** *(voltampere reactive)* angegeben, damit keine Verwechslung mit der Wirkleistung möglich ist.

Fließt ein Sinusstrom durch ein Eintor mit der Kapazität C, so eilt der Strom i der Spannung u um 90° vor. Auch hierbei ist die Leistung $P(t) = u\,i$ positiv, wenn das Produkt $u\,i > 0$ ist, und negativ, wenn $u\,i < 0$ ist.
Da die aufgenommene elektrische Energie des Eintors mit der Kapazität C gleich der abgegebenen ist, hat die Wirkleistung den Wert $P = 0$.

Die Energie pendelt zwischen der übrigen Schaltung (z.B. der Quelle) und dem Eintor; sie wird im Eintor als elektrische Energie eine Viertelperiode lang gespeichert und in der nächsten Viertelperiode der Spannung an die übrige Schaltung zurückgegeben (Bild 6.9).

Die Blindleistung $Q = X_L I^2$ formen wir mit den Gln.(6.5 und 6.8) um und erhalten:

$$Q = -\omega C U^2 \tag{6.20}$$

Im Gegensatz zur induktiven Blindleistung, die sich gemäß Gl.(6.19) stets positiv ergibt, ist die kapazitive Blindleistung stets negativ. Dies hat den Vorteil, dass die Art der Blindleistung am Vorzeichen zu erkennen ist.

Leistungsschwingung

Wie die Bilder 6.8 und 6.9 zeigen, schwingt bei Blindleistung die zeitabhängige Leistung $P(t)$ sinusförmig um den Mittelwert $P = 0$. Die Leistung eines OHMschen Widerstandes schwingt sinusförmig um den Mittelwert P.

Beide Leistungsschwingungen können durch Zeiger dargestellt werden, wobei die Phasenverschiebung zu beachten ist: Die induktive Blindleistungsschwingung eilt der Wirkleistungsschwingung um 90° vor, während die kapazitive Blindleistungsschwingung der Wirkleistungsschwingung um 90° nacheilt; das Bild 6.10 zeigt die Phasenlage dieser Zeiger.

In komplexer Schreibweise wird die 90°-Phasenverschiebung durch den Faktor j gekennzeichnet. Die Summe der Wirkleistung P und der Blindleistung Q ergibt die komplexe Leistung $\underline{S}$:

$$\underline{S} = P + \mathrm{j}\,Q \tag{6.21}$$

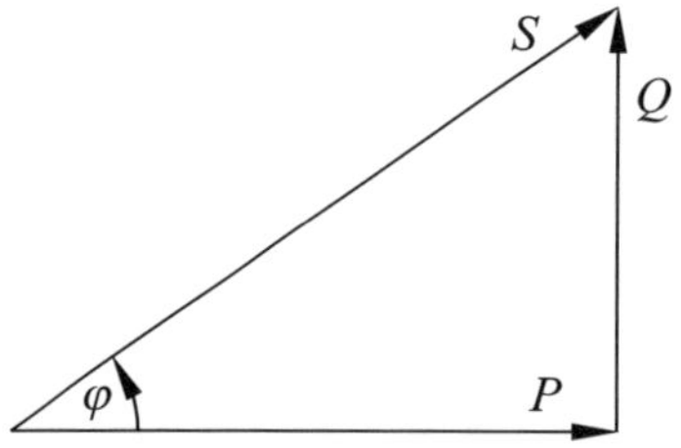

Bild 6.10 Leistungsdreieck

Der Betrag S der komplexen Leistung wird als **Scheinleistung** *(apparent power)* bezeichnet:

$$S = U\,I \qquad (6.22)$$

Die Einheit der Scheinleistung ist:

$[S] = 1$ VA

Das Bild 6.10 zeigt den Zusammenhang zwischen den Leistungsgrößen S, P und Q und dem Phasenverschiebungswinkel φ.

Beispiel 6.10

Von einem Gerät sind die Spannung $U = 230$ V, der Strom $I = 8{,}4$ A und der Phasenverschiebungswinkel $\varphi = 39°$ bekannt. Wir wollen die Wirk-, die Blind- und die Scheinleistung berechnen.

Wirkleistung: $P = U\,I\cos\varphi = 1{,}5$ kW

Blindleistung: $Q = U\,I\sin\varphi = 1218$ var

Scheinleistung: $S = U\,I = 1932$ VA

Tabelle 6.2 Leistungen der Grundeintore

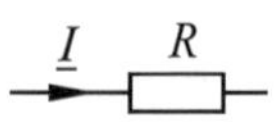	$P = R\,I^2$; $Q = 0$; $S = P$
	$P = 0$; $Q = \omega L\,I^2$; $S = Q$
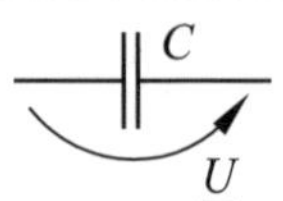	$P = 0$; $Q = -\omega C\,U^2$; $S = Q$

6.1.8 Leistungsfaktor

Für die Baugröße einer elektrischen Maschine ist die Scheinleistung S maßgebend. Im Betrieb ist jedoch von Bedeutung, welcher Anteil der Scheinleistung bleibend in eine andere Energieform, die durch die Wirkleistung P beschrieben wird, umgewandelt werden kann.

Der Quotient aus der Wirkleistung P und der Scheinleistung S wird als **Leistungsfaktor** *(power factor)* λ (griech. Buchstabe lambda) bezeichnet:

$$\lambda = \frac{P}{S} = \cos\varphi \qquad (6.23)$$

Der Leistungsfaktor λ ist keineswegs ein Wirkungsgrad; er gibt vielmehr den Leistungsanteil an, der bleibend in eine andere Energieform (z. B. mechanische oder thermische Energie) umgesetzt wird. Der Leistungsfaktor ist also eine Art Ausnutzungsfaktor.

Beispiel 6.11

Eine elektrische Maschine mit der Wirkleistung 10 kW hat den Leistungsfaktor $\cos\varphi = 0{,}9$ bzw. $\cos\varphi = 0{,}7$. Für welche Scheinleistung muss die Maschine bemessen sein, und welche induktive Blindleistung wird für den Aufbau des Magnetfelds benötigt?

Für $\cos\varphi = 0{,}9$ berechnen wir:

$$S = \frac{P}{\cos\varphi} = \frac{10\text{ kW}}{0{,}9} = 11{,}11\text{ kVA}$$

$$Q = \sqrt{S^2 - P^2} = 4{,}84\text{ kvar}$$

Für $\cos\varphi = 0{,}7$ ergibt sich:

$$S = \frac{P}{\cos\varphi} = \frac{10\text{ kW}}{0{,}7} = 14{,}3\text{ kVA}$$

$$Q = \sqrt{S^2 - P^2} = 10{,}2\text{ kvar}$$

6.1.9 Wirk- und Blindarbeit

Nimmt ein Verbraucher in der Zeitspanne t die konstante Wirkleistung P auf, so wird ihm die **Wirkarbeit** W_w zugeführt:

$$W_w = P\,t \qquad (6.24)$$

Entsprechend dieser Gleichung ist die **Blindarbeit** W_b definiert:

$$W_b = Q\,t \qquad (6.25)$$

Beispiel 6.12
Ein Energieversorgungsunternehmen (EVU) stellt einem Abnehmer die Blindarbeit dann in Rechnung, wenn sie 50 % der Wirkarbeit übersteigt. Welchen Leistungsfaktor müssen die Geräte des Abnehmers im zeitlichen Mittel mindestens aufweisen, damit keine Kosten für die Blindarbeit entstehen?

Im ungünstigsten Fall ist $Q = 0{,}5\,P$. Für die Scheinleistung gilt dabei:

$$S = \sqrt{P^2 + Q^2} = 1{,}118\,P$$

Mit der Gl.(6.23) ergibt sich der Leistungsfaktor:

$\cos\varphi = 0{,}894$

6.1.10 Leistungsberechnung

Werden in einer Schaltung für sämtliche Eintore die Bezugspfeile für Strom und Spannung gleichsinnig angesetzt, so ist stets die gesamte Wirkleistung P gleich der Summe der Wirkleistungen P_i der einzelnen Eintore:

$$P = \sum_{i=1}^{n} P_i \qquad (6.26)$$

Entsprechend gilt für die Blindleistung:

$$Q = \sum_{i=1}^{n} Q_i \qquad (6.27)$$

Diese beiden Gleichungen lassen sich in komplexer Schreibweise zusammenfassen:

$$\underline{S} = \sum_{i=1}^{n} \underline{S}_i \qquad (6.28)$$

Beispiel 6.13
Ein Wechselstrommotor 2,2 kW; 230 V; $\cos\varphi = 0{,}82$; $\eta = 0{,}76$ sowie ein Wärmegerät 2 kW und 40 Leuchtstofflampen 230 V; 0,43 A; 48 W sind an die Spannung 230 V; 50 Hz angeschlossen. Welche Gesamtleistung ergibt sich, und welcher Strom fließt in der gemeinsamen Zuleitung?

Motor: $\varphi_M = \arccos 0{,}82 = 34{,}9°$

$P_M = P_{zu} = P_{ab} / \eta = 2895$ W

$Q_M = P_M \tan\varphi_M = 2020$ var

Wärmegerät: $\varphi_W = 0$; $P_W = 2000$ W ; $Q_W = 0$

Lampen: $S = U\,I = 98{,}9$ VA

$\varphi_L = \arccos(P/S) = 61°$

$P_L = 40 \cdot 48\ \text{W} = 1920$ W

$Q_L = P_M \tan\varphi_L = 3459$ var

Die gesamte Wirkleistung ist:

$$P = P_M + P_W + P_L = 6815\ \text{W}$$

Die gesamte Blindleistung ist:

$$Q = Q_M + Q_W + Q_L = 5479\ \text{var}$$

Die gesamte Wirkleistung ist:

$$S = \sqrt{P^2 + Q^2} = 8744\ \text{VA} = U\,I$$

In der Zuleitung fließt der Strom:

$$I = S/U = 38\ \text{A}$$

Sind für einen komplexen Widerstand

$$\underline{Z} = R + \mathrm{j}\,X = Z\underline{/\varphi} \qquad (6.29)$$

die Spannung $\underline{U}$ und der Strom $\underline{I}$ bekannt, so gilt für die komplexe Leistung $\underline{S}$ mit den Gln. (3.20, 6.19 und 6.21):

$$\underline{S} = R\,I^2 + \mathrm{j}\,X\,I^2 = (R\,I + \mathrm{j}\,X)\,I^2 = \underline{Z}\,I^2 \qquad (6.30)$$

Die komplexe Leistung $\underline{S} = S \angle \varphi$ hat denselben Winkel wie der komplexe Widerstand $\underline{Z} = Z \angle \varphi$.

In der Gl. (6.30) ist I^2 das Quadrat des Effektivwerts des Stromes. Dieser reelle Ausdruck lässt sich folgendermaßen umformen:

$$I^2 = I \angle \varphi_i \cdot I \angle -\varphi_i = \underline{I} \cdot \underline{I}^* \qquad (6.31)$$

Der Ausdruck

$$\underline{I}^* = I \angle -\varphi_i \qquad (6.32)$$

wird als **konjugiert komplexer Strom** bezeichnet.
Wir setzen nun die Gl. (6.31) in die Gl. (6.30) ein:

$$\underline{S} = \underline{Z}\, I^2 = \underline{Z} \cdot \underline{I} \cdot \underline{I}^* \qquad (6.33)$$

Dies formen wir mit der Gl. (6.2) um:

$$\underline{S} = \underline{U}\, \underline{I}^* \qquad (6.34)$$

Beispiel 6.14
Ein induktiv wirkendes Gerät liegt an der Spannung $U = 230$ V; der Strom 4,2 A eilt dieser Spannung um 28° nach. Wir wollen die Wirk-, die Blind- und die Scheinleistung berechnen.

Wir setzen an:

$$\underline{U} = 230\ \text{V} \angle 0° ; \quad \underline{I} = 4{,}2\ \text{A} \angle -28° ; \quad \underline{I}^* = 4{,}2\ \text{A} \angle 28°$$

Mit der Gl. (6.34) berechnen wir:

$$\underline{S} = 966\ \text{VA} \angle 28° = 853\ \text{W} + \text{j}\, 453{,}5\ \text{var}$$

$$S = 966\ \text{VA} ; \quad P = 853\ \text{W} ; \quad Q = 453{,}5\ \text{var}$$

6.2 Wechselstromnetze

Auch in der Wechselstromtechnik wird die Berechnung eines Netzes mit dem Knoten- und dem Maschensatz durchgeführt. Die durch diese Sätze gegebenen Gleichgewichtsbedingungen gelten nicht nur für die Augenblickswerte, sondern ebenso für die Zeiger, welche die Zeitfunktionen ersetzen.

6.2.1 Knoten- und Maschensatz

Bei der Anwendung des Knotensatzes in der Form $\Sigma \underline{I} = 0$ müssen diejenigen Ströme, deren Bezugspfeil vom Knoten wegzeigt, mit geändertem Vorzeichen in die Summe eingesetzt werden. Die Änderung des Vorzeichens entspricht einer Drehung des Zeigers um 180°.
Beim Maschensatz $\Sigma \underline{U} = 0$ ist vereinbart, dass diejenigen Spannungen, deren Bezugssinn nicht mit dem Umlaufsinn übereinstimmt, mit geändertem Vorzeichen in die Masche eingesetzt werden.

Beispiel 6.15
Der Spule des Beispiels 6.6 mit $R = 23\ \Omega$ und $L = 359$ mH wird ein Kondensator 15 µF parallel geschaltet. Ein Vorwiderstand $R_{vor} = 405\ \Omega$ soll die Spannung am Kondensator auf 100 V begrenzen. Die Schaltung wird an Sinusspannung 230 V bei 50 Hz betrieben. Wir wollen die Ströme und Spannungen berechnen.

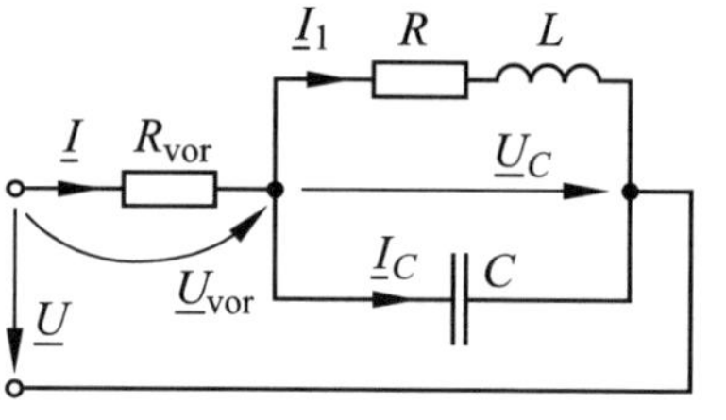

Wir berechnen für $U_C = 100$ V mit den Werten des Beispiels 6.6:

$$I_1 = 2\ \text{A} \cdot \frac{100\ \text{V}}{230\ \text{V}} = 0{,}87\ \text{A}$$

Dieser Strom eilt der Spannung $\underline{U}_C$ um 78,5° nach.
Wir setzen an und berechnen:

$$\underline{U}_C = 100\ \text{V} \angle 0° ; \quad \underline{I}_1 = 0{,}87\ \text{A} \angle -78{,}5°$$

$$\underline{I}_C = \text{j}\, \omega C\, \underline{U}_C = 0{,}471\ \text{A} \angle 90°$$

$$\underline{I} = \underline{I}_1 + \underline{I}_C = 0{,}419\ \text{A} \angle -65{,}6°$$

$$\underline{U}_{vor} = R\, \underline{I} = 169{,}7\ \text{V} \angle -65{,}6°$$

$$\underline{U} = \underline{U}_{vor} + \underline{U}_C = 230\ \text{V} \angle -42{,}3°$$

6.2.2 Ersatzwiderstand

Sind in einer Schaltung zwei komplexe Widerstände $\underline{Z}_1$ und $\underline{Z}_2$ in Reihe geschaltet, so können sie durch ihren Ersatzwiderstand $\underline{Z}_e$ ersetzt werden:

$$\underline{Z}_e = \underline{Z}_1 + \underline{Z}_2 \qquad (6.35)$$

Entsprechend können zwei parallel geschaltete Leitwerte $\underline{Y}_1$ und $\underline{Y}_2$ durch ihren Ersatzleitwert $\underline{Y}_e$ ersetzt werden:

$$\underline{Y}_e = \underline{Y}_1 + \underline{Y}_2 \qquad (6.36)$$

Beispiel 6.16
Wir wollen den Ersatzwiderstand der Schaltung aus dem Beispiel 6.15 berechnen.

Zunächst wandeln wir den komplexen Widerstand $\underline{Z} = R + \mathrm{j}\,\omega L = 23\,\Omega + \mathrm{j}\,112{,}7\,\Omega$ in einen Leitwert um:

$$\underline{Y} = \frac{1}{23\,\Omega + \mathrm{j}\,112{,}7\,\Omega} = 8{,}7\ \mathrm{mS}\,\underline{/-78{,}5°}$$

$$\underline{Y}_C = \mathrm{j}\,\omega C = 4{,}71\ \mathrm{mS}\ \underline{/\ 90°}$$

$$\underline{Y}_p = \underline{Y}_C + \underline{Y} = 4{,}186\ \mathrm{mS}\,\underline{/-65{,}6°}$$

$$\underline{Z}_p = 238{,}9\ \Omega\,\underline{/\ 65{,}6°}$$

$$\underline{Z}_e = R_{vor} + \underline{Z}_p = 548{,}9\ \Omega\,\underline{/\ 23{,}3°}$$

Zur Kontrolle berechnen wir $\underline{Z}_e = \underline{U}/\underline{I}$ mit den Werten des Beispiels 6.15.

6.2.3 Resonanz

Enthält ein Wechselstrom-Netz mindestens ein Eintor L und mindestens ein Eintor C, so kann Resonanz auftreten. Die Resonanzfrequenz braucht dabei keineswegs mit dem Ergebnis der Gl. (6.13 bzw. 6.18) übereinzustimmen; diese Gleichung gilt nur für den Sonderfall der Reihen- bzw. der Parallelresonanz.
Bei Resonanz ist die Spannung an den Klemmen eines zweipoligen Netzes in Phase mit dem Strom. Der Widerstand und der Leitwert des Netzes sind dabei reell, und es gilt:

$$\mathrm{Im}\{\underline{Z}_e\} = 0 \quad \text{bzw.} \quad \mathrm{Im}\{\underline{Y}_e\} = 0 \qquad (6.37)$$

> Ist ein zweipoliges Netz in Resonanz, so ist sein komplexer Widerstand $\underline{Z}_e$ bzw. sein komplexer Leitwert $\underline{Y}_e$ reell.

Beispiel 6.17
Wir wollen die Resonanzfrequenz der Schaltung aus dem Beispiel 6.15 bestimmen.

Da wir den Imaginärteil von $\underline{Z}_e$ suchen, brauchen wir den Widerstand R_{vor} nicht zu berücksichtigen, Der Leitwert der Spule ist der Kehrwert des komplexen Widerstandes $\underline{Z} = R + \mathrm{j}\,\omega L$. Wir addieren dazu den Leitwert $\mathrm{j}\,\omega C$ und erhalten den Leitwert der Parallelschaltung:

$$\underline{Y}_p = \frac{1}{R + \mathrm{j}\,\omega L} + \mathrm{j}\,\omega C = \frac{R - \mathrm{j}\,\omega L}{R^2 + \omega^2 L^2} + \mathrm{j}\,\omega C$$

Gemäß Gl. (6.31) setzen wir den Imaginärteil gleich Null:

$$\frac{-\,\omega L}{R^2 + \omega^2 L^2} + \omega C = 0$$

Diese Gleichung lösen wir nach ω auf und erhalten die Resonanz-Kreisfrequenz $\omega_r = 2\,\pi f_r$:

$$\omega_r = \frac{1}{L}\sqrt{\frac{L}{C} - R^2}$$

Zur Berechnung der Resonanzfrequenz dividieren wir diesen Ausdruck durch $2\,\pi$.
Bei der Schaltung tritt Resonanz für $L > C R^2$ auf.

6.2.4 Ortskurve

Wird ein Parameter eines Wechselstromnetzes, z. B. ein Widerstand oder die Frequenz der anliegenden Spannung verändert, so kann eine Größe des Netzes unterschiedliche Werte annehmen. Dabei ist es nicht zweckmäßig, eine Vielzahl von Zeigern zu zeichnen; man verbindet vielmehr die Zeigerspitzen durch eine Kurve, die als **Ortskurve** bezeichnet wird.

Beispiel 6.18

Ein veränderlicher Widerstand, der Werte im Bereich $R = 0 \ldots \infty$ annehmen kann, liegt in Reihe mit dem induktiven Blindwiderstand $X = \omega L = 10\ \Omega$ an der Spannung 100 V. Wir wollen die Stromzeiger für die Widerstandswerte a) $R = 0$; b) $R = 5\ \Omega$; c) $R = 10\ \Omega$; d) $R = 20\ \Omega$; e) $R \to \infty$ auftragen und durch eine Ortskurve verbinden.

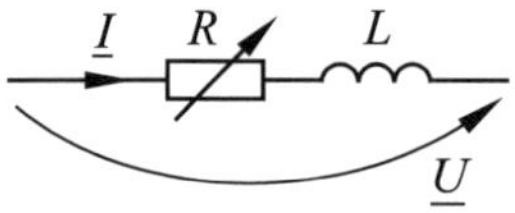

a) Für $R = 0\ \Omega$ ist $\underline{Z} = R + \mathrm{j}\,X = 10\ \Omega \angle 90°$

$$\underline{I}_\mathrm{a} = \frac{\underline{U}}{\underline{Z}} = \frac{100\ \mathrm{V} \angle 0°}{10\ \Omega \angle 90°} = 10\ \mathrm{A} \angle -90°$$

b) Für $R = 5\ \Omega$ ist $\underline{Z} = R + \mathrm{j}\,X = 11{,}18\ \Omega \angle 63{,}4°$

$$\underline{I}_\mathrm{b} = \frac{\underline{U}}{\underline{Z}} = \frac{100\ \mathrm{V} \angle 0°}{11{,}18\ \Omega \angle 63{,}4°} = 8{,}94\ \mathrm{A} \angle -63{,}4°$$

c) Für $R = 10\ \Omega$ ist $\underline{Z} = 14{,}14\ \Omega \angle 45°$

$$\underline{I}_\mathrm{c} = \frac{\underline{U}}{\underline{Z}} = \frac{100\ \mathrm{V} \angle 0°}{14{,}14\ \Omega \angle 45°} = 7{,}07\ \mathrm{A} \angle -45°$$

d) Für $R = 20\ \Omega$ ist $\underline{Z} = 22{,}36\ \Omega \angle 26{,}6°$

$$\underline{I}_\mathrm{d} = \frac{\underline{U}}{\underline{Z}} = \frac{100\ \mathrm{V} \angle 0°}{22{,}36\ \Omega \angle 26{,}6°} = 4{,}47\ \mathrm{A} \angle -26{,}6°$$

e) Für $R \to \infty$ ist $\underline{I}_\mathrm{e} = 0$

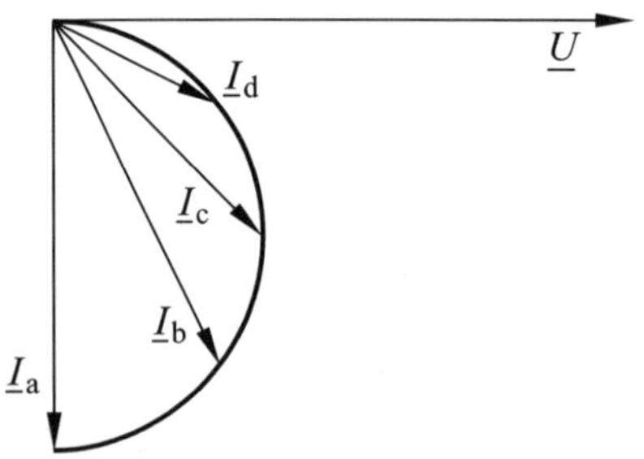

Die Ortskurve ist offensichtlich ein Halbkreis.

6.3 Drehstrom

6.3.1 Ströme und Spannungen

Unter der volkstümlichen Bezeichnung **Drehstrom** versteht man ein **Dreiphasensystem** *(three phase system)*, also ein System von drei Spannungen bzw. Strömen mit unterschiedlichen **Schwingungszuständen**. Die drei zusammengehörigen Spannungen bzw. Ströme haben gleiche Frequenz, aber unterschiedliche Nullphasenwinkel.

Haben die drei Spannungen bzw. Ströme gleiche Amplituden und damit gleiche Effektivwerte, so bezeichnet man sie als **symmetrisch**.

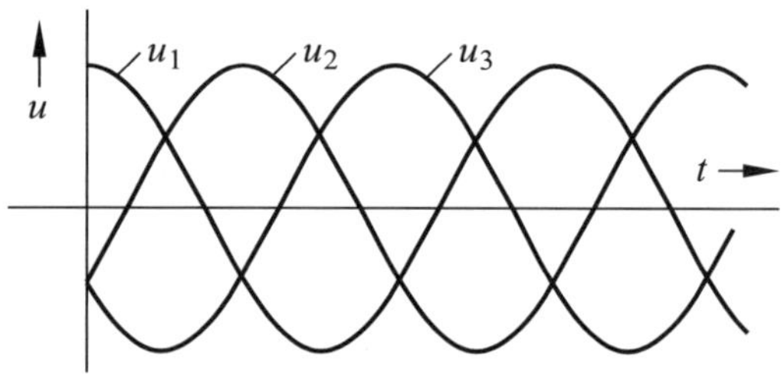

Bild 6.11 Symmetrische Spannungen

Die Summe von drei symmetrischen Größen ist stets gleich Null. So gilt z. B. für drei symmetrische Spannungen:

$$\underline{U}_1 + \underline{U}_2 + \underline{U}_3 = 0 \tag{6.38}$$

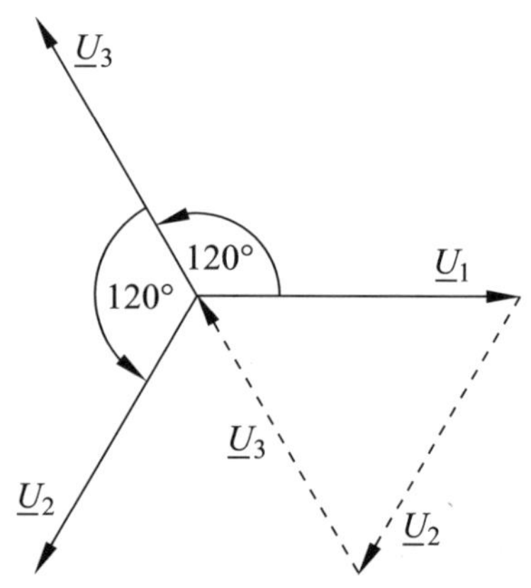

Bild 6.12 Effektivwertzeiger von drei symmetrischen Spannungen

Im Bild 6.12 ist der durch die Gl. (6.38) beschriebene Zusammenhang mit Hilfe der Zeiger dargestellt.

Ein Drehstromerzeuger bzw. -verbraucher besteht aus drei Eintoren, von denen jedes als **Strang** bezeichnet wird. Die drei Stränge U1 - U2, V1 - V2 und W1 - W2 eines Drehstromerzeugers werden üblicherweise in **Sternschaltung** *(star connection)* miteinander verbunden. Dabei sind die Klemmen U2, V2 und W2 an den Neutralleiter N angeschlossen; die Klemmen U1, V1 und W1 sind mit den Außenleitern L1, L2 und L3 verbunden.

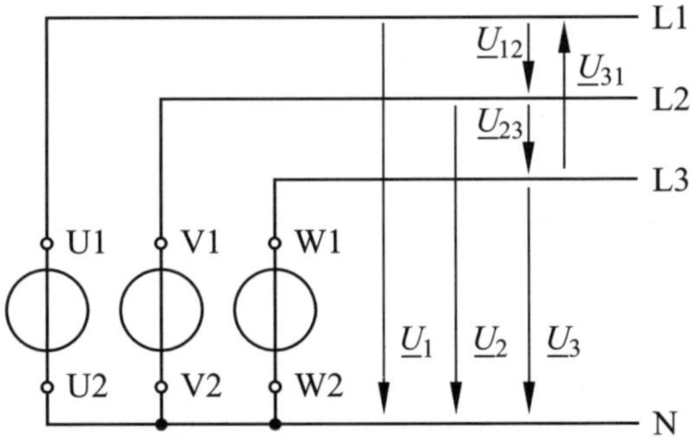

Bild 6.13 Sternschaltung eines Drehstromerzeugers

Ein wichtiger Vorteil des Drehstromsystems besteht darin, dass *zwei* unterschiedliche Spannungssysteme vorliegen:

- Die Strangspanungen $\underline{U}_{1N}$; $\underline{U}_{2N}$; $\underline{U}_{3N}$ bei Sternschaltung liegen jeweils zwischen einem Außenleiter und dem Neutralleiter N. Wenn keine Verwechselungen möglich sind, dann werden diese Strangspannungen mit $\underline{U}_1$; $\underline{U}_2$; $\underline{U}_3$ bezeichnet, der Index N kann also entfallen.
  Der Effektivwert von symmetrischen Spannungen $\underline{U}_1$; $\underline{U}_2$; $\underline{U}_3$ wird **Sternspannung** $U_\curlywedge$ genannt. In DIN 40110 ist festgelegt, dass die Spannung U_2 der Spannung U_1 um 120° nacheilt; auch die Spannung U_3 eilt der Spannung U_2 um 120° nach.
- Die Außenleiterspannungen $\underline{U}_{12}$; $\underline{U}_{23}$; $\underline{U}_{31}$ liegen jeweils zwischen zwei Außenleitern. Im Folgenden wird gezeigt, dass der Effektivwert U einer Außenleiterspannung um den Faktor $\sqrt{3}$ größer ist als die Sternspannung.

Im Bild 6.13 lassen sich drei Maschen bilden. Wir setzen für jede dieser Maschen die Maschengleichung an und lösen nach der Außenleiterspannung auf:

$$\underline{U}_{12} = \underline{U}_{1N} - \underline{U}_{2N} \tag{6.39}$$

$$\underline{U}_{23} = \underline{U}_{2N} - \underline{U}_{3N} \tag{6.40}$$

$$\underline{U}_{31} = \underline{U}_{3N} - \underline{U}_{1N} \tag{6.41}$$

Sind die Außenleiterspannungen symmetrisch, so wird der Effektivwert einer Außenleiterspannung mit U (ohne Index) bezeichnet.

Für die Zeigerdarstellung der Strang- und Außenleiterspannungen verschieben wir die im Bild 6.12 dargestellten Strangspannungen so, dass sie zu einem Punkt N zeigen. Der Beginn der Strangspannungszeiger wird mit 1; 2; 3 bezeichnet. Die Zeiger der Außenleiterspannungen sind von 1 nach 2, von 2 nach 3 und von 3 nach 1 gerichtet.

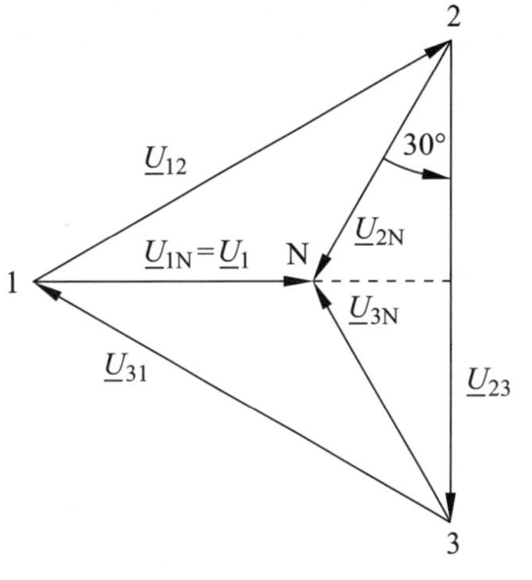

Bild 6.14 Zeigerdarstellung symmetrischer Strang- und Außenleiterspannungen

Dem Bild entnehmen wir den Zusammenhang:

$$U_\curlywedge \cos 30° = 0{,}5\, U \tag{6.42}$$

Mit $\cos 30° = \sqrt{3}/2$ ergibt sich daraus:

$$U = \sqrt{3}\ U_{\curlywedge} \tag{6.43}$$

In einem symmetrischen Drehstromsystem ist der Effektivwert einer Außenleiterspannung um den Faktor $\sqrt{3} = 1{,}732$ größer als die Sternspannung.

Wird für ein Drehstromsystem nur eine einzige Spannung angegeben, so handelt es sich dabei stets um die Außenleiterspannung. Nur in Sonderfällen wird zusätzlich zur Außenleiterspannung auch die Sternspannung angegeben.

Im Niederspannungsnetz der öffentlichen Energieversorgung (s. Kap. 18) beträgt die Außenleiterspannung 400 V. Mit der Gl. (6.37) lässt sich die Sternspannung zu 230,94 V berechnen. Entsprechend der internationalen Normung wird jedoch stets der auf Dekavolt gerundete Wert 230 V angegeben.

6.3.2 Symmetrische Belastung

Drehstromverbraucher haben im Allg. drei Stränge mit gleichen Wirk- und gleichen Blindwiderständen. Die Belastung eines Drehstromsystems durch derartige Verbraucher wird als **symmetrische Belastung** bezeichnet.
Die Stränge eines Verbrauchers können entweder in Sternschaltung oder in Dreieckschaltung miteinander verbunden sein.

Sternschaltung
Bei der Sternschaltung eines Drehstromverbrauchers liegt jeder Strang zwischen einem Außenleiter und dem Neutralleiter.

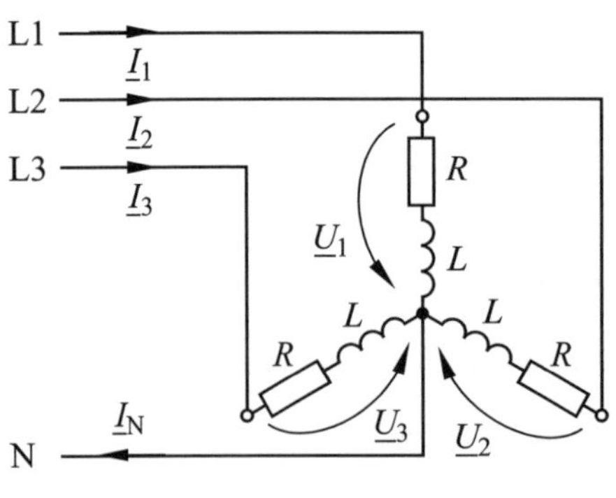

Bild 6.15 Symmetrische Belastung in Sternschaltung

An jedem Strang liegt dabei eine Spannung, deren Effektivwert die Sternspannung ist. Die Strangspannung ist gegen den Strangstrom um den Winkel φ phasenverschoben.

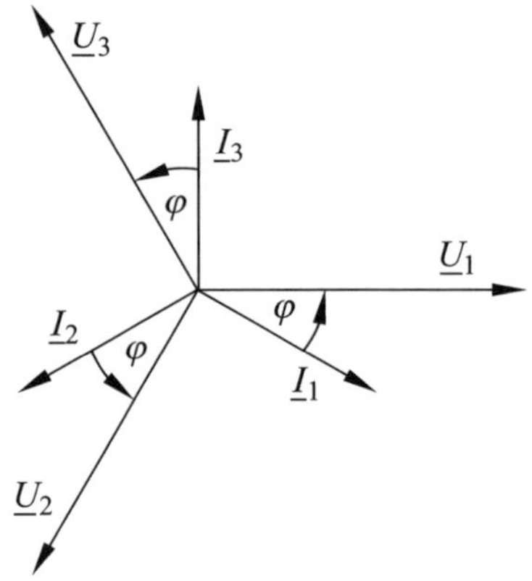

Bild 6.16 Zeigerdiagramm der Strangspannungen und -ströme für symmetrische Belastung in Sternschaltung

Bei Sternschaltung ist jeder Strangstrom gleich dem zugehörigen Außenleiterstrom. Sind die Strangströme symmetrisch, so wird der Effektivwert eines Strangstromes als **Sternstrom** $I_{\curlywedge}$ bezeichnet. Bei symmetrischen Strangströmen sind auch die Außenleiterströme symmetrisch und der Effektivwert I eines Außenleiterstromes ist gleich dem Sternstrom:

$$I = I_{\curlywedge} \tag{6.44}$$

Der Neutralleiterstrom $\underline{I}_N$ ist gleich der Summe der Strangströme:

$$\underline{I}_N = \underline{I}_1 + \underline{I}_2 + \underline{I}_3 \tag{6.45}$$

Bei symmetrischer Belastung ist die Summe der symmetrischen Strangströme gleich Null, und es gilt für den Neutralleiterstrom:

$$\underline{I}_N = 0 \tag{6.46}$$

Bei symmetrischer Belastung kann der Neutralleiter N entfallen. Hiervon wird vor allem bei der Energieverteilung bei Mittel- und Hochspannungsnetzen (s. Kap. 18) Gebrauch gemacht: Diese Netze werden als Dreileiternetze ausgeführt.

Die Wirkleistung P_{str} und die Blindleistung Q_{str} fassen wir zur komplexen Leistung zusammen:

$$\underline{S}_{str} = P_{str} + \mathrm{j}\, Q_{str} = U_\perp I_\perp \underline{/\varphi} \qquad (6.47)$$

Für die Wirkleistung P_{str} bzw. die Blindleistung Q_{str} des Stranges gilt demnach:

$$P_{str} = U_\perp I_\perp \cos\varphi\,;\quad Q_{str} = U_\perp I_\perp \sin\varphi \qquad (6.48)$$

Dabei ist φ der Phasenverschiebungswinkel der Strangspannung gegen den Strangstrom.

Bei symmetrischer Belastung haben $U_\perp$, $I_\perp$ und φ in jedem Strang denselben Wert. Die gesamte Leistung des Drehstromverbrauchers ist die Summe der drei Strangleistungen:

$$\underline{S} = 3\,\underline{S}_{str} = P + \mathrm{j}\, Q = 3\, U_\perp I_\perp \underline{/\varphi} \qquad (6.49)$$

Die Wirk-, Blind- bzw. Scheinleistung eines Drehstromverbrauchers ist bei symmetrischer Belastung das Dreifache der betreffenden Strangleistung.

Mit den Gln.(6.43 und 6.44) lässt sich die gesamte Leistung des Drehstromverbrauchers durch Außenleitergrößen beschreiben:

$$\underline{S} = P + \mathrm{j}\, Q = \sqrt{3}\, U I \underline{/\varphi} \qquad (6.50)$$

Beispiel 6.19
Ein Drehstrom-Netzanschluss 400 V ist in jedem Außenleiter mit 25 A abgesichert. Welche Scheinleistung steht einem Drehstromverbraucher dabei zur Verfügung?

$$S = \sqrt{P^2 + Q^2} = 1{,}732\; U I = 17{,}32 \text{ kVA}$$

Dreieckschaltung
Die drei Stränge eines Drehstromverbrauchers können auch in **Dreieckschaltung** *(delta connection)* miteinander verbunden sein; dabei liegt jeder Strang zwischen zwei Außenleitern (Bild 6.17), und jede Strangspannung ist gleich einer Außenleiterspannung.

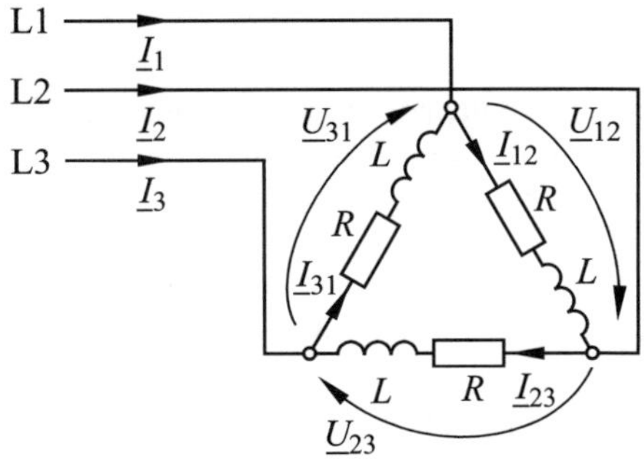

Bild 6.17 Dreieckschaltung (symmetrische Belastung)

Die Strangspannung der Dreieckschaltung, deren Effektivwert bei symmetrischer Belastung als **Dreieckspannung** $U_\triangle$ bezeichnet wird, ist gleich der Außenleiterspannung, und es gilt:

$$U_\triangle = U \qquad (6.51)$$

Bei der Dreieckschaltung entfällt der Neutralleiter, da an ihn kein Strang angeschlossen ist; für die Dreieckschaltung genügt also eine Dreileiternetz.

Jeder Außenleiterstrom ist die Differenz zweier Strangströme. Wir setzen für die drei Knoten in der Schaltung 6.17 jeweils den Knotensatz an und lösen nach den Außenleiterströmen auf:

$$\underline{I}_1 = \underline{I}_{12} - \underline{I}_{31} \qquad (6.52)$$

$$\underline{I}_2 = \underline{I}_{23} - \underline{I}_{12} \qquad (6.53)$$

$$\underline{I}_3 = \underline{I}_{31} - \underline{I}_{23} \qquad (6.54)$$

Bei symmetrischer Belastung in Dreieckschaltung wird der Effektivwert eines Strangstromes auch **Dreieckstrom** $I_\triangle$ genannt.

Im Bild 6.18 ist das Zeigerdiagramm der Strang- und Außenleiterströme dargestellt. Diesem Bild entnehmen wir den Zusammenhang:

$$I_\triangle \cos 30° = 0{,}5\, I \qquad (6.55)$$

Mit dem Zusammenhang $\cos 30° = \sqrt{3}\,/\,2$ ergibt sich daraus:

$$I = \sqrt{3}\, I_{\triangle} \tag{6.56}$$

In einem symmetrischen Drehstromsystem ist der Effektivwert einer Außenleiterstromes um den Faktor $\sqrt{3} = 1{,}732$ größer als der Dreieckstrom.

Die Wirkleistung P_{str} und die Blindleistung Q_{str} fassen wir zur komplexen Leistung zusammen:

$$\underline{S}_{str} = P_{str} + \mathrm{j}\, Q_{str} = U_{\triangle} I_{\triangle} \underline{/\varphi} \tag{6.57}$$

Für die Wirkleistung P_{str} bzw. die Blindleistung Q_{str} des Stranges gilt demnach:

$$P_{str} = U_{\triangle} I_{\triangle} \cos\varphi \;;\; Q_{str} = U_{\triangle} I_{\triangle} \sin\varphi \tag{6.58}$$

Dabei ist φ der Phasenverschiebungswinkel der Strangspannung gegen den Strangstrom.

Bei symmetrischer Belastung haben $U_{\triangle}$, $I_{\triangle}$ und φ in jedem Strang denselben Wert. Die gesamte Leistung des Drehstromverbrauchers ist die Summe der drei Strangleistungen:

$$\underline{S} = 3\,\underline{S}_{str} = P + \mathrm{j}\, Q = 3\, U_{\triangle} I_{\triangle} \underline{/\varphi} \tag{6.59}$$

Die Wirk-, Blind- bzw. Scheinleistung eines Drehstromverbrauchers ist bei symmetrischer Belastung das Dreifache der betreffenden Strangleistung.

Mit den Gln.(6.51 und 6.56) lässt sich die gesamte Leistung des Drehstromverbrauchers durch Außenleitergrößen beschreiben:

$$\underline{S} = P + \mathrm{j}\, Q = \sqrt{3}\, U I \underline{/\varphi} \tag{6.60}$$

Diese Gleichung stimmt mit der Gl. (6.50) überein. Die Gln. (6.50 und 6.60) können bei symmetrischer Belastung unabhängig von der Art der Schaltung verwendet werden.

Beispiel 6.20
Ein Durchlauferhitzer zur Warmwasserbereitung hat in jedem Strang den OHMschen Widerstand 20 Ω. Welche Wirkleistung nimmt er am 400-V-Netz in Stern- bzw. Dreieckschaltung auf?

Bei Sternschaltung ist $U_{str} = 400\ \mathrm{V} / \sqrt{3}$ und der Außenleiterstrom ist gleich dem Strangstrom:

$$I = I_{str} = U_{str} / R = 11{,}55\ \mathrm{A}$$

Bei einem OHMschen Widerstand sind Strom und Spannung in Phase, es ist also $\varphi = 0$. Mit der Gl. (6.60) berechnen wir:

$$\underline{S} = P + \mathrm{j}\, Q = \sqrt{3}\, U I \underline{/\varphi} = 8\ \mathrm{kVA} \underline{/0°}$$

Die Scheinleistung ist $S = 8$ kVA; die Wirkleistung ist $P = 8$ kW und die Blindleistung ist $Q = 0$.

Bei Dreieckschaltung ist $U_{str} = U = 400$ V und der Strangstrom ist $I_{str} = U_{str} / R = 20\ \mathrm{A} = I_{\triangle}$. Mit der Gl. (6.56) berechnen wir den Außenleiterstrom:

$$I = 34{,}64\ \mathrm{A}$$

Schließlich berechnen wir mit der Gl. (6.60) die komplexe Leistung:

$$\underline{S} = P + \mathrm{j}\, Q = \sqrt{3}\, U I \underline{/\varphi} = 24\ \mathrm{kVA} \underline{/0°}$$

Die Scheinleistung ist $S = 24$ kVA; die Wirkleistung ist $P = 24$ kW und die Blindleistung ist $Q = 0$.
Bei gleichen Widerständen erhält man durch den Schaltungswechsel eine Leistungsänderung im Verhältnis 1 : 3.

Zeitabhängigkeit der Leistung
Die Leistung eines Stranges in einem Drehstromsystem ist ebenso wie die Leistung eines Eintors an Sinusspannung zeitabhängig. Bei Wirkbelastung schwingt die Augenblicksleistung $P_{str}(t)$ zwischen 0 und 2 P_{str}, wobei P_{str} der arithmetische Mittelwert, also die Wirkleistung ist.

Man kann sich diesen Zeitverlauf ersetzt denken durch einen konstanten Anteil – die Wirkleistung P_{str} –, dem ein mit doppelter Frequenz der anliegenden Spannung schwingender Anteil, die schwingende Leistung $P_{\sim}(t)$ überlagert ist. Damit gilt z. B. für den Strang 1:

$$P_1(t) = P_{str} + P_{1\sim}(t) \tag{6.61}$$

Bei symmetrischer Belastung sind die schwingenden Leistungen der drei Stränge, so wie die Ströme und die Spannungen, symmetrische Größen; ihre Summe ist gleich Null. Damit gilt für die Leistung $P(t)$ eines Drehstromverbrauchers:

$$P(t) = 3\,P_{str} \tag{6.62}$$

Die gesamte Leistung des Drehstromverbrauchers ist bei symmetrischer Belastung zeitlich konstant. Ein Drehstrommotor entwickelt aus diesem Grund ein zeitlich konstantes Drehmoment. Entsprechendes gilt auch für die Belastung eines Antriebs durch einen Drehstromgenerator.

6.3.3 Unsymmetrische Belastung

Wir befassen uns ausschließlich mit der unsymmetrischen Belastung im **Vierleiternetz**, das zusätzlich zu den Außenleitern L1; L2; L3 den Neutralleiter N enthält.

Unsymmetrische Belastung liegt z.B. beim 400-V-Netz der öffentlichen Energieversorgung vor, wenn Einphasen-Verbraucher zwischen einem Außenleiter und dem Neutralleiter betrieben werden. Dabei fließt ein Strom im Neutralleiter, der sich mit der Gl. (6.45) berechnen lässt; der Sternpunkt des Erzeugers muss belastbar sein.

Beispiel 6.21

In einem 400-V-Drehstromnetz wird an L1 ein Einphasenmotor 230 V; 0,75 kW; $\cos\varphi = 0{,}85$; $\eta = 0{,}64$ und an L2 ein Wärmegerät 1 kW; $\cos\varphi = 1$ betrieben. Wir wollen die Ströme berechnen, die in den Außenleitern und im Neutralleiter fließen.

Der Motor gibt die Nennleistung 0,75 kW als mechanische Leistung an der Welle ab; die zugeführte elektrische Leistung ist:

$$P_1 = 0{,}75\text{ kW} / \eta = 1{,}172\text{ kW} = U_1\,I_1\cos\varphi_1$$

Damit berechnen wir den Effektivwert I_1 des Stromes im Außenleiter L1:

$$I_1 = \frac{P_1}{U_1\cos\varphi_1} = 5{,}99\text{ A}$$

Da der Motor induktiv wirkt, ist der Phasenverschiebungswinkel des Stranges 1 positiv:

$$\varphi_1 = \text{arc cos } \varphi_1 = 31{,}8°$$

Die Spannung am Strang 1 ist (Bild 6.16):

$$\underline{U}_1 = 230\text{ V}\,\underline{/0°}$$

Der Strom im Strang 1 eilt dieser Spannung um den Phasenverschiebungswinkel φ_1 nach:

$$\underline{I}_1 = 5{,}99\text{ A}\,\underline{/-31{,}8°}$$

Die Spannung am Strang 2 ist (Bild 6.16):

$$\underline{U}_2 = 230\text{ V}\,\underline{/-120°}$$

Der Strom im Strang 2 hat den Effektivwert:

$$I_2 = \frac{P_2}{U_2\cos\varphi_2} = 4{,}35\text{ A}$$

Der Strom im Strang 2 ist mit der Strangspannung in Phase:

$$\underline{I}_2 = 4{,}35\text{ A}\,\underline{/-120°}$$

Da am Leiter 3 kein Verbraucher liegt, ist $I_3 = 0$. Mit der Gl. (6.45) berechnen wir den Neutralleiterstrom:

$$\underline{I}_N = \underline{I}_1 + \underline{I}_2 + \underline{I}_3 = 7{,}51\text{ A}\,\underline{/-67{,}2°}$$

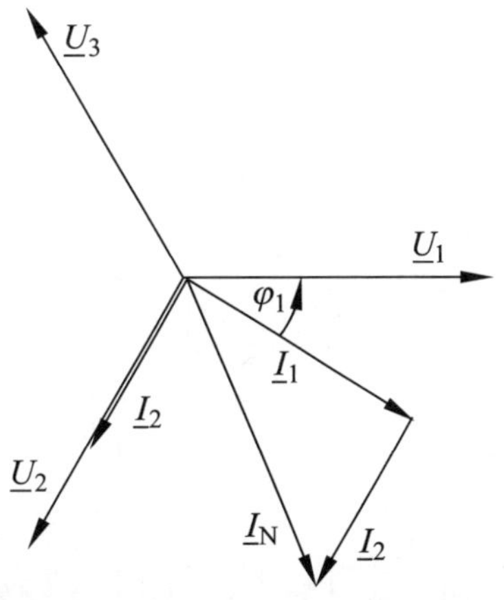

7 Bauelemente

7.1 Widerstände

7.1.1 Konstante Widerstände

Ein Bauelement **Widerstand** *(resistor)* wandelt elektrische in thermische Energie um. Jeder Widerstand hat eine **Bemessungsleistung** und eine **Bemessungsspannung**, die nicht überschritten werden dürfen; die Bemessungsleistung bestimmt den im Dauerbetrieb maximal zulässigen Strom.

Beispiel 7.1
Die Bemessungsleistung eines 1-kΩ-Widerstandes ist 0,33 W. Welcher höchste Strom darf im Dauerbetrieb fließen?

Mit der Gl. (1.19) berechnen wir:

$$I = \sqrt{\frac{P}{R}} = 18{,}17 \text{ mA}$$

Widerstände aus Manganin bzw. Konstantan (s. Tab. 1.2, S. 21) sind nur sehr wenig von der Temperatur abhängig. Ein derartiger Widerstand verhält sich wie ein Ohmscher Widerstand, seine *I*-*U*-Kennlinie ist eine Gerade.

Ein Bauelement Widerstand wird im Allgemeinen mit Werten nach einer der in DIN 41426 genormten Zahlenreihen hergestellt.

Tabelle 7.1 Zahlenwert-Reihen (Auswahl)

E 6	1,0				1,5			
E 12	1,0		1,2		1,5		1,8	
E 24	1,0	1,1	1,2	1,3	1,5	1,6	1,8	2,0
E 6	2,2				3,3			
E 12	2,2		2,7		3,3		3,9	
E 24	2,2	2,4	2,7	3,0	3,3	3,6	3,9	4,3
E 6	4,7				6,8			
E 12	4,7		5,6		6,8		8,2	
E 24	4,7	5,1	5,6	6,2	6,8	7,5	8,2	9,1

Für kleinere Leistungen gibt es Metallschichtwiderstände; für größere Leistungen werden Drahtwiderstände verwendet.

Metallschichtwiderstände sind nach DIN 41429 durch umlaufende Farbringe gekennzeichnet. Der erste Ring liegt näher an dem einen Ende des Widerstandes als der letzte Ring am anderen Ende.

Tabelle 7.2 Farbcode

Farbe	1. Ring	2. Ring	3. Ring	4. Ring
	Widerstandswert in Ω			Toleranz
	1. Ziffer	2. Ziffer	Multiplikator	in %
schwarz	0	0	10^0	–
braun	1	1	10^1	± 1
rot	2	2	10^2	± 2
orange	3	3	10^3	–
gelb	4	4	10^4	–
grün	5	5	10^5	± 0,5
blau	6	6	10^6	–
violett	7	7	10^7	–
grau	8	8	–	–
weiß	9	9	–	–
gold	–	–	10^{-1}	± 5
silber	–	–	10^{-2}	± 10
keine	–	–	–	± 20

Beispiel:

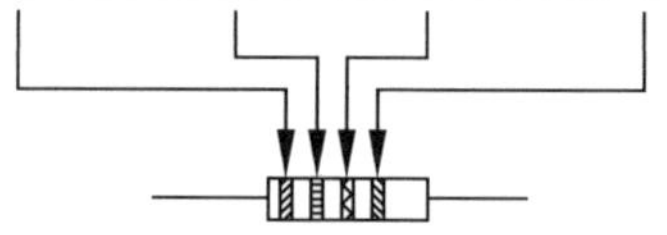

gelb - violett - orange - braun: 47 kΩ ± 1 %

7.1.2 Einstellbare Widerstände

Ein einstellbarer Widerstand enthält einen Schleifer, dessen Abgriffpunkt auf der Widerstandsschicht verändert werden kann. Die Art der Bewegung kann linear sein, es kann sich aber auch um eine Rotation handeln.

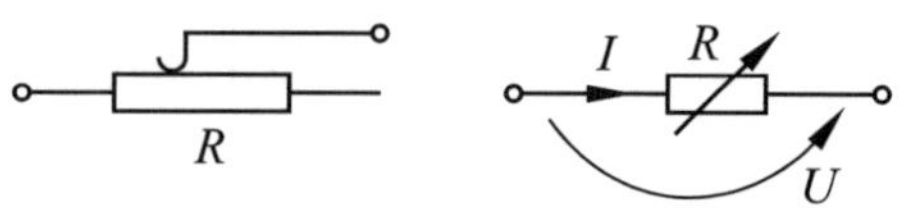

Bild 7.1 Einstellbarer Widerstand und Schaltzeichen

Der einstellbare Widerstand lässt sich auch als **Spannungsteiler** verwenden, der von einer Spannung U eine Teilspannung U_2 abteilt; ein derartiges Gerät wird auch als **Potentiometer** bezeichnet.

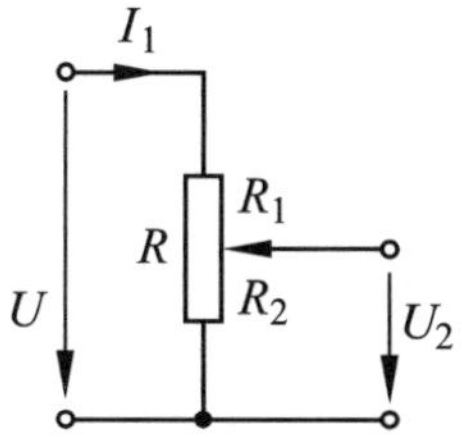

Bild 7.2 Unbelastetes Potentiometer

Das Potentiometer hat zwei Tore: Am Tor 1 liegt die Spannung U und am Tor 2 die Spannung U_2; man spricht dabei auch von einem **Zweitor** *(two-port)*.

Ist das Potentiometer am Tor 2 unbelastet, so fließt der Strom $I_1 = U / R$, der am Teilwiderstand R_2 den Spannungsabfall U_2 bewirkt:

$$U_2 = \frac{R_2}{R_1 + R_2} U \tag{7.1}$$

Dabei ist $R = R_1 + R_2$ der Gesamtwiderstand des unbelasteten Potentiometers. Wir erweitern den Bruch in der Gl. (7.1) mit $G_2 = 1 / R_2$:

$$U_2 = \frac{U}{1 + G_2 R_1} \tag{7.2}$$

Wird das Potentiometer mit einem Widerstand R_L belastet, so ist die Spannung U_2 kleiner als die Leerlaufspannung gemäß Gl. (7.2).

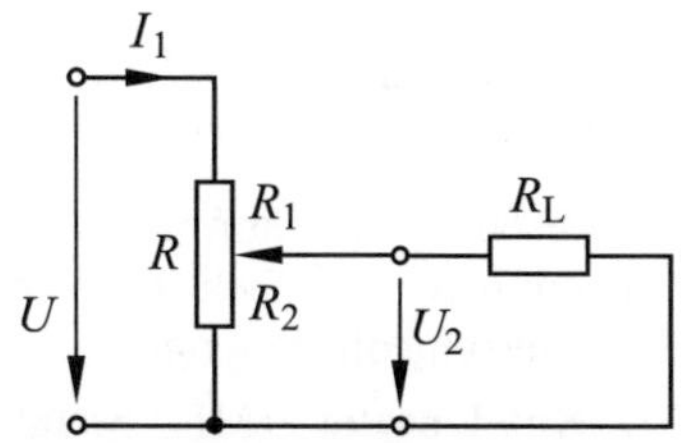

Bild 7.3 Belastetes Potentiometer

Wir setzen zur Berechnung der Spannung U_2 des belasteten Potentiometers den Leitwert $G_2 + G_L$ der Parallelschaltung von R_2 und R_L anstelle des Leitwerts G_2 in die Gl. (7.2) ein:

$$U_2 = \frac{U}{1 + (G_2 + G_L) R_1} \tag{7.3}$$

Bei unbelastetem Potentiometer ($G_L = 0$) ergibt sich hieraus die Gl. (7.2).

Beispiel 7.2

Ein Potentiometer mit dem Widerstand $R = 100\ \Omega$ wird an $U = 12$ V so eingestellt, dass der Schleifer in Mittelstellung steht. Wir wollen die Leerlaufspannung U_{20} und die Spannung U_2 für Belastung mit $R_L = 1\ \text{k}\Omega$ berechnen.

In Mittelstellung ist $R_1 = 50\ \Omega$ und $R_2 = 50\ \Omega$. Mit $G_2 = 0{,}02$ S ergibt die Gl. (7.2) die Leerlaufspannung $U_{20} = 6$ V.
Für die Belastung mit $G_L = 1$ mS ergibt die Gl. (7.3):

$U = 5{,}85$ V

7.1.3 Temperaturabhängige Widerstände

Bei einem **PTC-Widerstand** *(positive temperature co-efficient)* ist der Widerstand R bei niedriger Temperatur klein; er steigt in einem kleinen Temperaturbereich mit zunehmender Temperatur stark an.
PTC-Bauelemente werden auch **Thermistoren** genannt und meist aus Bariumtitanat $BaTiO_3$ hergestellt; sie werden z.B. zur Flüssigkeits-Niveau-Abtastung eingesetzt.
Das Bild 7.4 zeigt als Beispiel die *I-U*-Kennlinien eines PTC-Widerstandes, der durch Luft bzw. Öl gekühlt wird; der PTC-Widerstand nimmt bei der Kühlung durch Öl einen höheren Strom auf als bei der Kühlung durch Luft. Derartige Widerstände werden bei Heizölanlagen eingesetzt: Beim Befüllen wird die Pumpe abgeschaltet, wenn der vorgesehene Füllstand erreicht ist.
Thermistoren dienen auch zur Temperaturüberwachung von Maschinen; ein Beispiel wird beim Stichwort *Motorvollschutz* beschrieben.

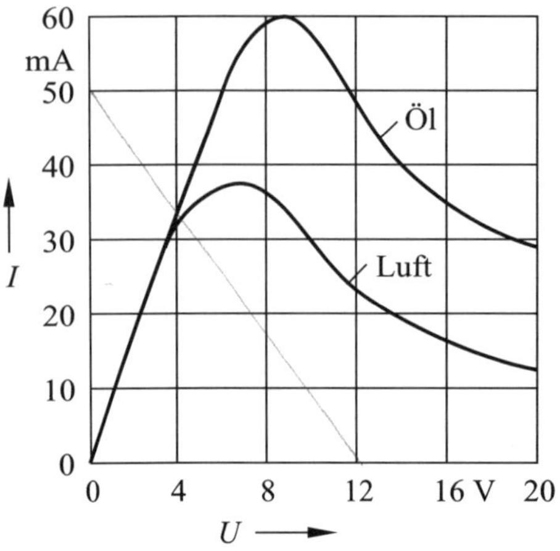

Bild 7.4 *I-U*-Kennlinien eines PTC-Widerstandes bei Kühlung durch Luft bzw. Öl

Bei einem **NTC-Widerstand** *(negative temperature co-efficient)* ist der Widerstand *R* bei niedriger Temperatur hoch; er fällt mit zunehmender Temperatur ab.

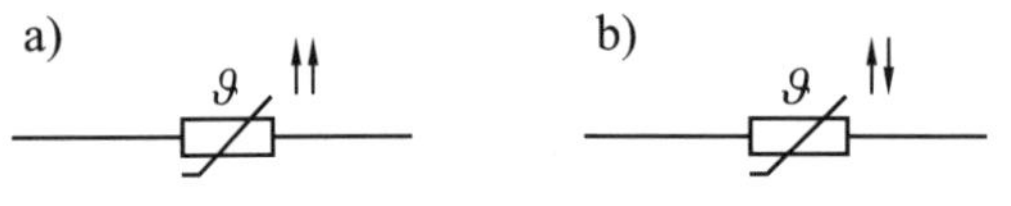

Bild 7.5 Schaltzeichen temperaturabhängiger Widerstände: a) PTC-Widerstand; b) NTC-Widerstand

NTC-Widerstände werden aus Nickeloxid NiO oder Kobaltoxid CoO oder auch aus Mischkristallen wie z. B. Zn_2TiO_4 oder $MgCr_2O_4$ hergestellt. Angewendet werden NTC-Widerstände z. B. zur Unterdrückung von hohen Einschaltströmen.

7.1.4 Spannungsabhängige Widerstände

Spezielle Bauelemente mit einem **spannungsabhängigen Widerstand** *(voltage dependent resistor,* VDR*)* werden auch als **Varistoren** bezeichnet; sie werden aus Siliziumkarbid-Granulat SiC gefertigt.
Die *I-U*-Kennlinie eines VDR ist symmetrisch zum Nullpunkt. Der Widerstand ist bei niedrigen Spannungswerten groß und nimmt mit steigender Spannung ab. Varistoren werden z.B. zum Überspannungsschutz eingesetzt.

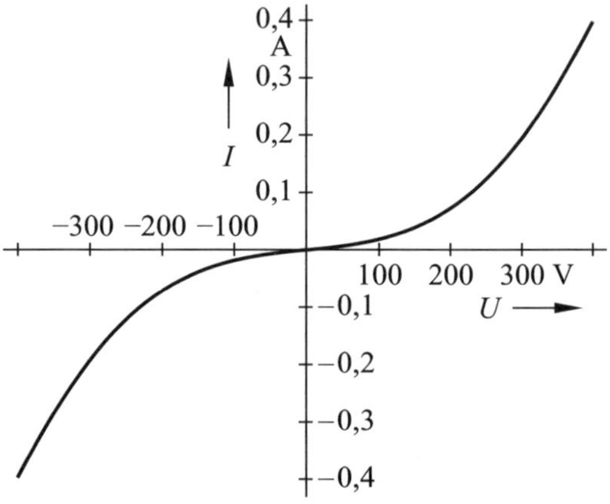

Bild 7.6 *I-U*-Kennlinie eines Varistors

Beispiel 7.3
Wir wollen den Widerstand des Varistors nach Bild 7.6 für $U = 100$ V und 400 V berechnen.

Für $U = 100$ V lesen wir $I = 0{,}02$ A ab und erhalten $R = U/I = 5$ kΩ. Für $U = 400$ V lesen wir $I = 0{,}4$ A ab und erhalten $R = U/I = 1$ kΩ.

7.2 Kondensatoren

7.2.1 Wickelkondensator

Im Kap. 4 wurde bereits auf den *Plattenkondensator* (Bild 4.2) hingewiesen. Da die Ladungen gleichmäßig auf den Platten verteilt sind, gilt die Gl. (4.2) und die Ladung ist $Q = D\,A$. Für das homogene Feld im Inneren des Plattenkondensators gilt die Gl. (4.9); damit ergibt sich die Spannung $U = E\,l$. Diese beiden Gleichungen setzen wir mit den Gln. (4.3 und 4.7) in die Gl. (4.1) ein und berechnen die Kapazität des Plattenkondensators:

$$C = \frac{Q}{U} = \frac{D\,A}{E\,l} = \frac{\varepsilon_r\,\varepsilon_0\,A}{l} \tag{7.4}$$

In der praktischen Ausführung werden die „Platten“ so dünn wie möglich gemacht; hierzu gibt es zwei unterschiedliche Arten:

- beim **MP-Kondensator** (MP: Metall-Papier) werden zwei Metallfolien und zwei ölgetränkte Papierstreifen aufgewickelt;

- beim **MK-Kondensator** wird auf Isolierstofffolien eine dünne Metallschicht aufgedampft; diese Kondensatoren sind „selbstheilend“: Bei einem Durchschlag verdampft Metall in der Umgebung der Durchschlagstelle, was aber die Kapazität praktisch nicht beeinträchtigt.

Bei den beschriebenen Ausführungsarten handelt es sich jeweils um einen **Wickelkondensator**, bei dem zwei Metall- und zwei Isolierstofffolien aufgewickelt sind (Bild 7.7). Da jede Metallfolie bzw. -schicht auf beiden Oberflächen Ladungen trägt, ist das Material des Wickelkondensators fast doppelt so gut ausgenutzt wie das des Plattenkondensators. Für die Kapazität des Wickelkondensators gilt:

$$C \approx 2\frac{\varepsilon_r \, \varepsilon_0 \, A}{l} \tag{7.5}$$

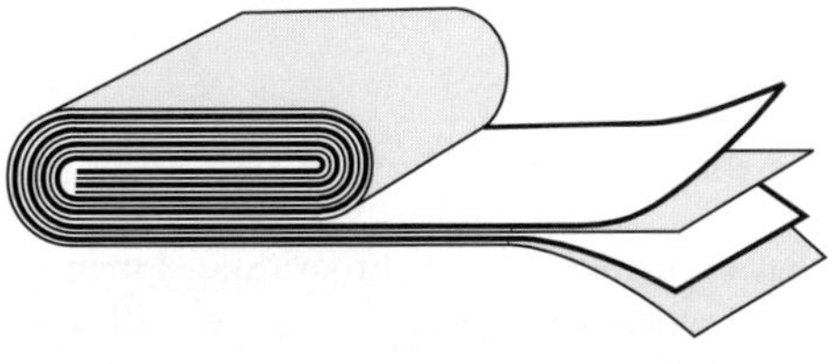

Bild 7.7 Prinzip des Wickelkondensators

Auch **Elektrolytkondensatoren** sind Wickelkondensatoren. Bei ihnen besteht der Isolator aus Aluminiumoxid bzw. Tantaloxid mit einer hohen Permittivitätszahl (s. Tab. 4.1). Wegen der hohen Spannungsfestigkeit der Oxidschicht ist die Dicke $l < 1$ µm des Dielektrikums klein, wodurch sich beim Elektrolytkondensator (kurz: Elko) nach Gl. (7.5) hohe Kapazitätswerte ergeben.
Die Oxidschicht bleibt zwar bei spannungsloser Lagerung über längere Zeit erhalten, ihre Dicke kann sich jedoch bei Aluminium-Elektrolytkondensatoren allmählich verringern. Wird ein Elektrolytkondensator mit verringerter Oxidschicht an Spannung gelegt, so wird die Oxidschicht neu aufgebaut („formiert“), was mit einer erhöhten Stromaufnahme des Kondensators verbunden ist.
Zu beachten ist bei den meisten Ausführungen von Elektrolytkondensatoren die Polung: Eine Falschpolung oder ein Betrieb an Wechselspannung verursachen einen elektrolytischen Prozess, der durch starke Erwärmung und Gasbildung den Kondensator explosionsartig zerstören kann.
Es gibt aber auch Elektrolytkondensatoren für ungepolten Betrieb; ein derartiger Kondensator hat bei gleicher Kapazität und Nennspannung ein größeres Volumen als ein Elektrolytkondensator für gepolten Betrieb.

7.2.2 Spannungsabhängigkeit

Bei MP- und MK-Kondensatoren ist die Kapazität *C* unabhängig von der angelegten Spannung.

Elektrolytkondensatoren weisen eine Spannungsabhängigkeit der Kapazität auf; deshalb wird für die Kapazität im Allgemeinen ein Bereich angegeben (z. B. 1 µF +50 %; –10 % bei einem Aluminium-Elektrolytkondensator). Diese Kondensatoren dürfen nur dort eingesetzt werden, wo es nicht auf die genaue Einhaltung eines Kapazitätswertes ankommt.

Bei Keramikkondensatoren besteht das Dielektrikum aus Barumtitanat, dessen Permittivitätszahl ε_r Werte bis 10^5 erreichen kann; sie haben hohe Kapazitätswerte bei kleinem Volumen. Auch bei diesen Kondensatoren ist die Kapazität *C* spannungsabhängig.

In der letzten Zeit wurden sog. **Ultra-Kondensatoren** mit hoher Kapazität (bis 1000 F) und niedrigem **Ersatz-Reihenwiderstand** *(equivalent series resistor,* ESR*)* entwickelt. Zwar ist die Nennspannung niedrig (z. B. 2,5 V), aber die Kondensatoren können kurzzeitig hohe Ströme abgeben.

Bei Hochspannungs-Kondensatoren sind meist mehrere MP-Wickel in Reihe geschaltet. Wird ein solcher Kondensator nach längerem Betrieb an Gleichspannung nur kurzzeitig kurzgeschlossen, so fließen nicht sofort sämtliche Ladungen ab; es baut sich nach dem Entfernen der Kurzschlussverbindung eine „wiederkehrende Spannung“ auf, die bis zu 10 % der vorher angelegten Gleichspannung erreichen kann. Derartige Kondensatoren müssen aus Sicherheitsgründen im Ruhezustand dauernd kurzgeschlossen bleiben.

7.3 Thermoelektrische Bauelemente

Ein frei bewegliches Elektron in einem Metallstück ist durch COULOMB-Kräfte an das Metall gebunden; es kann das Metall nur dann verlassen, wenn ihm Energie in Höhe der **Austrittsarbeit** *(electron work function)* W_A zugeführt wird. Je größer die COULOMB-Kraft, die das Elektron an das Metall bindet, desto höher ist auch die Austrittsarbeit.

Bei den thermoelektrischen Bauelementen berühren sich zwei Metalle unterschiedlicher Austrittsarbeit. Im Grenzbereich überwiegt die Kraft auf die freien Elektronen des Metalls mit der höheren Austrittsarbeit; in dieses Metall diffundieren Elektronen aus dem Metall mit der kleineren Austrittsarbeit. Durch die Diffusion lädt sich das Metall mit der höheren Austrittsarbeit negativ und das andere positiv auf; die Spannung zwischen den beiden Metallen wird **VOLTA-Spannung** oder auch **Kontaktspannung** genannt.
Ist die Diffusion beendet, so halten sich die Diffusionskraft und die aus der VOLTA-Spannung resultierenden Feldkräfte das Gleichgewicht.

Die Kontaktspannung ist von Werkstoffeigenschaften und von der Temperatur der Berührungsstelle abhängig; sie wird deshalb auch **Thermospannung** *(thermoelectric voltage)* U_{th} genannt. Berühren sich zwei Metalle A und B, so gilt:

$$U_{th} = k_{AB}\, T \tag{7.6}$$

Zweckmäßig verwendet man als Bezugsmaterial Platin und gibt in der **thermoelektrischen Spannungsreihe** den Quotienten $k_{xPt} = U_{th}/T$ für ein Metall x und Platin an.

Tabelle 7.3 Thermoelektrische Spannungsreihe

Metall x	k_{xPt} in $\frac{mV}{100\,K}$
Nickel (Ni)	−1,45
Kobalt (Co)	−1,42
Palladium (Pd)	−0,24
Platin (Pt)	0,0
Wolfram (W)	0,48
Kupfer (Cu)	0,59
Eisen (Fe)	1,93

Für zwei beliebige Metalle A und B gilt:

$$k_{AB} = k_{APt} - k_{BPt} \tag{7.7}$$

In einem geschlossenen Stromkreis aus zwei Metallen fließt ein Strom, wenn die Temperaturen T_1 und T_2 der Berührungsstellen und damit die Thermospannungen U_1 und U_2 *unterschiedlich* sind; man bezeichnet dies als **SEEBECK-Effekt**.

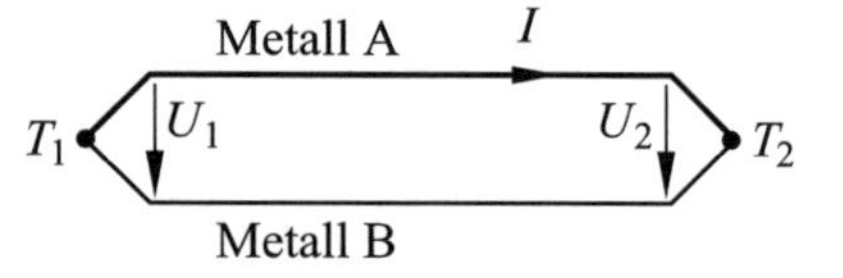

Bild 7.8 SEEBECK-Effekt

Der Strom in der Schaltung 7.8 ist von der Temperaturdifferenz abhängig:

$$I = \frac{U_1 - U_2}{R_A + R_B} = k_{AB}\,\frac{T_1 - T_2}{R_A + R_B} \tag{7.8}$$

Der SEEBECK-Effekt ist umkehrbar: Speist man einen Strom in den Reihenkreis ein, so wird die eine Kontaktstelle erwärmt und die andere abgekühlt; man spricht dabei vom **PELTIER-Effekt**. Dieser wird sowohl bei kleinen Kühlschränken und -taschen als auch zum Kühlen hochwertiger elektronischer Schaltungen eingesetzt. Die PELTIER-Elemente bestehen aus Halbleitermaterialien, vorwiegend auf der Basis von Wismuttellurid; sie werden als **thermoelektrische Kühler** *(thermoelectric cooler,* TEC*)* bezeichnet.

Thermoelement

Ein **Thermoelement** *(thermocouple)* dient zur Temperaturmessung. Es besteht aus einem Ther-

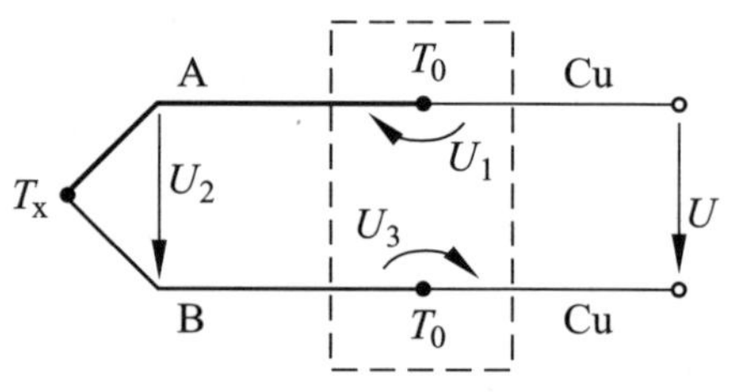

Bild 7.9 Thermoelement

mopaar A und B, an welches zwei Kupferleitungen angeschlossen sind. Die Berührungsstellen mit Kupfer werden auf der Bezugstemperatur T_0 gehalten und die Metalle A und B nehmen am Messort die Temperatur T_x an.
Für die drei Thermospannungen setzen wir mit den Gln. (7.6 und 7.7) an:

$$U_1 = k_{CuA}\, T_0 = (k_{CuPt} - k_{APt})\, T_0 \qquad (7.9)$$

$$U_2 = k_{AB}\, T_x = (k_{APt} - k_{BPt})\, T_x \qquad (7.10)$$

$$U_3 = k_{BCu}\, T_0 = (k_{BPt} - k_{CuPt})\, T_0 \qquad (7.11)$$

An den Klemmen des Thermoelements wird die Spannung U gemessen:

$$U = U_1 + U_2 + U_3 \qquad (7.12)$$

Wir setzen die Gln. (7.9 … 7.11) ein und erhalten:

$$U = k_{AB}\, T_x + (k_{BPt} - k_{APt})\, T_0 = k_{AB}\, (T_x - T_0) \qquad (7.13)$$

Diese Gleichung gilt nur in erster Näherung und nur für einen kleinen Temperaturbereich. In DIN IEC 584 sind Polynome angesetzt, die auf 8 Stellen genau angegeben werden. Dem entspricht aber nicht die Genauigkeit; auch sie ist in der Norm angegeben. In der folgenden Tabelle sind einige genormte Thermoelemente ausgewählt.

Tabelle 7.4 Genormte Thermoelemente

Thermopaar	Temperaturbereich	Empfindlichkeit $\frac{mV}{100\,K}$
Cu - Konstantan	– 200 °C … 600 °C	5,0
Fe - Konstantan	– 200 °C … 900 °C	5,6
NiCr - Ni	0 °C … 1200 °C	4,1
PtRh - Pt	0 °C … 1600 °C	1,2

Die Bezugstemperatur T_0 wird bei aufwendigen Messeinrichtungen mit Hilfe einer geregelten Heizung auf 50 °C oder 60 °C gehalten. Es gibt aber auch einfache Messeinrichtungen, bei denen mit einer Korrekturschaltung geringe Abweichungen von T_0 ausgeglichen werden.

7.4 Dioden

7.4.1 Eigenschaften einer Halbleiterdiode

Eine **Diode** *(diode)* ist ein Halbleiter-Bauelement, das im Durchlassbereich einen hohen Strom I_F (Index F: *forward*) führen kann; wird dagegen eine Spannung in Sperrrichtung angelegt, so fließt ein nur sehr kleiner Sperrstrom I_R (Index R: *reverse*), der bei den meisten Anwendungen vernachlässigt werden kann. Das Bild 7.10 zeigt das Schaltzeichen der Diode mit Bezugspfeilen. Die Anschlussbezeichnungen **Anode** (A) und **Kathode** (K) stammen aus der Röhrentechnik.

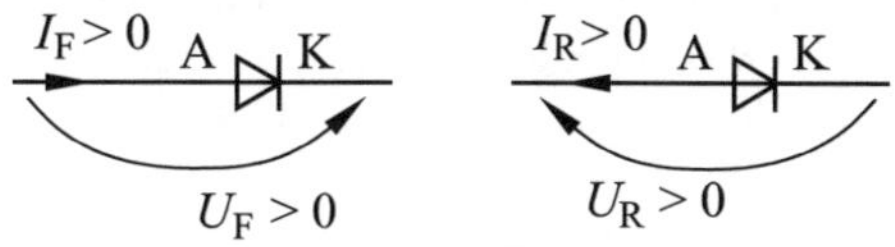

Bild 7.10 Schaltzeichen der Diode mit Bezugspfeilen für den Betrieb im Durchlass- und im Sperrbereich

Das Bild 7.11 zeigt die *I-U*-Kennlinie einer Diode. Für $U_F > 0$ arbeitet die Diode im **Durchlassbereich** und es fließt ein **Durchlassstrom** *(forward current)* $I_F > 0$; dieser Strom darf einen maximal zulässigen Wert nicht übersteigen, weil sonst die Diode zerstört wird.
Für $U_R > 0$ arbeitet die Diode im **Sperrbereich** und es fließt ein **Sperrstrom** *(reverse current)* $I_R > 0$, der trotz der höheren Spannung wesentlich kleiner als der Durchlassstrom ist.

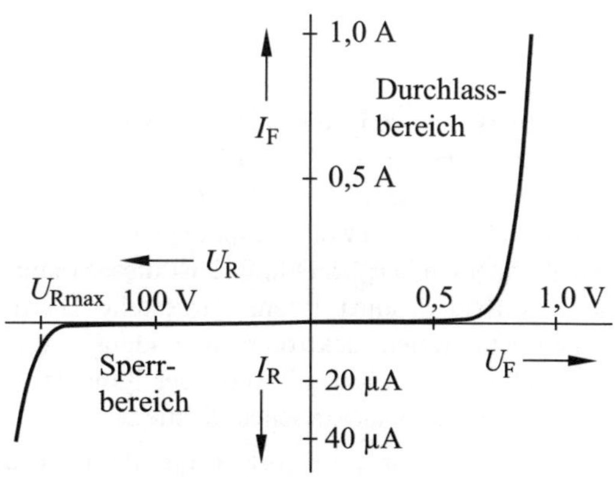

Bild 7.11 *I-U*-Kennlinie einer Diode

Wird die maximale Sperrspannung U_{Rmax} überschritten, so kann dies dazu führen, dass das Bauelement durch einen Wärmedurchbruch zerstört wird; es gibt aber auch Dioden, die im **Durchbruchbereich** bei $U_R > U_{Rmax}$ arbeiten.

7.4.2 Das Halbleiter-Grundmaterial Silizium

Silizium, das Grundmaterial für die meisten Halbleiter-Bauelemente, ist zwar nach dem Sauerstoff das auf unserer Erde am zweithäufigsten vorkommende Element, aber die Aufbereitung für elektronische Bauelemente ist aufwendig und teuer:

- Das in der Natur nur in Verbindungsform (z. B. SiO_2) vorkommende Element muss zunächst aus den Verbindungen gelöst und als Reinstsilizium dargestellt werden.
- Aus der Schmelze muss ein Einkristall gezogen werden. Hierzu wird ein kleiner „Impfkristall" in die Schmelze getaucht und langsam mit Drehbewegungen herausgezogen. Der Einkristallstab kann bis zu 2 m lang sein und bis zu 40 cm Durchmesser haben.
- Um den für Halbleiter-Bauelemente erforderlichen Reinheitsgrad von 1 Fremdatom auf etwa 10^{10} Siliziumatome zu erreichen, durchläuft der Einkristallstab unter Schutzgas mehrfach den Bereich von Hochfrequenz-Heizspulen. Dabei werden die niedriger und die höher schmelzenden Bestandteile an die Stabenden gedrängt. Schließlich werden die Stabenden abgeschnitten; sie werden zu Solarzellen weiterverarbeitet. Der hochreine Mittelteil wird mit diamantbestückten Werkzeugen in dünne Scheiben zerlegt.

Silizium ist vierwertig, d.h. auf der äußeren Schale jedes Atoms befinden sich vier Valenzelektronen. Bei einem Silizium-Kristall stellen die vier Valenzelektronen jeweils Bindungen zu vier Nachbaratomen her; im Bild 7.12 ist dieser räumliche Aufbau in einer Ebene dargestellt. Damit stehen keine freien Elektronen als Ladungsträger zur Verfügung; der Kristall ist bei der Temperatur 0 K = –273 °C ein elektrischer Nichtleiter.

Bei höherer Temperatur bricht die thermische Energie einzelne Elektronen aus der Valenzbindung und der Kristall wird leitend.

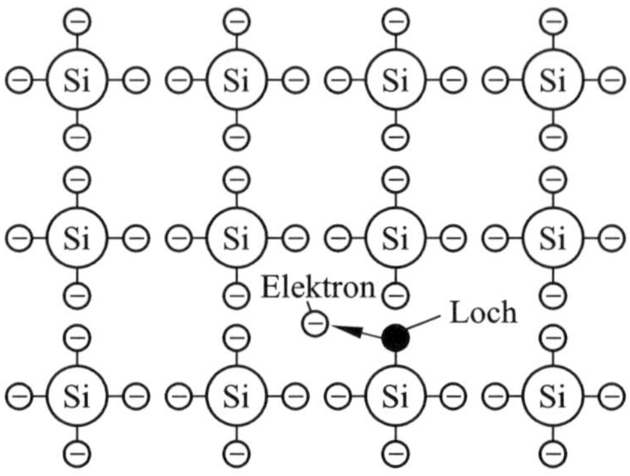

Bild 7.12 Ebene Darstellung eines Si-Kristalls: Ein Elektron verlässt seinen Platz in der Valenzbindung und es entsteht ein Loch

Die Energie der Elektronen in einem Kristall wird gewöhnlich auf der senkrechten Achse eines Diagramms aufgetragen, dessen waagrechte Achse keine Bedeutung hat; man zeichnet sog. *Bänder* ein und spricht vom **Bändermodell**. Unsere vereinfachte Darstellung kommt mit zwei Bändern aus:

- Im Valenzband sind die Elektronen an das zugehörige Atom gebunden.
- Ein Elektron im Leitungsband kann sich im Kristall frei bewegen.

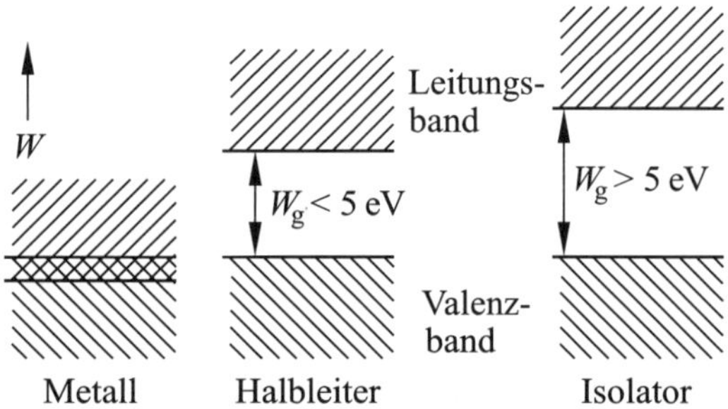

Bild 7.13 Bändermodelle von Metall, Halbleiter und Isolator

Im Bild 7.13 sind die drei Leitungsarten dargestellt. Bei Metallen sind die Valenzelektronen gleichzeitig Leitungselektronen. Bei Halbleitern und Isolatoren ist zwischen dem Valenzband und dem Leitungsband eine verbotene Zone; soll ein Elektron aus dem Valenzband ins Leitungsband

gelangen, so muss es den **Bandabstand** *(band gap)* W_g überwinden; hierfür muss dem Elektron Energie zugeführt werden.
Willkürlich hat man festgelegt:

- Stoffe mit $W_g < 5$ eV sind Halbleiter;
- Stoffe mit $W_g > 5$ eV sind Isolatoren.

Die Energieeinheit 1 eV erhält man durch Multiplikation der Elementarladung (s. Gl. 1.3) mit der Spannung 1 V:

$$1 \text{ eV} = 1{,}6022 \cdot 10^{-19} \text{ J} \qquad (7.14)$$

Der Bandabstand von Silizium ist $W_g = 1{,}12$ eV bei der Temperatur 300 K.

Gelangt ein Elektron durch Energiezufuhr aus dem Valenzband ins Leitungsband, so hinterlässt es ein **Loch** *(hole)*; dieser Vorgang wird als **Generation** bezeichnet. Füllt umgekehrt ein frei bewegliches Elektron ein Loch auf, so spricht man von **Rekombination**.

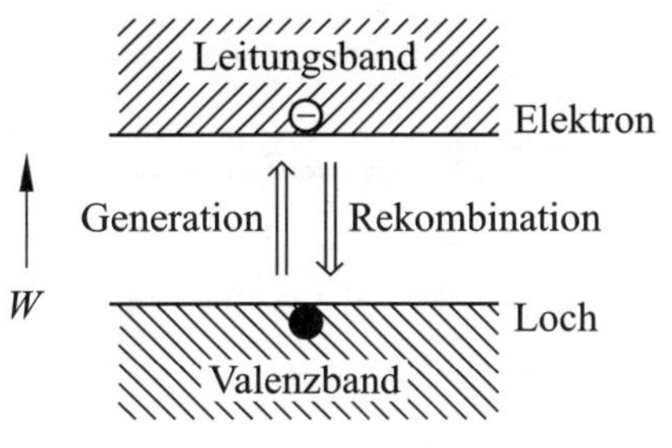

Bild 7.14 Generation und Rekombination in einem Halbleiterkristall

Legt man eine Spannung an den Halbleiterkristall, so bewegen sich die Elektronen in die eine und die Löcher in die andere Richtung. Die scheinbare Wanderung der Löcher wird durch Elektronen verursacht: Die einen füllen Löcher auf, die anderen lassen Löcher entstehen.
Der Halbleiterkristall hat eine **Eigenleitfähigkeit** *(intrinsic conductivity)*, die für Silizium bei der Temperatur 300 K den Wert $\gamma_i = 3{,}44 \cdot 10^{-6}$ S / cm aufweist.
Bei einer Erwärmung steigt die Eigenleitfähigkeit des Halbleiters an, der Temperaturkoeffizient des Materials ist positiv.

7.4.3 Dotierung

Eigenleitende Halbleiter werden wegen ihrer geringen Leitfähigkeit in der Elektronik nur in Ausnahmefällen verwendet. Zur Erhöhung der Leitfähigkeit wird der Si-Kristall mit 3-wertigen oder 5-wertigen Fremdatomen, die als sog. *Störstellen* in den Gitterverband aufgenommen werden, gezielt „verunreinigt“; man sagt, das Silizium-Grundmaterial wird **dotiert**.

Wird ein 5-wertiges Element wie z. B. Phosphor zugesetzt, so wird das fünfte Elektron des Fremdatoms zur Valenzbindung nicht benötigt, es steht als freies Elektron zur Verfügung; das Element wird **Donator** *(donor)* genannt. Der mit Donatoren dotierte Halbleiter wird als **n-Leiter** bezeichnet.

Wird ein 3-wertiges Element wie z. B. Bor zugesetzt, so fehlt bei jedem Fremdatom ein Elektron, es entsteht also ein Loch; das Element wird **Akzeptor** *(acceptor)* genannt. Der mit Akzeptoren dotierte Halbleiter wird als **p-Leiter** bezeichnet.

Der Dotierungsgrad kann unterschiedlich sein; ein schwach dotiertes Gebiet wird bei einem n-Leiter mit n^- und ein hoch dotiertes Gebiet mit n^+ bezeichnet.

7.4.4 pn-Übergang

Bei einem **pn-Übergang** *(junction)* grenzen ein p-Leiter und ein n-Leiter flächig aneinander. Auch wenn keine äußere Spannung angelegt ist, dringen Elektronen aus dem n-Leiter in den p-Leiter ein, und die Löcher des p-Leiters wandern in den n-Leiter; diesen Vorgang bezeichnet man als **Diffusion** *(diffusion)*. Es entsteht eine **Sperrschicht** *(depletion layer)*, in der weder Löcher noch Elektronen vorhanden sind und die daher sehr hochohmig ist.

Zwischen den unterschiedlich geladenen Leitern bildet sich eine Spannung aus, die als **Diffusionsspannung** U_J (Index J: *junction*) bezeichnet wird; sie ist vom Dotierungsgrad der Leitergebiete und von der Temperatur abhängig.

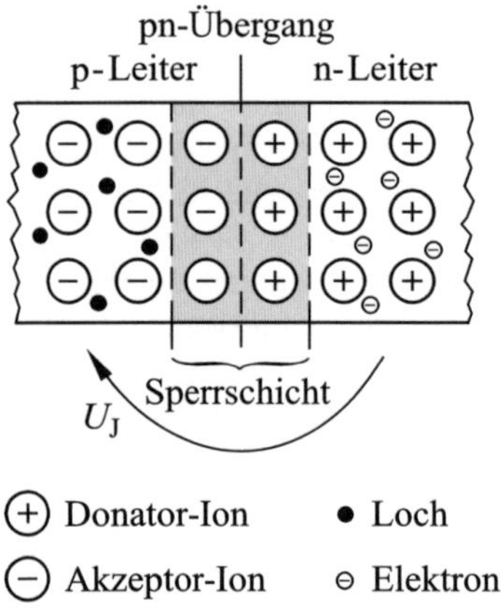

Bild 7.15 Sperrschicht bei einem pn-Übergang und Diffusionsspannung

Eine äußere Spannung, die an den pn-Übergang gelegt wird, kann zwei unterschiedliche Wirkungen haben:

- Stimmt der Richtungssinn der äußeren Spannung mit dem Richtungssinn der Diffusionsspannung U_J überein, so wird die Sperrschicht verbreitert.
- Ist der Richtungssinn der äußeren Spannung entgegengesetzt zum Richtungssinn der Diffusionsspannung U_J, so wird die Breite der Sperrschicht verringert; dies kann dazu führen, dass die Sperrschicht verschwindet.

7.4.5 pn-Diode

Ein Bauelement mit *einem* pn-Übergang wird im Allgemeinen als **Diode** (ohne jeden Zusatz) bezeichnet. Einige Eigenschaften und die *I*-*U*-Kennlinie sind im Abschn. 7.4.1 beschrieben.
Die Anode der Diode ist mit dem p-Leiter und die Kathode mit dem n-Leiter verbunden.
Bei den in der Leistungselektronik verwendeten Dioden für größere Leistungen ist die Kathode mit dem Gehäuse leitend verbunden. Bei einer Diode im kunststoffummantelten Gehäuse wird die Kathode durch einen Farbring oder Farbpunkt gekennzeichnet.

Wird eine Diode vom Durchlass- in den Sperrbereich umgeschaltet, so führt sie kurzzeitig (einige ns) einen hohen Strom, der die Ladungsträger aus der Sperrschicht entfernt.

7.4.6 Solarzelle

Eine **Solarzelle** ist ein pn-Übergang mit großer Fläche, in deren Sperrschicht Licht eindringen kann. Jedes Photon des Lichts hebt ein Elektron aus dem Valenzband in des Leitungsband, wodurch ein Elektron-Loch-Paar erzeugt wird.

In dem elektrischen Feld, das sich mit der Feldstärke $\vec{E}_J$ zwischen dem n-Leiter und dem p-Leiter aufbaut und das die Diffusionsspannung U_J zur Folge hat, werden die Elektronen entgegen der Feldrichtung und die Löcher in Feldrichtung weiterbewegt (s. Gl. 4.10).

Je größer die Wellenlänge, desto tiefer dringt das Licht in die Solarzelle ein. Bei einer Si-Solarzelle wird das gesamte Spektrum des sichtbaren Lichts ausgenutzt. Die dem Licht zugewandte Oberfläche der Solarzelle ist durch eine lichtdurchlässige, reflexionsmindernde Schicht aus Siliziumoxid SiO_2 geschützt.

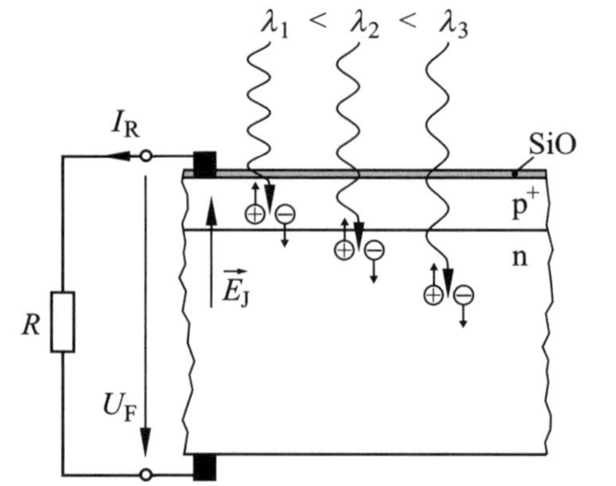

Bild 7.16 Solarzelle bei Bestrahlung mit Licht unterschiedlicher Wellenlänge

Bei Bestrahlung mit Licht fließt ein Strom I_R durch einen angeschlossenen Verbraucher; dabei ist $I_R > 0$ und $U_F > 0$.
Das Bild 7.15 zeigt die I_R-U_F-Kennlinie einer Si-Solarzelle mit 4 cm² wirksamer Oberfläche bei konstanter Bestrahlungsstärke im erdnahen Weltraum. Im Arbeitspunkt 0,48 V; 125 mA erhält ein Verbraucher R = 3,84 Ω die maximale Leistung 60 mW. Die Zelle arbeitet dabei im **Punkt maximaler Leistung** *(maximum power point,* MPP*)*.

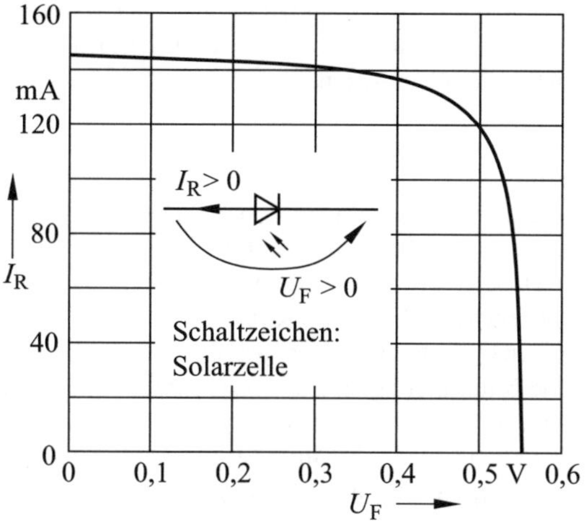

Bild 7.17 I_R-U_F-Kennlinie einer Si-Solarzelle bei konstanter Bestrahlung im erdnahen Weltraum

In der Erdatmosphäre verändert sich die Kennlinie je nach Aufstellungsort und nach den Witterungsbedingungen; so erreicht z. B. die beschriebene Solarzelle bei senkrechter Einstrahlung und wolkenlosem Himmel in Meereshöhe nur noch 40 mW. Bei jeder Veränderung der Kennlinie muss der MPP neu bestimmt werden.

Für größere Spannungen werden viele Solarzellen in Reihe geschaltet; außerdem werden für höhere Ströme viele Gruppen parallel geschaltet. Solche Einheiten bezeichnet man als **Solarmodule**.

In der Entwicklung sind Dünnschicht-Solarzellen, deren Kosten wesentlich niedriger sein sollen als die der Si-pn-Solarzellen. Für CIS-Zellen aus Kupfer, Indium und Selen wurde im Jahr 2001 eine Pilotfertigung aufgenommen.

7.4.7 Z-Diode

Eine Z-Diode arbeitet im Durchbruchgebiet bei $U_R > U_{Rmax}$ (Bild 7.11). Während die „normale" Diode dabei zerstört wird, ist die Z-Diode für diese Betriebsart ausgelegt. Das Bild 7.18 zeigt das Schaltzeichen der Z-Diode.

Z-Dioden werden zur Spannungsstabilisierung und zum Erzeugen von Bezugsspannungen verwendet; dies wird im Kap. 9.1 beschrieben.

7.4.8 Schottky-Diode

Bei der Schottky-Diode grenzen ein Metall, z. B. Aluminium, und ein Halbleiter, z. B. n-dotiertes Silizium, aneinander. Da das Metall eine höhere Austrittsarbeit als der Halbleiter hat, gehen Elektronen vom Halbleiter ins Metall über. In der Randzone des Halbleiters, die an das Metall grenzt, entsteht ein Elektronenmangel und es überwiegt die positive Ladung der Donator-Atome.

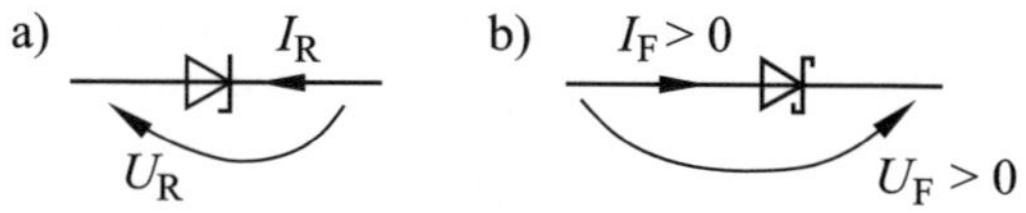

Bild 7.18 Z-Diode (a) und Schottky-Diode (b)

Der Spannungsabfall im Durchlassbereich, der bei einer „normalen" Diode zwischen 0,6 und 1 V liegt, kann bei einer Schottky-Diode wesentlich kleiner sein. Schottky-Dioden sind sehr schnell; nach dem Umschalten vom Durchlass- in den Sperrbereich erreichen sie ihre Sperrfähigkeit in äußerst kurzer Zeit.

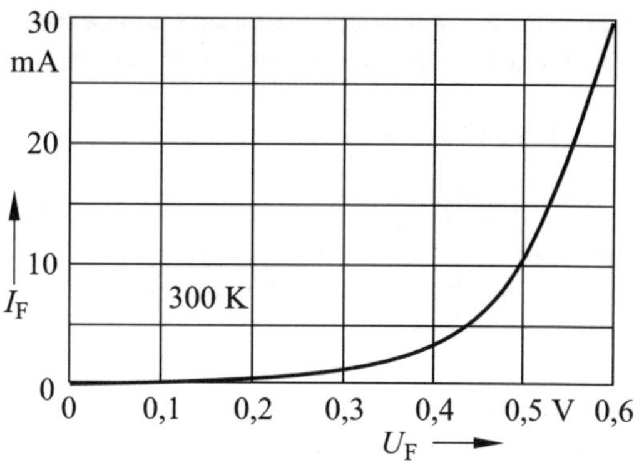

Bild 7.19 *I*-*U*-Kennlinie einer Schottky-Diode

Schottky-Dioden aus Silizium haben eine maximale Sperrspannung 250 V, was für viele Anwendungen in der Leistungselektronik nicht ausreicht. Neuerdings gibt es Schottky-Dioden aus dem Halbleitermaterial Siliziumkarbid SiC, deren maximale Sperrspannung etwa 600 V beträgt; diese Dioden können zur Zeit (2003) Ströme bis 6 A führen. Ein besonderer Vorteil der SiC-Dioden ist die bessere Kühlung, da die Wärmeleitfähigkeit von SiC etwa bei der von Kupfer liegt.

7.5 Transistoren

Ein Transistor ist ein Steuerelement. Wir vergleichen ihn mit einem einfachen Absperrorgan, mit dem es möglich ist, die Menge des in einem Kanal fließenden Wassers zu verändern. Je weiter der Durchlass geöffnet ist, desto mehr Wasser gelangt vom Zufluss zum Abfluss.

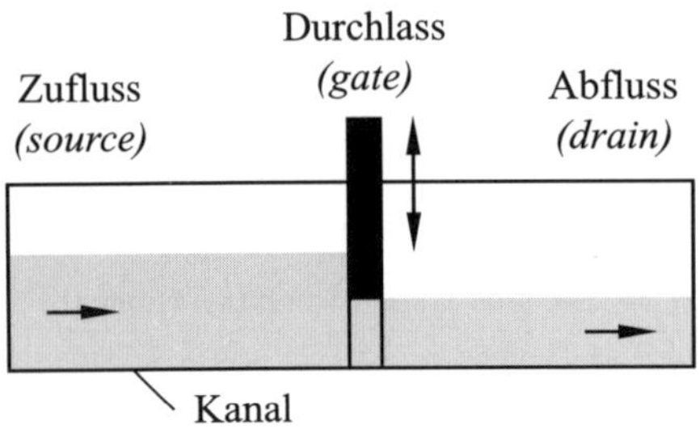

Bild 7.20 Kanal mit Steuerelement

7.5.1 Feldeffekttransistor

In einer elektrischen Schaltung kann durch einen Transistor die Menge der bewegten Ladungsträger und damit die Stromstärke verändert werden.

Beim **Feldeffekttransistor** *(field effect transistor,* FET*)*, dessen Prinzip von J. E. Lilienfeld bereits im Jahr 1925 angegeben wurde, besteht der **Kanal** *(channel)* aus dotiertem Halbleitermaterial. Der Zufluss des Kanals wird **Source** genannt, der Abfluss heißt **Drain**.

Die Steuerung erfolgt durch das **Gate**, das unterschiedlich mit dem Kanal verbunden sein kann:

- Beim **IGFET** *(insulated gate* FET*)* ist das Gate durch eine isolierende Schicht vom Kanal getrennt. Zu dieser Art gehört z. B. der **MOSFET** *(metal-oxide semiconductor* FET*)*. Beim IGFET wird über die Gate-Elektrode die Ladungsträgerdichte im Kanal gesteuert.
- Beim **NIGFET** *(non insulated gate* FET*)* ist das Gate mit dem Kanal elektrisch leitend verbunden. Zu dieser Art gehört z. B. der **JFET** *(junction* FET*)*. Beim NIGFET wird über die Gate-Elektrode die Breite des leitenden Kanals gesteuert.

Wir nehmen im Folgenden an, dass der Kanal n-leitend ist; es gibt aber auch Feldeffekttransistoren mit p-leitendem Kanal.

Sperrschicht-FET

Beim JFET sind die Gate-Elektroden entgegengesetzt wie der Kanal dotiert. Dadurch ergibt sich ein pn-Übergang, der stets in Sperrrichtung betrieben wird; der JFET wird deshalb auch als **Sperrschicht-FET** bezeichnet.

In der Umgebung der Gate-Elektroden bildet sich eine Raumladung aus, die den Kanal um so mehr einschnürt, je größer der *Betrag* der Spannung U_{GS} zwischen Gate und Source ist; für den Betrieb des pn-Übergangs in Sperrrichtung ist $U_{GS} \leq 0$.

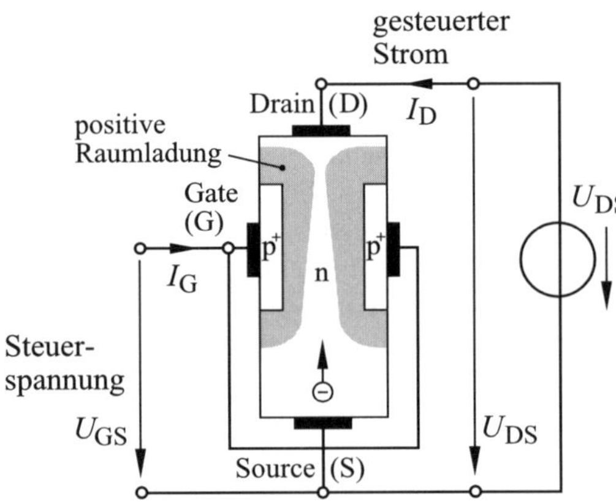

Bild 7.21 Schematische Darstellung des JFET

Der Strom durch den Kanal, der Drainstrom I_D, hat bei der Gate-Source-Spannung $U_{GS} = 0$ seinen maximalen Wert I_{Dsat} (Index: Drain, saturation). Bei der **Abschnürspannung** *(pinch off voltage)* U_p ist der Kanal restlos abgeschnürt und es fließt kein Drainstrom. Das Bild 7.22 zeigt die Übertragungskennlinie $I_D = f(U_{GS})$ eines JFET.

Mit Hilfe der Spannung U_{GS} lässt sich also der Drainstrom I_D steuern. Die veränderliche Gate-Source-Spannung U_{GS} ist die Steuergröße und der Drainstrom I_D ist die gesteuerte Größe.

Der Gatestrom I_G liegt für nicht zu hohe Temperaturen unter 1 nA = 10^{-9} A, er kann für Näherungsrechnungen unberücksichtigt bleiben. Dies bedeutet, dass sich der JFET praktisch leistungslos steuern lässt.

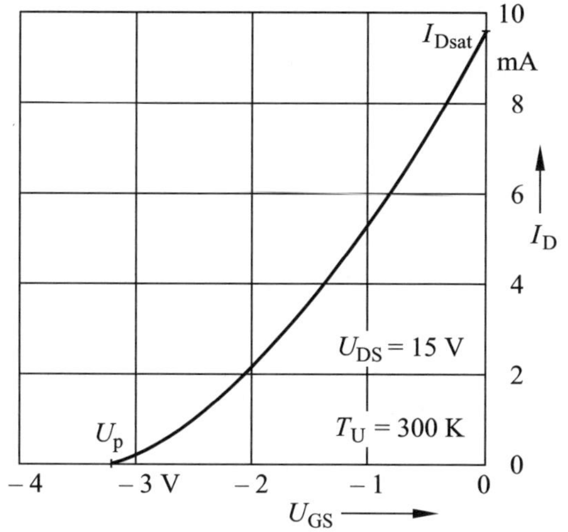

Bild 7.22 Übertragungskennlinie eines JFET

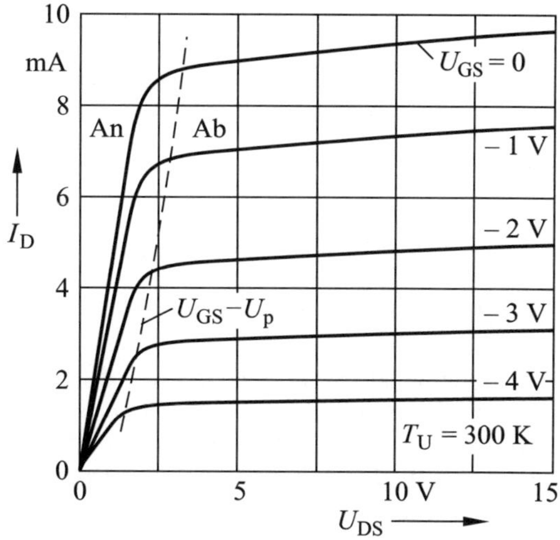

Bild 7.24 Ausgangskennlinien eines JFET
An: Anlaufbereich; Ab: Abschnürbereich

Damit der Drainstrom I_D fließen kann, ist eine Quelle mit der Quellenspannung U_{DS} erforderlich. Das Bild 7.24 zeigt die Abhängigkeit des Drainstroms I_D von dieser Spannung U_{DS} für unterschiedliche Werte der Steuerspannung U_{GS}; dabei sind zwei Bereiche erkennbar:

- Bei kleiner Spannung U_{DS} steigt jede Kennlinie $I_D = f(U_{DS})$ linear an; man nennt diesen Bereich **Anlaufbereich**. Da jede dieser Geraden durch den Nullpunkt verläuft, kann der JFET in diesem Bereich wie ein OHMscher Widerstand betrieben werden.
- Für $U_{DS} > U_{GS} - U_p$ steigt jede Kennlinie $I_D = f(U_{DS})$ linear an, geht aber nicht durch den Nullpunkt; man nennt diesen Bereich **Abschnürbereich**. In diesem Bereich kann der JFET als Verstärker betrieben werden.

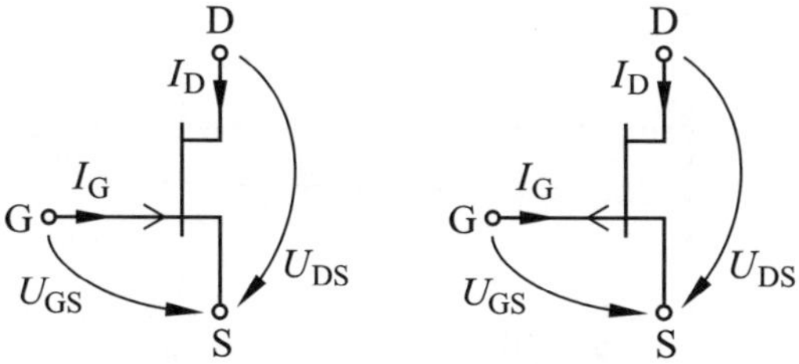

n-Kanal-Typ p-Kanal-Typ

Bild 7.23 Schaltzeichen JFET mit Bezugspfeilen

Isolierschicht-FET

Der MOSFET ist ein Isolierschicht-FET, dessen Gate durch eine dünne Schicht vom Kanal isoliert ist. Der Gatestrom I_G ist daher wesentlich kleiner als beim JFET, er liegt im Allg. unter 1 pA = 10^{-12} A. Durch die Spannung U_{GB} zwischen dem Gate und einem Anschluss mit der Bezeichnung **Bulk** (B) wird die Ladungsträgerdichte im Kanal gesteuert.

Beim **Anreicherungs-MOSFET** *(enhancement type* FET*)* ist bei $U_{GB} = 0$ noch kein leitfähiger Kanal vorhanden. Der Kanal wird erst dann leitfähig, wenn U_{GB} die **Schwellenspannung** *(threshhold voltage)* U_{th} übersteigt. Die Übertragungskennlinie sieht ähnlich aus wie beim JFET, aber sie ist zu positiven Spannungswerten hin verschoben. Auch das Ausgangskennlinienfeld sieht ähnlich aus wie beim JFET.

Ist der Kanal n-dotiert, so nennt man den MOSFET auch NMOS-Transistor; ist der Kanal p-dotiert, so nennt man den MOSFET auch PMOS-Transistor. Der Anreicherungs-MOSFET wird vor allem in der Digitaltechnik und in der Leistungselektronik verwendet.

Es gibt auch einen MOSFET, dessen Kanal bei $U_{GB} = 0$ leitfähig ist; dieser sog. **Verarmungs-MOSFET** wird aber nur selten eingesetzt.

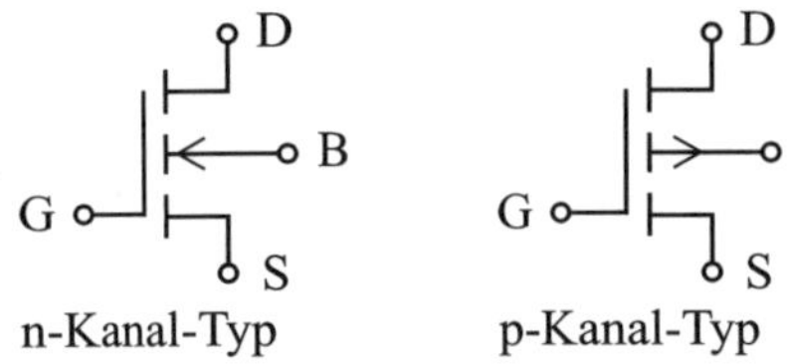

Bild 7.25 Schaltzeichen des Anreicherungs-MOSFET

7.5.2 Bipolartransistor

Der **Bipolartransistor** *(bipolar junction transistor,* BJT) ist ein Halbleiter-Bauelement mit zwei pn-Übergängen. Er wurde erst 1948 von J. BARDEEN, W. BRATTAIN und W. SHOCKLEY erfunden, aber die Fertigung setzte früher ein als beim Feldeffekttransistor.

Der Bipolartransistor ist wie der Feldeffekttransistor ein Steuerelement. Die Hauptstrombahn des BJT liegt zwischen zwei Anschlüssen, die als **Emitter** (E) und **Kollektor** (C) bezeichnet werden. Die Steuergröße ist der Strom über den dritten Anschluss, der **Basis** (B) genannt wird.

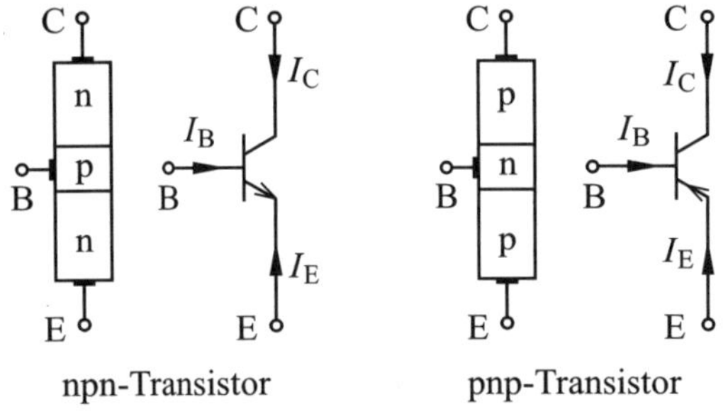

Bild 7.26 Schichtfolge und Schaltzeichen des Bipolartransistors

Das Bild 7.26 zeigt nicht nur die Schaltzeichen, sondern auch die Schichtfolge npn bzw. pnp. Fließt kein Basisstrom, so sind beide pn-Übergänge gesperrt.

Wir betrachten im Folgenden lediglich den npn-Transistor, der in höheren Stückzahlen hergestellt wird als der pnp-Transistor. Damit sich die Steuerwirkung einstellen kann, muss eine Quelle so an die Anschlüsse C und E geschaltet werden, dass ein Strom I_C im Bezugssinn fließen kann.

Die Quelle mit der Spannung U_{q2} bewirkt, dass der pn-Übergang zwischen Basis und Emitter im Durchlassbetrieb arbeitet. Liegt zwischen Basis und Emitter eine weitere Spannung U_{BE}, so kann ein Basisstrom I_B fließen. Dieser überschwemmt den im Sperrbetrieb arbeitenden pn-Übergang zwischen Kollektor und Basis mit Ladungsträgern, dass ein Kollektorstrom I_C fließt, dessen Stromstärke vom Basisstrom I_B abhängt; die Basisschicht muss hierfür sehr dünn sein.

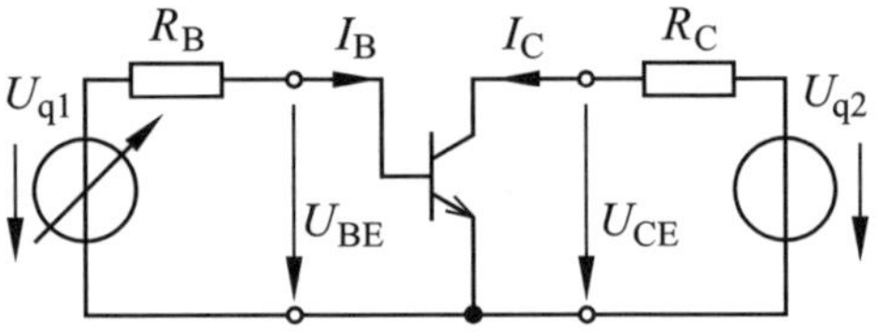

Bild 7.27 Betrieb des Bipolartransistors

Der Basisstrom I_B ist also die Steuergröße und der Kollektorstrom I_C die gesteuerte Größe. Das Bild 7.28 zeigt, wie der Kollektorstrom vom Basisstrom abhängt.

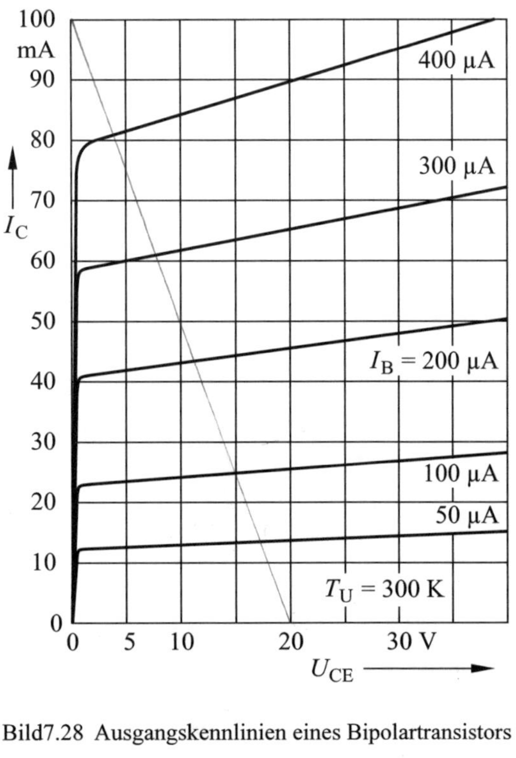

Bild7.28 Ausgangskennlinien eines Bipolartransistors

8 Rechnergestützte Simulation

8.1 Netzwerkanalyse

Bei der Berechnung einer elektrischen Schaltung mit dem Maschen- und dem Knotensatz ist die Zahl der Gleichungen um so größer, je mehr Bauelemente die Schaltung enthält.

Wenn die Elemente der Schaltung linear sind, dann entsteht ein lineares Gleichungssystem, das sich mit geeigneten Verfahren lösen lässt; lineare Elemente sind z. B. OHMsche Widerstände oder Kondensatoren mit konstanter Kapazität. Enthält die Schaltung jedoch Bauelemente mit nichtlinearer *I-U*-Kennlinie wie z. B. Dioden oder Transistoren, so wird der Bearbeitungsaufwand bereits bei wenigen Bauelementen sehr hoch und es empfiehlt sich eine rechnergestützte Simulation der Schaltung.

Wir befassen uns hier lediglich mit der **Netzwerkanalyse** *(network analysis)*. Unter diesem Begriff versteht man die Berechnung der Spannungen und Ströme einer Schaltung, deren Struktur und Bauelemente gegeben sind.

Das bedeutendste Programm für die Netzwerkanalyse ist **SPICE** *(simulation program with integrated circuits emphasis)*; es wurde um 1973 an der Universität Berkeley, Ca. (Kalifornien) entwickelt. Anschließend fügte die Firma *Microsim* die Programme **Schematics** für die grafische Eingabe und **Probe** für die Ausgabe auf PCs hinzu und nannte das Programmpaket **PSpice**. Dann wurde die Firma *Microsim* von der Firma *OrCAD* übernommen, die das Programm Schematics durch **Capture** ersetzte. Nun wird PSpice von der Firma *Cadence* vertrieben, die beide Zeichenprogramme anbietet. Eine kostenlose Demoversion mit eingeschränkter Leistungsfähigkeit kann als *student version* unter www.orcad.com abgerufen werden.

In diesem Lehrbuch können wir nur eine kurze Einführung geben. Eine ausführliche Anleitung bietet das Buch PSPICE von R. Heinemann, dem auch eine CD beiliegt, auf welcher die *student version* des Programms PSpice mit dem Zeichenprogramm Schematics enthalten ist.

8.2 Start mit Schematics

Unter PSpice Student können Sie direkt den Schaltplaneditor Schematics starten.
Zunächst werden die Bauteile platziert. Im Fenster (*Draw; Get New Part*) sind die verfügbaren Bauteile gut gemischt; einige beginnen mit Zahlen, andere mit Buchstaben. Viele Bauteile kann man mit ihrem Kennbuchstaben aufrufen.

Tabelle 8.1 Kennbuchstaben von PSIPCE-Bauteilen

C Kondensator	M MOSFET
D Diode	Q Bipolartransistor
I Stromquelle	R Widerstand
J Sperrschicht-FET	U Operationsverstärker
L Induktivität	V Spannungsquelle

Gibt man z. B. im Fenster *Part* den Buchstaben R ein, so kann man den Widerstand R auswählen. Das amerikanische Schaltzeichen ist allerdings ziemlich gewöhnungsbedürftig.

Beim Platzieren auf dem Zeichenblatt nummeriert Schematics die Bauteile aufsteigend. Sind genügend Widerstände eingefügt, so kann man mit der rechten Maustaste klicken und den aktuellen Vorgang abschließen.
Der jeweils aktivierte Widerstand ist markiert, er kann im Menue Edit unter (*Rotate*) um 90° im mathematisch positiven Sinn gedreht werden. Aber drehen Sie möglichst nur einmal: Das waagrecht liegende Bauteil mit zwei Abschlüssen hat links den Pin1 und rechts den Pin2; haben Sie einmal gedreht, liegt Pin1 unten und Pin2 oben. Wenn Sie mehrmals drehen, verlieren Sie schließlich die Übersicht, die Sie später für das Progamm Probe benötigen.

Jedes Bauteil erhält einen vorgegebenen Wert; beim Widerstand z. B. ist dies der Wert 1k, womit natürlich 1 kΩ gemeint ist. Versuchen Sie nicht, die Einheit Ω dazuzumogeln – PSpice kennt keine griechischen Buchstaben. Übrigens akzeptiert PSpice auch keine Leitwerte, obwohl es intern damit arbeitet, denn jeder Widerstand wird ja für das Knotenpotenzialverfahren in einen Leitwert umgewandelt.

Nun muss unbedingt festgelegt werden, welchem Schaltungspunkt das Bezugspotenzial 0 V zugeordnet werden soll. Platzieren Sie hierzu das Symbol AGND *(analog ground)* an geeigneter Stelle.

Zum Schluss der Zeichenarbeit müssen die Bauelemente und das Ground-Symbol durch Leitungen verbunden werden. Klicken Sie das Icon (*Draw wire*) an und das Maussymbol ändert sich entsprechend. Ziehen Sie nun die benötigten Leitungsverbindungen.
Ein entscheidender Vorteil von Schematics ist die Markierung von Leitungsverbindungen durch einen Punkt. Wenn Sie übrigens an einer Leitungskreuzung keine Verbindung wünschen, dann bewegen Sie die Maus schnell über die Kreuzung.
Nach einem Klick auf die rechte Maustaste können Sie die Zeichenarbeit abschließen. Speichern Sie die Zeichnung ab und kontrollieren Sie sie unter (*Analysis*) und (*Electrical Rule Check*).

8.3 Gleichanalyse

PSpice kennt drei Analysearten. Wir befassen uns zunächst mit der **Gleichanalyse** (*DC analysis*), bei der nur Gleichspannungen und Gleichströme vorliegen.
Sie müssen vor der eigentlichen Simulation die Analyseart im Menue (*Analysis*) angeben, in dem Sie (*DC sweep*) anklicken. Hier möchte PSpice wissen, welche Variable „gesweept“ werden soll; das könnte z. B. eine Spannungsquelle sein, deren Namen Sie bitte eintragen. Und für *Start value, End value* und *Increment* wählen Sie bitte geeignete Werte.
Auch wenn Sie nur ein einziges Ergebnis benötigen, will Probe stets einen Bereich „durchfegen“.

Beispiel 8.1
Wir wollen den Widerstand R_e der Schaltung des Beispiels 2.11 für $R_1 = R_4 = 1{,}5\ \text{k}\Omega$, $R_2 = R_3 = 1\ \text{k}\Omega$ und $R_5 = 2{,}2\ \text{k}\Omega$ berechnen.

Wir zeichnen die Schaltung, wählen die Analyseart *DC sweep* und geben als *Sweep variable* den Namen V1 der Quelle an. Dann wählen wir *Start value* 10, *End value* 12 und *Increment* 0.1.

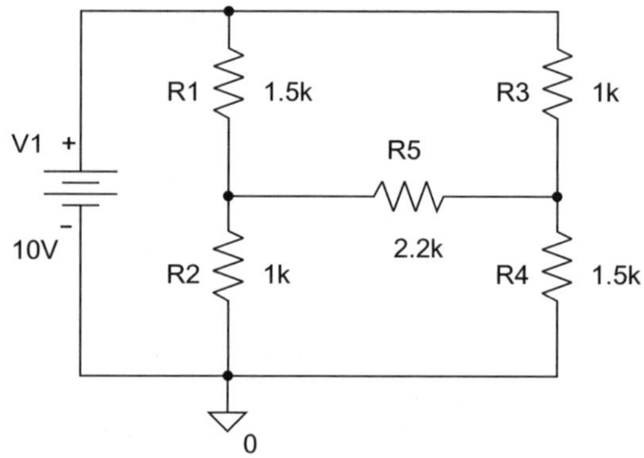

Nun starten wir die Analyse mit (*Simulate*). Nach der Berechnung wird das Programm Probe gestartet, das eine waagrechte Achse zeigt, die mit Spannungswerten 10 V … 12 V beschriftet ist, denn PSpice weiß noch nicht, was wir auftragen wollen.
Wir wählen im Menue *Trace* den Befehl (*Add Trace*) aus und geben den gesuchten Ausdruck $R_e = U/I = U/(I_1 + I_3)$ ein. Die Spannung U heißt bei PSpice V(V1:+), damit ist die Spannung zwischen dem Pluspol der Quelle V1 und Masse gemeint. Die Ströme I_1 und I_3 fließen von unten nach oben, denn wir haben die Widerstände um 90° gedreht. Da wir aber für das Beispiel die Ströme von oben nach unten, also negativ, brauchen, geben wir bei *Trace Expression* ein:

V(V1:+)/(-I(R1)-I(R3))

Das Ergebnis 1.231884K bedeutet 1,231884 kΩ. Dieser Widerstand müsste eigentlich konstant und nicht von der Spannung abhängig sein. Die „Zackelkurve“ zeigt an, dass zu dem auf 7 Stellen genauen Ergebnis noch Rundungsfehler hinzukommen.

8.4 Variation von Bauelement-Werten

Die Veränderung einer Quellengröße ist in PSpice ohne weiteres möglich. Soll dagegen z. B. ein Widerstandswert geändert werden, so sind vor der Berechnung noch Vorarbeiten erforderlich.
Der zu verändernde Wert des Bauelements muss zum Parameter erklärt werden. Hierzu gibt es im Fenster (*Draw; Get New Part*) die Anweisung

PARAM, die irgendwo in der Schaltungszeichnung platziert werden kann; natürlich ist es sinnvoll, sie in der Nähe des zu verändernden Bauelements anzubringen.
Durch einen Doppelklick auf (PARAMETERS:) öffnet sich ein Fenster, in dem Sie unter NAME1 einen beliebigen Namen und unter VALUE1 einen beliebigen Wert eintragen. Das Bauteil muss dann den Namen in geschweiften Klammern erhalten. Unter (*DC Sweep*) wird (*Global Parameter*) angeklickt und der Name ohne Klammern eingetragen. Und für *Start value*, *End value* und *Increment* wählen Sie bitte geeignete Werte.

Beispiel 8.2
Wir wollen einen belasteten Spannungsteiler aus R_1 = 1,5 kΩ und R_2 = 1 kΩ an U = 10 V untersuchen, dessen Lastwiderstand R_3 den Bereich von 1 kΩ bis 2 kΩ durchläuft.
Zunächst zeichnen wir die Schaltung und lassen uns die Spannung an R_3 anzeigen.

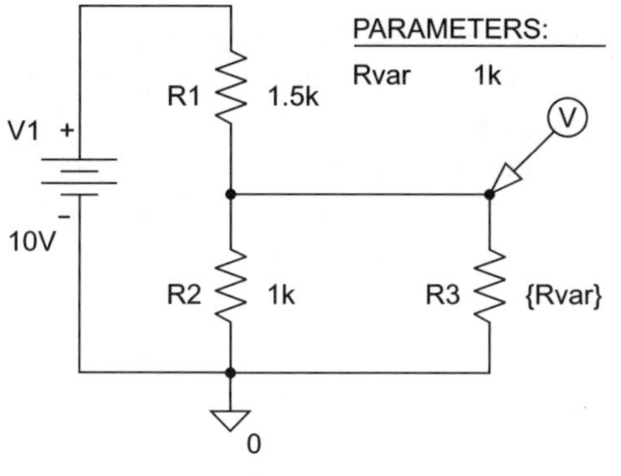

Wir wählen unter (*DC Sweep*) den Punkt (*Global Parameter*), tragen unter (*Name*) Rvar ein und wählen (*Start Value)* 1k, (*End Value*) 2k und (*Increment*) 100.

Nach dem Klick auf (Simulate) wird in Probe die Spannung an R_3 aufgetragen: Sie läuft von 2,5 V (für R_3 = 1 kΩ) bis 3,077 V (für R_3 = 2 kΩ).

Wollen Sie Zwischenergebnisse erhalten, dann wählen Sie das Icon (*Toggle Cursor*) und ziehen Sie mit der Maus die Markierung auf den gewünschten Wert.

8.5 Transientanalyse

Bei der **Transientanalyse** *(transient analysis)* wird ein Schaltvorgang berechnet. Diese Analyseart ist das „Herzstück“ von SPICE.

Die Analyse selbst läuft im **Zeitbereich** *(time domain)* ab, wobei für jeden Zeitpunkt ein System von Differenzialgleichungen gelöst werden muss. Die Autoren von SPICE verwendeten hierfür ein neu entwickeltes Verfahren, das mittlerweile als BDF-Verfahren in die Mathematik-Literatur eingegangen ist. Im Gegensatz zu früher verwendeten Verfahren zur Lösung von Differenzialgleichungssystemen ist das BDF-Verfahren stabil, denn es neigt auch bei ungünstig gewählten Zeitintervallen nicht zu Schwingungen.

Die Vorteile dieses Verfahrens haben entscheidend zum Erfolg von SPICE beigetragen.

Ist die Schaltung gezeichnet, so muss bei einem Kondensator C bzw. bei einer Induktivität L die Anfangsbedingung eingetragen werden. Dazu klicken Sie auf das Bauelement, worauf sich ein Fenster öffnet, in dem Sie unter IC *(initial condition)* den entsprechenden Wert eintragen.
Einen Schalter, der zu einem bestimmten Zeitpunkt schließt bzw. öffnet, finden Sie als Bauteil unter Sw_tClose bzw. Sw_tOpen. Man kann aber auch in vielen Fällen den Schaltvorgang mit Hilfe einer Pulsquelle VPULSE untersuchen.

Beispiel 8.3
Wir wollen den im Bild 4.7 dargestellten und im Beispiel 4.3 beschriebenen Schaltvorgang mit Hilfe von PSpice berechnen.

Zunächst zeichnen wir die Schaltung und geben dem Kondensator den Wert 2u, was 2 µF bedeutet. Durch einen Doppelklick auf das Bauelement C öffnet sich das zugehörige Fenster und wir klicken IC an; dann tragen wir den Wert 0 ein und klicken auf (*Save Attr*).
Nach einem Doppelklick auf den Schalter können wir dessen Eigenschaften erfahren. Er schließt zum Zeitpunkt t = 0 (tClose = 0) und benötigt die Übergangszeit 1 µs (ttran = 1u); der geöffnete Schalter hat zwischen seinen Kontakten den

Widerstand 1 MΩ (Ropen = 1 Meg) und der geschlossene hat 10 mΩ (Rclosed = 0.01).
Das ist auch so eine Falle, in die man leicht hineintappt: PSpice unterscheidet nicht zwischen Klein- und Großbuchstaben, also ist 1 m = 1 M und das bedeutet Milli; für 1 MΩ muss 1 Meg oder 1 MEG oder 1 meg geschrieben werden.

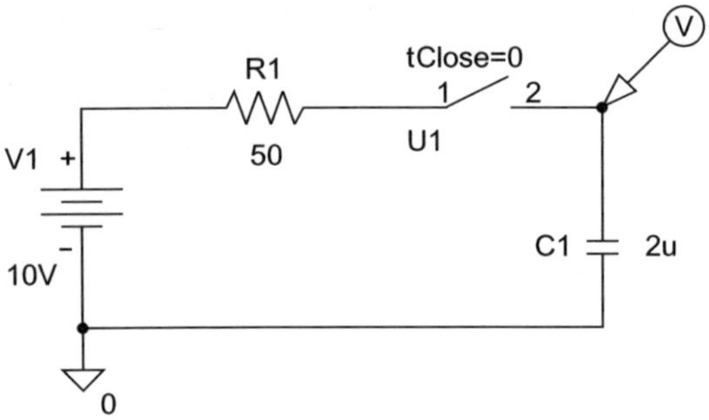

Vor der Simulation klicken wir unter (*Analysis Setup*) den Menuepunkt (*Transient*) an und tragen unter *Final Time* den Wert 0.4 ms ein (mit Dezimalpunkt und nicht mit einem Komma!). Außerdem schreiben wir unter *Step Ceiling* den Höchstwert der Schrittweite mit 0.01 ms vor.

Nach der Simulation zeigt Probe das Liniendiagramm der Kondensatorspannung.

8.6 Sinusanalyse

Als weitere Analyseart kennt PSpice die **Sinusanalyse** (*AC Analysis*), bei der ein Frequenzbereich durchlaufen wird. Enthält die Schaltung Bauelemente mit nichtlinearer Kennlinie, so werden diese in der Umgebung des Arbeitspunktes linearisiert. Man spricht dabei von einer **Kleinsignalanalyse**, weil die Spannungen und Ströme bestimmte Maximalwerte nicht überschreiten dürfen.

Beispiel 8.4
Wir wollen die Ergebnisse des Beispiels 6.15 mit PSpice überprüfen.
Nach dem Zeichnen der Schaltung wählen wir die Analyseart (*AC Sweep*) und geben hierbei die Frequenzgrenzen 49 Hz und 51 Hz an.

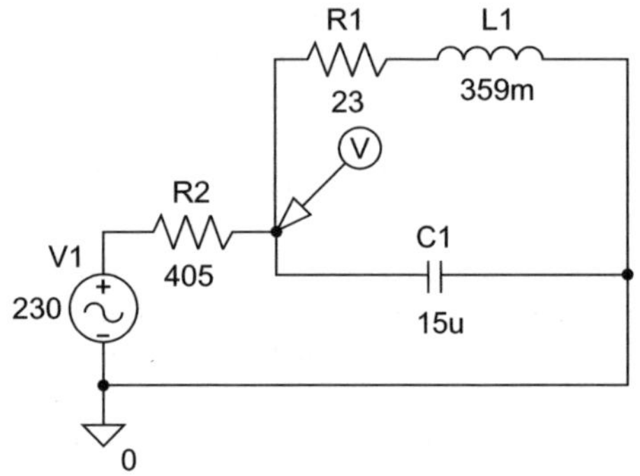

Nach der Simulation lesen wir im Programm Probe mit dem *toggle cursor* für 50 Hz den Wert $U_C = 100{,}2$ V ab.

8.7 Großsignalanalyse

Enthält eine Schaltung ein nichtlineares Bauelement und soll ein größerer Bereich der *I*-*U*-Kennlinie durchlaufen werden, so handelt es sich um eine **Großsignalanalyse**, die von PSpice nur als Transientanalyse bearbeitet werden kann.

Beispiel 8.5
Wir wollen den Maximal- und den Minimalwert der Verbraucherspannung der Einpulsschaltung im eingeschwungenen Zustand berechnen.

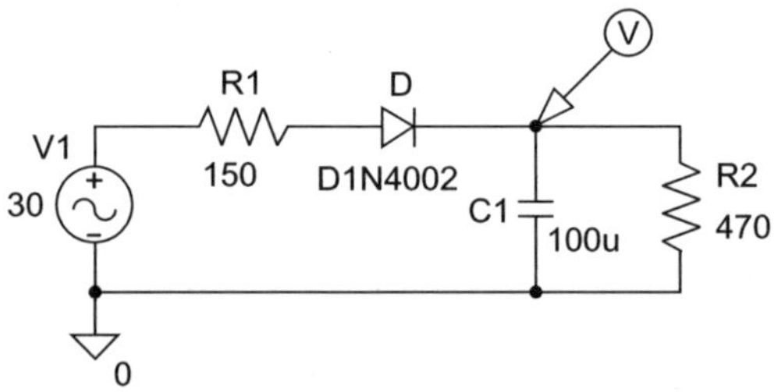

Wir klicken das Symbol der Quelle vom Typ VSIN an und tragen die Eigenschaften FREQ = 50, VOFF = 0 (keine überlagerte Gleichspannung) und VAMPL = 42.426 ein; gemäß Gl. (3.22) hat die Quelle mit dem Effektivwert 30 V diese Amplitude. Bei *Final Time* tragen wir den Wert 0.4 s und bei *No Print Delay* 0.36 s ein.
Das Programm Probe zeigt uns als Ergebnis eine Spannung mit $u_{max} = 25{,}4$ V und $u_{min} = 22$ V.

9 Analoge Schaltungen

Bei einer analogen Schaltung kann eine Spannung bzw. ein Strom jeden Wert zwischen einem Minimal- und einem Maximalwert annehmen.

9.1 Stabilisierungsschaltungen

Eine Stabilisierungsschaltung hat zwei Tore: Die zu stabilisierende Größe am Tor 1 ändert sich in einem weiten Bereich, während die stabilisierte Größe am Tor 2 nur kleinen Änderungen unterliegt. Das Bild 9.1 zeigt das Prinzip einer Spannungsstabilisierung; die Spannung U_1 ändert sich in einem weiten Bereich, aber die Änderungen der Spannung U_2 sind klein.

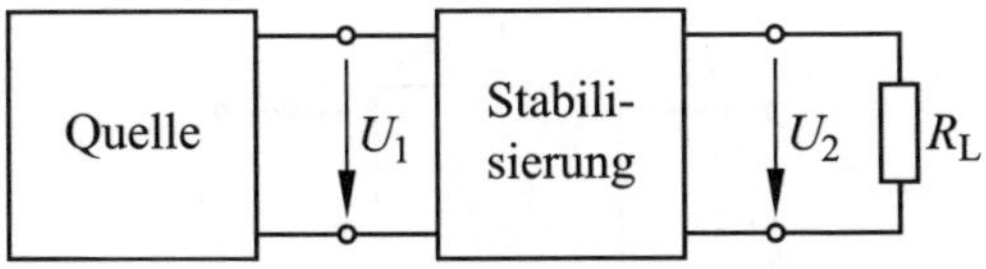

Bild 9.1 Prinzip der Spannungsstabilisierung

Eine einfache Schaltung zur Spannungsstabilisierung besteht aus einem Widerstand und einer Diode (Bild 9.2). Wir untersuchen diese Schaltung für den Sonderfall des Leerlaufs, also für $I_2 = 0$. Dabei fließt der gesamte Strom $I_1 = I_D$ durch die Diode, die an der Spannung U_2 liegt.

An das Tor 1 der Schaltung 9.2 denken wir uns eine Quelle mit der Spannung U_1 geschaltet, die wir mit dem Widerstand R zu einer linearen Quelle zusammenfassen. Die *I-U*-Kennlinien dieser Quelle sind im Bild 9.3 für $U_1 = U_{1max}$ und

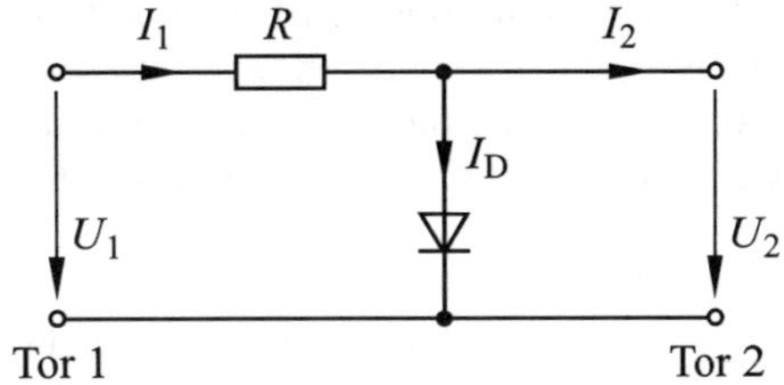

Bild 9.2 Spannungsstabilisierung mit einer Diode

$U_1 = U_{1min}$ eingetragen. Der Schnittpunkt mit der Diodenkennlinie ergibt die jeweilige Spannung U_2 an der Diode.

Der Bereich $\Delta U_1 = U_{1max} - U_{1min}$ ist wesentlich größer als der Bereich $\Delta U_2 = U_{2max} - U_{2min}$; hierin besteht die stabilisierende Wirkung der Schaltung. Man erkennt, dass diese Wirkung um so besser ist, je steiler die *I-U*-Kennlinie der Diode ansteigt.

Die Schaltung muss so dimensioniert werden, dass jeder Arbeitspunkt im Bereich des steil ansteigenden Teils der *I-U*-Kennlinie der Diode liegt.

Mit einer „normalen" Diode ergeben sich Spannungen am Tor 2 im Bereich 0,7 … 0,8 V. Mit einer Z-Diode lässt sich eine Spannung U_2 erzeugen, die einen Wert im Bereich 2 … 200 V annimmt. Bei der Polung dieser Diode ist darauf zu achten, dass eine Z-Diode im Durchbruchbereich betrieben wird.

Ist die Schaltung am Tor 2 mit einem Widerstand belastet, so fließt ein Strom I_2 und die Berechnung der Schaltung lässt sich nur mit einem höheren Aufwand durchführen; in diesem Fall ist eine rechnergestützte Simulation empfehlenswert.

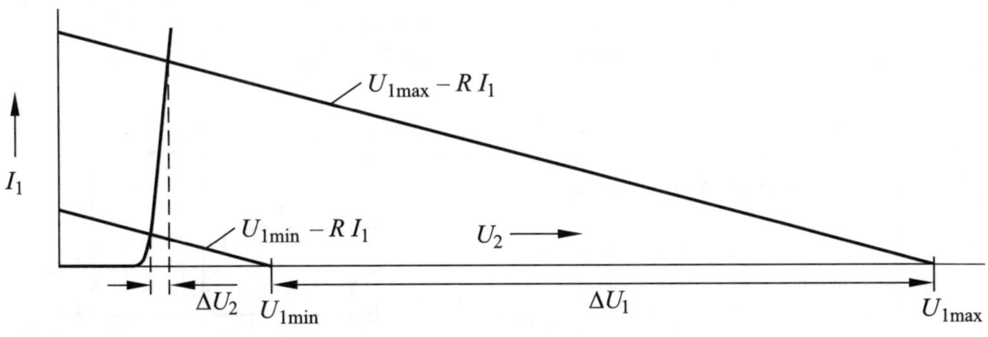

Bild 9.3 *I-U*-Kennlinien der Schaltung 9.2

Eine Stromstabilisierung wird zweckmäßig mit einem Bauelement vorgenommen, dessen *I-U*-Kennlinie möglichst flach verläuft. Dies ist z. B. bei einem JFET der Fall, der im Abschnürbereich bei $U_{DS} > U_{GS} - U_p$ betrieben wird.
Das Bild 9.4 zeigt als Beispiel eine Schaltung, die lediglich einen JFET und einen Widerstand R enthält.

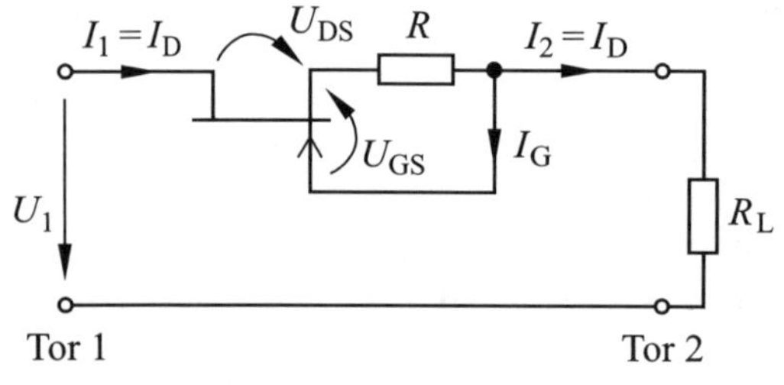

Bild 9.4 Stromstabilisierung mit einem JFET

Wie bei der Schaltung 9.2 kann sich die Spannung U_1 am Tor 1 einen Wert zwischen U_{1min} und U_{1max} annehmen. Der Strom $I_2 = I_D$ ist dagegen nahezu konstant. Die Gate-Source-Spannung

$$U_{GS} = -R\,(I_D + I_G) \tag{9.1}$$

ist negativ, wie dies für den Betrieb des JFET erforderlich ist (Bild 7.22).

Die Kombination von JFET und Widerstand wird als integrierte Schaltung für Nennströme im Bereich 0,1 ... 5 mA gefertigt.

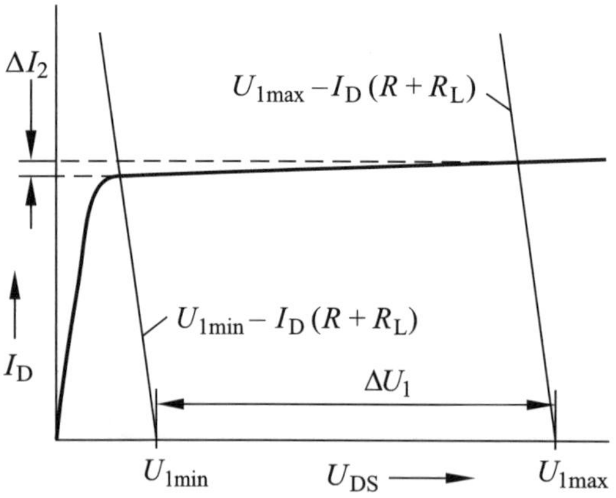

Bild 9.5 *I-U*-Kennlinien der Schaltung 9.4

9.2 Transistorschaltungen

In der Analogtechnik werden Transistoren vor allem als **Verstärker** *(amplifier)* eingesetzt.

Bei einem Verstärker wird eine Signalgröße U_1 bzw. I_1 am Tor 1 in eine Signalgröße U_2 bzw. I_2 am Tor 2 umgewandelt. Als **Signal** *(signal)* bezeichnet man in der Elektrotechnik eine Größe, die eine *Information* enthält.

Für den Betrieb des Verstärkers werden zusätzlich die Gleichgrößen U_{Batt} bzw. I_{Batt} benötigt; durch sie wird dem Verstärker die Leistung P_{Batt} zugeführt. Dadurch erwärmt sich der Verstärker und gibt die Wärmeleistung P_W an die Umgebung ab.

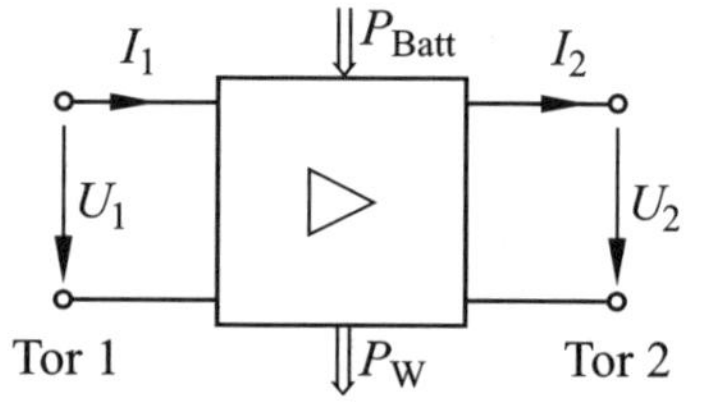

Bild 9.6 Blockschaltbild des Verstärkers

Ein Verstärker kann eine oder mehrere der folgenden Größen erhöhen:

- beim Spannungsverstärker ist $U_2 > U_1$;
- beim Stromverstärker ist $I_2 > I_1$;
- beim Leistungsverstärker ist $P_2 > P_1$.

Beim Bipolartransistor wird einer der drei Anschlüsse (B, C, E) sowohl dem Tor 1 als auch dem Tor 2 zugeordnet. Als Beispiel ist im Bild 9.7 die **Emitterschaltung** dargestellt, bei welcher der Emitter E mit beiden Toren verbunden ist.

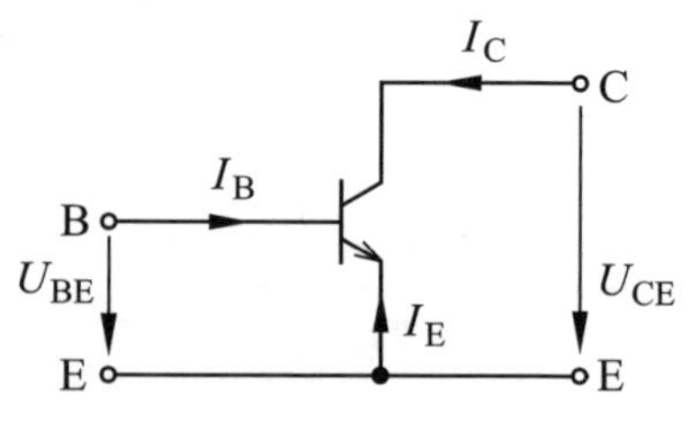

Bild 9.7 Emitterschaltung

Damit der Bipolartransistor in der Schaltung 9.7 z. B. eine Wechselspannung verstärken kann, müssen mit zwei Quellen der ausgangsseitige und der eingangsseitige Arbeitspunkt eingestellt werden. Da im Allgemeinen nur eine Quelle zur Verfügung steht, verwendet man am Eingang einen Spannungsteiler; im Bild 9.8 besteht dieser aus den Widerständen R_1 und R_2.
Die Gleichspannungen müssen von der Signalquelle u_1 und von der Last R_L ferngehalten werden; dies geschieht mit den Kondensatoren C_1 und C_2.

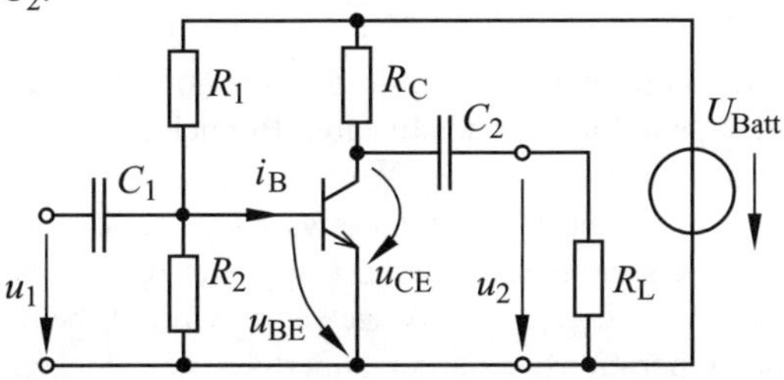

Bild 9.8 Verstärker in Emitterschaltung

Steigt nun die Eingangsspannung u_1 an, so nehmen auch die Spannung u_{BE} und der Basisstrom i_B zu. Der durch den Widerstand R_C fließende Kollektorstrom i_C ist auf Grund der Steuerwirkung des Transistors wesentlich größer als der Basisstrom. Mit steigender Spannung u_1 nimmt auch der Spannungsabfall an R_C zu und die Spannungen u_{CE} und u_2 sinken ab. Dadurch ergibt sich eine Phasenumkehr der Spannung u_2.

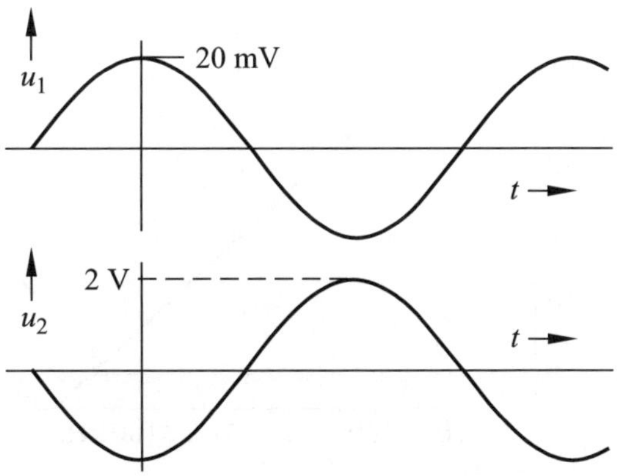

Bild 9.9 Eingangsspannung u_1 und Ausgangsspannung u_2 der Emitterschaltung 9.8

9.3 Operationsverstärker

Das Bild 9.8 zeigt lediglich das Prinzip einer Verstärkerschaltung. Um die Schaltung praxistauglich zu machen, müssen zunächst die Bauelemente geeignet dimensioniert werden. Dabei wäre zu beachten, dass Einzeltransistoren starken Exemplarstreuungen unterliegen.
Weiterhin muss die Temperaturabhängigkeit der Transistoreigenschaften berücksichtigt werden: Erwärmt sich der Transistor, so steigt der Kollektorstrom an, was eine weitere Erwärmung bewirkt. Der Arbeitspunkt muss deshalb durch eine geeignete Schaltung stabilisiert werden.

Schaltungen mit Einzeltransistoren werden deshalb nur noch in Sonderfällen verwendet. Man baut vielmehr Verstärker als **integrierte Schaltung** *(integrated circuit,* IC*)* auf einem Siliziumchip.

Universell einsetzbare Verstärker bezeichnet man als **Operationsverstärker** *(operational amplifier, op-amp).* Derartige Verstärker wurden bei Analogrechnern für die Durchführung von Rechenoperationen eingesetzt; die Art der Rechenoperation wird durch die äußere Beschaltung festgelegt.
Als erster Operationsverstärker kam 1966 der µA 741 auf den Markt; er wird auch heute noch, weitgehend verbessert, von vielen Herstellern angeboten. Das Bild 9.10 zeigt das Schaltzeichen eines Operationsverstärkers mit Bezugspfeilen und Anschlussbezeichnungen.

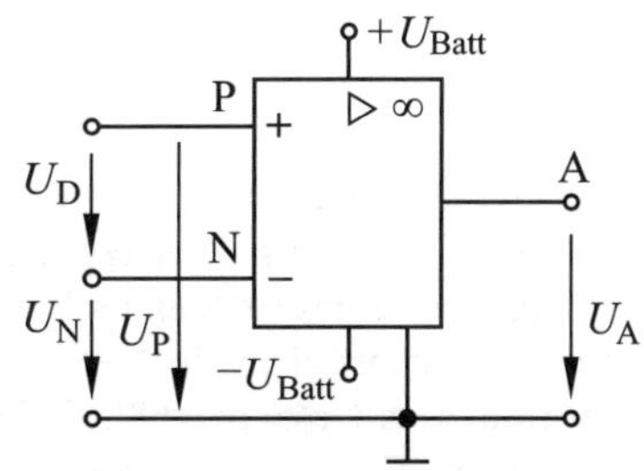

Bild 9.10 Schaltzeichen des Operationsverstärkers

Zwischen den Eingangsklemmen, die mit P bzw. „+“ und N bzw. „–“ bezeichnet sind, liegt die **Differenz-Eingangsspannung** $U_D = U_P - U_N$. Am Ausgang liegt die Spannung U_A.

Zum Betrieb werden zwei Gleichspannungsquellen benötigt, die mit den Punkten $+U_{Batt}$ und $-U_{Batt}$ verbunden werden. Diese Quellen sind z. B. im Bild 9.13 eingetragen.
In der Übertragungskennlinie wird die Ausgangsspannung U_A als Funktion der Differenz-Eingangsspannung U_D aufgetragen.

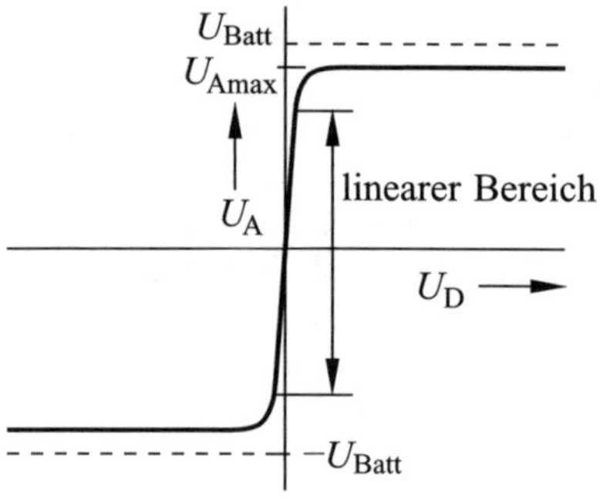

Bild 9.11 Übertragungskennlinie eines Operationsverstärkers

Die Übertragungskennlinie ist zum Nullpunkt symmetrisch; daher ist es ausreichend, wenn wir uns mit dem Kennlinienteil im 1. Quadranten befassen.
Entscheidend für den Betrieb des Operationsverstärkers ist der lineare Teil, in dem die Ausgangsspannung U_A sehr steil ansteigt. Der Quotient aus U_A und U_D wird als **Spannungs-Übertragungsfaktor** *(transfer function)* T_{uD} bezeichnet:

$$T_{uD} = \frac{U_A}{U_D} \qquad (9.2)$$

Für niedrige Frequenzen $f < f_1$ (Bild 9.12) hat der µA 741 z. B. den Spannungs-Übertragungsfaktor $T_{uD} = 2 \cdot 10^5$ (Angabe eines Herstellers). Derartige Zahlen werden in Datenbüchern der Elektrotechnik oft als logarithmiertes Größenverhältnis in **Dezibel** (dB) angegeben. Für zwei Spannungen gilt:

$$a = 20 \cdot \lg \frac{U_1}{U_2} \text{ dB} \qquad (9.3)$$

Dabei ist lg der Logarithmus zur Basis 10. Der Zusatz **dB** (sprich: debé) muss stets hinzugefügt werden; er darf nicht mit einer Einheit verwechselt werden, denn der Logarithmus ist dimensionslos. Für zwei Ströme gilt die Gl. (9.3) entsprechend.

Beispiel 9.1
Wir wollen den Spannungs-Übertragungsfaktor $T_{uD} = 2 \cdot 10^5$ als logarithmiertes Größenverhältnis in Dezibel angeben.
Mit der Gl. (9.2) berechnen wir:

$$a_{uD} = 20 \cdot \lg (2 \cdot 10^5) \text{ dB} = 106 \text{ dB}$$

Die Übertragungskennlinie des Operationsverstärkers geht oberhalb des linearen Bereich nichtlinear auf einen konstanten Wert $U_{Amax} < U_{Batt}$ über. Die Spannung U_{Amax} liegt etwa 1,5 . . . 2 V unter der Versorgungsspannung U_{Batt}, für die häufig der Wert U_{Batt} = 15 V gewählt wird. Arbeitet der Operationsverstärker außerhalb des linearen Bereichs, so sagt man, er ist **übersteuert**.

Ein Operationsverstärker arbeitet stets als **Gleichspannungsverstärker**; dieser Begriff besagt, dass er Gleich- **und** Wechselspannungen verstärkt.

Der Spannungs-Übertragungsfaktor hat bei niedrigen Frequenzen seinen größten Wert. Oberhalb der Grenzfrequenz f_1 (s. 9.5.1) nimmt a_{uD} ab und erreicht bei der **Transitfrequenz** *(unity gain frequency)* f_T den Wert $a_{uD} = 0$; dabei ist $T_{uD} = 1$. Der µA 741 hat z. B. die Transitfrequenz 1,2 MHz.

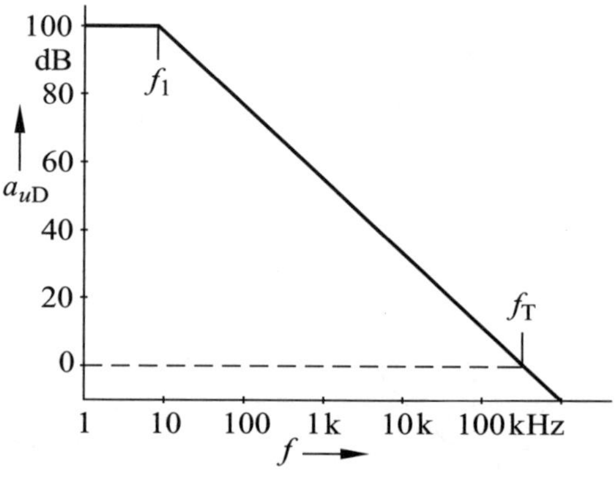

Bild 9.12 Differenzverstärkung eines kompensierten Operationsverstärkers als Funktion der Frequenz f

Der prinzipielle Verlauf des Spannungs-Übertragungsfaktors entsprechend Bild 9.12 ist erforderlich, damit sich kein instabiler Betriebszustand einstellt; man bezeichnet einen Operationsverstärker mit einem derartigen Verlauf des Spannungs-Übertragungsfaktors als **kompensiert**.
Viele Operationsverstärker wie z. B. der µA 741 sind von vornherein kompensiert; einige wenige sind unkompensiert und müssen mit zusätzlichen Kondensatoren kompensiert werden.

Ein realer Operationsverstärker enthält Widerstände, die im Schaltzeichen (Bild 9.10) nicht enthalten sind:

- Zwischen den Punkten P und N liegt der Differenz-Eingangswiderstand R_D;
- sowohl zwischen P und Masse als auch zwischen N und Masse liegt der Gleichtakt-Eingangswiderstand R_G;
- am Ausgang liegt der Ausgangswiderstand R_A.

Beim µA 741 z. B. ist $R_D = 2\ \text{M}\Omega$; $R_G = 1\ \text{G}\Omega$ und $R_A = 75\ \Omega$.

Durch Unsymmetrien der Schaltung ergeben sich zusätzliche Spannungen und Ströme. So kann z. B. bei kurzgeschlossenem Eingang ($U_D = 0$) eine Spannung am Ausgang auftreten; dies äußert sich in einer Verschiebung der Übertragungskennlinie (Bild 9.11) um die **Eingangs-Offsetspannung** U_O. Diese Spannung kann mit Hilfe eines Potentiometers kompensiert werden.
Auch der **Eingangs-Offsetstrom** I_O und der **Eingangs-Ruhestrom** I_R können mit einer geeigneten Schaltung kompensiert werden.

Bei höheren Frequenzen oder bei Schaltvorgängen kann sich die **maximale Anstiegsgeschwindigkeit** der Ausgangsspannung *(slew rate,* SR*)* störend bemerkbar machen. Hierdurch ist, abhängig von der Spannungshöhe, die Frequenz der Ausgangsspannung begrenzt.

Enthalten sowohl U_P als auch U_N einen Gleichanteil, so müsste sich dieser theoretisch in $U_D = U_P - U_N$ herausheben. In der Praxis ergibt die endliche **Gleichtaktunterdrückung** *(common mode rejection ratio,* CMRR*)* einen Rest des Gleichanteils in der Ausgangsspannung.

9.4 Rückkopplungs-Schaltungen

9.4.1 Der Begriff Rückkopplung

Von einer **Rückkopplung** *(feed back)* spricht man, wenn der Ausgang eines Verstärkers mit dem Eingang verbunden ist; diese Verbindung kann z. B. durch ein Eintor erfolgen. Prinzipiell gibt es dabei zwei Möglichkeiten:

- Durch eine **Gegenkopplung** *(negative feed back)* wird die Eingangsspannung herabgesetzt;
- durch eine **Mitkopplung** *(positive feed back)* wird die Eingangsspannung erhöht.

Ein Operationsverstärker muss wegen des hohen Spannungs-Übertragungsfaktors stets mit einer Gegenkopplung betrieben werden. Liegt schaltungsmäßig auch eine Mitkopplung vor, so muss die Gegenkopplung so eingestellt werden, dass sie die Mitkopplung übersteigt.

9.4.2 Der invertierende Verstärker

Bei dieser Grundschaltung ist der Ausgang des Operationsverstärkers mit dem N-Eingang durch den Widerstand R_2 verbunden; dadurch wird eine Differenz-Eingangsspannung $U_D \approx 0$ erzwungen.

Diese Behauptung lässt sich mit Hilfe der Maschengleichungen begründen, wobei wir weder den Differenz-Eingangswiderstand R_D noch die Gleichtakt-Eingangswiderstände R_G berücksichtigen, da sie wesentlich größer als R_1 bzw. R_2 sind.

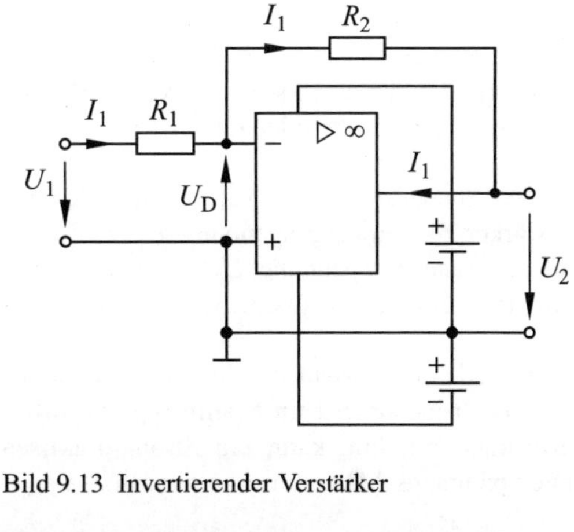

Bild 9.13 Invertierender Verstärker

Beispiel 9.2

Der Operationsverstärker der Schaltung 9.13 hat im unbeschalteten Zustand den Spannungs-Übertragungsfaktor $T_{uD} = 10^5$. Wir wollen die Spannungen U_D und U_2 sowie den Strom I_1 für $U_1 = 1$ V und $R_1 = 10$ kΩ; $R_2 = 20$ kΩ berechnen.

Wir setzen T_{uD} in die Gl. (9.2) ein und setzen die Maschengleichungen an:

$$U_2 = 10^5\, U_D$$

$$R_1\, I_1 - U_D - U_1 = 0$$

$$U_D + R_2\, I_1 + U_2 = 0$$

Dieses lineare Gleichungssystem hat die Lösungen:

$$U_D = -0{,}02 \text{ mV}$$

$$U_2 = -2 \text{ V}$$

$$I_1 = 0{,}1 \text{ mA}$$

Die Differenz-Eingangsspannung hat, wie das Beispiel zeigt, näherungsweise den Wert $U_D \approx 0$. Setzt man diesen Wert in die Maschengleichungen ein, so erhält man für die Schaltung 9.13 den Spannungs-Übertragungsfaktor:

$$T_u = \frac{U_2}{U_1} = -\frac{R_2}{R_1} \tag{9.4}$$

Da die Ausgangsspannung U_2 der Schaltung 9.13 entgegengesetztes Vorzeichen zur Spannung U_1 hat, wird die Schaltung 9.13 auch **invertierender Verstärker** genannt. Am Eingang hat diese Schaltung den Ersatzwiderstand $R_{e1} = R_1$; am Ausgang ist der Ersatzwiderstand $R_{e2} \approx 0$.

Für den Sonderfall $R_1 = 0$ hat der invertierende Verstärker die Eingangsspannung $U_1 = U_D \approx 0$, und die Ausgangsspannung $U_2 = -R_2\, I_1$ ist nur vom Strom I_1 und vom Widerstand R_2 abhängig.

Der invertierende Verstärker mit $R_1 = 0$ wird aus diesem Grund als **Strom-Spannungs-Wandler** bezeichnet; mit ihm kann ein Strom praktisch ohne Spannungsabfall gemessen werden.

9.4.3 Der nicht invertierende Verstärker

Auch bei dieser Grundschaltung ist der Ausgang des Operationsverstärkers mit dem N-Eingang durch den Widerstand R_2 verbunden und es wird dadurch die Differenz-Eingangsspannung $U_D \approx 0$ erzwungen.

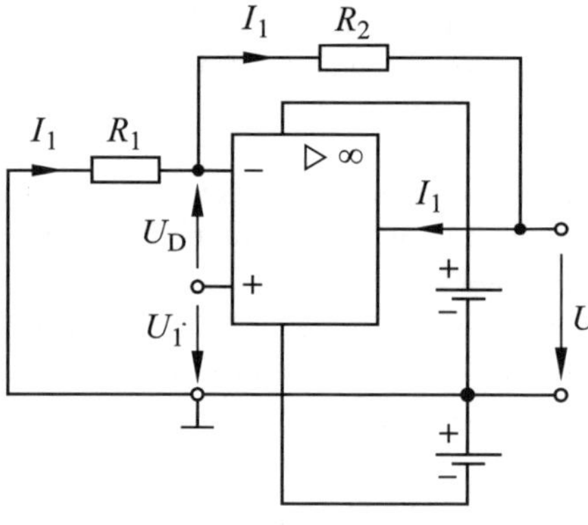

Bild 9.14 Nicht invertierender Verstärker

Setzt man $U_D \approx 0$ in die Maschengleichungen ein, so erhält man für die Schaltung 9.14 den Spannungs-Übertragungsfaktor:

$$T_u = \frac{U_2}{U_1} = 1 + \frac{R_2}{R_1} \tag{9.5}$$

Da die Ausgangsspannung U_2 und die Eingangsspannung U_1 gleiches Vorzeichen haben, wird die Schaltung 9.14 auch **nicht invertierender Verstärker** genannt. Am Ausgang hat diese Schaltung den Ersatzwiderstand $R_{e2} \approx 0$. Als Folge der Gegenkopplung ist der Ersatzwiderstand am Eingang außergewöhnlich hoch.

Beispiel 9.3

Wir wollen für $f = 1$ kHz den Eingangswiderstand R_{e1} der Schaltung 9.14 bestimmen, in der ein Operationsverstärker µA 741 mit den Widerständen $R_1 = 10$ kΩ und $R_2 = 20$ kΩ beschaltet ist.

Für die Simulation mit PSpice legen wir an den Eingang der Schaltung 9.14 die Sinusspannung $U_1 = 1$ V und erhalten für die Frequenz $f = 1$ kHz den Strom $I_1 = 3{,}054$ nA. Damit berechnen wir den Widerstand $R_{e1} = 327{,}4$ MΩ.

Für den Sonderfall $R_1 \to \infty$ und $R_2 = 0$ der Beschaltung des nicht invertierenden Verstärkers ist der Spannungs-Übertragungsfaktor $T_u = 1$. Dieser Verstärker, der am Ausgang dieselbe Spannung wie am Eingang hat, wird als **Spannungsfolger** *(voltage follower)* bezeichnet.

Wegen des hohen Eingangswiderstands R_{e1} und des niedrigen Ausgangswiderstands R_{e2} wird der Spannungsfolger zur Trennung von analogen Schaltungsteilen verwendet, die sich nicht gegenseitig beeinflussen sollen.

9.4.4 Summierer

Beim **Summierer** ist die Ausgangsspannung gleich der Summe von zwei oder mehr Eingangsspannungen. Das Bild 9.15 zeigt einen Summierer mit zwei Eingängen.

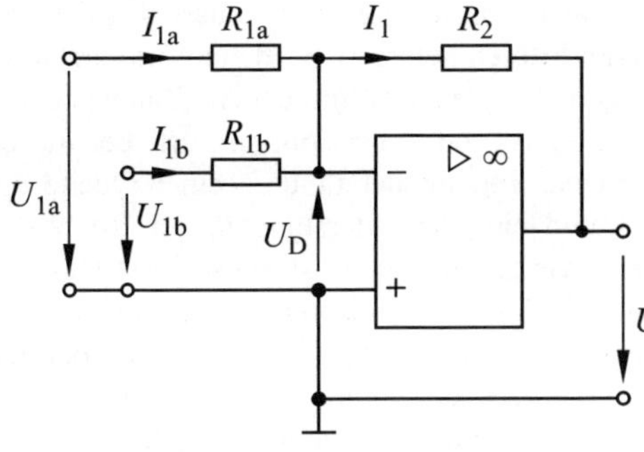

Bild 9.15 Summierer mit zwei Eingängen

Eliminiert man aus den Maschengleichungen für $U_D \approx 0$ und der Knotengleichung $I_1 = I_{1a} + I_{1b}$ die Ströme I_{1a} und I_{1b}, so erhält man:

$$U_2 = -R_2\left(\frac{U_{1a}}{R_{1a}} + \frac{U_{1b}}{R_{1b}}\right) \tag{9.6}$$

Damit lässt sich eine Summe bilden, bei der jeder Summand mit einem unterschiedlichen Gewichtungsfaktor multipliziert wird. Für den Sonderfall $R_1 = R_{1a} = R_{1b}$ ergibt sich:

$$U_2 = -\frac{R_2}{R_1}\,(U_{1a} + U_{1b}) \tag{9.7}$$

9.4.5 Integrierer

Der Integrierer ist ein invertierender Verstärker, dessen Widerstand R_2 durch einen Kondensator mit der Kapazität C = const. ersetzt wird.

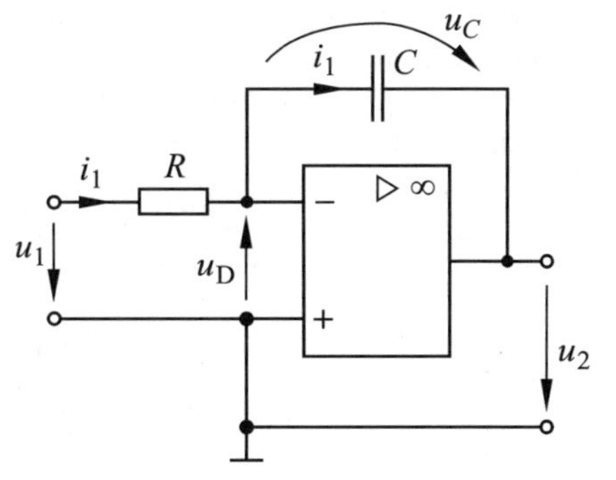

Bild 9.16 Integrierer

Setzt man für $u_D \approx 0$ die Maschengleichungen an, so erhält man mit der Gl. (4.15):

$$R\,C\,\frac{\mathrm{d}u_2}{\mathrm{d}t} + u_1 = 0 \tag{9.8}$$

Durch Integration ergibt sich:

$$u_2 = -\frac{1}{R\,C}\int u_1\,\mathrm{d}t + u_{20} \tag{9.9}$$

Dabei ist u_{20} die Ausgangsspannung u_2 zum Zeitpunkt $t = 0$.
Ist z.B. die Eingangsspannung $u_1 = U_1$ des Integrierers konstant, so fällt die Spannung u_2 *linear* mit der Zeit ab. Das Bild 9.17 zeigt diesen Zusammenhang für $u_{20} = 0$.

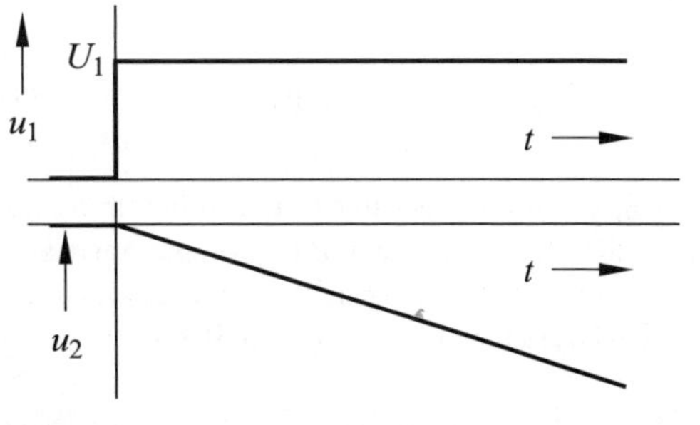

Bild 9.17 Spannungen $u_1 = U_1$ und u_2 des Integrierers

9.5 Filter

9.5.1 Grenzfrequenz

Ein **Filter** *(filter)* ist eine Schaltung mit zwei Toren, dessen Übertragungseigenschaften von der Frequenz f abhängig sind. Ein Verbraucher R_L am Tor 2, dem bei einer bestimmten Frequenz das Maximum P_{max} der Leistung zugeführt wird, erhält bei allen übrigen Frequenzen eine Leistung $P < P_{max}$.

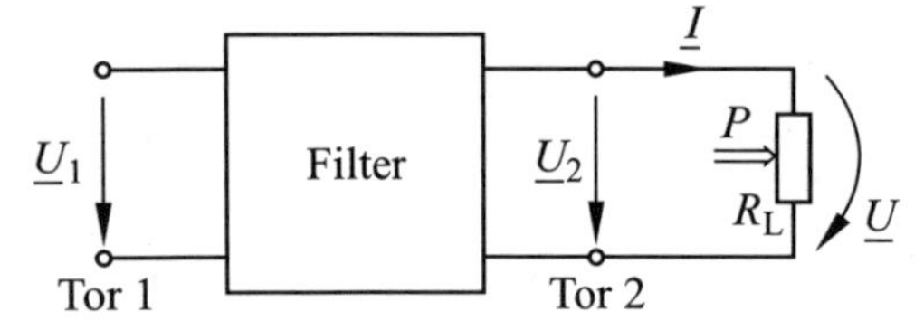

Bild 9.18 Filter mit Verbraucher R_L

Grundsätzlich unterscheidet man zwei Frequenzbereiche:

- In einem **Durchlassbereich** *(pass band)* erhält der Verbraucher eine Leistung $P > P_{max}/2$.
- In einem **Sperrbereich** *(stop band)* erhält der Verbraucher eine Leistung $P < P_{max}/2$.

Die Frequenz, bei der die beiden Bereiche aneinander grenzen, wird als **Grenzfrequenz** *(cutoff frequency)* f_g bezeichnet. Bei dieser Frequenz erhält der Verbraucher, der an der Spannung U liegt und vom Strom I durchflossen wird, die Leistung:

$$P_g = \frac{P_{max}}{2} = \frac{U_{max}^2}{2R_L} = \frac{U_g^2}{R_L} \tag{9.10}$$

Damit ergibt sich:

$$\frac{U_g}{U_{max}} = \frac{1}{\sqrt{2}} = 0{,}707 = -3\text{ dB} \tag{9.11}$$

Die Spannung U_g bei der Grenzfrequenz ist also um 3 dB kleiner als die maximale Spannung U_{max} am Verbraucher; man spricht deshalb auch von der „3-dB-Grenzfrequenz". Für den Strom gilt:

$$\frac{I_g}{I_{max}} = \frac{1}{\sqrt{2}} = 0{,}707 = -3\text{ dB} \tag{9.12}$$

9.5.2 Tiefpass

Ein **Tiefpass** arbeitet bei niedrigen Frequenzen im Durchlassbereich und bei hohen im Sperrbereich. Das Bild 9.19 zeigt als Beispiel einen aktiven Tiefpass 1. Ordnung.

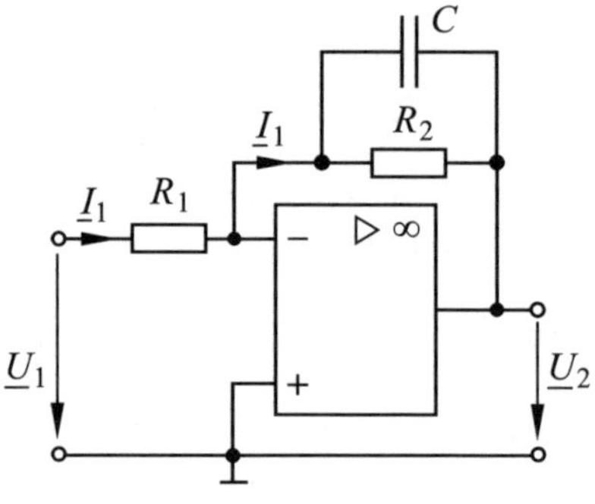

Bild 9.19 Aktiver Tiefpass 1. Ordnung

Wir wollen uns im Folgenden ausschließlich mit **aktiven Filtern** befassen, bei denen ein Verstärker mit den frequenzbestimmenden Bauelementen beschaltet ist. Zwar bestimmen auch bei diesen Filtern der Innenwiderstand R_i einer Quelle am Tor 1 und ein Lastwiderstand R_L am Tor 2 das Betriebsverhalten, doch ist dieser Einfluss bei geeigneter Dimensionierung von R_i und R_L nicht entscheidend wichtig. Wir lassen deshalb bei den aktiven Filtern den Innenwiderstand der Quelle und den Lastwiderstand unberücksichtigt.

Die Schaltung 9.19 unterscheidet sich von der Schaltung 9.13 nur durch den Kondensator, der dem Widerstand R_2 parallel geschaltet ist. Zur Berechnung des Spannungs-Übertragungsfaktors setzen wir den Leitwert

$$\underline{Y}_2 = \frac{1}{R_2} + \mathrm{j}\,\omega C \tag{9.13}$$

der Parallelschaltung an der Stelle von R_2 in die Gl. (9.4) ein und erhalten mit $G_1 = 1/R_1$:

$$\underline{T}_u = \frac{\underline{U}_2}{\underline{U}_1} = -\frac{G_1 R_2}{1 + \mathrm{j}\,\omega C R_2} \tag{9.14}$$

Bei niedrigen Frequenzen $f \to 0$ und damit $\omega \to 0$ hat dieser Ausdruck den maximalen Betrag:

$$T_{max} = G_1 R_2 \tag{9.15}$$

Mit Hilfe der Widerstände R_1 und R_2 kann die Verstärkung bzw. Abschwächung eingestellt werden.
Zur Berechnung der Grenzfrequenz setzen wir den Betrag des Spannungs-Übertragungsfaktors für die Grenzfrequenz an:

$$T_g = \frac{G_1 R_2}{\sqrt{1+\omega_g^2 C^2 R_2^2}} = \frac{T_{max}}{\sqrt{2}} \tag{9.16}$$

Wir lösen nach ω_g auf und berechnen damit die Grenzfrequenz f_g:

$$f_g = \frac{\omega_g}{2\,\pi} = \frac{1}{2\,\pi\, C R_2} \tag{9.17}$$

Für eine geeignete grafische Darstellung setzen wir die Gln. (9.15 und 9.17) in die Gl. (9.14) ein:

$$\frac{\underline{T}_u}{T_{max}} = -\frac{1}{1+\mathrm{j}\dfrac{f}{f_g}} \tag{9.18}$$

Man trägt zweckmäßig den Betrag und den Winkel über der bezogenen Frequenz f/f_g auf und wählt für den Betrag und für die Frequenz einen logarithmischen Maßstab. Eine solche Darstellung wird als **Bode-Diagramm** bezeichnet.

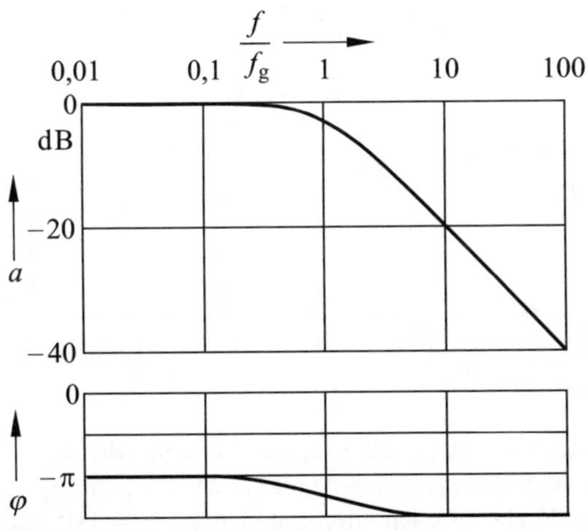

Bild 9.20 Bode-Diagramm des Tiefpasses 1. Ordnung

Im Bild 9.20 ist der auf Dezibel umgerechnete Betrag des bezogenen Spannungs-Übertragungsfaktors aufgetragen:

$$a = 20\,\lg\left(\frac{T_u}{T_{max}}\right)\,\text{dB} \tag{9.19}$$

Wie das Bild 9.20 zeigt, ist für $f \ll f_g$ der Betrag T_u des Spannungs-Übertragungsfaktors etwa gleich T_{max}; für $f \gg f_g$ nimmt a mit 20 dB je Frequenzdekade ab. Ein derartiger Tiefpass wird als **Tiefpass 1. Ordnung** bezeichnet.
Es gibt auch Tiefpässe höherer Ordnung. Bei einem Tiefpass n. Ordnung nimmt T_u für $f \gg f_g$ mit $n \cdot 20$ dB je Frequenzdekade ab.

9.5.3 Hochpass

Ein **Hochpass** arbeitet bei niedrigen Frequenzen im Sperrbereich und bei hohen im Durchlassbereich. Das Bild 9.21 zeigt als Beispiel einen aktiven Hochpass 1. Ordnung.

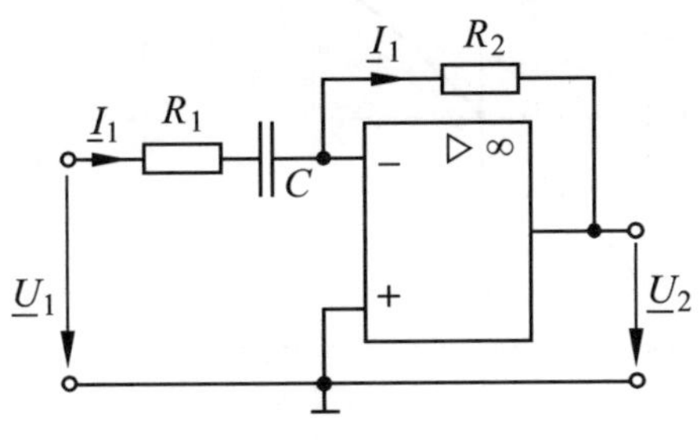

Bild 9.21 Aktiver Hochpass 1. Ordnung

Die Schaltung 9.21 unterscheidet sich von der Schaltung 9.13 nur durch den Kondensator C in Reihe zu R_1. Zur Berechnung des Spannungs-Übertragungsfaktors setzen wir den Widerstand

$$\underline{Z}_1 = R_1 + \frac{1}{\mathrm{j}\omega C} \tag{9.20}$$

der Reihenschaltung an der Stelle von R_1 in die Gl. (9.4) ein und erhalten mit $G_1 = 1/R_1$:

$$\underline{T}_u = \frac{\underline{U}_2}{\underline{U}_1} = -\frac{G_1 R_2}{1-\mathrm{j}\dfrac{1}{\omega C R_1}} \tag{9.21}$$

Bei hohen Frequenzen $f \to \infty$ und damit $\omega \to \infty$ hat dieser Ausdruck den maximalen Betrag $T_{max} = G_1 R_2$ (s. Gl. 9.15). Durch entsprechendes Vorgehen wie beim Tiefpass ergibt sich die Grenzfrequenz:

$$f_g = \frac{\omega_g}{2\pi} = \frac{1}{2\pi C R_1} \tag{9.22}$$

Für den Spannungs-Übertragungsfaktor gilt:

$$\frac{\underline{T}_u}{T_{max}} = -\frac{1}{1 - j\dfrac{f_g}{f}} \tag{9.23}$$

Mit dem Spannungs-Übertragungsfaktor nach Gl. (9.21) zeichnen wir das BODE-Diagramm. Für $f \ll f_g$ nimmt a mit 20 dB je Frequenzdekade zu. Ein derartiger Hochpass wird als **Hochpass 1. Ordnung** bezeichnet.

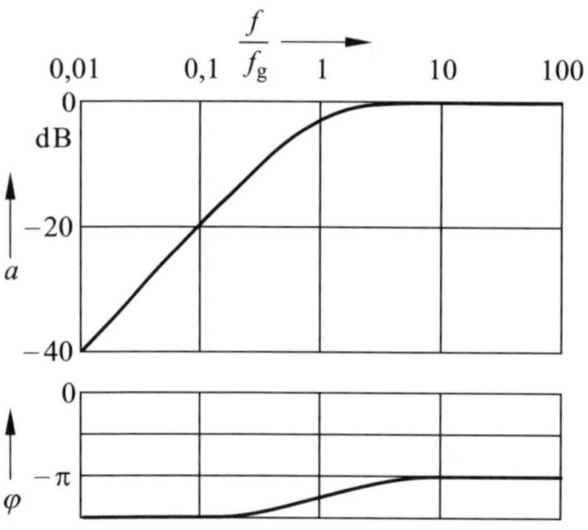

Bild 9.22 BODE-Diagramm des Hochpasses 1. Ordnung

9.5.4 Bandpass

Ein **Bandpass** überträgt bei der **Bandmittenfrequenz** f_m mit dem maximalen Spannungs-Übertragungsfaktor T_{max}; bei hohen und niedrigen Frequenzen arbeitet er im Sperrbereich. Damit hat der Bandpass eine obere Grenzfrequenz f_{go} und eine untere Grenzfrequenz f_{gu}, deren Differenz als **Bandbreite** *(bandwidth)* B bezeichnet wird:

$$B = f_{go} - f_{gu} \tag{9.24}$$

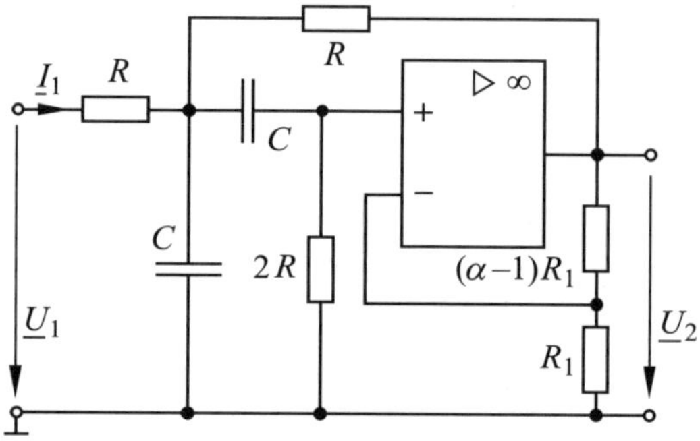

Bild 9.23 Bandpass mit Einfach-Mitkopplung

Damit bei dem im Bild 9.23 dargestellten Bandpass die Gegenkopplung stärker als die Mitkopplung ist, muss α im Bereich $1 < \alpha < 3$ liegen.

Beispiel 9.4

Für die Schaltung 9.23 mit einem µA 741 sind folgende Werte gegeben: $R = 10\,\text{k}\Omega$; $C = 15\,\text{nF}$; $\alpha = 2{,}9$; $R_1 = 10\,\text{k}\Omega$. Wir wollen mit einer PSpice-Simulation die Bandbreite B, die Bandmittenfrequenz f_m und den maximalen Spannungs-Übertragungsfaktor T_{max} bestimmen.

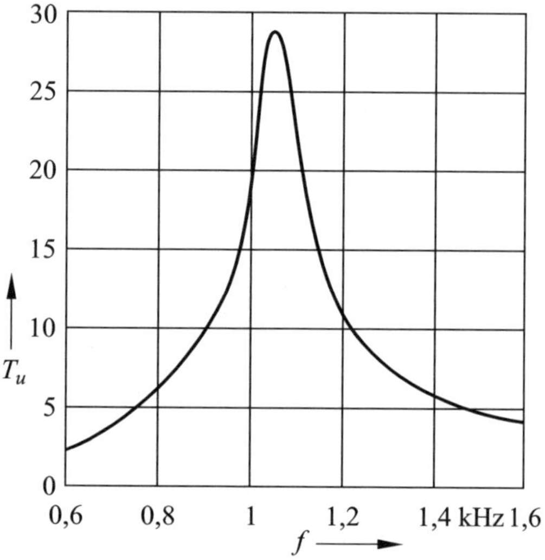

Der Spannungs-Übertragungsfaktor hat den maximalen Betrag $T_{max} = 28{,}94$ bei der Frequenz $f_m = 1056$ Hz. Mit den Grenzfrequenzen $f_{go} = 1111$ Hz und $f_{gu} = 1005$ Hz ist die Bandbreite $B = 106$ Hz.

10 Digitale Schaltungen

10.1 Gatter

10.1.1 Vorteile der Digitaltechnik

Jeder analogen Größe ist ein *Rauschen* überlagert, dessen Ursache atmosphärische Störungen oder Elemente der elektronischen Schaltungen sein können. Derartige Störungen bleiben in der Digitaltechnik ohne Folgen.

Wird eine analoge Größe durch einen Übertragungskanal (z. B. eine Leitung oder eine Funkstrecke) übertragen, so kann sich ihre Form ändern; ein digitales Signal kann dagegen nach einer Verformung wieder fehlerfrei hergestellt werden.

10.1.2 Binärziffer

Die kleinste Informationsmenge, die verarbeitet oder übertragen werden kann, wird als **Binärziffer** *(binary digit, bit)* bezeichnet; sie kann die beiden Werte 0 und 1 annehmen.

Das Bild 10.1 zeigt eine einfache Schaltung, mit der 1 Bit dargestellt werden kann; man spricht dabei auch von einer **zweiwertigen Schaltung**.

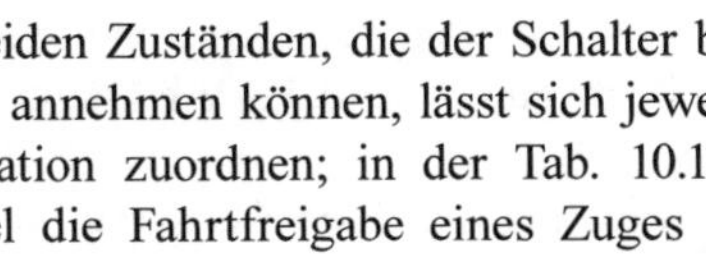

Bild 10.1 Zweiwertige Schaltung

Den beiden Zuständen, die der Schalter bzw. die Lampe annehmen können, lässt sich jeweils eine Information zuordnen; in der Tab. 10.1 ist als Beispiel die Fahrtfreigabe eines Zuges angegeben.

Tabelle 10.1 Zustände einer zweiwertigen Schaltung

Schalter	Lampe	U_L	Fahrt frei?	allgemein
offen	dunkel	0 V	nein	0
geschlossen	hell	5 V	ja	1

10.1.3 Der Begriff Redundanz

Der entscheidende Nachteil der einfachen Steuerung, die das Bild 10.1 und die Tab. 10.1 zeigen, liegt darin, dass die Funktionsfähigkeit der Anlage nicht ersichtlich ist. Das Bild 10.2 zeigt eine verbesserte Schaltung, bei der entweder eine rote Lampe für „Halt" oder eine grüne Lampe für „Fahrt frei" aufleuchtet; leuchtet keine Lampe, so ist die Anlage ausgefallen. Man spricht dabei von **Redundanz** und meint damit die Möglichkeit, einen fehlerhaften Zustand zu erkennen.

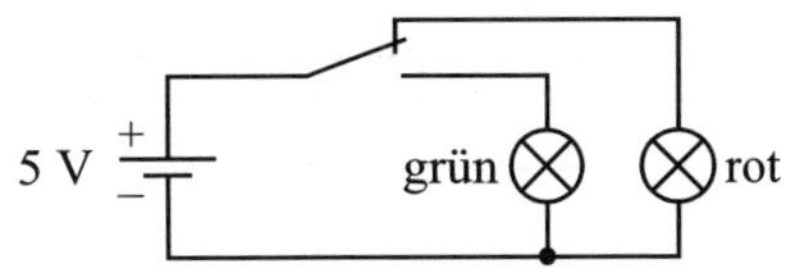

Bild 10.2 Redundante zweiwertige Schaltung

10.1.4 Logische Verknüpfungen

Eine Variable, welche die Werte 0 und 1 einer Binärziffer annehmen kann, wird als **logische Variable** bezeichnet.
Sind zur Beschreibung *eines* Sachverhalts zwei oder mehr logische Variablen erforderlich, so sind diese logisch verknüpft.
Die **logischen Verknüpfungen** werden durch die BOOLEsche Algebra (s. 10.1.7) beschrieben. Dabei gibt es drei grundlegende Verknüpfungen:

- Die UND-Verknüpfung $y = x_1 \wedge x_2$ oder $y = x_1 \cdot x_2$ wird auch **Konjunktion** genannt;
- die ODER-Verknüpfung $y = x_1 \vee x_2$ oder $y = x_1 + x_2$ wird auch **Disjunktion** genannt;
- die NICHT-Verknüpfung $y = \overline{x}$ wird auch **Negation** genannt.

Für jede Verknüpfung wird jeder Wert der Eingangsvariablen x_1 und x_2 einem Wert der Ausgangsvariablen y zugeordnet; diese Zuordnung wird als **Wahrheitstabelle** bezeichnet.

Die schaltungstechnische Realisierung einer Verknüpfung wird **Gatter** *(logic gate)* genannt. In der Tab. 10.2 sind die Schaltsymbole der Gatter und die zugehörige Wahrheitstabelle für die Grundverknüpfungen zusammengefasst.

Tabelle 10.2 Grundgatter

Verknüpfung	Schaltsymbol	Wahrheitstabelle
UND	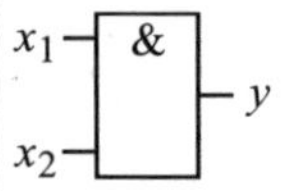	x_1: 0 1 0 1 x_2: 0 0 1 1 y: 0 0 0 1
ODER	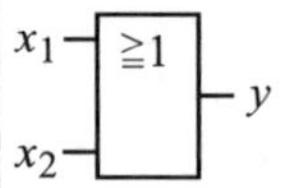	x_1: 0 1 0 1 x_2: 0 0 1 1 y: 0 1 1 1
NICHT	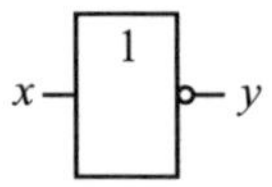	x: 0 1 y: 1 0

Beispiel 10.1
Ein Bewegungsmelder setzt die Variable $x_1 = 1$, wenn er die Bewegung eines Objektes feststellt; ansonsten ist $x_1 = 0$. Bei hoher Lichtstärke wird die Variable $x_2 = 0$ gesetzt; bei Dunkelheit ist $x_2 = 1$.

Die logischen Variablen x_1 und x_2 sind die Eingangsvariablen eines UND-Gatters, dessen Ausgangsvariable bei Dunkelheit *und* bei der Bewegung eines Objektes den Wert $y = 1$ annimmt; in diesem Fall wird über ein Relais die Lampe eingeschaltet.

Beispiel 10.2
Eine Treppenhausbeleuchtung kann an mehreren Stellen durch Betätigung eines Tasters eingeschaltet werden.
Bei der Ansteuerung der Lampen liegt eine ODER-Verknüpfung vor. Die Beleuchtung wird auch dann eingeschaltet, wenn zwei oder mehr Taster gleichzeitig gedrückt werden.

Wie das letzte Beispiel zeigt, kann ein Gatter mehr als zwei Eingangsvariablen haben; in diesem Fall sind das Schaltsymbol und die Wahrheitstabelle entsprechend zu ergänzen. Das Bild 10.3 zeigt als Beispiel das Schaltsymbol und die Wahrheitstabelle eines ODER-Gatters mit drei Eingängen; dabei liegen insgesamt 8 Eingangszustände vor.

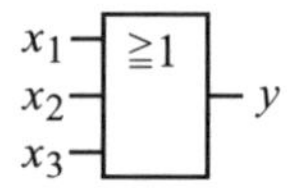

x_1	0	1	0	1	0	1	0	1
x_2	0	0	1	1	0	0	1	1
x_3	0	0	0	0	1	1	1	1
y	0	1	1	1	1	1	1	1

Bild 10.3 ODER-Gatter mit drei Eingängen

10.1.5 CMOS-Inverter

Für die Realisierung der Grundgatter gab es in der Vergangenheit viele Technologien. Als moderne Version hat sich in letzter Zeit die CMOS-Technologie durchgesetzt.

Die Grundlage dieser Technologie ist der CMOS-Inverter, der aus einem n-Kanal- und einem p-Kanal-Anreicherungs-MOSFET besteht. Für die beiden komplementären FETs wird die Abkürzung **CMOS** verwendet.

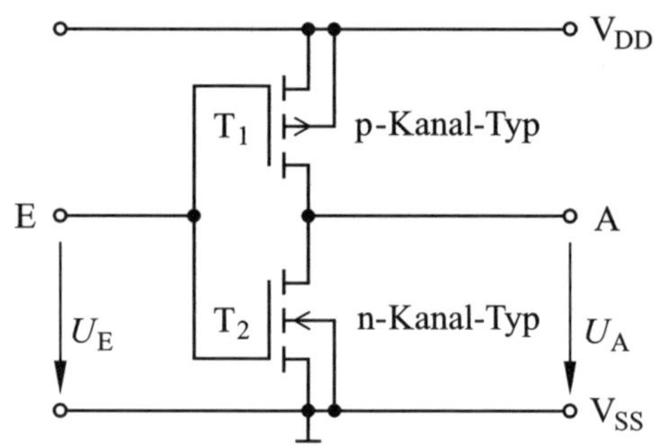

Bild 10.4 CMOS-Inverter

Die Bezeichnungen V_{DD} und V_{SS} sind die üblichen Bezeichnungen für die Anschlüsse der Versorgungsspannung, die früher meist 5 V betrug und heute zunehmend 3,3 V beträgt.

Liegt der Eingang E auf dem Potenzial V_{SS}, so ist die Eingangsspannung $U_E = 0$ und der Transistor T_2 sperrt; der Transistor T_1 ist durchgeschaltet und am Ausgang liegt die Spannung $U_A = V_{DD}$.

Liegt der Eingang E auf dem Potenzial V_{DD}, so ist die Eingangsspannung $U_E = V_{DD}$ und der Transistor T_2 ist durchgeschaltet; der Transistor T_1 sperrt, am Ausgang liegt die Spannung $U_A = 0$. Damit arbeitet die Schaltung als NICHT-Gatter.

Von den beiden FETs ist stets einer gesperrt, so dass die Schaltung 10.4 nur während des Umschaltens kurzzeitig eine elektrische Leistung aufnimmt. Diese Leistung ist zwar sehr gering, sie nimmt aber mit der Umschalthäufigkeit zu.
Die Schaltzeit des Gatters beträgt nur wenige ns (1 ns = 10^{-9} s). Da der Gatestrom der FETs äußerst gering ist (< 1 pA = 10^{-12} A), lassen sich CMOS-Schaltungen praktisch leistungslos ansteuern.

CMOS-Schaltungen können problemlos zusammengeschaltet werden. Da das Gate jedes FETs vom Kanal isoliert ist, nimmt ein nachfolgender FET vom vorhergehenden keinen Strom auf.

10.1.6 Realisierung der Grundgatter

Es ist nicht erforderlich, zur Realisierung der Grundgatter drei unterschiedliche Gattertypen zu entwickeln. Man kommt vielmehr mit einem einzigen Gattertyp aus, der z. B. das **NAND-Gatter** sein kann; man versteht hierunter ein invertierendes UND-Gatter.

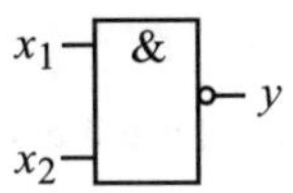

x_1	0	1	0	1
x_2	0	0	1	1
y	1	1	1	0

Bild 10.5 NAND-Gatter, Schaltsymbol und Wahrheitstabelle

Die NAND-Verknüpfung lautet in Logikschreibweise:

$$y = \overline{x_1 \wedge x_2} \tag{10.1}$$

Dies wird gelesen: „y ist nicht x_1 und x_2."

Beispiel 10.3
Wir wollen die Wahrheitstabelle für ein NAND-Gatter mit drei Eingängen entwickeln.
Die Ausgangsvariable hat nur dann den Wert $y=0$, wenn sämtliche Eingänge den Wert 1 haben.

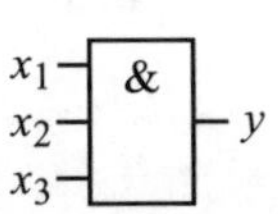

x_1	0	1	0	1	0	1	0	1
x_2	0	0	1	1	0	0	1	1
x_3	0	0	0	0	1	1	1	1
y	1	1	1	1	1	1	1	0

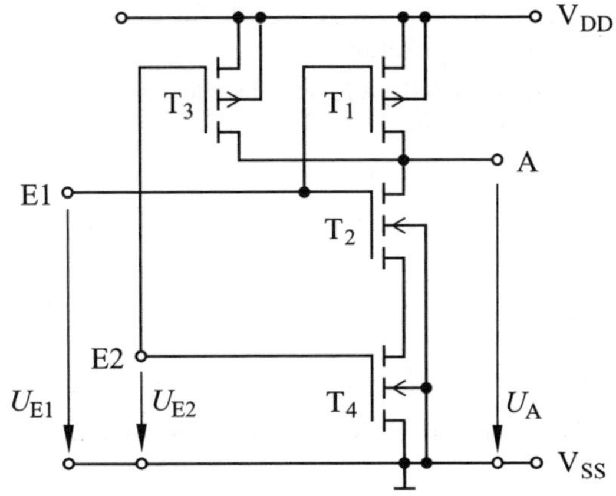

Bild 10.6 NAND-Gatter

Das Bild 10.6 zeigt ein NAND-Gatter in CMOS-Technik.
Liegt der Eingang E1 auf dem Potenzial V_{SS}, so ist die Eingangsspannung $U_{E1} = 0$ und der Transistor T_2 sperrt; der Transistor T_1 ist durchgeschaltet und am Ausgang liegt die Spannung $U_A = V_{DD}$. Dies ist unabhängig davon, welchen Wert die Spannung U_{E2} besitzt.
Liegt der Eingang E2 auf dem Potenzial V_{SS}, so ist die Eingangsspannung $U_{E2} = 0$ und der Transistor T_4 sperrt; der Transistor T_3 ist durchgeschaltet und am Ausgang liegt die Spannung $U_A = V_{DD}$. Dies ist unabhängig davon, welchen Wert die Spannung U_{E1} besitzt.
Nur wenn beide Eingänge das Potenzial V_{DD} annehmen, sind T_2 und T_4 durchgeschaltet und am Ausgang liegt die Spannung $U_A = 0$. Dabei sperren T_1 und T_3.

Alle drei Grundgatter lassen sich durch Kombinationen von NAND-Gattern realisieren. Um dies zu zeigen, wollen wir uns ein wenig mit der Schaltalgebra befassen.

10.1.7 Schaltalgebra

Es wurde bereits darauf hingewiesen, dass sich die logischen Verknüpfungen mit Hilfe der **BOOLEschen Algebra** beschreiben lassen, die auch als **Schaltalgebra** bezeichnet wird. In diesem Teilgebiet der Mathematik kann jede Variable nur die Werte 0 und 1 annehmen.

In der „normalen" Algebra gilt für die Addition und die Multiplikation

- das **kommutative Gesetz**, das die Vertauschbarkeit beschreibt:

  $x_1+x_2=x_2+x_1; \quad x_1 \cdot x_2=x_2 \cdot x_1;$

- das **assoziative Gesetz**, das die Zuordnung beschreibt:

  $x_1+x_2+x_3 = x_1+(x_2+x_3) = x_2+(x_1+x_3) = x_3+(x_1+x_2);$

  $x_1 \cdot x_2 \cdot x_3 = x_1 \cdot (x_2 \cdot x_3) = x_2 \cdot (x_1 \cdot x_3) = x_3 \cdot (x_1 \cdot x_2);$

- das **distributive Gesetz**, das die Verteilung beschreibt:

  $x_1 \cdot (x_2+x_3) = x_1 \cdot x_2+x_1 \cdot x_3;$

In der Schaltalgebra gilt entsprechend für die UND-Verknüpfung und die ODER-Verknüpfung:

- das **kommutative Gesetz**, das die Vertauschbarkeit beschreibt:

  $x_1 \wedge x_2=x_2 \wedge x_1; \quad x_1 \vee x_2=x_2 \vee x_1;$

- das **assoziative Gesetz**, das die Zuordnung beschreibt:

  $x_1 \wedge x_2 \wedge x_3 = x_1 \wedge (x_2 \wedge x_3) = x_2 \wedge (x_1 \wedge x_3) = x_3 \wedge (x_1 \wedge x_2);$

  $x_1 \vee x_2 \vee x_3 = x_1 \vee (x_2 \vee x_3) = x_2 \vee (x_1 \vee x_3) = x_3 \vee (x_1 \vee x_2);$

- das **distributive Gesetz**, das die Verteilung beschreibt:

  $x_1 \wedge (x_2 \vee x_3) = x_1 \wedge x_2 \vee x_1 \wedge x_3;$

Zusätzlich gilt in der Schaltalgebra das **Gesetz von DE MORGAN**, für das es in der „normalen" Algebra nichts Entsprechendes gibt; es lautet:

$$\overline{x_1 \wedge x_2} = \overline{x_1} \vee \overline{x_2} \tag{10.2}$$

Umgekehrt gilt nach DE MORGAN:

$$\overline{x_1 \vee x_2} = \overline{x_1} \wedge \overline{x_2} \tag{10.3}$$

Bei einer UND-Verknüpfung und einer ODER-Verknüpfung kann man die Negation der Gesamtverknüpfung ersetzen durch eine Negation jeder einzelnen Variablen und einen Wechsel der Verknüpfungsart.

Beispiel 10.4

Wir wollen zeigen, dass sich sich die Grundgatter durch Schaltungen mit NAND-Gattern realisieren lassen.

Werden die beiden Eingänge miteinander verbunden, so ist $x = x_1 = x_2$ und das NAND-Gatter arbeitet als NICHT-Schaltung.

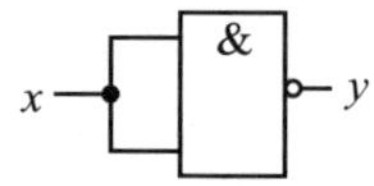

x	0	1
y	1	0

Bild 10.7 NICHT-Gatter

Negiert man die Ausgangsvariable des NAND-Gatters, so erhält man ein UND-Gatter.

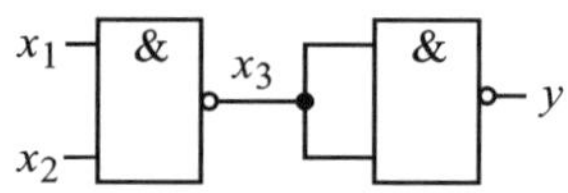

x_1	0	1	0	1
x_2	0	0	1	1
x_3	1	1	1	0
y	0	0	0	1

Bild 10.8 UND-Gatter

Um mit NAND-Gattern die ODER-Verknüpfung zu erreichen, negieren wir zunächst die ODER-Verknüpfung doppelt; dies verändert die Funktion nicht.

$$y = x_1 \vee x_2 = \overline{\overline{x_1 \vee x_2}} = \overline{\overline{x_1} \wedge \overline{x_2}} \tag{10.4}$$

Anschließend wenden wir das Gesetz von DE MORGAN an und stellen fest, dass wir jede Variable einzeln negieren müssen, um dann mit einem NAND-Gatter die ODER-Verknüpfung zu erhalten.

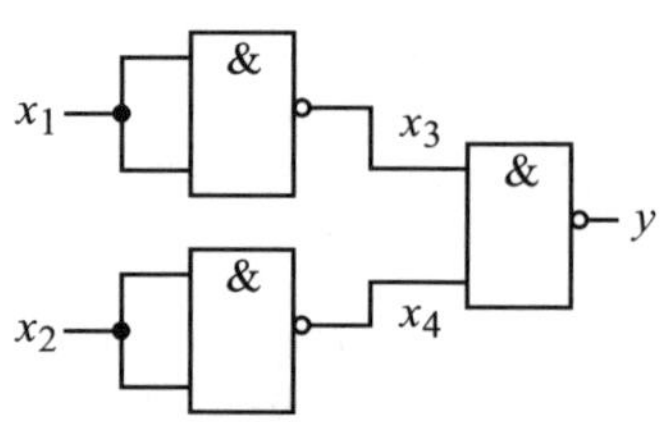

x_1	0	1	0	1
x_2	0	0	1	1
x_3	1	0	1	0
x_4	1	1	0	0
y	0	1	1	1

Bild 10.9 ODER-Gatter

10.1.8 Entwurf logischer Schaltungen

Die Anforderungen, die an eine logische Schaltung gestellt werden, fasst man zweckmäßig in einer Wahrheitstabelle zusammen. In Sonderfällen kann man sofort erkennen, welche Schaltung geeignet ist.

Beispiel 10.5
Für eine Projektionslampe ist eine Steuerschaltung für das Kühlgebläse zu entwickeln. Das Kühlgebläse muss laufen ($K = 1$), wenn die Lampe eingeschaltet ist ($L = 1$) oder wenn die beim Abschalten für 10 s aktivierte Verzögerungsschaltung ($V = 1$) eine Nachkühlung der schon abgeschalteten Lampe bewirkt. Wir wollen die Wahrheitstabelle aufstellen.

Wir stellen fest, dass der Zustand $L = V = 1$ nicht auftreten kann und tragen im Ergebnis den Buchstaben X als Variable ein.

L	0	1	0	1
V	0	0	1	1
K	0	1	1	X

Ein Zustand, der im praktischen Betrieb nicht auftreten kann, wird als ***don't-care-position*** bezeichnet. Für einen derartigen Zustand, um den man sich nicht kümmern muss, kann anstelle des X eine 0 oder eine 1 eingetragen werden. Man wählt zweckmäßig denjenigen Wert, der die einfachere Realisierung ergibt.
Für das Beispiel 10.5 ergibt der Wert $X = 1$ die einfachere Lösung, denn in diesem Fall liegt eine ODER-Verknüpfung vor.

Wie aber geht man vor, wenn die Schaltungsart nicht ohne weiteres zu erkennen ist? Bei einer der möglichen Vorgehensweisen fasst man die Eingangsvariablen jeder Spalte der Wahrheitstabelle zusammen; ein derartiger Ausdruck, in dem jede Eingangsvariable genau einmal nicht negiert oder negiert vorkommt, wird **Minterm** genannt.

Bei einer Beschreibung des Logikverhaltens in der **disjunktiven Normalform** werden alle Minterme, für welche die Ausgangsgröße gleich 1 ist, durch ODER verknüpft.

Beispiel 10.6
Wir wollen die Minterme für die Wahrheitstabelle des Beispiels 10.5 zur Logikfunktion zusammensetzen und hieraus die Schaltung entwickeln.

Die Ausgangsvariable K hat für $X = 1$ drei 1-Zustände und für $X = 0$ zwei 1-Zustände. Wir wählen zweckmäßig den einfacheren Fall und erhalten eine disjunktive Normalform, die aus zwei Mintermen zusammengesetzt ist:

$$K = (L \wedge \overline{V}) \vee (\overline{L} \wedge V)$$

Die Schaltung besteht aus zwei UND-Gattern, deren Ausgänge durch ein ODER-Gatter verknüpft sind. Die Negationskreise an den Eingängen der Symbole sind Kurzzeichen für vorgeschaltete NICHT-Stufen.

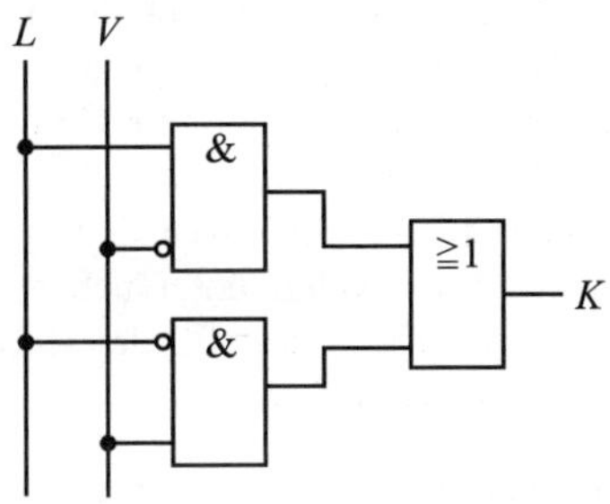

Die aus den Mintermen entwickelte Schaltung ist häufig wesentlich umfangreicher als die einfachste Schaltung; wir hatten ja schon festgestellt, dass für die Aufgabenstellung des Beispiels 10.5 lediglich eine ODER-Verknüpfung erforderlich ist.

Man kann nun versuchen, die umfangreiche Schaltung durch Anwendung der Gesetze der Schaltalgebra zu vereinfachen; so kann man z. B. das Ergebnis des Beispiels 10.6 auf eine ODER-Verknüpfung zurückführen.

Dieses Vorgehen erfordert sehr viel Übersicht und Geschick und sollte wegen der Gefahr von Fehlern den erfahrenen Entwicklern vorbehalten bleiben. Es gibt aber auch computergestützte Verfahren, die eine Logikschaltung vereinfachen können.

10.2 Schaltwerke

10.2.1 Der Begriff Schaltwerk

Bei den im Abschnitt 10.1 behandelten Gatter-Schaltungen ist das Bitmuster am Ausgang lediglich vom Bitmuster der Eingänge bestimmt. Schaltungen mit diesem Betriebsverhalten werden **Schaltnetze** genannt.

Bei einer weiteren Gruppe von Schaltungen ist das Bitmuster am Ausgang nicht nur vom augenblicklichen Bitmuster der Eingänge, sondern auch von früheren Betriebszuständen bestimmt. Solche Schaltungen werden als **Schaltwerke** bezeichnet; es handelt sich dabei also um Schaltungen mit einem „Erinnerungsvermögen".

Beispiel 10.7

In einem Druckluftspeicher soll der Luftdruck zwischen 500 kPa und 600 kPa gehalten werden. Beim Unterschreiten des unteren Grenzdruckes wird der Kompressor zugeschaltet, der beim Überschreiten des oberen Grenzdruckes ausgeschaltet wird. Wir wollen untersuchen, ob sich diese Ansteuerungsschaltung für den Kompressor mit Gattern realisieren lässt.

Der Sachverhalt lässt sich mit den drei logischen Variablen beschreiben:

$p_u = 0$ für $p < 500$ kPa ; $p_u = 1$ für $p > 500$ kPa

$p_o = 0$ für $p < 600$ kPa ; $p_o = 1$ für $p > 600$ kPa

$K = 0$ für Kompressor ausgeschaltet;

$K = 1$ für Kompressor eingeschaltet.

Hierfür ergibt sich folgende Wahrheitstabelle:

p_u	0	1	1	1
p_o	0	0	1	0
K	1	1	0	0

Es zeigt sich, dass die Kombination $p_u = 1$; $p_o = 0$ zweimal auftritt: Einmal soll der Kompressor eingeschaltet sein, das andere Mal soll er ausgeschaltet sein; der Kompressor muss laufen, wenn vorher Unterdruck herrschte, aber er muss abgeschaltet sein, wenn vorher Überdruck vorlag. Dieses Problem ist mit Gattern nicht lösbar.

10.2.2 RS-Flipflops

Ein **Flipflop** *(latch)* ist eine bistabile Schaltung, die zwei Zustände annehmen kann; der mit Q bezeichnete Ausgang hat entweder den Wert $Q = 1$ oder den Wert $Q = 0$. Außerdem hat jedes Flipflop einen weiteren Ausgang, an dem die logische Variable Q negiert erscheint.

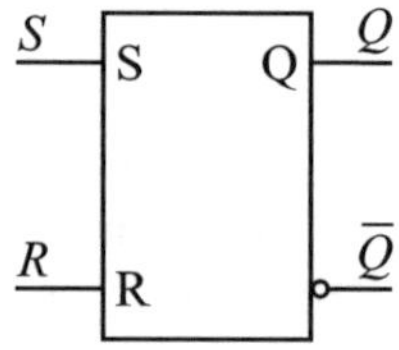

Bild 10.10 Symbol des RS-Flipflops

Jedes **RS-Flipflop** hat einen Setzeingang S und einen Rücksetzeingang R.

Wir gehen bei der Funktionsbeschreibung vom ungesetzten Zustand aus, bei dem $Q = 0$ ist; außerdem nehmen wir zunächst $S = 0$ und $R = 0$ an. Von diesem Zustand ausgehend kann das RS-Flipflop dadurch **gesetzt** werden, dass die Variable S kurzzeitig den Wert $S = 1$ annimmt. Im gesetzten Zustand bleibt $Q = 1$, auch wenn die Variable S wieder den Wert $S = 0$ annimmt.

Das gesetzte Flipflop kann nur dadurch **rückgesetzt** werden, dass die Variable R kurzzeitig den Wert $R = 1$ annimmt. Im rückgesetzten Zustand bleibt $Q = 0$, auch wenn die Variable R wieder den Wert $R = 0$ annimmt.

Das RS-Flipflop kann Informationen, auch wenn sie ihm nur kurzfristig zur Verfügung stehen, für beliebig lange Zeit speichern. Dies zeigt sich auch in der Wahrheitstabelle: Für $S = 0$ und $R = 0$ bleibt der vorherige Zustand Q_n erhalten. Das Zeichen * soll den unzulässigen Zustand $S = R = 1$ anzeigen.

Tabelle 10.3 Wahrheitstabelle des RS-Flipflops

S	0	1	0	1
R	0	0	1	1
Q_{n+1}	Q_n	1	0	*

Die Vorgänge des Setzens und Rücksetzens werden im Signal-Zeit-Plan grafisch dargestellt.

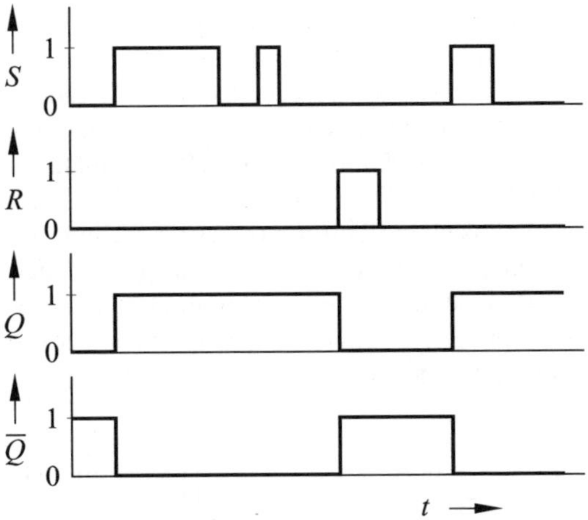

Bild 10.11 Signal-Zeit-Plan eines RS-Flipflops

Beispiel 10.8

Wir wollen für den Druckluftspeicher des Beispiels 10.7 eine Steuerschaltung entwickeln.

Zunächst zeichnen wir den Signal-Zeit-Plan für die Zeitabschnitte

$0 \ldots t_1$: $p < 500$ kPa ; $p_u = 0$; $p_o = 0$; $K = 1$

$t_1 \ldots t_2$: 500 kPa $< p <$ 600 kPa; $p_u = 1$; $p_o = 0$; $K = 1$

$t_2 \ldots t_3$: $p >$ 600 kPa; $p_u = 1$; $p_o = 1$; $K = 0$

$t_3 \ldots t_4$: 500 kPa $< p <$ 600 kPa; $p_u = 1$; $p_o = 0$; $K = 0$

$t > t_4$: $p < 500$ kPa ; $p_u = 0$; $p_o = 0$; $K = 1$

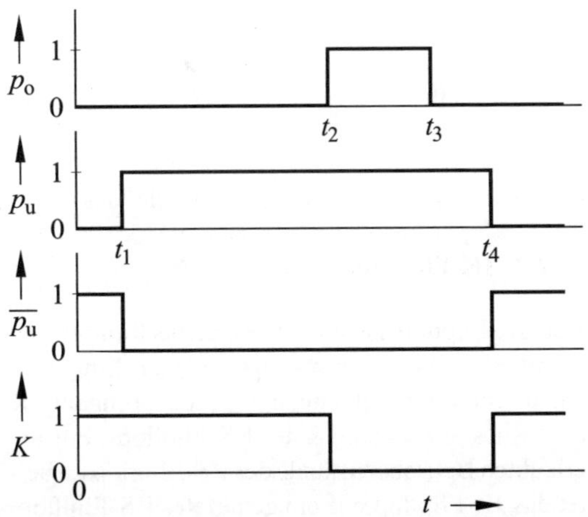

Zur Ansteuerung eines RS-Flipflops sind die logischen Variablen p_u und p_o nicht brauchbar, da sie für $t_2 < t < t_3$ beide den Wert $p_u = p_o = 1$ haben. Invertiert man jedoch p_u, so kann mit dieser Variablen das RS-Flipflop gesetzt werden. Mit der Variablen p_o kann das RS-Flipflop rückgesetzt werden, welches an seinem Ausgang Q die logische Variable K für die Ansteuerung des Kompressors liefert.

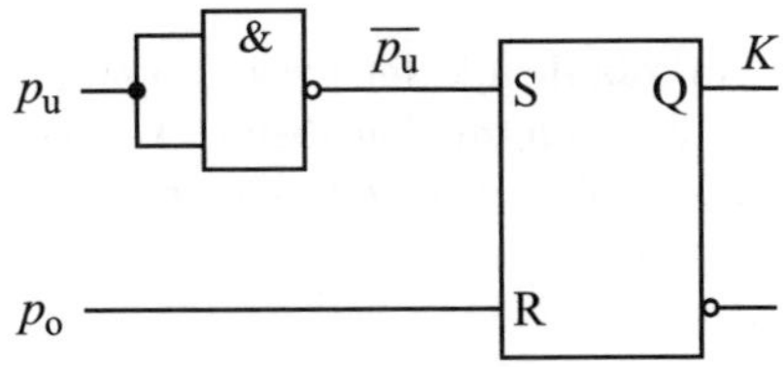

Getaktete RS-Flipflops

Bei dem bisher beschriebenen ungetakteten RS-Flipflop nehmen die Ausgänge ihre Werte einige ns nach dem Setzen bzw. Rücksetzen an. In ausgedehnten Schaltungen können aber die Laufzeiten der Signale auf den Leitungen so stark unterschiedlich sein, dass das unkoordinierte Setzen und Rücksetzen der Flipflops unbrauchbare Ergebnisse liefert.

In derartigen Schaltungen wird das Setzen und Rücksetzen der Flipflops zu bestimmten Zeitpunkten erzwungen, die durch einen **Takt** *(clock)* vorgegeben werden.

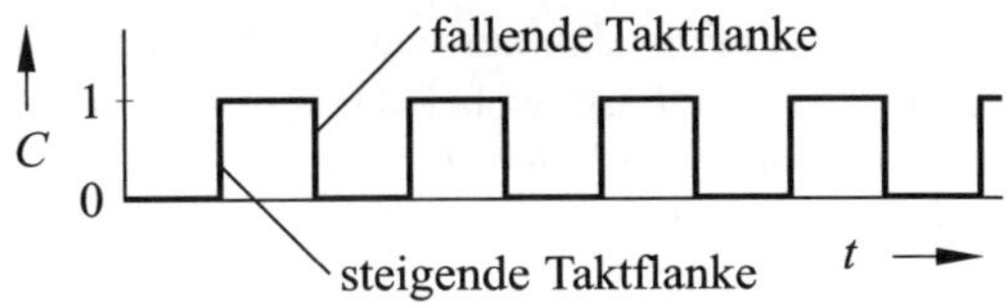

Bild 10.12 Taktsignal

Getaktete Flipflops haben einen zusätzlichen Eingang, der z. B. mit C1 bezeichnet sein kann.

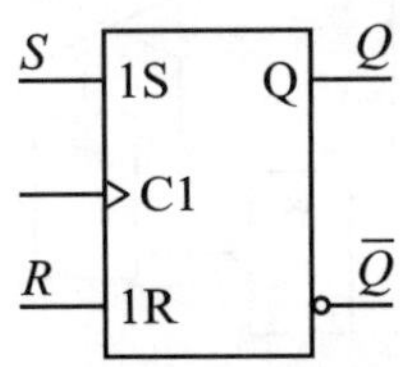

Bild 10.13 Symbol eines getakteten RS-Flipflops

Der Ausgang des Flipflops übernimmt den neuen Zustand erst dann, wenn die Freigabe durch das Taktsignal vorliegt. Man sagt auch, dass das Flipflop durch den Takt **getriggert** wird (*to trigger* = auslösen). Dabei gibt es zwei unterschiedliche Arten der Taktsteuerung:

- Ein **taktzustandsgesteuertes Flipflop** übernimmt die Information, während das Taktsignal in einem bestimmten Zustand ist, der z. B $C = 1$ sein kann;
- Ein **taktflankengesteuertes Flipflop** übernimmt die Information beim Anstieg oder Abfall des Taktsignals; dies hat den Vorteil der Störsicherheit.

Das Bild 10.14 zeigt, wie die unterschiedlichen Arten der Taktübernahme im Symbol des Flipflops dargestellt werden.

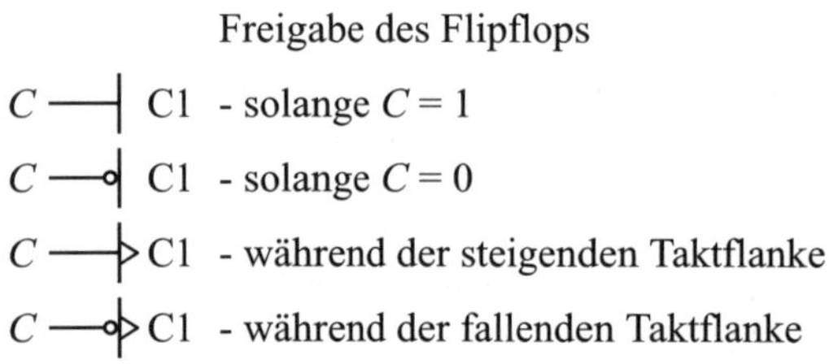

Bild 10.14 Genormte Takteingänge

Flipflops lassen sich mit Gattern realisieren. Das Bild 10.15 zeigt als Beispiel ein taktgesteuertes RS-Flipflop, das aus vier NAND-Gattern zusammengesetzt ist, wobei der Ausgang jedes Ausgangsgatters auf den Eingang des anderen rückgekoppelt ist.

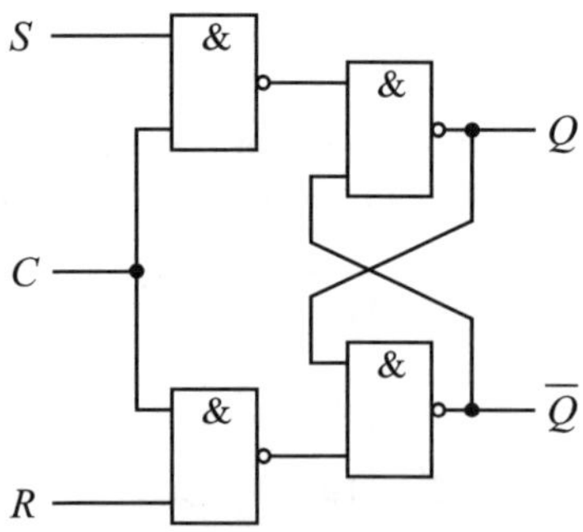

Bild 10.15 Taktgesteuertes RS-Flipflop

10.2.3 Master-Slave-Flipflops

Für viele Anwendungen der Elektronik, z. B. Zähler und Schieberegister, benötigt man Flipflops, die den Eingangszustand zwischenspeichern und ihn erst dann an den Ausgang übergeben, wenn die Eingänge schon wieder verriegelt sind. Ein derartiges **Zweispeicherflipflop** enthält den Zwischenspeicher (*master* = Herr), der durch seine Einstellung bestimmt, welche Stellung der Ausgangsspeicher (*slave* = Sklave) in der folgenden Periode des Taktes einnimmt. Das Zweispeicherflipflop wird deshalb auch als **Master-Slave-Flipflop** bezeichnet.

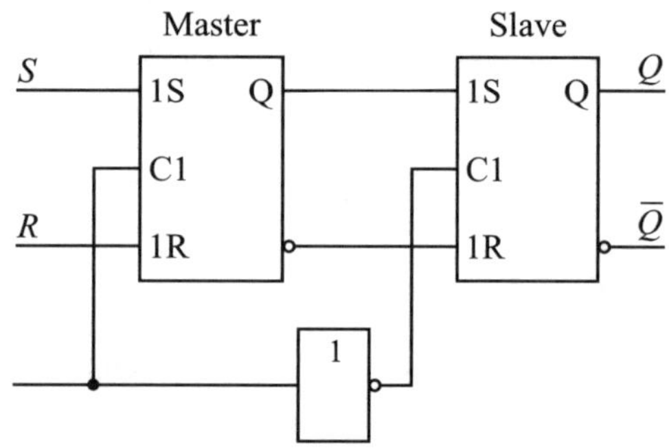

Bild 10.16 Aufbau des Master-Slave-Flipflops

Im Symbol des Master-Slave-Flipflops weist das Zeichen „¬“ auf den retardierten, d.h. verzögerten Ausgang hin.

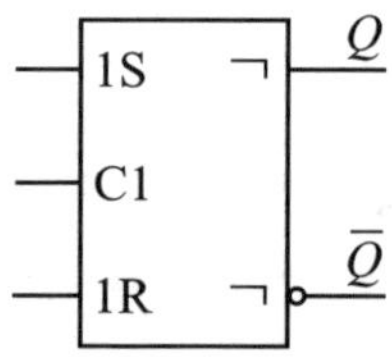

Bild 10.17 Symbol des Master-Slave-Flipflops

10.2.4 JK-Flipflops

Das JK-Flipflop ist ein Zweispeicherflipflop und damit ein Master-Slave-Flipflop. Der Eingang J entspricht dem Setzeingang S, der Eingang K dem Rücksetzeingang R des RS-Flipflops. Für die erlaubten Betriebszustände des RS-Flipflops arbeitet das JK-Flipflop wie ein getaktetes RS-Flipflop.

Im Unterschied zum RS-Flipflop ist beim JK-Flipflop der Zustand $J = K = 1$ erlaubt. Liegt dieser Zustand vor, so „kippt" das JK-Flipflop bei jeder Freigabe durch den Takt; dabei wechseln die Ausgangsvariablen Q und $\overline{Q}$ ihren logischen Zustand. In diesem Zustand wird das JK-Flipflop auch **Toggle** (*toggle* = Kippschalter) genannt.

Die Wahrheitstabelle des JK-Flipflops unterscheidet sich von der Wahrheitstabelle 10.3 des RS-Flipflops dadurch, dass für $J = K = 1$ der neue Ausgangszustand nach der Taktfreigabe die Negation des alten Ausgangszustands vor der Taktfreigabe ist.

Tabelle 10.4 Wahrheitstabelle des JK-Flipflops

J	0	1	0	1
K	0	0	1	1
Q_{n+1}	Q_n	1	0	$\overline{Q}_n$

Die Steuerungsart des JK-Flipflops kann unterschiedlich sein:

- beim einflankengesteuerten JK-Flipflop wechselt der Ausgangszustand bei steigender Taktflanke;
- beim zweiflankengesteuerten Flipflop wechselt der Ausgangszustand bei fallender Taktflanke.

Im Symbol des zweiflankengesteuerten Flipflops weist das Zeichen „¬" auf die Verzögerung hin.

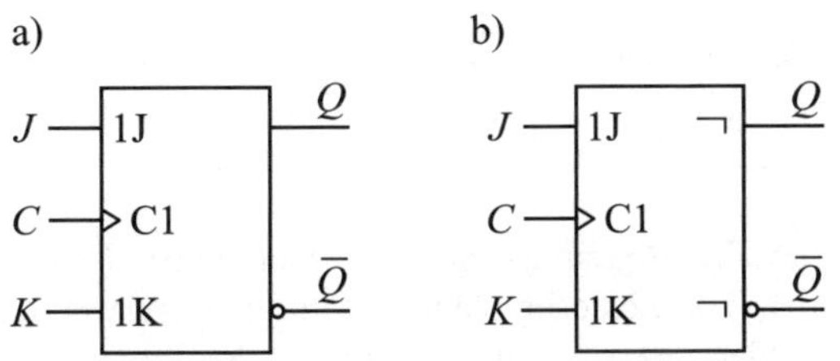

Bild 10.18 Symbol des JK-Flipflops: a) einflankengesteuert; b) zweiflankengesteuert

Ein handelsübliches JK-Flipflop fällt nach dem Einschalten zufällig in einen der beiden möglichen Ausgangszustände. Durch zusätzliche Eingänge kann es außerhalb der Taktung – z. B. nach dem Einschalten – in eine definierte Anfangslage gesetzt werden.

10.3 Kippschaltungen

10.3.1 Komparatoren

Ein Operationsverstärker ohne Rückkopplung arbeitet als **Komparator**. Seine Ausgangsspannung U_A beträgt:

- $U_A = -U_{Amax}$ für $U_P < U_N$;
- $U_A = U_{Amax}$ für $U_P > U_N$.

Die Größen U_{Amax}, U_P und U_N sind in den Bildern 9.10 und 9.11 erläutert.
Im Unterschied zu den bisher erläuterten Digitalschaltungen haben Komparatoren einen analogen Eingang, die Eingangsspannung kann also beliebige Zwischenwerte annehmen; der Ausgang arbeitet jedoch digital, denn die Ausgangsspannung kann nur zwei Werte annehmen.

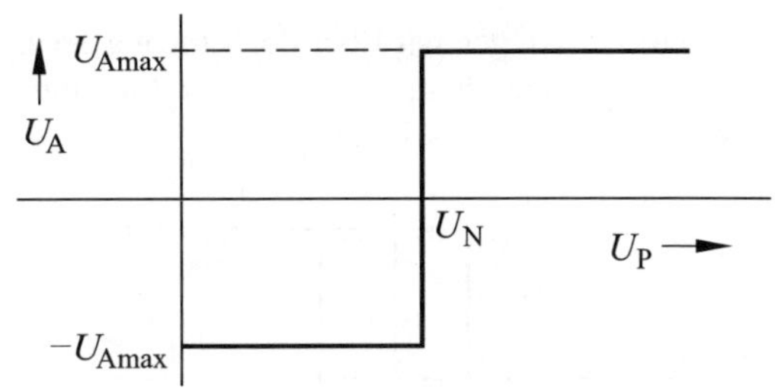

Bild 10.19 Übertragungskennlinie des Komparators

In der Übertragungskennlinie kann die Schaltzeit t_S des Komparators nicht dargestellt werden. Verwendet man einen Operationsverstärker als Komparator, so bestimmt die Slew Rate, die maximale Anstiegszeit der Ausgangsspannung, diese Schaltzeit.

Beispiel 10.9
Ein Operationsverstärker µA 741 mit der Slew Rate SR = 0,5 V/µs wird als Komparator eingesetzt. Wir wollen die Zeit berechnen, in der er von $-U_{Amax} = -12$ V auf $U_{Amax} = 12$ V umschaltet.

Die maximale Anstiegsgeschwindigkeit ist SR = $\Delta U / \Delta t$. Damit berechnen wir:

$$t_S = \Delta t = \Delta U / \mathrm{SR} = 24\ \mathrm{V} / (0{,}5\ \mathrm{V}/\mu\mathrm{s}) = 48\ \mu\mathrm{s}$$

Spezielle Komparatoren sind Operationsverstärker ohne Frequenzgangkorrektur; in CMOS-Technik haben sie Schaltzeiten bis herab zu wenigen Nanosekunden (1 ns = 10^{-9} s).

Eine Sonderbauform des Komparators ist der **Schmitt-Trigger**, bei dem die Einschalt- und die Ausschaltspannung nicht zusammenfallen. Dabei handelt es sich um ein Zweitor mit der Eingangsspannung U_1 und der Ausgangsspannung U_2.

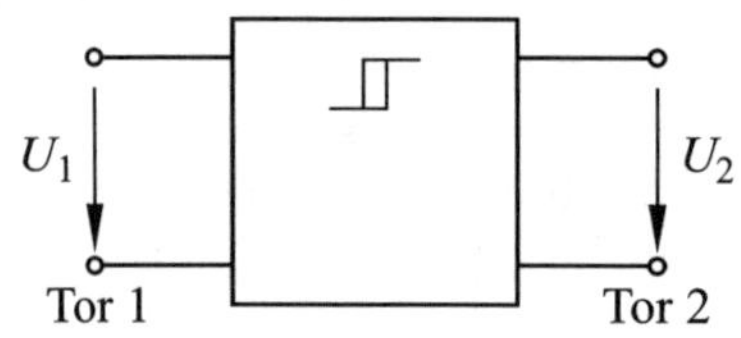

Bild 10.20 Schmitt-Trigger

Der Schmitt-Trigger wird bei der Eingangsspannung U_{1ein} eingeschaltet und bei der Eingangsspannung U_{1aus} ausgeschaltet.

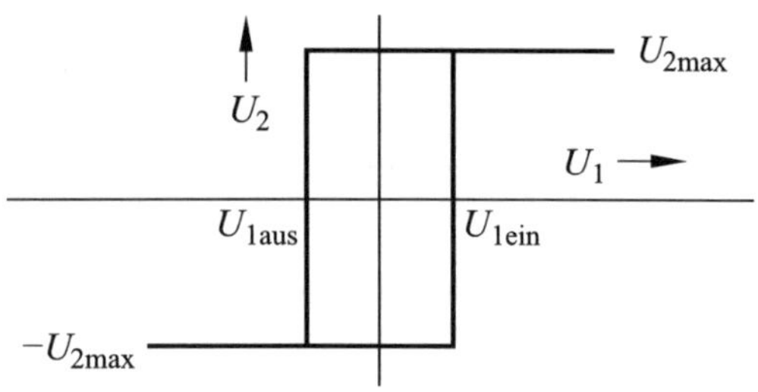

Bild 10.21 Übertragungskennlinie des Schmitt-Triggers

Die Differenz der beiden Spannungswerte U_{1ein} und U_{1aus} nennt man **Schalthysterese** U_H:

$$U_H = U_{1ein} - U_{1aus} \quad (10.5)$$

Es gibt Schmitt-Trigger mit festgelegter und solche mit einstellbarer Schalthysterese.
Mit einem Schmitt-Trigger kann man aus einem beliebigen Spannungsverlauf $u(t)$ eine Rechteckschwingung mit hoher Flankensteilheit erzeugen. Schmitt-Trigger werden deshalb häufig in digitalen Schaltungen eingesetzt, weil sie die für die Gatter erforderliche Flankensteilheit bewirken.

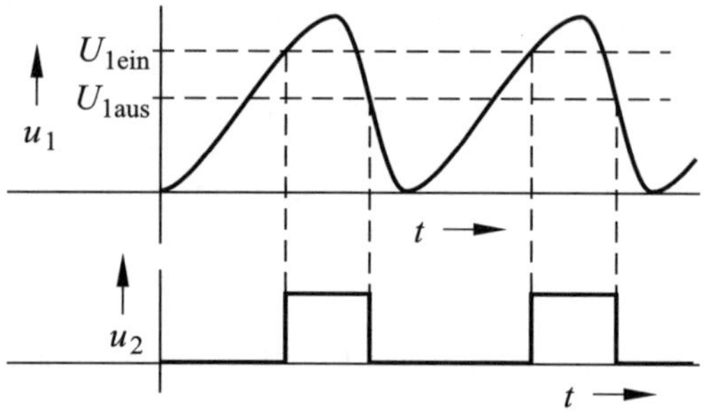

Bild 10.22 Der Schmitt-Trigger erzeugt eine Rechteckschwingung

10.3.2 Monostabile Kippschaltungen

Eine **monostabile Kippschaltung** (kurz: **Monoflop**) reagiert auf eine Taktflanke am Eingang mit einem Impuls der Zeitdauer t_D am Ausgang. Die Ansteuerung kann durch eine positive oder eine negative Flanke des Eingangssignals erfolgen.

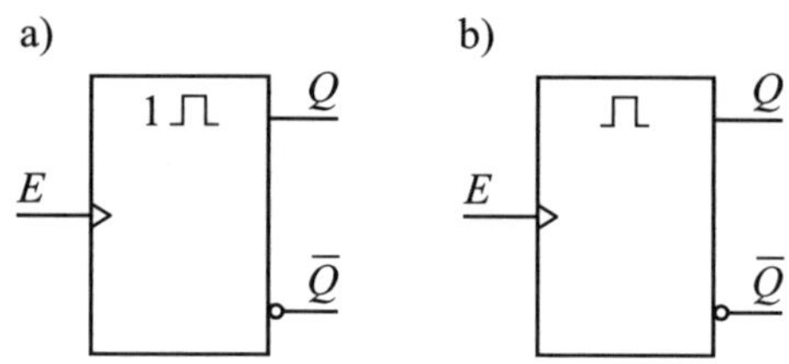

Bild 10.23 Positiv flankengesteuertes Monoflop:
a) nicht nachtriggerbar, b) nachtriggerbar

Die **Verzögerungszeit** *(time delay)* t_D kann durch die Beschaltung mit einem Widerstand R und einem Kondensator C eingestellt werden.

Die Verzögerungszeit des Monoflops könnte z. B. zur Steuerung einer Rolltreppe verwendet werden. Betritt eine Person die Rolltreppe, so wird das Monoflop beim Durchschreiten einer Lichtschranke getriggert und die Rolltreppe läuft an. Nach dem Ablauf der Verzögerungszeit ist die Person am Treppenende angelangt, das Monoflop fällt in seinen Grundzustand zurück und die Rolltreppe wird ausgeschaltet.

Was aber geschieht, wenn während der Verzögerungszeit eine weitere Triggerflanke kommt, weil nach dem Anlaufen der Treppe eine weitere Person die Treppe betritt? Beim normalen, dem **nicht nachtriggerbaren Monoflop** bleibt diese erneute Triggerung wirkungslos und die Rolltreppe wird abgeschaltet, bevor die zweite Person ihr Ziel erreicht hat. Deshalb wird hierbei zweckmäßig ein **nachtriggerbares Monoflop** verwendet, bei dem die Verzögerungszeit durch jede Triggerflanke erneut gestartet wird.

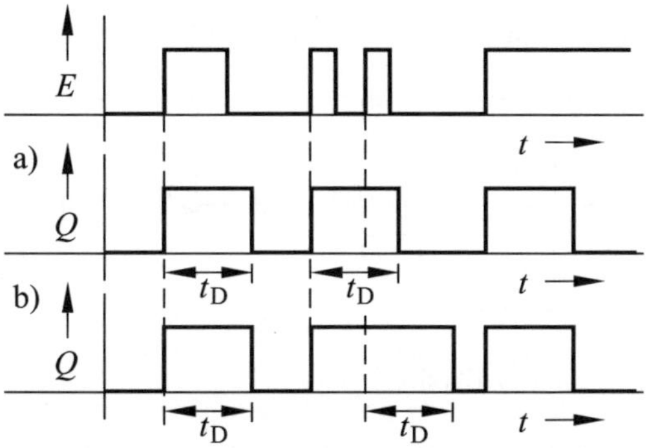

Bild 10.24 Impuls-Zeit-Diagramme von Monoflops: a) nicht nachtriggerbar, b) nachtriggerbar

10.3.3 Digitale Oszillatoren

Zur Erzeugung des Taktes (s. Bild 10.12) von Digitalschaltungen werden Schaltungen verwendet, die zwischen zwei Zustanden „kippen" oder hin- und herschwingen. Eine derartige Schaltung wird als **astabiler Multivibrator** oder auch als **digitaler Oszillator** bezeichnet.

Im Symbol des astabilen Multivibrators deutet das Ausrufungszeichen „!" links vom Buchstaben G, der für Generator steht, auf die Möglichkeit des Startens, das Ausrufungszeichen „!" rechts des Buchstabens G auf die Möglichkeit des Anhaltens des Schwingungszuges durch ein äußeres Steuersignal hin.

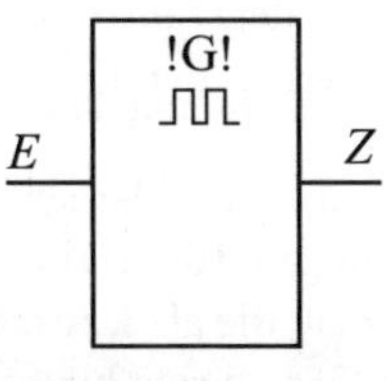

Bild 10.25 Symbol des astabilen Multivibrators

Das Bild 10.26 zeigt eine einfache Schaltung zur Takterzeugung, die aus zwei Monoflops MFA und MFB sowie einem UND-Gatter besteht.

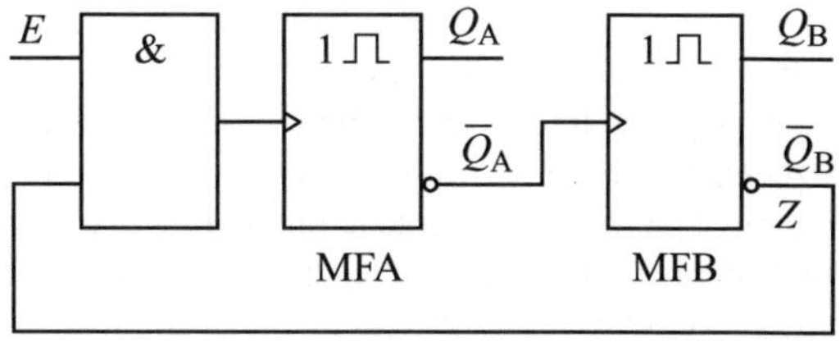

Bild 10.26 Astabiler Multivibrator

Im Ruhezustand der Schaltung ist $E = 0$ und damit $Q_A = 0$; $Q_B = 0$. Nimmt der Eingang den Wert $E = 1$ an, so erscheint am Ausgang des UND-Gatters wegen $\overline{Q}_B = 1$ eine ansteigende Flanke. Diese triggert das Monoflop MFA.

Fällt das Monoflop MFA in seinen stabilen Zustand zurück, so triggert sein Ausgang $\overline{Q}_A$ das Monoflop MFB. Ist dessen Verzögerungszeit abgelaufen, so nimmt sein invertierender Ausgang den Wert $\overline{Q}_B = 1$ an und der Vorgang startet erneut, solange $E = 1$ ist.

Dieser Rechteckgenerator genügt, vor allem hinsichtlich seiner Frequenzkonstanz, nur sehr bescheidenen Ansprüchen. Höhere Anforderungen an das Taktsignal sind nur durch eine aufwändigere Schaltung mit Quarzstabilisierung zu erfüllen.

Ein **Quarz** *(quartz)* für die Schwingungserzeugung ist ein aus einem Quarzkristall mit bestimmter Orientierung zu den Kristallachsen geschnittenes Scheibchen. Zwei seiner Flächen sind wie beim MK-Kondensator mit metallischen Elektroden versehen. Bei einer mechanischen Verformung des Kristalls treten an den Elektroden elektrische Ladungen auf, die eine elektrische Spannung zur Folge haben. Man bezeichnet diese Erscheinung als **piezoelektrischen Effekt** (Pierre CURIE, 1880).

In der Umkehrung des piezoelektrischen Effekts verformt sich der Kristall, wenn an die Elektroden eine elektrische Spannung gelegt wird; dieser Effekt wird z. B. bei Hochtonlautsprechern, bei Tintenstrahldruckern oder bei Kraftfahrzeug-Einspritzpumpen ausgenutzt.

Die mechanische Eigenfrequenz eines Quarzkristalls ist nur in äußerst geringem Maß von der Temperatur oder von Alterungserscheinungen abhängig.
Erregt man den Quarz elektrisch mit einer Schwingfrequenz, die in der Nähe seiner Eigenrequenz liegt, dann „zieht“ der Quarz die erregende Frequenz auf seine hochkonstante Eigenfrequenz. Diese Erscheinung, mit der sich eine Frequenzkonstanz erreichen lässt, wie sie mit elektrischen Bauelementen bei weitem nicht zu erreichen ist, nutzt man aus, um hochkonstante Taktfrequenzen für digitale Schaltungen zu erzeugen.
Schwingquarze lassen sich für Eigenfrequenzen von einigen kHz bis zu einigen 10 MHz, als Oberwellenquarze auch für einige 100 MHz herstellen. Optimal hinsichtlich der technischen Daten und des Preises ist der Frequenzbereich zwischen 1 MHz und 10 MHz.
Ein Quarzoszillator erreicht eine Frequenzstabilität in der Größenordnung $\Delta f/f = 10^{-6} \ldots 10^{-10}$. Weist z. B. eine Uhr mit einem Quarzoszillator die Frequenzstabilität $\Delta f/f = 10^{-8}$ auf, so geht sie im Jahr maximal 3 s vor oder nach.

Im Bild 10.27 ist als Beispiel eine quarzstabilisierte Multivibratorschaltung mit zwei CMOS-Invertern dargestellt. Mit dem einstellbaren Kondensator C_3 kann die Frequenz „gezogen“ werden, d. h. in einem sehr kleinen Bereich in der Umgebung der Resonanzfrequenz des Quarzes eingestellt werden.

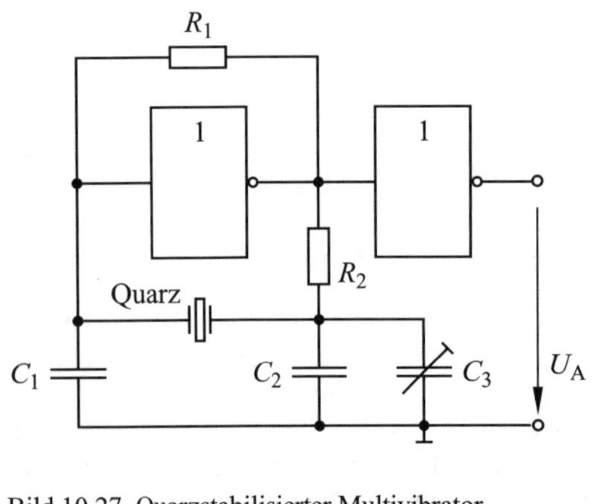

Bild 10.27 Quarzstabilisierter Multivibrator

10.4 Frequenzteiler und Zähler

10.4.1 Frequenzteiler

Sind bei einem JK-Flipflop die beiden Eingänge J und K fest auf 1 gelegt, so kippt das Flipflop einmal mit jeder Taktflanke. Diese Schaltung wird auch **Binärteiler** oder kurz **T-Flipflop** genannt.

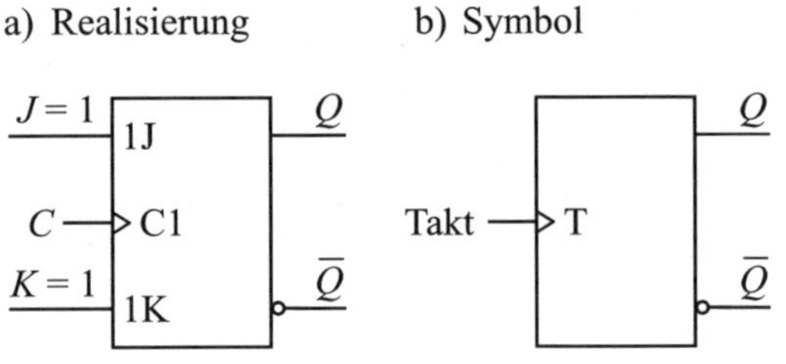

Bild 10.28 T-Flipflop

Mit T-Flipflops lässt sich ein Frequenzteiler aufbauen. Ein einzelnes T-Flipflop teilt den Takt im Verhältnis 1 : 2; zwei T-Flipflops teilen den Takt im Verhältnis 1 : 4 usw. Daraus kann man schließen, dass *n* T-Flipflops den Takt im Verhältnis 1 : 2^n teilen.

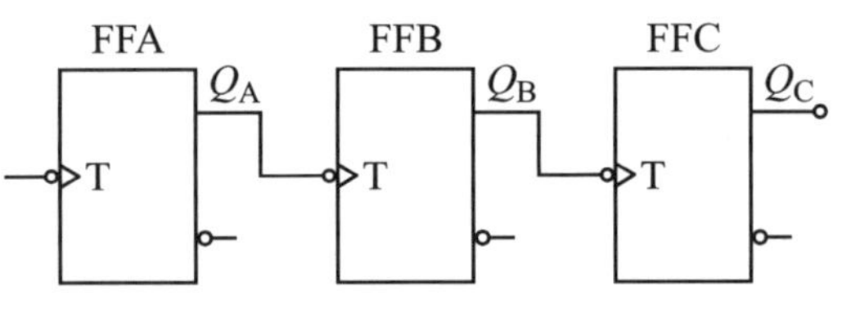

Bild 10.29 Dreistufiger asynchroner Frequenzteiler

Das Bild 10.29 zeigt als Beispiel einen dreistufigen Frequenzteiler, der die Taktfrequenz im Verhältnis 1 : 8 teilt. Wie das Bild 10.30 zeigt, steht am Ausgang Q_A eine Impulsfolge mit halber Taktfrequenz an. Die Impulsfolge am Ausgang Q_B hat ein Viertel der Taktfrequenz und die am Ausgang Q_C ein Achtel der Taktfrequenz.

Zwischen dem Einwirken der schaltenden Flanke auf den Takteingang und dem Kippen des Ausgangs verstreicht eine Zeit, die als **Laufzeitverzögerung** *(propagation time)* t_P bezeichnet wird; sie liegt in der Größenordnung 10 ns.

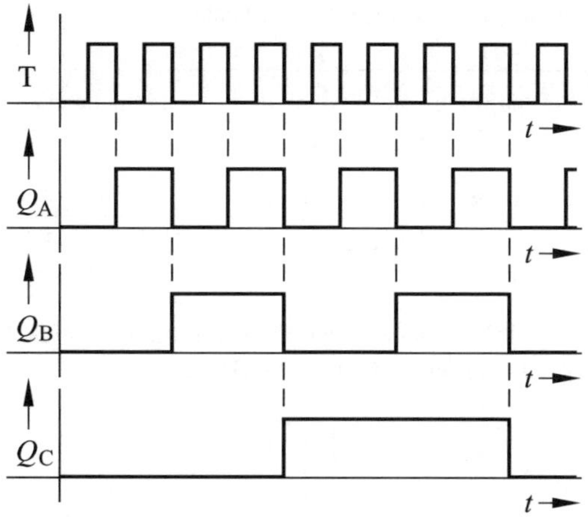

Bild 10.30 Impuls-Zeit-Diagramm des dreistufigen Frequenzteilers

Die Laufzeitverzögerung, die im Bild 10.30 nicht dargestellt ist, summiert sich bei mehreren Stufen des im Bild 10.29 abgebildeten Frequenzteilers und die Einstellzeit ist $t_E = n\ t_P$. Da die Stufen nicht gleichzeitig schalten, spricht man von einem **asynchronen Frequenzteiler**.

Beim **synchronen Frequenzteiler** schalten alle Stufen gleichzeitig und die Einstellzeit ist $t_E = t_P$. Die Schaltung ist allerdings aufwändiger als beim asynchronen Frequenzteiler.

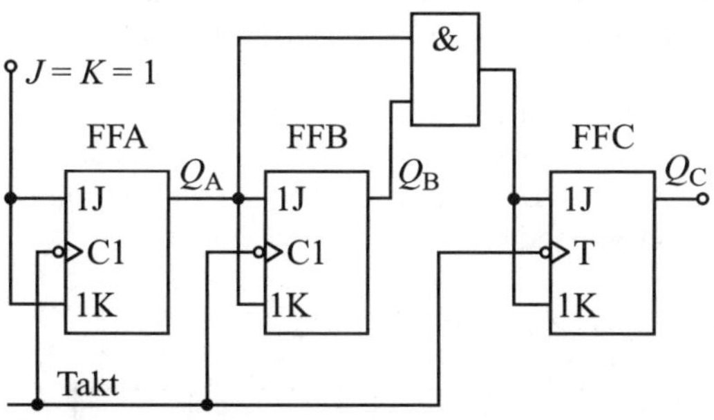

Bild 10.31 Dreistufiger synchroner Frequenzteiler

Bei jedem der drei Flipflops des synchronen Frequenzteilers liegen die Eingänge J und K im gleichen logischen Zustand. Aus der Wahrheitstabelle des JK-Flipflops (Tab. 10.4) ergeben sich damit zwei Möglichkeiten:

- ist unmittelbar vor der fallenden Taktflanke $J = K = 0$, so schaltet das JK-Flipflop nicht;
- ist unmittelbar vor der fallenden Taktflanke $J = K = 1$, so kippt das JK-Flipflop.

Damit ergibt sich:

- Das Flipflop A schaltet mit jeder fallenden Taktflanke, da $J = K = 1$ ist;
- das Flipflop B schaltet mit jeder fallenden Taktflanke, vor der $Q_A = 1$ ist;
- das Flipflop C schaltet mit jeder fallenden Taktflanke, vor der $Q_A \wedge Q_B = 1$ ist.

Lässt man die Laufzeitverzögerungen außer Betracht, so stimmen die Impulsdiagramme des asynchronen und des synchronen Frequenzteilers überein.

Frequenzteiler werden u.a. bei Uhren eingesetzt; so wird z. B. die Oszillatorfrequenz 2^{15} Hz einer Armbanduhr mit einem Teiler $n = 15$ geteilt. Für viele Anwendungen gibt es ICs, z. B. für Radiowecker mit dem Teilerverhältnis 1 : 50, mit dem die Netzfrequenz auf den Sekundentakt herabgesetzt wird. Bei elektronischen Musikinstrumenten wird mit Teilern die jeweilige Tonhöhe festgelegt.

10.4.2 Zähler

Frequenzteiler und Zähler sind eng miteinander verwandt. Auch beim Zähler ist eine Flipflopkette das wesentliche Bauelement. Im Unterschied zum Frequenzteiler werden beim **Zähler** *(counter)* die Ausgangsvariablen der Flipflops zu einer **Dualzahl** zusammengesetzt.

Im dualen Zahlensystem wird eine Zahl aus Zweierpotenzen additiv zusammengesetzt. Jede Ziffer ist entweder eine 0 oder eine 1. So hat z. B. die dreistellige Dualzahl $Z = 101_2$ den Wert:

$$Z = 101_2 = 1 \cdot 2^2 + 0 \cdot 2^1 + 1 \cdot 2^0 = 5_{10} \qquad (10.6)$$

Durch die tiefgestellte 2 oder 10 soll darauf hingewiesen werden, zu welchem Zahlensystem die Zahl gehört. Natürlich ist dieser Zusatz nur dann sinnvoll, wenn eine Verwechslungsgefahr besteht.

Der dreistufige Zähler im Bild 10.29 bzw. 10.31 kann bis maximal $111_2 = 7_{10}$ zählen. Mit den Werten Q_A, Q_B und Q_C der Ausgangsvariablen lässt sich der Zählerstand Z berechnen:

$$Z = Q_C \cdot 2^2 + Q_B \cdot 2^1 + Q_A \cdot 2^0 \qquad (10.7)$$

Soll das maximale Ergebnis eine n-stellige Dualzahl sein, so wird ein Zähler mit n T-Flipflops benötigt. Natürlich muss ein Zähler zu Beginn des Zählvorgangs auf den Wert $Z = 0$ zurückgesetzt werden; dies geschieht durch Anlegen einer 1 an die Rücksetzeingänge R der JK-Flipflops, die im Bild 10.29 bzw. 10.31 nicht dargestellt sind.

Auch bei Zählern gibt es die asynchrone und die synchrone Bauart; bei letzterer ist der Aufwand etwas höher, aber dafür sind synchrone Zähler schneller als asynchrone.
Weitere Zählerarten (z. B. Rückwärtszähler, Dezimalzähler) werden in der Fachliteratur beschrieben.

10.5 Rechenoperationen mit Dualzahlen

10.5.1 Addition

Wir beginnen mit der einfachsten Addition zweier einstelliger Dualzahlen A_1 und B_1. Im Ergebnis ist nicht nur die Summe S_1 enthalten, sondern auch der **Übertrag** *(carry)* C_1 auf die nächste Stelle.

Tabelle 10.5 Wahrheitstabelle des Halbaddierers

A_1	0	1	0	1
B_1	0	0	1	1
S_1	0	1	1	0
C_1	0	0	0	1

Die zugehörige Schaltung wird **Halbaddierer** genannt; sie liefert zwar einen Übertrag für die nächste Stelle, vearbeitet aber kein Übertragsbit von einer vorhergehenden Stelle.

Die Summe S_1 kann man nicht mit einem der Grundgatter erhalten; die zugehörige Verknüpfung wird als **Exklusiv-ODER** bezeichnet. Die Tabelle 10.6 zeigt dieses Gatter.

Tabelle 10.6 Exklusiv-ODER-Gatter

Verknüpfung	Schaltsymbol	Wahrheitstabelle
EXOR	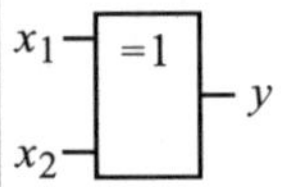	x_1: 0 1 0 1 x_2: 0 0 1 1 y: 0 1 1 0

Der Halbaddierer besteht aus einem Exklusiv-ODER-Gatter und einem UND-Gatter.

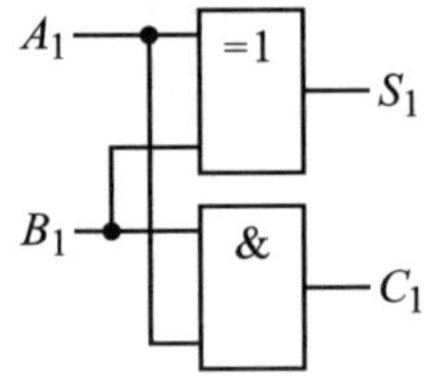

Bild 10.32 Halbaddierer

Beim **Volladdierer** wird zusätzlich der Übertrag C_0 der vorherigen Stelle berücksichtigt; er besteht aus zwei Halbaddierern und einem ODER-Gatter.

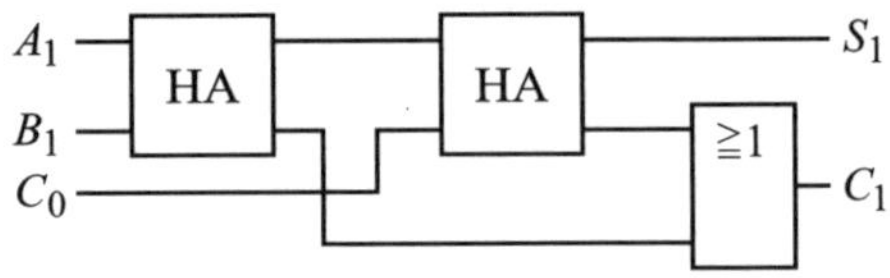

Bild 10.33 Der 1-Bit-Volladdierer besteht aus zwei Halbaddierern HA und einem ODER-Gatter

Für die Addition einer mehrstelligen Dualzahl werden entsprechend viele 1-Bit-Volladdierer kaskadiert. Das Bild 10.34 zeigt als Beispiel einen 4-Bit-Volladdierer.

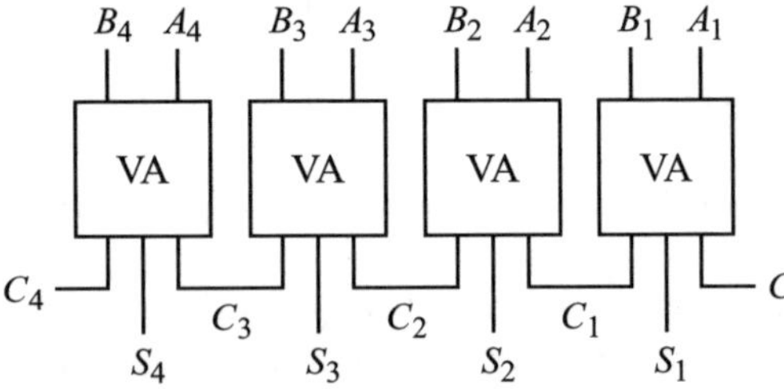

Bild 10.34 4-Bit-Volladdierer als Kaskade mehrerer 1-Bit-Volladdierer VA

10.5.2 Subtraktion

Bei der Subtraktion zweier Dualzahlen wird zunächst von der zu subtrahierenden Zahl das **Komplement** gebildet; dabei wird jede Ziffer negiert und anschließend wird eine 1 addiert. Dann werden beide Zahlen addiert und der Übertrag wird negiert.

Beispiel 10.10

Wir wollen die Rechnung 14 – 3 = 11 mit Dualzahlen durchführen.

$14_{10} = 1110_2$

$3_{10} = 0011_2$ → Ziffern negieren → 1100

1 addieren	1
ergibt Komplement:	1101
14 addieren:	1110
	11011

Übertrag 1 negieren → 0 ; Ergebnis: 1101

10.6 Verarbeitung von Bitmustern

10.6.1 D-Flipflop

Werden bei einem JK-Flipflop der J-Eingang und der negierte K-Eingang zusammengefasst, so können nur die beiden mittleren Zustände der Wahrheitstabelle 10.4 des JK-Flipflops vorkommen. Das so beschaltete Flipflop wird **Verzögerungs-Flipflop** oder kurz **D-Flipflop** (D: *delay*, Verzögerung) genannt.

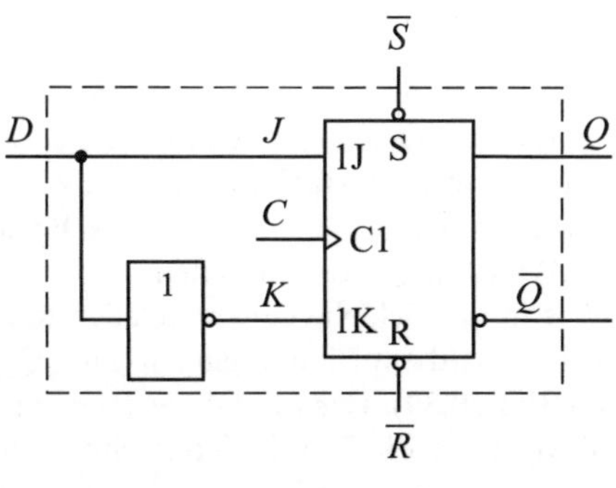

Bild 10.35 D-Flipflop

Das Bild 10.36 zeigt das Symbol und die Wahrheitstabelle des D-Flipflops.

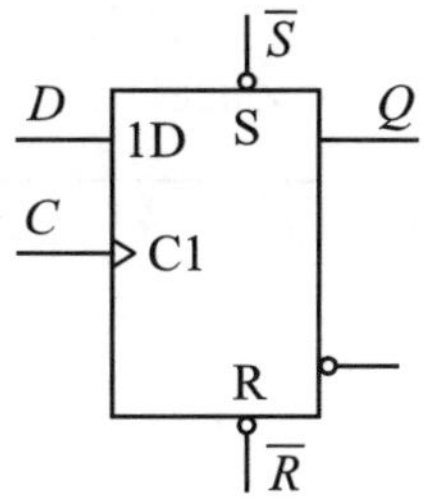

D	1	0
Q_{n+1}	1	0

Bild 10.36 D-Flipflop

Die Wahrheitstabelle des D-Flipflops verblüfft zunächst, denn scheinbar sagt sie mit $Q_{n+1} = D$ nur aus, dass der Ausgangszustand gleich dem Eingangszustand ist, was man auch mit einer einfachen leitenden Verbindung erreichen kann.

Entscheidend ist die zeitliche Reihenfolge: Der (neue) Ausgangszustand Q_{n+1} nach der aktiven Taktflanke ist durch seinen (früheren) Eingangszustand D vor der Taktflanke bestimmt.

10.6.2 Register

Ein **Register** ist ein Zwischenspeicher, der ein Bitmuster so lange speichert, bis es benötigt wird. Jeder Speicher hat drei Grundfunktionen:

- Die Eingabe der Information wird auch **Schreiben** genannt;
- das Speichern der Information;
- die Ausgabe der Information wird auch **Lesen** genannt.

Bei einem **Parallelregister** werden sämtliche Bits gleichzeitig geschrieben bzw. gelesen. Das Bild 10.37 zeigt als Beispiel ein 4-Bit-Register, das als Zwischenspeicher zwischen einem Zähler und der Codierschaltung für eine 7-Segment-Anzeige arbeitet.
Ohne das Register würde die Anzeige jeden Zwischenstand bis zum Endstand anzeigen. Die vier D-Flipflops des Registers erhalten einen Übernahmetakt aber erst dann, wenn der Zählvorgang beendet ist. Der damit auf die Register-Ausgänge übernommene Endstand des Zählers wird vom Register gespeichert und so lange gehalten, bis nach dem Ende des nächsten Zählvorgangs ein neuer Wert übernommen wird.

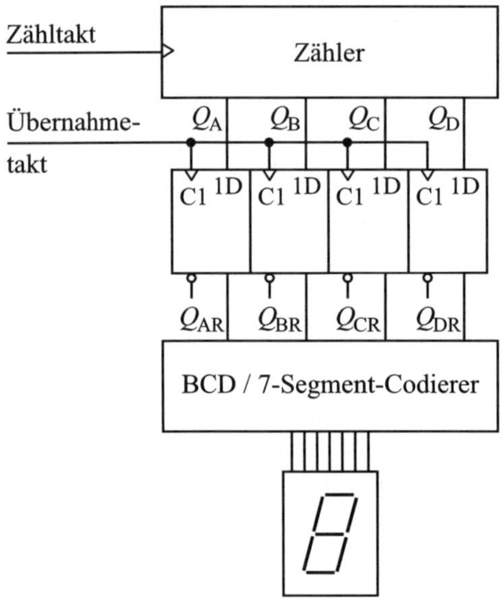

Bild 10.37 Register als Informationsspeicher

Eine Bitgruppe, die gemeinsam verarbeitet wird, nennt man häufig auch **Wort**. Das an den Ausgängen der D-Flipflops anstehende Wort kann zu einem beliebigen Zeitpunkt gelesen werden. Der Vorteil eines Parallelregisters ist der schnelle Zugriff.

Im Gegensatz zum Parallelregister wird beim **Schieberegister** die Information seriell verarbeitet. Das Bild 10.38 zeigt als Beispiel ein 4-Bit-Schieberegister. Mit der ersten Flanke des Taktes wird der Zustand *SE* am Eingang des Flipflops A auf den Ausgang Q_A übernommen. Mit der nächsten Taktflanke übernimmt das Flipflop B die Information vom Flipflop A, und das Flipflop A übernimmt die neue Information am Eingang. Mit jedem Takt wird also die aus mehreren Bits bestehende Information jeweils 1 Bit weitergeschoben.

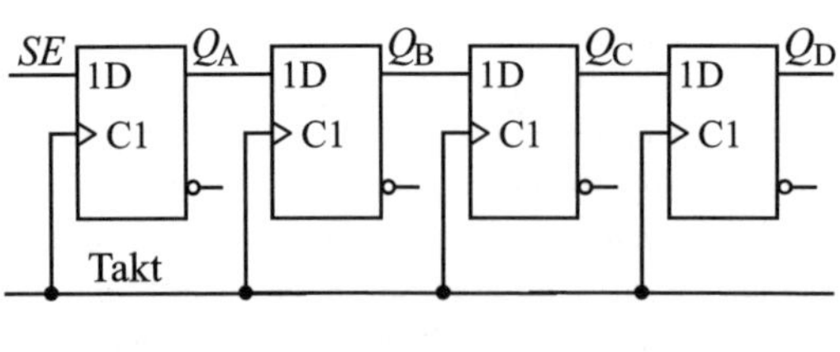

Bild 10.38 4-Bit-Schieberegister

Ist das Bitmuster eine Dualzahl, so wird sie bei jedem Verschieben im Schieberegister durch die Zahl 2 dividiert.
Es gibt auch integrierte Schieberegister, die auf die Betriebsart Rückwärtszählen umgeschaltet werden können; dabei wird eine Dualzahl bei jedem Takt mit der Zahl 2 multipliziert.

Wird der Ausgang des letzten Schieberegister-Flipflops mit dem Eingang des ersten verbunden und werden alle Flipflops anfänglich so geladen, dass nur ein Ausgang auf 1 und alle übrigen auf 0 liegen, so kreist bei einer Taktung der 1-Zustand im Flipflop-Ring. Mit *n* Flipflops lässt sich so ein *n*-stufiger **Ringzähler** bilden.

10.6.3 Datenübertragung

In Computern und digitalen Steuerschaltungen werden die zu einem Bitmuster, dem Wort, gehörenden Bits mit einem Takt gleichzeitig verarbeitet und übertragen. Der Vorteil der Parallelverarbeitung ist die hohe Arbeitsgeschwindigkeit, denn schon nach einem Takt ist der Rechenschritt abgeschlossen. Der Nachteil ist, dass alle Verarbeitungsschaltungen und Übertragungsleitungen für ein *n*-Bit-Wort *n*-fach vorhanden sein müssen.
Ein weiterer Nachteil der Parallelverarbeitung ist der geringe maximale Abstand, den Sender und Empfänger der Information haben dürfen. Werden Rechteckimpulse über zu lange Leitungen übertragen, so werden sie so stark verzerrt, dass eine weitere Verarbeitung nicht möglich ist.

Bei größerer Entfernung geht man, auch um den Aufwand für die Datenübertragung niedrig zu halten, auf eine serielle Arbeitsweise über. Zunächst wird mit dem Schieberegister SR1 eine **Parallel-Serien-Wandlung** vorgenommen; dabei wird ein Wort in das Schieberegister geladen und mit jedem Takt wird ein Bit auf den Ausgang Q_H gegeben (Bild 10.39). Der **Mo**dulator-**Dem**odulator MODEM1 setzt die Bits in Sinusschwingungen um, die eine bestimmte Zeit lang anstehen und über die Leitung übertragen werden. Der **Mo**dulator-**Dem**odulator MODEM2 wandelt diese Sinusschwingungen wieder in rechteckförmige Bitmuster um.

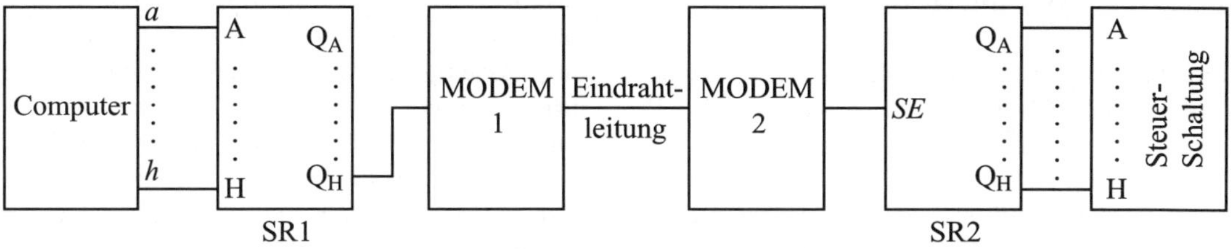

Bild 10.39 Datenübertragung über eine Eindrahtleitung, bestehend aus einer Signalleiteung und Masse

Eine genormte serielle Schnittstelle ist z. B. die mit **RS-232** bezeichnete Schnittstelle, die auch **V-24-Schnittstelle** genannt wird; bei ihr werden das 1-Signal und das 0-Signal mit unterschiedlichen Frequenzen übertragen (s. Kap. 17). Außer den Datenleitungen für Hin- und Rückübertragung sowie einer Masseleitung sind 5 Leitungen für die Steuerbefehle vorgesehen, die an einen 9-poligen Stecker angeschlossen werden; in Sonderfällen kommt man mit einem 4-poligen Stecker aus.
Die Entfernung kann max. 20 m betragen; dabei können bis zu 9600 bit/s übertragen werden.

Wesentlich moderner ist die **RS-485- Schnittstelle**, welche die physikalische Schicht des ISO-7-Schichtenmodells darstellt. Je nach Art der Leitung gibt es hierfür geeignete Leitungstreiber und -empfänger.

10.6.4 Speicher

Das Speichern größerer Datenmengen, die sich nicht mehr in Registern unterbringen lassen, erfordert außer dem Aufbau auch eine geeignete Organisation des Speichers. An den Adresseingängen wird die Adresse des betreffenden Datenwortes festgelegt, und an den Datenein-/ausgängen werden die Daten ein- bzw. ausgelesen. Zusätzlich hat jeder Speicherbaustein Steuerleitungen, mit denen die Betriebsweise eingestellt wird.

Beim **Nur-Lese-Speicher** *(read only memory,* **ROM***)* kann man die Information beliebig oft auslesen; sie ist nicht flüchtig, d.h. sie bleibt auch nach dem Abschalten der Betriebsspannung erhalten. Das „normale“ ROM wird bei seiner Herstellung programmiert; sein Speicherinhalt kann nachträglich nicht mehr geändert werden.

Es gibt aber auch **programmierbare ROMs** *(programmable ROM,* PROM*)*, in welche die Information mehrfach erneut eingeschrieben werden kann. Dabei gibt es zwei unterschiedliche Vorgehensweisen:

- Ein **EPROM** *(erasable programmable ROM)* wird in einem Programmiergerät mit UV-Licht gelöscht und anschließend wiederprogrammiert;
- Ein **EEPROM** *(electrically erasable programmable ROM)* braucht zum Löschen und Wiederbeschreiben nicht aus dem Gerät herausgenommen zu werden, in das es eingebaut ist.

EEPROMs werden z. B. in Chipkarten eingesetzt; die Speicherkapazität liegt dabei in der Größenordnung 10 kbit und die Daten bleiben etwa 10 Jahre lang erhalten.

Bei einem **Speicher mit beliebigem Zugriff** *(random access memory,* **RAM***)* kann die Information beliebig oft geschrieben oder gelesen werden. Dabei gibt es zwei Bauarten:

- Beim dynamischen RAM (DRAM) müssen die Ladungen von Kondensatoren jeweils nach einigen ms „aufgefrischt“ werden, wofür Energie benötigt wird;
- Der konstruktive Aufwand des statischen RAM (SRAM) ist höher als der des dynamischen, denn es werden je Bit mehr CMOS-Stufen benötigt; dafür entfällt die Leistungsaufnahme für das Auffrischen der Kondensatoren.

Beim Abschalten der Versorgungsspannung verliert ein RAM seinen Inhalt. Zur Pufferung kann man bei SRAMs eine Batterie verwenden. Bei CMOS-SRAMs kann die Spannung im standby-Betrieb auf 2 V abgesenkt werden.

10.6.5 Codierschaltungen

Ein aus n Bit bestehendes Bitmuster kann 2^n unterschiedliche Muster bilden; so lassen sich z.B. mit einem 4-Bit-Wort insgesamt 16 Zustände darstellen. Eine Dezimalziffer kann also in einem 4-Bit-Wort verschlüsselt werden. Dabei werden 6 der 16 zur Verfügung stehenden Muster nicht ausgenutzt.
Ein Code für die Verschlüsselung einer Dezimalzahl wird **BCD-Code** *(**b**inary **c**oded **d**ecimal)* genannt. Da man die 6 nicht ausgenutzten Muster beliebig zuordnen kann, gibt es viele Möglichkeiten für BCD-Codes, von denen einige in der Technik verwendet werden.

Der einfachste BCD-Code ist in der Tab. 10.7 dargestellt; er wird **direkter BCD-Code** oder auch **8-4-2-1-Code** genannt.

Tab. 10.7 Direkter BCD-Code

dezimal	BCD-Code	dezimal	BCD-Code
0	0 0 0 0	5	0 1 0 1
1	0 0 0 1	6	0 1 1 0
2	0 0 1 0	7	0 1 1 1
3	0 0 1 1	8	1 0 0 0
4	0 1 0 0	9	1 0 0 1

Verschlüsselungsnetzwerke, bei denen eine von n Eingangsleitungen ein Signal führt und die ein dem Zahlenwert entsprechendes Bitmuster ausgeben, nennt man **Codierer** *(encoder)*. Schaltungen, welche die umgekehrte Wandlung vornehmen, werden **Dekodierer** *(decoder)* genannt.

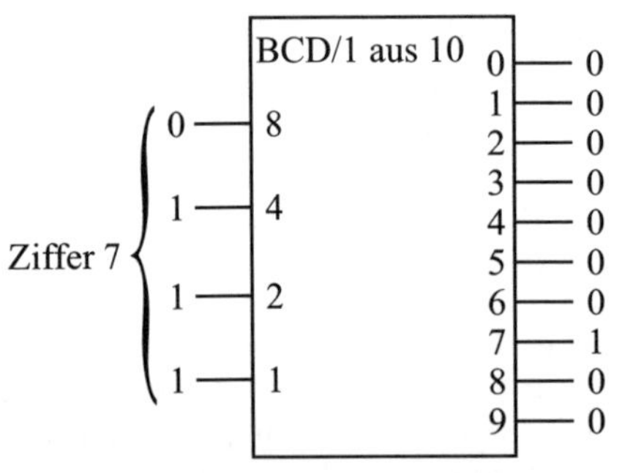

Bild 10.40 Symbol des BCD/1 aus 10-Decodierers

Das Bild 10.40 zeigt als Beispiel das Symbol eines BCD / 1 aus 10-Decodierers; dabei sind eingangsseitig die Wertigkeiten der Kanäle und ausgangsseitig die den Leitungen entsprechenden Dezimalziffern angegeben. Für die auf das Netzwerk gegebene Ziffer 7 sind die binären Zustände der Eingangs- und Ausgangsleitungen eingetragen.

Für einen Aufbau der Schaltung 10.40 würde man z. B. 8 Inverter und 10 UND-Gatter benötigen. Codierer und Decodierer werden daher häufig als **integrierte Schaltung** *(integrated circuit,* IC*)* gefertigt.
Um die vom Anzeigeelement geforderte Leistung aufzubringen, müssen den Ausgängen der Decodierer noch Verstärkungstransistoren, sog. **Treiberstufen**, nachgeschaltet werden. Bei vielen Decodierern sind diese Leistungstreiber bereits in die Schaltung integriert.

Zur optischen Ausgabe von Zahlen wird häufig die 7-Segment-Anzeige verwendet. Derartige Anzeigen gibt es sowohl mit **Lumineszenzdioden** *(light emitting diode,* LED*)* als auch mit **Flüssigkristallelementen** *(liquid crystal display,* LCD*)*. Während LCDs nicht selbst leuchten, können die selbstleuchtenden LEDs auch bei ungünstigen Lichtverhältnissen eingesetzt werden. LCDs sind wegen ihrer geringen Leistung für batteriebetriebene Geräte zweckmäßig.
Das Bild 10.41 zeigt als Beispiel das Symbol eines BCD /7-Segment-Decodierers. Für die Ziffer 7 sind die binären Zustände der Eingangs- und Ausgangsleitungen eingetragen.

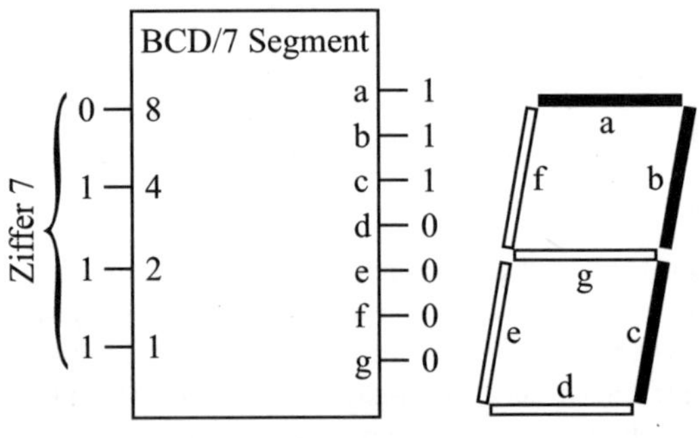

Bild 10.41 Symbol des BCD/7-Segment-Dekodierers und 7-Segment-Anzeige

10.7 Integrierte Schaltungen

10.7.1 Logikfamilien

Das Zusammenschalten unterschiedlicher Gatter und Schaltkreise ist problemlos, wenn die einzelnen Schaltkreise in gleicher Technologie und mit gleichen Anschlussstift-Abmessungen gefertigt sind, gleiche Versorgungsspannungen haben und mit gleichen Logikpegeln arbeiten. Alle so zusammengehörenden Schaltkreise bilden eine **Logikfamilie**.

Die wichtigsten Kenngrößen einer logischen Schaltung sind:

- die Versorgungsspannung bzw. ihr Bereich;
- die **Logikpegel** – hierunter versteht man einerseits die Spannungsbereiche, die an den Schaltungsausgängen auftreten können und andererseits die Spannungsbereiche, in denen ein Schaltungseingang die beiden Logikzustände sicher erkennt;
- der **Störabstand** – hierunter versteht man die größte Störamplitude, bei deren Überlagerung auf das Signal ein Eingang noch einwandfrei den Logikzustand erkennt;
- die **Laufzeitverzögerung** – hierunter versteht man die Durchlaufzeit des Signals durch die logische Schaltung;
- die Leistungsaufnahme.

Die Laufzeitverzögerung bestimmt die höchste Taktfrequenz der Schaltung.
Der Störabstand wird in den Datenblättern für den normalen Betriebsfall und für den **ungünstigsten Betriebsfall** *(worst case)* angegeben.

Sämtliche möglichen Ausgangsspannungen der Schaltkreise einer Logikfamilie liegen in zwei Bereichen, die sich nicht überdecken dürfen; sie werden von den Bereichen überdeckt, in denen die nachfolgenden Eingänge die Logikzustände sicher erkennen.

Im Bild 10.42 sind die Pegel **HIGH** und **LOW** ausgeschrieben; sie werden im Allgemeinen mit ihren Anfangsbuchstaben **H** und **L** angegeben.

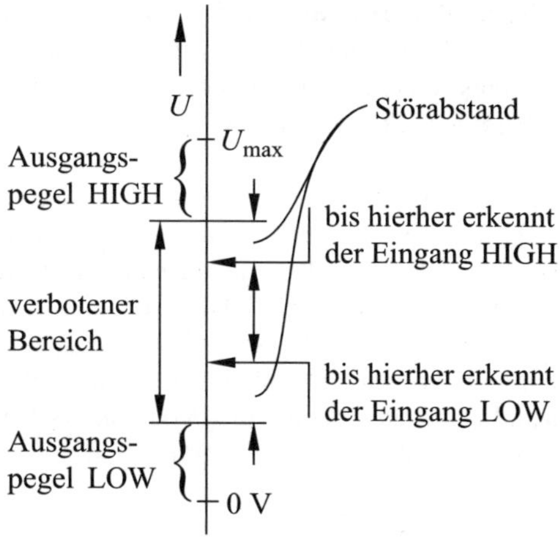

Bild 10.42 Logikpegel

Zwischen den beiden Pegeln L und H liegt ein Übergangsbereich, der **verbotener Bereich** genannt wird; er muss beim Umschalten mit einer vorgegebenen Mindestgeschwindigkeit durchlaufen werden.

Der Hersteller beschreibt das Verhalten der Schaltung mit der **Arbeitstabelle**, in der die Logikpegel anstelle der tatsächlichen Spannungsbereiche angegeben sind. Die Tab. 10.8 zeigt als Beispiel die Arbeitstabelle eines Grundgatters mit den Eingangssignalen x_1 und x_2 und dem Ausgangssignal y.

Welchem der beiden Logikpegel der Logikzustand 1 zugeordnet wird, liegt im Ermessen des Anwenders.

Tabelle 10.8 Arbeits- und Wahrheitstabelle

Arbeitstabelle	x_1	L	H	L	H
	x_2	L	L	H	H
	y	H	H	H	L
Wahrheitstabelle Positivlogik	x_1	0	1	0	1
	x_2	0	0	1	1
	y	1	0	0	0
Wahrheitstabelle Negativlogik	x_1	1	0	1	0
	x_2	1	1	0	0
	y	0	0	0	1

Die **Normalzuordnung** mit H = 1 und L = 0 wird **Positivlogik** genannt. Möglich ist aber auch die entgegengesetzte Zuordnung H = 0 und L = 1, die als **Negativlogik** bezeichnet wird.
Damit ergeben sich für eine Arbeitstabelle zwei Wahrheitstabellen, welche die logische Funktion der Schaltung beschreiben. So arbeitet z. B. die in der Tab. 10.8 angegebene Schaltung in der Positivlogik als NAND-Gatter und in der Negativlogik als NOR-Gatter. Die Angabe des Schaltungstyps im Datenblatt bezieht sich auf die Normalzuordnung, bei der die in der Tab. 10.8 angegebene Schaltung als NAND-Gatter arbeitet.

10.7.2 TTL-Technik

Die TTL-Schaltungen mit Bipolartransistoren kamen nach 1960 auf den Markt; es wurden viele Schaltkreisarten und unterschiedliche Technologievarianten entwickelt. So enthielt z.B. der Baustein 7400 vier NAND-Gatter; der Chip mit den Abmessungen 7,5 * 20 mm hatte 14 Anschlussstifte.

Umfangreiche Logikschaltungen werden auf Leiterplatten aufgebaut.
Eine **Leiterplatte** *(printed circuit board,* PCB*)* besteht aus einer Kunststoffplatine, auf die dünne Kupferfolien aufgeklebt sind. Das nichtbenötigte Kupfer wird entfernt, z. B. weggeätzt, so dass nur die Leiterbahnen übrigbleiben, welche die Verbindungen zwischen den einzelnen Anschlusspunkten herstellen.

Die Entwicklung kreuzungsfreier Leiterbahnenführung bezeichnet man als **Leiterbahnentflechtung**; sie wird im Allgemeinen mit PC-Unterstützung durchgeführt.

In die fertige Platine werden Löcher gebohrt, durch welche die Bauteile gesteckt werden; diese Bestückung wird manuell oder bei großen Stückzahlen auch mit Automaten durchgeführt. Die Leiterbahnen werden mit einer Folie abgedeckt, so dass nur die **Lötaugen** *(pad)* frei bleiben, und die Platine wird dann durch ein Lötbad gezogen; dabei wird zwischen den Leiterbahnen und den Bauteilen je eine elektrisch leitende Verbindung hergestellt.

Eine Verbesserung der Herstellung und eine Miniaturisierung erfolgte ab 1980 durch die **oberflächenmontierten Bauelemente** *(surface mounted device,* SMD*)*; hierbei werden die Leiterbahnen mit einer leitfähigen Paste auf die Platine geklebt, auf welche die Bauelemente direkt aufgesetzt werden. Anschließend werden die Klebebahnen im Reflow-Ofen aufgeschmolzen und gesichert. Bei dieser Technologie müssen nur noch Löcher für die **Durchkontaktierungen** *(via)* gebohrt werden, welche die elektrischen Verbindungen zwischen zwei Leiterplattenseiten herstellen.

Empfindliche Bauteile werden erst nach dem Löten in Sockel gesteckt, die auf die Platine gelötet sind.
Die Platinengröße ist durch die Schaltungsgröße bestimmt. Standardisierte Abmessungen haben die Europakarte (160 mm * 100 mm) und die Doppel-Europakarte (233 mm * 160 mm). Größere Schaltungen werden auf mehrere Platinen verteilt.

Bild 10.43 Leiterplatte (verkleinert)

10.7.3 Aufbau integrierter Schaltungen

Werden gleiche elektronische Schaltungen in größerer Stückzahl gebraucht, so ist die Fertigung der Schaltung aus einzelnen Bauelemente wie Widerständen, Kondensatoren und Transistoren unwirtschaftlich; entsprechendes gilt für den Aufbau einer Schaltung mit TTL-Bausteinen.
Die vielen Lötstellen setzen außerdem die Funktionssicherheit der Schaltung herab; im Schwallbad gelötete Platinen können fehlerbehaftet sein.

Integrierte Schaltungen werden auf der Oberfläche der Siliziumscheiben (s. Abschn. 7.4.2) gefertigt; man bezeichnet die Scheibe als ***wafer*** und das Verfahren als **Planartechnik**. Die einzelnen Bereiche werden dabei unterschiedlich dotiert. Danach wird der *wafer* in die kleinen Siliziumplättchen zerteilt, die **Chips** genannt werden und von denen jedes eine vollständige integrierte Schaltung trägt. An den Rändern der Chips werden schließlich Anschlussdrähte aufgeschweißt, durch welche die Chipanschlüsse mit den Gehäusekontakten verbunden werden.

10.7.4 CMOS-Technik

Fast alle Digitalschaltungen werden zur Zeit in CMOS-Technik gefertigt. Durch eine Verringerung der Transistorenabmessungen ist es möglich, die Taktfrequenz zu erhöhen; zur Zeit (2003) beträgt die maximale Taktfrequenz 2,5 GHz. Ein Ende dieser Entwicklung, bei der die Taktfrequenz alle 4 Jahre verdreifacht wird, ist noch nicht abzusehen.

Ein Problem ist die Empfindlichkeit der Gate-Elektroden für die **elektrostatische Entladung** *(electrostatic discharge,* **ESD***)*.
Werden zwei Oberflächen von Gegenständen aus verschiedenen Materialien zur Berührung gebracht, so entsteht infolge der unterschiedlichen Austrittarbeit (s. Kap. 7.3) eine Spannung im mV-Bereich. Werden diese Gegenstände anschließend voneinander entfernt, so bleiben die Ladung Q sowie die elektrische Feldstärke E konstant und die Spannung steigt mit zunehmender Entfernung.
Da die intensive Berührung oft mit einer Reibung verbunden ist, spricht man auch von **Reibungselektrizität**.

Damit die beschriebene Gefährdung nicht entsteht, muss dafür gesorgt werden, dass die Ladungen rechtzeitig abfließen. Dazu erhalten alle Gegenstände in der Umgebung eines MOSFET-Arbeitsplatzes eine geeignete elektrische Leitfähigkeit. Hierzu gibt es umfangreiche Normen, z. B. DIN IEC 1340. Manche Werkzeuge werden geerdet, und die Ladungen müssen von Bürostühlen über eine leitfähige Polsterung zum ebenfalls leitfähigen Fußboden abfließen können.

10.7.5 Programmierbare Logik-Bauelemente

Bei den hochintegrierten digitalen ICs, die auch als **anwenderspezifische Schaltkreise** *(application specific integrated circuit,* ASIC*)* bezeichnet werden, unterscheidet man zwei Gruppen:

- Die **Kunden-Schaltkreise** *(fullcustom ICs)* benötigen eine lange Entwicklungsdauer und sind erst ab hohen Stückzahlen (ca. 10^5) wirtschaftlich; sie sind für bestimmte Anwendungen konzipiert und werden z. B. in der Unterhaltungs-Elektronik und in Kraftfahrzeugen eingesetzt.
- Die sog. ***semicustom ICs*** sind Schaltkreise, mit denen ein Anwender seine jeweiligen Probleme lösen kann; mit dieser Art von ICs wollen wir uns im Folgenden ausschließlich befassen.

Man bezeichnet die semicustom ICs auch als **programmierbare Logik-Bauelemente** *(programmable logic device,* **PLD***)*. Zwar unterscheidet man in der Fachliteratur mehrere Gruppen z. B. hinsichtlich der Struktur der Schaltungen, aber sie sind alle programmierbar und ersetzen mehr oder weniger viele Einzelbauelemente. Dies bringt folgende Vorteile mit sich:

- vielfach ist ein PLD billiger als die Summe der sonst benötigten Bauelemente;
- man kommt mit kleineren Leiterplatten aus und spart dadurch Platz und Geld;
- die Leitungsverbindungen zwischen den Bauelementen entfallen und damit auch die Lötpunkte, was die Funktionssicherheit erhöht;
- man kann das Design im Allgemeinen durch Umprogrammieren des PLD ändern.

Die Anzahl der Gatter pro Chip hat in den letzten Jahren stark zugenommen; dies führte schließlich zur Bezeichnung „umfangreiche PLDs“ *(complex PLD,* **CPLD***)*.

Immer mehr Hersteller fertigen zunehmend unterschiedliche Schaltungsarten bzw. -typen und ein Überblick wird immer schwieriger. Wir wollen im Folgenden nur zwei Gruppen von PLDs beispielhaft beschreiben. Wer sich mit dem Design einer PLD-Schaltung befassen will, benötigt vor allem umfangreiche Angaben des jeweiligen Herstellers.

Eine wichtige Gruppe der PLDs hat die Abkürzung **PAL** *(**p**rogrammable **a**rray **l**ogic)*. In der einfachsten Ausführung haben sie ein programmierbares UND-Feld und ein fest verdrahtetes ODER-Feld.

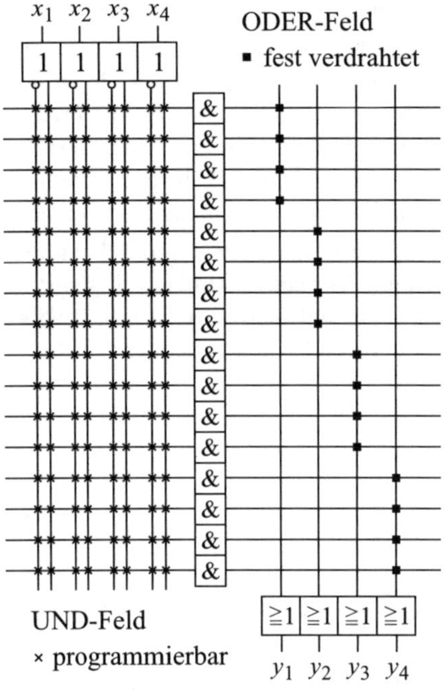

Bild 10.44 Prinzipieller Aufbau eines PALs

Für die Entwicklung der Schaltung gibt es PC-Programme, von denen man einfache Versionen auch als kostenlose *freeware* erhalten kann. Die Eingabe der Schaltung ist in unterschiedlicher Form möglich, z. B. als Schaltplan oder als Wahrheitstabelle. Nach der Umsetzung der Schaltung wird ein Daten-File in ein Programmiergerät „geladen" (sog. *download*), welches die Daten an das PAL übergibt.

Moderne PALs können über eine Schnittstelle direkt an den PC angeschlossen werden und es ist kein Programmiergerät erforderlich. Da sich diese PALs wieder löschen lassen, kann das Programm mehrfach geändert werden.

Mit einem **FPGA** *(field programmable gate array)* kann man umfangreiche digitale Schaltungen entwickeln. Ein FPGA enthält Logikblöcke (*logic cell*, LC – Bild 10.45), die über Leitungen mit einander verbunden sind. An jedem Kreuzungspunkt befindet sich eine Schaltmatrix (*switch matrix*, SM – Bild 10.45). Jeder Anschlusspin ist über ein *input/output cell* I/O mit der Schaltung verbunden.

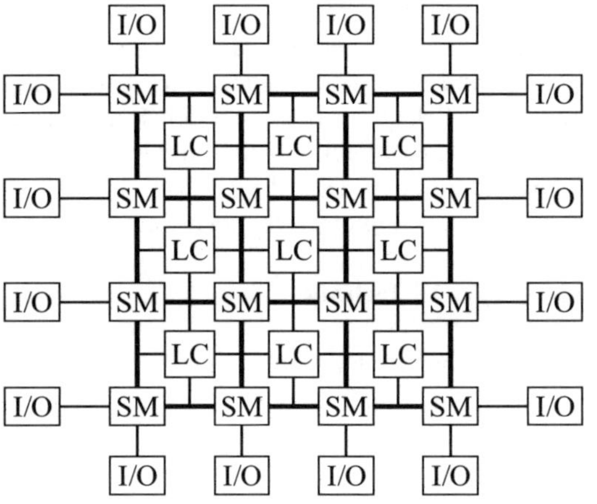

Bild 10.45 Prinzipieller Aufbau eines FPGAs

Die Entwicklung der Hard- und Software wurde von der Firma XILINX vorgenommen, die auch heute noch Marktführer auf diesem Sektor ist. Sie bietet eine breite Palette von ICs an, vom einfachen *low-cost*-System bis zu aufwändigen Strukturen mit über 10^5 Gattern.

Außer der im Bild 10.45 gezeigten Struktur sind auch noch lange Leitungen verfügbar, mit denen z. B. ein **Bussystem**, d. h. eine Gruppe von zusammengehörigen Datenleitungen, durch das FPGA gezogen werden kann, ohne dass die Signale Verzögerungen erfahren.

Die zu bearbeitende Schaltung wird mit einer Software bearbeitet, die auch Prüfungen vornimmt und eine Simulation ermöglicht. Anschließend folgt der *download* in das FPGA.

Sämtliche Daten der Struktur der LC-Blöcke, der SM-Blöcke und der I/O-Blöcke werden in einem RAM gespeichert. Dies hat den Vorteil, dass das FPGA beliebig oft neu programmiert werden kann.

Da das RAM beim Ausschalten des Geräts seine Informationen verliert, muss es entweder mit einer Batterie gepuffert werden oder es muss die im FPGA benötigte Information in einem EPROM abgelegt werden, welches beim Einschalten die Daten an das FPGA übergibt.

11 Elektrochemie

11.1 Elektrischer Strom in Flüssigkeiten

11.1.1 Chemische Wirkung des Stromes

Das Bild 11.1 zeigt eine einfache Anordnung, bei der zwei elektrisch leitende Metall- oder Graphitplatten in ein Gefäß tauchen, das zunächst mit destilliertem Wasser gefüllt ist. Die Platten, die an einen nichtmetallischen Stoff grenzen, werden **Elektroden** genannt. Man bezeichnet die Platte, an der der Strom in die Anordnung hineinfließt, als **Anode**; die andere Platte, an welcher der Strom aus der Anordnung herausfließt, heißt **Kathode**.

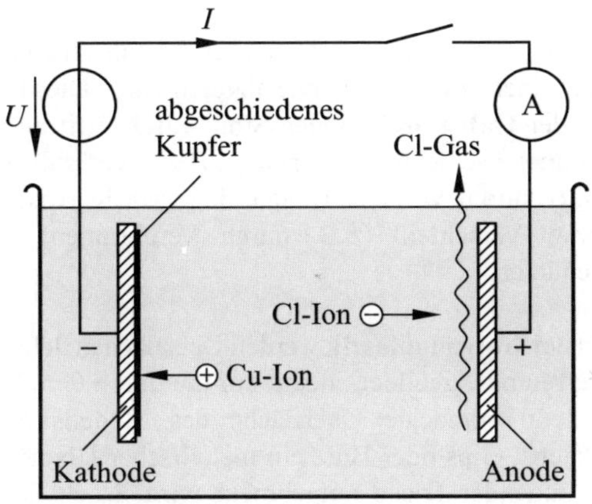

Bild 11.1 Strom fließt durch eine Flüssigkeit

Wird an die Elektroden eine Gleichspannung gelegt, so ist die Stromstärke nur sehr klein, denn destilliertes Wasser ist ein schlechter Leiter (s. Tab. 1.3).

Wenn wir nun in das Wasser etwas Kupferchlorid $CuCl_2$ einbringen und dieses gleichmäßig verteilen, dann fließt ein wesentlich größerer Strom als durch das destillierte Wasser; außerdem werden an der Anode Gasbläschen abgeschieden.

Wenn der Schalter geöffnet und damit der Strom unterbrochen wird, dann hört die Entwicklung der Gasbläschen auf. Diese Erscheinung ist offensichtlich auf den elektrischen Strom zurückzuführen, der also auch eine chemische Wirkung hat.

11.1.2 Dissoziation

Destilliertes Wasser ist ein sehr schlechter Leiter, aber es wird durch die Zugabe eines Salzes (hier: $CuCl_2$) zu einem guten elektrischen Leiter. Auch wässrige Lösungen von Säuren und Basen erhöhen die Leitfähigkeit von destilliertem Wasser; solche Flüssigkeiten werden **Elektrolyte** genannt.

Wird das Salz $CuCl_2$ in das Wasser gebracht, so werden seine Kristalle in Kupfer- und Chlor-Ionen „zerlegt"; man bezeichnet diesen Vorgang als **Dissoziation** *(dissociation).*
Die Bestandteile von $CuCl_2$ befinden sich aber nicht als elektrisch neutrale Atome im Wasser, sie sind vielmehr elektrisch geladen, denn jedes Cl-Atom übernimmt ein Elektron vom Cu-Atom:

$$CuCl_2 \rightarrow Cu^{2+} + 2Cl^- \qquad (11.1)$$

Die geladenen Atome bewegen sich unter dem Einfluss des elektrischen Feldes $\vec{E}$ im Elektrolyten, sie werden daher **Ionen** (griech.: die Wandernden) genannt.

Die negativ geladenen Cl-Ionen werden von den Ladungen der positiven Platte angezogen, sie wandern zu dieser Elektrode und geben dort ihre Ladung ab. Aus den dabei entstehenden Chloratomen bildet sich giftiges Chlorgas, das an der Anode nach oben steigt.
Die positiv geladenen Cu-Ionen werden von den Ladungen der negativen Platte, der Kathode, angezogen; sie wandern zu dieser Elektrode, geben dort ihre Ladung ab und lagern sich als reines Cu an der Kathodenoberfläche ab.

Jedem positiv geladenen Kupferion fehlen zwei Elektronen; diese Ionen werden als **Kationen** bezeichnet, da sie von der Kathode angezogen werden. Dementsprechend handelt es sich bei den Chlorionen um **Anionen**.

Der Strom in einem Elektrolyten setzt sich aus zwei Anteilen zusammen:

- die Kationen bewegen sich im Richtungssinn des Stromes;
- die Anionen bewegen sich entgegen dem Richtungssinn des Stromes.

11.2 FARADAYsche Gesetze

Die **FARADAYschen Gesetze** beschreiben den Materialtransport durch einen Strom in einem Elektrolyten. Nach alter Tradition werden zwei Gesetze gezählt, die sich aber problemlos zu einem einzigen Gesetz zusammenfassen lassen.

Für die in der Zeitspanne t vom Strom I bewegte Ladung Q gilt:

$$Q = I\,t = F\,z\,n \qquad (11.2)$$

Dabei ist F die aus Messungen bestimmte **FARADAY-Konstante**:

$$F = 96\,485 \text{ C mol}^{-1} \qquad (11.3)$$

Der Faktor z ist die **Wertigkeit** des Atoms; dieser Faktor ist in der Tab. 11.1 für einige Stoffe angegeben.

Die **Stoffmenge** n wird in der Einheit 1 mol angegeben; sie ist der Quotient aus der Masse m (Einheit: 1 kg) und der **molaren Masse** M des betreffenden Stoffes, die in der Einheit g/mol angegeben wird:

$$n = \frac{m}{M} \qquad (11.4)$$

Die molare Masse einiger Stoffe ist in der Tab. 11.1 angegeben.

Tabelle 11.1 Molare Masse und Wertigkeit

Element	M in g / mol	z
Wasserstoff (H)	1,008	1
Sauerstoff (O)	15,999	2
Magnesium (Mg)	24,305	2
Aluminium (Al)	26,982	3
Chrom (Cr)	51,996	3
Nickel (Ni)	58,693	2
Kupfer (Cu)	63,546	2
Zink (Zn)	65,39	2
Silber (Ag)	107,868	1
Gold (Au)	196,966	3

Beispiel 11.1
Auf einem Gegenstand sollen 3,2 g Kupfer elektrolytisch niedergeschlagen werden. Wir wollen die dazu erforderliche Ladung berechnen.

Zunächst berechnen wir mit der Gl. (11.4) die Stoffmenge $n = 0{,}0504$ mol. Diese setzen wir mit $z = 2$ und der Gl. (11.3) in die Gl. (11.2) ein und berechnen:

$$Q = 9{,}72 \text{ kC} = 9{,}72 \cdot 10^3 \text{ A s}$$

Diese Ladung wird z. B. durch den Strom 1,35 A in zwei Stunden bewegt.

In der **Galvanotechnik** werden Metallschichten auf einer Trägeroberfläche abgeschieden. Dies hat in der **Galvanostegie** den Sinn, durch Auftragen dünner Schichten Oberflächen zu verschönen (z. B. durch Vergolden) oder sie gegen Korrosion bzw. Verschleiß (z. B. durch Verchromen) zu schützen.

In der **Galvanoplastik** werden Oberflächen detailgetreu nachgebildet, indem auf die durch Graphit leitend gemachte Oberfläche des Modells aus Wachs, Gips oder Holz ein metallischer Überzug genügender Dicke aufgebracht wird. Nach dem Entfernen der Modellmasse verbleibt ein Negativ des abzubildenden Körpers.

Die Kathode des **GALVANIschen Bades** ist der Gegenstand, auf dessen Oberfläche sich der metallische Überzug bilden soll. Die Anode liefert das Material, das sich an der Kathode niederschlägt.

Eine gute Haftung des Auftrags setzt eine mäßige Stromdichte voraus (s. Tab. 11.2).

Da die Stromwege in den Bädern kurz und die Querschnitte groß sind, hat der Widerstand des Bades einen niedrigen Wert. Für GALVANIsche Bäder gibt es spezielle Niederspannungsgeneratoren, die sehr hohe Ströme liefern können. In der Tab. 11.2 sind für einige GALVANIsche Bäder die Mittelwerte für die Spannung und für die Stromdichte angegeben.

Tabelle 11.2 Mittelwerte für Spannung und Stromdichte GALVANIscher Bäder

Metall	U V	J mA/cm^2	ρ g/cm^3
Chrom (Cr)	8	150	7,1
Nickel (Ni)	2,5	5	8,8
Kupfer (Cu)	1	15	8,9
Silber (Ag)	1,2	5	10,5
Gold (Au)	1,2	1	19,3

Beispiel 11.2
Eine Kupferplatte 100 mm * 150 mm * 20 mm soll 0,15 mm dick vernickelt werden. Wir wollen berechnen, wie lange das Vernickeln dauert und welche Energie verbraucht wird, wenn die Verluste unberücksichtigt bleiben.

Zunächst berechnen wir die Oberfläche:

$A = 2 \cdot (10 \cdot 15 + 10 \cdot 2 + 15 \cdot 2)\ cm^2 = 400\ cm^2$

Mit der Schichtdicke $d = 0{,}15$ mm und ρ aus der Tab. 11.2 ergibt sich, wie viel Nickel benötigt wird:

$m = A \cdot d \cdot \rho = 52{,}8\ g\ ;\quad n = 0{,}9\ mol$

Die Ladung berechnen wir mit der Gl. (11.2):

$Q = F\, z\, n = 173{,}6\ kC$

Der Strom ist: $I = A\, J = 2\ A$

Mit der Gl. (1.6) ergibt sich die erforderliche Zeit:

$t = Q\,/\,I = 86\,802\ s\ = 24{,}1\ h$

Zum Schluss berechnen wir mit der Spannung $U = 2{,}5$ V die Energie:

$W = U\, I\, t = 120{,}5\ Wh = 0{,}12\ kWh$

Einige Metalle werden durch **Elektrolyse** *(electrolysis)* gewonnen oder gereinigt. So wird z. B. Aluminium durch Schmelzflusselektrolyse von **Tonerde** Al_2O_3 gewonnen, die in **Kryolith** $NaAlF_6$ geschmolzen ist. Die elektrolytische Abscheidung von Kupfer ergibt das **Elektrolytkupfer**, das die für elektrotechnische Anwendungen erforderliche Reinheit hat.

Beispiel 11.3
Wie groß ist der Energiebedarf für die Schmelzflusselektrolyse von 1 kg Aluminium, wenn die Badspannung 4,4 V und der Wirkungsgrad 88 % betragen?

Mit dem Wert für M aus der Tab. 11.1 und der Gl. (11.4) berechnen wir die Stoffmenge:

$n = 37{,}06\ mol$

Mit der Gl. (11.2) ergibt sich:

$Q = 10{,}173 \cdot 10^6\ C = I\, t$

Damit berechnen wir die Energie:

$$W = \frac{U\, I\, t}{\eta} = 14900\ VAh = 14{,}9\ kWh$$

11.3 Elektrochemische Spannungsreihe

Wir befassen uns in den folgenden Kapiteln mit Batterien und Akkumulatoren. Diese werden auch als **GALVANIsche Elemente** bezeichnet.

Der erste, der eine funktionierende Batterie entwickelte, war der Physiker A. VOLTA aus Como. Er hatte auch erkannt, dass zwischen zwei sich berührenden Metallen eine elektrische Spannung entsteht (s. Kap. 7.3).

In jeder Batterie sind zwei Metalle vorhanden, von denen das eine Elektronen abgibt und das andere Elektronen aufnimmt.

Nimmt ein neutrales Atom oder ein Ion Elektronen auf, so wird dies in der Chemie als **Reduktion** bezeichnet; gibt ein neutrales Atom oder ein Ion Elektronen ab, so wird dies **Oxidation** genannt.

Da bei chemischen Reaktionen keine freien Elektronen auftreten können, ist jede Oxidation mit einer Reduktion gekoppelt; man spricht dabei auch von einer **Redoxreaktion**.

Als Beispiel betrachten wir ein GALVANIsches Element, bei dem ein Zinkstab in Zinksulfatlösung und ein Kupferstab in Kupfersulfatlösung tauchen; dieses Element wird nach seinem Erfinder auch als **DANIELL-Element** bezeichnet.

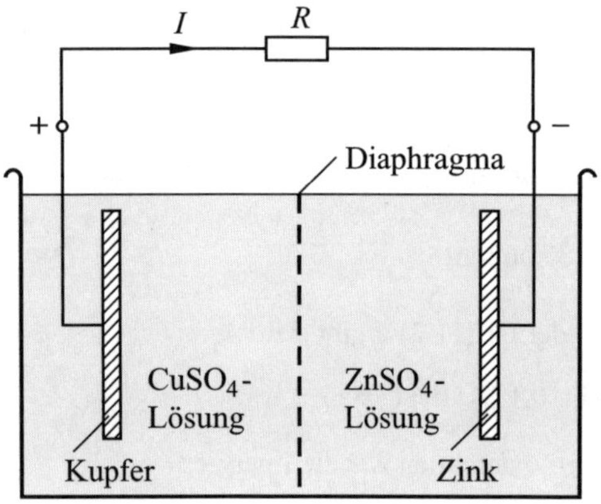

Bild 11.2 DANIELL-Element

Durch Oxidation gehen die Zn-Atome des Zinkstabes als Zn^{2+}-Ionen in Lösung:

$$Zn \rightarrow Zn^{2+} + 2e^- \quad (11.5)$$

Die dadurch im Zn-Stab zurückbleibenden Elektronen fließen über den Widerstand R zur Kupferelektrode und reagieren dort mit den Cu^{2+}-Ionen der Lösung, die sich als neutrale Cu-Atome am Kupferstab abscheiden:

$$Cu^{2+} + 2e^- \rightarrow Cu \quad (11.6)$$

Wie schon das Bild 1.8 zeigt, bewegen sich die Elektronen entgegen dem Richtungssinn des Stromes I, der vom Pluspol des Elements zum Minuspol fließt. Der Zinkstab ist also die Anode, denn dort fließt der Strom in das Element hinein, und der Kupferstab ist die Kathode.
Während das Zink in Lösung geht, wird Kupfer am Cu-Stab abgeschieden.

Die beiden Reaktionsräume, in denen sich Zinksulfat und Kupfersulfat befinden, werden durch ein **Diaphragma** getrennt. Dies kann z. B. eine Schicht aus porösem Ton sein; durch diese Schicht können die SO_4^{2-}-Ionen hindurchtreten, wodurch ein Ausgleich der unterschiedlichen Konzentrationen möglich ist.

Man bezeichnet ein Metall, das in eine wässrige Lösung eines seiner eigenen Salze eintaucht, als **Halbelement**. Ein **GALVANIsches Element** besteht aus zwei Halbelementen.
In der **elektrochemischen Spannungsreihe** werden die Spannungen zwischen je einem Halbelement und der **Standard-Wasserstoffelektrode** *(standard hydrogenium electrode,* **SHE***)* angegeben.
Die SHE stellt ein Bezugssystem dar; sie besteht aus einem Platinblech, das in eine Lösung taucht, die H_3O^+-Ionen enthält. Dabei wird die SHE ständig von Wasserstoff umspült, und das Halbelement $(H_2{+}2H_2O)/2H_3O^+$ hat das Potenzial 0 V.
In der Tab. 11.3 ist die Spannung zwischen je einem Halbelement bei wässrige Lösung der Konzentration 1 mol/dm^3 und der SHE für 20 °C angegeben.

Tabelle 11.3 Elektrochemische Spannungsreihe

Halbelement	U in V	Halbelement	U in V
Li/Li^+	−3,04	$H_2{+}2H_2O/2H_3O^+$	
K/K^+	−2,93		0,00
Na/Na^+	−2,71		
Mg/Mg^{2+}	−2,37	Cu/Cu^{2+}	+0,35
Al/Al^{3+}	−1,66	Ag/Ag^+	+0,80
Zn/Zn^{2+}	−0,76	Hg/Hg^{2+}	+0,85
Fe/Fe^{2+}	−0,45	Pt/Pt^{2+}	+1,18
Ni/Ni^{2+}	−0,26	Au/Au^{3+}	+1,50
Cd/Cd^{2+}	−0,25	Au/Au^+	+1,69
Pb/Pb^{2+}	−0,13		

Die Leerlaufspannung zwischen zwei Halbelementen ist die Differenz zwischen den zugehörigen Werten aus der elektrochemischen Spannungsreihe. So gilt z. B. für das DANIELL-Element:

$$U_0 = 0{,}35\ \text{V} - (-0{,}76\ \text{V}) = 1{,}11\ \text{V} \quad (11.7)$$

Bei Belastung mit einem Widerstand R sinkt die Klemmenspannung unter den Wert U_0 ab.

11.4 Batterien

In einer **Batterie** wird *unumkehrbar* chemische in elektrische Energie umgewandelt; derartige Geräte werden als **Primärelemente** bezeichnet.

Die wichtigste Batterieart ist auch heute noch die bereits 1860 von G. LECLANCHÉ zum Patent angemeldete **Zink-Braunstein-Batterie**; pro Jahr werden weltweit mehere Milliarden hergestellt.
An der Anode aus Zink findet wie beim DANIELL-Element die durch Gl. (11.5) beschriebene Reaktion statt. Die Kathode besteht aus Braunstein MnO_2, dessen Leitfähigkeit durch Zusatz von Ruß (C) erhöht wird. Der Kohlestab übernimmt lediglich die Stromableitung.

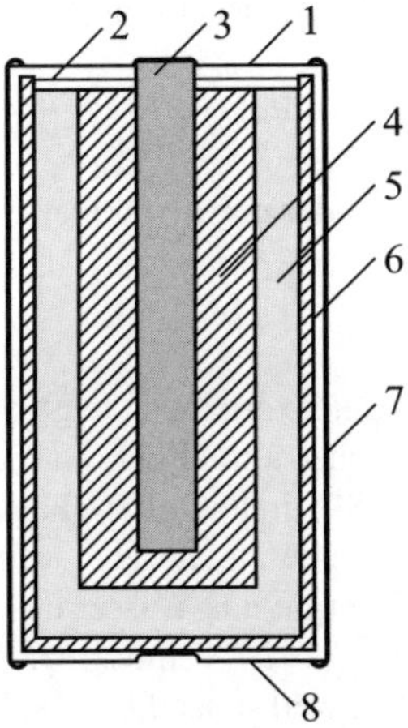

Bild 11.3 Aufbau der Zink-Braunstein-Zelle
1 Kappe als Pluspol; 2 Dichtung; 3 Kohlestab; 4 Braunstein; 5 Elektrolyt; 6 Zinkbecher; 7 isolierender Außenmantel; 8 Bodenscheibe als Minuspol

Die Leerlaufspannung des Elements beträgt etwa 1,5 V. Die chemischen Reaktionen enden, wenn einer der Reaktionspartner nicht mehr zur Verfügung steht; das Element ist dann verbraucht.

Die ursprüngliche Version wurde mehrfach verbessert: Als Elektrolyt wird heute eine Zinkchloridlösung verwendet, womit die Zelle weniger zum Auslaufen neigt. Der Elektrolyt ist nicht flüssig, er wird in Gel- oder Pastenform gebracht, wodurch ein sog. **Trockenelement** entsteht.

Eine Weiterentwicklung der Zink-Braunstein-Zelle ist die **Alkali-Mangan-Zelle** mit dem Elektrolyt Kalilauge; sie lässt sich mit höherem Strom entladen als die Zink-Braunstein-Zelle. Wegen des aggressiven Elektrolyten ist ein gut abgedichtetes Stahlgehäuse erforderlich, was diese Batterien etwas teurer als die Zink-Braunstein-Zellen macht.
Moderne Alkali-Mangan-Batterien können mit speziellen Ladegeräten 20- … 30-mal regeneriert werden und haben so eine höhere Lebensdauer. Dies darf keineswegs mit der Wiederaufladbarkeit von Akkumukatoren verwechselt werden, die mehrere hundert Entladezyklen ohne Kapazitätseinbuße ertragen.

Moderne Batterien vom Zink-Braunstein- oder Alkali-Mangan-Typ sind quecksilberfrei und enthalten kein Cadmium; dadurch sind sie umweltfreundlich.

Silberoxid-Zink-Zelle
Für die Versorgung sehr kleiner Geräte wie z. B. Armbanduhren oder Hörgeräte benötigt man sehr kleine Batterien, die auch als **Knopfzellen** bezeichnet werden. Dabei hat sich die **Silberoxid-Zink-Batterie** wegen ihrer relativ langen Lebensdauer bewährt. An der Anode bildet sich Zinkoxid:

$$Zn + 2\,OH^- \rightarrow ZnO + H_2O + 2e^- \qquad (11.8)$$

An der Kathode wird das Silberoxid in metallisches Silber umgewandelt:

$$Ag_2O + H_2O + 2e^- \rightarrow 2\,Ag + 2\,OH^- \qquad (11.9)$$

Der Elektrolyt ist 40 %-ige Kalilauge, weshalb ein gut abgedichtetes Gehäuse erforderlich ist.
Moderne Batterien vom Silberoxid-Zink-Typ sind quecksilberfrei. Zur Wiedergewinnung des Silbers findet ein *recycling* statt.

Lithium-Iod-Batterien
Vor allem für Herzschrittmacher reicht die Lebensdauer der Silberoxid-Zink-Batterien nicht aus. Bei der Lithium-Iod-Batterie werden bis 15 Jahre Lebensdauer erreicht; in dieser Zeit bleibt die Klemmenspannung 2,8 V nahezu konstant.
Das Anodenmaterial ist Lithium, die Kathode enthält Iod. Der Innenwiderstand der Zellen ist sehr hoch, so dass die Zellen nur Ströme im µA-Bereich abgeben können.

11.5 Akkumulatoren

In einem **Akkumulator** (kurz: **Akku**) wird bei der Entladung chemische Energie in elektrische umgesetzt. Nach dem Entladen kann er durch Zufuhr elektrischer Energie wieder in den ursprünglichen Zustand gebracht werden. Derartige GALVANIsche Elemente werden auch als **Sekundärelemente** bezeichnet.

11.5.1 Bleiakkumulator

Beim Bleiakkumulator tauchen zwei Plattensätze in einen Elektrolyten aus ≈ 40 %-iger Schwefelsäure, dessen mittlere Dichte etwa 1,2 g/cm³ beträgt. Im geladenen Zustand besteht die Oberfläche der positiven Platte aus Bleidioxid PbO_2 und die der negativen Platte aus reinem Blei.

Beim Entladen findet an der positiven Platte folgende Reaktion statt:

$$PbO_2 + SO_4^{2-} + 4\,H^+ + 2\,e^- \rightarrow PbSO_4 + 2\,H_2O$$

Die Reaktion an der negativen Platte lautet:

$$Pb + SO_4^{2-} \rightarrow PbSO_4 + 2\,e^-$$

Während der Entladung werden Säurerestionen des Elektrolyten von den Platten aufgenommen, wobei neu gebildetes Wasser den Elektrolyten verdünnt. Die Dichte ρ des Elektrolyten ist ein Maß für den Ladezustand des Akkumulators; sie kann mit dem Aräometer, einem Eintauchgerät zum Bestimmen der Flüssigkeitsdichte, gemessen werden.
Die Elektronen strömen bei der Entladung durch den angeschlossenen Verbraucher von der negativen zur positiven Platte; diese Bewegungsrichtung ist dem Richtungssinn des Stromes entgegengesetzt. Nach dem Entladen bestehen beide Platten aus Bleisulfat $PbSO_4$.

Die Spannung einer Zelle ist vom Ladezustand abhängig; sie beträgt im Ruhezustand bei der geladenen Zelle etwa 2,04 V und nimmt mit fortschreitender Entladung ab (Bild 11.4).
Die Entladung muss bei der Spannung $U_{min} \approx 1{,}8$ V beendet werden. Eine Tiefentladung ist vor allem dann problematisch, wenn mehrere Zellen in Reihe geschaltet sind; es besteht die Gefahr, dass sich die zuerst entladene Zelle umpolt und dabei beschädigt wird.
Im entladenen Zustand ist die Zelle nicht lange lagerfähig, weil das $PbSO_4$ in eine nicht reaktionsfähige Kristallform übergehen kann; man bezeichnet dies als **Sulfatisierung**.

Beim Aufladen hat der Strom umgekehrten Richtungssinn wie beim Entladen. An der positiven Platte findet folgende Reaktion statt:

$$PbSO_4 + 2\,H_2O \rightarrow PbO_2 + SO_4^{2-} + 4\,H^+ + 2\,e^-$$

Die Reaktion an der negativen Platte lautet:

$$PbSO_4 + 2\,e^- \rightarrow Pb + SO_4^{2-}$$

Während des Ladevorgangs steigt die Spannung der Zelle zunächst allmählich an. Ist schließlich das gesamte $PbSO_4$ in PbO_2 bzw. Pb umgewandelt, so beginnt die Zelle zu „gasen", weil ein Teil der zugeführten Energie das Wasser des Elektrolyten zerlegt. Bei $U_{max} \approx 2{,}7$ V muss der Ladevorgang beendet werden, weil sonst die zugeführte Energie nur noch eine Elektrolyse des Wassers bewirkt.

Die Platten des Bleiakku müssen immer von Flüssigkeit bedeckt sein; ein durch Gasen entstehender Wasserverlust muss durch Zugabe von destilliertem Wasser ausgeglichen werden. Keinesfalls darf hierfür normales Leitungswasser verwendet werden, denn es enthält Bestandteile, welche die Zellenfunktionen blockieren.

Das beim Überladen entweichende Wasserstoffgas ruft eine Explosionsgefahr hervor; deshalb müssen die Räume, in denen große Akkus stehen, ausreichend belüftet werden. Durch geeignete Maßnahmen muss verhindert werden, dass die Säure eines ortsfesten Akkus nach längerem Stehen zu „schichten" beginnt; dabei würde die Säure höherer Konzentration absinken und niedriger konzentrierte Säure an die Oberfläche steigen.

Kleinakkus für Kraftfahrzeuge sind meistens „wartungsfrei"; ihre Zellen sind verschlossen und die Säure ist durch eine Art Gelatine verdickt.

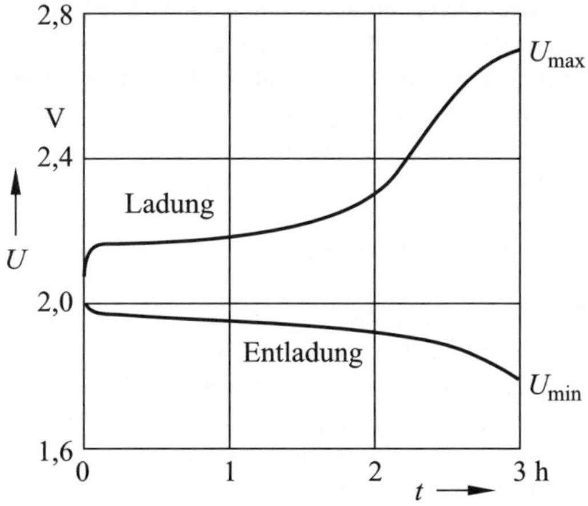

Bild 11.4 Klemmenspannung einer Bleizelle

Den Quotienten aus Entladearbeit W_{ab} und Ladearbeit W_{zu} wollen wir als **Energie-Ausnutzungsfaktor** bezeichnen:

$$\eta_W = \frac{W_{ab}}{W_{zu}} \tag{11.11}$$

Dieser Faktor wird oft auch als *Energie-Wirkungsgrad* bezeichnet; er liegt in der Größenordnung 0,7 … 0,75.

Ein weiterer Ausnutzungsfaktor betrifft das Strom-Zeit-Produkt, das landläufig auch **Kapazität** genannt und in der Einheit Ah angegeben wird. Die Entladekapazität C_{ab} ist kleiner als die Ladekapazität C_{zu}. Der Quotient

$$\eta_{Ah} = \frac{C_{ab}}{C_{zu}} \tag{11.12}$$

aus diesen Größen ist größer als der Energie-Ausnutzungsfaktor, er wird daher in Datenblättern von Firmen bevorzugt angegeben. Der Faktor η_{Ah} liegt im Bereich 0,85 … 0,9.

Die Entladekapazität C_{ab} ist von einigen Einflussgrößen wie z. B. der Säurekonzentration oder der Betriebstemperatur abhängig; einen entscheidenden Einfluss hat jedoch die Entladezeit. Die Entladekapazität eines Akkumulators wird im Allgemeinen für eine Entladedauer 3 h oder 10 h, bei Fahrzeug-Anlasserakkus auch für 20 h angegeben. Bei schnellerer Entladung sinkt die Entladekapazität, bei langsamerer steigt sie.

Der Innenwiderstand R_i einer Zelle hat unter normalen Bedingungen etwa den Wert:

$$R_i = \frac{0{,}2\ \Omega \cdot \mathrm{Ah}}{C_{ab}} \tag{11.13}$$

Bei Temperaturen unterhalb des Gefrierpunktes steigt R_i stark an; dies erschwert z. B. das Anlassen des Kraftfahrzeugs im Winter. Der Elektrolyt kann dann auch einfrieren, wobei der Gefrierpunkt von der Säurekonzentration, also vom Ladezustand, abhängig ist.
Werden für höhere Klemmenspannungen mehrere Zellen in Reihe geschaltet, so summieren sich deren Innenwiderstände, während die Kapazität die einer Einzelzelle ist.

Bleibt ein geladener Bleiakku unbelastet stehen, so verliert er mit der Zeit Ladung, ohne dass er Schaden nimmt. Ungeladen darf er nur ohne Elektrolyt gelagert werden.

Der Bleiakku hat wegen seines hohen Gewichtes eine niedrige Energiedichte; er wird wegen des günstigen Preises vor allem dann eingesetzt, wenn hohe Ströme gebraucht werden.

11.5.2 Nickel-Cadmium-Akkumulator

Die positive Platte des ungeladenen **Ni-Cd-Akkus** besteht aus Nickel(III)-oxidhydroxid $NiOOH$ und die negative aus Cadmiumhydroxid $Cd(OH)_2$. Als Elektrolyt dient Kalilauge KOH. Durch die Ladung wird die positive Platte zu $Ni(OH)_2$ oxidiert und die negative zu reinem Cadmium reduziert.

Die Konzentration des Elektrolyten wird nicht verändert, weshalb sie keine Bestimmung des Ladezustandes ermöglicht. Dies ist auch deswegen nicht möglich, weil die Zellen wegen des aggressiven Elektrolyten abgedichtet sind.

Ni-Cd-Akkus werden vor allem bei tragbaren Geräten als Rund- oder Knopfzellen eingesetzt. Die Leerlaufspannung beträgt 1,35 V. Bei

Belastung ist die Nennspannung etwa 1,2 V. Wegen der niedrigeren Spannung lassen sich Primärelemente nicht immer durch Ni-Cd-Akkus ersetzen.

Den Bleiakku kann der Ni-Cd-Akku wegen seines höheren Preises nicht verdrängen. Da der Ni-Cd-Akku auch bei niedrigen Temperaturen bis herab zu −40 °C funktionsfähig bleibt, wird er in einigen Ländern häufig als Starterbatterie von Kraftfahrzeugen verwendet.

Der Ni-Cd-Akku ist sehr robust, er erträgt über 1000 Lade/Entladezyklen. Den entladenen Akku kann man beliebig lange lagern, ohne dass er Schaden nehmen würde. Durch wiederholte Selbstentladung bis zum entladenen Zustand wird allerdings die Lebensdauer verringert.
Sollen Ni-Cd-Akkus im *Stand-by*-Betrieb arbeiten, so ist es zweckmäßig, sie dauernd an einer Ladestation zu betreiben.

Durch eine Lagerung des unvollständig aufgeladenen Ni-Cd-Akkus entsteht der sog. ***Memory-Effekt***; durch ihn wird die Entlade-Kapazität C_{ab} verringert. Dieser Effekt kann dadurch rückgängig gemacht werden, dass jede Zelle einzeln vollständig entladen und danach wieder geladen wird.

Wegen des giftigen Cadmiums sollte der Ni-Cd-Akku am Ende seiner Lebensdauer dem Recycling zugeführt werden.

11.5.3 Nickel-Metallhydrid-Akkumulator

Bei dieser umweltfreundlichen Verbesserung des Ni-Cd-Akkus ist das Cadmium durch ein „Mischmetall" ersetzt, das Wasserstoff in Form von Hydriden speichert. Der **Ni-MH-Akku** wird vor allem bei Handy-Telefonen und Notebook-Computern eingesetzt.

11.5.4 Lithium-Ionen-Akkumulator

Die positive Elektrode besteht z. B. aus Lithium-Cobaltoxid $LiCoO_2$; in die negative Elektrode aus Koks oder Graphit werden beim Laden Lithium-Ionen eingelagert. In dem organischen Elektrolyt ist ein Lithiumsalz gelöst.

Die Klemmenspannung beträgt 3,6 V; eine Schutzschaltung muss dafür sorgen, dass beim Laden und Entladen bestimmte Spannungsgrenzen eingehalten werden. Die Energiedichte ist etwa doppelt so groß wie beim Ni-MH-Akku, und es werden über 1000 Lade/Entladezyklen erreicht.

11.6 Brennstoffzellen

Die **Brennstoffzelle** *(fuel cell,* FC) ist ein GALVANISCHES Element, das unbegrenzt lange betrieben werden kann, weil die Reaktionsstoffe kontinuierlich zugeführt werden. Das Bild 11.5 zeigt eine H_2-O_2-Brennstoffzelle mit saurem Elektrolyten, bei der folgende Reaktionen ablaufen:

Kathode: $O_2 + 4\,H^+ + 4\,e^- \rightarrow 2\,H_2O$

Anode: $2\,H_2 \rightarrow 4\,H^+ + 4\,e^-$

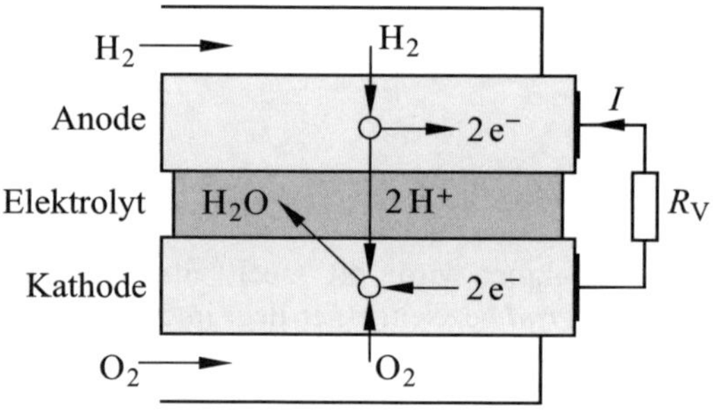

Bild 11.5 Prinzip der H_2-O_2-Brennstoffzelle

Der Elektrolyt zwischen Anode und Kathode muss für H^+-Ionen durchlässig sein, darf aber die Gase O_2 und H_2 nicht durchlassen. Im Elektrolyt sammelt sich Wasser an, das aus ihm entfernt werden muss.

PEM-FC

Bei den in der Raumfahrt eingesetzten H_2-O_2-Brennstoffzellen ist der Elektrolyt eine Folie auf Teflonbasis; sie wird als **Polymer-Elektrolyt-Membran** PEM bezeichnet. Die Spannung der FC liegt bei Belastung zwischen 0,7 und 0,9 V; für die Bordstromversorgung müssen einige 10 Zellen in Reihe geschaltet werden. Die Betriebstemperatur beträgt etwa 100 °C, wobei das Wasser im Elektrolyt verdampft; es wird kondensiert und ist dann als Trinkwasser verfügbar.

PAFC

Die **phosphorsaure Brennstoffzelle** *(phosphoric acid fuell cell,* PAFC) wird zur Zeit (2004) in größeren Stückzahlen gefertigt und erprobt. Der Elektrolyt besteht aus Phosphorsäure H_3PO_4, deren Temperatur im Bereich 160 … 220 °C liegt. Der Brennstoff ist Wasserstoff, der in einem vorgeschalteten Reformer aus Erdgas gewonnen wird.

DMFC

Der Brennstoff Methanol CH_3OH reagiert bei der **Direkt-Methanol-Brennstoffzelle** *(direct methanol fuel cell,* DMFC) an der Kathode mit Wasser, wobei CO_2 als Abgas entsteht. Der Elektrolyt ist eine PEM, die für H^+-Ionen leitfähig ist. Zur Anode wird Luft gepumpt; das darin enthaltene O_2 reagiert mit den H^+-Ionen zu Wasser, das zur Kathode transportiert wird. Die DMFC steht zur Zeit (2004) kurz vor der Markteinführung.

11.7 Elektrolytische Korrosion

Jede Art von Korrosion ist eine elektrolytische Erscheinung. Diese Behauptung erklärt die Korrosion an einem Werkstück aus unterschiedlichen Materialien, die fest miteinander verbunden sind; da der zur Elementbildung erforderliche Elektrolyt mit der Kohlensäure in feuchter Luft immer vorhanden ist, geht ein Metall in Lösung und wird zersetzt, während das andere geschützt wird.

Die Frage, welches Metall zersetzt und welches geschützt wird, lässt sich mit Hilfe der elektrochemischen Spannungsreihe beantworten: Es wird stets das Metall zersetzt, das weiter unten in der Spannungsreihe steht. Ist z. B. Eisen verzinkt, so wird das Zink zersetzt und das Eisen geschützt.

Die anfangs aufgestellte Behauptung erklärt jedoch nicht, warum Eisen an Luft rostet. Wo ist hier das zweite Metall?

Bei Eisen an feuchter Luft finden die Oxidation

$$Fe \rightarrow Fe^{2+} + 2e^- \quad (11.14)$$

und die zugehörige Reduktion statt:

$$\frac{1}{2} O_2 + H_2O + 2e^- \rightarrow 2OH^- \quad (11.15)$$

In einem Folgeschritt bilden sich Eisenhydroxide, die als **Rost** bezeichnet werden. Die Reaktionsgleichungen klären uns darüber auf, dass es die Luftfeuchtigkeit ist, die das Rosten bewirkt; an vollkommen trockener Luft rostet Eisen nicht. Und das zweite „Metall“ ist der Sauerstoff.

Ein Korrosionsschutz kann durch Luftabschluss erreicht werden, z. B. durch eine Lackschicht. Dabei muss jedoch darauf geachtet werden, dass diese Schicht nicht beschädigt wird, denn an jedem Riss und an jedem Loch läuft die Korrosion ab und breitet sich von dort „unterirdisch“ weiter aus.

Wirksamer als das Lackieren ist das Verzinken; dadurch werden z. B. seit Jahren die Karosserieteile von hochwertigen Fahrzeugen geschützt.
Das Zink muss übrigens gar nicht die gesamte Oberfläche bedecken; es genügt, wenn ein Zink- oder ein Magnesiumblock elektrisch leitend mit der zu schützenden Oberfläche verbunden wird. So werden z. B. Schiffsrümpfe aus Stahl durch derartige „Opferanoden“ gegen Korrosion geschützt. In gleicher Weise werden Stahlbetonbauwerke wie z. B. Brücken, deren Bewehrung über Poren und Risse angegriffen wird, durch eine Anode geschützt.

Rohrleitungen werden oft mit dem negativen Pol einer Gleichspannungsquelle verbunden; der positive Anschluss dieser Quelle wird an ein Stück Alteisen gelegt. Dabei wird das Alteisen zersetzt und die Rohrleitung geschützt.

Eine weitere Art der Korrosion entsteht dann, wenn sich zwei unterschiedliche Metalle in einer Elektrolytlösung befinden; dieser Elektrolyt kann z. B. Regenwasser sein, das mit CO_2 Kohlensäure bildet. Dabei entsteht ein sog. **Lokalelement**, dessen Anode sich auflöst; an der Kathode werden H_3O^+-Ionen zu H_2 reduziert.

Selbstverständlich muss in der Praxis auch diese Art der Korrosion unterbunden werden. Ist es nicht möglich, an der Berührungsstelle gleiche Metalle vorzusehen, so muss man vermeiden, dass ein Elektrolyt hinzukommt; dies kann z. B. durch Luftabschluss geschehen.

12 Elektrische Maschinen

12.1 Transformator

Der **Transformator** *(transformer)* ist ein elektromagnetischer *Energiewandler*, der in seiner **Primärwicklung** *(primary coil)* elektrische Energie in magnetische Energie umwandelt; in der **Sekundärwicklung** *(secondary coil)* wird die magnetische Energie wieder in elektrische Energie umgewandelt.
Die sinusförmigen Spannungen und Ströme der Primärwicklung ($\underline{U}_1$;$\underline{I}_1$) und der Sekundärwicklung ($\underline{U}_2$; $\underline{I}_2$) haben *gleiche* Frequenz.

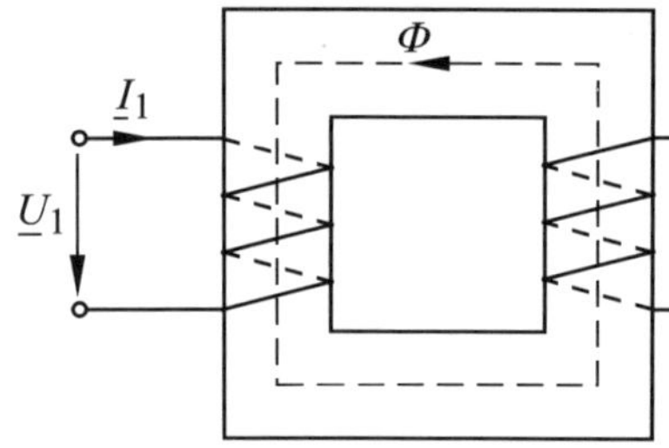

Bild 12.1 Einphasen-Transformator (Prinzip)

Die elektrisch getrennten Wicklungen sind auf einem Eisenkern ohne Luftspalt angeordnet, in dem der magnetische Fluss Φ geführt wird.

Beim **Einphasen-Transformator** *(single phase transformer)* besteht jede Wicklung aus *einem* Strang; beim **Drehstrom-Transformator** *(three phase transformer)* bestehen sowohl die Primär- als auch die Sekundärwicklung aus *drei* Strängen.
Die Wicklung an der höheren Spannung ist die **Oberspannungswicklung**, die andere ist die **Unterspannungswicklung**.

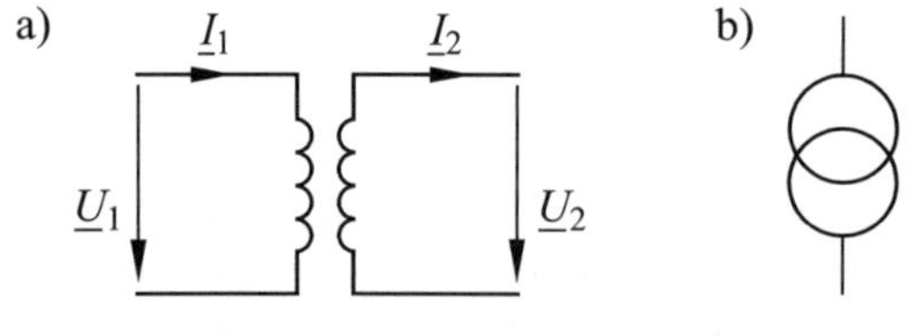

Bild 12.2 Einphasen-Transformator, Schaltzeichen mit Bezugspfeilen (a) und Schaltkurzzeichen (b)

Transformatoren kleiner Leistung (Einphasen-Transformatoren unter 1 kVA bzw. Mehrphasen-Transformatoren unter 5 kVA; s. DIN 41 300 ff.) werden als **Kleintransformatoren** bezeichnet; sie werden im Abschnitt 12.1.9 beschrieben.
Die folgenden Abschnitte befassen sich mit Transformatoren höherer Leistung (DIN 42 500 ff.), die kurz **Leistungstransformatoren** genannt werden.

12.1.1 Idealisierter Transformator

Besonders einfach lässt sich das Betriebsverhalten des **idealisierten Transformators** beschreiben, für den angenommen wird, dass in ihm keine Verluste entstehen und dass seine Wicklungen mit dem magnetischen Fluss Φ vollständig verkettet sind. Außerdem wird angenommen, dass der zeitabhängige Fluss $\Phi = \Phi(t) = \Phi_{max} \cos \omega t$ auf einem Weg fließt, dessen magnetischer Widerstand den Wert $R_m = 0$ aufweist.
In der Primärwicklung mit der Windungszahl N_1 wird gemäß Gl. (5.25) die **Primärspannung** $\underline{U}_1$ mit dem Effektivwert U_1 induziert:

$$U_1 = 4{,}44\, f N_1\, \Phi_{max} \tag{12.1}$$

In der Sekundärwicklung mit der Windungszahl N_2 wird die **Sekundärspannung** $\underline{U}_2$ mit dem Effektivwert U_2 induziert:

$$U_2 = 4{,}44\, f N_2\, \Phi_{max} \tag{12.2}$$

Der Quotient aus U_1 und U_2 wird **Übersetzungsverhältnis** $\ddot{u}$ genannt:

$$\ddot{u} = \frac{U_1}{U_2} = \frac{N_1}{N_2} \tag{12.3}$$

Die Spannungen an den Wicklungen des idealisierten Transformators stehen zueinander im gleichen Verhältnis wie die Windungszahlen.

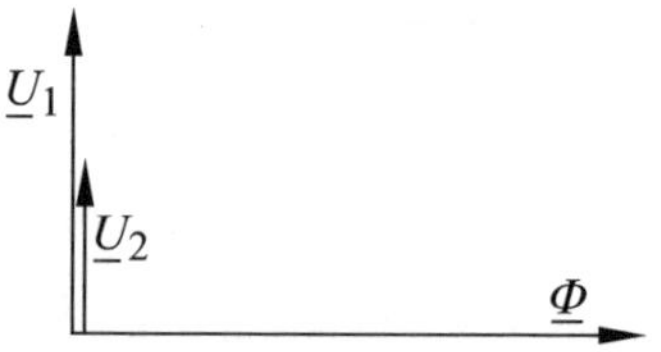

Bild 12.3 Zeigerdiagramm der Spannungen und des Flusses für den idealisierten Transformator

Da im idealisierten Transformator keine Verluste entstehen, ist die Scheinleistung $S_1 = U_1 I_1$ der Primärwicklung gleich der Scheinleistung $S_2 = U_2 I_2$ der Sekundärwicklung. Mit $U_1 I_1 = U_2 I_2$ lässt sich das Verhältnis der Ströme berechnen:

$$\frac{I_1}{I_2} = \frac{U_2}{U_1} = \frac{N_2}{N_1} = \frac{1}{ü} \qquad (12.4)$$

Die Ströme in den Wicklungen des idealisierten Transformators stehen zueinander im umgekehrten Verhältnis der Windungszahlen.

Beispiel 12.1

Ein idealisierter Transformator mit dem Übersetzungsverhältnis $ü = 10$ hat an den Klemmen der Sekundärwicklung die Spannung $U_2 = 20$ V und ist mit dem Widerstand $R_2 = 4\ \Omega$ belastet.

Welche Werte haben Spannung und Strom der Primärseite? Wir wollen außerdem den Widerstand berechnen, mit dem der Transformator primärseitig die speisende Quelle belastet.

$$U_1 = ü\, U_2 = 10 \cdot 20\ \text{V} = 200\ \text{V}$$

$$I_2 = \frac{U_2}{R_2} = 5\ \text{A}\,; \quad I_1 = \frac{I_2}{ü} = 0{,}5\ \text{A}$$

$$R_1 = \frac{U_1}{I_1} = \frac{ü\, U_2}{I_2/ü} = ü^2 R_2 = 400\ \Omega$$

12.1.2 Realer Transformator

Der **reale Transformator** unterscheidet sich in mehrfacher Hinsicht vom idealisierten Transformator:

- *Streuung*: Diejenigen Feldlinien, die jeweils mit nur einer Wicklung verkettet sind, bilden den **Streufluss** *(leakage flux)* $\Phi_{1\sigma}$ bzw. $\Phi_{2\sigma}$ (Bild 12.4); lediglich der **Hauptfluss** Φ_h durchsetzt beide Wicklungen. In der Ersatzschaltung (Bild 12.5) wird die Streuung des realen Transformators durch die **Streureaktanzen** $X_{1\sigma}$ bzw. $X_{2\sigma}$ berücksichtigt.
- *Verluste*: Die **Stromwärmeverluste** in den OHMschen Widerständen R_1 bzw. R_2 der Wicklungen werden häufig **Kupferverluste** genannt, obwohl auch Aluminium als Leitermaterial verwendet wird. Den **Eisenverlusten** (s. Kap. 5.10) wird in der Ersatzschaltung der **Eisenverlustwiderstand** R_{Fe} zugeordnet.
- *Magnetisierungsstrom*: Der Eisenweg des realen Transformators weist den magnetischen Widerstand $R_m > 0$ auf. Zur Erzeugung des Hauptflusses Φ_h, der sich über diesen Eisenweg schließt, ist deshalb der **Magnetisierungsstrom** I_μ erforderlich.
  Bei Näherungsrechnungen wird I_μ als sinusförmig angenommen. In der Ersatzschaltung fließt der Magnetisierungsstrom durch eine ideale Spule, deren Blindwiderstand als **Hauptreaktanz** X_h bezeichnet wird.

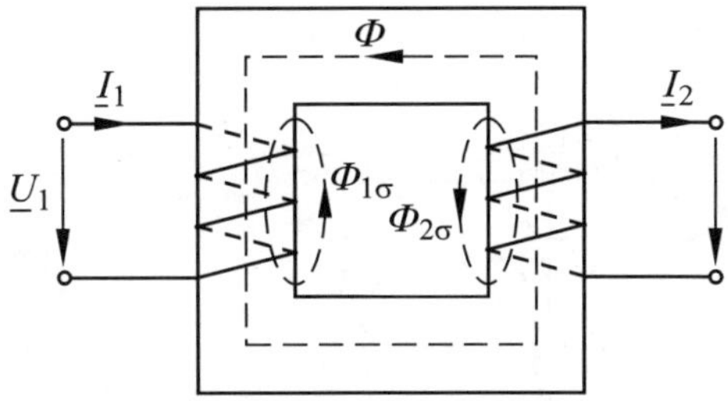

Bild 12.4 Streuflüsse des realen Transformators

Die Ersatzschaltung 12.5 des realen Transformators enthält außer den genannten Widerständen und Reaktanzen einen idealisierten Transformator.

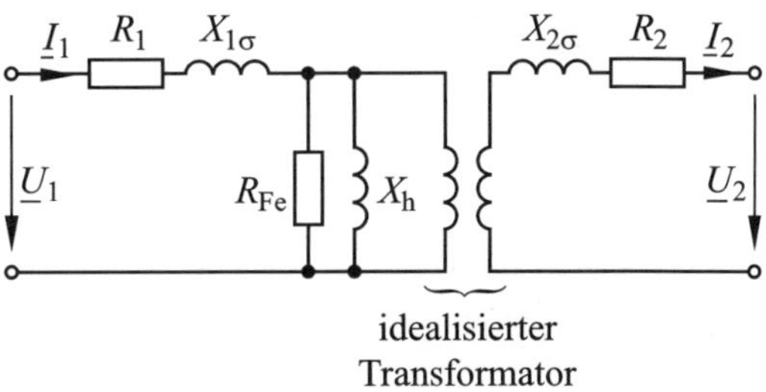

Bild 12.5 Ersatzschaltung des realen Transformators

Im Beispiel 12.1 wurde gezeigt, wie ein Widerstand im Sekundärkreis des idealisierten Transformators auf die Primärseite umgerechnet wird. Auch Reaktanzen können entsprechend umgerechnet werden. Die umgerechneten Größen werden durch einen Strich (') gekennzeichnet:

$$R_2' = \ddot{u}^2 R_2 \; ; \quad X_{2\sigma}' = \ddot{u}^2 X_{2\sigma} \qquad (12.5)$$

Ähnlich werden mit der Gl. (12.3) die Spannungen bzw. mit der Gl. (12.4) die Ströme des Sekundärkreises auf den Primärkreis umgerechnet:

$$\underline{U}_2' = \ddot{u}\,\underline{U}_2 \; ; \quad \underline{I}_2' = \frac{\underline{I}_2}{\ddot{u}} \qquad (12.5)$$

Wenn sämtliche Spannungen, Ströme und Widerstände, einschließlich der Lastwiderstände, von der Sekundärseite auf die Primärseite umgerechnet werden, dann kann der idealisierte Transformator entfallen und es ergibt sich die für die Berechnung der Spannungen und Ströme maßgebende Ersatzschaltung (Bild 12.6).

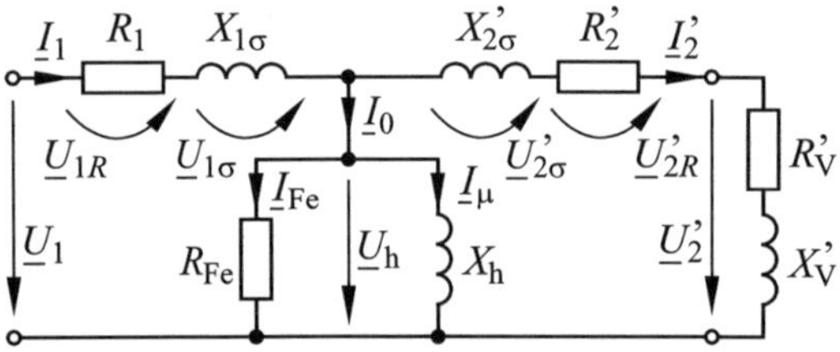

Bild 12.6 Realer Transformator, Ersatzschaltung mit umgerechneten Größen der Sekundärseite

Die an der Hauptreaktanz X_h liegende Spannung U_h wird **Hauptfeldspannung** genannt.

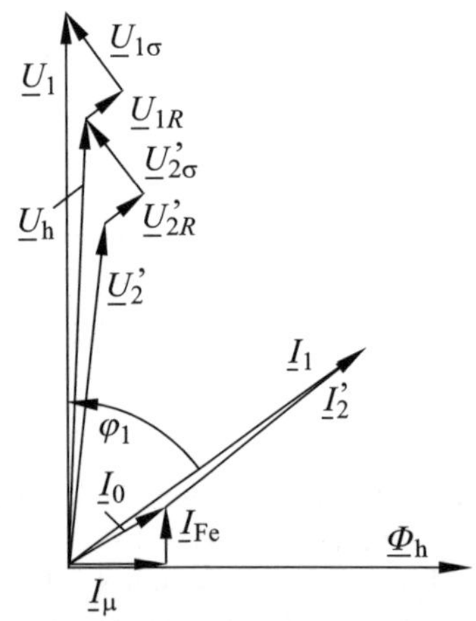

Bild 12.7 Realer Transformator, Zeigerdiagramm für OHMsch-induktive Belastung

12.1.3 Leerlauf und Kurzschluss

Wird der Transformator primärseitig an **Nennspannung** betrieben, so liegt bei *Leerlauf* diese Spannung $U_{20} = U_{2N}$ an den Klemmen der Sekundärwicklung. Bei Leerlauf fließt wegen $I_2 = 0$ in der Primärwicklung der **Leerlaufstrom** $I_0 = I_1$, der wesentlich kleiner als der Nennstrom ist; er beträgt bei einem Transformator mit der Nennleistung 100 kVA etwa 2,5 %, bei 10 MVA nur etwa 1 % des Nennstromes.

Die Spannungsabfälle $U_{1R} = R_1 I_1$ und $U_{1\sigma} = X_{1\sigma} I_1$, die bereits bei Nennbetrieb wesentlich kleiner als die Hauptfeldspannung U_h sind, können bei Leerlauf ohne weiteres vernachlässigt werden. Für den Leerlauf gilt daher die vereinfachte Ersatzschaltung 12.8a.

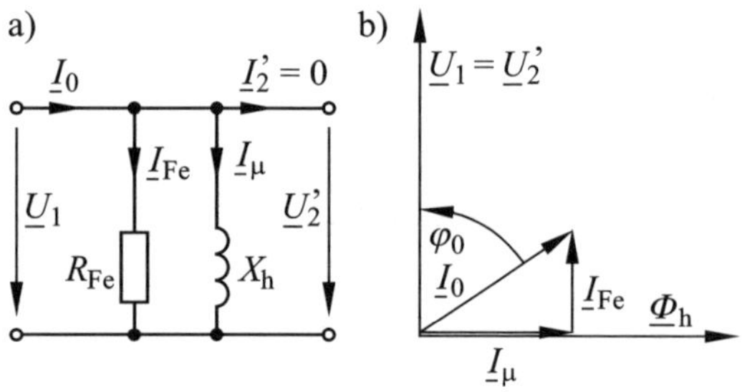

Bild 12.8 Vereinfachte Ersatzschaltung (a) und Zeigerdiagramm (b) des Transformators bei Leerlauf

Im Leerlauf nimmt ein Transformator als Wirkleistung praktisch nur die Eisenverluste P_{Fe} auf, die auch als **Leerlaufverluste** P_0 bezeichnet werden; sie werden beim *Leerlaufversuch* mit einem Wattmeter gemessen. Die Voltmeter sollten einen Messwerkwiderstand $R_M \to \infty$ haben. Mit den Messwerten dieses Versuchs kann außerdem das Übersetzungsverhältnis $\ddot{u}$ bestimmt werden.

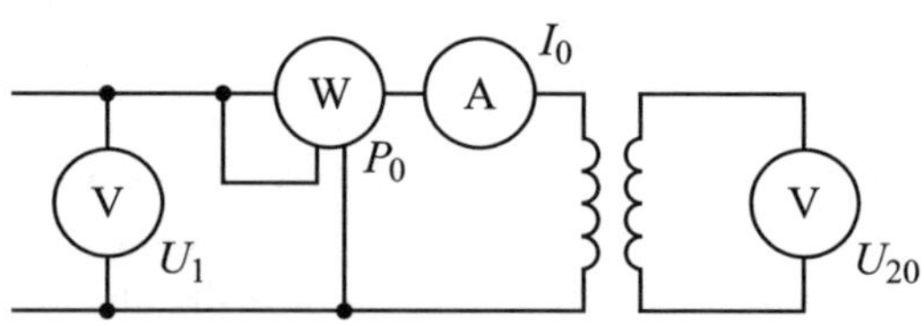

Bild 12.9 Schaltung zum Leerlaufversuch

Beispiel 12.2

Beim Leerlaufversuch werden an einem Einphasen-Transformator mit der Nennleistung 10 kVA folgende Werte gemessen: $U_1 = 230$ V; $I_0 = 1{,}6$ A; $P_0 = 72{,}5$ W; $U_{20} = 10{,}5$ kV. Wir wollen die die Elemente der Ersatzschaltung berechnen.

Mit den Gln. (6.22 und 6.23) setzen wir an:

$$\cos\varphi_0 = \frac{P_0}{U_1 I_0} = 0{,}197\ ;\quad \varphi_0 = 78{,}6°$$

Dem Zeigerdiagramm 12.8b entnehmen wir:

$$I_{Fe} = I_0 \cos\varphi_0 = 0{,}315 \text{ A}$$

$$I_\mu = I_0 \sin\varphi_0 = 1{,}57 \text{ A}$$

$$R_{Fe} = \frac{U_1}{I_{Fe}} = 730\ \Omega\ ;\quad X_h = \frac{U_1}{I_\mu} = 147\ \Omega$$

$$\ddot{u} = \frac{U_1}{U_{20}} = 0{,}0219$$

Tritt während des Betriebs des Transformators ein *Kurzschluss* der Sekundärwicklung auf, so können unmittelbar nach seinem Eintritt in den Wicklungen hohe Ströme fließen, deren Scheitelwerte im ungünstigsten Fall etwa doppelt so hoch wie die Stromscheitelwerte sind, die im Dauerkurzschluss vorliegen. Durch konstruktive Maßnahmen muss gewährleistet sein, dass die dabei auftretenden Kräfte den Transformator nicht beschädigen.

Der Stoßkurzschlussstrom geht nach sehr kurzer Zeit in den kleineren Dauerkurzschlussstrom über. Dieser bewirkt im Allgemeinen eine so große Erwärmung, dass der Transformator schnell abgeschaltet werden muss.

Beim Kurzschluss ($R'_V = 0$; $X'_V = 0$) können der hochohmige Eisenverlustwiderstand R_{Fe} und die hochohmige Hauptreaktanz X_h gegen R'_2 und $X'_{2\sigma}$ vernachlässigt werden, die sehr niederohmig sind. Die übrigen OHMschen Widerstände werden zu $R_k = R_1 + R'_2$, die Reaktanzen werden zur **Kurzschlussreaktanz** $X_k = X_{1\sigma} + X'_{2\sigma}$ zusammengefasst (Bild 12.10a).

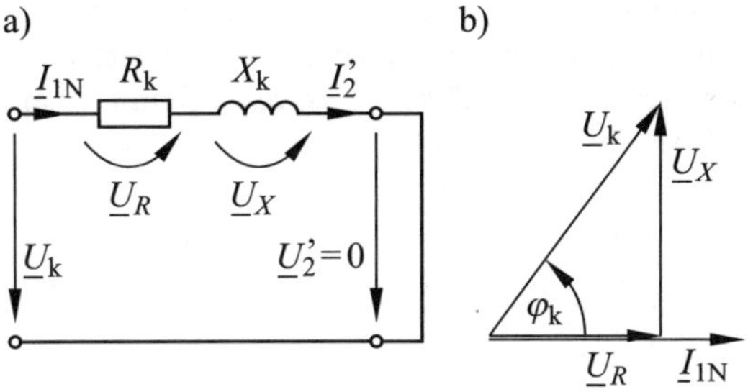

Bild 12.10 Vereinfachte Ersatzschaltung (a) und Zeigerdiagramm (b) des Transformators bei Kurzschluss

Der Kurzschlussversuch wird wegen der kleinen Kurzschlussimpedanz

$$Z_k = \sqrt{R_k^2 + X_k^2} \tag{12.7}$$

mit dem Nennstrom I_{1N} durchgeführt. Die Primärspannung, die dabei an den Transformator gelegt wird, ist wesentlich kleiner als die Nennspannung; sie wird **Kurzschlussspannung** U_k genannt:

$$U_k = I_{1N} \cdot Z_k \ll U_{1N} \tag{12.8}$$

In Datenblättern wird gewöhnlich die auf die Nennspannung U_{1N} bezogene Kurzschlussspannung angegeben, die als **relative Kurzschlussspannung** u_k bezeichnet wird:

$$u_k = \frac{U_k}{U_{1N}} \tag{12.9}$$

Der Wert von u_k, der etwa 4 … 12 % beträgt, ist um so höher, je größer die Nennleistung des Transformators ist.

Mit der relativen Kurzschlussspannung kann der Dauerkurzschlussstrom I_{kN} berechnet werden, der beim Anlegen der Nennspannung U_{1N} an die Primärwicklung fließt:

$$I_{kN} = \frac{U_{1N}}{Z_k} = \frac{U_{1N} I_{1N}}{Z_k I_{1N}} = \frac{U_{1N} I_{1N}}{U_k} = \frac{I_{1N}}{u_k} \tag{12.10}$$

Im Kurzschluss nimmt ein Transformator als Wirkleistung praktisch nur die Stromwärmeverluste in den OHMschen Widerständen der

Wicklungen auf. Diese Verluste werden deshalb als **Kurzschlussverluste** P_k bezeichnet; sie werden beim *Kurzschlussversuch* mit einem Wattmeter gemessen.

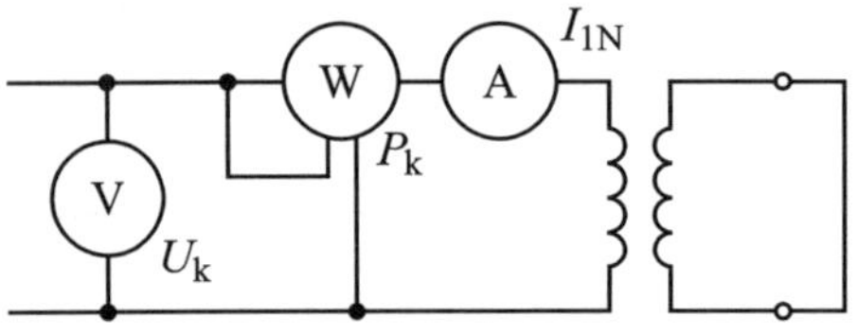

Bild 12.11 Schaltung zum Kurzschlussversuch

Beispiel 12.3

Beim Kurzschlussversuch werden an dem Transformator des Beispiels 12.2 folgende Werte gemessen: $U_k = 14$ V; $P_k = 410$ W.

Wir wollen die Elemente der Ersatzschaltung 12.10a, die relative Kurzschlussspannung u_k und den Dauerkurzschlussstrom I_{kN} berechnen.

Beim Kurzschlussversuch fließt in der Primärwicklung der Nennstrom:

$$I_{1N} = \frac{S_1}{U_{1N}} = 43{,}5 \text{ A}$$

Mit $I_k = I_{1N}$ berechnen wir den Widerstand R_k:

$$R_k = \frac{P_k}{I_k^2} = \frac{P_k}{I_{1N}^2} = 0{,}217\ \Omega$$

$$Z_k = \frac{U_k}{I_{1N}} = 0{,}322\ \Omega = \sqrt{R_k^2 + X_k^2}$$

$$X_k = \sqrt{Z_k^2 - X_k^2} = 0{,}238\ \Omega$$

Normalerweise ist $R_1 \approx R_2'$ und $X_{1\sigma} \approx X_{2\sigma}'$:

$$R_1 = \frac{R_k}{2} = 0{,}109\ \Omega$$

$$\mathrm{X}_{1'} = \frac{X_k}{2} = 0{,}119\ \Omega$$

$$u_k = \frac{U_k}{U_{1N}} = 0{,}061 = 6{,}1\ \%$$

$$I_{kN} = \frac{I_{1N}}{u_k} = 713 \text{ A}$$

12.1.4 Spannungsänderung

Die sekundärseitige Scheinleistung, also das Produkt aus Nennspannung U_{20} und Nennstrom I_{2N}, ist nach VDE 0532 die **Nennleistung** $S_{2N} = U_{20}\, I_{2N}$ des Transformators.

Wird der Transformator primärseitig mit Nennspannung betrieben, so liegt bei *Leerlauf* die *Nennspannung* $U_{20} = U_{2N}$ an den Klemmen der Sekundärwicklung.

Der Unterschied zwischen der Leerlaufspannung und der Spannung bei *Nennstrom* wird als **Spannungsänderung** $U_{2\varphi}$ bezeichnet:

$$U_{2\varphi} = U_{20} - U_2 \tag{12.11}$$

Die Spannungsänderung $U_{2\varphi}$ ist die Differenz der Effektivwerte von U_{20} und U_2; die Phasenverschiebung zwischen den beiden Spannungen wird dabei nicht berücksichtigt.

Wir rechnen die Gl. (12.11) auf die Primärseite um:

$$U_{2\varphi}' = U_{1N} - U_2' \tag{12.12}$$

Nimmt man näherungsweise an, dass die Spannungen U_{1N} und $\underline{U}_2'$ in Phase sind, so ergibt sich für die auf die Primärseite umgerechnete Spannungsänderung:

$$U_{2\varphi}' = R_k I_{1N} \cos\varphi + X_k I_{1N} \sin\varphi \tag{12.13}$$

Das Bild 12.10 zeigt, dass U_R der Spannungsabfall ist, den der Nennstrom I_{1N} an R_k hervorruft; entsprechend ist U_X der Spannungsabfall an X_k:

$$U_{2\varphi}' = U_R \cos\varphi + U_X \sin\varphi \tag{12.14}$$

Die Spannungen U_R und U_X sind die Katheten eines rechtwinkligen Dreiecks, das **Kappsches Dreieck** genannt wird (Bild 12.12).

Die Spannung U_2, die sich beim Betrieb des Transformators mit Nennstrom einstellt, ist vom Phasenverschiebungswinkel φ des Verbrauchers abhängig. Bei Ohmscher und bei induktiver Last ist $U_2 < U_{20}$; bei kapazitiver Last kann $U_2 > U_{20}$ sein.

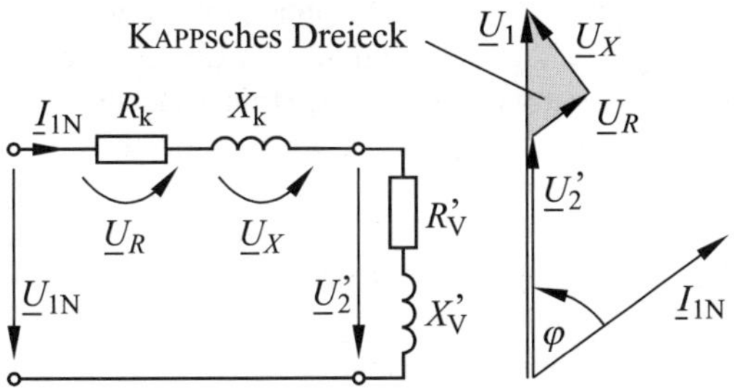

Bild 12.12 Betrieb des Transformators mit Nennstrom, Schaltung (a) und Zeigerdiagramm (b)

Beispiel 12.4

Welche Sekundärspannung stellt sich bei dem in den Beispielen 12.2 und 12.3 beschriebenen Transformator ein, wenn er mit Nennstrom beim Leistungsfaktor cos $\varphi = 1$ bzw. cos $\varphi = 0{,}8$ ind. bzw. cos $\varphi = 0{,}6$ kap. belastet wird?

$$U_R = R_k\, I_{1N} = 0{,}217\ \Omega \cdot 43{,}5\ \text{A} = 9{,}44\ \text{V}$$

$$U_X = X_k\, I_{1N} = 0{,}238\ \Omega \cdot 43{,}5\ \text{A} = 10{,}35\ \text{V}$$

a) $\cos\varphi = 1\,;\ \underline{U}_{2\varphi}' = 9{,}44\ \text{V} = \ddot{u}\, \underline{U}_{2\varphi}$

$$\underline{U}_2 = \underline{U}_{20} - \underline{U}_{2\varphi} = \underline{U}_{20} - \frac{\underline{U}_{2\varphi}'}{\ddot{u}} = 10{,}07\ \text{kV}$$

b) $\cos\varphi = 0{,}8$ ind. ; $\sin\varphi = 0{,}6\,;\ \underline{U}_{2\varphi}' = 13{,}76\ \text{V}$

$$\underline{U}_2 = \underline{U}_{20} - \underline{U}_{2\varphi} = \underline{U}_{20} - \frac{\underline{U}_{2\varphi}'}{\ddot{u}} = 9{,}87\ \text{kV}$$

c) $\cos\varphi = 0{,}8$ kap. ; $\sin\varphi = -0{,}8$

$$\underline{U}_{2\varphi}' = -2{,}62\ \text{V}\,;\ \underline{U}_2 = 10{,}62\ \text{kV}$$

12.1.5 Wirkungsgrad

Jeder Transformator hat Leerlaufverluste P_0 und Kurzschlussverluste P_k. Damit berechnen wir den Wirkungsgrad η des Transformators:

$$\eta = \frac{P_2}{P_1} = \frac{P_1 - P_V}{P_1} = 1 - \frac{P_0 + P_k}{P_N} \qquad (12.15)$$

Der **Nennwirkungsgrad** η_N wird für die Nennleistung P_N angegeben; bei Teillast ist $\eta < \eta_N$ wegen der lastunabhängigen Eisenverluste.

Von den Herstellerfirmen werden Transformatoren gleicher Nennleistung S_{2N} mit unterschiedlicher Aufteilung der Leerlauf- und Kurzschlussverluste angeboten; dies ermöglicht die Auswahl eines Transformators, der bei gegebenen Einsatzbedingungen die kleinste Verlustarbeit aufweist.

Beispiel 12.5

Ein Drehstrom-Verteilungstransformator mit der Nennleistung 630 kVA hat nach DIN 42523 die Leerlaufverluste 1400 W und die Kurzschlussverluste 5600 W.

Die Herstellerfirma bietet auch einen Transformator gleicher Nennleistung mit reduzierten Leerlaufverlusten 1090 W an; die Kurzschlussverluste dieses Transformators betragen 6400 W. Wir wollen den Nennwirkungsgrad jedes Transformators berechnen.

Welcher Transformator ist für einen Betrieb auszuwählen, bei dem an 200 Arbeitstagen im Jahr in achtstündigem Betrieb die Nennleistung bei cos $\varphi = 1$ entnommen wird und der Transformator in der übrigen Zeit des Jahres leerläuft?

Betriebszeit bei Nennlast: $t_N = 200 \cdot 8\ \text{h} = 1600\ \text{h}$

Betriebszeit bei Leerlauf:

$$t_0 = 24 \frac{\text{h}}{\text{Tag}} \cdot 365\ \text{Tage} - 1600\ \text{h} = 7160\ \text{h}$$

Transformator nach DIN 42523:

$P_0 = 1{,}4$ kW; $P_k = 5{,}6$ kW; $P_V = P_0 + P_k = 7{,}0$ kW

$P_N = 630$ kW; Gl. (12.15): $\eta_N = 0{,}989$

Verlustarbeit: $W_V = P_V\, t_N + P_0\, t_0 = 21{,}2$ MWh

Transformator mit reduzierten Leerlaufverlusten:

$P_0 = 1{,}09$ kW; $P_k = 6{,}4$ kW; $P_V = P_0 + P_k = 7{,}49$ kW

$P_N = 630$ kW; Gl. (12.15): $\eta_N = 0{,}988$

Verlustarbeit: $W_V = P_V\, t_N + P_0\, t_0 = 19{,}8$ MWh

Obwohl der Transformator mit den reduzierten Leerlaufverlusten den niedrigeren Nennwirkungsgrad aufweist, ist er wegen der kleineren Verlustarbeit vorzuziehen.

12.1.6 Drehstrom-Transformatoren

Drehstrom-Transformatoren werden in der elektrischen Energieübertragung und -verteilung eingesetzt. Die Spannung eines Kraftwerksgenerators (10 ... 30 kV) ist für die Übertragung der elektrischen Energie zu niedrig; damit die von den Strömen hervorgerufenen Verluste auf den Fernleitungen nicht zu groß sind, wird jedem Kraftwerksgenerator ein Transformator nachgeschaltet, der die Spannung heraufsetzt und die Ströme entsprechend verringert.
Die hohen Spannungen der Fernleitungen werden stufenweise mit Drehstromtransformatoren herabgesetzt, zunächst auf **Mittelspannung** 10 ... 30 kV und schließlich auf **Niederspannung** 0,4 kV.

Grundsätzlich lässt sich Drehstrom mit Hilfe dreier Einphasentransformatoren, der sog. **Drehstrombank**, umspannen. In Mitteleuropa werden jedoch im Allg. Drehstromtransformatoren verwendet, bei denen die Wicklungen jedes Stranges auf einem der drei Schenkel des Eisenkerns sitzen.

Nach VDE 0532 sind für Drehstromtransformatoren vier verschiedene **Schaltgruppen** gebräuchlich. Der Großbuchstabe der Schaltgruppe gibt die Schaltungsart der Oberspannungswicklung, der Kleinbuchstabe die Schaltungsart der Unterspannungswicklung an; dabei bedeuten D bzw. d *Dreieckschaltung* und Y bzw. y *Sternschaltung*. Ein zusätzlicher Buchstabe N bzw. n weist darauf hin, dass der *Neutralleiter* der betreffenden Wicklung herausgeführt und damit zugänglich ist.

Die *Kennzahl* der Schaltgruppe gibt an, um welches ganze Vielfache von 30° die Unterspannung der Oberspannung desselben Stranges nacheilt.
Bei der Schaltgruppe Yy0 sind in jedem Strang Oberspannung und Unterspannung in Phase; bei den Schaltgruppen Dy5, Yd5 und Yz5 eilt die Unterspannung der Oberspannung um 150° nach.

Die Aufspanntransformatoren in Kraftwerken, die auch **Maschinentransformatoren** genannt werden, erhalten die Schaltgruppe Yd5; da bei Sternschaltung die Isolation eines Stranges nur für die *Sternspannung* ausgelegt werden zu braucht, bringt die Sternschaltung der Oberspannungswicklung isolationstechnische Vorteile.

Die Schaltgruppe Yy0 wird z. B. bei Verteilungstransformatoren kleiner Leistung verwendet, die symmetrisch belastet werden. Der Sternpunktleiterstrom darf beim Kerntyp (s. Abschn. 12.1.8) höchstens 10 % des Außenleiter-Nennstroms betragen; der Manteltyp darf überhaupt nicht unsymmetrisch belastet werden.

Verteilungstransformatoren für *unsymmetrische Last* werden für höhere Leistung in der Schaltgruppe Dyn5 und für kleine Leistung in der Schaltgruppe Yzn5 gebaut. Bei der **Zickzackschaltung** (Kennbuchstabe z) ist jeder Strang der Unterspannungswicklung auf zwei Schenkel des Eisenkerns verteilt; da sich jede Strangspannung auf der Sekundärseite aus zwei um 120° phasenverschobenen Teilspannungen zusammensetzt, ist mehr Kupfer für die Wicklung erforderlich.

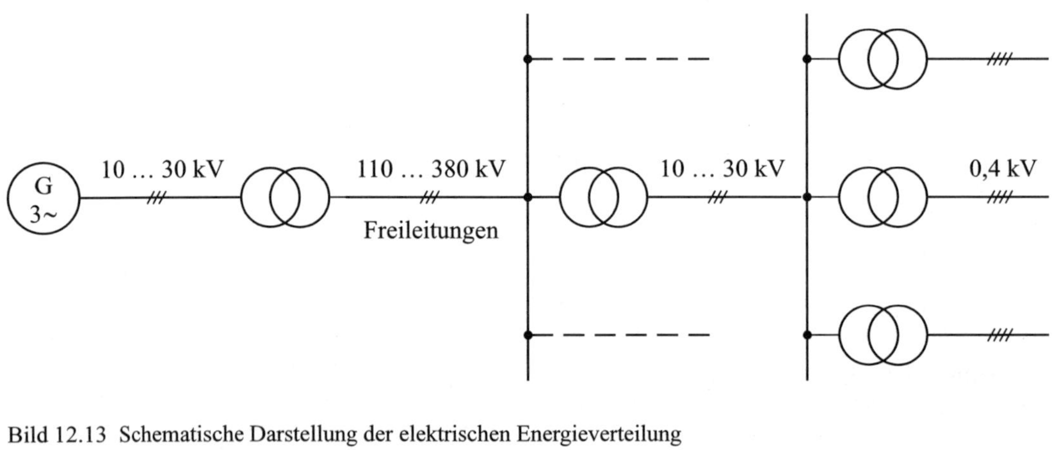

Bild 12.13 Schematische Darstellung der elektrischen Energieverteilung

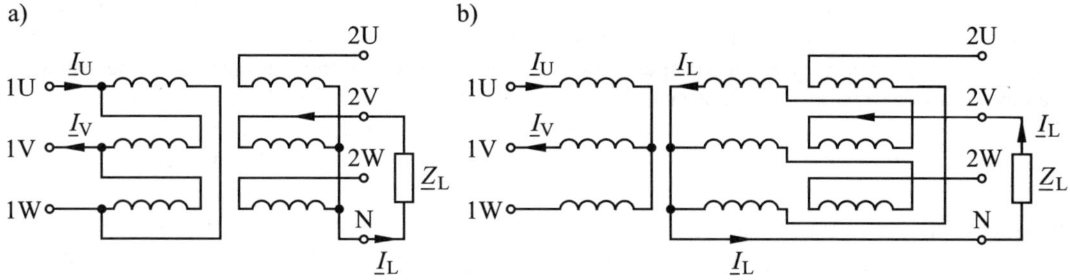

Bild 12.14 Einsträngige Belastung eines Drehstrom-Transformators mit der Schaltgruppe Dyn5 (a) bzw. mit der Schaltgruppe Yzn (b)

Eine Einphasenlast, der Extremfall unsymmetrischer Belastung, ergibt bei den Schaltgruppen Dyn5 und Yzn5 ein Gleichgewicht der Durchflutungen auf jedem Schenkel des Eisenkerns (Bild 12.14).

Für einen Transformator der Schaltgruppe Dyn5 wird zwar mehr Isolationsmaterial für die Primärwicklung, dafür aber weniger Kupfer für die Sekundärwicklung als für einen Transformator der Schaltgruppe Yzn5 benötigt; deshalb wird bei einer Nennleistung über 100 kVA die Schaltgruppe Dyn5 bevorzugt.

12.1.7 Parallelbetrieb

Vor allem bei der Stromversorgung von Betrieben werden häufig zwei oder mehrere Transformatoren an Sammelschienen parallel betrieben. Für einen einwandfreien Betrieb müssen nach VDE 0532 folgende Bedingungen erfüllt sein:

- Die Nennspannungen müssen übereinstimmen und die Schaltgruppen zueinander passen.
- Das Verhältnis der Nennleistungen soll nicht größer als 3:1 sein.
- Die Kurzschlussspannungen müssen gleich sein.

Nur bei gleichen Kurzschlussspannungen wird die gesamte Leistung im Verhältnis der Nennleistungen aufgeteilt. Dies soll am Beispiel von zwei parallelgeschalteten Transformatoren erläutert werden (Bild 12.15a); bei symmetrischer Belastung wird die Berechnung für einen Strang anhand der Schaltung 12.12a durchgeführt.

Beide Transformatoren liegen an derselben Primärspannung $\underline{U}_1$ und an derselben (umgerechneten) Sekundärspannung $\underline{U}_2'$; an beiden Transformatoren entsteht daher der gleiche Spannungsabfall:

$$I_\mathrm{I}\, Z_\mathrm{kI} = I_\mathrm{II}\, Z_\mathrm{kII} \tag{12.16}$$

Dies formen wir mit den Gln.(12.8 und 12.9) um:

$$\frac{I_\mathrm{I}\, u_\mathrm{kI}\, U_\mathrm{1N}}{I_\mathrm{1NI}} = \frac{I_\mathrm{II}\, u_\mathrm{kII}\, U_\mathrm{1N}}{I_\mathrm{1NII}} \tag{12.17}$$

Wir dividieren diese Gleichung durch U_1N, so dass im Nenner die Nennleistung S_N jedes Transformators steht.
Das Produkt $S_\mathrm{I} = U_\mathrm{1N}\, I_\mathrm{1NI}$ bzw. $S_\mathrm{II} = U_\mathrm{1N}\, I_\mathrm{1NII}$ im Zähler der Gl.(12.17) ist die Scheinleistung, mit der jeder Transformator beansprucht wird. Die Lastaufteilung der Transformatoren steht im umgekehrten Verhältnis der Kurzschlussspannungen:

$$\frac{S_\mathrm{I}\,/\,S_\mathrm{NI}}{S_\mathrm{II}\,/\,S_\mathrm{NII}} = \frac{u_\mathrm{kII}}{u_\mathrm{kI}} \tag{12.18}$$

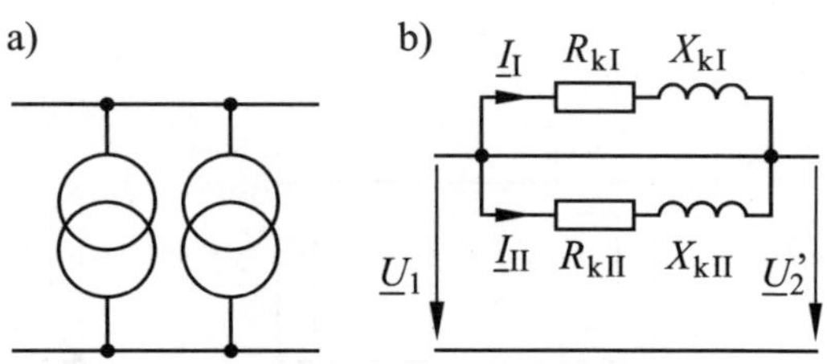

Bild 12.15: Parallelbetrieb zweier Transformatoren (a) und vereinfachte Ersatzschaltung für einen Strang (b)

Die beiden Transformatoren liefern die Scheinleistung $S = S_{\mathrm{I}} + S_{\mathrm{II}}$, wenn die Phasenwinkel der Kurzschlussimpedanzen übereinstimmen; diese Bedingung ist dann näherungsweise erfüllt, wenn die Nennleistungen der Transformatoren nicht zu stark voneinander abweichen.

Beispiel 12.6
Welche maximale Leistung darf zwei parallelgeschalteten Transformatoren 250 kVA mit $u_{\mathrm{kI}} = 4\,\%$ und $u_{\mathrm{kII}} = 6\,\%$ ($\varphi_{\mathrm{kI}} = \varphi_{\mathrm{kII}}$) insgesamt entnommen werden, damit keine Überlastung eintritt?

Wenn dem Transformator I mit der kleineren Kurzschlussspannung die Nennleistung $S_{\mathrm{I}} = S_{\mathrm{NI}} = 250$ kVA entnommen wird, dann liefert nach Gl.(12.18) der Transformator II die Leistung S_{II}:

$$S_{\mathrm{II}} = S_{\mathrm{I}} \cdot \frac{S_{\mathrm{NII}}\, u_{\mathrm{kI}}}{S_{\mathrm{NI}}\, u_{\mathrm{kII}}} = 166{,}7 \text{ kVA}$$

Die parallelgeschalteten Transformatoren können also höchstens die Scheinleistung S abgeben:

$$S = S_{\mathrm{I}} + S_{\mathrm{II}} = 416{,}7 \text{ kVA}$$

12.1.8 Mechanischer Aufbau

Der **Eisenkern** eines *Einphasentransformators* besteht beim **Kerntyp** aus *zwei* Schenkeln, die durch Joche miteinander verbunden sind; beim **Manteltyp** hat der Mittelschenkel den doppelten Querschnitt der Rückschlussschenkel.

Drehstromtransformatoren werden im Allgemeinen als *Kerntyp* gebaut; der *Manteltyp* wird nur bei Transformatoren großer Leistung verwendet, die bahntransportfähig sein sollen, weil bei vorgegebenem Bahnprofil eine größere axiale Wicklungshöhe zur Verfügung steht.

Um die magnetische Vorzugsrichtung in Walzrichtung der Bleche optimal auszunutzen, werden die schräggeschnittenen Bleche der Drehstromtransformatoren an den Übergangsstellen von Schenkeln und Jochen auf Gehrung aneinandergelegt und überlappt geschichtet (Bild 12.17); diese fertigungstechnisch aufwendige *step-lap*-Schichtung ergibt besonders niedrige Leerlaufverluste.

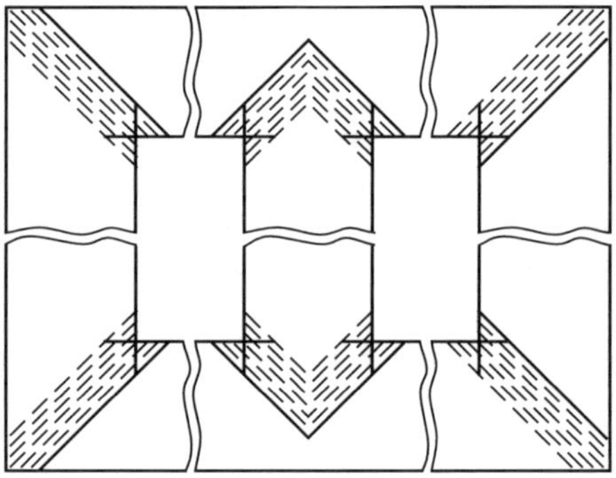

Bild 12.17 *Step-lap*-Schichtung

Mit zunehmender Leistung wird der Kernquerschnitt durch unterschiedliche Blechbreiten immer stärker der Kreisform angepasst.

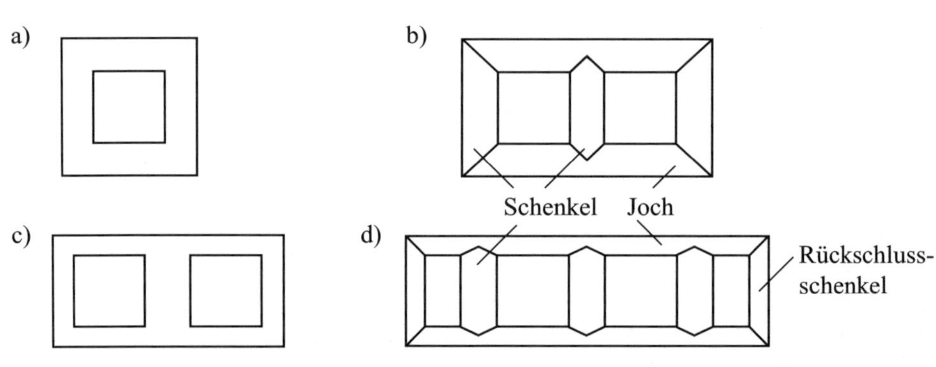

Bild 12.16 Kerntyp (a; c) und Manteltyp (b; d)
beim Einphasentransformator (a; b) und beim Drehstromtransformator (c; d)

Das Bild 12.18 zeigt, dass die Bleche zu Paketen unterschiedlicher Dicke zusammengefasst werden. Trotz der für die Kühlung des Kerns erforderlichen Schlitze S werden bis zu 91 % des Kreisquerschnitts vom Eisen ausgefüllt. Während die Schenkel mit glasfaserverstärkten Kunststoffbändern umwickelt sind, werden die Joche durch einen Stahlrahmen zusammengepresst.

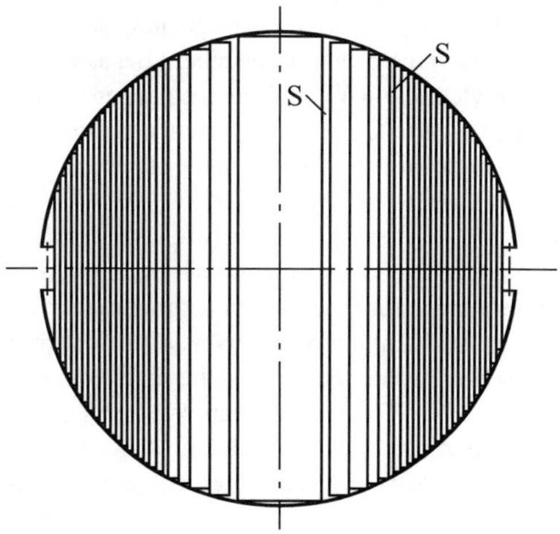

Bild 12.18 Kernquerschnitt eines Großtransformators

Die **Wicklung** besteht beim *Öltransformator* aus papierisolierten Kupfer-Runddrähten, während die Hauptisolation zwischen den Wicklungen sowie zwischen Unterspannnungswicklung und Kern aus Pressspan besteht. Die Papierisolation wird vor dem Einfüllen des Öls im Vakuum getrocknet, denn Wasser würde die guten isolierenden Eigenschaften des Öls entscheidend verschlechtern und Polarisationsverluste (s. Kap. 4.6) hervorrufen.

Der klassische Öltransformator besitzt ein Ölausdehnungsgefäß, das die temperaturabhängige Volumenänderung der Kühl- und Isolierflüssigkeit zulässt. Bei modernen Verteilungstransformatoren für beengte Raumverhältnisse und schwer zugängliche Stationen nimmt ein elastischer Faltwellenkessel die Volumenänderungen des Öls auf (Bild 12.19); diese hermetisch geschlossenen Systeme sind wartungsfrei.

Die Temperatur des Öls wird mit einem Thermometer überwacht. Außerdem wird in die Leitung zwischen Kessel und Ausdehnungsgefäß

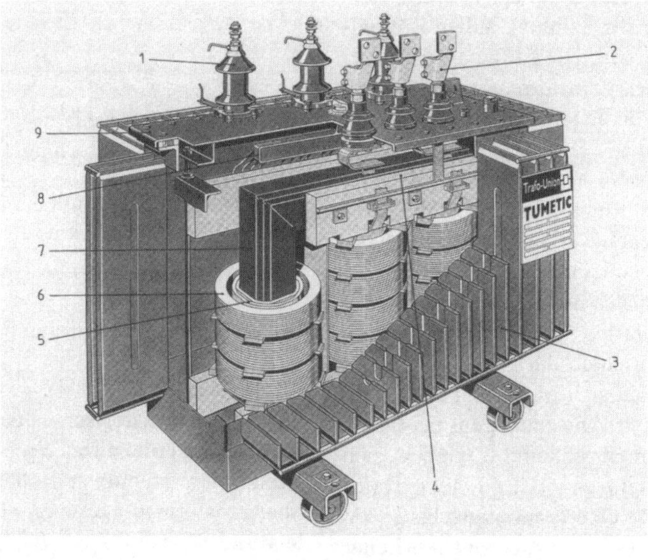

Bild 12.19 Schnittbild eines Drehstrom-Verteilungstransformators 630 kVA, 20/0,4 kV (Werkbild Trafo-Union, Nürnberg); 1 Oberspannungs-, 2 Unterspannungs-Durchführungen, 3 Kühlrippen, 4 Pressrahmen, 5 Unterspannungswicklung, 6 Oberspannungswicklung, 7 Eisenkern, 8 Faltwellenkessel, 9 Kesseldeckel

ein **Buchholz-Relais** eingebaut, das auf Gasblasen anspricht, die infolge Erwärmung bei einem Fehler im Transformator entstehen; bei schwacher Gasentwicklung wird ein Warnsignal gegeben, bei stärkerer – wie sie z. B. durch einen Kurzschluss entsteht – wird der Transformator abgeschaltet.

Die *Kühlung* der Transformatoren wird mit zunehmender Nennleistung schwieriger, weil die Verluste etwa mit dem Volumen zunehmen, wogegen für die Kühlung die Wärmeabfuhr durch die schwächer wachsende Oberfläche maßgebend ist. Während bei Transformatoren kleiner Leistung Luftkühlung ausreicht, muss bei größerer Leistung mit hohem Aufwand dafür gesorgt werden, dass die Isolierstoffe sich nicht zu stark erwärmen. Die Art der Kühlung wird durch vier Großbuchstaben angegeben:

- Kühlmittel innen:
  O ... Mineralöl; W ... Wasser; A ... Luft (*air*)
- Kühlungsart innen:
  N ... natürlich; F ... erzwungen (*forced*)
- Kühlmittel außen
- Kühlungsart außen

So bedeutet z. B. ONAF natürlichen Ölumlauf innen (im Kessel) und Lüfter außen. Großtransformatoren erhalten für die Kühlung außen Röhrensysteme oder Radiatoren. Die Lüfter werden bei hoher Erwärmung des Transformators zugeschaltet, da sie Verluste bedingen und unerwünschte Geräusche verursachen.

Unter jedem Öltransformator muss eine ausbetonierte Grube vorgesehen werden, in die das Öl bei einem Defekt abfließen kann.
Öltransformatoren dürfen nur dort aufgestellt werden, wo keine Gefährdung durch das brennbare Öl entstehen kann; deshalb dürfen sie z. B. nicht in Gebäuden, in denen sich Menschen aufhalten, aufgestellt werden. Für Anwendungen, bei denen es auf hohe Sicherheit ankommt, eignen sich **Gießharztransformatoren** (GEAFOL, Trafo-Union); sie werden für Oberspannungen bis 36 kV und Nennleistungen bis 15 MVA gebaut. Als Leiter werden Aluminiumfolien verwendet, die in eine Epoxidharz-Quarzmehlmischung eingegossen sind. Das umweltfreundliche Isolationsmaterial macht die Wicklungen wartungsfrei, feuchtesicher, tropengeeignet, schwer brennbar und selbstverlöschend; auch unter Lichtbogeneinwirkung entstehen keine giftigen Gase. Die hohe Sicherheit hat jedoch ihren Preis: GEAFOL-Transformatoren sind etwa doppelt so teuer wie vergleichbare Öltransformatoren.

12.1.9 Sonderbauarten

Spartransformator

Im Unterschied zum *Volltransformator*, der zwei elektrisch getrennte Wicklungen besitzt, hat der **Spartransformator** nur eine einzige Wicklung, die an einer Stelle angezapft ist. Dadurch entstehen zwei Wicklungsteile (Bild 12.20): Der größte Teil der Leistung wird in der **Parallelwicklung** direkt übertragen, während in der **Reihenwicklung** der Rest der Leistung transformatorisch übertragen wird.

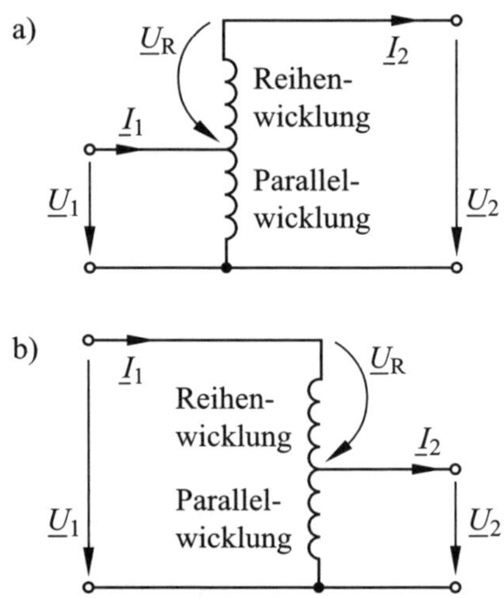

Bild 12.20 Spartransformator für $U_1 < U_2$ (a) bzw. für $U_1 > U_2$ (b)

Die transformatorisch übertragene Leistung, die als **Typenleistung** S_T bezeichnet wird, bestimmt den Bauaufwand; diese Leistung ist beim Spartransformator kleiner als die **Durchgangsleistung** $S_D = U_{1N} I_{1N} = U_{2N} I_{2N}$.
Der Wirkungsgrad ist so günstig, dass man praktisch einen verlustlosen Transformator annehmen kann.

Für $U_{1N} < U_{2N}$ ist die Typenleistung $S_T = U_{RN} I_{2N}$. Da die Spannungen U_R, U_1 und U_2 praktisch in Phase sind, kann man mit $U_{RN} = U_{2N} - U_{1N}$ vereinfacht ansetzen:

$$\frac{S_T}{S_D} = \frac{U_{RN} I_{2N}}{U_{2N} I_{2N}} = \frac{U_{2N} - U_{1N}}{U_{2N}} = 1 - \frac{U_{1N}}{U_{2N}} \quad (12.19)$$

Für $U_{1N} > U_{2N}$ ergibt sich dementsprechend:

$$\frac{S_T}{S_D} = 1 - \frac{U_{2N}}{U_{1N}} \quad (12.20)$$

Die Typenleistung des Spartransformators ist dann besonders klein, wenn die Sekundärspannung wenig von der Primärspannung abweicht.

Der Vorteil des Spartransformators ist die Kostenersparnis beim Bauaufwand und bei den Betriebskosten, denn die Leerlauf- und Kurzschlussverluste sind viel kleiner als beim Volltransformator; dem stehen als Nachteile der höhere Kurzschlussstrom und die leitende Verbindung der beiden Netzteile gegenüber, die sich in Schadenfällen ungünstig auswirkt. Für *Schutzkleinspannung* (s. Kap. 18) sind Spartransformatoren aus Sicherheitsgründen nicht zugelassen.

Anwendung findet die Sparschaltung bei Kuppeltransformatoren in Hochspannungsnetzen, bei Lokomotivtransformatoren und bei Vorschaltgeräten für Natriumdampflampen.

Stelltransformatoren werden im Allg. in der Sparschaltung ausgeführt; auf der Sekundärseite wird die Spannung an einer Kohlerolle abgegriffen, die auf einer blankgeschliffenen Spur an der Wicklung entlanggeführt wird. Stelltransformatoren werden in der Energietechnik anstelle von Spannungsteilern mit OHMschen Widerständen verwendet, weil sie kleinere Verluste haben und weil ihre Ausgangsspannung weniger belastungsabhängig als beim Spannungsteiler ist.

Messwandler

Messwandler (VDE 0414) sind Geräte, mit deren Hilfe hohe Spannungen bzw. Ströme gemessen werden können. Die Genauigkeit wird durch die Genauigkeitsklasse angegeben (s. Kap. 14).

Spannungswandler setzen für Messzwecke hohe Spannungen auf eine niedrige Spannung (Messbereichs-Endwert 100 V) herab; ihre Last darf die *Nennleistung* 10 ... 300 VA nicht übersteigen. Der Scheinleitwert der Last wird auch als **Bürde** des Spannungswandlers bezeichnet.

Spannungswandler sind Transformatoren, die praktisch im *Leerlauf* betrieben werden; sie sind so konstruiert, dass vor allem die *Leerlaufverluste* besonders klein sind. Spannungswandler dürfen nicht kurzgeschlossen werden.

Die Anschlüsse der Primärwicklung eines Spannungswandlers werden mit den Großbuchstaben U; V und die der Sekundärwicklung mit den Kleinbuchstaben u; v gekennzeichnet.

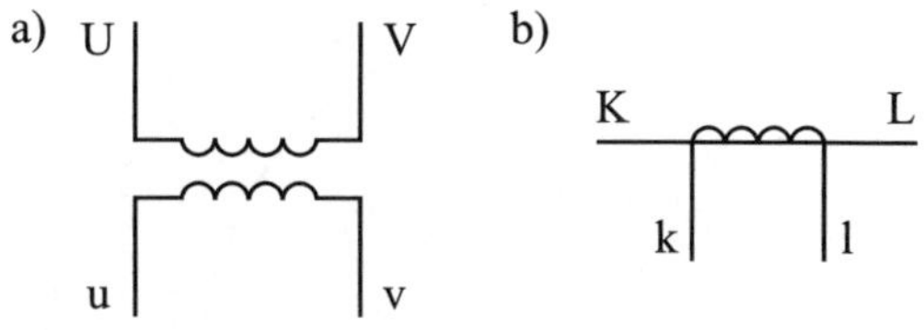

Bild 12.21 Klemmenbezeichnungen von Spannungswandlern (a) und Stromwandlern (b)

Stromwandler setzen für Messzwecke hohe Ströme auf kleine Ströme (Messbereichsendwert 1 A bzw. 5 A) herab; ihre Last darf die *Nennleistung* 1 ... 60 VA nicht übersteigen. Der Scheinwiderstand der Last wird auch **Bürde** genannt. Da die zur Strommessung verwendeten Amperemeter einen sehr niedrigen Messwerkwiderstand aufweisen, werden Stromwandler praktisch im *Kurzschluss* betrieben; sie sind so konstruiert, dass vor allem die *Kurzschlussverluste* besonders klein sind.

Stromwandler dürfen nicht im Leerlauf betrieben werden, weil dabei die *Eisenverluste* unzulässig hoch würden; auch eine kurze Unterbrechung des Messkreises muss vermieden werden, da sich dabei aufgrund der Hysterese die Magnetisierungskennlinie verschiebt und die Eichung des Wandlers ungültig wird. Außerdem ist die bei Leerlauf in der Sekundärwicklung induzierte Spannung gefährlich hoch.

Die Anschlüsse der Primärwicklung werden mit den Großbuchstaben K; L und die der Sekundärwicklung mit den Kleinbuchstaben k; l gekennzeichnet (Bild 12.21b).

Schweißtransformator

Die Leerlaufspannung U_{20} eines Schweißtransformators darf im Allgemeinen 70 V nicht übersteigen. Bei Schweißarbeiten in engen Behältern sind aus Sicherheitsgründen 50 V als höchste Leerlaufspannung zulässig.

Beim Auftupfen der Schweißelektrode wird der Transformator im Kurzschluss betrieben; dabei darf der Strom nicht wesentlich höher sein als der Schweißstrom, der bei brennendem Lichtbogen fließt. Der Schweißtransformator hat deshalb im Bereich des Kurzschlussstromes eine stark abfallende Kennlinie.

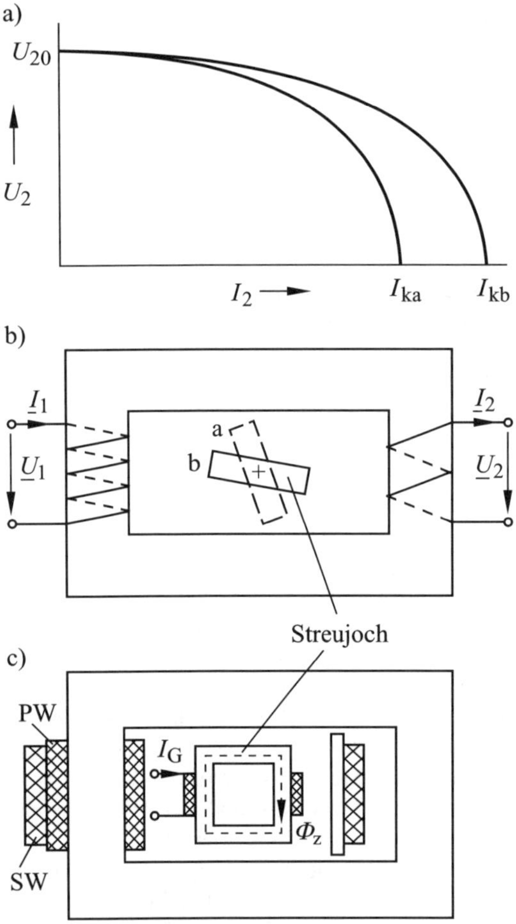

Bild 12.22 Kennlinien von Schweißtransformatoren (a) und Einstellung der Streuung mit einem bewegten Streujoch (b) bzw. mit einem Steuergleichstrom I_G (c) PW Primärwicklung; SW Sekundärwicklung

Die im Bereich des Kurzschlussstromes stark abfallende *I*-*U*-Kennlinie wird durch die hohe Streuung erreicht, die ein magnetischer Nebenschluss bewirkt.

Damit der Lichtbogenstrom passend für den Elektrodendurchmesser gewählt werden kann, ist die Streuung und damit der Kurzschlussstrom einstellbar. Bei kleineren Schweißtransformatoren wird ein Streujoch mit Hilfe eines Handrades verstellt (Bild 12.22b).

Größere Schweißtransformatoren erhalten ein Streujoch, das durch einen Steuergleichstrom I_G magnetisiert werden kann. Im unmagnetisierten Zustand des Streujochs ($I_G = 0$) ist der Streufluss durch das Streujoch groß, was einen niedrigen Kurzschlussstrom ergibt. Ein Strom I_G bewirkt einen Fluss Φ_z (Bild 12.22c) im Streujoch, wodurch die magnetische Leitfähigkeit des Streujochs herabgesetzt wird; dies ergibt eine geringere Streuung und damit einen höheren Kurzschlussstrom.

Kleintransformator

Transformatoren kleiner Leistung werden bei einer Vielzahl von Anwendungen eingesetzt:

- für Beleuchtung, z. B. Halogenlampen, Handleuchten, Leuchtröhren;
- für elektronische Geräte, z. B. Radios, Fernseher, Kleincomputer, Telefone usw.;
- für medizinische Geräte: die Nenn-Ausgangsspannung darf maximal 25 V betragen, wenn das Gerät mit dem menschlichen Körper in Kontakt kommt, und maximal 6 V, wenn das Gerät in den menschlichen Körper eingeführt wird;
- für Spielzeug: bei elektromotorisch angetriebenem Spielzeug darf die Nenn-Ausgangsspannung nicht höher als 25 V sein, und die Leistung darf höchstens 200 VA betragen;
- weitere Anwendungen, z. B. Klingeltransformatoren, Zündtransformatoren zur Zündung eines Gas-Luft- bzw. eines Öl-Luft-Gemischs in einer Heizungsanlage, usw.

Für den Eisenkern gibt es genormte Blechschnitte, z. B. den M-Schnitt und den EI-Schnitt (Bild 12.23). Außerdem werden Ringkerne und Schnittbandkerne verwendet.

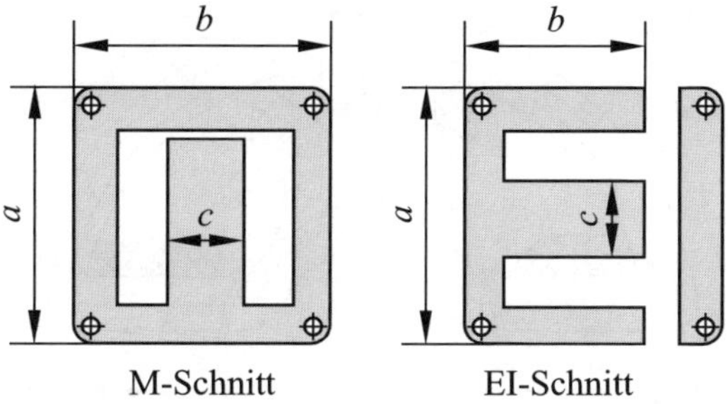

Bild 12.23 Genormte Blechschnitte für Kleintransformatoren

Die Wicklung, die meist aus Kupferlackdraht hergestellt wird, befindet sich auf einem Spulenkörper aus Kunststoff oder Hartpapier, der die Wicklung gegen den Kern isoliert. Die infolge der Eisen- und Kupferverluste entstehende Wärme wird im Allg. durch natürliche Luftkühlung abgeführt.

Die Nennleistung eines Kleintransformators ist die sekundäre Scheinleistung $S_{2N} = U_{2N} I_{2N}$, also das Produkt von Nennspannung und Nennstrom. Die Nennspannung stellt sich dann ein, wenn der Kleintransformator bei Nennleistung mit Nennstrom betrieben wird.

Bei der Berechnung geht man von der geforderten sekundären Leistung S_2 aus und sucht für $P_{2N} \geq S_2$ in der Tabelle einen Kern aus. Mit der Flussdichte B_{max} und dem Eisenquerschnitt A_{Fe} können wegen $B_{max} = \Phi_{max}/A_{Fe}$ für die Nennspannungen U_{1N} bzw. U_{2N} die zugehörigen Windungszahlen mit den Gln.(12.1 bzw. 12.2) berechnet werden.

Zum Schluss der Berechnung wird der Nennstrom der Primärseite bzw. der Sekundärseite bestimmt. Mit der mittleren Stromdichte in Tab. 12.1 wird der Leiterquerschnitt A_{Cu} berechnet, zu dem aus DIN 46435 der Nenndurchmesser des Kupferlackdrahts ausgewählt wird.

Beispiel 12.7

Für einen Kleintransformator 87 W ($\cos\varphi = 1$); 230 V/15 V; 50 Hz wollen wir die Windungszahlen und die Drahtquerschnitte berechnen.

Wir wählen den Kern M85.

$B_{max} = 1{,}41$ T; $A_{Fe} = 8{,}6$ cm^2; $J = 3{,}6$ A/mm^2

$\Phi_{max} = B_{max} A_{Fe} = 1{,}21$ mVs

Gln.(12.1 und 12.2): $N_1 = 855$; $N_1 = 56$

$P_1 = P_{2N} + P_{Fe} + P_{Cu} = 103{,}7$ W; $Q_1 = 53$ var

$$S_1 = \sqrt{P_1^2 + Q_1^2} = 116{,}5 \text{ VA} = U_1 I_1 \; ; \; I_1 = 0{,}506 \text{ A}$$

$A_{Cu1} = I_1/J = 0{,}141$ mm^2

$I_2 = P_2/U_2 = 87$ W/15 V $= 5{,}8$ A

$A_{Cu2} = I_2/J = 1{,}61$ mm^2

Tabelle 12.1 Werte für Transformatoren mit M- bzw. EI-Kern (Kernblech V 400-50 A, Auszug aus DIN 41 300)

Kern	Nenn-leistung P_{2N} W	Fluss-dichte B_{max} T	Strom-dichte J A/mm^2	Blind-leistung Q var	Eisen-verluste P_{Fe} W	Kupfer-verluste P_{Cu} W	Eisen-querschnitt A_{Fe} mm^2	Maße a mm	b mm	c mm
M42	4,05	1,38	6,8	4,53	0,51	3,91	1,6	42	42	12
M55	16,4	1,4	5,1	12,7	1,36	6	3,2	55	55	17
M65	35,7	1,42	4,21	24,4	2,5	8	4,9	65	65	20
M74	65	1,43	3,62	40,8	4,06	9,9	6,9	74	74	23
M85	87	1,41	3,6	53	5,5	11,2	8,6	85	85	29
M102	154	1,42	3,05	86	8,7	14,6	11	102	102	34
EI92	75	1,51	2,98	47,1	3,52	13,3	4,8	92	69	23
EI106	151	1,5	2,71	87	6,8	16,3	8,5	106	77	29
EI130	298	1,52	2,22	159	11,8	21,9	11,7	130	95	35
EI150	453	1,52	2,05	234	17,2	27,9	14,8	150	110	40
EI170	850	1,5	1,73	396	30,4	34,3	22,7	170	125	45

12.2 Rotierende elektrische Maschinen

12.2.1 Aufbau und Erregung

Jede rotierende elektrische Maschine ist ein elektromechanischer Energiewandler:

- In einem **Motor** wird elektrische Energie in mechanische Energie umgewandelt, die an der Welle abgegeben wird;
- in einem **Generator** wird die von der Welle übertragene mechanische Energie in elektrische Energie umgewandelt.

Eine rotierende elektrische Maschine üblicher Bauart besteht aus einem rotierenden Teil, der **Läufer** *(rotor)* genannt wird, und einem feststehenden Teil, der als **Ständer** *(stator)* bezeichnet wird.

Der **Luftspalt** *(air gap)* zwischen Ständer und Läufer wird von einem *Magnetfeld* durchsetzt, mit dessen Hilfe die Energiewandlung durchgeführt wird. Die Erzeugung des Magnetfeldes, die man als **Erregung** *(excitation)* bezeichnet, wird entweder mit Dauermagneten oder mit stromdurchflossenen Spulen einer Wicklung vorgenommen.
Derjenige Teil einer Maschine, der das Magnetfeld erzeugt, wird auch als **Induktor** bezeichnet, während der Teil der Maschine, in dem Spannungen induziert werden, auch **Anker** genannt wird.

Die Magnetpole des Induktors sind an der dem Luftspalt zugewandten Seite des Läufers bzw. des Ständers angeordnet, wobei sich Nordpol und Südpol abwechseln. Dies führt dazu, dass das Magnetfeld im Luftspalt *ortsabhängig* ist.

Da zu jedem Nordpol ein Südpol gehört, ist die gesamte Anzahl $2p$ der Pole eine *gerade* Zahl. Anstelle der Polzahl wird bei Berechnungen die **Polpaarzahl** p verwendet.

Das Bild 12.24 zeigt als Beispiel den magnetischen Kreis einer vierpoligen Gleichstrommaschine mit der Polpaarzahl $p = 2$. Jeder Pol, der in Luftspaltnähe durch einen Polschuh aufgeweitet ist, trägt eine Feldspule. Der magnetische Fluss Φ, der einen Nordpol durchsetzt, schließt sich über den Luftspalt, die benachbarten Südpole und das Joch.

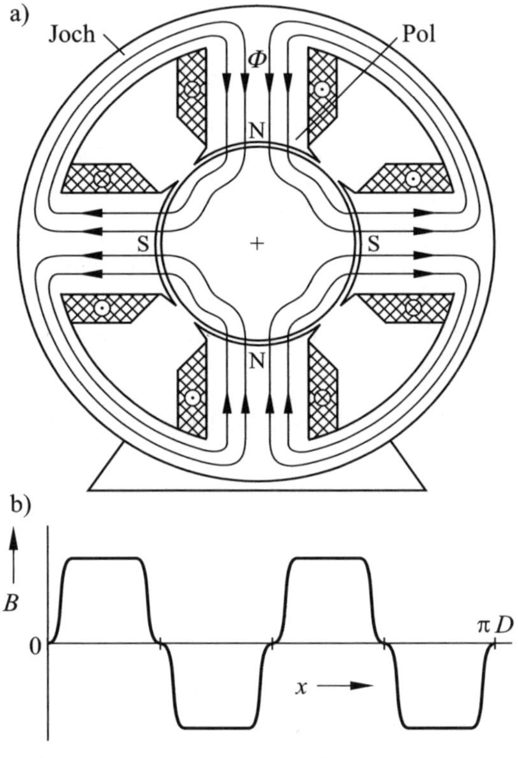

Bild 12.24 Prinzipieller Aufbau einer vierpoligen Gleichstrommaschine (a) und Ortsabhängigkeit des Magnetfeldes im Luftspalt (b)

Das Magnetfeld im Luftspalt einer Maschine kann auch zeitabhängig sein. Nach der Art der Zeitabhängigkeit teilt man die rotierenden elektrischen Maschinen in drei Gruppen ein:

- Bei **Gleichfeldmaschinen** ist das Magnetfeld zeitlich konstant; zu dieser Art von Maschinen gehört z. B. die Gleichstrommaschine.
- Bei **Wechselfeldmaschinen** ist das Magnetfeld bei unveränderter Ortsabhängigkeit zeitabhängig; dabei liegt das Maximum der Flussdichte stets an der gleichen Stelle vor. Zu dieser Art von Maschinen gehört z. B. der an Wechselspannung betriebenen Universalmotor.
- Bei **Drehfeldmaschinen** rotiert das Magnetfeld; zu dieser Art von Maschinen gehören z. B. die Synchronmaschine und die Asynchronmaschine.

12.2.2 Drehfelddrehzahl

Die Wicklung einer zweipoligen Drehfeldmaschine besteht aus drei Spulen, die gegeneinander um jeweils 120° versetzt sind. Wird eine solche Wicklung an ein Drehstromnetz angeschlossen, so fließen in den Wicklungssträngen zeitabhängige Wechselströme, die gegeneinander um je 120° phasenverschoben sind.

Das Bild 12.25 zeigt schrittweise die Rotation des Drehfeldes für vier Zeitpunkte.

Zum Zeitpunkt t_1 ist der Strom in der Spule 1 im positiven Maximum, während die Ströme in den Spulen 2 und 3 jeweils 50 % des Maximalwerts erreicht haben, dabei aber negativ sind. Die umhüllenden Feldlinien zeigen ein nach links gerichtetes, zweipoliges Magnetfeld. Die Durchflutung ist dabei das 1,5-fache der Durchflutung $\hat{\Theta}$ eines Stranges.

Zum Zeitpunkt t_2, also $T/12 \mathrel{\hat{=}} 30°$ später, ist der Strom in der Spule 1 auf 86,6 % des Maximalwerts abgesunken. Der Strom im Strang 2 ist gleich Null und der Strom im Strang 3 hat 86,6 % des negativen Maximalwerts erreicht. Das Feldlinienbild zeigt deutlich, dass sich das zweipolige Magnetfeld um 30° weitergedreht hat.

Zu den Zeitpunkten t_3 und t_4 hat sich das Magnetfeld um jeweils weitere 30° gedreht. Dies darf jedoch keineswegs zu der Annahme führen, dass sich das Drehfeld ruckartig drehen würde. Bei einer feineren Unterteilung der Zeit könnte man erkennen, dass das Drehfeld vielmehr gleichmäßig mit der konstanten Winkelgeschwindigkeit ω rotiert.

Da eine volle Umdrehung des Drehfeldes genau in der Periode T stattfindet, ist die **Drehfelddrehzahl** n_s, die auch **Synchrondrehzahl** genannt wird, bei der zweipoligen Drehfeldmaschine gleich der Frequenz f der Ströme. Für $p = 1$ gilt:

$$n_s = f \tag{12.21}$$

Der Betrag der vom Drehfeld erzeugten Durchflutung ist zeitlich konstant. Zwar erzeugt jeder Strang eine schwingende Durchflutung mit dem Maximalwert $\hat{\Theta}_{str}$, aber die Zeiger dieser schwingenden Größen müssen geometrisch addiert werden. Dabei ergibt sich eine rotierende Durchflutung mit dem zeitlich konstanten Betrag 1,5 $\hat{\Theta}_{str}$.

Werden *zwei* der drei Zuleitungen einer Drehstromwicklung vertauscht, so ändert sich der *Drehsinn* des Drehfeldes.

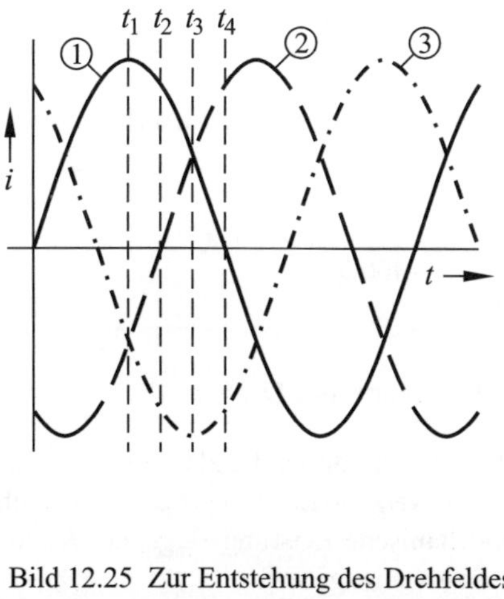

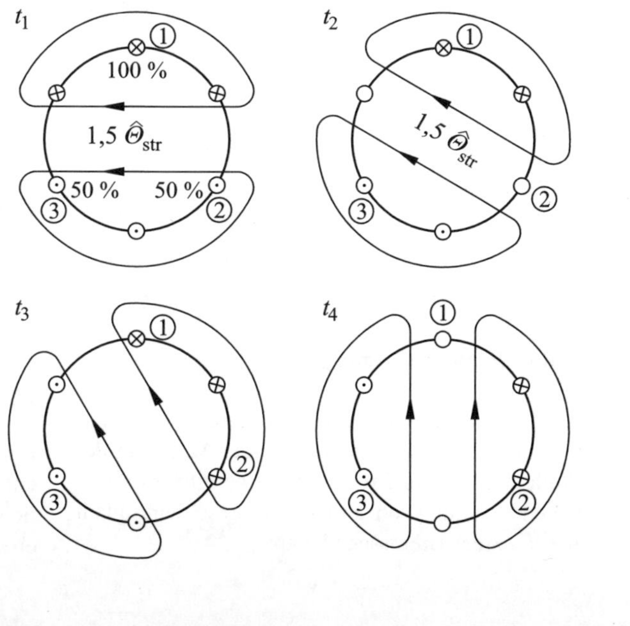

Bild 12.25 Zur Entstehung des Drehfeldes

Bei einer Drehfeldmaschine mit einer Polpaarzahl $p > 1$ ist die beschriebene Anordnung p-mal am Umfang vorhanden, wobei die Spulen gegeneinander um den Winkel $120°/p$ versetzt sind. Die Drehfelddrehzahl n_s ist dabei um den Faktor $1/p$ geringer als bei der zweipoligen Maschine. Allgemein gilt:

$$n_s = \frac{f}{p} \tag{12.22}$$

Beispiel 12.8
Mit welcher Drehzahl dreht sich das Drehfeld in einer 6-poligen Asynchronmaschine, die am öffentlichen Niederspannungsnetz betrieben wird?

$$n_s = \frac{f}{p} = \frac{50 \text{ Hz}}{3} = 16{,}67 \text{ s}^{-1} = 1000 \text{ min}^{-1}$$

12.2.3 Leistung

Der Wirkungsgrad kleiner Motoren wird meist durch Bremsung ermittelt, wobei das nutzbare Moment durch Reibung mit mechanischen Bremsen oder elektrisch mit einem Pendelgenerator gemessen wird.
Das Reibungsmoment der Backenbremse beträgt:

$$M = F\,r = G\,l \tag{12.23}$$

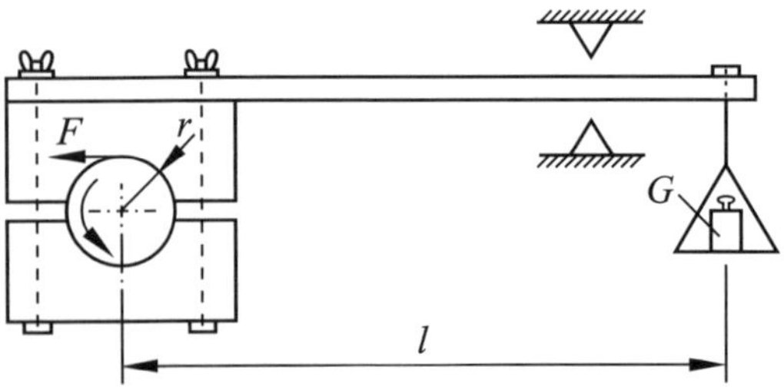

Bild 12.26 Backenbremse

Als Leistung eines Motors wird stets die mechanische Leistung angegeben, die der Motor an der Welle abgibt. Beim Bremsversuch hängt diese abgegebene Leistung von der Umfangsgeschwindigkeit $\upsilon = \pi\, d\, n$ der Bremsscheibe ab:

$$P = F\,\upsilon = F \cdot 2\,\pi\, r\, n \tag{12.24}$$

Setzt man die Gl.(12.23) in diese Gleichung ein, so erhält man den Zusammenhang zwischen der mechanischen Leistung P des Motors und dem Drehmoment M:

$$P = M \cdot 2\,\pi\, n \tag{12.25}$$

Dieser Zusammenhang gilt allgemein bei jeder Maschine, also auch bei einem Generator.

Beispiel 12.9
Ein Aufzug, der durch einen Drehstrom-Asynchronmotor (400 V; η = 92 %; cos φ = 0,88) über ein Getriebe mit dem Wirkungsgrad 59 % angetrieben wird, soll die Masse 1500 kg mit der Geschwindigkeit 1,2 m/s heben.
Welche Motorleistung ist erforderlich? Wir wollen das Drehmoment berechnen, das bei der Drehzahl 970 min^{-1} ausgeübt wird, und den dabei fließenden Außenleiterstrom.

$$F = m\,g = 1500 \text{ kg} \cdot 9{,}81 \text{ m/s}^2 = 14{,}72 \text{ kN}$$

$$P_{Mot} = \frac{F \cdot \upsilon}{\eta_{Getr}} = \frac{14{,}72 \text{ kN} \cdot 1{,}2 \text{ m}}{0{,}59 \cdot \text{s}} = 29{,}94 \text{ kW}$$

$$M = \frac{P_{Mot}}{2\,\pi\, n} = \frac{29{,}94 \text{ kW} \cdot 60 \text{ s}}{2\,\pi \cdot 970} = 295 \text{ Nm}$$

Scheinleistung des Motors:

$$S = \frac{P_{Mot}}{\eta \cdot \cos\varphi} = \frac{29{,}94 \text{ kW}}{0{,}92 \cdot 0{,}88} = 36{,}98 \text{ kVA}$$

Mit der Gl.(6.60) berechnen wir den Außenleiterstrom:

$$I = \frac{S}{\sqrt{3}\,U} = \frac{36{,}98 \text{ kVA}}{\sqrt{3} \cdot 400 \text{ V}} = 53{,}4 \text{ A}$$

12.2.4 Drehmoment und Drehzahl

Eine elektrische Maschine, die als *Motor* arbeitet, entnimmt dem Netz die Leistung $P_{el} > 0$. Es ist üblich, die mechanische Leistung P_{mech} des Motors ebenfalls positiv anzugeben.

Bei Motorbetrieb wirkt das Drehmoment der elektrischen Maschine im Drehsinn, während das Drehmoment M_A der angetriebenen Arbeitsmaschine dem Drehsinn entgegengesetzt ist.

Arbeitet die elektrische Maschine als *Generator*, so wirkt das Drehmoment M_K der antreibenden Kraftmaschine im Drehsinn. Das Drehmoment M der elektrischen Maschine ist dem Drehsinn entgegengesetzt.

Ein Drehmoment, welches entgegen dem Drehsinn wirkt, wird zweckmäßig negativ angesetzt. Dies hat gemäß Gl.(12.25) zur Folge, dass auch die vom Generator aufgenommene mechanische Leistung und seine abgegebene elektrische Leistung negativ anzusetzen sind.

Häufig wird auch die Drehzahl vorzeichenbehaftet angegeben. Ein positiver Drehzahlwert bedeutet Rechtslauf, d. h. die elektrische Maschine dreht im Uhrzeigersinn (Blick auf das Wellenende bei einer Maschine mit *einem* Wellenende; falls die Maschine zwei Wellenenden hat – s. DIN 57530 bzw. VDE 0530).
Ein negativer Drehzahlwert bedeutet Linkslauf. Die Drehmoment-Drehzahl-Kennlinie einer elektrischen Maschine kann in diesem Fall für die vier Quadranten des M-n-Kennlinienfeldes angegeben werden.

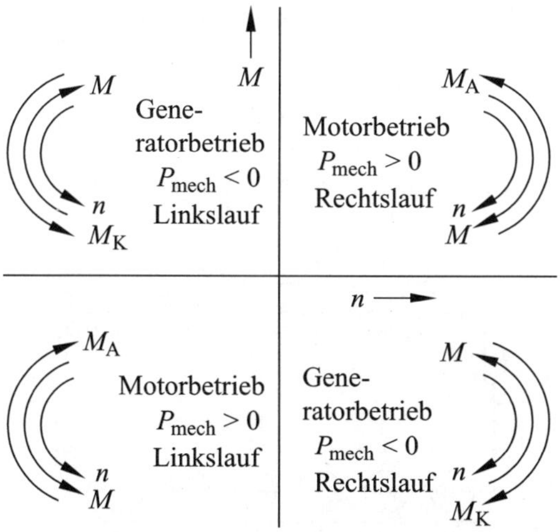

Bild 12.27 Betriebsarten einer elektrischen Maschine

12.3 Gleichstrommaschine

12.3.1 Aufbau und Funktionsweise

Die **Gleichstrommaschine** *(DC machine)* gehört zur Gruppe der Gleichfeldmaschinen. Das zeitlich konstante Magnetfeld im Luftspalt wird bei Maschinen mit Nennleistungen bis zu einigen kW häufig mit Dauermagneten, ansonsten mit der von einem Gleichstrom durchflossenen **Feldwicklung** erregt, die jeden **Hauptpol** umgibt, der vom Hauptfluss Φ durchsetzt wird (Bild 12.29). Der Strom in der Feldwicklung wird **Erregerstrom** genannt.

Der Läufer ist der Anker: Er trägt eine Wicklung, in deren Windungen bei der Rotation im zeitlich konstanten Magnetfeld mit dem Fluss Φ Wechselspannungen induziert werden (s. Abschn. 5.8.2). Das Bild 12.29 zeigt als Beispiel eine zweipolige Maschine mit 12 Spulen, die in den Nuten des Läufers angeordnet sind. Die Drähte bzw. Leiter jeder Spule liegen auf der einen Seite des Läufers in der Oberlage und auf der anderen Seite in der Unterlage.

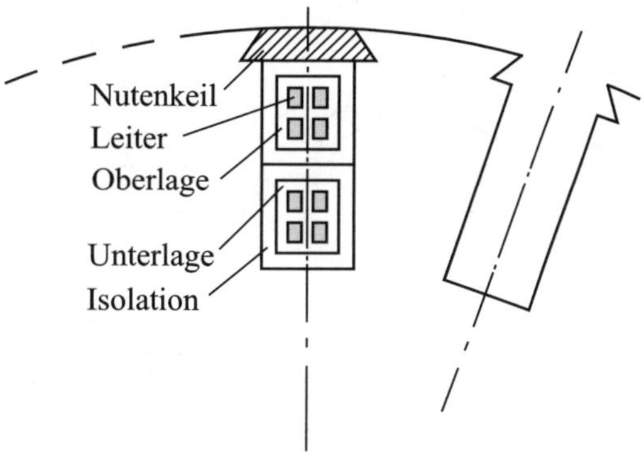

Bild 12.28 Querschnitt einer Ankernut

Die Spulen der Läuferwicklung sind mit dem **Kommutator**, der auch **Stromwender** genannt wird, elektrisch leitend verbunden (Bild 12.30). Der Kommutator besteht aus voneinander isolierten **Stegen** aus Elektrolytkupfer, die **Lamellen** genannt werden. Diese Lamellen sind an der Oberfläche eines Zylinders angebracht, der auf der Welle der Maschine sitzt.

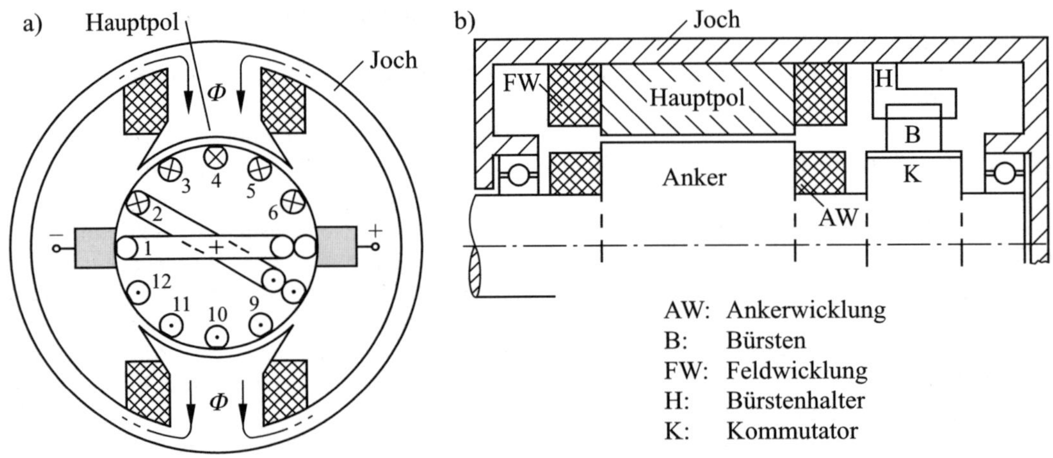

Bild 12.29 Querschnitt (a) und Längsschnitt (b) durch eine zweipolige Gleichstrommaschine (Prinzip)

Zur Isolierung der Kommutatorlamellen dient **Mikanit**, ein temperaturfester Isolierstoff aus Glimmerplättchen, die mit Lack verklebt sind. Da Mikanit härter als Elektrolytkupfer ist, müssen die Stege mindestens 1 mm über die Glimmerschicht vorstehen, damit eine zu schnelle Abnutzung der Bürsten und Kurzschlüsse durch die abgeriebene Kohle, das sog. **Bürstenfeuer**, vermieden werden.

Die **Kohlebürsten** bestehen aus Retortenkohle, der Graphit und Metallstaub beigemengt sind. Die quaderförmigen Blöcke aus »Kohle« werden vom **Bürstenhalter** an den rotierenden Kommutator gedrückt, der mit den Bürsten einen mechanischen Gleichrichter darstellt.

Bei einer vollständigen Umdrehung des Ankers der skizzierten Maschine wird in jeder Ankerspule eine volle Wechselspannungsschwingung induziert. Da aber die einzelnen Spulen räumlich gegeneinander versetzt sind, sind die Augenblickswerte der zu einem bestimmten Zeitpunkt in den einzelnen Spulen induzierten Spannungen unterschiedlich; sie sind für die Ankerstellung vom Bild 12.29 im Bild 12.30b eingetragen.

Verfolgt man den im Bild 12.30a angedeuteten Wicklungszug, so kann man erkennen, dass die einzelnen Spulen in Reihe geschaltet sind; an den

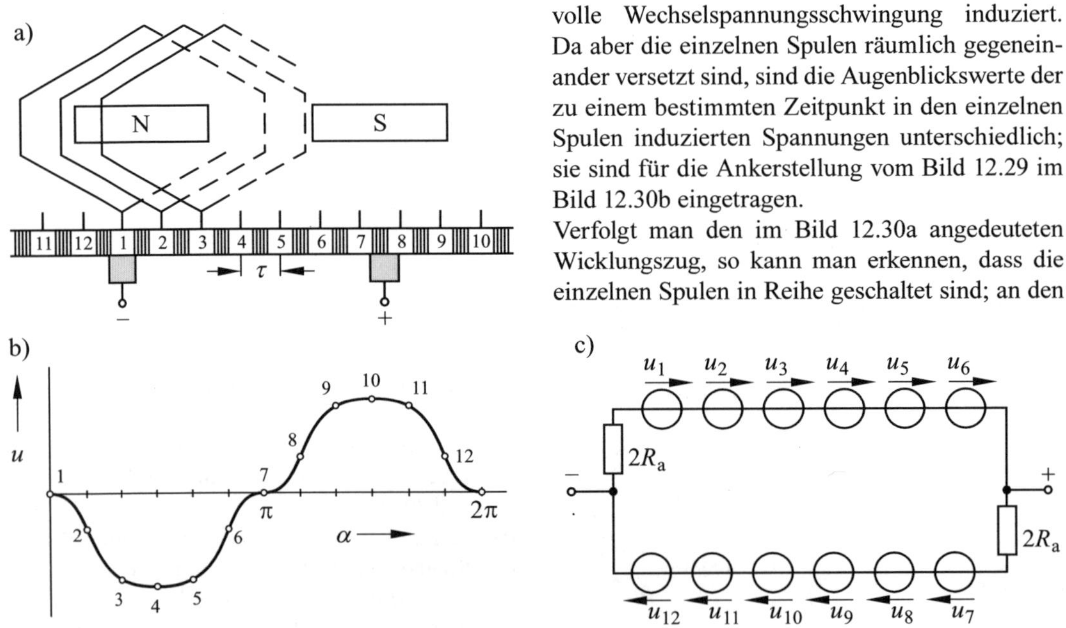

Bild 12.30 Ankerspulen (a) und induzierte Spannung (b) sowie Ersatzschaltung (c)

Bürsten wird also die Summe der Augenblickswerte der in einer Wicklungshälfte induzierten Spannungen abgegriffen (Bild 12.30c). Hat sich der Anker um eine Nutteilung τ weitergedreht, so tritt die gleiche Folge der Augenblickswerte um eine Spule versetzt auf. Da zu diesem Zeitpunkt der Abgriff durch die Bürsten ebenfalls um eine Nutteilung versetzt erfolgt, bleibt die abgegriffene Summe der Spannungen unverändert. Dies ist das Prinzip der **Stromwendung**: Obwohl in den Einzelspulen eine Wechselspannung induziert wird, liegt zwischen den Bürsten praktisch eine Gleichspannung.
Die Parallelschaltung zweier Ankerpfade, jeweils mit dem Widerstand $2\,R_a$, ergibt den Ankerwiderstand R_a.

Die Bürsten sind im feldfreien Raum zwischen den Hauptpolen angeordnet, der als **neutrale Zone** bezeichnet wird. Wichtig für die Stromwendung, die auch **Kommutierung** genannt wird, ist der spannungslose Zustand der Spulen, die an die von den Bürsten berührten Kommutatorlamellen angeschlossen sind (Spulen 1 und 7 im Bild 12.30a). Da die Lage der spannungslosen Spulen durch die Belastung der Maschine beeinflusst wird, ist der **Bürstenstern**, welcher die Bürstenhalter trägt, am Lagerschild drehbar befestigt.

Die Maschine im Bild 12.29 ist für die Beschreibung der prinzipiellen Funktionsweise vereinfacht dargestellt. Praktisch ausgeführte Gleichstrommaschinen haben nicht 6, sondern mehr als 8 Ankerspulen bzw. Ankernuten je Pol. Die Anzahl der Bürsten stimmt mit der Anzahl der Hauptpole überein, wobei Bürsten gleicher Polarität elektrisch leitend miteinander verbunden sind.

Da sich der Anker im Magnetfeld dreht, wird er zur Vermeidung von Eisenverlusten geblecht ausgeführt (s. Kap. 5.10). Der Ständer trägt innerhalb des Joches die Hauptpole und die *Wendepole* (s. Kap. 12.3.4) mit ihren Wicklungen. Die Hauptpole sind aus **Polkern** und **Polschuh** zusammengesetzt, wobei der Polkern massiv sein darf, während der direkt am Luftspalt liegende Polschuh geblecht ist, weil er den durch die Ankernutung hervorgerufenen Flussdichteschwankungen ausgesetzt ist. Die Wendepole können massiv sein, weil sie von den Feldschwankungen nur wenig beeinflusst sind und somit in ihnen kaum Wirbelströme erzeugt werden. Nach dem Aufschieben der Spulen werden die Pole mit dem Joch verschraubt.

Gleichstrommaschinen kleiner und mittlerer Leistung erhalten häufig einen Komplettschnitt, d.h. auch der Ständer ist geblecht. Dies ermöglicht nicht nur eine einfachere Serienfertigung, sondern ergibt auch günstige Betriebseigenschaften, weil wegen der verringerten Wirbelströme schnelle Änderungen des Betriebszustandes möglich sind; außerdem sind diese Maschinen für Stromrichterspeisung besser geeignet.

Die **Lagerschilde** tragen die Lager, sie werden durch einen Zentrierrand am Joch der Maschine mittig geführt. Die beiden Schilde einer Maschine sind selten gleich, ihre Abmessungen hängen vor allem davon ab, ob es sich um das A-Lagerschild der Antriebsseite oder das B-Lagerschild der Bürstenseite handelt.

Die Ausführung der Lagerschilde ist vor allem durch die Schutzart der Maschine (s. Kap. 12.10) bestimmt.

Bild 12.31 Gleichstrommaschine offener Bauart, demontiert (Werkbild ABB)

12.3.2 Energiefluss und Leistungsbilanz

An den Kohlebürsten des Kommutators wird die *gleichgerichtete* Läuferwechselspannung abgegriffen. Sie ist bei Generatorbetrieb die „treibende" Spannung, bei Motorbetrieb eine „Gegenspannung", die von der Netzspannung „überwunden" werden muss. Die beim *idealen Leerlauf* ($I_a = 0$) an den Ankerklemmen liegende Spannung U_q ist entsprechend Gl.(5.23) vom Fluss Φ und von der Winkelgeschwindigkeit ω des Läufers abhängig:

$$U_q = c\,\Phi\,\omega = c\,\Phi \cdot 2\,\pi\,n \qquad (12.26)$$

Die Quellenspannung U_q der Gleichstrommaschine ist also dem magnetischen Fluss und der Drehzahl direkt proportional. Die Konstante c (Einheit: 1) ist durch Konstruktionsdaten der Maschine bestimmt.

Beim Betrieb der Maschine tritt eine Reihe von Verlusten auf:

- Die Feldverluste P_{vf} entstehen durch den Strom I_f, der die Feldwicklung durchfließt:

$$P_{vf} = R_f I_f^2 \qquad (12.27)$$

- Der Bürsten-Übergangswiderstand R_B ist nichtlinear vom Ankerstrom I_a abhängig. Bei der Berechnung der Verluste nimmt man für $I_a > 0$ einen konstanten, stromunabhängigen Spannungsabfall $U_B \approx 2$ V an den Bürsten an (für $I_a \approx 0$ ist $U_B \approx 0$). Dies ergibt die Bürstenverluste:

$$P_{vB} = U_B I_a \approx 2\text{ V} \cdot I_a \qquad (12.28)$$

- Die Ankerverluste P_{va} entstehen durch den Ankerstrom I_a:

$$P_{va} = R_a I_a^2 \qquad (12.29)$$

- Die Eisenverluste P_{vFe} treten als Ummagnetisierungs- und Wirbelstromverluste im Anker und in den Polschuhen auf.
- Die mechanischen Reibungsverluste P_{vR} entstehen durch mechanische Reibung der Lager, durch die Reibung der Bürsten am Kommutator und durch Luftreibung des Lüfters.

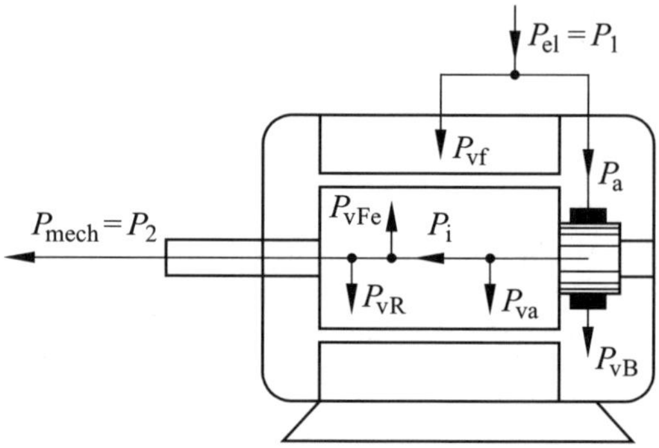

Bild 12.32 Leistungsbilanz der Gleichstrommaschine bei Motorbetrieb

Die Spannungsgleichung für den Ankerkreis (Bild 12.33) lautet:

$$U_a = U_B + R_a I_a + U_q \qquad (12.30)$$

Im Motorbetrieb wird der Maschine die Leistung $P_1 = P_{el}$ zugeführt:

$$P_1 = P_2 + P_{vR} + P_{vFe} + P_{va} + P_{vB} + P_{vf} \qquad (12.31)$$

Werden von der Leistung P_a, die dem Anker im Motorbetrieb zugeführt wird, die Verluste P_{va} und P_{vB} subtrahiert, so erhält man die **innere Leistung** P_i:

$$P_i = P_a - P_{va} - P_{vB} = P_2 + P_{vR} + P_{vFe} \qquad (12.32)$$

Die innere Leistung lässt sich mit der Quellenspannung U_q angeben:

$$P_i = U_q I_a \qquad (12.33)$$

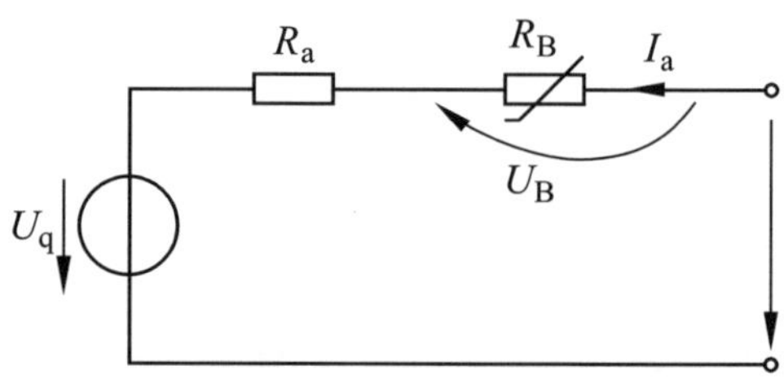

Bild 12.33 Ersatzschaltung für den Ankerkreis der Gleichstrommaschine, Bezugspfeile für den Motorbetrieb

Im Generatorbetrieb »fließen« die Leistungen P_2, P_i, P_a und P_1 entgegen dem im Bild 12.32 eingetragenen Bezugssinn; sie sind dabei mit negativen Werten einzusetzen. Für die innere Leistung wird das durch die Gl.(12.33) bestätigt. Sie ist negativ, da im Generatorbetrieb der Strom I_a entgegen dem im Bild 12.33 angenommenen Bezugssinn fließt.

Ein Motor mit der inneren Leistung P_i entwickelt bei der Drehzahl n gemäß Gl.(12.25) das **innere Drehmoment** M_i:

$$M = \frac{P_i}{2\,\pi\,n} = \frac{P_i}{\omega} = \frac{U_q I_a}{\omega} \qquad (12.34)$$

In diese Gleichung setzen wir die Gl.(12.26) ein und erhalten:

$$M_i = c\,\Phi\,I_a \qquad (12.35)$$

> Das innere Drehmoment M_i einer Gleichstrommaschine ist dem magnetischen Fluss Φ und dem Ankerstrom I_a direkt proportional.

Die mechanische Leistung $P_{mech} = P_2$, die der *Motor* an der Welle abgibt, ist gemäß Gl.(12.32) kleiner als die innere Leistung P_i. Dementsprechend ist auch das Drehmoment $M = P_2/(2\,\pi\,n)$, das an der Motorwelle zur Verfügung steht, kleiner als das innere Moment M_i.

Für den *Generatorbetrieb* sind in der Gl.(12.34) die Größen P_i bzw. I_a, ebenso wie die mechanische Leistung P_2, negativ. Daher sind sowohl das zugeführte Drehmoment M als auch das innere Moment M_i negative Größen.

Beispiel 12.10

Ein Gleichstrommotor mit den Leistungsschilddaten 8 kW; 230 V; 40,5 A; 1500 min^{-1} hat den Ankerwiderstand 0,4 Ω. Die Erregerverluste betragen 170 W. Die Erregerwicklung ist dem Ankerkreis parallelgeschaltet.

Welche Verluste entstehen, und welche Werte haben Wirkungsgrad, Quellenspannung, innere Leistung und inneres Moment? Wir wollen außerdem berechnen, welches Nennmoment an der Welle zur Verfügung steht.

$P_1 = U\,I = 230\text{ V} \cdot 40{,}5\text{ A} = 9315\text{ W}$; $P_2 = 8\text{ kW}$

$$\eta = \frac{P_2}{P_1} = 0{,}859 = 85{,}9\ \%$$

$$I_f = \frac{P_f}{U} = \frac{170\text{ W}}{230\text{ V}} = 0{,}74\text{ A}$$

$$I_a = I - I_f = 40{,}5\text{ A} - 0{,}74\text{ A} = 39{,}76\text{ A}$$

$$P_{va} = R_a I_a^2 = 632{,}3\text{W};\quad P_{vB} = 2\text{ V} \cdot I_a = 79{,}5\text{ W}$$

$$P_i = P_1 - P_{vf} - P_{va} - P_{vB} = 8433\text{ W}$$

$$U_q = P_i / I_a = 212{,}1\text{ V}$$

$$M_i = \frac{P_i}{2\;\;n} = 53{,}7\text{ Nm};\quad M_N = \frac{P_2}{2\;\;n} = 50{,}9\text{ Nm}$$

12.3.3 Ankerrückwirkung

Das **Hauptfeld**, das vom Erregerstrom I_f hervorgerufen wird und den Hauptfluss Φ_h ergibt, ist nur beim *Leerlauf* der Maschine allein vorhanden.

Bei einer *Belastung* erzeugen die stromdurchflossenen Ankerleiter ein Feld, das trotz der Ankerdrehung räumlich stillsteht, weil auch die Bürsten stillstehen. Die Feldlinien dieses Ankerfeldes Φ_a stehen in den Hauptpolen und im Anker senkrecht auf den Feldlinien des Hauptfeldes; deshalb wird das Ankerfeld auch **Ankerquerfeld** genannt. Im Bild 12.34 sind die Felder Φ_h und Φ_a getrennt dargestellt.

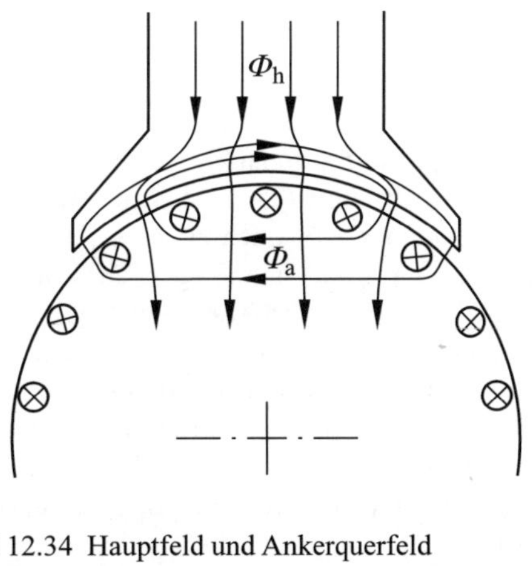

Bild 12.34 Hauptfeld und Ankerquerfeld

Das Ankerfeld verstärkt das Hauptfeld auf der einen Seite des Hauptpols und schwächt es auf der anderen Seite; dieser Effekt wird als **Ankerrückwirkung** bezeichnet. Das Bild 12.35 zeigt die Überlagerung der beiden Felder im Luftspalt.

Die Feldverzerrung des resultierenden Feldes hat zwei Auswirkungen:

- Im Eisen (Hauptpol; Anker) kann sich infolge der Sättigung die Feldverstärkung nicht so wie die Feldschwächung auswirken; insgesamt überwiegt daher die Feldschwächung (im Bild 12.35 ist dies schraffiert angedeutet).
- Die *neutrale Zone*, also der feldfreie Bereich zwischen den Hauptpolen, verschiebt sich um einen Winkel β, beim Generator *in* Drehrichtung, beim Motor *gegen* die Drehrichtung.

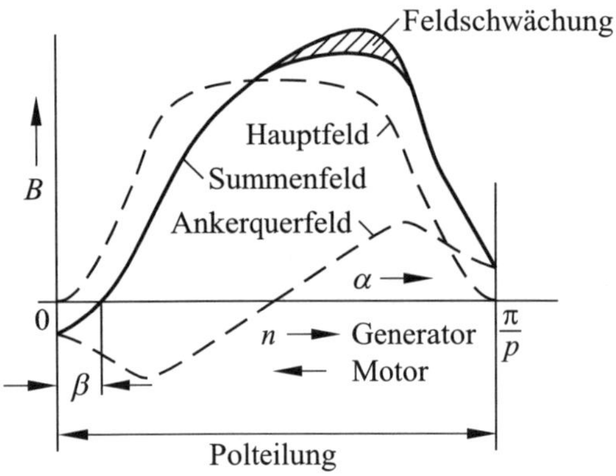

Bild 12.35 Hauptfeld und Ankerquerfeld bilden das resultierende Feld

12.3.4 Verbesserung der Kommutierung

Die Spannung zwischen zwei Kommutatorlamellen wird **Stegspannung** genannt; sie darf einen bestimmten Höchstwert (25 ... 35 V, je nach Größe der Maschine) nicht überschreiten, weil sich sonst Lichtbögen zwischen den Stegen ausbilden. Im Extremfall kann **Rundfeuer** entstehen; dabei handelt es sich um einen Lichtbogen, der einen Kurzschluss zwischen den Bürsten darstellt. Für einen ordnungsgemäßen Betrieb der Maschine muss vor allem der Abrieb der Kohlebürsten, der sich zwischen den Lamellen ablagert, entfernt werden.

Die Feldverzerrung infolge der Ankerrückwirkung führt zu einer erhöhten Stegspannung; dadurch ergeben sich Probleme bei der Kommutierung.

Bei Maschinen kleiner Leistung (bis einige 100 W), die ohne Richtungswechsel betrieben werden, verschiebt man die Bürsten um einen mittleren Winkel, beim Generator in Drehrichtung und beim Motor entgegen der Drehrichtung.

Für Maschinen größerer Leistung ist dies jedoch keine geeignete Lösung, weil die Lage der neutralen Zone von der Belastung abhängig ist. Auch dürfte kein Wechsel der Betriebsart vorgenommen werden, weil sonst die Bürsten umgestellt werden müssten.

Maschinen höherer Leistung erhalten **Wendepole**, deren Wicklung vom Ankerstrom durchflossen wird. Die Wendepole sind zwischen den Hauptpolen angeordnet (Bild 12.36).

Das Wendefeld hebt nicht nur das Ankerquerfeld auf, sondern induziert auch in den Ankerspulen, die sich im Bereich der neutralen Zone befinden, eine Spannung, welche der selbstinduktiven Spannung infolge der Stromänderung entgegengerichtet ist; dadurch wird ebenfalls die Stromwendung verbessert.

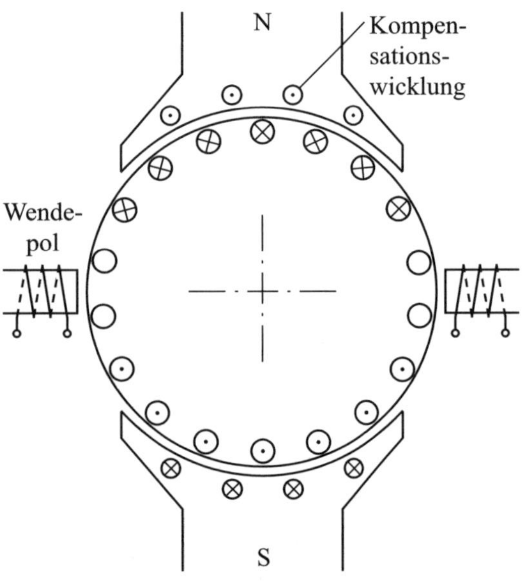

Bild 12.36 Wendepol- und Kompensationswicklung einer Gleichstrommaschine

12.3.5 Kompensationswicklung

Mit Hilfe der Wendepolwicklung lässt sich lediglich das Ankerquerfeld in der neutralen Zone kompensieren. Unter den Hauptpolen führt das Ankerquerfeld bei Belastung zu einer Feldverzerrung, die in Teilbereichen eine erhöhte Stegspannung zur Folge hat. Maschinen hoher Leistung ($P > 50$ kW), die für rauhen Betrieb ausgelegt sind, erhalten deshalb eine **Kompensationswicklung**, mit der das Ankerquerfeld im Bereich der Hauptpole kompensiert wird. Ein Beispiel für derartige Maschinen sind die **Millmotoren**, die im Stahlwerk *(steel mill)* oder im Walzwerk *(rolling mill)* zum Einsatz kommen.

Die Kompensationswicklung ist in Nuten untergebracht, die in die Hauptpole eingefräst sind. Die Leiter der Kompensationswicklung werden vom Ankerstrom durchflossen.

12.3.6 Wicklungsarten

Die Gleichstrommaschine hat zwei elektrische Kreise: Im *Ankerkreis* fließt der Ankerstrom I_a; im *Erregerkreis* fließt der Erregerstrom I_f. In der Tab. 12.2 sind die Wicklungen aufgelistet, die zu den einzelnen Kreisen gehören können. Jede Wicklung ist durch einen Großbuchstaben gekennzeichnet. Der Anfang einer Wicklung erhält zusätzlich die Ziffer 1, das Ende die Ziffer 2.

Tabelle 12.2 Wicklungen der Gleichstrommaschine

Ankerkreis	A1 – A2	Ankerwicklung
	B1 – B2	Wendepolwicklung
	C1 – C2	Kompensationswicklung
Erregerkreis	D1 – D2	Reihenschlusswicklung
	E1 – E2	Nebenschlusswicklung
	F1 – F2	Fremd-Erregerwicklung

Eine Nebenschlusswicklung ist den Wicklungen des Ankerkreises parallelgeschaltet. Sie ist für die Nennspannung der Maschine ausgelegt und besteht deshalb aus vielen Windungen dünnen Drahtes.

Eine Reihenschlusswicklung ist in Reihe zu den Wicklungen des Ankerkreises geschaltet, sie wird vom Ankerstrom $I_f = I_a$ durchflossen und besteht deshalb aus wenigen Windungen dicken Drahtes.

Im Ankerwiderstand R_a ist der Widerstand der Ankerwicklung und – sofern vorhanden – der Widerstand der Wendepolwicklung und der Kompensationswicklung enthalten.

12.3.7 Gleichstrommotoren

Gleichstrommotoren kleiner Leistung werden für batteriegespeiste Geräte (z. B. Spielzeug) und für Hilfsantriebe in Kraftfahrzeugen (z. B. Anlasser, Scheibenwischer, Lüfter, Fensterheber, Treibstoffpumpen usw.) in großen Stückzahlen gefertigt.

Mit zunehmender Motorleistung erweist sich der schwere und teure Kommutator auch wegen seines Platzbedarfs als Problem; hinzu kommt, dass er die Leistung und die Drehzahl nach oben begrenzt.

Wegen der einfachen Einstellbarkeit von Drehzahl und Drehmoment hatte der Gleichstrommotor früher große Bedeutung bei Industrieantrieben und Fahrzeugantrieben; in letzter Zeit wird er zunehmend bei Leistungen $P > 1$ kW vom umrichtergespeisten Asynchronmotor verdrängt.

Gleichstrom*generatoren* sind nur noch von historischem Interesse; wir verzichten daher auf ihre Behandlung.

Nebenschlussmotor

Die Erregerwicklung des Nebenschlussmotors ist mit den Klemmen der Maschine elektrisch leitend verbunden (Bild 12.37). Beim Betrieb an einem am Netz konstanter Spannung fließt in der Erregerwicklung der lastunabhängige Strom I_f.

Bei einem Motor *mit* Kompensationswicklung ist der Fluss Φ lastunabhängig. Das innere Drehmoment ist gemäß Gl.(12.35) dem Ankerstrom I_a proportional; im Motorbetrieb ist also der Ankerstrom vom Drehmoment der Last nahezu linear abhängig (Bild 12.38a).

In einem Motor *ohne* Kompensationswicklung bewirkt die Ankerrückwirkung eine Schwächung des Flusses Φ; dadurch nimmt das Drehmoment mit zunehmendem Ankerstrom ab (gestrichelte Kurve im Bild 12.37b).

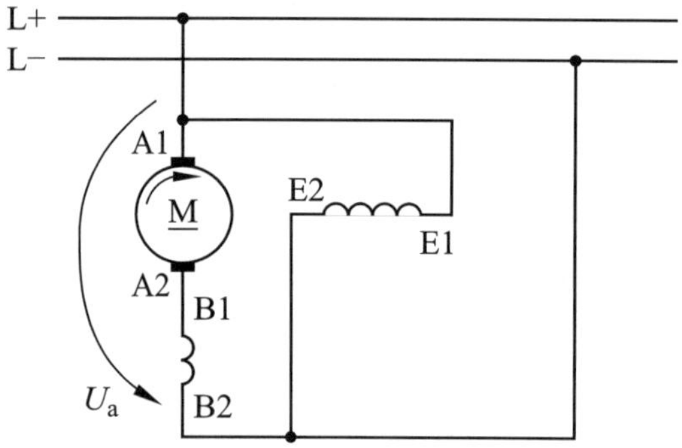

Bild 12.37 Nebenschlussmotor

Setzt man die Gl.(12.26) in die Gl.(12.30) ein und löst nach der Drehzahl

$$n = \frac{U_a - U_B - R_a I_a}{2\pi c \cdot \Phi} \tag{12.36}$$

auf, so erkennt man, dass bei konstantem Fluss Φ und konstanter Ankerspannung U_a die Drehzahl linear vom Ankerstrom I_a abhängt. Wird der Fluss durch Ankerrückwirkung geschwächt, so steigt die Drehzahl bei hohen Werten des Ankerstromes an (gestrichelte Kurve im Bild 12.38b). Dies ist als Nachteil der ungeregelten Maschine anzusehen, denn jede Antriebsmaschine, die mit zunehmender Belastung schneller wird, neigt zur Instabilität.

Das Bild 12.38c zeigt die Drehmoment-Drehzahl-Kennlinie des Nebenschlussmotors. Wenn keine Ankerrückwirkung vorliegt, nimmt die Drehzahl linear mit wachsendem Drehmoment ab. Die Nenndrehzahl n_N liegt nur wenige Prozent unter der Leerlaufdrehzahl n_0. Man bezeichnet diese »harte« M-n-Kennlinie als **Nebenschlusskennlinie**.

Beispiel 12.11
Welche Leerlaufdrehzahl stellt sich bei dem im Beispiel 12.10 beschriebenen Gleichstrommotor ein, wenn die Ankerrückwirkung unberücksichtigt bleibt?

Wir nehmen einen konstanten Fluss Φ = const. an, setzen die Gl.(12.26) sowohl für Leerlauf als auch für Nennbetrieb an und bilden den Quotienten:

$$\frac{U_{q0}}{U_{qN}} = \frac{n_0}{n_N}$$

Die Nenndrehzahl $n_N = 1500\ \text{min}^{-1}$ und die Nennspannung U_{qN} = 212,1 V kennen wir aus dem Beispiel 12.10. Bei der Berechnung der Leerlaufspannung U_{q0} mit der Gl.(12.30) lassen wir den Spannungsabfall unberücksichtigt, den der sehr kleine Ankerstrom I_{a0} am Ankerwiderstand hervorruft. Mit $U_{q0} \approx U_a - U_B = 230\ \text{V} - 2\ \text{V} = 228\ \text{V}$ berechnen wir die Leerlaufdrehzahl:

$$n_0 = n_N \cdot \frac{U_{q0}}{U_{qN}} = 1500\ \text{min}^{-1} \cdot \frac{228}{212{,}1} = 1612\ \text{min}^{-1}$$

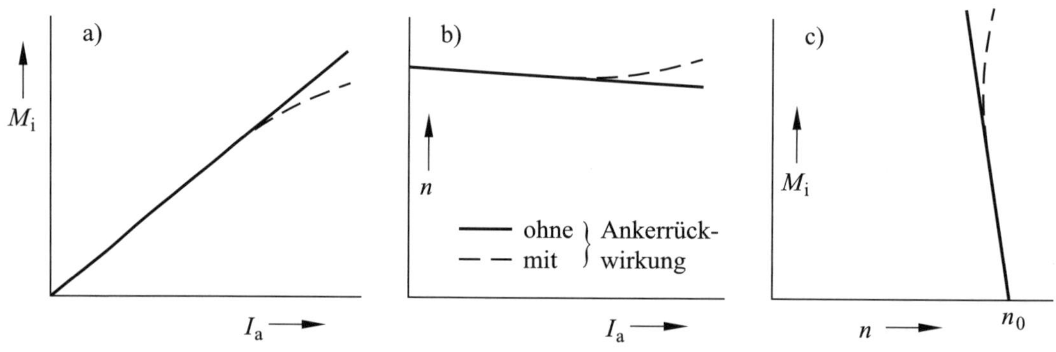

Bild 12.38 Nebenschlussmotor: Drehmoment und Drehzahl als Funktion des Ankerstromes und M-n-Kennlinie

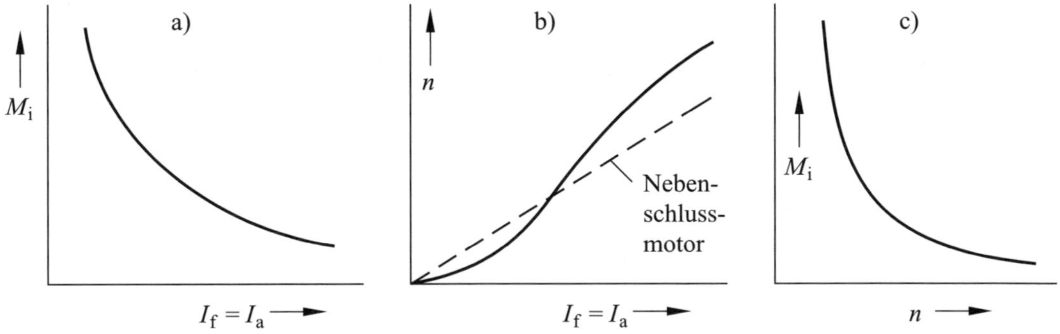

Bild 12.39 Reihenschlussmotor: Drehmoment und Drehzahl als Funktion des Ankerstromes und *M-n*-Kennlinie

Fremderregter Motor

Beim fremderregten Motor werden die Erregerwicklung und der Ankerzweig aus verschiedenen Netzen gespeist. Der fremderregte Motor kann als Spezialfall des Nebenschlussmotors angesehen werden, bei dem die Erregerspannung U_f und die Spannung U_a des Ankerzweiges nicht übereinstimmen. Beide Maschinen haben jedoch gleichartige Kennlinien und damit im Prinzip das gleiche Betriebsverhalten.

Reihenschlussmotor

Beim Reihenschlussmotor wird die Erregerwicklung D1-D2 vom Ankerstrom durchflossen. Der Fluss Φ ist also vom Ankerstrom I_a abhängig. Wenn der magnetische Kreis des Motors nicht in die Sättigung kommt, dann ist diese Abhängigkeit infolge der Wirkung des Luftspalts nahezu linear. Gemäß Gl.(12.35) ist in diesem Fall das innere Drehmoment dem Quadrat des Ankerstromes proportional:

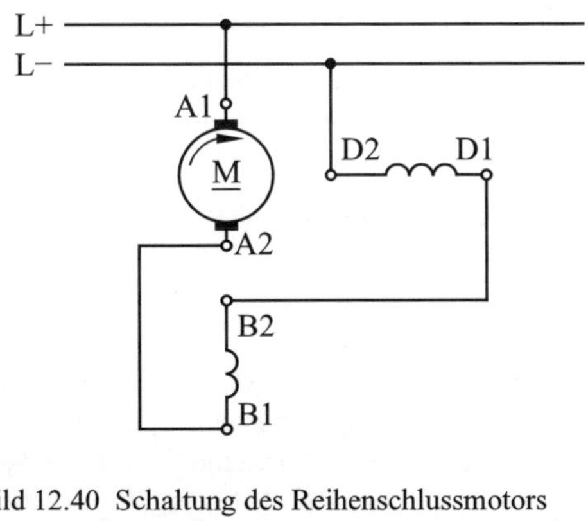

Bild 12.40 Schaltung des Reihenschlussmotors

$$M_i = k\,I_a^2 \qquad (12.37)$$

Im Bereich der Sättigung nimmt der Fluss Φ nur noch wenig mit wachsendem Ankerstrom zu; in diesem Bereich geht die Kurve $M_i = f(I_a)$ allmählich in eine Gerade über. Der Ankerstrom I_a stellt sich entsprechend dem Drehmoment ein, das die Belastung vom Motor verlangt.

Im Bild 12.39b sind die Drehmoment-Ankerstrom-Kennlinien von Reihen- und Nebenschlussmotor einander gegenübergestellt. Bei Unterlast arbeitet der Nebenschlussmotor günstiger, denn er braucht für das gleiche Moment weniger Strom. Bei starker Belastung, z.B. beim Anlauf, ist dagegen der Reihenschlussmotor günstiger, denn sein Drehmoment ist bei gleichem Strom höher.

Setzt man die Abhängigkeit des Flusses Φ vom Ankerstrom in die Gl.(12.36) ein, so erhält man die Drehzahl des Reihenschlussmotors in Abhängigkeit vom Ankerstrom.

Wie Bild 12.39c zeigt, ist das Drehmoment des Reihenschlussmotors bei niedrigen Drehzahlwerten hoch; der Motor eignet sich z.B. für Fahrzeugantriebe, die beim Anlauf ein hohes Drehmoment entwickeln müssen. Bei niedrigem Drehmoment ist die Drehzahl hoch, bei Entlastung kann der Motor sogar »durchgehen«. Reihenschlussmotoren größerer Leistung dürfen deshalb nicht in Antrieben arbeiten, bei denen eine völlige Entlastung möglich ist (z.B. Riementriebe). Bei Motoren kleiner Leistung verhindert jedoch meist die Eigenreibung das Durchgehen.

Beispiel 12.12

Der Motor des Beispiels 12.10 erhält statt der Nebenschlusswicklung E1-E2 eine Reihenschlusswicklung D1-D2 mit dem Widerstand 0,2 Ω, die beim Nennstrom den Nennfluss erregt. Wir wollen M_i und n für $I_a = 20$ A berechnen.

Für $I_a \leq I_{aN}$ setzen wir an: $c\,\Phi = k\,I_a$; mit der Gl.(12.35) ergibt sich die Gl.(12.37). Da der Motor laut Beispiel 12.10 bei $I_{aN} = 39{,}76$ A das innere Moment $M_i = 53{,}7$ Nm entwickelt, ist $k = 53{,}7\ \text{Nm}/(39{,}76\ \text{A})^2 = 0{,}034\ \text{Vs/A}$.
Mit $c\,\Phi = kI_a$ ergibt die Gl.(12.36):

$$n = \frac{U_a - U_B}{2\,\pi\,k\,I_a} - \frac{R_a}{2\,\pi\,k}$$

Für $I_a = 20$ A ist $n = 51{,}5\ \text{s}^{-1}$ und $M_i = 13{,}6$ Nm.

Doppelschlussmotor

Nebenschlussmotoren erhalten bei mittleren Leistungen häufig eine zusätzliche Reihenschlusswicklung; der konstruktive und fertigungstechnische Aufwand ist dabei geringer als bei einer Kompensationswicklung. Durch die Reihenschlusswicklung wird zwar die Flussabnahme infolge der Ankerrückwirkung und damit die Tendenz des Nebenschlussmotors zu Instabilität aufgehoben, nicht aber die Feldverzerrung im Bereich der Hauptpole.

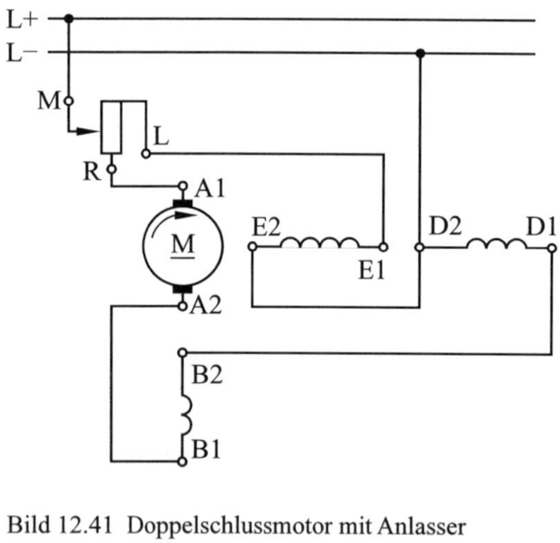

Bild 12.41 Doppelschlussmotor mit Anlasser

Die vom Ankerstrom durchflossene Reihenschlusswicklung D1-D2 und die vom Feldstrom durchflossene Nebenschlusswicklung E1-E2 des Doppelschlussmotors (Bild 12.41) werden so geschaltet, dass ihre Flussanteile gleichsinnig wirken; bei gegensinniger Schaltung würde die Feldschwächung und damit die Neigung des Nebenschlussmotors zur Instabilität unterstützt.

12.3.8 Einschalten und Anlassen

Eine *Nebenschlusswicklung* muss stets zuerst eingeschaltet werden, da der Motor ohne Fluss kein Drehmoment entwickeln kann; entsprechendes gilt für die Feldwicklung der fremderregten Maschine. Da beim Stillstand der Maschine die Quellenspannung den Wert $U_q = 0$ hat, darf der Ankerkreis nicht bei $n = 0$ direkt an die Nennspannung geschaltet werden, da sonst der Kurzschlussstrom $(U_a - U_B)/R_a$ den Motor zerstören würde. Mit Hilfe eines Vorwiderstandes, der auch **Anlasser** genannt wird, begrenzt man vielmehr den Strom auf zulässige Werte. Der Anlasser wird bei steigender Drehzahl stufenweise verkleinert, bis er schließlich beim Erreichen der Nenndrehzahl kurzgeschlossen wird.

Beispiel 12.13

Der Motor des Beispiels 12.10 soll im Stillstand höchstens den doppelten Ankernennstrom aufnehmen. Wir wollen den Widerstand des Anlassers berechnen.

Bei $n = 0$ ist $U_q = 0$ und es fließt der Strom:

$$I_a = 2\,I_{aN} = 2 \cdot 39{,}76\ \text{A} = 79{,}5\ \text{A}$$

Der Anlasser mit dem Widerstand R ist zum Ankerwiderstand $R_a = 0{,}4\ \Omega$ in Reihe geschaltet; damit ergibt die Gl.(12.30): $U_a = U_B + (R + R_a)\,I_a$

$$R = \frac{U_a - U_B}{I_a} - R = \frac{230\ \text{V} - 2\ \text{V}}{79{,}5\ \text{A}} - 0{,}4\,\Omega = 2{,}47\,\Omega$$

Auch beim *Reihenschlussmotor* wird beim Betrieb an Nennspannung der Einschaltstrom mit Hilfe eines Vorwiderstandes auf zulässige Werte begrenzt. Bei Fahrzeugen mit zwei

Reihenschlussmotoren werden zum Anfahren zunächst beide Motoren in Reihe mit Hilfe eines Anlassers an die Betriebsspannung geschaltet; etwa ab halber Nenndrehzahl werden die Motoren einzeln über Anlasswiderstände hochgefahren.

12.3.9 Drehrichtungswechsel

Wenn der Strom in jeder Wicklung eines Motors vom Anfang (Kennziffer 1) zum Ende (Kennziffer 2) fließt, dann entwickelt der Motor Rechtsdrehsinn: Beim Blick auf die Antriebsseite dreht der Motor im Uhrzeigersinn. Ein Drehrichtungswechsel ist entweder durch Umpolen der Feldwicklung oder durch Umpolen der Ankerwicklung zu erreichen. Zweckmäßig wird der Anker umgeschaltet, da die Selbstinduktivität des Ankerkreises wesentlich kleiner als die des Erregerkreises ist; infolgedessen ist eine Stromänderung im Ankerkreis wesentlich schneller als im Erregerkreis durchzuführen.

Da die Felder von Anker-, Wendepol- und Kompensationswicklung zusammenwirken, müssen diese Wicklungen gemeinsam umgepolt werden.

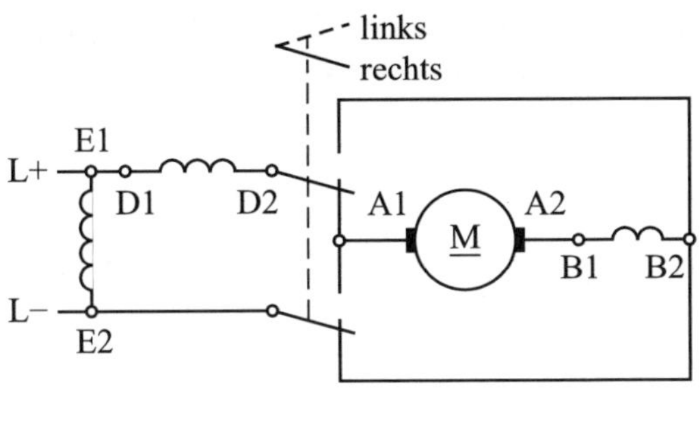

Bild 12.42 Umschaltung der Drehrichtung bei einem Doppelschlussmotor

12.3.10 Bremsbetrieb

Beim Bremsen wird die Energie dem Antrieb entnommen und entweder in einem Widerstand in Wärme umgesetzt oder in das Netz zurückgespeist. Der Vorteil der elektrischen Bremse gegenüber einer mechanischen liegt darin, dass die Abnutzung bzw. der Verschleiß unbedeutend ist. Bei niedrigen Drehzahlen ist jedoch die Wirkung der elektrischen Bremse gering, der Bremsvorgang muss daher mit einer mechanischen Bremse beendet werden.

Widerstandsbremsung
Bei dieser Betriebsart arbeitet die Gleichstrommaschine als Generator auf einen Widerstand. Diese Art der Bremsung wird z.B. bei Fahrzeugen und bei Hebezeugen durchgeführt. Da mit abnehmender Drehzahl die induzierte Spannung sinkt, muss der Widerstand verkleinert werden, damit ein ausreichendes Bremsmoment zur Verfügung steht.

Ein Reihenschlussmotor muss zur Durchführung der Widerstandsbremsung vom Netz abgeschaltet werden; außerdem muss seine Erregerwicklung umgepolt werden, damit bei umgekehrt fließendem Strom weiterhin die Remanenzspannung zur Verfügung steht.

Bei der fremderregten Maschine wird, wie auch bei der Nebenschlussmaschine, nur der Ankerzweig vom Netz getrennt und auf den Bremswiderstand geschaltet. Die Nebenschlussmaschine bremst also wie eine fremderregte Maschine. Würde man die Feldwicklung der Nebenschlussmaschine gemeinsam mit dem Ankerzweig vom Netz abschalten, dann wäre wegen des schnellen Feldabbaus schon bei etwa halber Nenndrehzahl kaum noch eine Bremswirkung vorhanden.

Nutzbremsung
Bei dieser Betriebsart arbeitet die Maschine als Generator auf das Netz konstanter Spannung zurück. Diese Art der Bremsung wird selten angewendet, denn sie erfordert Drehzahlen über der Nenndrehzahl. Mit dem Reihenschlussmotor kann die Nutzbremsung im Allgemeinen nicht durchgeführt werden, da seine Spannung zu stark vom Strom abhängt.

Gegenstrombremsung
Bei dieser Betriebsart wird die Drehrichtung des laufenden Motors durch Umpolen des Ankers geändert. Da hierbei die induzierte Spannung U_q ihre Polarität wechselt, ist ein Bremswiderstand im Ankerkreis erforderlich, der den Ankerstrom begrenzt. Damit der Motor nicht nach der anderen Seite hochläuft, muss er durch geeignete Schaltgeräte wie Fliehkraft- oder Schleppschalter rechtzeitig abgeschaltet werden.

12.4 Drehstrom-Asynchronmaschine

12.4.1 Prinzipielle Funktionsweise

Die Drehstrom-Asynchronmaschine gehört zur Gruppe der Drehfeldmaschinen: Eine Drehstromwicklung im *Ständer* erzeugt ein Drehfeld, das mit der synchronen Drehzahl $n_s = f/p$ umläuft (s. Abschn. 12.2.2). Die Drehfelddrehzahl wird also durch die Netzfrequenz f und die Polpaarzahl p der Maschine bestimmt.

Der Läufer bzw. *Rotor* der Drehstrom-Asynchronmaschine trägt eine Drehstrom-Wicklung, die im Allg. die gleiche Polpaarzahl p hat. Eine Leiterschleife dieser Wicklung ist im Bild 12.43 dargestellt.
Wird der Läufer mit der Drehfelddrehzahl $n = n_s$ angetrieben, dann umfasst die mit dem Drehfeld synchron rotierende Leiterschleife immer den gleichen Fluss Φ; dabei wird in ihr keine Spannung induziert. Ist dagegen die Drehzahl n des Läufers ungleich der Drehfelddrehzahl n_s, so wird jede Leiterschleife der Läuferwicklung von einem zeitabhängigen Fluss $\Phi(t)$ durchsetzt und in der Läuferwicklung wird eine Spannung induziert.
Für den Induktionsvorgang ist entscheidend, dass Drehfeld und Läufer mit *unterschiedlicher* Drehzahl, also *nicht synchron* rotieren; dies führte zu der Bezeichnung **Asynchronmaschine**.

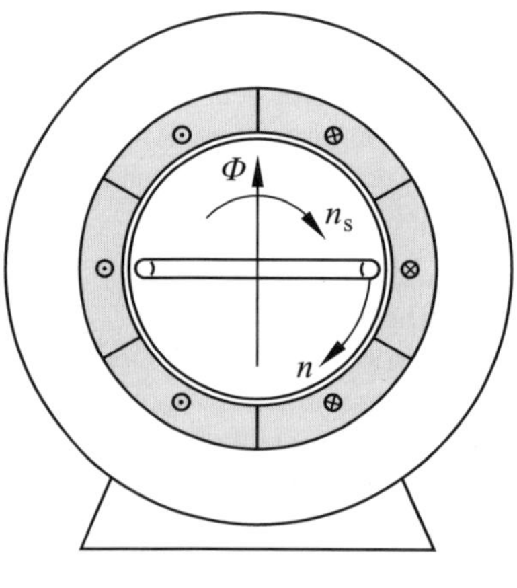

Bild 12.43 Zum Induktionsvorgang in einer Leiterschleife der Läuferwicklung einer Asynchronmaschine

Die Leiterschleife dreht sich, vom Drehfeld aus gesehen, mit der relativen Drehzahl $n_s - n$. Bei Motorbetrieb ist $n_s > n$ und die Drehzahldifferenz $n_s - n$ ist positiv. Die Frequenz f_r der im Läufer induzierten Spannung ist dieser Drehzahldifferenz proportional:

$$f_r = p\,(n_s - n) \tag{12.37}$$

Mit der Kreisfrequenz $\omega_r = 2\,\pi\,f_r$ der Läuferspannung ergibt sich gemäß Gl. (5.23) die in der Leiterschleife induzierte Spannung u_r:

$$u_r = \omega_r\,\Phi_{max} \cdot (-\sin \omega_r t) \tag{12.38}$$

Die in der Drehstromwicklung des Läufers fließenden Ströme erzeugen ebenfalls ein Drehfeld, das sich relativ zum Läufer mit der Drehzahl $n_r = f_r / p$ bewegt. Da sich der Läufer selbst mit der Drehzahl n dreht, rotiert das Läuferdrehfeld insgesamt mit der Drehzahl n_s:

$$n + n_r = n + f_r / p = n + (n_s - n) = n_s \tag{12.39}$$

Das von der Läuferwicklung erzeugte Drehfeld rotiert also stets mit derselben Drehzahl wie das von der Ständerwicklung erzeugte Drehfeld.

12.4.2 Ersatzschaltung

Da die von der Ständer- und Läuferwicklung erzeugten Drehfelder in gleicher Weise wie die (allerdings nicht rotierenden) Wechselfelder eines Transformators zusammenwirken, liegt es nahe, die Asynchronmaschine rechnerisch ähnlich wie den Transformator zu behandeln: Die Ständerwicklung entspricht dem Primärkreis, die Läuferwicklung dem Sekundärkreis des Transformators. Die im Bild 12.5 dargestellte Ersatzschaltung des Transformators kann, mit einer Kurzschlussverbindung zwischen den Sekundärklemmen, sinngemäß auch für einen Strang der Drehstrom-Asynchronmaschine verwendet werden.

Im Unterschied zum Transformator ist jedoch bei der Asynchronmaschine die Läuferfrequenz f_r im Allg. ungleich der Netzfrequenz f der Spannungen in der Ständerwicklung. Der Quotient aus diesen Frequenzen wird **Schlupf** *(slip)* s genannt:

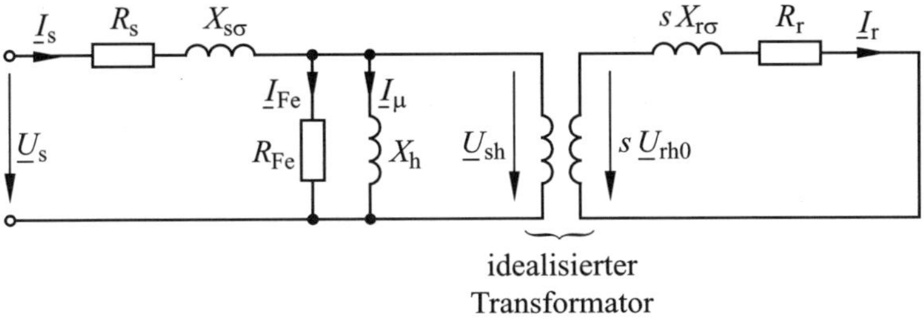

Bild 12.44 Ersatzschaltung für einen Strang der Drehstrom-Asynchronmaschine

$$s = \frac{f_r}{f} = \frac{p(n_s - n)}{p n_s} = \frac{n_s - n}{n_s} \tag{12.40}$$

Beim Stillstand des Läufers ($n = 0$) hat der Schlupf den Wert $s = 1$. In diesem Betriebszustand wird in der Läuferwicklung die **Läuferstillstandspannung** U_{rh0} induziert, welche wegen $s = 1$ die Frequenz $f_r = s\,f = f$ aufweist.

Wenn sich der Läufer dreht ($n \neq 0$), dann weicht der Effektivwert der im Läufer induzierten Spannung U_{rh} gemäß Gl. (12.38) von dem der Stillstandsspannung ab:

$$U_{rh} = \frac{\omega_r}{\omega} U_{rh0} = \frac{s \cdot 2\pi f}{2\pi f} U_{rh0} = s\, U_{rh0} \tag{12.41}$$

Die Streureaktanz $\omega_r L_{r\sigma} = s\,\omega L_{r\sigma}$ des Läuferstranges ist ebenfalls von der Läuferkreisfrequenz ω_r abhängig. Da definitionsgemäß $X_{r\sigma} = \omega\, L_{r\sigma}$ gesetzt wird, ist in der Ersatzschaltung (Bild 12.44) die Streureaktanz $s\, X_{r\sigma} = \omega_r\, L_{r\sigma}$ eingetragen.

Die Ersatzschaltung wird in zwei Schritten umgewandelt:

- Die Größen des Läuferkreises werden auf die Ständerfrequenz f umgerechnet: Der Effektivwert I_r des Läuferstromes bleibt unverändert, wenn sowohl die Spannung $s\,U_{rh0}$ als auch die Widerstände des Läuferkreises durch den Schlupf s dividiert werden. Nach dieser Umrechnung speist die Spannung U_{rh0} die Widerstände R_r/s und $X_{r\sigma} = \omega\, L_{r\sigma}$.
- Wie beim Transformator werden die Größen des »Sekundärkreises« (also des Läuferkreises) mit Hilfe des »Übersetzungsverhältnisses« U_{sh}/U_{rh0} umgerechnet, so dass der idealisierte Transformator entfällt. Die umgerechneten Größen werden durch einen Strich (') gekennzeichnet.

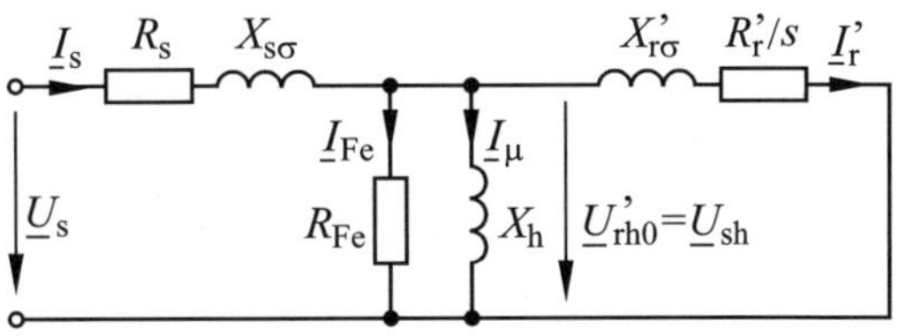

Bild 12.45 Ersatzschaltung für einen Strang der Drehstrom-Asynchronmaschine nach der Umrechnung der Läufergrößen

12.4.3 Energiefluss und Leistungsbilanz

Die Asynchronmaschine arbeitet, von wenigen Ausnahmen abgesehen, im *Motorbetrieb.* Dabei entnimmt sie dem Netz die Wirkleistung P_1, die der Ständerwicklung zugeführt wird:

$$P_1 = P_s = \sqrt{3}\, U_s I_s \cos\varphi \tag{12.42}$$

Die im Ständer entstehenden Stromwärmeverluste werden auch als **Kupferverluste** P_{1Cu} bezeichnet. Außerdem werden die *Eisenverluste* P_{Fe} dem Ständer zugeordnet. Die Summe dieser Verluste ergibt die *Ständerverlustleistung* P_{vs}:

$$P_{vs} = P_{1Cu} + P_{Fe} \tag{12.43}$$

Auf den Läufer wird über den Luftspalt die **Luftspaltleistung** übertragen, die auch als **innere Leistung** P_i bezeichnet wird:

$$P_i = P_1 - P_{vs} \qquad (12.44)$$

Die innere Leistung P_i erfasst die Verluste in der Läuferwicklung und die mechanische Leistung P_{mech}. Die innere Leistung ist die Wirkleistung, die durch den Strom

$$I'_r = \frac{U'_{rh0}}{\sqrt{(R'_r/s)^2 + X'^2_{r\sigma}}} \qquad (12.45)$$

im OHMschen Widerstand R'_r/s entsteht (in $X'_{r\sigma}$ entsteht lediglich Blindleistung):

$$P_i = 3 \frac{R'_r}{s} I'^2_r \qquad (12.46)$$

Der Faktor 3 ist in dieser Gleichung zu setzen, weil die Drehstrom-Asynchronmaschine *drei* Stränge hat. Ein Teil der inneren Leistung wird im OHMschen Widerstand der Läuferwicklung in Wärme umgewandelt. Diese Stromwärmeverluste werden auch **Kupferverluste** P_{2Cu} genannt:

$$P_{2Cu} = 3 R'_r I'^2_r \qquad (12.47)$$

Wir setzen diese Gleichung in die Gl. (12.46) ein und erhalten:

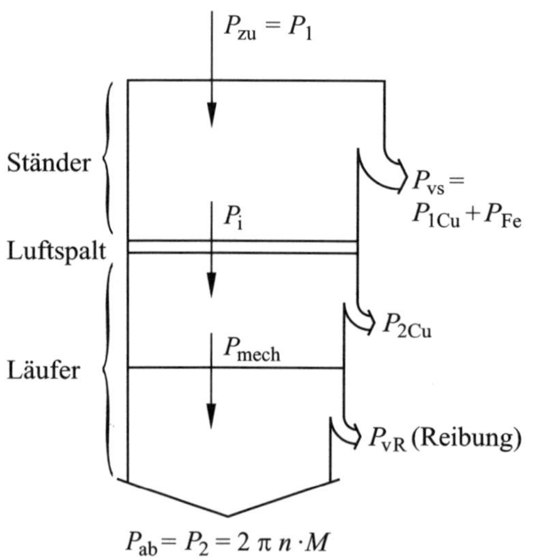

Bild 12.46 Leistungsbilanz des Asynchronmotors

$$P_i = \frac{P_{2Cu}}{s} \qquad (12.48)$$

Die Differenz aus der inneren Leistung P_i und den Kupferverlusten P_{2Cu} wird als **mechanische Leistung** P_{mech} bezeichnet:

$$P_{mech} = P_i - P_{2Cu} = (1 - s)\, P_i \qquad (12.49)$$

Ein geringer Teil dieser Leistung wird zur Deckung der Reibungsverluste P_{vR} benötigt; der Rest ist an der Welle als *Nutzleistung* P_2 verfügbar:

$$P_2 = P_{mech} - P_{vR} \qquad (12.50)$$

12.4.4 Drehmoment

An der Welle der Asynchronmaschine steht das Drehmoment M zur Verfügung:

$$M = \frac{P_2}{2\pi n} \qquad (12.51)$$

Das **innere Moment** M_i ist um den »Reibungsanteil« M_R größer als das Drehmoment M:

$$M_i = M + M_R = \frac{P_2 + P_{vR}}{2\pi n} = \frac{P_{mech}}{2\pi n} \qquad (12.52)$$

Mit den Gln. (12.40 und 12.49) ergibt sich:

$$M_i = \frac{(1-s)P_i}{2\pi(1-s)\,n_s} = \frac{P_i}{2\pi\, n_s} \qquad (12.53)$$

Das innere Moment ist der inneren Leistung proportional, da der Faktor ($2\pi n_s$) konstant ist. Setzt man die Gln. (12.45 und 12.46) in die Gl. (12.53) ein, so zeigt sich, dass das innere Moment quadratisch von der Spannung U'_{rh0} abhängt:

$$M_i = \frac{3 R'_r/s}{(R'_r/s)^2 + X'^2_{r\sigma}} \cdot \frac{U'^2_{rh0}}{2\pi\, n_s} \qquad (12.54)$$

In grober Näherung ist U'_{rh0} etwa gleich der Ständerspannung U_s. Lässt man auch den »Reibungsanteil« M_R unberücksichtigt, so ergibt sich, dass das Drehmoment $M \sim U_s^2$ ist.

12.4.5 Stromortskurven

Für eine vereinfachte Ersatzschaltung der Asynchronmaschine nimmt man näherungsweise die Widerstände des Ständerkreises als vom (auf den Ständer umgerechneten) Läuferstrom durchflossen an. Damit können die Widerstände R_s und R_r'/s sowie die Streureaktanzen $X_{s\sigma}$ und $X_{r\sigma}'$ zusammengefasst werden:

$$R = R_s + R_r'/s \qquad (12.55)$$

$$X = X_{s\sigma} + X_{r\sigma}' \qquad (12.56)$$

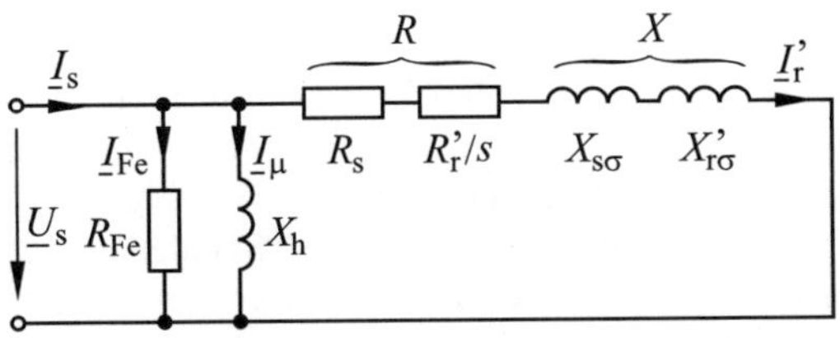

Bild 12.47 Vereinfachte Ersatzschaltung der Asynchronmaschine

Wie im Abschn. 6.2.4 gezeigt wird, ist die Ortskurve eines Stromes, der durch die an konstanter Spannung liegende Reihenschaltung eines OHMschen Widerstandes $0 \le R \le \infty$ und einer Reaktanz X fließt, ein Halbkreis.

Wegen der Abhängigkeit des Widerstandes R vom Schlupf s ist auch der Läuferstrom $\underline{I}_r'$ nach Betrag und Phasenlage vom Schlupf s abhängig. Da sich aber für den Bereich $0 \le s < \infty$ der Widerstand nur im Bereich $\infty > R \ge R_s$ ändert, ist die Ortskurve des Stromes lediglich der zwischen dem Ursprung und dem Schnitt mit der Luftspaltlinie liegende Teil des Halbkreises (Bild 12.48).

Für $s = 0$, also synchronen Lauf von Läufer und Ständerdrehfeld ($n = n_s$), hat der Widerstand einen Wert $R \to \infty$ und damit ist $\underline{I}_r' = 0$.

Für $s = 1$, also Stillstand des Läufers, arbeitet die Drehstrom-Asynchronmaschine als kurzgeschlossener Transformator.

In einem Strang der Maschine wird im Widerstand R die Leistung $U_s\ \underline{I}_r'\ \cos\varphi$ umgesetzt; dabei ist $\underline{I}_r'\ \cos\varphi$ die Projektion des Stromzeigers auf die $\underline{U}_s$-Achse.

Die Leistung der gesamten Maschine, die *drei* Stränge besitzt, ist um den Faktor 3 größer als die Leistung eines Stranges:

$$P_{1Cu} + P_{2Cu} + P_{mech} = 3\ U_s\ I_r'\ \cos\varphi_r \qquad (12.57)$$

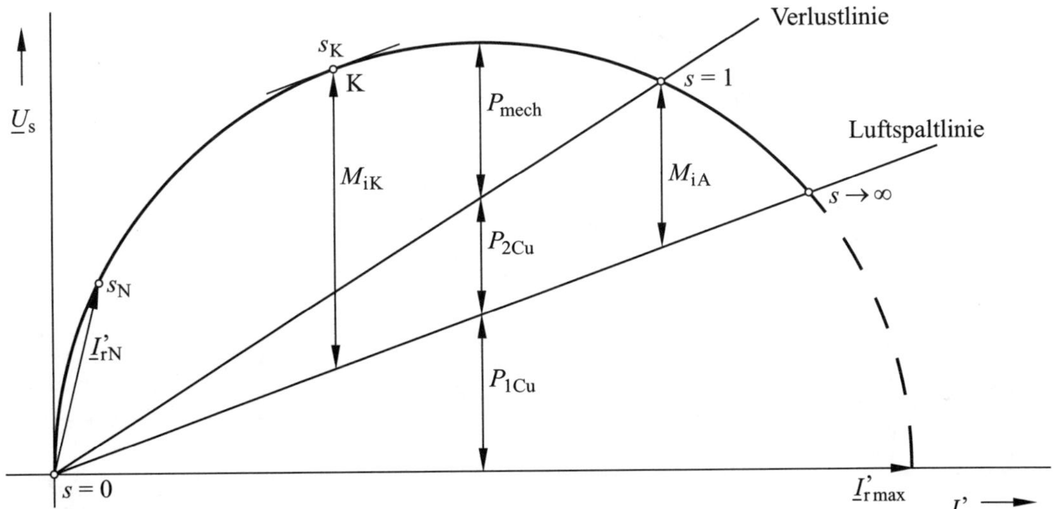

Bild 12.48 Ortskurve des Läuferstromes

Bei konstanter Spannung U_s ist die Leistung dem Wirkstrom proportional; sie kann dann auch anstelle des Wirkstromes $\underline{I}_r' \cos\varphi_r$ als Senkrechte zwischen Abszisse und Halbkreis eingetragen werden, wie dies für einen willkürlich gewählten Schlupfwert im Bild 12.48 geschehen ist.

Die drei Leistungsanteile gemäß Gl. (12.57) sind durch die **Luftspaltlinie** und die **Verlustlinie** voneinander getrennt: Der Leistungsanteil oberhalb der Luftspaltlinie ist die innere Leistung P_i, die über den Luftspalt auf den Läufer übertragen wird. Die Verlustlinie trennt die mechanische Leistung P_{mech} von den Verlusten P_{1Cu} und P_{2Cu}.

Das innere Moment M_i ist gemäß Gl. (12.53) der inneren Leistung P_i proportional; es hat im Punkt K, in dem eine Parallele zur Luftspaltlinie den Kreis tangiert, das Maximum M_{iK}. Subtrahiert man von M_{iK} den »Reibungsanteil« M_{iR}, so erhält man das **Kippmoment** *(maximum torque)* M_K. Der zugehörige Schlupf wird **Kippschlupf** s_K genannt.

Das Kippmoment ist das maximale Drehmoment des Drehstrom-Asynchronmotors.

Ein Asynchronmotor kann ein Drehmoment M, das größer als das Kippmoment M_K ist, nicht aufbringen. Wird dem Motor ein Drehmoment $M > M_K$ abverlangt, so wird er bis zum Stillstand abgebremst.

Nach VDE 0530 muss das Kippmoment eines Motors mindestens den 1,6-fachen Wert des Nennmoments aufweisen. Der Quotient aus Kippmoment und Nennmoment, welches der Motor beim Nennschlupf s_N entwickelt, wird als (Drehmoment-)**Überlastbarkeit** $ü$ bezeichnet:

$$ü = \frac{M_K}{M_N} \tag{12.58}$$

Die Ortskurve des Ständerstromes wurde erstmals von A. Heyland angegeben; sie wird deshalb auch als **Heyland-Kreis** bezeichnet.
Man erhält die Ortskurve des Ständerstromes näherungsweise aus der Ortskurve des Läuferstromes dadurch, dass man zu jedem Wert des Läuferstromes $\underline{I}_r'$ den Strom $\underline{I}_{Fe}$ und den Magnetisierungsstrom $\underline{I}_\mu$ addiert:

$$\underline{I}_s = \underline{I}_{Fe} + \underline{I}_\mu + \underline{I}_r' \tag{12.59}$$

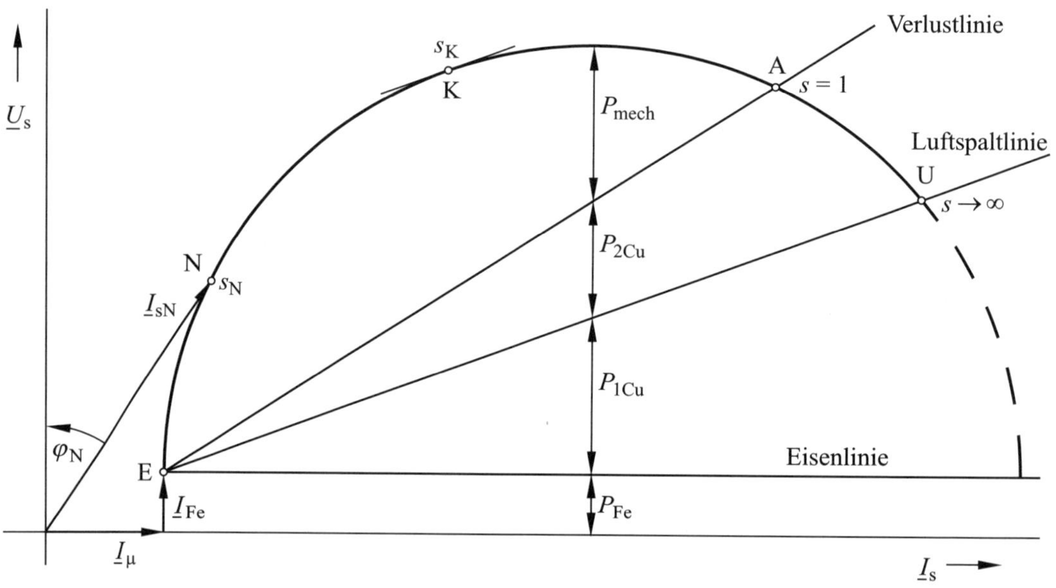

Bild 12.49 Ortskurve des Ständerstromes (Heyland-Kreis)

Der infolge der Eisenverluste fließende Strom $\underline{I}_{Fe}$ ist mit der Spannung $\underline{U}_s$ in Phase; der Magnetisierungsstrom $\underline{I}_\mu$ eilt der Spannung $\underline{U}_s$ um 90° nach.

Der Zeiger der Stromsumme $\underline{I}_{Fe} + \underline{I}_\mu$ endet im Punkt E. Die **Eisenlinie**, die durch diesen Punkt geht und senkrecht auf dem Spannungszeiger steht, trennt die Eisenverluste von den übrigen Verlusten.

12.4.6 Kennlinien

Im Bild 12.50 sind einige Größen, die man der Stromortskurve entnehmen kann, über der auf den Nennwert bezogenen Nutzleistung P_2 aufgetragen. Dabei lassen sich folgende Abhängigkeiten erkennen:

- Die Drehzahl nimmt wie beim Gleichstrom-Nebenschlussmotor mit zunehmender Leistung nur wenig ab; man spricht dabei von einer Nebenschluss-Charakteristik.
- Der Wirkungsgrad ist zwischen Halblast und Nennlast etwa konstant und nimmt bei Überlast ab.
- Der Leistungsfaktor cos φ ist bei $P_2 < 0{,}5\, P_{2N}$ erheblich kleiner als der maximale Wert. Der Motor sollte deshalb nicht stark unterbelastet laufen.

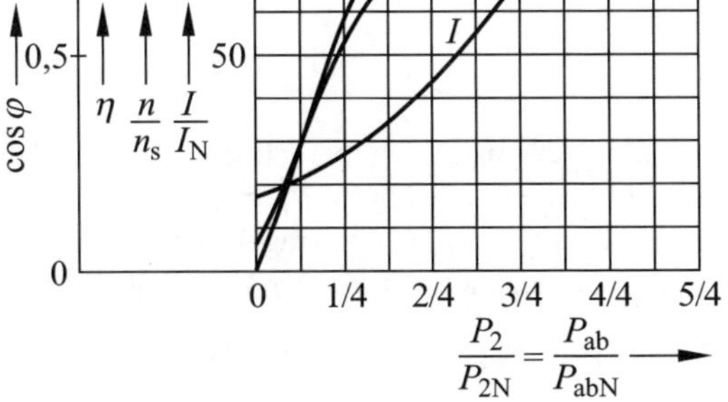

Bild 12.50 Kennlinien eines Asynchronmotors

Wie bereits erwähnt, ist das innere Moment M_i um den »Reibungsanteil« M_R größer als das an der Welle zur Verfügung stehende Drehmoment M. Aus diesem Grund weicht die Kurve $M(s)$ von der Kurve $M_i(s)$ ab, die sich dem HEYLAND-Kreis entnehmen lässt.

Das Bild 12.51 zeigt eine normierte Darstellung des Drehmoments M der Asynchronmaschine in Abhängigkeit von der Drehzahl n bzw. vom Schlupf s. Dabei sind drei Bereiche zu erkennen:

- Bei $0 < s < 1$ arbeitet die Asynchronmaschine als Motor, sie nimmt Leistung aus dem Netz auf und gibt eine Leistung an der Welle ab ($P_2 > 0$).
- Bei $1 < s < \infty$ nimmt die Asynchronmaschine nicht nur elektrische Leistung aus dem speisenden Netz, sondern auch eine mechanische Leistung auf ($P_2 < 0$); man bezeichnet den dabei vorliegenden Betrieb als **Bremsbetrieb**.
- Bei $-1 < s < 0$ nimmt die Asynchronmaschine an der Welle eine Leistung auf ($P_2 < 0$) und gibt elektrische Leistung ab; in diesem Betriebsbereich arbeitet sie als Generator.

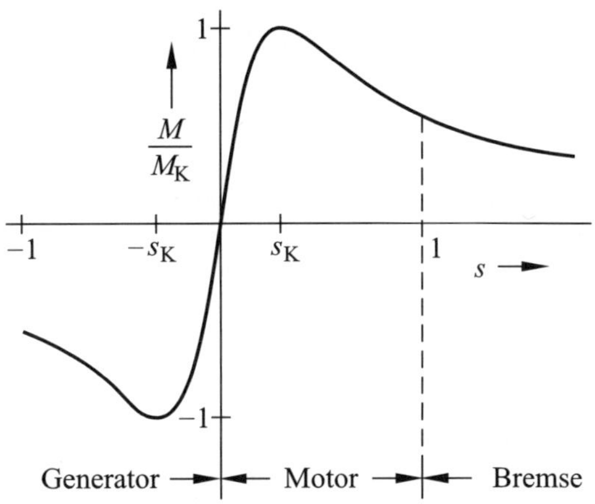

Bild 12.51 Betriebsbereiche der Asynchronmaschine

Der Schlupf s eines Asynchronmotors beträgt im Nennbetrieb einige Prozent.

Wenn z.B. die Frequenz f und die Nenndrehzahl n_N gegeben sind, können damit die Polpaarzahl p und die Synchrondrehzahl n_s berechnet werden. Mit den Gln. (12.22 und 12.40) berechnen wir:

$$p = \frac{f}{n_s} = \frac{f}{n_N}(1 - s_N) \tag{12.60}$$

Der Quotient aus f und n_N ist um einige Prozent größer als die Polpaarzahl p, die als ganze Zahl durch Abrunden von f/n_N ermittelt werden kann.

Beispiel 12.14

Auf dem Leistungsschild eines Drehstrom-Asynchronmotors sind die Frequenz 50 Hz und die Nenndrehzahl 1450 min^{-1} angegeben. Wir wollen die Polpaarzahl p, die Synchrondrehzahl n_s und den Nennschlupf s_N des Motor berechnen.

Die Polpaarzahl p ist die größte ganze Zahl, die kleiner ist als

$$\frac{f}{n_N} = \frac{50 \cdot \text{min}}{\text{s} \cdot 1450} = \frac{50 \cdot 60 \text{ s}}{\text{s} \cdot 1450} = 2{,}07$$

Mit $p = 2$ ergibt die Gl. (12.22): $n_s = 1500 \text{ min}^{-1}$

Mit der Gl. (12.40) berechnen wir:

$$s_N = \frac{n_s - n_N}{n_s} = 0{,}0333 = 3{,}33\ \%$$

12.4.7 Leerlauf- und Kurzschluss

Wie beim Transformator können auch bei der Asynchronmaschine wichtige Kenndaten aus dem Leerlauf- und dem Kurzschlussversuch ermittelt werden.

Beim *Leerlauf* der Asynchronmaschine können wegen der niedrigen Ströme die Kupferverluste im Ständer und und im Läufer vernachlässigt werden. Die Leerlaufverluste P_0 setzen sich aus den Eisenverlusten P_{Fe} und den Reibungsverlusten P_{vR} zusammen:

$$P_0 = P_{Fe} + P_{vR} \tag{12.61}$$

Eine Trennung dieser Verluste ist dann möglich, wenn man mehrere Werte von P_0 bei unterschiedlichen Spannungswerten misst, da die Drehzahl und damit die Reibungsverluste praktisch nicht von der Spannung abhängig sind, während die Eisenverluste mit U_s^2 anwachsen. Trägt man die Leerlaufverluste P_0 über U_s^2 auf, dann ergibt sich eine Gerade, nach deren Extrapolation bis zum Wert $U_s = 0$ die Reibungsverluste P_{vR} an der Ordinate abgelesen werden können.

Beispiel 12.15

Auf dem Leistungsschild eines Drehstrom-Asynchronmotors sind folgende Nennwerte angegeben:

2,2 kW; 220 V; Y; 8,7 A; cos φ = 0,84; 1450 min^{-1}

Bei Leerlauf wird folgende Messreihe aufgenommen:

U_s in V	160	180	200	220
P_0 in W	220	247	277	310

Außerdem wird bei U_s = 220 V der Leerlaufstrom 4,5 A gemessen. Wir wollen die im Bild 12.46 dargestellten Leistungen und den Wirkungsgrad η für Nennlast berechnen.

Zunächst tragen wir die Leerlaufverluste P_0 über U_s^2 auf und verlängern die Gerade bis zur Ordinate, wo wir P_{vR} = 120 W ablesen.

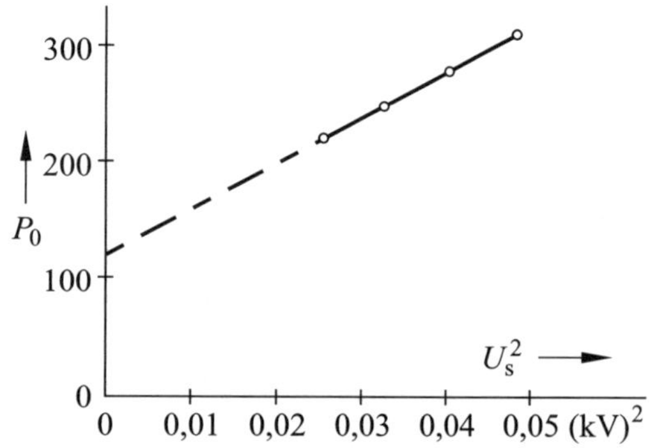

Für die Nennspannung berechnen wir mit der Gl. (12.61) die Eisenverluste P_{Fe} = 190 W.

Die auf den Läufer übertragene mechanische Leistung berechnen wir mit der Gl. (12.50):

$$P_{mech} = P_2 + P_{vR} = 2{,}2 \text{ kW} + 120 \text{ W} = 2320 \text{ W}$$

Der Nennschlupf s_N = 3,33 % wurde bereits im Beispiel 12.14 berechnet.

Zur Berechnung der inneren Leistung ziehen wir die Gl. (12.49) heran:

$$P_\mathrm{i} = \frac{P_\mathrm{mech}}{1-s} = \frac{2320\ \mathrm{W}}{1-0{,}0333} = 2400\ \mathrm{W}$$

Kupferverluste im Läufer: $P_{2\mathrm{Cu}} = P_\mathrm{i} - P_\mathrm{mech} = 80\ \mathrm{W}$

$$P_1 = \sqrt{3}\, U_\mathrm{s} I_1 \cos\varphi = 2785\ \mathrm{W}$$

Die Kupferverluste im Ständer berechnen wir mit den Gln. (12.43 und 12.44):

$$P_{1\mathrm{Cu}} = P_1 - P_\mathrm{i} - P_\mathrm{Fe} = 195\ \mathrm{W}$$

$$\eta = \frac{P_2}{P_1} = \frac{2200\ \mathrm{W}}{2785\ \mathrm{W}} = 0{,}79$$

Beim Kurzschlussversuch wird der Läufer kurzgeschlossen und festgebremst; bei der Drehzahl $n = 0$ hat der Schlupf den Wert $s = 1$.
Der Kurzschlussversuch wird mit einer Spannung $U_\mathrm{k} \ll U_\mathrm{s}$ durchgeführt, bei welcher der Nennstrom fließt; bei Nennspannung würde sich die Maschine zu stark erwärmen.

Mit dem Messwert I_kV des Kurzschlussversuchs kann näherungsweise der Kurzschlussstrom berechnet werden, der in der Ständerwicklung bei der Nennspannung U_s fließen würde; dieser Strom ist der Anlaufstrom I_A (beim Anlauf ist $n = 0$ wie beim Kurzschluss):

$$I_\mathrm{A} = \frac{U_\mathrm{s}}{U_\mathrm{k}} I_\mathrm{kV} \tag{12.62}$$

Aus den Messwerten von Leerlauf- und Kurzschlussversuch kann mit Hilfe der Nennwerte die Stromortskurve konstruiert werden. Zunächst werden die Zeiger der Ströme für Leerlauf, Nennbetrieb und Anlauf in ein Diagramm eingetragen, wodurch man die Punkte L, N und A erhält. Dann werden je zwei dieser Punkte miteinander verbunden und auf den Verbindungsstrecken wird die Mittelsenkrechte errichtet. Die Mittelsenkrechten schneiden sich im Mittelpunkt M des HEYLAND-Kreises.

In grober Näherung werden die Reibungsverluste P_vR den Eisenverlusten P_Fe zugeschlagen; infolge dieser Näherung fällt der Punkt E, in dem sich die Verlust-, die Luftspalt- und die Eisenlinie schneiden, mit dem Punkt L zusammen.

Da beim Kurzschlussversuch wegen $P_\mathrm{Fe} \sim U_\mathrm{s}^2$ und $U_\mathrm{k} \ll U_\mathrm{s}$ die Eisenverluste vernachlässigt werden können, entspricht die Strecke $\overline{AC}$ (Bild 12.52) den gemessenen Kurzschlussverlusten P_k, während die Strecke $\overline{BC}$ den Kupferverlusten $P_{1\mathrm{Cu}}$ in der Ständerwicklung entspricht; damit lässt sich der Punkt B ermitteln, welcher auf der Luftspaltlinie liegt.

Beispiel 12.16
Für den Motor aus dem Beispiel 12.15 werden beim Kurzschlussversuch mit $U_\mathrm{k} = 50$ V der Strom $I_\mathrm{kV} = 8{,}7$ A und die Leistung $P_\mathrm{k} = 350$ W gemessen. Wir wollen mit Hilfe dieser Messwerte den HEYLAND-Kreis konstruieren und das Anlaufmoment, das Kippmoment und das Nennmoment berechnen.

$$\cos\varphi_0 = \frac{P_0}{\sqrt{3}\, U_\mathrm{s} I_0} = 0{,}181\ ;\quad \varphi_0 = 79{,}6°$$

$$\varphi_\mathrm{N} = \arccos 0{,}84 = 32{,}9°$$

$$\cos\varphi_\mathrm{A} = \frac{P_\mathrm{k}}{\sqrt{3}\, U_\mathrm{k} I_\mathrm{kV}} = 0{,}465\ ;\quad \varphi_\mathrm{A} = 62{,}3°$$

$$I_\mathrm{A} = \frac{U_\mathrm{s}}{U_\mathrm{k}} I_\mathrm{kV} = \frac{220\ \mathrm{V}}{50\ \mathrm{V}} \cdot 8{,}7\ \mathrm{A} = 38{,}3\ \mathrm{A}$$

Nach der Wahl des Strommaßstabs tragen wir die Ströme auf und errichten auf der Verbindungsgeraden von je zwei Punkten die Mittelsenkrechte. Die im Bild 12.52 gestrichelt eingetragenen Mittelsenkrechten schneiden sich im Mittelpunkt M.

Die Strecke $\overline{AC}$ wird im Verhältnis $\overline{AC} / \overline{BC} = P_\mathrm{k} / P_{1\mathrm{Cu}} = 350 / 195$ aufgeteilt; dies ergibt den Punkt B auf der Luftspaltlinie.
Zwischen dem Kreis und der Luftspaltlinie kann das innere Moment abgelesen werden; das innere Moment M_i bei Nennbetrieb liefert dabei den Maßstab für das Drehmoment:

$$M_\mathrm{iN} = \frac{P_\mathrm{iN}}{2\,\pi\, n_\mathrm{s}} = \frac{2400\ \mathrm{W}}{2\pi \cdot 25\ \mathrm{s}^{-1}} = 15{,}3\ \mathrm{N\,m}$$

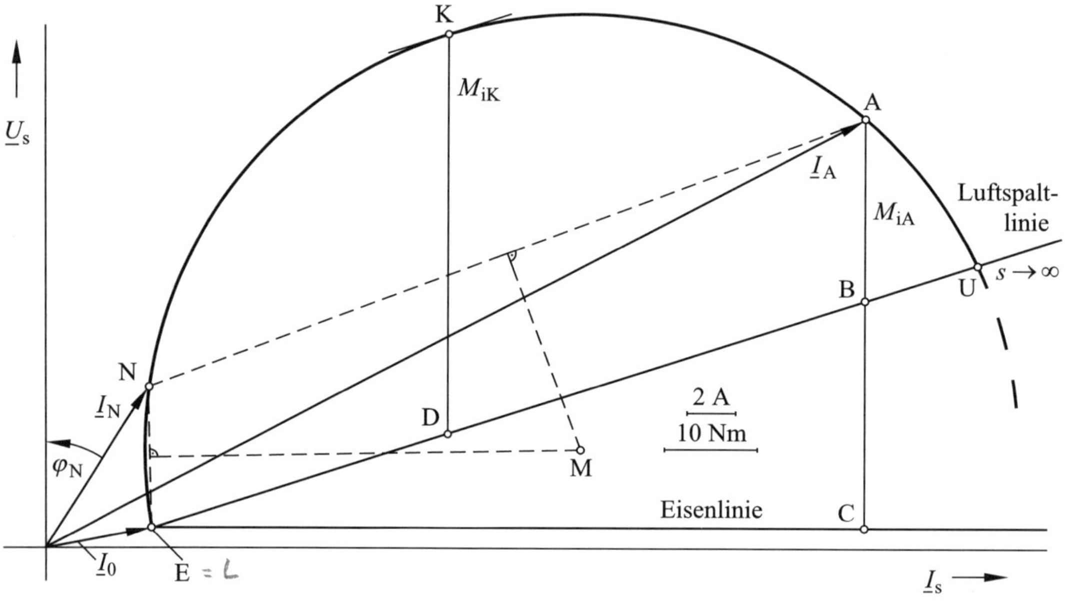

Bild 12.52 Stromortskurve zum Beispiel 12.16

Die Synchrondrehzahl n_s wurde bereits im Beispiel 12.14 ermittelt.
Beim Anlaufpunkt A bzw. beim Kippunkt K lesen wir das innere Moment ab:

$$M_{iA} = 15{,}3\ \mathrm{Nm} \cdot \frac{\overline{AB}}{\overline{NE}} = 19{,}7\ \mathrm{Nm}$$

$$M_{iK} = 15{,}3\ \mathrm{Nm} \cdot \frac{\overline{KD}}{\overline{NE}} = 43{,}3\ \mathrm{Nm}$$

Da beim Anlauf ($n = 0$) keine Reibungsverluste auftreten, ist $M_A = M_{iA} = 19{,}7$ Nm.
Für den Kippschlupf sind die Reibungsverluste unbekannt. Setzt man näherungsweise dieselben Reibungsverluste wie für den Nennschlupf an, so erhält man gemäß Gl. (12.52) den »Reibungsanteil« des Drehmoments:

$$M_R = \frac{P_{vR}}{2\,\pi\, n} = \frac{120\ \mathrm{W}}{2\pi \cdot 1450\ \mathrm{min}^{-1}} = 0{,}79\ \mathrm{Nm}$$

Damit ergibt sich näherungsweise:

$$M_K = M_{iK} - M_R = 42{,}8\ \mathrm{Nm}$$

$$M_N = M_{iN} - M_R = 14{,}5\ \mathrm{Nm}$$

Die gemessene Stromortskurve weicht aus einigen Gründen vom theoretischen Verlauf ab:

- In der vereinfachten Ersatzschaltung (Bild 12.47), die dem HEYLAND-Kreis zugrundeliegt, sind nicht sämtliche Spannungsabfälle erfasst (s. Abschn. 12.4.5).
- Durch unterschiedliche Erwärmung bei den verschiedenen Strömen sind die OHMschen Widerstände der Wicklungen nicht konstant.
- Infolge der Stromverdrängung (s. Abschn. 12.4.8) ist der OHMsche Widerstand der Läuferwicklung bei niedrigen Drehzahlen größer als bei der Nenndrehzahl.
- Die Reaktanzen sind nicht konstant, sondern von der Sättigung des Eisens abhängig.
- Die Netzspannung ist nicht genau sinusförmig, der Luftspalt hat infolge der Nutung örtlich unterschiedliche Werte, und die in Nuten untergebrachten Wicklungen erzeugen keinen exakt sinusförmigen Fluss.

Infolge dieser Effekte liegt z.B. der Mittelpunkt des im Bild 12.52 konstruierten HEYLAND-Kreises nicht auf der Eisenlinie.

12.4.8 Käfigläufer-Motor

Der Ständer jedes Asynchronmotors enthält die bereits im Abschn. 12.2 beschriebene Drehstromwicklung, die das umlaufende Drehfeld erzeugt. Die Spulen der Ständerwicklung werden in Nuten des Ständer-Blechpakets eingebracht.

Beim Motor mit **Käfigläufer** *(squirrel-cage rotor)* befinden sich in den Nuten des Läufers massive Stäbe aus Kupfer bzw. Aluminium, die an den Stirnseiten durch Ringe kurzgeschlossen sind (Bild 12.53). Wegen dieser stets vorhandenen Kurzschlussverbindung wird der Käfigläufer-Motor, der 1889 von M. v. DOLIVO-DOBROWOLSKY erfunden wurde, auch **Kurzschlussläufer-Motor** genannt.

Damit das Drehmoment nicht von der Läuferstellung abhängig ist, sind die Läufernuten und -stäbe gegenüber den Ständernuten schräggestellt (»geschränkt«).

Bei kleineren Maschinen wird der Käfig aus Aluminium im Druckgussverfahren in die nicht isolierten Läufernuten gespritzt; da hierbei der Käfig mit den Kurzschlussringen und den Lüfterflügeln in einem Stück gefertigt wird, ergeben sich relativ niedrige Herstellungskosten.

Der Käfigläufermotor ist für Leistungen $P > 1$ kW der meistgebaute Elektromotor; er ist nicht nur einfach und billig, sondern auch betriebssicher und praktisch wartungsfrei, denn außer den Lagern gibt es keine Verschleißteile.

Zwei Eigenschaften schränken die Anwendung des Käfigläufer-Motors ein:

- Die Drehzahl ist im Wesentlichen nur von der Netzfrequenz und von der Polzahl des Motors abhängig. Eine Drehzahlstellung ist nur mit hohem Aufwand möglich.
- Beim Anlauf ist der Ständerstrom hoch, das Anlaufmoment jedoch niedrig.

Wir wollen uns im Folgenden zunächst mit den Problemen des *Anlaufs* befassen.

Der **Anlaufstrom** I_{sA} eines Käfigläufer-Motors beträgt je nach Baugröße das 3- bis 7-fache des Nennstromes.
Trotz des hohen Anlaufstromes ist das Drehmoment beim Anlauf relativ gering. Dies ist zum einen in dem großen Phasenverschiebungswinkel des Läuferstromes gegen die Läuferspannung beim Anlauf begründet; zum anderen sind beim Anlauf wegen des hohen Anlaufstromes die Ständerverluste wesentlich höher als beim Nennbetrieb, wodurch ein geringerer Anteil der aufgenommenen Leistung P_1 über den Luftspalt auf den Läufer übertragen wird.

Am öffentlichen Niederspannungsnetz 400 V dürfen nur kleinere Motoren bis etwa 5 kW direkt eingeschaltet werden; dadurch sollen störende Stromstöße, die Spannungsabsenkungen im Netz verursachen, vermieden werden. Die Technischen Anschlussbedingungen der Vereinigung Deutscher Elektrizitätswerke VDEW geben den zulässigen Anlaufstrom mit 60 A an.

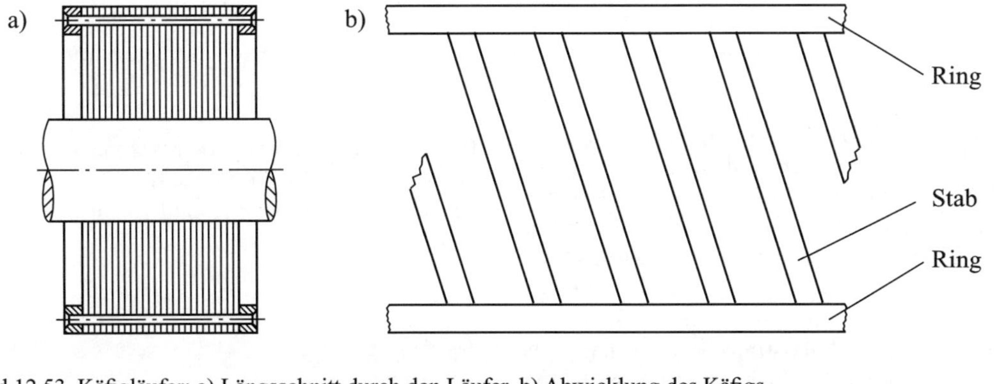

Bild 12.53 Käfigläufer: a) Längsschnitt durch den Läufer, b) Abwicklung des Käfigs

Beispiel 12.17
Wir wollen für den Motor aus den Beispielen 12.15 und 12.16 den auf den Nennstrom bezogenen Anlaufstrom und das auf das Nennmoment bezogene Anlaufmoment berechnen.

$$\frac{I_A}{I_N} = \frac{38{,}3\ \text{A}}{8{,}7\ \text{A}} = 4{,}4\ ; \quad \frac{M_A}{M_N} = \frac{19{,}7\ \text{N m}}{14{,}5\ \text{N m}} = 1{,}36$$

Motoren mit Nennleistungen > 5 kW dürfen nur bei herabgesetzter Spannung an das Netz geschaltet werden, damit der Einschaltstromstoß nicht zu groß ist.
Ist die Ständerwicklung für Dreieckschaltung ausgelegt, so kann der Einschaltstrom mit einem **Stern-Dreieck-Schalter** herabgesetzt werden. Der Motor wird zunächst in der Sternschaltung an das Netz gelegt; dabei haben jedoch der Anlaufstrom und das Drehmoment ein Drittel der Werte, die beim direkten Einschalten in Dreieckschaltung auftreten würden. Dies ist vor allem beim Anlauf unter Last zu beachten. Nach dem Hochlauf in der Sternschaltung wird „auf Dreieck" umgeschaltet.

Wenn der Stern-Dreieck-Anlauf aus betrieblichen Gründen nicht zulässig ist, dann kommt für Motoren nicht zu hoher Leistung ein **Ständeranlasser** in Frage. Dabei werden in jeden Strang Widerstände bzw. Drosselspulen gelegt, die während des Anlaufs stufig abgeschaltet werden. Nach den Vorschriften der Elektrizitätswerke darf dabei die Leistung des Motors 15 kW nicht übersteigen, wenn er an das öffentliche Niederspannungsnetz angeschlossen ist; der Ständeranlasser muss den Anlaufstrom auf den doppelten Nennstrom begrenzen.

Motoren höherer Leistung werden mit einem **Anlasstransformator** in Sparschaltung angefahren, der gegenüber dem Ständeranlasser den Vorteil erhöhter Wirksamkeit hat: Mit dem Ständeranlasser muss die Spannung um denselben Faktor abgesenkt werden, um den auch der Strom abgesenkt werden soll; das Drehmoment geht mit dem Quadrat dieses Faktors zurück. Mit dem Anlasstransformator kann die Spannungsabsenkung kleiner ausfallen, da der Primärstrom des Transformators im Verhältnis $1/ü$ kleiner als der Sekundärstrom ist; daher entwickelt der Motor ein höheres Drehmoment als beim Ständeranlasser.

Beispiel 12.18
Ein Kurzschlussläufer-Motor nimmt beim direkten Einschalten am 400 V-Netz den 6-fachen Nennstrom auf ($I_{Ad} = 6\ I_N$) und entwickelt dabei das Anlaufmoment $M_{Ad} = 300$ N m.
Mit einem Ständeranlasser bzw. einem Anlasstransformator soll der Anlaufstrom auf den zweifachen Nennwert begrenzt werden: $I_{Av} = 2\ I_N$. Auf welchen Wert U_{Av} ist jeweils die Spannung abzusenken, und welches Drehmoment M_{Av} entsteht?

Beim *Ständeranlasser* muss die Ständerspannung um den gleichen Faktor

$$k = \frac{I_{Av}}{I_{Ad}} = \frac{2 I_N}{6 I_N} = \frac{1}{3}$$

wie der Strom abgesenkt werden:

$$U_{Av} = k\,U = (400\ \text{V})/3 = 133{,}3\ \text{V}$$

Wegen $M \sim U^2$ ist $M_{Av} = k^2\, M_{Ad} = 33{,}3$ N m

Beim *Anlasstransformator* mit dem Übersetzungsverhältnis $ü = U/U_{Av}$ wird der Motorstrom im gleichen Verhältnis wie die Spannung abgesenkt:

$$U_{Av} = U/ü\ ; \quad I_{Motor} = I_{Ad}/ü = 6\ I_N/ü$$

Der Primärstrom, den der Transformator aus dem Netz aufnimmt, ist gemäß Gl. (12.4):

$$I_{Netz} = I_{Motor}/ü = 6\ I_N/ü^2\ ; \quad ü^2 = 3\ ; \quad U_{Av} = 231\ \text{V}$$

Wegen $M \sim U^2$ ist $M_{Av} = M_{Ad}/ü^2 = 100$ N m

Beim Anlauf der Asynchronmaschine ist $n = 0$ und der Schlupf hat den Wert $s = 1$. Der Läuferstrom ist gemäß Gl. (12.45) beim Anlauf von der Belastung unabhängig:

$$I'_{rA} = \frac{U'_{rh0}}{\sqrt{R'^2_r + X'^2_{r\sigma}}} \tag{12.63}$$

Die Belastung erhöht lediglich die Anlaufzeit und damit die vom Anlaufstrom hervorgerufene Erwärmung. Dies ist vor allem bei häufigem Anlassen zu beachten.

Stromverdrängungs-Läufer

Eine Erhöhung des Läuferwiderstandes und damit eine Herabsetzung des Stromes beim Anlauf ist durch Ausnutzung der Stromverdrängung möglich, die am Beispiel des Hochstabläufers beschrieben werden soll. Dabei denkt man sich den Leiterquerschnitt in mehrere Teilleiter aufgeteilt (Bild 12.54). Durch den Wechselstrom bildet sich um jeden Teilleiter ein Streufluss. Die Feldlinien dieses Streufeldes laufen weitgehend im magnetisch gut leitenden Eisen und schließen sich über den Luftweg der Nut. Dadurch ist z. B. der Teilleiter 1 mit einem wesentlich größeren Fluss verkettet als der Teilleiter 4; die infolge der Flussänderung induzierte Spannung ist daher im Teilleiter 1 viel größer als im Teilleiter 4.

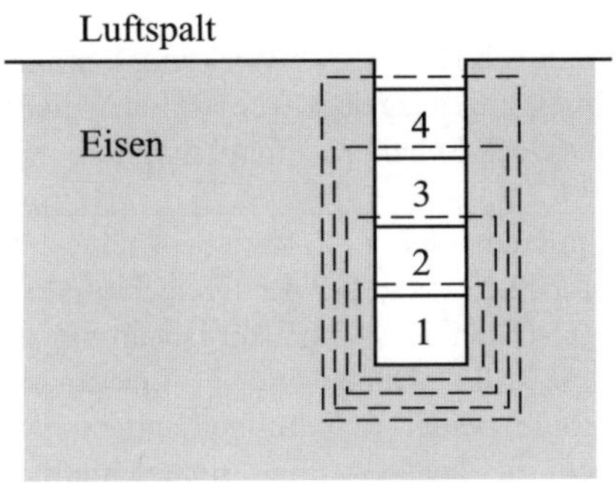

Bild 12.54 Feldlinien des Streufeldes beim Hochstabläufer

Die selbstinduktive Spannung wirkt nach dem LENZschen Gesetz ihrer Ursache entgegen: Der Strom im Teilleiter 1 wird stärker verringert als der Strom im Teilleiter 4; der Strom wird also aus dem unteren Teil der Nut in den oberen Teil »verdrängt«.

Infolge der **Stromverdrängung** steht dem Wechselstrom scheinbar ein kleinerer Leiterquerschnitt zur Verfügung als einem Gleichstrom, der gleichmäßig über den Leiterquerschnitt verteilt wäre. Dadurch ist der OHMsche Widerstand des Läuferstabes erhöht.

Die selbstinduktive Spannung ist gemäß Gl. (5.24) von der Frequenz f_r der Spannungen und Ströme im Läufer abhängig.

Beim Anlauf ist die Frequenz f_r gleich der Netzfrequenz f. Bei dieser relativ hohen Frequenz führt der Stromverdrängungseffekt zu einer merklichen Widerstandserhöhung. Beim Nennbetrieb wird der Widerstand eines Läuferstabs wegen der sehr niedrigen Läuferfrequenz $f_r = s\,f$ kaum beeinflusst.

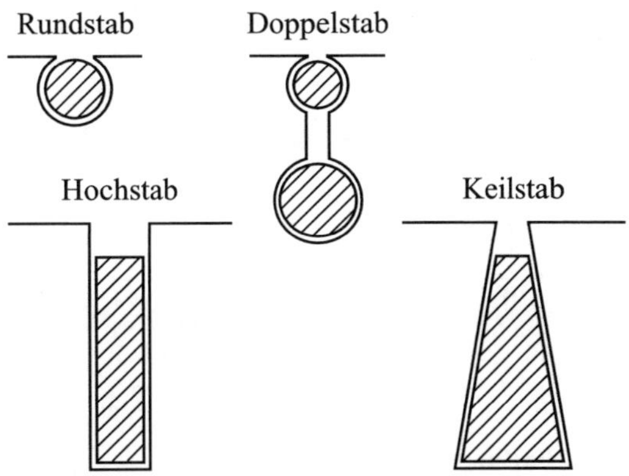

Bild 12.55 Nutformen von Kurzschlußläufern:

Der Keilstabläufer (Bild 12.55) erhöht das Drehmoment und verringert den Anlaufstrom in etwa derselben Größenordnung wie der Hochstabläufer.

Eine Weiterentwicklung des Hochstabläufers, der auch **Tiefnutläufer** genannt wird, ist der **Doppelstabläufer**. Beim Anlauf wird der Läuferstrom in den äußeren Käfig verdrängt; beim Nennbetrieb fließt der Läuferstrom auch im inneren Käfig.

Das Bild 12.56b zeigt die Drehmoment-Drehzahl-Kennlinien verschiedener Käfigläufer-Motoren. Ein Nachteil des Doppelstabläufers kann sein, dass das Drehmoment bei kleinen Drehzahlen niedriger ist als das Anlaufdrehmoment.

Die Stromortskurve eines Asynchronmotors mit Stromverdrängungsläufer weicht im Anlaufbereich und bei Schlupfwerten $s > 1$ stark von der Kreisform ab.

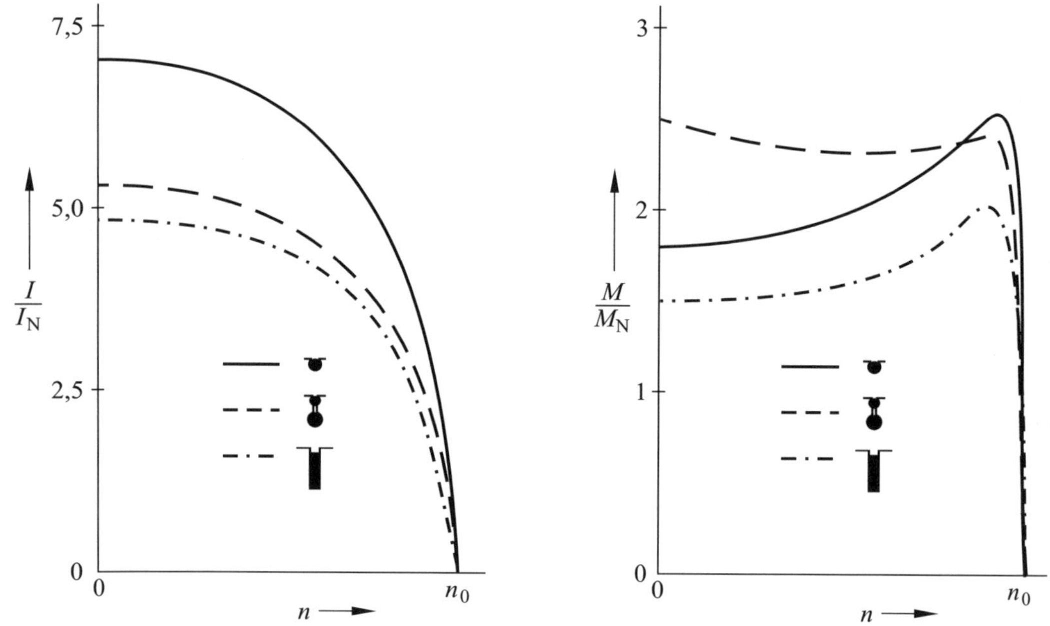

Bild 12.56 Strom und Drehmoment von Käfigläufermotoren in Abhängigkeit von der Drehzahl

Umschaltung der Polzahl

Wie die Gl. (12.22) zeigt, kann man die Drehzahl des Käfigläufermotors durch Umschalten der Ständerwicklung auf verschiedene Polzahlen in Stufen einstellen.

Am häufigsten wird die DAHLANDER-Schaltung angewendet, bei der zwei Spulengruppen so umgeschaltet werden, dass die Polzahlen im Verhältnis 2:1 stehen. Bei niedriger Drehzahl ist der Ständer in Dreieck, bei hoher in Doppelstern geschaltet.

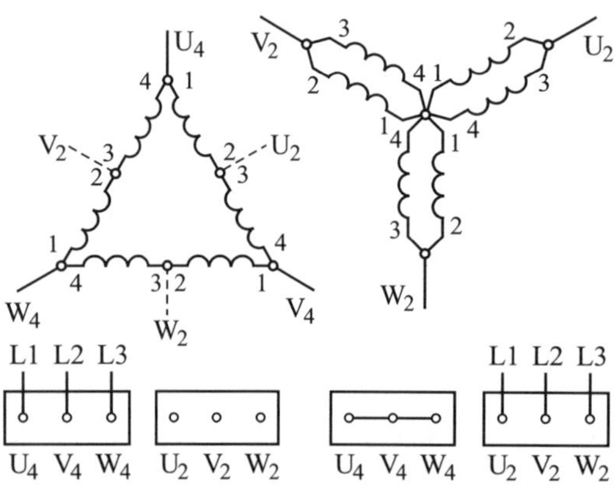

Bild 12.57 Polzahlumschaltung nach DAHLANDER

Ein Motor mit DAHLANDER-Wicklung kann nur für eine Spannung ausgelegt werden; ein Anlauf mit Stern-Dreieck-Schalter ist nicht möglich.

Jede Spulengruppe 1–2 bzw. 3–4 eines Stranges (Bild 12.57) liegt bei der Dreieckschaltung an $U/2 = 0{,}5\,U$, bei der Doppelsternschaltung aber an $U/\sqrt{3} = 0{,}58\,U$. Daher sind die Leistungen und die Ströme beider Schaltungen unterschiedlich. Da auch die Feldverteilung unterschiedlich ist, kann ein Motor mit DAHLANDER-Wicklung nicht so gut ausgenutzt werden wie ein Motor mit nur einer Polzahl.

Bei der höheren Drehzahl gibt der Motor 25 ... 50 % mehr Leistung ab und benötigt 10 ... 40 % mehr Strom, wie die folgende Gegenüberstellung erkennen lässt, die einer Motorenliste entnommen ist.

Tabelle 12.3 Motoren mit DAHLANDER-Wicklung

U in V	n_N in min^{-1}	P_N in kW	I_N in A
380	1440 / 2880	7,5 / 9,5	15 / 20
380	720 / 1440	7,5 / 11,5	19 / 23

Bei einem Motor mit zwei getrennten Wicklungen entfallen die meisten Nachteile der DAHLANDER-Schaltung, es sind also z. B. zwei stark unterschiedliche Drehzahlen möglich. Allerdings ist auch ein derartiger Motor schlechter ausgenutzt als ein Motor mit einer einzigen Wicklung. Durch die zusätzliche DAHLANDER-Schaltung einer oder auch beider Wicklungen lassen sich drei bzw. vier verschiedene Nenndrehzahlen erreichen.

Die Umschaltung der Drehzahl in Stufen wird z. B. bei Aufzügen, Werkzeugmaschinen, Pumpen und Zentrifugen angewendet. Eine stufenlose Drehzahlstellung ist bei Käfigläufermotoren nur durch eine Veränderung der Frequenz der Ständerspannung möglich (s. Kap. 16).

12.4.9 Schleifringläufer-Motor

Beim Schleifringläufer-Motor enthält der Läufer eine Drehstromwicklung derselben Polpaarzahl wie der Ständer. Die Läuferwicklung ist meist in Stern geschaltet. Ihre drei Anschlüsse werden über Schleifringe und sog. *Bürsten* an die Klemmen K; L; M des Läuferanlassers geführt.

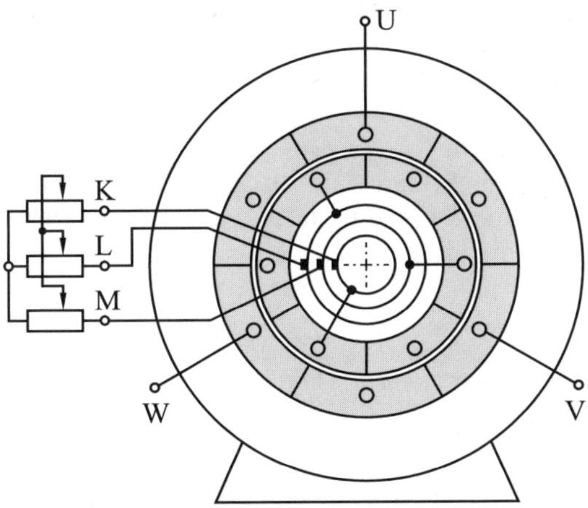

Bild 12.58 Asynchronmotor mit Schleifringläufer (prinzipielle Darstellung)

Ein Asynchronmotor mit Schleifringläufer ist größer und schwerer als ein Motor mit Kurzschlussläufer. Der hohe Aufwand für Bürsten und Schleifringe macht den Motor nicht nur teurer, sondern auch weniger betriebssicher; die Bürsten, die sich abnutzen, bedürfen der Wartung und müssen gegebenenfalls erneuert werden.

Vorteilhaft ist, dass das Anlassen bei größeren Lastmomenten möglich ist, und dass über Widerstände, die den Anlasswiderständen im Läuferkreis entsprechen, die Drehzahl eingestellt werden kann.

Die Drehzahl eines Schleifringläufer-Motors kann durch Zuschalten von Widerständen R_{vor} in den Läuferkreis herabgesetzt werden. Dabei bleiben der Läuferstrom I_r und damit auch die innere Leistung P_i und das innere Moment M_i unverändert, wenn der Schlupf s_1 (bei $R_{vor} = 0$) und der Schlupf s_2 (bei $R_{vor} > 0$) im folgenden Verhältnis zueinander stehen:

$$\frac{s_2}{s_1} = \frac{R_r + R_{vor}}{R_r} \tag{12.64}$$

Die mechanische Leistung P_{mech} und die an der Welle zur Verfügung stehende Leistung $P_{ab} = P_2$ werden durch die Verluste in den Widerständen verringert.

Die Kurve a im Bild 12.59 zeigt die Drehmoment-Schlupf-Kennlinie eines Schleifringläufer-Motors für $R_{vor} = 0$. Aus ihr lässt sich die Kurve b für $R_{vor} > 0$ punktweise ermitteln, indem man mit der Gl. (12.64) für einen gewählten Wert von s_1 jeweils den zugehörigen Wert von s_2 bestimmt, bei dem das gleiche Drehmoment auftritt. Dabei wird die geringe Differenz der Reibungsverluste bei den unterschiedlichen Drehzahlen vernachlässigt.

Wie das Bild 12.59 zeigt, werden die Drehmoment-Schlupf-Kennlinien, die zwischen $s = 0$ und $s = s_N$ annähernd linear verlaufen, mit zunehmendem Vorwiderstand R_{vor} flacher.

Im Prinzip lässt sich durch Zuschalten von Widerständen in den Läuferkreis die Drehzahl des Schleifringläufer-Motors auf beliebige Werte herabsetzen. Ein Dauerbetrieb ist dabei jedoch nicht zweckmäßig, weil in den zugeschalteten Widerstände Verluste entstehen und der Wirkungsgrad des Motors dadurch sinkt.

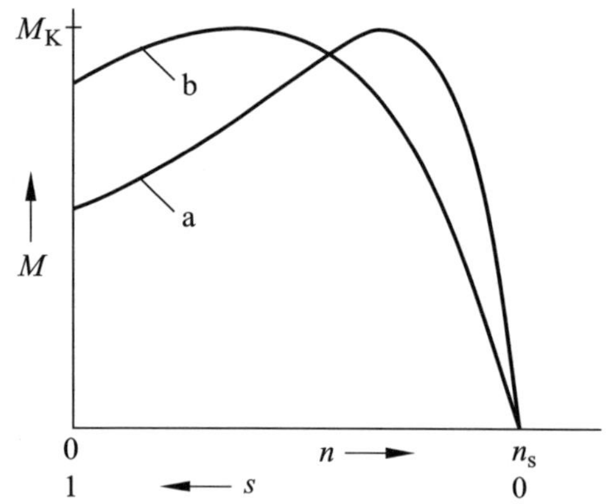

Bild 12.59 Drehmoment eines Schleifringläufer-Motors in Abhängigkeit vom Schlupf s
a) Läufer kurzgeschlossen ($R_{vor} = 0$)
b) mit zusätzlichem Stellwiderstand ($R_{vor} = R_r$)

Der Läuferwiderstand R_r eines Schleifringläufer-Motors lässt sich mit der Läuferstillstandspannung und dem Läuferstrom, die für Nennbetrieb auf dem Leistungsschild angegeben sind, berechnen. Wie das Bild 12.44 zeigt, sind im Läuferkreis die Streureaktanz $s \cdot X_{r\sigma}$ und der OHMsche Widerstand R_r in Reihe geschaltet. Die Werte von $X_{r\sigma}$ und R_r liegen etwa in derselben Größenordnung.

Für Nennbetrieb ist wegen $s_N \ll 1$ das Produkt $s_N \cdot X_{r\sigma} \ll R_r$ und kann daher vernachlässigt werden. Die Spannung $s_N \cdot U_{rh0}$ fällt praktisch nur am OHMschen Widerstand R_r ab, für den bei Nennbetrieb gilt:

$$R_r = \frac{s_N \cdot U_{rh0}}{I_{rN}} \qquad (12.65)$$

Die Spannung und der Strom in dieser Gleichung sind Stranggrößen, während auf dem Leistungsschild Außenleitergrößen angegeben sind.

Beispiel 12.19

Auf dem Leistungsschild eines Schleifringläufer-Motors ist angegeben: 10 kW; 380 V; 21 A; cos φ = 0,84; 1410 min^{-1}; Läufer: 230 V; Y ; 27 A.

Wir wollen den Wirkungsgrad des Motor bei Nennbetrieb berechnen. Außerdem wollen wir die Vorwiderstände im Läuferkreis berechnen, die für die Drehzahl 1000 min^{-1} erforderlich sind. Welchen Wirkungsgrad hat der Motor bei dieser Drehzahl, wenn er das Nennmoment entwickelt?

Zunächst berechnen wir mit der zugeführten Leistung

$$P_1 = \sqrt{3}\, U I \cos\varphi = 11{,}6 \text{ kW}$$

und der abgegebenen Leistung P_2 = 10 kW den Wirkungsgrad $\eta = 0{,}86 = 86\ \%$.

Dann berechnen wir die Polpaarzahl p wie im Beispiel 12.14:

$$\frac{f}{n_N} = \frac{50 \cdot \text{min}}{\text{s} \cdot 1410} = 2{,}13\,;\ p = 2\,;\ n_s = 1500 \text{ min}^{-1}$$

Den Schlupf für Nennbetrieb berechnen wir mit der Gl. (12.40):

$$s_N = 0{,}06$$

Mit dem Strangwert $U_{rh0} = 230 \text{ V} / \sqrt{3} = 132{,}8$ V der Läuferstillstandspanung und dem Strangwert I_{rN} = 27 A des Läuferstromes wird mit der Gl. (12.65) der Widerstand $R_r = 0{,}295\ \Omega$ eines Stranges der Läuferwicklung berechnet.

Dies setzen wir mit dem Schlupf $s_1 = s_N = 0{,}06$ und dem Schlupf $s_2 = 0{,}333$ für die Drehzahl 1000 min^{-1} in die Gl. (12.64) ein und berechnen den Vorwiderstand:

$$R_{vor} = 1{,}34\ \Omega$$

Das Nennmoment berechnen wir mit der Gl. (12.25):

$$M_N = \frac{P_N}{2\,\pi\, n_N} = \frac{10{,}0 \text{ kW} \cdot 60 \text{ s}}{2\,\pi \cdot 1410} = 67{,}7 \text{ N m}$$

Beim Nennmoment und bei der Drehzahl n = 1000 min^{-1} gibt die Maschine die Leistung ab:

$$P_2 = M_N \cdot 2\,\pi\, n = 7{,}09 \text{ kW}$$

Dabei ist der Wirkungsgrad $\eta = 0{,}61 = 61\ \%$.

Zum *Anlauf* des Schleifringläufer-Motors werden Vorwiderstände in den Läuferkreis geschaltet, die den Ständerstrom I_s auf Werte begrenzen, die nicht wesentlich höher als der Nennstrom I_{sN} sind.
Beim Stillstand des Motors wird mit dem Vorwiderstand R_{vor1} der Anlassspitzenstrom I_{sp} eingestellt (Bild 12.60). Mit zunehmender Drehzahl sinkt der Ständerstrom I_s ab, bis beim Schaltstrom I_{sch} auf den Vorwiderstand $R_{vor2} < R_{vor1}$ umgeschaltet wird.
Nach VDE 0660 wählt man $I_{sp} = 1{,}5\ I_{sN}$ und $I_{sch} = 1{,}1\ I_{sp}$. Die Widerstände werden entweder von Hand oder durch eine Folgesteuerung mit Schützen umgeschaltet.

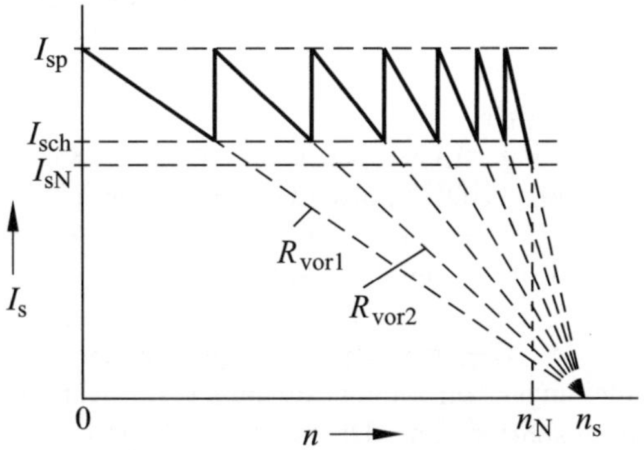

Bild 12.60 Anfahrkennlinien des Schleifringläufer-Motors

Trotz der mäßigen Anlaufströme entwickelt der Schleifringläufer-Motor beim Anlauf nach Bild 12.60 ein Drehmoment, das größer als das Nennmoment ist. Der Schleifringläufer-Motor eignet sich daher auch für schwere Anlaufverhältnisse; er wird deshalb z. B. bei Hebezeugen verwendet oder dann, wenn große Schwungmassen zu beschleunigen sind.
Die Abnutzung der Bürsten im Dauerbetrieb kann, wenn der Motor zugänglich ist, mit der Kurzschluss- und Bürstenabhebevorrichtung vermieden werden, die nach dem Hochlaufen durch einen Hebel am Lagerschild der Schleifringseite betätigt wird. Hierdurch werden zuerst die Schleifringe kurzgeschlossen und dann die Bürsten abgehoben. Dies macht jedoch die Bedienung aufwendig; der Schleifringläufer-Motor wird deshalb vom umrichtergespeisten Kurzschlussläufer-Motor verdrängt.

12.4.10 Weitere Betriebsarten

Außer dem in den Kapiteln 12.4.8 und 12.4.9 beschriebenen Motorbetrieb gibt es einige weitere Betriebsarten der Drehstrom-Asynchronmaschine, mit denen wir uns im Folgenden kurz befassen.

Drehtransformator
Der Drehtransformator ist eine Asynchronmaschine mit Schleifringläufer, der aber nicht rotiert, sondern lediglich in seiner Lage einstellbar ist.

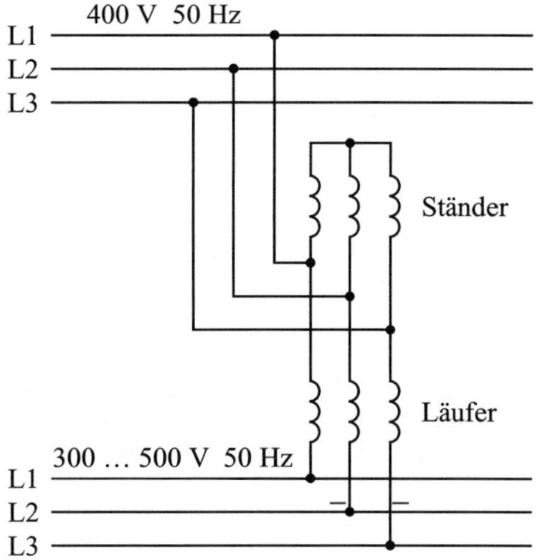

Bild 12.61 Schaltung des Drehtransformators

Im Läufer wird die Läuferstillstandsspannung $\underline{U}_{rh0}$ induziert, deren Phasenlage sich mit der Lage des Läufers ändert, wobei aber ihr Effektivwert

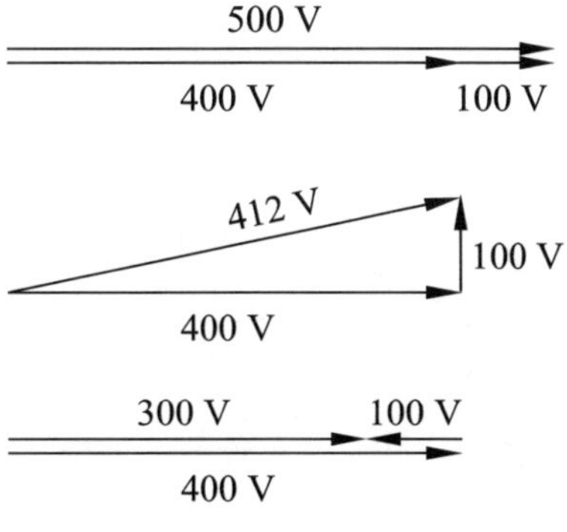

Bild 12.62 Zeigerdiagramme des Drehtransformators

unverändert bleibt. Da Ständer und Läufer wie beim Spartransformator in Reihe geschaltet sind, kann die Ausgangsspannung $\underline{U}_s + \underline{U}_{rh0}$ stufenlos zwischen dem Maximalwert $U_s + U_{rh0}$ und dem Minimalwert $U_s - U_{rh0}$ eingestellt werden, wobei sich natürlich die Phasenlage der Ausgangsspannung ändert (Bild 12.62).

Wegen des Luftspalts sind die Streuung und damit die Kurzschlussspannung groß; die Ausgangsspannung hängt stark von der Belastung ab. Drehtransformatoren werden vor allem in Prüffeldern eingesetzt.

Frequenzwandler

An den Läuferklemmen einer Drehstrom-Asynchronmaschine mit Schleifringläufer, die an der Netzfrequenz f mit der Drehzahl n betrieben wird, kann ein dreiphasiges Spannungssystem mit der Frequenz $f_r = s \cdot f$ (s. Gl. 12.40) abgegriffen werden.

Sowohl der Effektivwert $s \cdot U'_{rh0}$ als auch die Frequenz $s \cdot f$ sind vom Schlupf s und damit von der elektrischen Belastung des dreiphasigen Spannungssystems im Läuferkreis abhängig.

Synchronisierte Asynchronmaschine

Wird der Läufer eines Schleifringläufer-Motors nach dem Hochlauf an Gleichspannung gelegt (Bild 12.63), so läuft der Motor wie ein Synchronmotor (s. Abschn. 12.6) bei der Synchrondrehzahl n_s. Dadurch ist sowohl ein Anlauf bei starker Belastung mit mäßigen Strömen als auch ein Dauerbetrieb bei konstanter Drehzahl möglich.

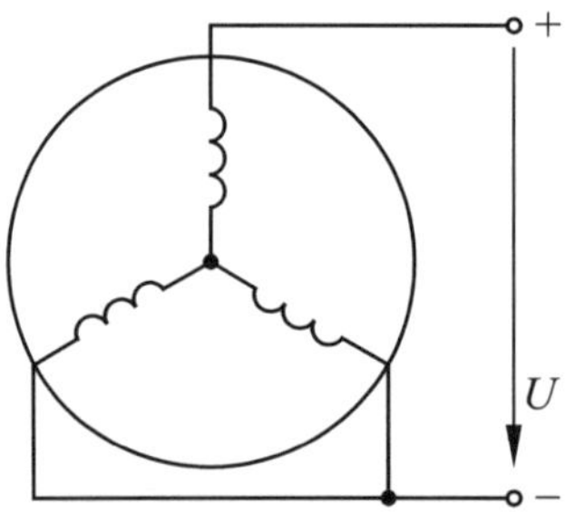

Bild 12.63 Synchronisierte Asynchronmaschine, Gleichstromspeisung des Läufers

Generatorbetrieb

Bei einer Drehzahl $n > n_s$ arbeitet die Asynchronmaschine als Generator: Gemäß Gl. (12.46) ist beim Schlupf $s < 0$ die innere Leistung $P_i < 0$.
Beim Generatorbetrieb muss der Magnetisierungsstrom I_μ, der für den Aufbau des Magnetfeldes erforderlich ist, der Asynchronmaschine von außen zugeführt werden. Beim Betrieb an einem Netz wird diesem der Magnetisierungsstrom entnommen; beim Inselbetrieb, in dem ein einziger Generator in ein Netz speist, können Kondensatoren den Magnetisierungsstrom liefern.
Asynchrongeneratoren werden z.B. in Notstromaggregaten und in kleinen Kraftwerken eingesetzt.

Bremsbetrieb

Im Generatorbetrieb bei $n > n_s$ tritt eine Bremswirkung auf. Deshalb wird diese Betriebsart, die z. B. beim Absenken eines Hebezeugs vorliegt, auch als **übersynchrone Bremsung** bezeichnet.

Bei der **Gegenstrombremsung** werden zwei Zuleitungen zur Motorwicklung vertauscht; dadurch kehrt sich der Drehsinn des Drehfelds um. Der Motor versucht, in Gegenrichtung hochzulaufen, und bremst dabei zunächst die Welle ab. Beim Erreichen des Stillstands muss der Motor durch einen Fliehkraftschalter, der **Bremswächter** genannt wird, vom Netz getrennt werden.
Der Strom zu Beginn der Gegenstrombremsung ist etwas größer als der Anlaufstrom der Maschine.

Eine weitere Art der Bremsung ist die **Gleichstrombremsung**, bei welcher die Ständerwicklung entsprechend Bild 12.63 an Gleichspannung gelegt wird. Die Höhe der Gleichspannung muss wesentlich unter dem Effektivwert der Dreiphasenspannung liegen, da für den Gleichstrom nur der OHMsche Widerstand der Ständerwicklung wirksam ist.
Der Gleichstrom erzeugt ein zeitlich konstantes Magnetfeld. Solange sich der Läufer dreht, werden in der Läuferwicklung Spannungen induziert, die in der kurzgeschlossenen Läuferwicklung Ströme treiben, deren Magnetfeld nach dem LENZschen Gesetz der Ursache entgegenwirkt: Der Läufer wird abgebremst. Wie bei der Wirbelstrombremse

muss der Bremsvorgang mit einer mechanischen Bremse beendet werden, da die Bremswirkung mit abnehmender Drehzahl nachlässt.

Die beschriebenen Arten des Bremsbetriebs lassen sich sowohl bei Käfigläufer-Motoren als auch bei Schleifringläufer-Motoren anwenden.

12.5 Einphasen-Asynchronmotor

Der Einphasen-Asynchronmotor ist eine Wechselfeld-Maschine, in welcher die Ständerwicklung ein magnetisches Feld erzeugt, das bei unveränderter Ortsabhängigkeit zeitabhängig ist.

Ein derartiges Wechselfeld kann als Summe zweier gegenläufiger Drehfelder aufgefasst werden:

- Das **mitläufige Drehfeld** erzeugt den Fluss Φ_1; es rotiert mit der Winkelgeschwindigkeit ω im gewünschten Drehsinn.
- Das **gegenläufige Drehfeld** erzeugt den Fluss Φ_2; es rotiert mit der Winkelgeschwindigkeit $-\omega$ entgegen dem gewünschten Drehsinn.

Der magnetische Fluss jedes dieser Drehfelder ist halb so groß wie der Fluss Φ des Wechselfeldes:

$$\Phi_1 = \Phi_2 = \frac{\Phi}{2} \qquad (12.66)$$

Die Summe der beiden Drehfelder mit den Flüssen Φ_1 und Φ_2 ergibt ein Wechselfeld, denn der Zeiger des resultierenden magnetischen Flusses Φ zeigt stets in vertikale Richtung. Im Bild 12.64 ist dies für drei Zeitpunkte t_1, t_2 und t_3 dargestellt.

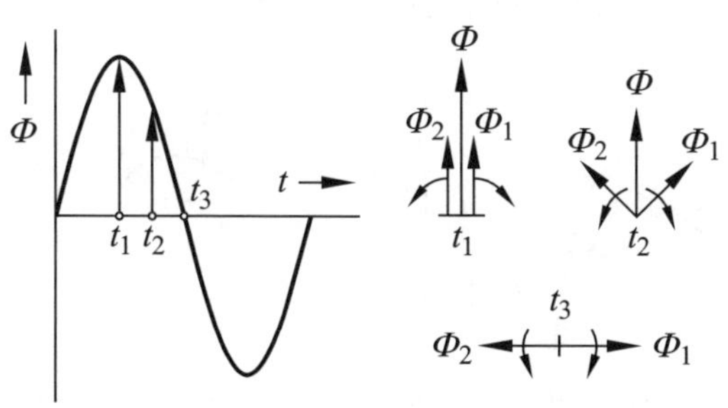

Bild 12.64 Zerlegung eines Wechselfeldes in zwei gegenläufige Drehfelder

Entsprechend der Zerlegung eines Wechselfelds in zwei gegenläufige Drehfelder kann man sich den Einphasen-Asynchronmotor als aus zwei Drehstrom-Asynchronmotoren bestehend vorstellen, die mit entgegengesetzt gerichtetem Drehmoment gemeinsam die gleiche Welle antreiben. Die Drehmomente M_1 und M_2 dieser beiden Drehstrommotoren sowie das resultierende Drehmoment M des Einphasen-Asynchronmotors sind im Bild 12.65 über der Drehzahl n aufgetragen.

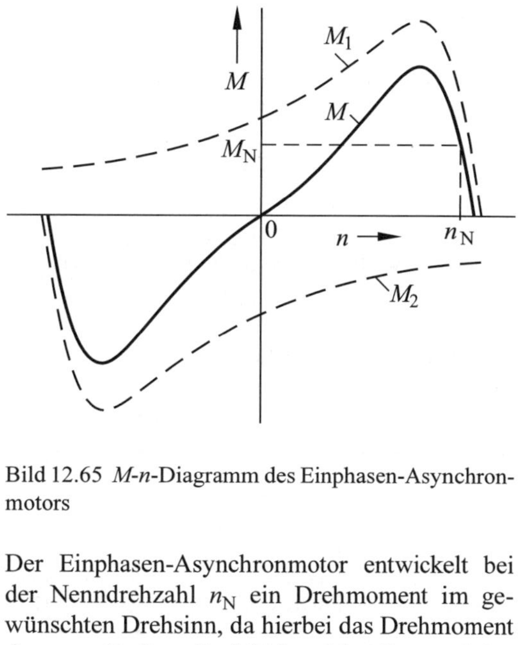

Bild 12.65 M-n-Diagramm des Einphasen-Asynchronmotors

Der Einphasen-Asynchronmotor entwickelt bei der Nenndrehzahl n_N ein Drehmoment im gewünschten Drehsinn, da hierbei das Drehmoment des gegenläufigen Drehfeldes nicht allzu stark ins Gewicht fällt. Im Stillstand heben sich die gegenläufigen Drehfelder auf, so dass der Motor kein Anzugsmoment entwickeln kann.

Der einphasige Betrieb eines Asynchronmotors kann auch bei einem Drehstrommotor als Sonderfall auftreten, wenn eine Zuleitung unterbrochen ist. Wenn der Motor bei einer Drehzahl im Bereich der Nenndrehzahl arbeitet, dann geht dabei die Leistung auf etwa 60 % der Nennleistung zurück; bei Beanspruchung mit Nennlast ist der Strom wesentlich größer als der Nennstrom, so dass sich der Motor stark erwärmt. Wenn der Motor stillsteht, kann er nicht anlaufen; der dabei fließende hohe Strom muss vom Motorschutz (s. Kap. 12.10) schnell abgeschaltet werden.

Der Einphasen-Asynchronmotor wird bis zu einer oberen Leistungsgrenze von wenigen kW gebaut und z. B. für den Antrieb von Kühlschrank-Kompressoren oder Rasenmähern eingesetzt.

Im Ständer eines Einphasen-Asynchronmotors, der am Einphasen-Wechselstromnetz betrieben wird, ist die Hauptwicklung U1-U2 (Bild 12.66) über 2/3 jeder Polteilung verteilt. Der Läufer besitzt einen Kurzschlusskäfig.

Damit der Einphasen-Asynchronmotor nach dem Einschalten von selbst anläuft, erhält er zusätzlich zur Hauptwicklung eine Hilfswicklung Z1-Z2, die ein Wechselfeld erzeugt, welches gegen das Feld der Hauptwicklung um $90°/p$ räumlich verschoben ist.

Die beiden Wechselfelder von Haupt- und Hilfswicklung ergeben ein Drehfeld, wenn der Strom in der Hilfswicklung gegen den Strom in der Hauptwicklung zeitlich phasenverschoben ist. Diese Phasenverschiebung lässt sich z. B. mit Hilfe eines in Reihe zur Hilfswicklung geschalteten Kondensators erreichen.

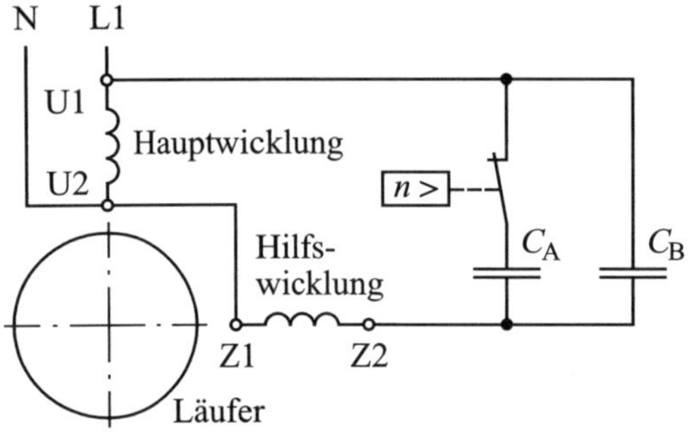

Bild 12.66 Einphasen-Asynchronmotor mit Anlauf- und Betriebskondensator

Die im Bild 12.66 dargestellten Schaltungsarten ergeben unterschiedliche Betriebseigenschaften:

1.) Der Kondensator wird lediglich für den Anlauf zugeschaltet und durch einen Fliehkraftschalter bei etwa 2/3 Nenndrehzahl abgeschaltet, damit die nur für kurzzeitige Einschaltung ausgelegte Hilfswicklung nicht zu warm wird. Ein derartiger Kondensator C_A wird **Anlaufkondensator** genannt. Je kW Motorleistung sind bei 230 V und 50 Hz etwa 50 ... 80 µF erforderlich.
Dem Vorteil eines hohen Anzugsmoments stehen die Nachteile des Einphasenbetriebs bei Nenndrehzahl gegenüber; so entwickelt z. B. der Motor bei der Nenndrehzahl ein pulsierendes Drehmoment (s. Abschn. 12.8.1).

2.) Der Kondensator bleibt dauernd zugeschaltet, er wird deshalb als **Betriebskondensator** bezeichnet. Damit sich die Hilfswicklung nicht zu stark erwärmt, wird die Kapazität C_B des Betriebskondensators kleiner als die des Anlaufkondensators gewählt: Bei 230 V und 50 Hz sind etwa 20 µF je kW Motorleistung erforderlich.
Bei einem Motor mit Betriebskondensator entsteht durch die Hilfswicklung dauernd ein Drehfeld. Infolgedessen sind das Drehmoment und die Nennleistung höher als beim Motor mit Anlaufkondensator; der Wirkungsgrad ist besser, und der Leistungsfaktor nimmt einen Wert im Bereich $0{,}9 < \cos\varphi < 1{,}0$ an. Nachteilig ist nur das relativ kleine Anlauf-Drehmoment von $0{,}4 \ldots 0{,}8\, M_N$.

3.) Bei einer Maschine mit Anlauf- und Betriebskondensator sind die Vorteile der beiden Betriebsarten 1.) und 2.) vereint. Nachteilig sind hierbei nur die höheren Kosten.

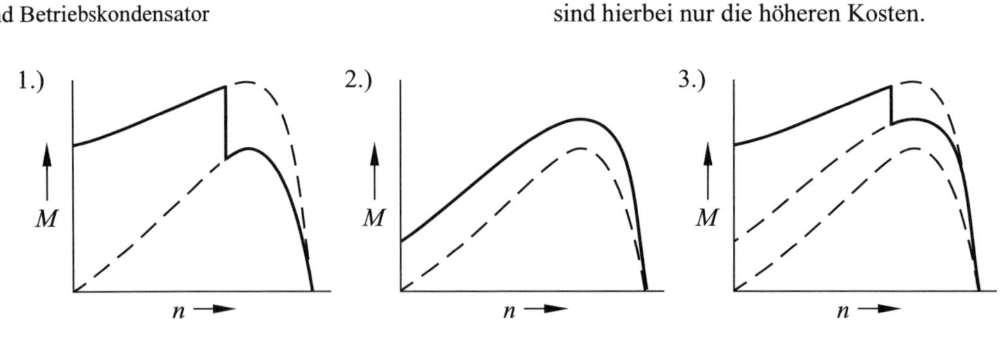

Bild 12.67 *M-n*-Kennlinien des Einphasen-Asynchronmotors mit Hilfswicklung (Erläuterungen im Text)

12.6 Synchronmaschine

12.6.1 Aufbau und Anwendungsgebiete

Die Drehstrom-Synchronmaschine gehört zur Gruppe der Drehfeldmaschinen: Eine in Nuten des Ständers eingebettete Drehstromwicklung erzeugt ein Drehfeld, das mit der synchronen Drehzahl $n_s = f/p$ umläuft. Der Name **Synchronmaschine** *(synchronous machine)* weist darauf hin, dass auch der Läufer mit der Drehzahl n_s rotiert: Drehfeld und Läufer bewegen sich synchron.

Der Läufer der für kleine Drehzahlen eingesetzten **Schenkelpolmaschine** (Bild 12.69) hat ausgeprägte Pole, während der Läufer der für hohe Drehzahlen verwendeten **Vollpolmaschine** zylinderförmig ist (Bild 12.68); bei ihm werden die Magnetpole durch in Nuten eingelegte, von Gleichstrom durchflossene Wicklungen erzeugt. Wegen der Magnetpole wird der Läufer auch als **Polrad** bezeichnet. Die Induktion der Spannung erfolgt im Ständer, der deshalb auch **Anker** genannt wird.

Das Drehmoment der Synchronmaschine kann auf unterschiedliche Art zustandekommen:

- Vom Läufer wird entweder mit Dauermagneten oder mit einer gleichstromgespeisten Wicklung ein Magnetfeld erzeugt. Die rotierenden Magnetfelder der Drehstromwicklung im Ständer und des Läufers „ziehen einander an".
- Bei einer Schenkelpolmaschine, deren Läufer keine Erregerwicklung trägt, entsteht ein Drehmoment aufgrund des unterschiedlichen magnetischen Widerstands am Läuferumfang: Das von der Ständerwicklung erzeugte Drehfeld durchsetzt den Läufer vor allem dort, wo der magnetische Widerstand des Luftspalts niedrig ist, und „zieht den Läufer mit". Da der Läufer auf das Ständerdrehfeld „reagiert", wird dieses Drehmoment als **Reaktionsmoment** bezeichnet.

Eine Schenkelpolmaschine *ohne* Läuferwicklung kann nur als *Motor* arbeiten. Bei einer Schenkelpolmaschine *mit* Läuferwicklung treten beide Arten der Drehmomenterzeugung gemeinsam auf.

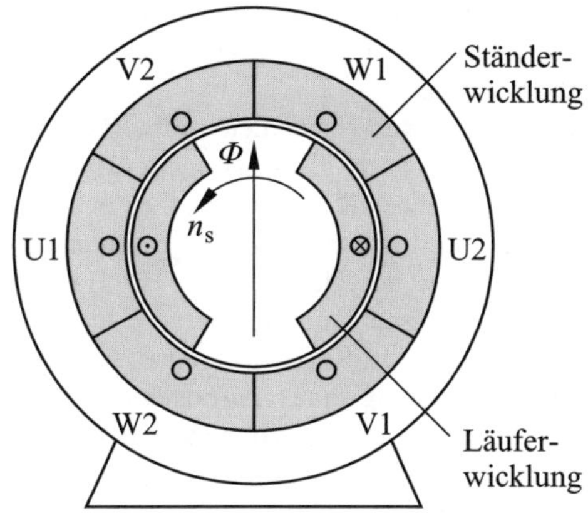

Bild 12.68 Prinzip der zweipoligen Vollpolmaschine

Das Polrad einer Synchronmaschine kann einen **Dämpferkäfig** besitzen; dieser besteht aus Kupferstäben, die im Bereich der Pole in das Eisen eingebettet und auf den Stirnseiten kurzgeschlossen sind.
Der Dämpferkäfig hat die Aufgabe, denjenigen Drehfeldanteilen entgegenzuwirken, die nicht synchron mit dem Läufer rotieren; derartige Drehfeldanteile entstehen z. B. bei Drehstrom-Synchrongeneratoren, die unsymmetrisch belastet werden, oder bei Einphasen-Synchrongeneratoren in der Form eines gegenläufigen Drehfelds.

Ein nicht synchrones Drehfeld erzeugt durch Induktion im Dämpferkäfig Ströme, die dieses Drehfeld durch ein entgegengesetzt gerichtetes Magnetfeld schwächen.

Ein Synchronmotor kann mit Hilfe eines Dämpferkäfigs wie ein Asynchronmotor anlaufen.

Bild 12.69 Polrad einer sechspoligen Schenkelpolmaschine mit Dämpferkäfig

Ein wichtiges Anwendungsgebiet der Synchronmaschine ist die Erzeugung elektrischer Energie in Kraftwerken.
In Dampfkraftwerken werden Vollpolmaschinen eingesetzt, die auch als **Turbogeneratoren** bezeichnet werden. In Kohlekraftwerken beträgt die maximale Leistung eines Turbogenerators etwa 900 MVA; bei der Netzfrequenz 50 Hz rotiert der Läufer, dessen Durchmesser 1,2 m beträgt, mit 3000 min^{-1}. In Kernkraftwerken beträgt die maximale Leistung eines Turbogenerators etwa 1700 MVA; bei der Netzfrequenz 50 Hz rotiert der Läufer, dessen Durchmesser 1,8 m beträgt, mit 1500 min^{-1}. Bei einer aktiven Länge von 8 m (einschließlich Wellenenden 15 m) hat ein derartiger Läufer aus Schmiedestahl ein Gewicht von 205 t. Im Läufer entstehen wegen des zeitlich konstanten Magnetfeldes keine Eisenverluste.

In Wasserkraftwerken werden Schenkelpolmaschinen eingesetzt. Bei großer Fallhöhe ist die Drehzahl des Generators hoch (max. 1000 min^{-1}). Bei niedriger Fallhöhe ist auch die Drehzahl niedrig; derartige „Langsamläufer", deren Drehzahl kleiner als 100 min^{-1} ist, werden mit einem Durchmesser über 15 m für Leistungen über 800 MVA gebaut.

Generatoren kleinerer Leistung werden für die Versorgung der Bordnetze von Flugzeugen, Schiffen, Reisezugwagen der Bahn und von Kraftfahrzeugen eingesetzt.

Die bisher beschriebenen Generatoren sind *Drehstrom*-Generatoren. Ein Sonderfall ist die Versorgung von Bahnnetzen mit Einphasen-Synchrongeneratoren. Wie im Kap. 12.5 gezeigt, kann das Wechselfeld einer derartigen Maschine als Summe eines mitlaufenden und eines gegenlaufenden Drehfeldes aufgefasst werden; letzteres wird mit einer kräftig dimensionierten Dämpferwicklung „bekämpft".
Einphasengeneratoren entwickeln ein zeitabhängiges Drehmoment, das um einen Mittelwert pendelt (s. Abschn. 12.8.1); der gesamte Maschinensatz muss deshalb auf einer federnden Unterlage aufgestellt werden.

Synchron*motoren* werden in geringerer Zahl als Asynchronmotoren gebaut. Wegen des schwierigen Anfahrens ist der Synchronmotor dort am Platz, wo entweder ein Antrieb mit nahezu konstanter Last dauernd in Betrieb ist oder wo es auf die genaue, lastunabhängige Drehzahl ankommt. Der Aufwand für die Gleichstromspeisung des Polrads ist zwar hoch, hat aber den Vorteil, dass der Leistungsfaktor des Motors z.B. auf den Wert $\cos\varphi = 1$ eingestellt werden kann.

Synchronmotoren mit Dauermagneterregung haben eine höhere Leistung als Käfigläufermotoren gleicher Baugröße. Die Drehzahlstellung derartiger Motoren, deren Leistung bis zu einigen kW betragen kann, wird mit Hilfe von Frequenzumrichtern durchgeführt.

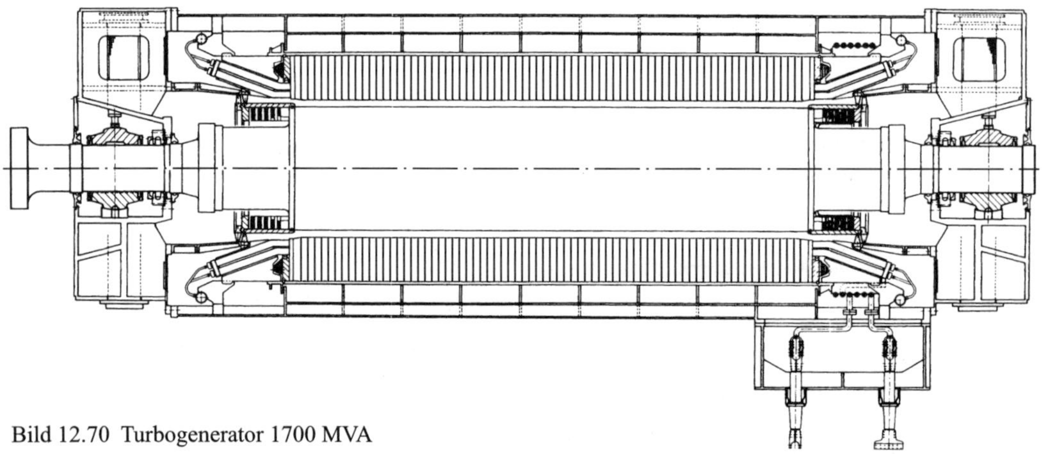

Bild 12.70 Turbogenerator 1700 MVA

Synchronmotoren ohne Erregerwicklung, die lediglich ein Reaktionsmoment entwickeln, werden mit Leistungen bis etwa 10 kW gebaut. Sie werden dort eingesetzt, wo viele kleine Antriebe mit genau gleicher Drehzahl laufen müssen; dies ist z.B. in Spinnereien und bei Förderanlagen der Fall.

12.6.2 Vollpolgenerator im Inselbetrieb

Das Bild 12.71 zeigt eine Synchronmaschine, deren Feldwicklung im Läufer bzw. Polrad vom Erregerstrom I_f durchflossen wird. Dieser Gleichstrom I_f, der mit Hilfe des Nebenschlussstellers t – s – q der Erregermaschine eingestellt und der Polradwicklung über Schleifringe zugeführt wird, erzeugt die Durchflutung $\Theta_f = I_f N_f$ und diese den Fluss Φ, der vom Ständer aus gesehen mit der Drehzahl $n_s = f/p$ rotiert. In einer Leiterschleife der Ständerwicklung wird von dem zeitabhängigen Fluss $\Phi(t)$ eine zeitabhängige Spannung u induziert.

Im Folgenden betrachten wir *einen* Strang der Drehstrommaschine. Die Spannung, die an den Klemmen der unbelasteten Ständerwicklung (Leerlauf) infolge des Induktionsvorgangs entsteht, wird als **Polradspannung** U_p bezeichnet. Wegen der Sättigung des Eisens hat die Kennlinie $U_p = f(I_f)$ die Form einer Magnetisierungskurve (Bild 12.72). Wegen der Remanenz des Polrads beträgt die Polradspannung der unerregten Maschine etwa 5 % der Nennspannung; bei einem Kraftwerksgenerator (Nennspannung 10 ... 27 kV) ist bereits diese »Restspannung« für Menschen gefährlich.

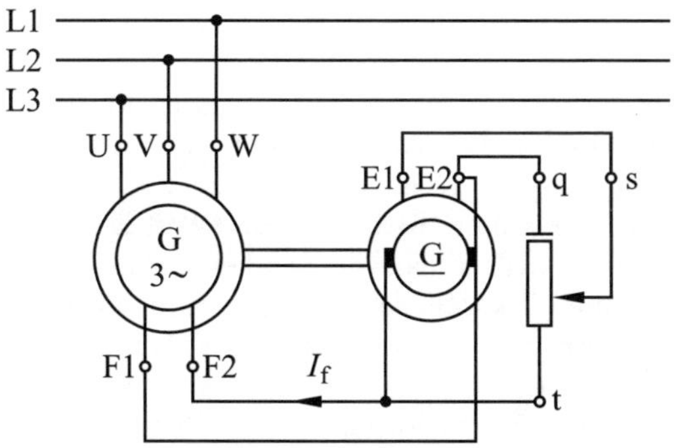

Bild 12.71 Prinzip-Schaltung der Synchronmaschine

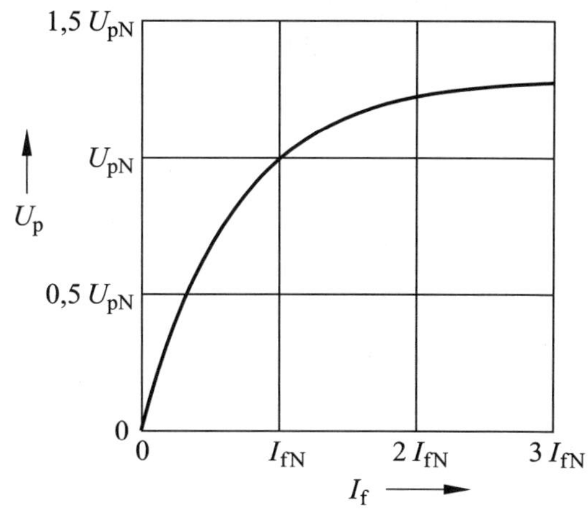

Bild 12.72 Leerlaufkennlinie der Synchronmaschine

Bei Belastung fließt in der Ständerwicklung der Strom $\underline{I}$, der ein Drehfeld hervorruft, welches dem vom Polrad erzeugten Drehfeld entgegenwirkt. Dieser Vorgang wird als **Ankerrückwirkung** bezeichnet.

Infolge der Ankerrückwirkung und der Streuung ist die Strangspannung $\underline{U}_{str}$ an den Klemmen der Ständerwicklung im Allg. nicht mit der Polradspannung $\underline{U}_p$ in Phase. Dies wird in der Ersatzschaltung durch einen induktiven Blindwiderstand beschrieben, der als **synchrone Reaktanz** X_d bezeichnet wird.
Der OHMsche Widerstand der Ständerwicklung ist wesentlich kleiner als X_d und kann für einfache Übersichtsdarstellungen unberücksichtigt bleiben.

Wir wenden den Maschensatz auf die vereinfachte Ersatzschaltung der Synchronmaschine an und

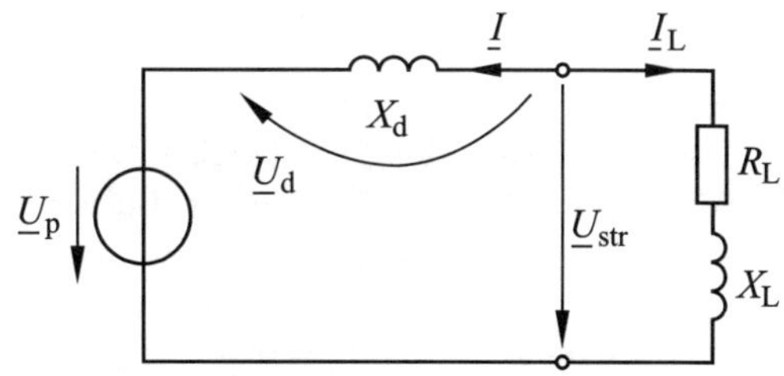

Bild 12.73 Vereinfachte Ersatzschaltung des belasteten Synchrongenerators

erhalten die Spannung $\underline{U}_{str}$ an den Klemmen eines Stranges der Ständerwicklung:

$$\underline{U}_{str} = \underline{U}_d + \underline{U}_p \quad (12.67)$$

Die Spannung $\underline{U}_d$, die an der synchronen Reaktanz X_d abfällt, eilt dem Strom $\underline{I}$ um 90° vor; ihr Effektivwert $U_d = X_d I$ ist dem Effektivwert I des Ständerstromes porportional.

Im **Inselbetrieb** speist ein einziger Synchrongenerator in ein Netz; dies ist z. B. bei Bordnetzgeneratoren von Fahrzeugen, Flugzeugen und Schiffen der Fall.
Bei konstantem Erregerstrom I_f = const. ist wegen U_p = const. die Klemmenspannung U_{str} vom Effektivwert I und von der Phasenlage des Ständerstromes abhängig. Im Inselbetrieb werden diese beiden Werte durch die Belastung des Generators, die den Leistungsfaktor cos φ_L aufweist, vorgegeben.

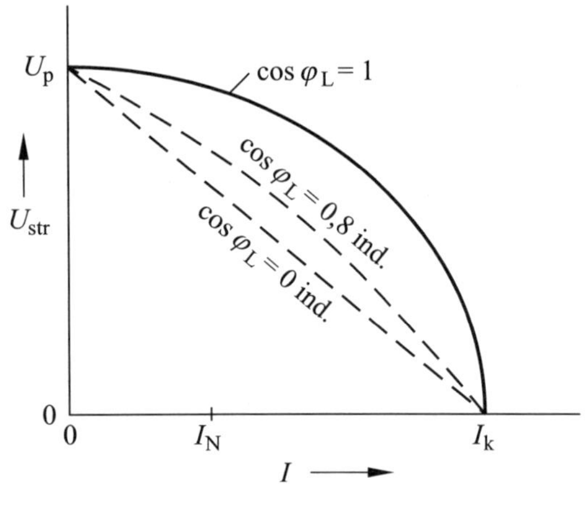

Bild 12.74 Klemmenspannung U_{str} in Abhängigkeit von der Last und vom Leistungsfaktor (I_f = const.)

Wie das Bild 12.74 zeigt, ist die Klemmenspannung U_{str} bei induktiver Belastung kleiner als die Polradspannung U_p; bei kapazitiver Belastung kann die Klemmenspannung größer als die Polradspannung sein. Üblich ist die Auslegung für eine induktive Belastung mit cos φ_L = 0,8 (Bild 12.75). Für einen Betrieb mit konstanter Klemmenspannung muss der Erregerstrom I_f je nach Belastung eingestellt werden.

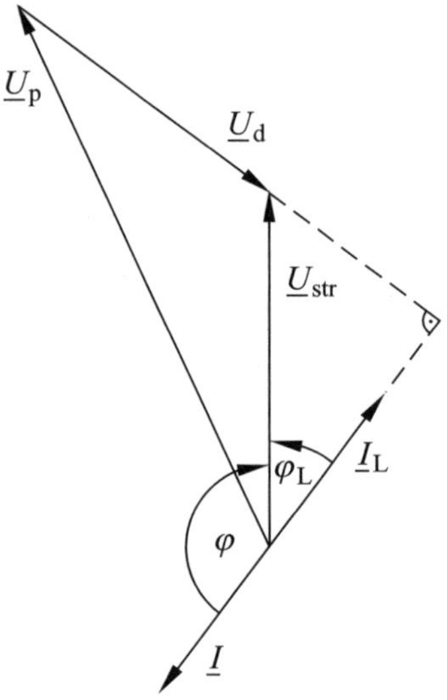

Bild 12.75 Zeigerdiagramm der Ströme und Spannungen für induktive Belastung des Synchrongenerators mit cos φ_L = 0,8 ind.

Ein *Kurzschluss* des Synchrongenerators hat zwei unterschiedliche physikalische Wirkungen. Kurz nach dem Auftreten eines Kurzschlusses ist die Maschine praktisch noch voll erregt und es fließt ein sehr hoher Strom, der als **Stoßkurzschlussstrom** I_s bezeichnet wird; er ist von der Phasenlage der Spannungen und Ströme zum Zeitpunkt des Kurzschlusseintritts abhängig.

Im ungünstigsten Fall beträgt der Scheitelwert $\hat{i}_s$ des Stoßkurzschlussstromes (Bild 12.76) etwa das 18-fache des Nennstrom-Scheitelwerts. Der Stoßkurzschlussstrom ruft starke Kräfte auf die Wicklungen hervor, die deshalb gut versteift sein müssen.

Im Dauerzustand des Kurzschlusses fließt der **Dauerkurzschlussstrom** I_k, der bei einem dreisträngigen Kurzschluss etwa das 2 ... 3-fache des Nennstromes beträgt. Dieser Wert ist relativ niedrig, weil infolge der stärkeren Ankerrückwirkung das Magnetfeld und damit auch die Polradspannung wesentlich kleiner als z. B. beim Nennbetrieb ist.
Der Dauerkurzschlussstrom erwärmt die Synchronmaschine sehr stark; deshalb muss er spätestens nach einigen Sekunden abgeschaltet werden.

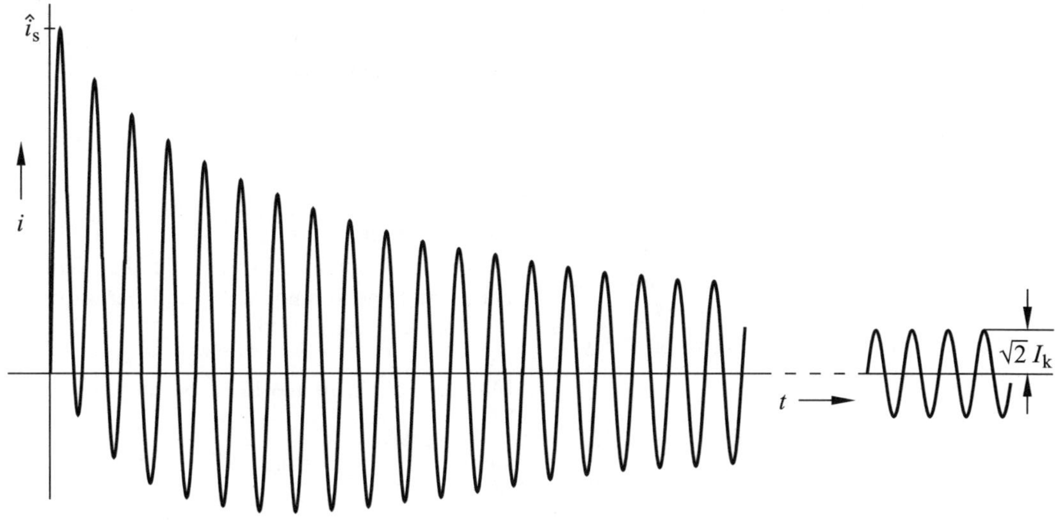

Bild 12.76 Ständerstrom eines Synchrongenerators beim dreisträngigen Kurzschluss

12.6.3 Vollpolmaschine im Netzbetrieb

Beim Betrieb einer Synchronmaschine am Netz ist die Strangspannung U_{str} vorgegeben. Außer beim Motorbetrieb liegt ein derartiger Betrieb auch bei Kraftwerksgeneratoren vor, die im Verbundbetrieb arbeiten; dabei speisen die Generatoren, deren Nennspannung je nach Baugröße 10 ... 27 kV beträgt, über Transformatoren in das Hochspannungs-Verbundnetz ein (s. Kap. 18).

Auch beim Netzbetrieb ist die Spannung U_{str} an den Klemmen eines Wicklungsstranges der Ständerwicklung mit der Polradspannung U_p infolge der Ankerrückwirkung im Allg. nicht in Phase. Der Winkel, um den die Strangspannung U_{str} gegen die Polradspannung U_p phasenverschoben ist, wird als **Polradwinkel** ϑ bezeichnet. Wie das Bild 12.77 zeigt, ist der Polradwinkel ϑ beim Motorbetrieb positiv und beim Generatorbetrieb negativ.

Der Zusammenhang zwischen dem Polradwinkel und der Leistung der Maschine lässt sich dem Zeigerdiagramm für Motorbetrieb entnehmen. Mit $U_d = X_d I$ gilt für die strichpunktierte Linie im Bild 12.77b:

$$X_d\, I \cdot \cos\varphi = U_p \cdot \sin\vartheta \qquad (12.68)$$

Wir erweitern die Gl. (12.68) mit dem Quotienten U_{str}/X_d und erhalten die Leistung eines Stranges:

$$P_{str} = U_{str} \cdot I \cdot \cos\varphi = \frac{U_{str} \cdot U_p}{X_d} \cdot \sin\vartheta \qquad (12.69)$$

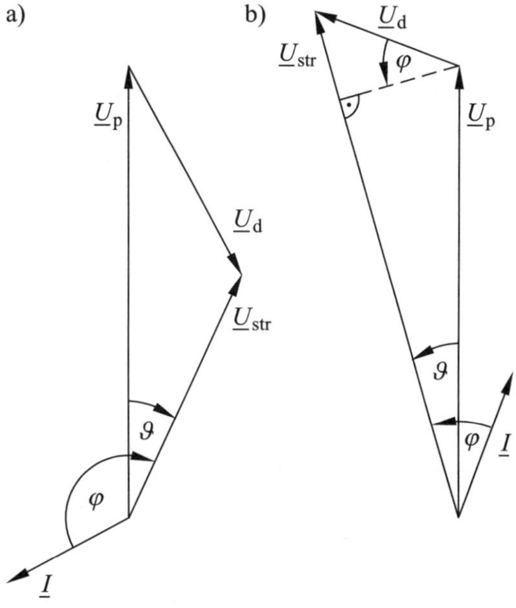

Bild 12.77 Zeigerdiagramme einer Synchronmaschine für Generatorbetrieb (a) und Motorbetrieb (b)

Wird die Synchronmaschine im Netzbetrieb (U_{str} = const.) mit konstanter Erregung und damit bei konstanter Polradspannung U_p = const. betrieben, so ist die Leistung eines Stranges vom Sinus des Polradwinkels ϑ abhängig: Für $\vartheta > 0$ ist P_{str} positiv und es liegt Motorbetrieb vor; für $\vartheta < 0$ ist P_{str} negativ und es liegt Generatorbetrieb vor.

Auch das Drehmoment der Synchronmaschine zeigt dieselbe Abhängigkeit vom Sinus des Polradwinkels wie die Leistung P_{str} eines Stranges. Für eine Drehstrommaschine mit drei Strängen gilt wegen $P = 3\,P_{str}$:

$$M = \frac{P}{2\,\pi\,n_s} = \frac{3}{2\,\pi\,n_s} \cdot \frac{U_{str} \cdot U_p}{X_d} \cdot \sin\vartheta \qquad (12.70)$$

Für $\vartheta = 90°$ hat das Drehmoment einen Maximalwert, der als **Kippmoment** *(maximum torque)* M_K genannt wird:

$$M_K = \frac{3}{2\,\pi\,n_s} \cdot \frac{U_{str} \cdot U_p}{X_d} \qquad (12.71)$$

> Das Kippmoment ist das maximale Drehmoment der Synchronmaschine.

Im Motorbetrieb darf der Polradwinkel ϑ den Wert 90° nicht überschreiten; bei $\vartheta > 90°$ fällt der Motor „außer Tritt“ und muss abgeschaltet werden. Entsprechendes gilt für den Generatorbetrieb, bei dem ϑ den Wert −90° nicht unterschreiten darf.

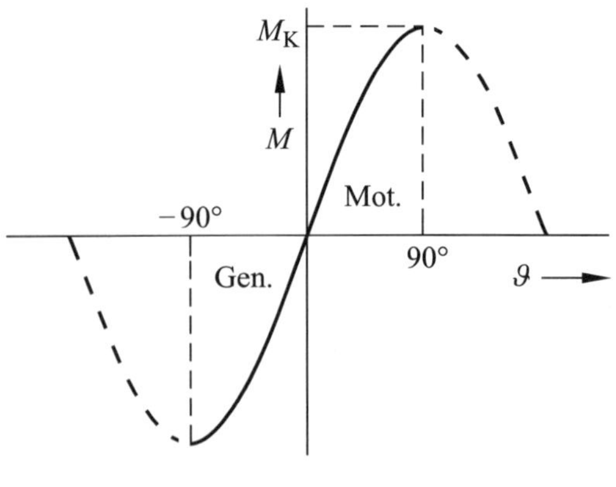

Bild 12.78 Drehmoment der Synchronmaschine als Funktion des Polradwinkels ϑ

Der Quotient aus Kippmoment und Nennmoment wird wie bei der Asynchronmaschine als (Drehmoment-)**Überlastbarkeit** *ü* bezeichnet:

$$ü = \frac{M_K}{M_N} \qquad (12.58)$$

Beispiel 12.20
Welchen Polradwinkel verursacht die Nennlast bei einem Synchronmotor, dessen Überlastbarkeit den Wert *ü* = 2 aufweist?

Mit den Gln. (12.70 und 12.71) berechnen wir:

$$\sin\vartheta_N = \frac{M_N}{M_K} = \frac{1}{ü} = 0{,}5\,; \quad \vartheta_N = 30°$$

Wir untersuchen nun einen Synchronmotor, der an konstanter Strangspannung U_{str} = const. bei konstanter Leistung P = const. betrieben wird. Durch Verändern der Erregung und damit der Polradspannung U_p ist es möglich, unterschiedliche Werte des Leistungsfaktors $\cos\varphi$ und des Polradwinkels ϑ einzustellen.
Die Berechnung der gesuchten Größen ist mit der Gl. (12.68) und einer weiteren Gleichung möglich, die wir dem Bild 12.77b entnehmen:

$$U_{str} = U_p \cdot \cos\vartheta + U_d \cdot \sin\varphi \qquad (12.72)$$

Beispiel 12.21
Ein Synchronmotor 15 kW, der in Sternschaltung am 400-V-Netz betrieben wird, hat die synchrone Reaktanz X_d = 3,84 Ω. Der OHMsche Widerstand der Ständerwicklung soll unberücksichtigt bleiben. Der Motor soll bei $\cos\varphi = 1$ die Nennleistung abgeben, wobei der Nennstrom 25,2 A fließt. Welche Polradspannung ist einzustellen, und welcher Polradwinkel ergibt sich dabei?

Wir setzen $\sin\varphi = 0$ und

$$U_{str} = \frac{400\ \text{V}}{\sqrt{3}} = 231\ \text{V}\,; \quad U_d = X_d\,I = 96{,}77\ \text{V}$$

in die Gln. (12.68 und 12.72) ein und berechnen:

$$U_p = 250{,}44\ \text{V}\,; \quad \vartheta = 22{,}7°$$

Wird die Erregung der Synchronmaschine so eingestellt, dass $\varphi > 0$ ist, so bezeichnet man die Maschine als **untererregt**. Wird die Erregung so eingestellt, dass $\varphi < 0$ ist, so bezeichnet man die Maschine als **übererregt**.

Beispiel 12.22

Der Motor aus dem Beispiel 12.21 soll die Nennleistung bei $\cos\varphi = 0{,}8$ (kap.) abgeben. Welche Polradspannung ist einzustellen und welcher Polradwinkel ergibt sich dabei?

$I = I_N / 0{,}8 = 31{,}5\ \text{A}$; $U_d = X_d I = 121\ \text{V}$

Für $\varphi < 0$ wirkt die Maschine kapazitiv; es ist also $\varphi = -36{,}9°$ und $\sin\varphi = -0{,}6$. Wir setzen dies in die Gln. (12.68 und 12.72) ein und berechnen:

$U_p = 318{,}6\ \text{V}$; $\vartheta = 17{,}7°$

Wie das Beispiel zeigt, wirkt die übererregte Maschine kapazitiv. Die untererregte Maschine wirkt dementsprechend induktiv. Bei der Synchronmaschine ist es also möglich, mit Hilfe der Erregung den Phasenverschiebungswinkel φ und damit den Leistungsfaktor $\cos\varphi$ einzustellen.

12.6.4 Schenkelpolmaschine

Im Gegensatz zur Vollpolmaschine ist der magnetische Widerstand R_{mL} des Luftspalts am Umfang des Läufers der Schenkelpolmaschine nicht konstant:

- In der Polmitte hat der magnetische Widerstand R_{mL} ein Minimum. Man bezeichnet die Achse, in welcher der magnetische Widerstand des Luftspalts ein Minimum aufweist, als **d-Achse** *(direct axis)* und ordnet ihr die Reaktanz X_d zu.
- In der Pollücke hat der magnetische Widerstand R_{mL} ein Maximum. Man bezeichnet die Achse, in welcher der magnetische Widerstand ein Maximum aufweist, als **q-Achse** *(quadrature axis)* und ordnet ihr die Reaktanz X_q zu.

Unabhängig von der Erregung entwickelt die Schenkelpolmaschine infolge des unterschiedlichen magnetischen Widerstands in d- und q-Achse ein Drehmoment, das als **Reaktionsmoment** M_R bezeichnet wird:

$$M_R = \frac{3\,U_{str}^2}{2\,\pi\,n_s} \cdot \left(\frac{1}{X_q} - \frac{1}{X_d}\right) \cdot \sin 2\vartheta \qquad (12.72)$$

Das Reaktionsmoment ist um so höher, je größer der Unterschied der Reaktanzen X_d und $X_q < X_d$ ist. Außerdem ist das Reaktionsmoment vom Polradwinkel abhängig, es hat bei $\vartheta = 45°$ ein Maximum und bei $\vartheta = -45°$ ein Minimum.

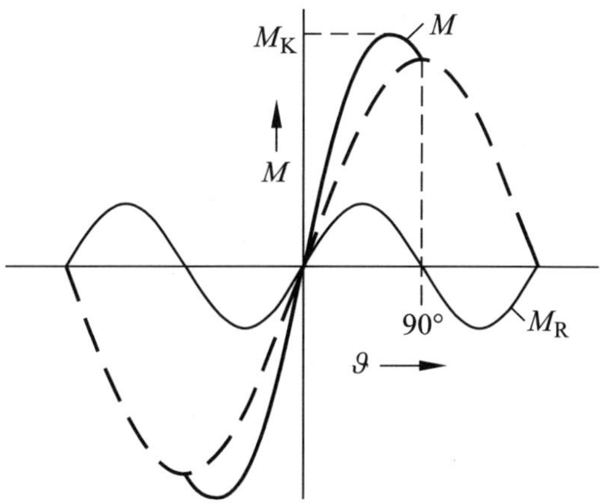

Bild 12.79 Drehmoment M und Reaktionsmoment M_R einer Schenkelpolmaschine

Wenn die Schenkelpolmaschine eine Erregerwicklung besitzt, die vom Erregerstrom I_f durchflossen wird, dann wird in der Ständerwicklung die Polradspannung U_p induziert. Die Maschine entwickelt dabei ein Drehmoment, das aus dem in der Gl. (12.70) beschriebenen Anteil und dem Reaktionsmoment besteht:

$$M = \frac{3}{2\,\pi\,n_s} \cdot \frac{U_{str} \cdot U_p}{X_d} \cdot \sin\vartheta + M_R \qquad (12.73)$$

Infolge des Reaktionsmoments tritt das maximale Drehmoment, also das Kippmoment M_K, bei einem Polradwinkel $\vartheta < 90°$ auf (Bild 12.79).

Synchronmotoren *ohne* Erregerwicklung, die Sperren für den magnetischen Fluss in der Form zusätzlicher Luftspalte in der q-Achse enthalten und lediglich ein Reaktionsmoment entwickeln, werden als **Reluktanzmotoren** bezeichnet. Das Bild 12.80 zeigt ein Beispiel für den Blechschnitt des Läufers; in die Nuten im Bereich der Pole werden die Stäbe des Dämpferkäfigs eingebracht. Leistungsfaktor und Wirkungsgrad von Reluktanzmotoren, die für Leistungen bis zu 10 kW gebaut werden, haben etwa die Werte leistungsgleicher Asynchronmotoren.

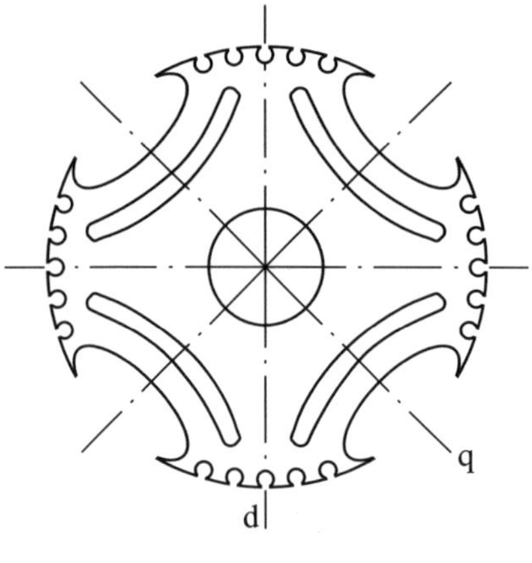

Bild 12.80 Blechschnitt für den Läufer eines vierpoligen Reluktanzmotors

12.6.5 Pendelungen der Synchronmaschine

Im stationären Betrieb eines Synchronmotors sind sein Drehmoment M und das Widerstandsmoment $M_W = -M$ der Last zeitlich konstant; dabei drehen sich sowohl das Drehfeld als auch das Polrad mit der Synchrondrehzahl n_s. Dementsprechend drehen sich auch die Zeiger der Netzspannung U_{str} und der Polradspannung U_p mit der konstanten Drehzahl n_s.

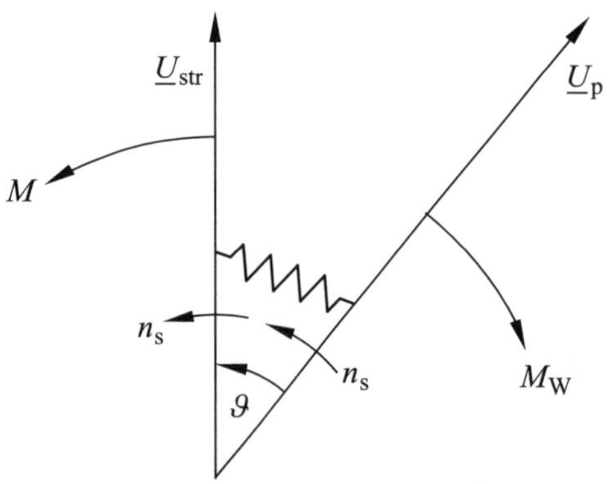

Bild 12.81 Symbolische Darstellung der elastischen Kupplung zwischen Ständer- und Läuferdrehfeld

Diese beiden Zeiger sind um den Polradwinkel ϑ gegeneinander verdreht: Je stärker der Motor belastet wird, desto größer ist der Winkel ϑ. Die im Bild 12.81 eingezeichnete Feder steht symbolisch für die Zugkraft, die das Ständerdrehfeld auf das Läuferdrehfeld ausübt.

Wenn sich die Last ändert, bleibt auch der Polradwinkel ϑ zeitlich nicht konstant. Das Bild 12.82 zeigt als Beispiel eine sprungartige Änderung des Widerstandsmoments vom Wert M_{W1} auf den Wert M_{W2}.

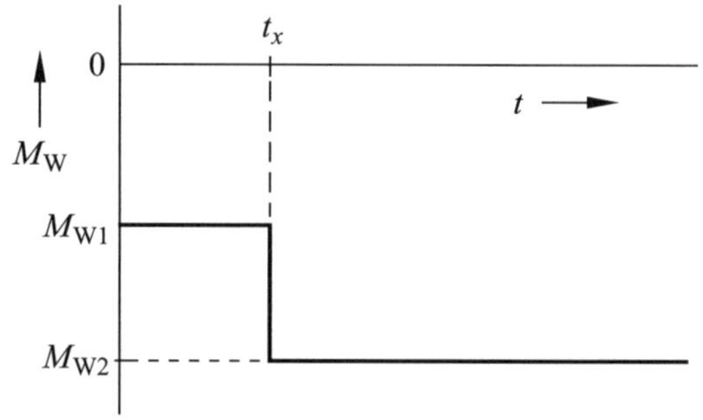

Bild 12.82 Laststoß auf einen Motor zum Zeitpunkt t_x

Dieser Vorgang ist mit dem Laststoß auf ein Feder-Masse-System vergleichbar (Bild 12.83a).

Wie die Feder in die neue Lage einschwingt, ist von ihrer Rückstellkraft und von der Dämpfung des Systems abhängig; ohne Dämpfung ergibt sich bei konstanter Rückstellkraft der Feder eine Sinusschwingung konstanter Amplitude, mit Dämpfung nimmt die Amplitude der Sinusschwingung ab.
Die Periodendauer der Sinusschwingung (Bild 12.83) ist T_e; ihr Kehrwert wird als **Eigenfrequenz** $f_e = 1/T_e$ des Feder-Masse-Systems bezeichnet.

Im Gegensatz zu dem beschriebenen Feder-Masse-System ist das Rückstellmoment der Synchronmaschine, das auch als **synchronisierendes Moment** M_s bezeichnet wird, nicht konstant, sondern vom Kippmoment M_K und vom Polradwinkel ϑ abhängig:

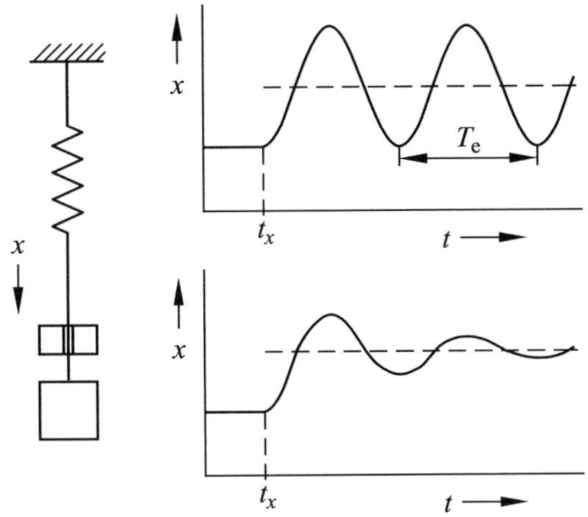

Bild 12.83 Laststoß auf ein Feder-Masse-System (a) und ungedämpfter (b) bzw. gedämpfter (c) Einschwingvorgang

$$M_s = M_K \cdot \cos \vartheta \qquad (12.74)$$

Das Rückstellmoment nimmt mit wachsendem Polradwinkel ab und erreicht für $\vartheta = 90°$ den Wert $M_s = 0$. Für $\vartheta > 90°$ ist das Rückstellmoment negativ, ein Synchronmotor fällt dabei „außer Tritt“; dies gilt auch für einen Generator bei $\vartheta < -90°$.

Wegen des nicht konstanten Rückstellmoments sind die Eigenschwingungen der Synchronmaschine bei einem Laststoß nicht sinusförmig. Die Eigenfrequenz liegt im Allg. bei wenigen Hertz.

Die Eigenschwingungen werden bei einer Synchronmaschine **Pendelungen** genannt; sie können auch durch periodische Anregungen hervorgerufen werden, z. B. wenn ein Synchronmotor auf einen Kolbenverdichter arbeitet. Für eine Dämpfung der Eigenschwingungen sorgt die im Abschn. 12.6.1 beschriebene Dämpferwicklung.

12.6.6 Synchronisierung

Wenn ein Synchronmotor einen Dämpferkäfig besitzt, dann kann er mit dessen Hilfe anlaufen. Die Erregerwicklung mit dem Widerstand R_f wird während des Hochlaufens mit einem Lastwiderstand $R \approx R_f$ abgeschlossen. Bei der Leerlaufdrehzahl $n_0 \approx n_s$ wird die Erregung eingeschaltet; dadurch wird der Läufer ruckartig in den Synchronismus gezogen.

Ein Synchronmotor ohne Dämpferkäfig muss mit einem Anlaufmotor auf die Nenndrehzahl gebracht werden, bevor er synchronisiert werden kann; bei einem Generator ist dies mit Hilfe der Turbine möglich.

Die Synchronmaschine darf nur dann an das Netz geschaltet werden, wenn die Außenleiterspannungen von Netz und Maschine folgende Bedingungen erfüllen:

- gleiche Effektivwerte,
- gleiche Frequenzen,
- gleiche Phasenlage,
- gleiche Phasenfolge.

Gleiche Effektivwerte lassen sich durch Einstellen der Erregung erreichen. Gleiche Frequenzen ergeben sich dann, wenn die Drehzahl der Maschine mit der Drehfelddrehzahl übereinstimmt; diese Übereinstimmung muss winkelgenau sein, damit gleiche Phasenlage der Außenleiterspannungen vorliegt.

In Kraftwerken wird die Synchronisierung der Generatoren mit Prozessrechnern durchgeführt. In Prüffeldern wird die Einhaltung der Frequenz- und Phasengleichheit mit einfachen Hilfsschaltungen überprüft.

12.7 Linearmotoren

Vielfach wird die Drehbewegung eines rotierenden Motors in eine lineare Bewegung umgesetzt; dies kann z. B. beim Transport von Personen bzw. Gegenständen oder bei der Positionierung von Maschinenteilen der Fall sein.
Die Umsetzung der Drehbewegung in die lineare Bewegung ist mit Problemen behaftet, von denen nur einige genannt werden sollen:

- bei Spindelantrieben setzen Reibung und Spiel die Positioniergenauigkeit herab;
- bei Rad-Schiene-Systemen ist die Dynamik wegen der Reibung begrenzt; außerdem entstehen Erschütterungen und Geräusche an den Schienenübergängen.

In der letzten Zeit sind daher für die unterschiedlichsten Aufgaben **Linearmotoren** in der asynchronen und in der synchronen Bauart entwickelt worden.

12.7.1 Asynchron-Linearmotor

Denkt man sich den Drehfeldmotor am Umfang aufgeschnitten und abgewickelt, so erhält man den Linearmotor. Aus dem Drehfeld ist ein **Wanderfeld** geworden, das sich wiederholt mit der Synchron-Geschwindigkeit v_s in x-Richtung bewegt. Das Bild 12.84 zeigt den Feldverlauf für den Zeitpunkt t_1 des im Bild 12.25 dargestellten Sachverhalts.

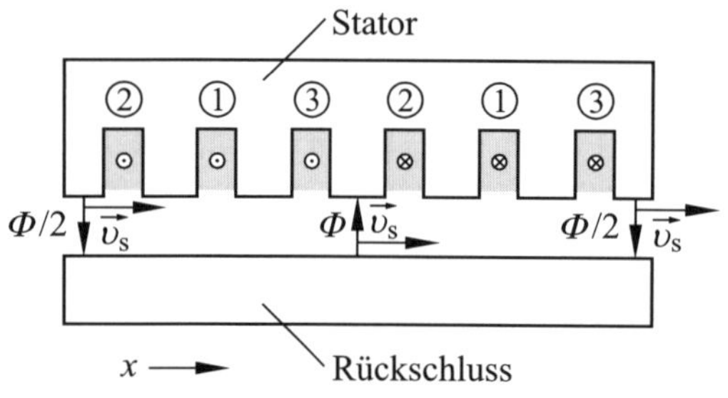

Bild 12.84 Erzeugung eines Wanderfeldes

Der Ständer des Linearmotors, der die Drehstromwicklung enthält, wird als **Stator** bezeichnet. Außerdem benötigt die Maschine einen magnetischen Rückschluss, der ebenso wie der Stator wegen der Eisenverluste geblecht sein muss.

Wird in den Luftspalt der Anordnung nach Bild 12.84 ein Blech aus einem elektrisch leitfähigen Material (z.B. Kupfer, Aluminium oder Eisen) eingebracht, so erhält man einen **Asynchron-Linearmotor**. Man bezeichnet dieses Blech meist als **Läuferschiene**; sie entspricht dem Kurzschlusskäfig der Drehstrom-Asynchronmaschine.

Bewegt sich die Läuferschiene mit einer Geschwindigkeit $v < v_s$, so werden in ihr Spannungen induziert, die Wirbelströme zur Folge haben. Im Magnetfeld werden auf diese Wirbelströme Kräfte ausgeübt, welche die Läuferschiene in die x-Richtung des Wanderfeldes „mitziehen".

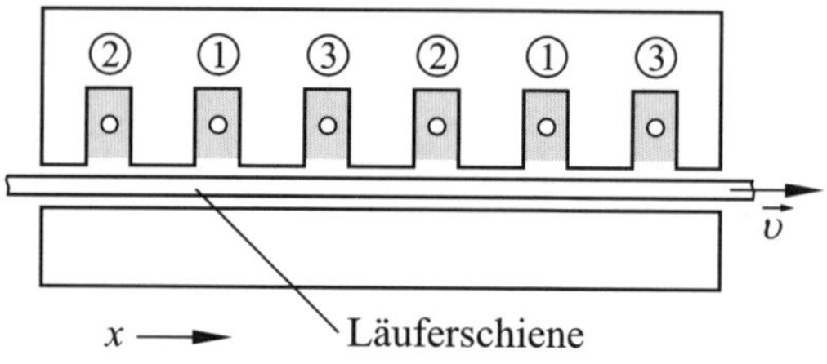

Bild 12.85 Asynchron-Linearmotor

Außer dem in Bild 12.85 gezeigten einseitigen Linearmotor gibt es auch den doppelseitigen Linearmotor mit zwei Drehstromwicklungen, der keinen magnetischen Rückschluss benötigt.

Aus mechanischen Gründen ist der Luftspalt des Linearmotors größer als der des rotierenden Asynchronmotors. Bei Belastung ist die Geschwindigkeit des Ankers viel kleiner als die des Wanderfelds; der Wirkungsgrad des Linearmotors ist deshalb wesentlich geringer als beim rotierenden Motor. Für das Magnetfeld wird wegen des großen Luftspalts erheblich mehr Blindleistung als beim rotierenden Motor benötigt.

Asynchron-Linearmotoren werden in der industriellen Antriebstechnik z.B. für den Transport von Werkstücken, bei Torantrieben und bei Förderbändern verwendet.

12.7.2 Synchron-Linearmotor

Für *Positionieraufgaben* hat sich in letzter Zeit der **Kurzstatormotor** durchgesetzt; hierbei ist der Stator wesentlich kürzer als die Läuferschiene. Dem Polrad der rotierenden Synchronmaschine entspricht die Magnetplatte, die Dauermagnete aus der Neodym-Eisen-Bor-Legierung $Nd_{12}Fe_{14}B$ enthält (s. Kap. 5.6); diese Magneten werden oft auch als Selten-Erd-Magnete oder kurz **SE-Magnete** bezeichnet.

Beim Kurzstatormotor steht die Magnetplatte fest und der Stator bewegt sich. Die elektrische Energie wird dem Stator durch eine bewegliche Zuleitung zugeführt. In y-Richtung wirken auf die Magnetplatte und auf den Stator hohe Zugkräfte; beide müssen entsprechend geführt und abgestützt sein.

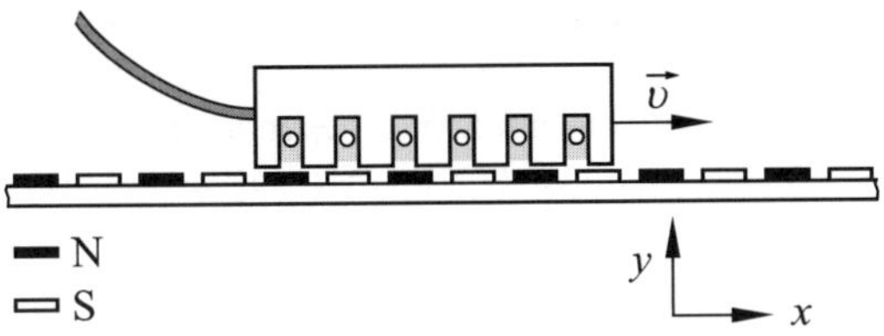

Bild 12.86 Synchron-Linearmotor (Kurzstator)

Die Vorteile des Kurzstator-Motors sind die hohe Beschleunigung (bis 200 m/s^2) und die hohe Einstellgenauigkeit, die im Bereich 0,1 … 1 µm liegt; dies erfordert natürlich eine entsprechende Lageregelung. Die Frequenz der Spannung ist in einem weiten Bereich einstellbar (s. Kap. 16).

Für den *Transport über weite Strecken* hat sich beim **TRANSRAPID** der Langstatormotor als zweckmäßige Lösung bewährt (H. WEH, 1975). Dabei handelt es sich um eine Magnetschwebebahn, bei der sowohl der Vortrieb durch ein Wanderfeld als auch die Aufhängung durch ein entsprechend geregeltes Magnetfeld erfolgen.
Nachdem der TRANSRAPID auf einer 31,5 km langen Versuchsstrecke im Emsland (Niedersachsen) seine Praxisreife bewiesen hatte, wurde im Dezember 2003 die erste kommerzielle Strecke in Betrieb genommen, die Shanghai mit dem 30 km entfernten Flughafen Pudong verbindet; auf dieser Strecke wurde bereits eine Geschwindigkeit über 500 km/h erreicht. Im regulären Linienbetrieb dauert die Fahrt 8 min.

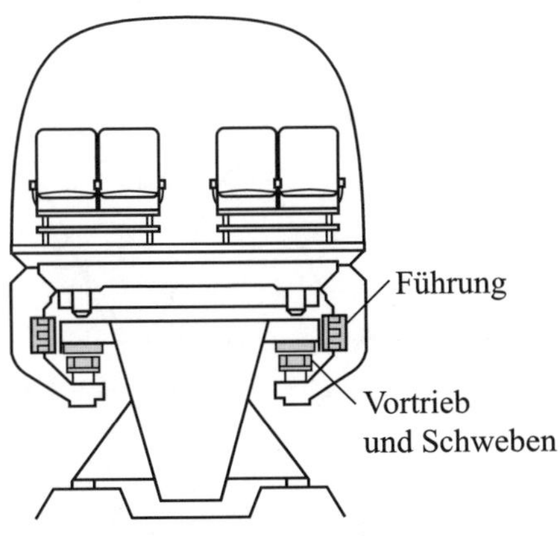

Bild 12.87 Querschnitt durch den TRANSRAPID

Der Langstator, der längs des gesamten Fahrweges verlegt ist, enthält eine vielpolige Drehstromwicklung; sie ist in Sektionen unterteilt. Es werden nur diejenigen Sektionen eingeschaltet, in denen sich der Zug befindet, weil sonst eine zu hohe Blindleistung benötigt würde.

Auf dem Fahrzeug befinden sich die Läuferpole mit der zugehörigen gleichstromgespeisten Erregerwicklung, die dem Polrad der rotierenden Synchronmaschine entspricht. Die hierfür benötigte Energie wird wie die übrige Energie für Hilfsantriebe und Klimatisierung einem Lineargenerator entnommen, der im Bild 12.88 nicht dargestellt ist; eine Fahrleitung ist nicht erforderlich.

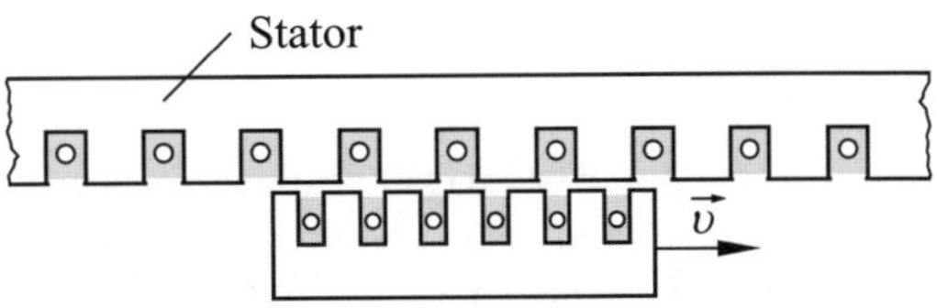

Bild12.88 Synchron-Linearmotor, Langstator-Version

Der Erregerstrom, der durch die Lageregelung eingestellt wird, ergibt sich aus dem Fahrzeuggewicht und der Luftspaltweite. Die Vorschubkraft für den Antrieb wird mit den Strömen in der Statorwicklung eingestellt, deren Frequenz mit Umrichtern in einem weiten Bereich verändert werden kann.

Die wichtigsten Vorteile des TRANSRAPID sind:
- hohe Geschwindigkeit;
- hoher Fahrkomfort;
- kein Verschleiß irgendwelcher Teile;
- relativ niedrige Geräuschentwicklung;
- im Vergleich zum Flugzeug geringe Schadstoffemissionen.

In Deutschland wurde der Bau einer TRANSRAPID-Strecke Hamburg – Berlin als nicht finanzierbar abgelehnt, obwohl die Kosten in der Größenordnung des Neubaus einer ICE-Strecke liegen. Ein Hoffnungsschimmer bleibt: Im Jahr 2006 soll mit dem Bau der 30 km langen Strecke München – Flughafen begonnen werden.

12.8 Kleinmotoren

Als elektrische Kleinmotoren bezeichnet man Motoren, deren abgegebene Leistung unter einer Grenze von etwa 1 kW liegt. Im Zuge der Rationalisierung werden diese Motoren in der Industrie in zunehmender Zahl eingesetzt. Entsprechendes gilt für den Haushalt- und den Konsumgüterbereich. Auch in der Datenverarbeitung werden z. B. zum Antrieb von Festplatten und Diskettenlaufwerken sowie für Drucker und Scanner Kleinmotoren verwendet.
Aus der großen Palette der Motorarten, die vom kostengünstigen bis zum hochwertigen Motor reicht, können im Folgenden nur die wichtigsten Varianten kurz beschrieben werden.

12.8.1 Universalmotor

Der Universalmotor ist im Prinzip ein Gleichstrom-Reihenschlussmotor, der an Wechselspannung betrieben wird. Da der Motor auch an Gleichspannung betrieben werden kann, hat er die Bezeichnung **Universalmotor** *(universal motor)* erhalten. Der Ständer ist geblecht, damit beim Betrieb an Wechselspannung die Eisenverluste klein sind.

Beim Reihenschlussmotor sind die im Ständer angeordnete Erregerwicklung und die rotierende Ankerwicklung in Reihe geschaltet. Bei der folgenden, stark vereinfachten Beschreibung werden die OHMschen Widerstände der Wicklungen nicht berücksichtigt. Die Reaktanzen der Wicklungen werden zu einer einzigen Reaktanz X zusammengefasst. Das Bild 12.89 zeigt die vereinfachte Ersatzschaltung und das Zeigerdiagramm.

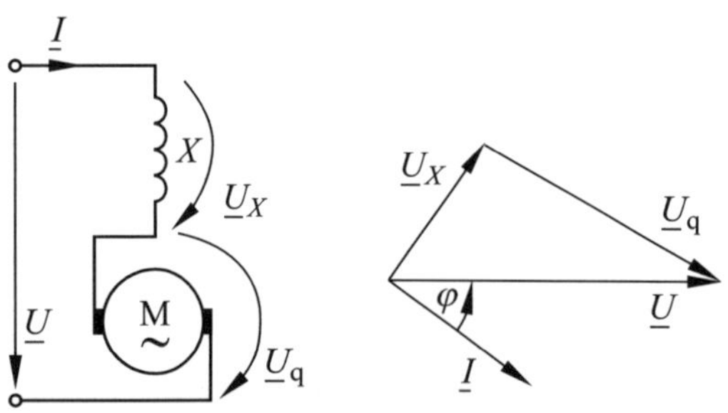

Bild 12.89 Ersatzschaltung und Zeigerdiagramm des Universalmotors

Von der Ständerwicklung wird ein Wechselfluss $\Phi = \Phi_{max} \cdot \sin \omega t$ erzeugt, wobei $\omega = 2\,\pi f$ die Kreisfrequenz der am Motor liegenden Spannung ist. Entsprechend Gl. (12.26) induziert dieser Fluss in dem mit der Drehzahl n rotierenden Anker die Spannung u_q:

$$u_q = c\,\Phi_{max} \cdot 2\,\pi\,n \cdot \sin \omega t \tag{12.75}$$

Da die Sinusspannung U_q praktisch in Phase mit dem Strom I ist, ergibt sich die innere Leistung zu:

$$P_i(t) = u_q \cdot i = c\,\Phi_{max} \cdot 2\,\pi\,n \cdot \sin \omega t \cdot \hat{i} \cdot \sin \omega t$$

Das innere Moment $M_i(t)$ des Universalmotors ist zeitabhängig:

$$M_i(t) = \frac{P_i(t)}{2\,\pi\,n} = c\,\Phi_{max}\,\hat{i} \cdot \sin^2 \omega t \tag{12.76}$$

Das innere Moment $M_i(t)$ pulsiert mit doppelter Netzfrequenz um den arithmetischen Mittelwert M_i, welcher die Hälfte des Maximalwerts beträgt:

$$M_i = \frac{c\,\Phi_{max}\,\hat{i}}{2} \tag{12.77}$$

Wegen der Eisen- und Reibungsverluste ist die mechanische Leistung P_2, die der Motor an der Welle abgibt, kleiner als die innere Leistung P_i (s. Gl. 12.32). Dementsprechend ist das Drehmoment $M = P_2/(2\,\pi\,n)$, das an der Welle zur Verfügung steht, kleiner als das innere Moment M_i.

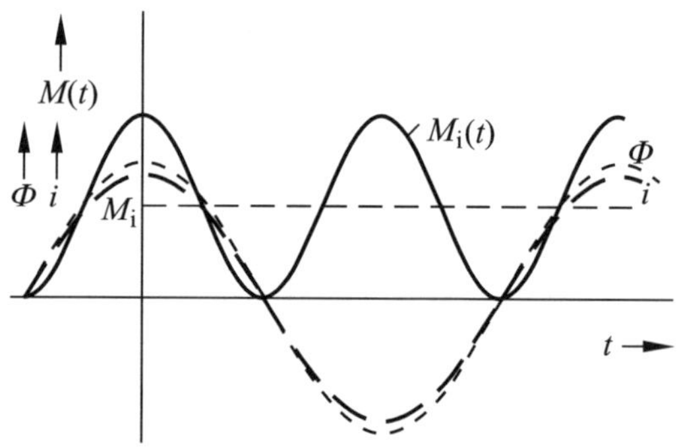

Bild 12.90 Zeitabhängigkeit des inneren Moments M_i des Universalmotors

Der Universalmotor lässt sich weitgehend automatisiert und dadurch kostengünstig fertigen. Gegenüber dem Asynchronmotor hat er jedoch betriebliche Nachteile:

- Die Bürsten verursachen ein erhöhtes Betriebsgeräusch und zusätzliche Reibungsverluste. Wenn sie abgenutzt sind, müssen sie ausgewechselt werden, was Kosten verursacht.
- Wegen der Abnutzung des Kommutators liegt die Lebensdauer zwischen einigen hundert und einigen tausend Stunden.
- Die Kommutierung kann zwar dadurch verbessert werden, dass der Kommutator aus der neutralen Zone gegen die Drehrichtung verschoben wird, doch ist ein funkenfreier Betrieb kaum zu gewährleisten. Deshalb muss stets eine Funkentstörung, die Rundfunk- und Fernsehstörungen verhindert, vorgenommen werden (s. VDE 0875).

Das Reihenschlussverhalten (s. Abschn. 12.3.7) ergibt ein hohes Anzugsmoment, was in vielen Fällen erwünscht ist. Die stets vorhandene Lager- und Lüfterreibung ist meist groß genug, um ein »Durchgehen« des Motors bei völliger Entlastung zu verhindern.

Die Drehzahl des Universalmotors ist nicht von der Netzfrequenz abhängig. Sie wird vielfach sehr hoch (bis 20000 min^{-1}) gewählt, um ein günstiges »Leistungsgewicht« (Quotient aus Leistung und Gewicht) zu erhalten. Bei tragbaren Geräten, z. B. Werkzeugen oder Haushaltsgeräten, ist deshalb der Universalmotor dem Asynchronmotor überlegen.

Die Drehzahl des Universalmotors ist stark von der Belastung abhängig. Während eine Drehzahl*regelung* nur mit relativ großem Aufwand möglich ist, lässt sich eine Drehzahl*stellung* durch Spannungsänderung relativ einfach erreichen:

- Im einfachsten Fall wird die Drehzahl durch einen Vorwiderstand herabgesetzt.
- Durch einen Widerstand parallel zum Anker wird die Leerlaufdrehzahl herabgesetzt und ein Durchgehen des Motors verhindert.
- Durch einen vorgeschalteten Spartransformator kann die Drehzahl verlustarm in weiten Bereichen eingestellt werden.

Eine Kombination von Vor- und Parallelwiderstand wird als **Barkhausen-Schaltung** bezeichnet. Der Universalmotor ist im Allg. zweipolig, wobei die Erregerwicklung symmetrisch ausgeführt ist.

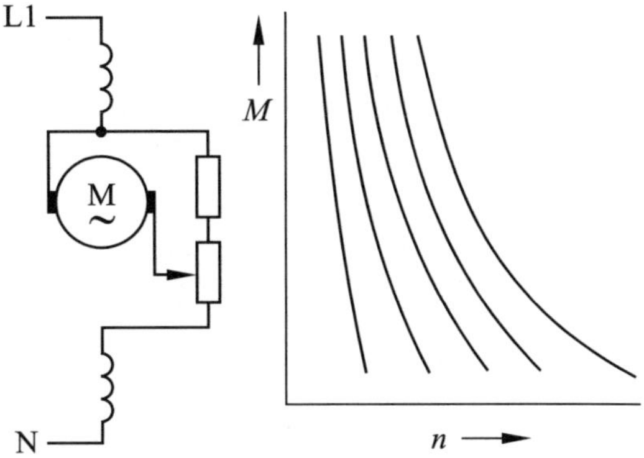

Bild 12.91 Barkhausen-Schaltung und Drehmoment-Drehzahl-Kennlinien

Auch durch Phasenanschnittsteuerung (s. Kap. 16) können Drehmoment und Drehzahl in weiten Bereichen eingestellt werden.

12.8.2 Permanentmagnet-Motor

Gleichstrommotoren kleiner Leistung werden häufig mit Permanentmagneten erregt und als **PM-DC-Motoren** bezeichnet.

Außer einer einfacheren und damit kostengünstigeren Fertigung haben diese Motoren den Vorteil eines höheren Wirkungsgrades, da Erregerverluste entfallen; bei hochwertigen Ausführungen mit SE-Magneten werden Wirkungsgrade über 80 % erreicht.

Da sich das reine Sintermaterial $Nd_{12}Fe_{14}B$ ab etwa 100 °C irreversibel entmagnetisiert, wird es mit Kunststoff gebunden; dabei sind Temperaturen bis 200 °C zulässig.

Bei kostengünstigen Motoren wird Bariumferrit als Magnetmaterial verwendet.

Das Bild 12.92 zeigt als Beispiel einen Motor mit Schalenmagneten in Radial-Magnetisierung und einen Motor mit Ringmagnet in Diametral-Magnetisierung. Das Blechgehäuse dient als magnetischer Rückschluss. Ein Polblech sorgt dafür, dass der Schalenmagnet nicht durch eine hohe Ankerdurchflutung entmagnetisiert wird.

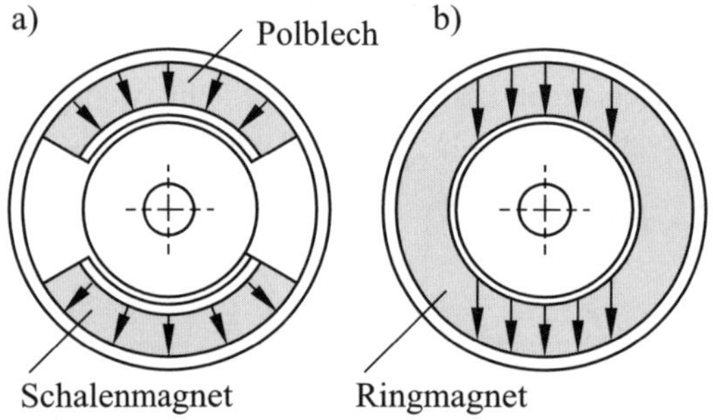

Bild 12.92 Bauarten von Permanentmagnet-Motoren: a) Radial-Magnetisierung, b) Diametral-Magnetisierung

Die Drehmoment-Drehzahl-Kennlinie des PM-DC-Motors verläuft wie beim Nebenschluss-Motor. Da der PM-DC-Motor an Gleichspannung betrieben wird, ist das Drehmoment zeitlich konstant.
PM-DC-Motoren werden im Allg. für 12 bis 24 V gebaut. Im Prinzip könnte man diese Motoren auch für den Betrieb am 230-V-Wechselstromnetz vorsehen, doch verursachen der Gleichrichter und der wegen der dünnen Drähte teure Läufer so hohe Kosten, dass ein Universalmotor günstiger ist.

Die Funkentstörung ist beim PM-DC-Motor teurer als beim Universalmotor, weil die Entstörwirkung einer Erregerwicklung fehlt.

Eine Sonderbauform des PM-DC-Motors ist der Scheibenläufer-Motor, bei dem die „Wicklung“ wie eine gedruckte Schaltung auf beiden Seiten einer Isolierstoffscheibe aufgebracht ist: Die Oberschicht der Wicklung ist auf der einen, die Unterschicht auf der anderen Seite der Scheibe angeordnet. Am Außenrand der Scheibe sind die Leiterbahnen von Ober- und Unterschicht miteinander verlötet. Der Innenrand der Scheibe dient als Kommutator, dort schleifen die Bürsten direkt auf den Leiterbahnen (Bild 12.93).

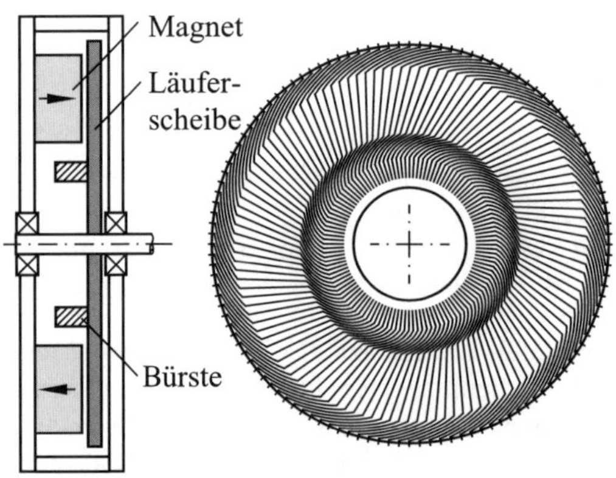

Bild 12.93 Scheibenläufer-Motor, Querschnitt und Läuferscheibe

Als Motor mit eisenlosem Läufer hat der Scheibenläufer-Motor kleine elektrische und mechanische Zeitkonstanten, was für eine gute Regelbarkeit bei Servo- und Stellantrieben wichtig ist.

12.8.3 Elektronikmotor

Der **Elektronikmotor** *(electronically commutated motor, EC-motor)* wird auch als **bürstenloser PM-DC-Motor** *(brushless permanent-magnet DC motor)* bezeichnet.
Der Läufer trägt einen oder mehrere Permanentmagnete. Zwei um 90° gegeneinander versetzt im Luftspalt angeordnete Hall-Generatoren H stellen die Lage und die Drehrichtung des Läufers fest.
Die Ständerwicklung besteht aus mehreren Spulen, die je nach Lage des Läufers von Schalttransistoren, unter Berücksichtigung der von den Hall-Generatoren gegebenen Lageinformation, vom Steuergerät St so eingeschaltet werden, dass der Läufer von Spule zu Spule »weitergereicht« wird.

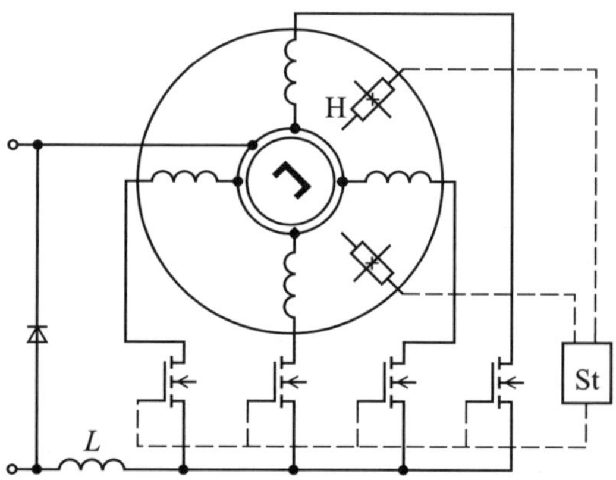

Bild 12.94 Elektronikmotor (Prinzip)

Der Elektronikmotor hat dieselbe Drehmoment-Drehzahl-Kennlinie wie ein Nebenschlussmotor. Da weder Bürsten noch ein Kommutator vorhanden sind, ist der Motor robust, geräuscharm und von langer Lebensdauer.
Die Drehzahlstellung durch Änderung der Spannung ergibt, wie bei der Gleichstrommaschine, einen weiten Stellbereich.
Wegen der aufwendigen, speziell an den Motor angepassten Elektronik ist der Preis hoch. Elektronikmotoren kommen deshalb im Allgemeinen nur in höherwertigen Geräten zum Einsatz, z. B. bei industriellen Anwendungen als Vorschubantriebe in Werkzeugmaschinen oder in Handhabungsgeräten sowie in Geräten der Unterhaltungselektronik, der Messtechnik und der Datenverarbeitung.

12.8.4 Spaltpolmotor

Der **Spaltpolmotor** *(shaded-pole motor)* ist ein Wechselstrom-Asynchronmotor mit Kurzschlussläufer, der für Leistungen bis etwa 150 W gebaut wird.
Die Hauptwicklung aus konzentrierten Spulen wird direkt ans Netz angeschlossen; bei einfachen Ausführungen ist die Hauptwicklung eine Zylinderspule.
Ein Teil des Pols ist von der kurzgeschlossenen Hilfswicklung umgeben, deren Windungszahl meist $N = 1$ ist. Diese Wicklung besteht häufig aus dickem Kupferdraht oder Kupferblechstreifen, die

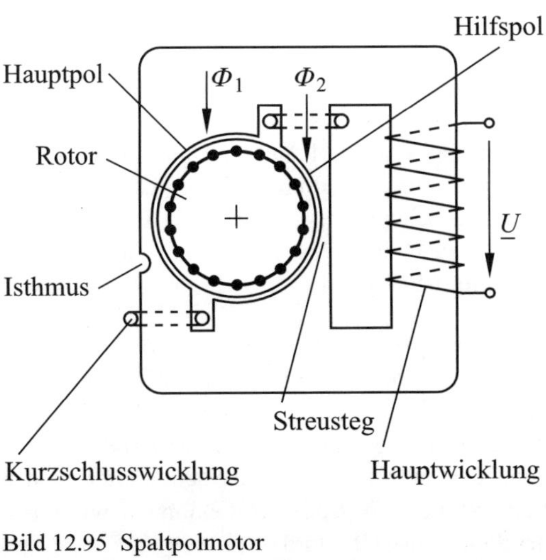

Bild 12.95 Spaltpolmotor

zu einem Ring verschweißt sind. Der vom Hauptpol „abgespaltene“ Pol hat dem Motor den Namen gegeben.

In der kurzgeschlossenen Hilfswicklung wird vom Hauptfeld eine Spannung induziert, die einen Strom treibt, der ein zum Hauptfeld zeitlich phasenverschobenes Hilfsfeld erregt. Gemeinsam mit dem Hauptfeld erzeugt dieses Hilfsfeld ein Drehfeld, das den Anlauf des Motors ermöglicht.

Durch den Streusteg wird die Phasenverschiebung zwischen Hauptfluss und Hilfsfluss vergrößert. Der Streusteg enthält meist eine als **Isthmus** bezeichnete Verengung, mit welcher der Streufluss über den Streusteg genau eingestellt wird.

Der Läufer, der einen Kurzschlusskäfig trägt, dreht sich stets in Richtung vom Hauptpol zum Hilfspol. Eine Drehrichtungsumkehr ist nur mit hohem Aufwand zu realisieren.

Der Wirkungsgrad des Spaltpolmotors liegt je nach Bauart zwischen 10 und 25 %. Damit sich der Motor infolge der Verluste nicht zu stark erwärmt, wird ein Lüfter vorgesehen. Der Motor eignet sich vor allem für Antriebe, die nur kurzzeitig in Betrieb sind.
Wie bei der Asynchronmaschine gibt es außer den Lagern keine Verschleißteile, so dass der Motor äußerst robust ist.
Spaltpolmotoren sind wegen ihres einfachen Aufbaus kostengünstig zu fertigen; sie werden deshalb in großer Stückzahl gebaut und z. B. für den Antrieb von Laugenpumpen in Wasch- und Geschirrspülmaschinen eingesetzt.

12.8.5 Wechselstrom-Synchronmotor

Synchronmotoren kleiner Leistung werden auch als **AC-Servomotoren** bezeichnet; sie werden im Allgemeinen am Einphasen-Wechselstromnetz betrieben. Wechselstrom-Synchronmotoren besitzen eine zweisträngige Wicklung: Die Hauptwicklung liegt direkt am Netz, während die Hilfswicklung mit einem Kondensator in Reihe geschaltet ist (s. Kap. 12.5). Dabei entsteht im Allg. kein gleichmäßiges »Kreisdrehfeld«, sondern ein sog. »elliptisches Drehfeld«. Der Motor entwickelt deshalb kein zeitlich konstantes Drehmoment, vielmehr ist dem arithmetischen Mittelwert des Drehmoments ein sog. **Pendelmoment** doppelter Netzfrequenz überlagert. Dadurch entstehen Geräusche, und die Winkelgeschwindigkeit des Läufers ist während einer Umdrehung nicht konstant. Bei Motoren kleinster Leistung (einige mW bis wenige W) wird die kurzgeschlossene Hilfswicklung auf Spaltpolen angebracht.

Wechselstrom-Synchronmotoren kleiner Leistung werden ohne Erregerwicklung betrieben, da die Schleifringe und die Gleichstromspeisung einen zu hohen baulichen Aufwand bedingen. Je nach Bauart wird das Drehmoment im synchronen Betrieb sowie beim Anlauf, dem asynchronen Hochlauf, auf unterschiedliche Art erzeugt:

- Der **Magnetläufermotor** enthält, wie sein Name sagt, im Läufer einen Permanentmagneten. Zusätzlich zum Dauermagneten erhält der Läufer einen Kurzschlusskäfig, wodurch er wie ein Asynchronmotor hochlaufen kann, bis er „in Tritt fällt", d. h. in den Synchronlauf übergeht.
- Der **Reluktanzmotor** enthält einen geblechten Läufer mit Flusssperren (s. Abschn. 12.6.4). Der Läufer wird im Synchronlauf vom Drehfeld „mitgezogen". Für den asynchronen Hochlauf benötigt der Motor einen Kurzschlusskäfig.
- Beim **Hysteresemotor** wird anstelle von Permanentmagneten in den Läufer ein Material breiter Hystereseschleife eingebaut, das beim Anlauf des Motors ständig vom Drehfeld ummagnetisiert wird. Im Läufer entstehen dabei Hystereseverluste P_{vH}, die dem Schlupf s proportional sind.
  Die auf den Läufer übertragene Leistung P_i wird im Folgenden als drehzahlunabhängig angenommen. Die Hystereseverluste entsprechen den Läuferverlusten der Asynchronmaschine; gemäß Gl. (12.48) ist also $P_{vH} = s\,P_i$. Die mechanische Leistung $P_{mech} = (1 - s)\,P_i$ (s. Gl. 12.49) nimmt mit der Drehzahl zu.
  Im Gegensatz zum Reluktanz- bzw. Magnetläufermotor benötigt der Hysteresemotor für den asynchronen Anlauf keinen Kurzschlusskäfig. Nach dem Anlauf läuft der Hysteresemotor wie ein Synchronmotor mit der Drehzahl n_s weiter.

Synchronmotoren werden dort eingesetzt, wo es auf die genaue Einhaltung einer bestimmten Drehzahl ankommt. Von Nachteil ist bei allen Synchronmotoren, dass sie bei Belastungsänderungen schwingen und bei Überlast außer Tritt fallen.

12.8.6 Schrittmotor

Der **Schrittmotor** *(stepper motor)* ähnelt im Aufbau dem Synchronmotor. Während aber sämtliche Wicklungsstränge des Synchronmotors gleichzeitig erregt werden, wird beim Schrittmotor jeweils nur ein Teil der Wicklung von einem Steuerimpuls erregt. Im darauffolgenden Arbeitsschritt wird die Erregung zum nächsten Teil der Wicklung »weitergegeben«.
Jeder Steuerimpuls bewirkt beim Schrittmotor eine Drehung des Läufers um den **Schrittwinkel** *(step angle)* α.

Zum Betrieb des Schrittmotors ist eine elektronische Schaltung erforderlich, die jeden Strang des Motors mit Steuerimpulsen versorgt.

Das Prinzip des Schrittmotors soll an einem dreisträngigen Motor erläutert werden, der einen Läufer **v**ariabler **R**eluktanz besitzt, d. h. der magnetische Widerstand des Luftspalts hat am Umfang des Läufers unterschiedliche Werte; ein derartiger Motor wird als **Reluktanzmotor** oder auch kurz als **VR-Motor** bezeichnet.

Das Bild 12.96a zeigt den Motor bei eingeschaltetem Strang 1; der Läufer stellt sich dabei in die zugehörige magnetische Achse ein. Wird nun der Strang 1 abgeschaltet und anschließend der Strang 2 erregt, so dreht sich der Läufer hierbei um den Schrittwinkel $\alpha = 60°$ (Bild 12.96b); man bezeichnet diese Art des Betriebs als **Vollschrittbetrieb**.

Ein halb so großer Schrittwinkel lässt sich dadurch erzielen, dass der Strang 1 eingeschaltet bleibt und gleichzeitig der Strang 2 erregt wird (Bild 12.96c); der dabei vorliegende **Halbschrittbetrieb** hat jedoch den Nachteil, dass auf den Läufer in der Pollücke kein so großes Haltemoment wie unter den Polen ausgeübt wird.

a) b) c)

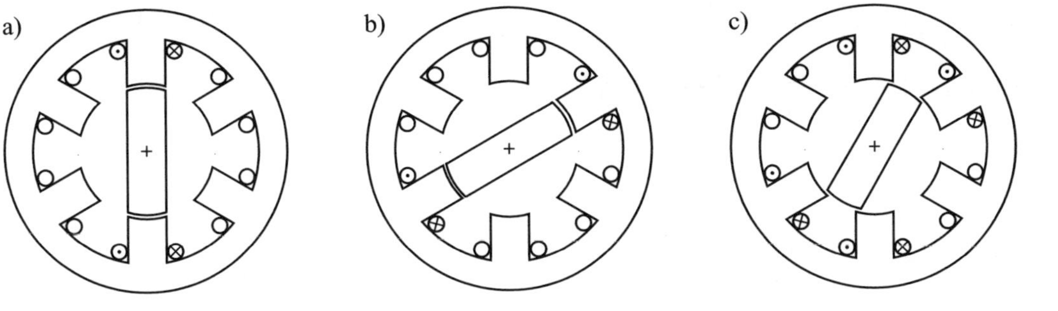

Bild 12.96 Prinzip des VR-Motors: Ausgangsstellung (a) und nach Drehung um den Schrittwinkel im Vollschrittbetrieb (b) und im Halbschrittbetrieb (c)

Zur Verkleinerung des Schrittwinkels werden sowohl der Ständer als auch der Läufer mit Polen bzw. Zähnen versehen, wobei Ständer und Läufer eine unterschiedliche Anzahl der Pole bzw. Zähne erhalten. Das Bild 12.97 zeigt einen Motor, der sich im Vollschrittbetrieb bei jedem Schritt um den Schrittwinkel 15° dreht.

Mit VR-Motoren lassen sich zwar kleine Schrittwinkel erreichen, doch werden sie selten gebaut, weil sie kein Selbsthaltemoment besitzen und eine relativ teure Ansteuerschaltung für mindestens drei Stränge benötigen.

Günstiger als die VR-Motoren sind die Permanentmagnetmotoren, die auch kurz als **PM-Motoren** bezeichnet werden. Der Permanentmagnet sorgt auch bei abgeschaltetem Motor dafür, dass der Motor in der zuletzt erreichten Stellung festgehalten wird; dadurch wird bei Positionierantrieben die im Allgemeinen erforderliche Arretierung erreicht. Außerdem besitzen die PM-Motoren ein höheres Drehmoment als die VR-Motoren.

Da es schwierig ist, einen Dauermagnetläufer hoher Polzahl bei der Fertigung aufzumagnetisieren, werden bei den PM-Motoren im Allg. Magnete verwendet, die ein Magnetfeld in axialer Richtung erregen. Beim **Wechselpol-Schrittmotor** sorgen z.B. Klauenpole dafür, dass sich am Läuferumfang die unterschiedlichen Magnetpole abwechseln. Im Läufer des **Gleichpol-Motors** liegt der Dauermagnet zwischen dem Nordpol- und dem Südpol-Zahnkranz des Läufers (Bild 12.98).

Schrittmotoren werden für Positionierantriebe aller Art, z.B. in Druckern und Scannern eingesetzt. Schrittmotoren kleinster Leistung treiben beispielsweise Uhrzeiger an.

Für normale Anwendungsfälle werden Schrittmotoren kleiner Leistung (wenige mW bis einige 100 W) für 6 bis einige 100 Schritte je Umdrehung gefertigt. Für besondere Anwendungsfälle gibt es Schrittmotoren höherer Leistung (bis zu 10 kW) bzw. höherer Auflösung (bis zu 20000 Schritte je Umdrehung).

a) b) c)

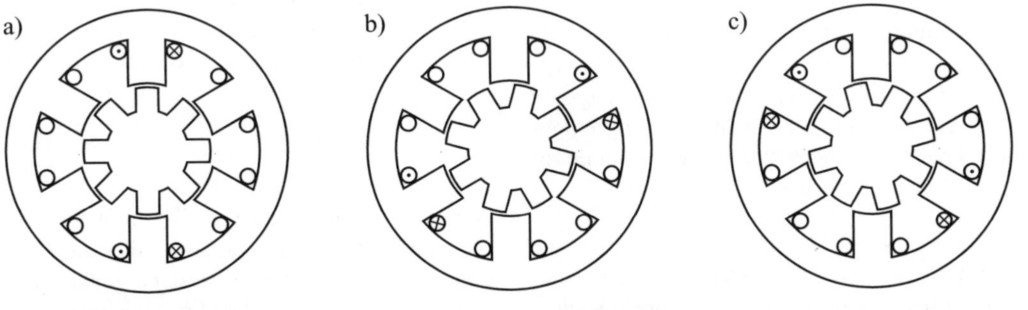

Bild 12.97 VR-Motor mit 6 Ständer- und 8 Läuferpolen: Der Schrittwinkel beträgt 15° im Vollschrittbetrieb

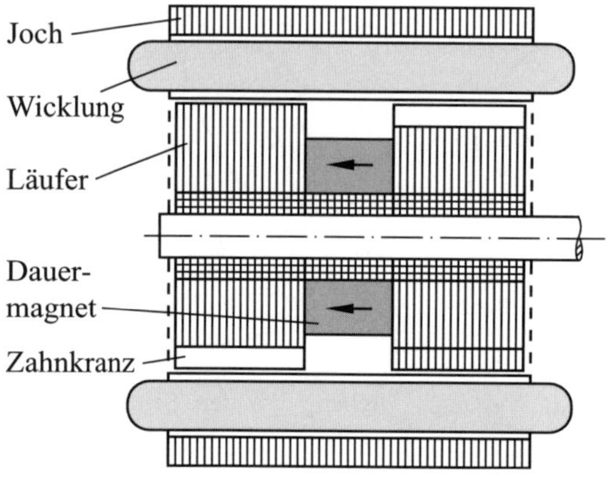

Bild 12.98 Querschnitt durch einen Gleichpol-Schrittmotor

Die Steuerschaltung muss die Frequenz der Schritte in Abhängigkeit von der Drehzahl des Motors liefern. Kann der Läufer wegen seiner Massenträgheit der von den Steuerimpulsen vorgegebenen Beschleunigung nicht folgen oder wird der Motor im Dauerbetrieb überlastet, so kann es vorkommen, dass der Motor „Schritte verliert".

Es gibt jedoch auch lagegeregelte Schrittmotoren, bei denen ein Regler die Steuerimpulse nur so schnell an den Motor weitergibt, wie dieser folgen kann. Da hierbei keine Schritte verlorengehen, lässt sich der billige und robuste Schrittmotor auch in problematischen Fällen einsetzen, bei denen durch Schrittverluste Sach- oder Personenschäden entstehen können.

12.9 Erwärmung und Kühlung

12.9.1 Übertemperatur

Die **Erwärmung** des Motors muss innerhalb der zulässigen Grenze bleiben, die durch die Wärmebeständigkeit der Isolierstoffe gegeben ist. Auch ein verhältnismäßig geringfügiges Überschreiten der höchstzulässigen Temperatur setzt die Lebensdauer der Maschine herab.

Nach DIN EN 60034 (VDE 0530) werden die Isolierstoffe in Klassen eingeteilt, wobei jeder **Isolierstoffklasse** eine *höchstzulässige Temperatur* zugeordnet wird.

Tabelle 12.4 Isolierstoffklassen und höchstzulässige Temperatur

Klasse	Y	A	E	B	F	H	C
Temperatur in °C	90	105	120	130	155	180	>180

Die Motorwärme entsteht durch die Eisen- und Kupferverluste des Motors; sie wird im stationären Erwärmungszustand über die Oberfläche des Motors an die Umgebung abgegeben.

Die **Kühlung** des Motors erfolgt nur bei Maschinen kleiner Leistung als **Selbstkühlung**, wobei die Maschine ohne Verwendung eines Lüfters natürlich gekühlt wird. Die **Eigenkühlung** von Maschinen mittlerer Leistung wird durch einen am Läufer angebrachten oder von ihm angetriebenen Lüfter bewirkt, der die Kühlluft bewegt.

Bei Großmaschinen wird **Fremdkühlung** angewendet; dabei wird entweder ein Lüfter durch einen getrennten Motor angetrieben, oder es wird ein anderes Kühlmittel als Luft, z. B. Öl oder Wasser verwendet.

Die Maßnahmen zur Wärmeabfuhr dürfen nicht – z.B. durch Anordnung von Schutzkästen oder durch Einbau in Arbeitsmaschinen – unwirksam gemacht werden.

Ohne Berücksichtigung der Kühlung würde die gesamte zugeführte Wärmeenergie im Motor gespeichert. Hat der Motor die Masse m und die Wärmekapazität c, so würde gemäß Gl. (1.16) bei gleichmäßiger Energiezufuhr (P = const.) die Differenz der Temperaturen zwischen ihm und seiner Umgebung linear mit der Zeit t zunehmen:

$$\Delta\vartheta = \vartheta - \vartheta_0 = \frac{P\,t}{m\,c} \qquad (12.78)$$

Dabei ist ϑ_0 die Temperatur des Motors vor Beginn des Erwärmungsvorgangs, also die Umgebungstemperatur, und ϑ ist seine zeitabhängige Temperatur während des Erwärmungsvorgangs (Kurve a im Bild 12.99).

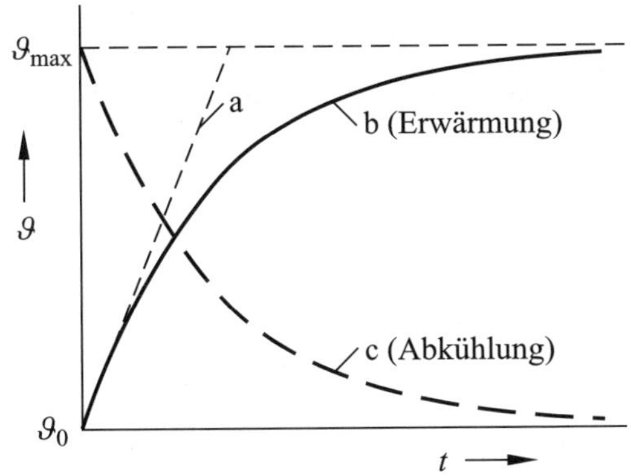

Bild 12.99 Erwärmung und Abkühlung als Funktion der Zeit

Der lineare Temperaturanstieg findet jedoch nur so lange statt, wie die Temperatur der Motoroberfläche nicht höher als die Umgebungstemperatur bzw. die Temperatur des Kühlmittels ist. Bei weiterer Erwärmung des Motors wird ein Anteil der Wärme an das Kühlmittel abgegeben, der so lange wächst, bis die **Beharrungstemperatur** ϑ_{max} erreicht ist.

Die Temperatur des Motors nähert sich etwa mit exponentiellem Verlauf dem Beharrungszustand, in dem sämtliche Wärme abgeführt wird. Da hierbei keine Wärme mehr gespeichert wird, erfolgt auch keine weitere Temperaturerhöhung.

Die Abkühlungskurve (Kurve c im Bild 12.99) ist etwa spiegelbildlich zur Erwärmungskurve, wenn der Motor im Leerlauf abkühlt. Das Abkühlen dauert länger, wenn der Motor sofort nach der Belastung abgeschaltet wird.

Die Differenz zwischen der Temperatur ϑ der Wicklung und der Temperatur ϑ_0 des Kühlmittels wird **Übertemperatur** $\Delta\vartheta = \vartheta - \vartheta_0$ genannt.
Die Temperatur des Kühlmittels darf höchstens 40°C betragen.

Die Zeit, die vom Beginn des Erwärmungsvorgangs bis zum Erreichen der Beharrungstemperatur ϑ_{max} verstreicht, beträgt je nach Größe des Motors 0,5 … 10 h; sie wird maßgeblich von der Art der Kühlung beeinflusst.

Den Kurven im Bild 12.99 liegt eine zeitlich konstante Belastung zugrunde. Bei zeitlich unterschiedlicher Belastung (Bild 12.100) muss eine »mittlere« Leistung berechnet werden, die in der gleichen Betriebszeit die gleiche Verlustwärme erzeugt. Voraussetzung hierfür ist, dass die Teilzeiten für die einzelnen Belastungen im Bild 12.100 klein gegen die Zeit sind, welche der Motor zum Erreichen seiner Enderwärmung braucht.

Gemäß Gl. (1.19) ist die erzeugte Wärmemenge dem Quadrat des Stromes proportional; daher muss der zu wählende Motor für den *mittleren Strom* I_m ausgelegt sein:

$$I_m = \sqrt{\frac{\sum(I^2 t)}{\sum t}} \tag{12.79}$$

In vielen Fällen sind nicht die Ströme, sondern die Drehmomente bekannt. Man berechnet dann das Belastungsmoment, durch das im Motor in der gleichen Zeit die gleiche Wärmemenge entsteht.

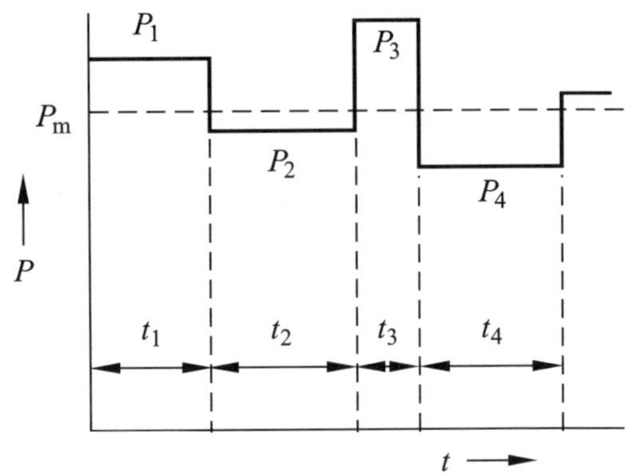

Bild 12.100 Die mittlere Leistung bewirkt die gleiche Erwärmung wie die veränderliche Belastung

Bei Motoren mit *Nebenschlusscharakteristik* sind mit genügender Genauigkeit Strom und Drehmoment einander proportional. Aus der Gl. (12.79) folgt dabei das *mittlere Moment*:

$$M_m = \sqrt{\frac{\sum(M^2 t)}{\sum t}} \tag{12.80}$$

Wegen $(-M)^2 = M^2$ tragen auch negative Momente, d. h. Bremsmomente, zum mittleren Moment bei, denn sie führen zu einer Erwärmung des Motors.

Bei Motoren mit *Reihenschlusscharakteristik* ist das Drehmoment dem Quadrat des Stromes proportional. Hieraus ergibt sich:

$$M_\mathrm{m} = \frac{\sum(M\,t)}{\sum t} \tag{12.81}$$

Die Gln. (12.80 und 12.81) setzen für Wechselstrom voraus, dass der Leistungsfaktor praktisch nicht von der Belastung abhängig ist.

Bleibt trotz der Belastungsänderungen die Motordrehzahl nahezu unverändert, was bei Maschinen mit Nebenschlusscharakteristik gegeben ist, so sind Drehmoment und Leistung einander proportional und man darf mit der mittleren Leistung P_m rechnen:

$$P_\mathrm{m} = \sqrt{\frac{\sum(P^2 t)}{\sum t}} \tag{12.82}$$

Bei Maschinen mit Reihenschlusscharakteristik ist es nicht ohne weiteres möglich, auf die Leistung überzugehen; hierbei muss mit dem mittleren Drehmoment gearbeitet werden.

12.9.2 Motorschutz

Isolierstoffe erreichen nur dann die übliche Lebensdauer, wenn die höchstzulässige Temperatur der jeweiligen Isolierstoffklasse nicht überschritten wird.
Bei einem Motor können folgende Ursachen für eine thermische Überlastung vorliegen:

- Erhöhtes Drehmoment;
- Blockieren des Läufers;
- Anschluss- oder Schaltfehler;
- Erhöhte Verluste z. B. durch zu große Abweichungen der Spannung oder der Frequenz von den Nennwerten;
- Unterbrechung einer Netzzuleitung;
- Beeinträchtigung der Kühlung.

Schmelzsicherungen können einen Motor nicht gegen thermische Überlastung schützen, denn die Sicherung darf beim Anlauf des Motors, bei dem ein Vielfaches des Motornennstromes fließt, nicht abschalten. Sicherungen können deshalb lediglich den Kurzschlussschutz übernehmen. Zum Schutz bei Überlast dienen stromabhängig verzögerte Auslöser oder **Überlastrelais**, die entweder nach dem Bimetallprinzip funktionieren oder als elektronische Geräte zur Verfügung stehen.

Das Bild 12.101 zeigt den Überlastschutz mit einem Bimetall-Überlastrelais. Die Bimetallstreifen B werden von Heizelementen aufgeheizt, die vom Motorstrom durchflossen werden. Bei Überlast verbiegen sich die Bimetallstreifen so stark, dass das Schaltschloss S aufgedrückt wird und der Schalter öffnet.

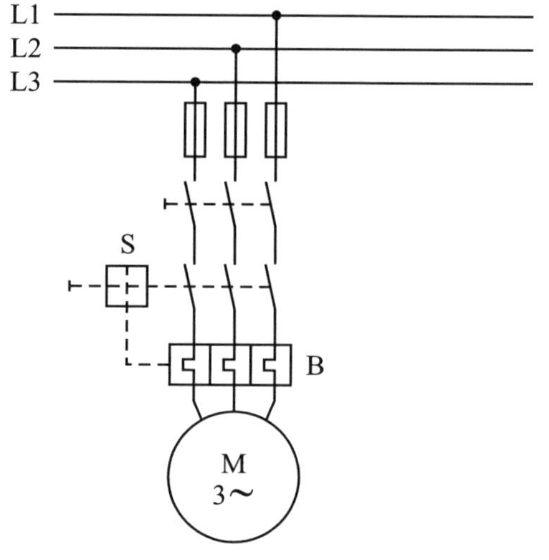

Bild 12.101 Schutz eines Drehstrommotors mit einem Bimetall-Überlastrelais

Es gibt auch Motorschutzschalter, die zusätzlich zur thermischen Auslösung einen elektromagnetischen Schnellauslöser besitzen. Werden derartige Schalter vom Hersteller als „eigenfest" bezeichnet, so kann man auf Sicherungen verzichten.

Ein Nachteil der stromabhängig schaltenden Überlastrelais liegt darin, dass sich eine Beeinträchtigung der Kühlung nicht erfassen lässt. Motoren größerer Leistung werden daher mit ei-

nem Übertemperaturschutz versehen. Dabei ist in jedem Strang der Ständerwicklung des Motors ein Thermistor (s. Abschn. 7.1.3) eingebaut.
Das Bild 12.102 zeigt ein Beispiel für den Übertemperaturschutz, der auch als **Motorvollschutz** bezeichnet wird. Bei nicht zu hoher Temperatur der Motorwicklung und damit niedrigen Thermistorwiderständen R_1 ... R_3 zieht bei geschlossenem Hauptschalter S0 das Hilfsschütz 11E an und hält seinen Kontakt 13; 14 geschlossen. Der Motor kann nun durch kurzzeitiges Drücken des Tasters S1 eingeschaltet werden; dabei schließt das Hauptschütz K1 und seine Kontakte 13; 14 überbrücken den Taster S1; dies wird als **Selbsthaltung** bezeichnet.

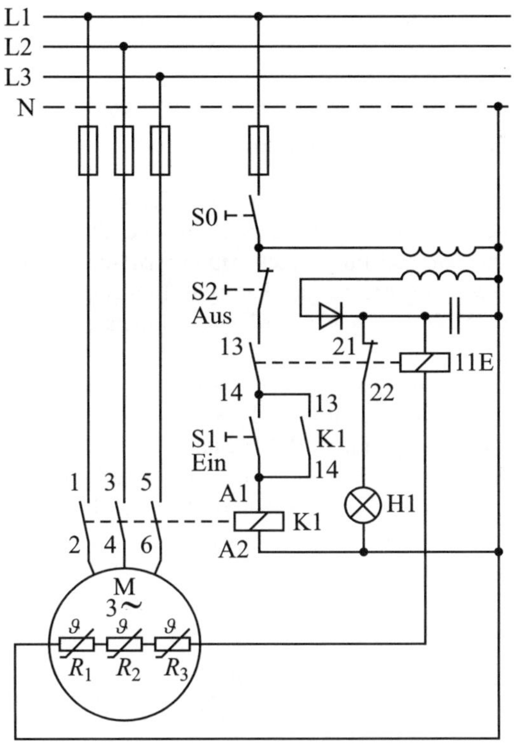

Bild 12.102 Motorvollschutz

Wird ein Wicklungsstrang über die Nennansprechtemperatur des Thermistors erwärmt, so wird der Thermistor hochohmig. Das Hilfsschütz 11E fällt ab und öffnet seinen Kontakt 13; 14. Die Abschaltung des Schützes K1 wird vom Leuchtmelder H1 angezeigt.

12.10 Motorparameter

12.10.1 Bauform

Die **Bauform** umlaufender elektrischer Maschinen wird nach DIN EN 60034-7 durch einen Code beschrieben. Code I, der bevorzugt anzuwenden ist, gibt eine Kurzbeschreibung gängiger Maschinen, während Code II alle denkbaren Möglichkeiten der Beschreibung zulässt. Das Kurzzeichen beginnt stets mit den Großbuchstaben IM *(international mounting)*, worauf beim Code I ein weiterer Buchstabe (z. B. B für Maschine mit waagrechter Welle und zwei Lagerschilden; V für Maschine mit senkrechter Welle und zwei Lagerschilden) und eine Zahl folgen.

Tabelle 12.5 Bauformen elektrischer Maschinen (Auswahl)

B 3	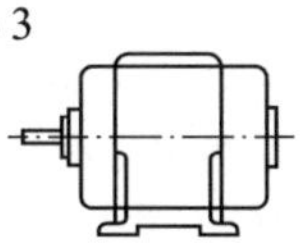	2 Lagerschilde	Mit Füßen	Freies Wellenende
B 5	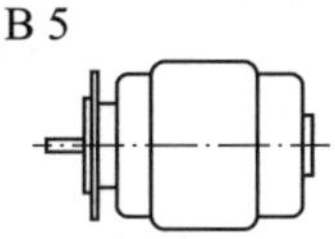	2 Lagerschilde	Ohne Füße	Freies Wellenende
V 1	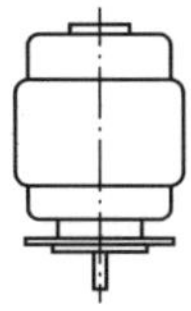	2 Lagerschilde	Ohne Füße	Freies Wellenende unten
V 5	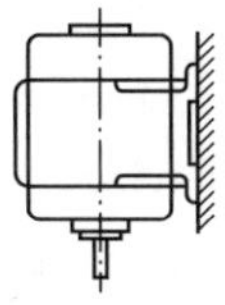	2 Lagerschilde	Mit Füßen	Freies Wellenende unten

12.10.2 Schutzart

DIN EN 60034-5 behandelt den Schutz von Personen gegen das Berühren von Teilen, die unter Spannung stehen oder sich bewegen, und den Schutz der Betriebsmittel gegen das

Eindringen von festen Körpern und von Wasser. Die **Schutzart** wird durch die Großbuchstaben IP *(international protection)* und eine zweistellige Zahl angegeben; die erste Ziffer bezeichnet den Berührungs- und Fremdkörperschutz und die zweite Ziffer den Wasserschutz.

Folgende Schutzarten sollen vorzugsweise für elektrischen Maschinen vorgesehen werden:

IP 12; IP 21; IP 22; IP 23; IP 44; IP 54; IP 55

Die Bedeutung der Ziffern ist in der Tabelle 12.6 angegeben.

12.10.3 Explosionsschutz

In Betrieben, in denen petrochemische Erzeugnisse verarbeitet werden, können Gase oder Dämpfe dieser Stoffe mit Luft ein explosives Gemisch bilden. Explosionsgefahr ist auch im Bergbau durch Methangas gegeben. Außerdem kann bei der Verarbeitung von Getreide, Zucker, Papier, Kohle usw. zündfähiger Staub entstehen.

In explosionsgefährdeten Bereichen dürfen nur Maschinen verwendet werden, deren **Zündschutzart** eine Gefährdung ausschließt. Bei der Zündschutzart EEx e werden durch konstruktive Maßnahmen die Entstehung von Funken oder hohen Temperaturen verhindert; in der Praxis kommen für diese Maßnahmen nur Drehstrom-Asynchronmaschinen mit Käfigläufer in Betracht, weil an Kommutatoren und Schleifringen das Entstehen von Funken nicht auszuschließen ist.

Das Gehäuse einer Maschine der Zündschutzart EEx d muss den Explosionsdruck aushalten; dadurch wird erreicht, dass eine Explosion auf das Innere des Motors beschränkt bleibt. Durch eine Reihe von Bauanforderungen, die einen hohen fertigungstechnischen Aufwand bedingen, wird sichergestellt, dass kein Zünddurchschlag durch enge Spalte des Motorgehäuses erfolgt.
Maschinen der Zündschutzart EEx p erhalten ein druckdichtes Gehäuse, in dem ein Zündschutzgas (z. B. Luft oder ein anderes nicht entzündbares Gas) auf einem Überdruck von mindestens 50 Pa gegenüber der Umgebung gehalten wird; dadurch wird verhindert, dass ein explosionsfähiges Gasgemisch in den Motor eindringt. Bei dieser aufwendigsten Schutzart muss auch eine Überwachung des Überdruckes vorgesehen werden. Einzelheiten hierzu enthalten Normen DIN EN 50014 ... 50020.

12.10.4 Leistungsschild

Die Bemessungswerte einer elektrischen Maschine werden auf dem Leistungsschild angegeben.
Die Nennleistung eines *Motors* ist die an der Welle abgegebene mechanische Leistung, die in Watt (W) angegeben wird. Die Nennleistung eines *Generators* ist die an den Klemmen abgegebene elektrische Leistung; sie wird bei Wechsel- und Drehstromgeneratoren als Scheinleistung in der Einheit Voltampere (VA) genannt.
Außerdem werden auf dem Leistungsschild unter anderem auch die Schaltart der Wicklung, der Leistungsfaktor, die Drehrichtung, die Drehzahl, die Isolierstoffklasse und die Schutzart genannt.

Tabelle 12.6 Schutzarten nach DIN EN 60034-5 (Auswahl)

	Erste Ziffer		Zweite Ziffer
Ziffer	Schutz gegen zufälliges Berühren	Schutz gegen Eindringen fester Fremdkörper	Schutz gegen Wasser
0	kein Schutz	kein Schutz	kein Schutz
1	große Körperflächen	> 50 mm Durchmesser	tropfend, senkrecht
2	mit den Fingern	> 12 mm Durchmesser	tropfend, bis 15° zur Senkrechten
3	mit Werkzeugen usw. > 2,5 mm Durchmesser	> 2,5 mm Durchmesser	sprühend, bis 60° zur Senkrechten
4	mit Werkzeugen usw. > 1 mm Durchmesser	> 1 mm Durchmesser	Spritzwasser aus allen Richtungen
5	vollständiger Schutz	staubgeschützt	Strahlwasser aus allen Richtungen

13 Elektrische Antriebe

13.1 Stationärer Betrieb

Bei einem **elektrischen Antrieb** *(electric drive)* wird ein Elektromotor, der das Drehmoment $M > 0$ entwickelt, durch eine Arbeitsmaschine mit dem **Widerstandsmoment** *(load torque)* $M_W < 0$ belastet.

Ein derartiger Antrieb arbeitet dann bei konstanter Drehzahl n = const. im **stationären Betrieb** *(steady state)*, wenn die Summe der Drehmomente gleich Null ist:

$$M + M_W = 0 \tag{13.1}$$

Die Drehmoment-Drehzahl-Kennlinien $M = f(n)$ des Motors und $M_W = f(n)$ der Arbeitsmaschine schneiden sich im **Arbeitspunkt** *(bias point)*, in dem die Bedingung für das Drehmoment gemäß Gl. (13.1) bei gleicher Drehzahl erfüllt ist.

Sind beide Kennlinien $M = f(n)$ und $M_W = f(n)$ linear, so lässt sich der Arbeitspunkt einfach berechnen. Ist eine der Kennlinien nichtlinear, so kann der Arbeitspunkt z. B. grafisch ermittelt werden. Das Bild 13.1 zeigt als Beispiel die M-n-Kennlinie eines Asynchronmotors mit Käfigläufer, der eine Arbeitsmaschine mit konstantem Widerstandsmoment antreibt. Im Arbeitspunkt arbeiten beide Maschinen mit dem Drehmoment $M_A = M = -M_W$ bei der Drehzahl n_A.

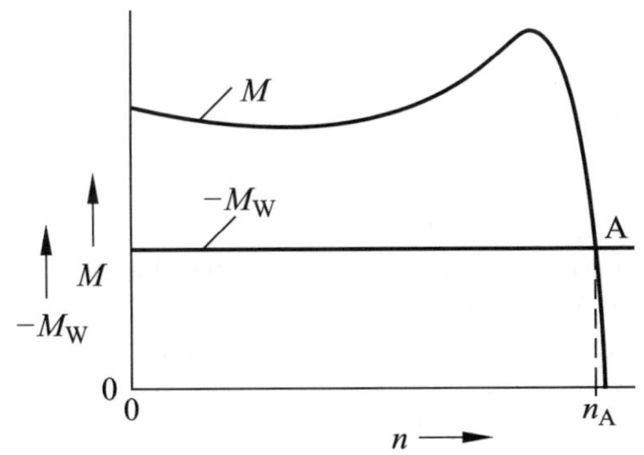

Bild 13.1 Die Drehmoment-Drehzahl-Kennlinie des Käfigläufermotors (a) schneidet die Kennlinie der Arbeitsmaschine (b) im Arbeitspunkt A

Elektrische Maschinen können unterschiedliche Drehmoment-Drehzahl-Kennlinien haben:

- Beim Synchronmotor ist die Drehzahl unabhängig von der Belastung konstant.
- Bei der Nebenschluss-Kennlinie sinkt die Drehzahl mit zunehmendem Drehmoment linear ab; eine derartige Kennlinie besitzt z. B. der Asynchronmotor, wenn er nicht wesentlich über sein Nennmoment belastet wird.
- Bei der Reihenschluss-Kennlinie ist das Drehmoment nichtlinear von der Drehzahl abhängig.

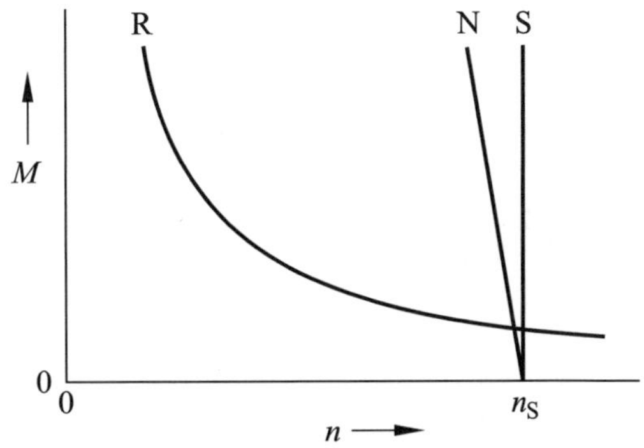

Bild 13.2 Drehmoment-Drehzahl-Kennlinien von Elektromotoren: Synchronmotor (S), Nebenschluss-Kennlinie (N) und Reihenschluss-Kennlinie (R)

Die Abhängigkeit des Widerstandsmoments von der Drehzahl ist bei Arbeitsmaschinen unterschiedlich; das Bild 13.3 zeigt einige Beispiele:

a) Bei Hebezeugen (Kräne, Aufzüge usw.) ist das Drehmoment wegen der geringen Geschwindigkeit unabhängig von der Drehzahl. Dies gilt auch für Maschinen mit reiner Reibungs- bzw. Formänderungsarbeit (z.B. Mühlen, Fließbänder, Walzwerke usw.); hierbei kann das Drehmoment bei kleinen Drehzahlen einen höheren Wert, das sog. **Losbrechmoment**, haben (gestrichelte Kurve a im Bild 13.3).

b) Bei der Bearbeitung von Papier und Textilien in sog. **Kalandern** (Maschinen mit mehreren Walzen zum Pressen, Glätten usw.) ist das Drehmoment aufgrund der geschwindigkeitsproportionalen Reibung linear von der Drehzahl abhängig.

c) Bei Lüftern und Kreiselpumpen ist das Drehmoment infolge der Luft- bzw. Flüssigkeitsreibung quadratisch von der Drehzahl abhängig.

d) Die *M*-*n*-Kennlinie von Fahrzeugen und Fördereinrichtungen, die mit hoher Geschwindigkeit laufen, setzt sich aus einem konstanten und einem quadratischen Anteil zusammen.

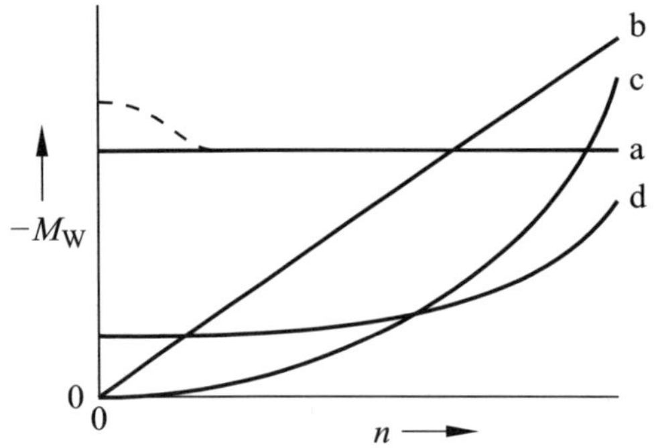

Bild 13.3 Drehmoment-Drehzahl-Kennlinien von Arbeitsmaschinen (Erläuterungen im Text)

Beispiel 13.1
Ein Asynchronmotor mit den Bemessungswerten 11 kW; 1450 min^{-1} treibt ein Hebezeug zum Heben der Last 800 kg an. Das Getriebe, dessen Verluste unberücksichtigt bleiben sollen, ist so ausgelegt, dass bei der Drehzahl 1450 min^{-1} des Motors die Last mit der Geschwindigkeit 0,5 m/s gehoben wird.
Wir wollen die Drehzahl, die sich nach dem Hochlaufen des Motors im stationären Betrieb einstellt, und die Geschwindigkeit berechnen, mit der dabei die Last gehoben wird.

Wird die Last mit der Geschwindigkeit $\upsilon = 0{,}5$ m/s gehoben, so ist die Leistung:

$$P_L = \frac{m\,g\,h}{t} = m\,g\,\upsilon$$

An der Motorwelle wirkt bei der Drehzahl n = 1450 min^{-1} das Widerstandsmoment:

$$M_W = \frac{-P_L}{2\,\pi\,n} = -\frac{m\,g\,\upsilon}{2\,\pi\,n} = -25{,}8 \text{ Nm}$$

Da die Hubgeschwindigkeit υ der Motordrehzahl n proportional ist, hängt das Widerstandsmoment nicht von der Motordrehzahl ab.
Im Gegensatz dazu ist nach Bild 13.1 das Drehmoment des Asynchronmotors linear von der Drehzahl abhängig:

$$n = n_s + \frac{n_N - n_s}{M_N} \cdot M$$

Das Drehmoment des Motors hat bei der Synchrondrehzahl n_s = 1500 min^{-1} den Wert $M = 0$ und bei der Nenndrehzahl n_N = 1450 min^{-1} den Nennwert:

$$n = n_s + \frac{n_N - n_s}{M_N} \cdot M$$

Beim Drehmoment $M = -M_W$ arbeitet der Antrieb mit der Drehzahl n = 1482 min^{-1} und hebt die Last mit der Geschwindigkeit:

$$\upsilon = \frac{\upsilon_N}{n_N} \cdot n = 0{,}511 \ \frac{\text{m}}{\text{s}}$$

13.2 Betriebsarten

In DIN EN 60034-1 werden mehrere Betriebsarten mit unterschiedlicher Zeitabhängigkeit der Belastung beschrieben. Jede Betriebsart wird durch den Großbuchstaben S und eine nachfolgende Ziffer gekennzeichnet.

Ein Betrieb mit konstanter Belastung wird als **Dauerbetrieb** S1 bezeichnet; dabei wird die Beharrungstemperatur erreicht (s. Abschn. 12.9.1).

Für Dauerbetrieb braucht man nur einen Motor mit dem erforderlichen Nennmoment aus der Liste eines Herstellers auszuwählen. Die Motorleistung darf nicht zu hoch gewählt werden, denn ein unterbelasteter Wechsel- oder Drehstrommotor arbeitet mit ungünstigem Leistungsfaktor und Wirkungsgrad (Bild 12.50).

Bei Dauerlast mit zeitabhängigem Drehmoment berechnet man zweckmäßig das mittlere Drehmoment mit einer der Gln. (12.80 bzw. 12.81).

Beispiel 13.2

Wir wollen für das Belastungsdiagramm einen S1-Motor mit der Nenndrehzahl 1440 min^{-1} bestimmen, der Nebenschlussverhalten aufweist.

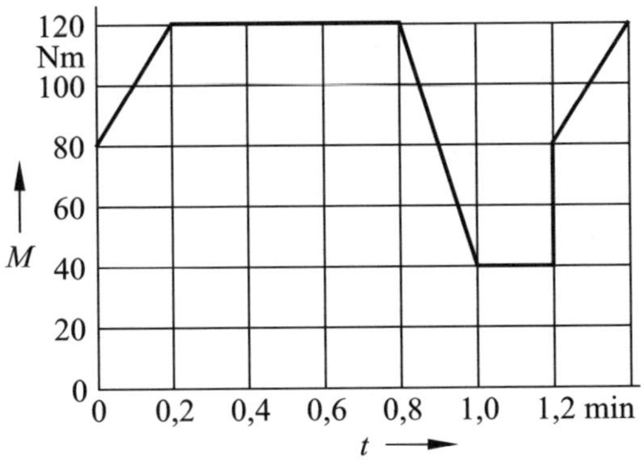

Für die Abschnitte der Funktion $M = f(t)$ setzen wir an:

$$0 \ldots 0{,}2\ \text{min:}\ M_1 = 80\ \text{Nm} + \frac{200\ \text{Nm}}{\text{min}} \cdot t$$

$$0{,}2 \ldots 0{,}8\ \text{min:}\ M_2 = 120\ \text{Nm}$$

$$0{,}8 \ldots 1{,}0\ \text{min:}\ M_3 = 440\ \text{Nm} - \frac{400\ \text{Nm}}{\text{min}} \cdot t$$

$$1{,}0 \ldots 1{,}2\ \text{min:}\ M_4 = 40\ \text{Nm}$$

Zunächst berechnen wir mit einem Mathematikprogramm den Zähler des Bruches im Radikanden der Gl. (12.80):

$$\int_0^{0{,}2\ \text{min}} M_1^2\, \mathrm{d}t + 0{,}6\ \text{min} \cdot M_2^2 + \int_{0{,}8\ \text{min}}^{1{,}0\ \text{min}} M_3^2\, \mathrm{d}t + 0{,}2\ \text{min} \cdot M_4^2$$

Das Ergebnis dieses Ausdrucks setzen wir in die Gl. (12.80) ein und erhalten:

$$M_\text{m} = \sqrt{\frac{12373\ (\text{Nm})^2 \cdot \text{min}}{1{,}2\ \text{min}}} = 101{,}5\ \text{Nm}$$

Kurzzeitbetrieb S2 ist ein Betrieb mit konstanter Belastung, der aber nicht so lange dauert, dass die Beharrungstemperatur erreicht wird, und einer nachfolgenden Pause, die so lange dauert, bis die Motortemperatur weniger als 2 K von der Temperatur des Kühlmittels abweicht.

Kurzzeitbetrieb liegt z. B. bei Drehscheiben und Schleusentoren vor. Genormte Belastungszeiten sind 10; 30; 60 und 90 min. Wenn die Belastung in der Betriebszeit nicht konstant ist, dann ist die mittlere Belastung anzusetzen.

Bei einem Motor für Kurzzeitbetrieb wird zusätzlich zur Leistung auch die Dauer des Nennbetriebs angegeben (z. B. S2: 12 kW - 30 min).

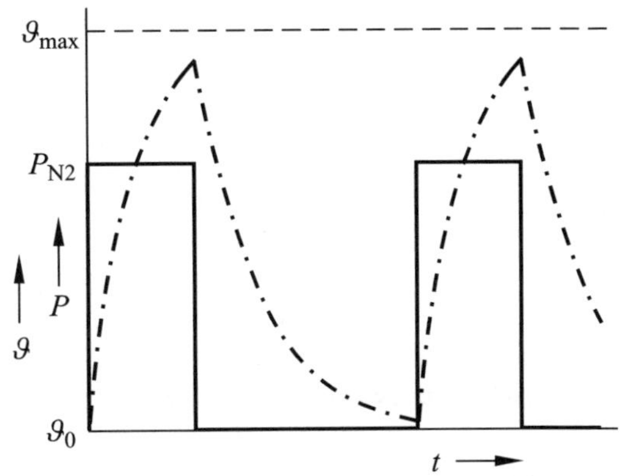

Bild 13.4 Kurzzeitbetrieb S2

Beim **Aussetzbetrieb** S3 wechseln periodisch in der Spieldauer t_S die Belastung mit der Leistung P_N3 und die Stillstandszeit t_0. Dabei wird vorausgesetzt, dass die Anlaufströme die Erwärmung des Motors nicht wesentlich beeinflussen.

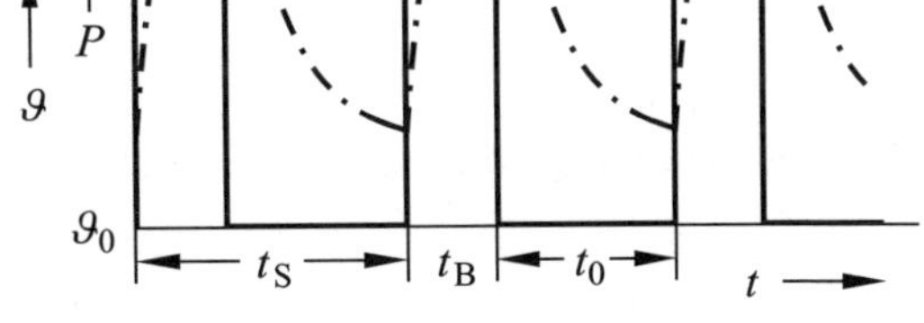

Bild 13.5 Aussetzbetrieb S3 im stationären Zustand

Die Spieldauer beträgt beim Aussetzbetrieb S3 im Allg. t_S = 10 min bei einer relativen Einschaltzeit, die 15, 25, 40 oder 60 % betragen kann. So läuft z. B. ein Motor S3 - 40 % bei 10 min Spieldauer 4 min mit der angegebenen Belastung und ist anschließend 6 min lang abgeschaltet.

Der **Durchlaufbetrieb mit Aussetzbelastung** S6 setzt sich aus einer Folge gleichartiger Spiele zusammen, von denen jedes eine Zeit mit konstanter Belastung und eine Leerlaufzeit umfasst; dabei tritt keine Pause auf.

Bei den übrigen Betriebsarten S4, S5 und S7 … S10 wird die zusätzliche Erwärmung des Motors durch den Anlaufvorgang und die elektrische Bremsung berücksichtigt.

Auf dem Leistungsschild des Motors ist die Betriebsart angegeben, für welche die Bemessungsleistung P_N gilt. Motordaten ohne Angabe der Betriebsart bedeuten Dauerbetrieb S1.

13.3 Trägheitsmoment

Ist das Drehmoment M des Motors größer oder kleiner als das (negative) Widerstandsmoment $-M_W$ der vom Motor angetriebenen Arbeitsmaschine, so erfährt der Maschinensatz in der Zeitspanne dt eine Drehzahländerung dn, die vom **Trägheitsmoment** *(moment of inertia)* J der rotierenden Massen abhängig ist.

Bei der Berechnung des Trägheitsmoments J einer rotierenden Masse denkt man sich die gesamte Masse m in einem Punkt vereinigt, der von der Achse den Abstand r_T aufweist. Dieser Abstand wird auch als **Trägheitsradius** r_T bezeichnet; sein Wert kann einschlägigen Tabellenwerken entnommen werden.

Das Trägheitsmoment J ist das Produkt aus der Masse m und dem Quadrat des Trägheitsradius:

$$J = m\, r_T^2 \tag{13.2}$$

Ist statt der Masse m das Gewicht $G = m\,g$ und statt des Trägheitsradius r_T der **Trägheitsdurchmesser** $D_T = 2\, r_T$ gegeben, so erhält man durch Einsetzen von $m = G/g$ und $r_T = D_T/2$ in die Gl.(13.2):

$$J = \frac{G\, D_T^2}{4g} \tag{13.3}$$

Das Produkt $G\,D_T^2$ wird **Schwungmoment** genannt.
Die Trägheitsmomente sämtlicher bewegter Massen müssen auf die Motorwelle umgerechnet werden. Wird eine rotierende Masse mit dem Trägheitsmoment J_1 über ein Getriebe mit der Drehzahl n_1 angetrieben, so ergibt die Umrechnung auf die Motorwelle mit der Drehzahl n das Trägheitsmoment J:

$$J = J_1 \cdot \left(\frac{n_1}{n}\right)^2 \tag{13.4}$$

Die Umrechnung einer geradlinig mit der Geschwindigkeit υ bewegten Masse m auf die Motordrehzahl n ist mit Hilfe einer Energiebetrachtung möglich: Die kinetische Energie der geradlinig bewegten Masse ist gleich der Rotationsenergie der mit der Drehzahl n rotierenden Schwungmasse des Trägheitsmomentes J.

$$\frac{1}{2} m\,\upsilon^2 = \frac{1}{2} J\,\omega^2 = \frac{1}{2} J\,(2\,\pi\, n)^2 \tag{13.5}$$

Damit erhält man das auf die Motorwelle umgerechnete Trägheitsmoment:

$$J = m \cdot \left(\frac{\upsilon}{2\,\pi\, n}\right)^2 \tag{13.6}$$

Beispiel 13.3
Der im Beispiel 13.1 beschriebene Motor hat das Schwungmoment $G D^2 = 3{,}19$ N m². Das auf die Motorwelle umgerechnete Trägheitsmoment des Getriebes beträgt 0,06 W s³. Welches gesamte Trägheitsmoment J hat der Antrieb, wenn die bei der Motordrehzahl 1450 min^{-1} mit 0,5 m/s bewegte Last der Masse $m = 800$ kg berücksichtigt wird?
Mit der Gl.(13.3) berechnen wir das Trägheitsmoment des Motors:

$$J_M = \frac{GD^2}{4g} = \frac{3{,}19\ \mathrm{N\,m^2 \cdot s^2}}{4 \cdot 9{,}81\ \mathrm{m}} = 0{,}0813\ \mathrm{Ws^3}$$

Das Trägheitsmoment der Last rechnen wir mit der Gl.(13.6) auf die Motorwelle um:

$$J_L = 800 \text{ kg} \cdot \left(\frac{0{,}5 \text{ m} \cdot \text{s}}{\text{s} \cdot 2\pi \cdot 24{,}17}\right)^2 = 0{,}0087 \text{ W s}^3$$

Das gesamte Trägheitsmoment ist:

$$J = J_M + J_G + J_L = 0{,}15 \text{ W s}^3$$

13.4 Dynamischer Betrieb

Im **dynamischen Betrieb** ist das Drehmoment M des Motors größer oder kleiner als das Widerstandsmoment $-M_W$ der vom Motor angetriebenen Arbeitsmaschine. Dabei ändert sich die Drehzahl des Maschinensatzes in der Zeitspanne dt um den Wert dn. Der Zusammenhang zwischen diesen Größen lautet:

$$M + M_W = J \cdot 2\pi \cdot \frac{\mathrm{d}n}{\mathrm{d}t} \qquad (13.7)$$

Für $M = -M_W$ ist dn = 0 und damit n = const.; dabei liegt stationärer Betrieb vor.

Die Summe $M + M_W$ wird auch **Beschleunigungsmoment** M_B genannt:

$$M_B = M + M_W \qquad (13.8)$$

Wenn das Beschleunigungsmoment $M_B > 0$ ist, dann nimmt für Rechtslauf des Motors die Drehzahl des Antriebs zu (s. Abschn. 12.2.4); für $M_B > 0$ nimmt dementsprechend die Drehzahl ab, d.h. der Antrieb wird abgebremst.

Im einfachsten Fall ist bei einem dynamischen Betrieb in einem Drehzahlbereich sowohl das Drehmoment M des Motors konstant (z. B. infolge einer Regelung) als auch das Widerstandsmoment M_W der vom Motor angetriebenen Lastmaschine (Beispiel: Hubwerk); dabei ist der Differenzialquotient $\mathrm{d}n/\mathrm{d}t$ von der Drehzahl unabhängig und es gilt:

$$M + M_W = J \cdot 2\pi \cdot \frac{\Delta n}{\Delta t} \qquad (13.9)$$

Beispiel 13.4

Im Bereich n = 100 ... 250 min^{-1} hat das Drehmoment eines Asynchronmotors im Anlaufbereich näherungsweise den konstanten Wert M = 61 Nm. Das Widerstandsmoment hat den konstanten Wert –25,8 Nm (s. Beispiel 13.1) und das Trägheitsmoment des Antriebs ist J = 0,15 Ws³ (s. Beispiel 13.3). In welcher Zeitspanne Δt nimmt die Drehzahl von 100 min^{-1} auf 250 min^{-1} zu?

$$\Delta t = \frac{2\pi J \cdot \Delta n}{M + M_W} = \frac{2\pi \cdot 0{,}15 \text{ Ws}^3}{34{,}2 \text{ Ws}} \cdot \frac{150}{60 \text{ s}} = 68{,}9 \text{ ms}$$

Wenn sich das Drehmoment des Motors im dynamischen Betrieb ändert, dann sind auch elektrische Größen wie z.B. die Motorströme zeitlich nicht konstant. Eine Berechnung des dynamischen Vorgangs ausschließlich mit der Gl.(13.7) ist nur dann zulässig, wenn die elektrischen Ausgleichsvorgänge als vernachlässigbar gegenüber den mechanischen Ausgleichsvorgängen angesehen werden können; dies ist bei nicht zu kleiner Schwungmasse des Antriebs der Fall.

13.5 Anlauf

Beim **Anlauf** eines Antriebes ändert sich die Drehzahl vom Wert n = 0 bis zum Wert n_A im Arbeitspunkt, bei dem der stationäre Betrieb vorliegt. Der Anlauf ist nur dann möglich, wenn für jeden Drehzahlwert zwischen n = 0 und n_A das Beschleunigungsmoment $M_B > 0$ ist; das Drehmoment M des Motors muss also stets größer als das (negative) Widerstandsmoment $-M_W$ der Arbeitsmaschine sein.

Das Bild 13.6 zeigt als Beispiel die M-n-Kennlinie eines Käfigläufermotors mit einer Einsattelung, die ein Hochlaufen des Antriebs bis zur Nenndrehzahl verhindern kann.
Das niedrigste Drehmoment eines Asynchronmotors im Bereich kleiner Drehzahlen 0 ... n_K wird **Sattelmoment** genannt. Nach VDE 0530 muss z.B. das Sattelmoment von nicht polumschaltbaren Asynchronmotoren unter 100 kW Nennleistung mindestens das 0,5-fache Nennmoment und mindestens das 0,5-fache Anlaufmoment betragen.

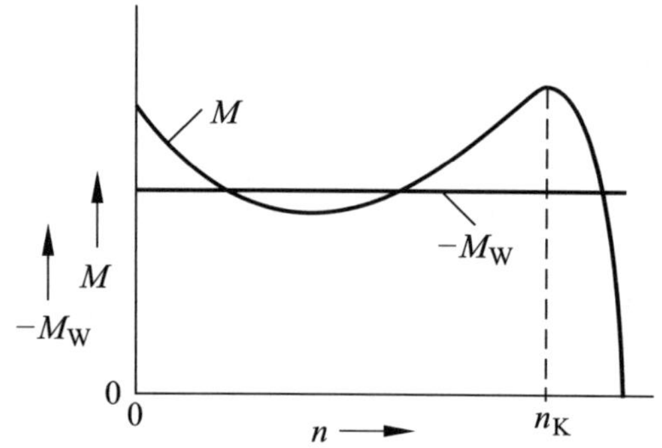

Bild 13.6 Infolge des Sattelmoments ist ein Anlauf bis zur Nenndrehzahl bei hoher Last nicht möglich

Da während des Anlaufes das Beschleunigungsmoment M_B nicht konstant ist, lässt sich das einfache Verfahren, das im Abschnitt 13.4 beschrieben wurde, nicht anwenden. Zur Berechnung der Anlaufzeit formen wir die Gl.(13.7) um und bilden das Integral:

$$t_{12} = \int_{t_1}^{t_2} dt = 2\pi J \int_{n_1}^{n_2} \frac{1}{M + M_W} dn \qquad (13.10)$$

Auch hierbei handelt es sich lediglich um eine Betrachtung der mechanischen Zusammenhänge; die elektrischen Ausgleichsvorgänge im Motor sind nicht berücksichtigt. Bei der Gl.(13.10) handelt es sich also um eine grobe Näherung.

Dennoch erlaubt die Gl.(13.10) eine Diskussion, wann ein Antrieb nach dem Anlauf den stationären Zustand erreicht, bei dem $M + M_W = 0$ ist. Da bei der Annäherung an die Drehzahl des stationären Betriebes der Integrand in der Gl.(13.10) äußerst groß wird, erreicht der Antrieb diese Drehzahl erst nach einer Zeit $t \to \infty$.

Beispiel 13.5

Der im Beispiel 13.1 beschriebene Asynchronmotor mit der Bemessungsleistung 11 kW hat die im Bild 13.7 dargestellte *M*-*n*-Kennlinie. Der Motor wird zum Zeitpunkt $t = 0$ auf das Hubwerk des Krans ($M_W = -25{,}8$ Nm) geschaltet. Wir wollen die Zeit t_A berechnen, die der Antrieb mit dem Trägheitsmoment $J = 0{,}15$ W s^3 zum Anlauf benötigt.

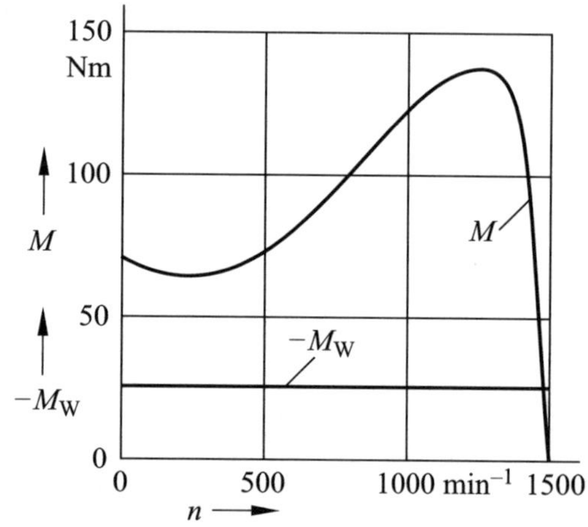

Da der Antrieb die Drehzahl $n_A = 1482$ min^{-1} des stationären Betriebs für $t \to \infty$ erreicht, integrieren wir bis zur Drehzahl $n = 1480$ min^{-1}.

Drehzahl min^{-1}	Drehmoment M Nm	Beschleunigungsmoment $M + M_W$ Nm
0	70,8	45
250	64,3	38,5
500	73,3	47,5
750	95	69,2
1000	123	97,2
1250	137,5	111,7
1480	29	3,2

Die Integration nehmen wir mit einem Mathematikprogramm vor und erhalten zunächst:

$$\int_0^n \frac{1}{M + M_W} dn = 0{,}852 \frac{1}{\text{Ws}^2}$$

Dieses Zwischenergebnis multiplizieren wir mit dem Faktor $2\pi J$:

$$t_A = 2\pi \cdot 0{,}15 \text{ Ws}^3 \cdot 0{,}852 \frac{1}{\text{Ws}^2} = 0{,}8 \text{ s}$$

Der Antrieb läuft in der Zeit $t_A = 0{,}8$ s aus dem Stillstand bis zur Drehzahl $n = 1480$ min^{-1} hoch; dabei ist der stationäre Zustand praktisch erreicht.

13.6 Statische Stabilität

Ein Antrieb arbeitet bei einer Drehzahl n_A nur dann stabil, wenn bei $n < n_A$ das Beschleunigungsmoment M_B positiv und bei $n > n_A$ das Beschleunigungsmoment M_B negativ ist; man bezeichnet dies als **statische Stabilität**. Nimmt der Antrieb infolge irgendwelcher Einflüsse eine Drehzahl $n < n_A$ an, so wird er durch $M_B > 0$ wieder auf die Drehzahl n_A gebracht; nimmt er eine Drehzahl $n > n_A$ an, so wird er wegen $M_B < 0$ abgebremst.

Das Bild 13.7 zeigt am Beispiel des Hubwerks, das von dem Käfigläufermotor angetrieben wird, dass bei $n > n_A$ das Beschleunigungsmoment M_B negativ und bei $n < n_A$ das Beschleunigungsmoment M_B positiv ist; dieser Antrieb arbeitet also bei der Drehzahl n_A stabil.

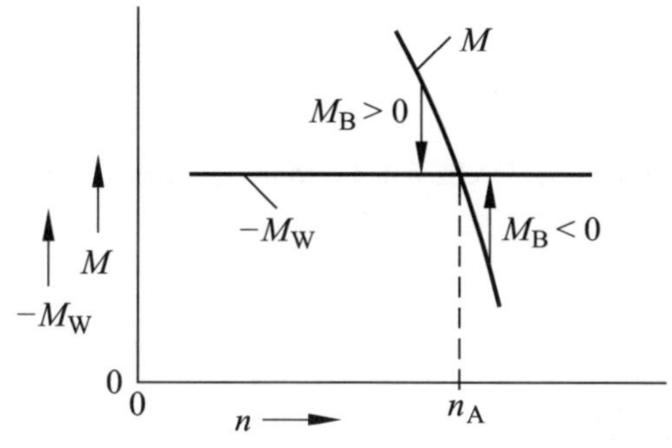

Bild 13.7 Der Antrieb arbeitet bei der Drehzahl n_A stabil

Ein Beispiel für einen nicht stabilen Arbeitspunkt ist im Bild 13.8 dargestellt: Ein Gleichstrom-Nebenschlussmotor ohne Kompensationswicklung erfährt bei Belastung wegen der Ankerrückwirkung eine Feldschwächung, die zu einem Drehzahlanstieg führt.
Da bei $n > n_A$ das Beschleunigungsmoment M_B positiv ist, führt eine kleine Drehzahlerhöhung zu einer Beschleunigung des Antriebs; eine kleine Drehzahlerniedrigung führt zu einer Abbremsung, da hierbei $M_B < 0$ ist. Ein derartiges Zusammenarbeiten von Motor und Arbeitsmaschine muss unbedingt vermieden werden.

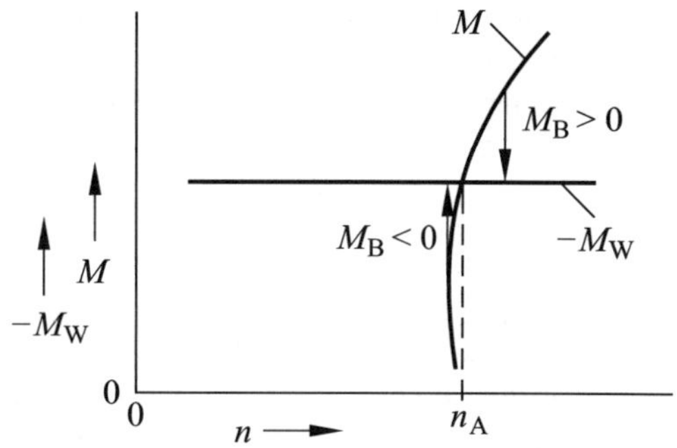

Bild 13.8 Bei der Drehzahl n_A liegt ein nicht stabiler Arbeitspunkt vor

13.7 Direktantriebe

Im Kap. 13.2 wurde gezeigt, wie die Leistung des Motors für die jeweilige Betriebsart auszuwählen ist. Bei geeignet gewählter Leistung ist jedoch keineswegs sichergestellt, dass die Drehmoment-Drehzahl-Kennlinie des Motors den Anforderungen des Antriebs entspricht.

Die klassische Lösung zur Anpassung der *M-n*-Kennlinie der Arbeitsmaschine an die des Motors ist ein Getriebe. Vielfach werden Motor und Getriebe als **Getriebemotor** kombiniert; derartige Lösungen sind in großer Zahl im Einsatz.

Bei einem getriebelosen Direktantrieb wird der Motor so gesteuert, dass sein Drehmoment und seine Drehzahl den Anforderungen durch die Arbeitsmaschine entsprechen. Die Steuerverfahren werden im Kap. 15 und die dazu erforderliche Leistungselektronik im Kap. 16 behandelt.

Der Vorteil des Direktantriebs durch das Wegfallen eines Getriebes, das dem Verschleiß unterliegt, ist nicht nur der verringerte Platzbedarf; es entfallen auch ein Getriebespiel und die Reibung. Infolge der verringerten bewegten Masse lässt sich z. B. ein Servoantrieb schneller positionieren, was man als „Erhöhung der Dynamik“ bezeichnet.

Will man bei einem Motor die Drehzahl herabsetzen und das Drehmoment vergrößern, so muss man die Polzahl erhöhen; dies bedeutet aber, dass man in der Wicklung mehr Kupfer vorsehen muss.

Bei einem Motor mit hohem Drehmoment ist infolgedessen der Widerstand der Wicklung und damit der Kupferverlustanteil im Stator des Motors besonders hoch.

Einen Ausweg aus dieser Problematik bietet die Transversalflusstechnik. Während bei einer „normalen" elektrischen Maschine das Kupfer um das Eisen gewickelt wird, ist beim **Transversalflussmotor** „das Eisen um das Kupfer gewickelt". Damit ist es möglich, sowohl die Polzahl als auch die stromführende Fläche dadurch zu erhöhen, dass der Nutraum in axialer Richtung verlängert wird.

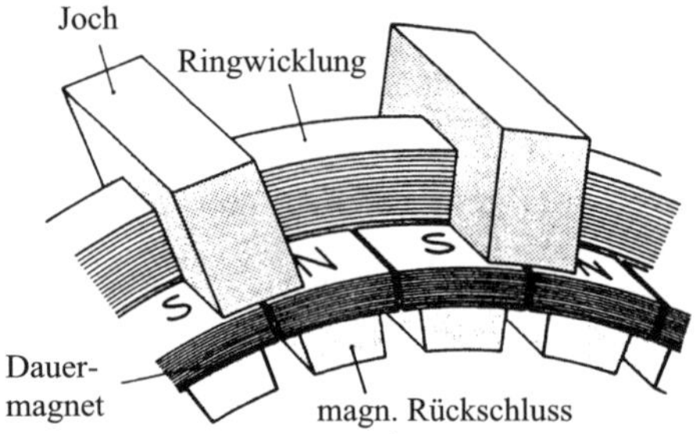

Bild 13.9 Zum Prinzip des Transversalflussmotors

Das Bild 13.9 zeigt einen Ausschnitt aus einem Transversalflussmotor: Der Läufer trägt Dauermagneten abwechselnder Polarität, die über je einem Eisenrückschluss angeordnet sind. Im hier außen liegenden Ständer befindet sich die Ringwicklung und je Magnetpaar ein Joch aus magnetisch weichem Eisen.
Die Wicklung wird von einem Umrichter gespeist, der den Strom mit einer Frequenz bis zu 1 kHz einprägt.

Transversalflussmotoren haben ein niedriges Gewicht, ein kleines Bauvolumen und ein hohes Halte- und Stillstandsmoment. Im Dauerlastbereich ist der Transversalflussmotor allen anderen konvektionsgekühlten Motoren mit hohem Drehmoment überlegen.
Zwar ist der Motor teuer, aber durch den Wegfall von Getriebe und Kupplung ergeben sich Systemeinsparungen.
Das Bild 13.10 zeigt einen industriell gefertigten Transversalflussmotor. Diese Motoren werden zur Zeit (2004) mit einem Drehmoment 9 … 75 Nm serienmäßig hergestellt und z. B. bei Textilmaschinen, bei Drehtischen und in der Fördertechnik eingesetzt.

Bild 13.10 Transversalflussmotor zur Demonstration aufgeschnitten
Werkbild Servax 1 Landert Motoren AG
CH-8180 Bülach, Schweiz

14 Elektrische Messtechnik

Nicht nur für Forschung und Entwicklung, Konstruktion und Fertigung ist die Messtechnik von entscheidender Bedeutung, sondern auch für den Betrieb moderner Geräte. So wird z. B. beim Betrieb eines Servomotors ständig die Winkellage des Läufers gemessen und dem mikroprozessorgesteuerten Umrichter mitgeteilt, der die Motorwicklung mit Sinusströmen versorgt.

In der elektrischen Messtechnik werden nicht nur die elektrischen Größen Spannung und Strom und hieraus abgeleitete Größen gemessen, sondern auch nichtelektrische Größen, die mit **Sensoren** in elektrische umgewandelt werden. Dabei ergibt sich als Vorteil, dass diese Größen in Mikroprozessoren weiterverarbeitet und zur Steuerung von Geräten verwendet werden können.

14.1 Grundbegriffe des Messens

> Messen ist der experimentelle Vorgang, durch den ein spezieller Wert einer physikalischen Größe als Vielfaches einer Einheit oder eines Bezugswertes ermittelt wird.

Ein Messwert wird stets als Produkt eines Zahlenwertes und einer Einheit angegeben.

Im **Internationalen Einheitensystem** (Système International, SI) sind sieben Basiseinheiten angegeben, aus denen abgeleitete Einheiten gebildet werden.

Tabelle 14.1 SI-Basiseinheiten

Basisgröße	SI-Basiseinheit	
	Name	Zeichen
Länge	Meter	m
Masse	Kilogramm	kg
Zeit	Sekunde	s
elektrische Stromstärke	Ampere	A
thermodynamische Temperatur	Kelvin	K
Stoffmenge	Mol	mol
Lichtstärke	Candela	cd

Das **Messverfahren** zur Messung einer Größe kann *analog* oder *digital* sein. Dies darf nicht verwechselt werden mit der **Anzeige** des Messwertes, für welche die Bezeichnungen *Skalenanzeige* bzw. *Ziffernanzeige* verwendet werden sollen. So ist z. B. beim Speicheroszilloskop das Messverfahren digital und die Anzeige analog; beim kWh-Zähler ist das Messverfahren analog und die Anzeige digital.

Da man den wahren Wert x_w einer Messgröße grundsätzlich nicht ermitteln kann, begnügt man sich mit dem „richtigen Wert“ x_r. Wegen der Unvollkommenheit der Messeinrichtung, des Messverfahrens und des Messobjektes sowie des Beobachters entsteht eine Messabweichung. Die Differenz aus dem abgelesenen Wert x_a und dem als richtig angesehenen Wert x_r wird als **systematische Abweichung** A_a der Anzeige bezeichnet:

$$A_a = x_a - x_r \tag{14.1}$$

Da zu diesem Wert stets eine Einheit angegeben werden muss, arbeitet man im Allg. mit der **relativen Messabweichung** f_r:

$$f_r = \frac{x_a - x_r}{x_r} \tag{14.2}$$

Für die systematische Abweichung vereinbart man Höchstbeträge, die als **Fehlergrenzen** G bezeichnet werden. Meist sind die Fehlergrenzen zum richtigen Wert symmetrisch und es gilt:

$$x_r - G \le x_a \le x_r + G \tag{14.3}$$

Bei einigen Messinstrumenten wird die Fehlergrenze auf den Messbereichsendwert M_e bezogen und als **Genauigkeitsklasse** g bezeichnet:

$$g = \frac{G}{M_e} \tag{14.4}$$

Beispiel 14.1
Ein Messgerät der Genauigkeitsklasse 0,5 mit einem 100-mA-Messbereich und ein Messgerät der Genauigkeitsklasse 1 mit einem 15-mA-Messbereich zeigen jeweils 12 mA an. Wir wollen die Fehlergrenzen berechnen.

Beim Gerät der Genauigkeitsklasse 0,5 darf die Abweichung 0,5 % des Skalenendwerts 100 mA, also 0,5 mA sein; nach Gl. (14.3) liegt der richtige Wert im Bereich zwischen 11,5 mA und 12,5 mA.

Beim Gerät der Genauigkeitsklasse 1 darf die Abweichung 1 % des Skalenendwerts 15 mA, also 0,15 mA sein; der richtige Wert liegt im Bereich zwischen 11,85 mA und 12,15 mA.

Das Beispiel zeigt, dass das Messgerät mit der schlechteren Genauigkeitsklasse die genauere Anzeige ergibt, da sein Messbereich besser ausgenutzt wird. Bei allen Messgeräten sollte möglichst nur im oberen Teil des Messbereiches gemessen werden.

Bei einigen weiteren Messinstrumenten, z. B. Digitalmultimetern, wird die systematische Abweichung als Funktion vom **abgelesenen Wert** *(reading)* und vom Messbereichsendwert angegeben; dies geschieht häufig in der Form (% *of reading* + *digits*).

Bei digitalen Messgeräten wird von den Herstellern zusätzlich zur systematischen Abweichung, die auch als **Genauigkeit** *(accuracy)* bezeichnet wird, die **Auflösung** *(resolution)* angegeben. Kann z. B. ein Messgerät Werte zwischen 0 und 19999 anzeigen, so beträgt die Auflösung 20000 digits. Man bezeichnet diese Anzeige auch als 4½-stellig und drückt mit dem „½“ aus, dass in der ersten Stelle der Anzeige nicht alle Dezimalziffern auftreten können.

Beispiel 14.2
Bei einem 4½-stelligen Amperemeter mit dem Messbereichsendwert 200 mA ist unter *accuracy* angegeben: 0,05 % of reading + 4 digits. Wir wollen die Fehlergrenzen und die relative Messabweichung für einen Messwert 150 mA bzw. 50 mA berechnen.

200 mA entsprechen 20000 digits; also entsprechen 4 digits dem Strom 0,04 mA.
Für den Messwert 150 mA darf die Abweichung 0,05 · 0,01 · 150 mA + 0,04 mA = 0,115 mA betragen; nach Gl. (14.3) liegt der richtige Wert im Bereich zwischen 149,885 mA und 150,115 mA.

Für den Messwert 50 mA darf die Abweichung 0,05 · 0,01 · 50 mA + 0,04 mA = 0,065 mA betragen; nach Gl. (14.3) liegt der richtige Wert im Bereich zwischen 49,935 mA und 50,065 mA.

Auf den ersten Blick scheint die Messung des Wertes 50 mA genauer zu sein; die relative Messabweichung 0,065 mA / 50 mA = 0,13 % ist jedoch größer als die Messabweichung 0,10 % bei der Messung des Wertes 150 mA. Dies zeigt, dass auch bei digitalen Geräten eine Messung im oberen Teil des Messbereiches günstiger ist.

Die maximale Abweichung kann bei dem im Beispiel 14.2 beschriebenen Messgerät 14 digits = (20 000 · 0,05 · 0,01 + 4) digits betragen. Dies bedeutet, dass die letzte Stelle der Anzeige eine Messgenauigkeit vortäuscht, die nicht gegeben ist. Dennoch ist die letzte Stelle nicht wertlos, denn man kann mit ihr kleine Veränderungen der Messgröße feststellen.

Die maximal mögliche Messabweichung wird auch als **Unsicherheit** bezeichnet. Bei einem Messergebnis sollte nicht nur der gemessene Wert, sondern auch die Unsicherheit z. B. in der Form 50 mA + 0,065 mA mitgeteilt werden. Die früher übliche Form mit dem Zeichen „±“ entspricht nicht mehr der Norm DIN 1319.

Bei einem Messgerät wird die Unsicherheit auch als **Fehler** des Messgeräts bezeichnet. Von den Herstellern werden für jedes Messgerät die **Garantiefehlergrenzen** *G* angegeben.

Äußere Größen, welche die Messung beeinflussen, werden **Einflussgrößen** genannt. Damit das Messgerät die Garantiefehlergrenzen einhält, dürfen die Einflussbereiche der Nennbedingungen nicht überschritten werden.

Wichtige Einflussgrößen sind z.B. die Umgebungstemperatur, fremde Magnetfelder und die Frequenz der Messgröße. Bei sehr genauen digitalen Messgeräten wird die Messgenauigkeit u. a. auch von der Zeit beeinflusst, die seit der letzten Kalibrierung verstrichen ist; bei einer Kalibrierung wird festgestellt, dass das Gerät die Garantiefehlergrenzen einhält.

14.2 Elektromechanische Messgeräte

Auch nach der Weiterentwicklung der digitalen Messgeräte hat die analoge Anzeige der Messgröße weiterhin Bedeutung. So werden z. B. auch in modernen Kraftfahrzeugen der Füllstand des Treibstoffbehälters, die Kühlwassertemperatur und die Fahrgeschwindigkeit von elektromechanischen Messgeräten analog angezeigt.

14.2.1 Drehspulmessgerät

Beim **Drehspulmesswerk** dreht sich die Spule, welcher der zu messende Strom I_M über Spiralfedern zugeführt wird, zwischen den Polen eines Dauermagneten. Wie im Kap. 5.2 beschrieben, wirkt auf jeden Leiter im Magnetfeld die Kraft F:

$$F = B \cdot l \cdot I_M \tag{14.5}$$

Dabei hat das Magnetfeld am Ort der Leiter die Flussdichte B und die Leiter liegen mit der Länge l im Magnetfeld. Hat die Drehspule N Windungen und den Durchmesser d, so entsteht das Drehmoment:

$$M = 2N \cdot \frac{d}{2} \cdot F = N d l B I_M \tag{14.6}$$

Die gegenläufigen Spiralfedern üben ein winkelabhängiges Gegendrehmoment aus. Die Drehspule dreht sich so weit, bis beim Winkel α ihr Drehmoment gleich dem Gegendrehmoment ist.

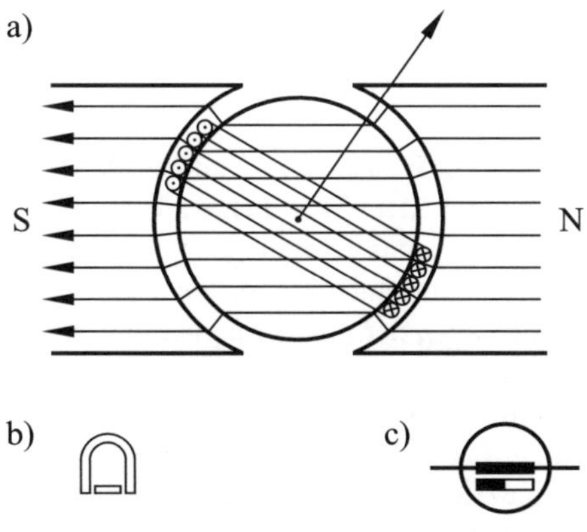

Bild 14.1 Drehspulmesswerk: Prinzip (a), Symbol (b) und Schaltzeichen (c)

Bei der modernen Bauform des Kernmagnetmesswerks ist der Dauermagnet M zylinderförmig ausgebildet und befindet sich innerhalb der Drehspule Sp. Ein Zylinder Z aus magnetisch weichem Eisen umschließt den Luftspalt und bildet so den magnetischen Rückschluss. Der Strom wird bei der Spannbandlagerung über zwei verdrillbare Bänder zugeführt, die eine besonders reibungsarme Lagerung ermöglichen und für das Gegendrehmoment und die Nullstellung sorgen.

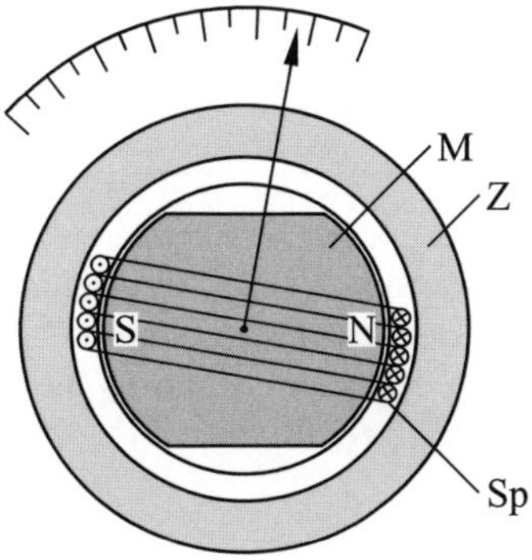

Bild 14.2 Kernmagnetmesswerk

Mit Drehspulmesswerken lassen sich sehr genaue Messgeräte bis zur Genauigkeitsklasse 0,1 herstellen. Der Messbereichsendwert kann bis herab zu $I_M = 1\ \mu A$ betragen; dabei ist der Widerstand R_M des Messwerks sehr hoch, z. B. $R_M = 100\ k\Omega$.
Mit dem Drehspulmesswerk kann auch die Spannung $U_M = R_M I_M$ gemessen werden.

Für einen höheren Strommessbereich $I > I_M$ wird dem Messwerk ein **Nebenwiderstand** *(shunt)* R_N parallelgeschaltet, durch den der Strom $I_N = I - I_M$ fließt. Mit der Spannung $R_M I_M$ ergibt sich:

$$R_N = \frac{R_M I_M}{I_N} = \frac{R_M I_M}{I - I_M} \tag{14.7}$$

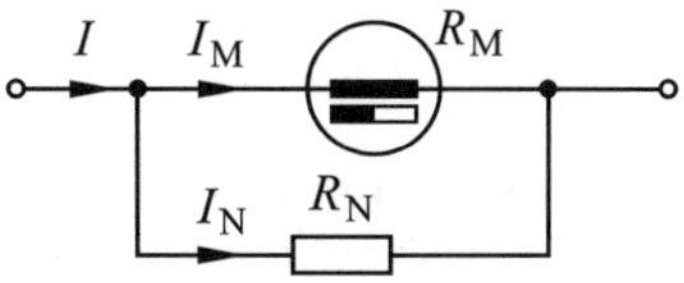

Bild 14.3 Erweiterung des Strommessbereichs

Beispiel 14.3
Ein Drehspulmessgerät $I_M = 1\ \mu A$; $R_M = 100\ k\Omega$ soll für $I = 10$ mA erweitert werden. Wir wollen den Nebenwiderstand und den Gesamtwiderstand der Schaltung berechnen.

Mit der Gl. (14.7) ergibt sich:

$R_N = 10{,}001\ \Omega$

Der Gesamtwiderstand R der Schaltung ist:

$$R = \frac{U}{I} = \frac{R_M I_M}{I} = \frac{0{,}1\ V}{10\ mA} = 10\ \Omega$$

Soll das Messwerk auf einen höheren Spannungsmessbereich $U > R_M I_M$ erweitert werden, so wird dem Messwerk ein **Vorwiderstand** R_{vor} in Reihe geschaltet, an dem beim Strom I_M die Spannung $U - U_M = U - R_M I_M$ abfällt:

$$R_{vor} = \frac{U - R_M I_M}{I_M} \tag{14.8}$$

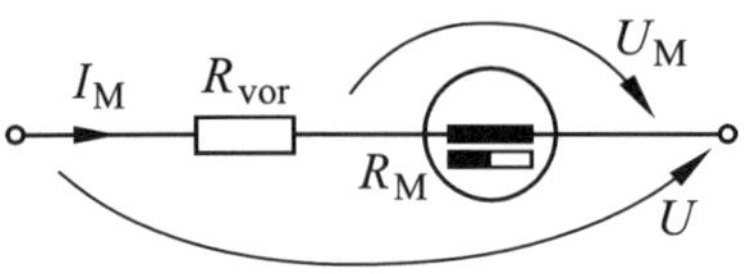

Bild 14.4 Erweiterung des Spannungsmessbereichs

Beispiel 14.4
Ein Drehspulmessgerät $I_M = 1\ \mu A$; $R_M = 100\ k\Omega$ soll für $U = 10$ V erweitert werden. Wir wollen den Vorwiderstand und den Gesamtwiderstand der Schaltung berechnen.

Mit der Gl. (14.8) ergibt sich: $R_{vor} = 9{,}9\ M\Omega$

Der Gesamtwiderstand R der Schaltung ist:

$R = R_{vor} + R_M = 10\ M\Omega$

Ein **Vielfachmessgerät** *(multimeter)* besitzt mehrere Spannungs- und Strommessbereiche; dabei arbeitet man mit Kombinationen von Vor- und Nebenwiderständen.

Fließt durch das Drehspulmesswerk ein zeitabhängiger Strom $i = i_M$, so wird sein arithmetischer Mittelwert angezeigt (s. Kap. 3.1). Im Abschn. 14.4.3 wird erläutert, wie der Effektivwert eines zeitabhängigen Stromes gemessen werden kann.

14.2.2 Dreheisenmessgerät

Beim **Dreheisenmessgerät** fließt der zu messende Strom i_M durch eine feststehende Spule Sp, in deren Magnetfeld sich ein feststehendes Eisenplättchen FE und ein bewegliches Eisenplättchen BE befinden, welches mit dem Zeiger verbunden ist. Je größer der Strom i_M ist, desto stärker ist das Magnetfeld und damit die Kraft, mit der die Eisenplättchen einander abstoßen.
Die Drehfeder sorgt für das erforderliche Gegendrehmoment und der Flügel F, der sich in der Kammer K bewegt, für die Dämpfung.

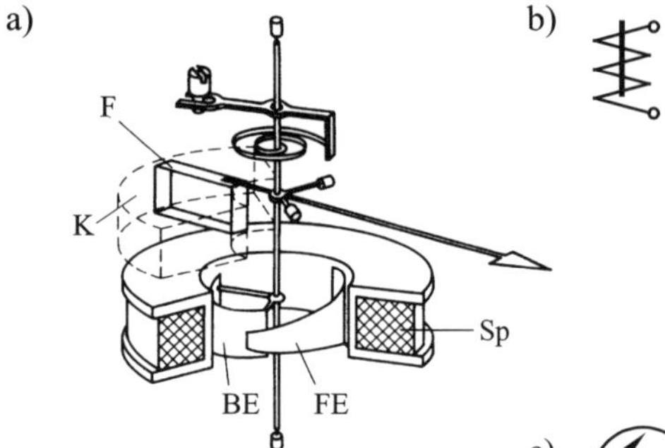

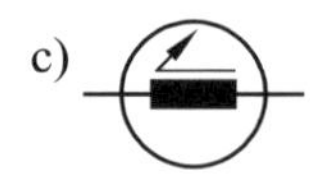

Bild 14.5 Dreheisenmesswerk: Aufbau (a), Symbol (b) und Schaltzeichen (c)

Gemäß Gl. (5.45) ist die Kraft auf zwei Magnetpole dem Quadrat der Flussdichte B proportional. Damit ist auch das Drehmoment M proportional zu B^2 und somit auch proportional zum Quadrat des Stromes i_M, der dieses Magnetfeld erzeugt.

Man kann die Skale des Dreheisenmesswerks so gestalten, dass der Effektivwert eines Sinusstromes angezeigt wird. Die Effektivwertanzeige ist jedoch nur für Frequenzen bis etwa 1 kHz richtig, da mit steigender Frequenz die Eisenverluste in den Plättchen zunehmen.

Weicht die Kurvenform des Stromes i_M von der Sinusform ab, so wird der Effektivwert im Allg. nicht richtig angezeigt.

Der frequenzabhängige Widerstand $\underline{Z} = R + \mathrm{j}\,\omega L$ der Feldspule stört bei *Strommessungen* nicht, da der zu messende Strom durch diese Spule fließt. Anders sieht es bei der *Spannungsmessung* aus, die nur indirekt über die Messung des Stromes $I = U/Z$ möglich ist. Die Frequenzabhängigkeit wird dabei durch eine Korrekturschaltung beseitigt, die für Frequenzen bis etwa 1 kHz wirksam ist.

Eine Messbereichserweiterung ist beim Dreheisengerät wegen des frequenzabhängigen Widerstandes der Feldspule aufwändig; sie wird daher selten durchgeführt.

Weil der zu messende Strom bei Dreheisengeräten nicht im beweglichen System fließt, sind diese von der Bauart her grundsätzlich robuster und überlastbarer als Drehspulgeräte. Sie finden daher überwiegend als Betriebsmessgeräte Anwendung, insbesondere bei rauem Einsatz z. B. in Fahrzeugen.

Der Leistungsbedarf von Dreheisengeräten liegt mit etwa 0,5 ... 1 W um Größenordnungen höher als der von Drehspulmessgeräten (1 µW ... 1 mW).

14.2.3 Elektrodynamisches Messgerät

Beim elektrodynamischen Messwerk wird vom Strom I_1 in der feststehenden Spule 1 ein Magnetfeld mit dem Fluss Φ_1 erzeugt, in dem sich die Spule 2 drehen kann.
Fließt in der Spule 2 ein Strom I_2, so überlagern sich die magnetischen Felder und es entsteht ein Drehmoment, das wegen $B_1 \sim I_1$ den beiden Strömen proportional ist:

$$M \sim I_1\, I_2 \tag{14.9}$$

Das Gegendrehmoment und die Stromzuführung zur Drehspule werden wie beim Drehspulmesswerk mit zwei gegenläufigen Drehfedern erzeugt. Die Drehspule dreht sich so weit, bis beim Winkel α ihr Drehmoment gleich dem Gegendrehmoment ist.

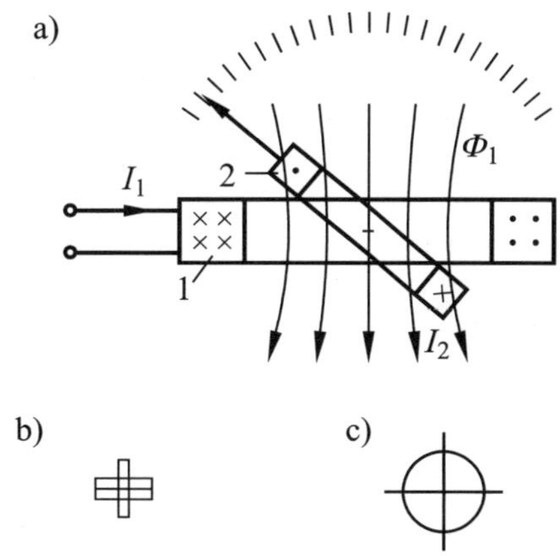

Bild 14.6 Eisenloses elektrodynamisches Messwerk: Prinzip (a), Symbol (b) und Schaltzeichen (c)

Das elektrodynamische Messgerät wird zur Messung der Leistung $P = I_1\, U_2$ verwendet (s. 14.8). Durch die feststehende Spule 1 fließt der Strom I_1; diese Spule mit dem sehr niedrigen Widerstand R_1 wird auch als **Strompfad** bezeichnet.
Die Drehspule, die auch **Spannungspfad** genannt wird, erhält eine Wicklung mit vielen Windungen dünnen Drahtes. Die Spannung $U_2 = R_2\, I_2$ an dieser Spule ist dem Strom I_2 proportional.

Mit dem beschriebenen *eisenlosen Messwerk* lassen sich Präzisionsinstrumente mit Genauigkeitsklassen bis 0,1 herstellen. Wegen des geringen Flusses in Luft ist das Messwerk aber sehr stark fremdfeldempfindlich, was sich nur durch eine aufwändige Abschirmung vermeiden lässt.

Für Betriebsmessgeräte mit den Genauigkeitsklassen 1,5 oder 1 verwendet man *eisengeschlossene Messwerke*, bei denen der Fluss in magnetisch weichem Eisen geführt wird. Der magnetische Kreis ist geblecht, und die Anwendung ist auf Frequenzen im Bereich 50 Hz beschränkt.

14.2.4 Induktionsmesswerk

Das Induktionsmesswerk besteht aus zwei magnetischen Kreisen, in deren Luftspalt sich eine Aluminiumscheibe dreht. In ihr werden von den magnetischen Flüssen Wirbelströme induziert, welche die Scheibe antreiben.

Die Spule Sp1 des magnetischen Kreises K1, den man als **Stromeisen** bezeichnet, wird vom Verbraucherstrom I_1 durchflossen; sie besteht aus wenigen Windungen dicken Drahtes.
Die Spule Sp2 des magnetischen Kreises K2, der als **Spannungseisen** bezeichnet wird, liegt an der Spannung $U_2 = R_2\, I_2$; sie besteht aus vielen Windungen dünnen Drahtes.
Das Dehmoment, welches auf die Scheibe S wirkt, ist der Wirkleistung P proportional:

$$M \sim P = U_2\, I_1 \cos\varphi \qquad (14.10)$$

Das der Drehzahl n proportionale Gegendrehmoment wird vom Dauermagneten D erzeugt. Dadurch stellt sich bei der Wirkleistung P eine konstante Drehzahl der Scheibe ein.

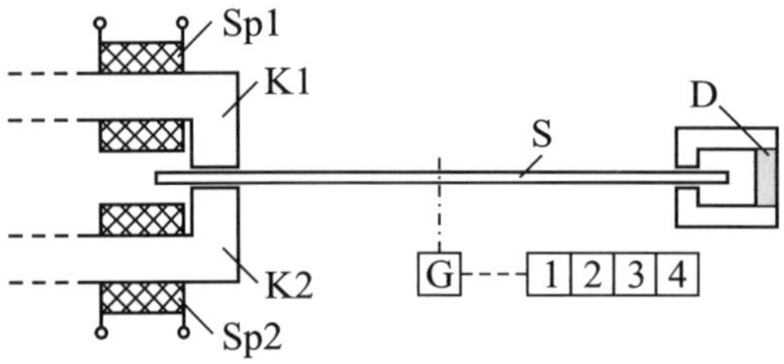

Bild 14.7 Prinzip des Induktionsmesswerks

Über ein Getriebe G wird die Anzahl der Umdrehungen von einem Zählwerk erfasst, welches die Energie W anzeigt:

$$W = k \int_t P\, \mathrm{d}t \qquad (14.11)$$

Die Konstante k nennt man *Zählerkonstante.*
Da die „kWh-Zähler" zur Abrechnung der aus Wechsel- und Drehstromnetzen bezogenen Energie dienen, muss die Zählerkonstante sehr genau bestimmt werden; Zähler werden deswegen im Abstand von z. B. 20 Jahren *geeicht.* Ihre Genauigkeit wird durch die maximale relative Messabweichung angegeben, die bei einem Messgerät als **Fehler** bezeichnet wird.
Die Fehler der „Elektrizitätszähler" dürfen die Eichfehlergrenzen (z. B. 2% bei Drehstromzählern für Haushalte) nicht überschreiten. Die Verkehrsfehlergrenzen sind doppelt so groß wie die Eichfehlergrenzen und berücksichtigen, dass die Fehler im Lauf der Zeit größer werden. Zähler, welche die Verkehrsfehlergrenze überschreiten, dürfen nicht mehr verwendet werden.

14.3 Oszilloskop

14.3.1 Elektronenstrahlröhre

Beim **Oszilloskop** *(scope)* durchläuft ein Elektronenstrahl eine **Braunsche Röhre** *(cathode-ray tube,* CRT*)* und erzeugt beim Auftreffen auf den Bildschirm einen Leuchtfleck.

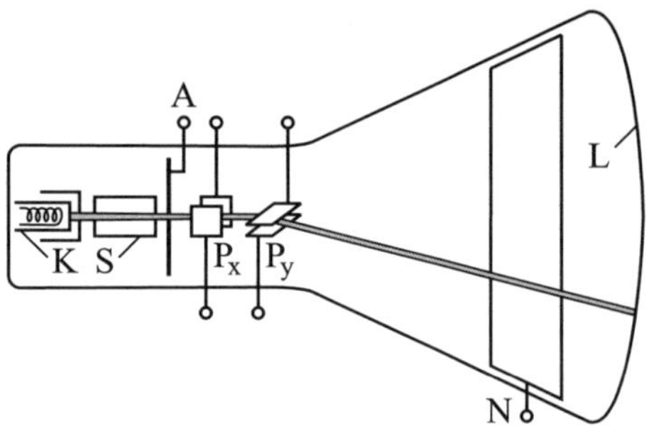

Bild 14.8 Elektronenstrahlröhre eines Oszilloskops

Die Elektronen werden von der durch eine Wicklung geheizten Kathode K emittiert und von der Anode A angezogen. Die Steuerelektrode S bündelt den Elektronenstrahl, der zwei Plattenpaare P_x und P_y durchläuft; die Coulomb-Kräfte der elektrischen Felder auf die Elektronen lenken den Strahl aus der Bildschirmmitte ab.

Im elektrischen Feld der Nachbeschleunigungselektrode N wird die Geschwindigkeit der Elektronen so hoch, dass sie beim Auftreffen auf die Leuchtschicht L des Bildschirms je einen Lichtblitz abgeben. Die Intensität und die Fokussierung des Strahls können auf dem Bedienfeld mit je einem Potentiometer eingestellt werden.

Um magnetische Störungen des Elektronenstrahls zu vermeiden, wird die Röhre von einem Schirm aus Blech hoher Permeabilität umschlossen.

Für einen Größenvergleich ist der Bildschirm mit einem Raster versehen, dessen Einheit mit **div** *(division)* bezeichnet wird. Ein üblicher Bildschirm hat die Größe 10 * 8 div.

14.3.2 Der x-y-Betrieb

Ein Oszilloskop hat im Allg. zwei Messverstärker, von denen der eine die Eingangsspannung u_x für das x-Plattenpaar und der andere die Eingangsspannung u_y für das y-Plattenpaar verstärkt.

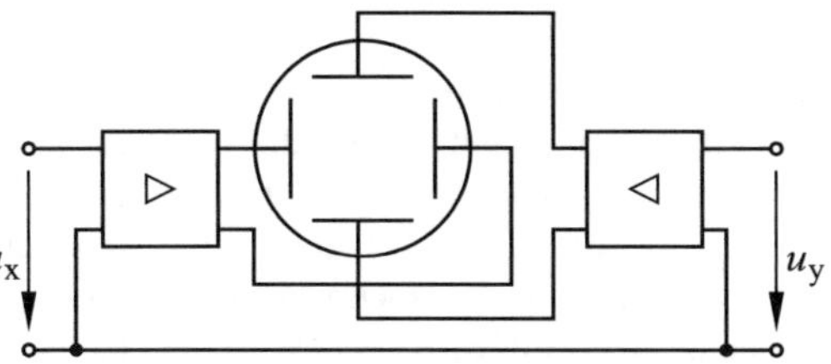

Bild 14.9 Prinzip des x-y-Betriebes

Die Spannung u_x bewirkt also eine Auslenkung des Strahls aus der Bildmitte in x-Richtung und die Spannung u_y in y-Richtung. Dadurch können im **x-y-Betrieb** beliebige Funktionen $u_y = f(u_x)$ dargestellt werden. Sind die beiden Spannungen periodisch, so ergibt sich ein stehendes Bild.

Die beiden Messverstärker sind Breitbandverstärker mit einer Grenzfrequenz, die je nach Ausstattung (und damit Preis) des Oszilloskops zwischen 20 MHz und 500 MHz liegt. Der Verstärkungsfaktor ist stufenweise („grob“) und kontinuierlich („fein“) einstellbar. Dabei gilt der am Grobschalter aufgedruckte Faktor nur dann, wenn der Fein-Einsteller in der Stellung CAL eingerastet ist.

Der „tiefliegende“ Anschluss (Potenzial 0 V) ist im Allg. mit dem Schutzleiter des Netzes und mit dem Gehäuse verbunden, während der andere „hochliegende“ Anschluss sorgfältig abgeschirmt ist (Koaxialleitung mit BNC-Stecker). Der Eingangswiderstand liegt in der Größenordnung 1 MΩ, die Eingangskapazität bei ca. 20 pF.

14.3.3 Zeitablenkung

Die wichtigste Anwendung des Oszilloskops ist die Darstellung einer zeitabhängigen Spannung $u_y = f(t)$. Ist diese Spannung periodisch, so kann sie mit einem „normalen“ Oszilloskop dargestellt werden. Für die Darstellung einer nichtperiodischen Spannung ist ein Speicher-Oszilloskop erforderlich.

Zur Darstellung einer zeitabhängigen Spannung liefert die Triggereinrichtung bei einer bestimmten Spannungshöhe, deren Wert eingestellt werden kann, einen Impuls, der den Sägezahngenerator der Zeitbasis startet: Die linear zeitabhängige Spannung u_x (Bild 14.10) bewirkt die Zeitablenkung des Elektronenstrahls. Bei ansteigender Spannung u_x ist der Leuchtfleck sichtbar, während bei absinkender Spannung u_x der Strahl dunkelgetastet wird.

Nach dem Rücklauf des Strahls startet der nächste Triggerimpuls den Ablenkvorgang erneut. Da das Bild wiederholt an derselben Stelle geschrieben wird, erscheint dem menschlichen Betrachter infolge der Trägheit des Auges ein stehendes Bild, sofern die Wiederholfrequenz nicht zu klein ist.

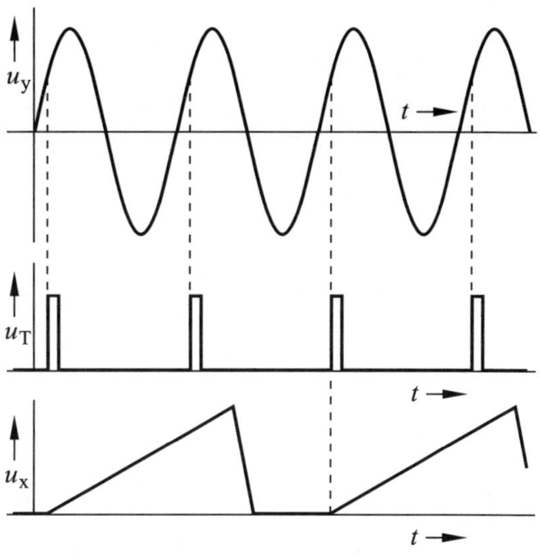

Bild 14.10 Zeitablenkung und Triggerung

Die maximale Spannung $\hat{u}_x$ der Zeitbasis wird vom Oszilloskop automatisch so eingestellt, dass die gesamte Bildschirmbreite beschrieben wird.

Die Zeitspanne, in welcher die Spannung u_x vom Minimalwert auf den Maximalwert ansteigt, kann in weiten Grenzen eingestellt werden.

Es gibt mehrere Möglichkeiten, aus der darzustellenden Spannung u_y die Triggerimpulse zu erzeugen: Bei der Gleichspannungs-Triggerung (DC) wird die gesamte Spannung u_y von der Triggereinrichtung verarbeitet, während bei der Wechselspannungs-Triggerung (AC) nur der Wechselanteil verarbeitet wird. Vielfach gibt es zusätzlich die HF-Triggerung, bei der die niederfrequenten Anteile der darzustellenden Spannung unberücksichtigt bleiben, sowie die LF-Triggerung, bei der Entsprechendes für die hochfrequenten Anteile gilt; diese Triggerart wählt man, wenn die Signalspannung u_y rauscht.

14.3.4 Mehrkanal-Funktion

Standard-Oszilloskope haben heute zwei y-Eingänge: Von einem elektronischen Umschalter werden die Signale abwechselnd auf das einzige y-Ablenksystem geschaltet. Dem Beobachter erscheinen infolge der Trägheit des Auges die beiden Vorgänge gleichzeitig.

Man unterscheidet die beiden Betriebsarten **ALT** (*alternated*) und **CHOP** (*chopped*).

- Beim ALT-Betrieb erfolgt die Umschaltung synchron mit der Zeitablenkung, d.h. bei einem Sägezahn wird entweder das eine oder das andere Signal geschrieben.
- Beim CHOP-Betrieb erfolgt die Umschaltung entweder mit einer festen Frequenz, die im Bereich 100 ... 500 kHz liegt (da hierbei die Kurven abwechselnd geschrieben werden, erscheinen sie gestückelt oder „zerhackt"), oder mit einer variablen Frequenz (hierbei kann man die Umschaltung nicht mehr erkennen). Beim CHOP-Betrieb wird nur auf ein einziges Signal getriggert, daher bleibt die Phasenlage erhalten.

Die ALT-Betriebsart hat den Vorteil, dass die Kurvenzüge durchgezogen werden, während bei der CHOP-Umschaltung Einzelheiten verlorengehen können. Beim ALT-Betrieb wird jedoch die Phasenlage nicht richtig wiedergegeben: Die Triggerung spricht auf jedes Signal einzeln an; die Einsatzpunkte der Signale stimmen daher nicht unbedingt überein.

Aufwändige Oszilloskope ermöglichen die Umschaltung bei vier oder mehr Signalen.

14.3.5 Ankopplung des Eingangs

Mit einem Schalter kann die Ankopplung des Eingangs gewählt werden. Die Messung sollte stets bei der Schalterstellung **DC** (*direct component*) vorgenommen werden; hierbei gelangt die gesamte darzustellende Spannung (also Gleich- **und** Wechselanteil) zum Eingang des Verstärkers.

Will man dagegen nur den Wechselspannungsanteil darstellen, so wählt man die Stellung **AC** (*alternating component*). Dabei bildet der Eingangs-Kondensator mit dem Widerstand des Abschwächers einen Hochpass, dessen Grenzfrequenz bei einigen Hz liegt. Dies kann zu einer Phasenverschiebung der darzustellenden Spannung führen. Die Stellung AC sollte also nur in begründeten Fällen benutzt werden.

In der Stellung GND (*ground*) liegt das Signal nicht am Verstärker und der Verstärkereingang ist kurzgeschlossen. Man wählt diese Schalterstellung zweckmäßig dann, wenn man die y-Position des Strahls einstellen oder kontrollieren will.

14.3.6 Abschwächer

An den Eingang des Messverstärkers darf nur eine Spannung in der Größenordnung 10 mV gelegt werden. Die darzustellende Spannung muss daher durch einen **Abschwächer** *(attenuator)* herabgesetzt werden, der von Gleichspannung bis zur Grenzfrequenz des Messverstärkers dasselbe Teilerverhältnis aufweist. Man bezeichnet einen derartigen Abschwächer als **frequenzkompensiert**.

Ein Teiler mit OHMschen Widerständen allein ist wegen der Kapazitäten nicht frequenzkompensiert. Deshalb werden den Widerständen des Abschwächers Kondensatoren parallelgeschaltet. Das Bild 14.11 zeigt als Beispiel einen derartigen Spannungsteiler. Wir ermitteln das Spannungsverhältnis $\underline{U}_1/\underline{U}_2$ des unbelasteten Teilers mit Hilfe der Widerstände $\underline{Z}_1 = 1/(G_1 + \mathrm{j}\,\omega C_1)$ und $\underline{Z}_2 = 1/(G_2 + \mathrm{j}\,\omega C_2)$:

$$\frac{\underline{U}_1}{\underline{U}_2} = \frac{\underline{Z}_1 + \underline{Z}_2}{\underline{Z}_2} = 1 + \frac{G_2 + \mathrm{j}\omega C_2}{G_1 + \mathrm{j}\omega C_1} \qquad (14.12)$$

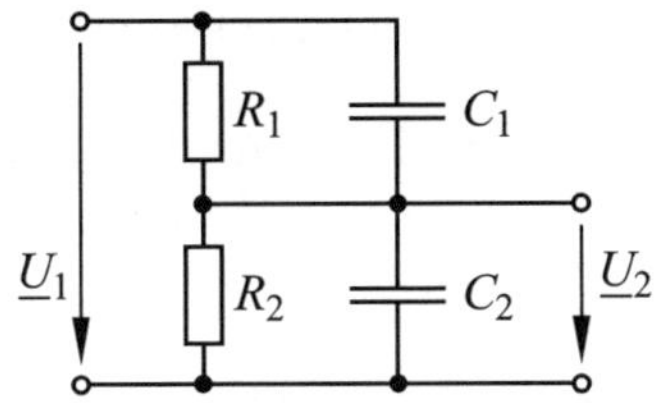

Bild 14.11 Spannungsteiler mit Widerständen und Kondensatoren

Wir erweitern den Bruch in der Gl. (14.12) mit dem Quotienten aus R_1 und R_2:

$$\frac{\underline{U}_1}{\underline{U}_2} = 1 + \frac{R_1}{R_2} \cdot \frac{1 + \mathrm{j}\,\omega\, C_2 R_2}{1 + \mathrm{j}\,\omega\, C_1 R_1} \tag{14.13}$$

Unter der Bedingung

$$C_1 R_1 = C_2 R_2 \tag{14.14}$$

ist das Spannungsverhältnis frequenzunabhängig und damit der Spannungsteiler frequenzkompensiert; außerdem sind die Spannungen $\underline{U}_1$ und $\underline{U}_2$ in Phase, denn für den Spannungs-Übertragungsfaktor gilt dabei:

$$\underline{T}_u = \frac{\underline{U}_2}{\underline{U}_1} = \frac{R_2}{R_1 + R_2} \tag{14.15}$$

Der Abschwächer eines Oszilloskops hat mehrere Stufen (z.B. 5 mV/div ... 20 V/div), die mit einem Drehschalter eingestellt werden können. Unabhängig von der Stellung dieses Schalters ist am Eingang des Oszilloskops ein Ersatzwiderstand $\underline{Z}_{e1}$ wirksam, der aus der Parallelschaltung eines OHMschen Widerstandes (Größenordnung 1 MΩ) und eines idealen kapazitiven Eintors (Größenordnung 30 pF) besteht.

Beispiel 14.5
Ein Oszilloskop mit dem Eingangswiderstand $R_E = 1\,\mathrm{M\Omega}$ und der Eingangskapazität $C_E = 25\,\mathrm{pF}$ wird bei der Frequenz 20 MHz betrieben. Wir wollen den Eingangswiderstand Z_{e1} berechnen.

$\underline{Y}_{e1} = G_E + \mathrm{j}\,\omega\, C_E = 1\ \mu\mathrm{S} + \mathrm{j}\ 3142\ \mu\mathrm{S}$

$\underline{Z}_{e1} = 1 / \underline{Y}_{e1} = 318{,}3\ \Omega\ \underline{/-90°}$

14.3.7 Tastkopf

Das Messobjekt wird nicht nur durch den Ersatzwiderstand $\underline{Z}_{e1}$ des Oszilloskops, sondern auch durch die Kapazität C_K der Koaxialleitung belastet, die das Messobjekt mit dem Oszilloskop verbindet. Diese Belastung kann durch einen **Tastkopf** *(probe)* herabgesetzt werden; seine elektrischen Komponenten sind der einstellbare Zylinderkondensator mit der Kapazität C_T zwischen den Elektroden 1 und 2 sowie der OHMsche Widerstand R_T.

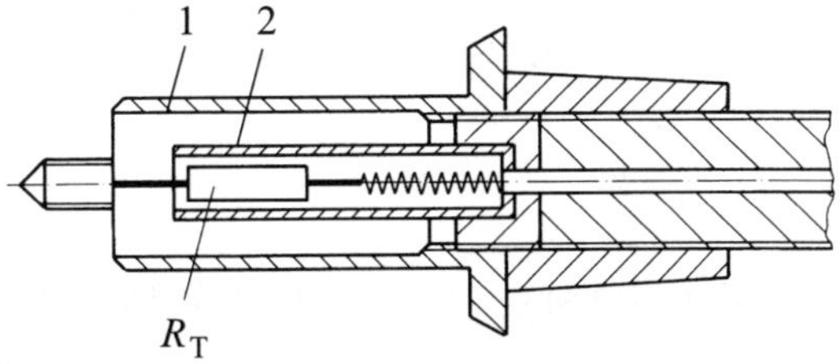

Bild 14.12 Tastkopf

Der Tastkopf kann durch Verändern von C_T so eingestellt werden, dass er frequenzkompensiert arbeitet. Zur Abstimmung wird die Tastkopfspitze mit dem im Oszilloskop eingebauten Eichgenerator verbunden, der eine Rechteckschwingung liefert. Der Tastkopf ist richtig eingestellt, wenn auch auf dem Bildschirm des Oszilloskops eine Rechteckschwingung erscheint.

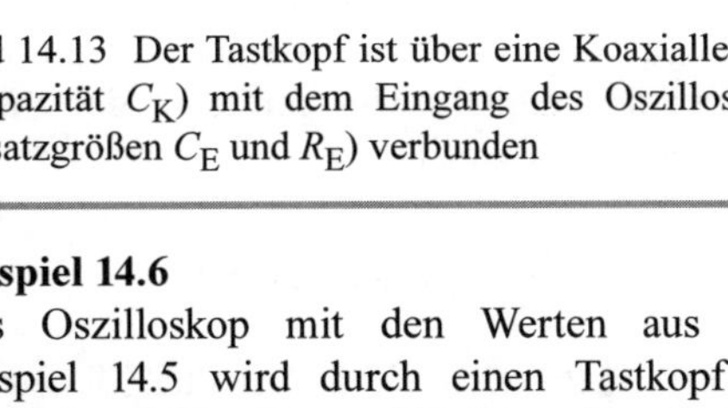

Bild 14.13 Der Tastkopf ist über eine Koaxialleitung (Kapazität C_K) mit dem Eingang des Oszilloskops (Ersatzgrößen C_E und R_E) verbunden

Beispiel 14.6
Das Oszilloskop mit den Werten aus dem Beispiel 14.5 wird durch einen Tastkopf mit dem Messobjekt (U_M = 100 V) verbunden. Die Kapazität der Koaxialleitung ist $C_K = 20$ pF.

Der Tastkopf hat den Widerstand $R_T = 9$ MΩ. Auf welchen Wert muss C_T eingestellt sein, damit der Tastkopf frequenzkompensiert arbeitet? Welche Spannung U_1 liegt dabei am Eingang des Oszilloskops?

Durch einen Vergleich der Bilder 14.12 und 14.14 stellen wir fest, dass $R_1 = R_T$; $C_1 = C_T$; $R_2 = R_E$ und $C_2 = C_K + C_E$ sind. Wir setzen dies in die Gl. (14.14) ein und berechnen:

$C_T = 5$ pF

Für die Spannungen des frequenzkompensierten Tastkopfs gilt entsprechend Gl. (14.15):

$$\frac{U_1}{U_M} = \frac{R_E}{R_T + R_E}$$

Wir setzen die gegebenen Größen ein und berechnen:

$U_1 = 10$ V

14.4 Digitale Messgeräte

Soll bei einem analogen Gerät ein Messwert abgelesen werden, so muss z.B. die Stellung eines Zeigers in einen Zahlenwert übertragen werden. Diese Übertragung in einen Zahlenwert braucht bei einem digitalen Gerät, das den Messwert in Form einer Zahl anzeigt, nicht vom Beobachter vorgenommen zu werden; dadurch werden Ablesefehler verringert. Dies gilt in besonderem Maß für diejenigen digitalen Messgeräte, die automatisch den jeweils günstigsten Messbereich wählen.

Digitalwerte können besser gespeichert werden als Analogwerte. Außerdem können von Computern nur Digitalwerte weiterverarbeitet werden; deshalb werden digitale Messgeräte in der Praxis zunehmend verwendet.

14.4.1 Genauigkeit und Auflösung

Der **Anzeigebereich** eines digitalen Messgeräts wird entweder in digits oder in Dezimalstellen angegeben. Können in der ersten (höchsten) Dezimalstelle nicht sämtliche Dezimalziffern vorkommen, so wird hierauf durch einen Bruch hingewiesen; so wird z.B. die Anzeige eines Geräts mit 20000 digits, das also Werte zwischen 0 und 19999 anzeigen kann, als 4½-stellig bezeichnet.

Unter der **absoluten Auflösung** (*resolution*) eines Messgeräts versteht man die kleinste nachweisbare Änderung; bei einem digitalen Messgerät beträgt sie im Allg. 1 digit. Die auf den Anzeigebereich bezogene absolute Auflösung wird als **relative Auflösung** bezeichnet. Falls z.B. ein Messinstrument mit 4½-stelliger Anzeige den maximalen Wert 19999 in einem Messbereich anzeigt und die kleinste nachweisbare Änderung ±1 beträgt, so ist die relative Auflösung 1 / 19999 oder 0,005 %.

Die Auflösung im niedrigsten Messbereich wird **Empfindlichkeit** genannt und mit der zugehörigen Einheit angegeben. So hat z.B. das Gerät mit der 4½-stelligen Anzeige im 200 mV-Bereich die Empfindlichkeit 10 µV.

Jede digitale Anzeige ist mit einem **Quantisierungsfehler** behaftet, der 1 digit beträgt.

14.4.2 Analog-Digital-Wandler

Die zu messenden Größe wie z.B. Spannung, Strom oder Widerstand liegt im Allg. als analoge Größe vor und muss zur Messung mit einem **Analog-Digital-Wandler** *(analog-digital converter,* ADC*)* in eine digitale Form gebracht werden. Die wichtigsten Kenngrößen eines ADC sind die Auflösung und die Einstellzeit, die verstreicht, bis sich die Ausgangsspannung nach einer Änderung der Eingangsspannung auf den neuen Wert eingestellt hat.
Wegen der unterschiedlichen Anforderungen wurde eine große Zahl von ADC-Arten entwickelt, unter denen wir eine Auswahl treffen wollen.

Beim **Zweirampen-Umsetzer** *(dual-slope converter)* wird die umzusetzende Spannung u_x von der Ablaufsteuerung A in der Zeitspanne $0 < t < t_1$ auf den Eingang des Integrierers (s. 9.4.5) geschaltet, dessen Ausgangsspannung zum Zeitpunkt $t = 0$ den Wert $u_{20} = 0$ aufweist.

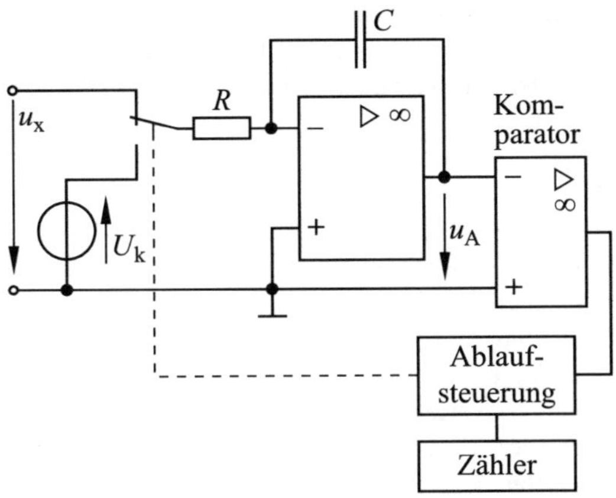

Bild 14.14 Zweirampen-Umsetzer

Die Ausgangsspannung u_A des Integrierers erreicht zum Zeitpunkt t_1 gemäß Gl. (9.9) den Wert:

$$u_{A1} = -\frac{1}{RC}\int_0^{t_1} u_x \mathrm{d}t \tag{14.16}$$

Durch diese Integration entsteht die „Abwärtsrampe" der Spannung u_A, die im Bild 14.15 für u_x = const. dargestellt ist.

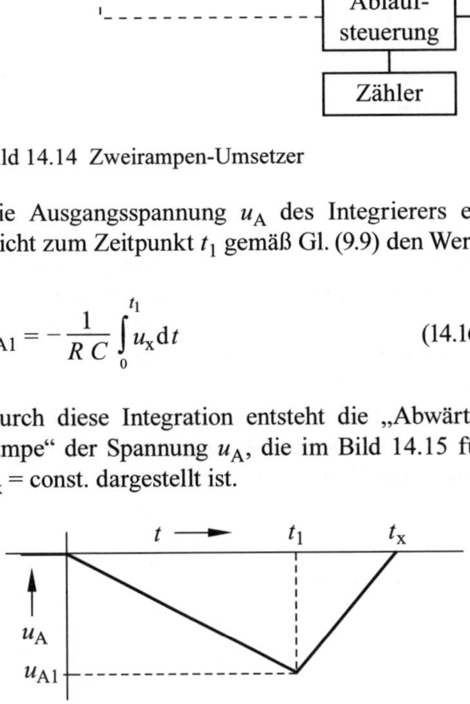

Bild 14.15 Ausgangsspannung des Integrierers im Zweirampen-Umsetzer

Die Spannung u_x braucht nicht konstant zu sein, sie kann auch zeitabhängig sein. Der Integrierer erfasst in der Zeitspanne $0 < t < t_1$ den arithmetischen Mittelwert der Spannung u_x:

$$\overline{u}_x = \frac{1}{t_1}\int_0^{t_1} u_x \mathrm{d}t \tag{14.17}$$

Wir setzen dies in die Gl. (14.16) ein:

$$u_{A1} = -\frac{t_1}{RC}\cdot \overline{u}_x \tag{14.18}$$

Der Zeitpunkt t_1 wird dadurch bestimmt, dass ab $t = 0$ vom Zähler (Bild 14.14) insgesamt N_1 Impulse gezählt werden; N_1 ist eine vorgegebene und damit bekannte Zahl, die mit der Zeit t_1 und der Frequenz f des Taktgebers folgendermaßen zusammenhängt:

$$N_1 = t_1 \cdot f \tag{14.19}$$

Zum Zeitpunkt t_1 wird der Integrierer von der Ablaufsteuerung auf die Quelle mit der konstanten Quellenspannung $-U_k$ geschaltet; diese Spannung wird so lange integriert, bis der Komparator (s. Kap. 10.3) der Ablaufsteuerung meldet, dass seine Eingangsspannung den Wert $u_A = 0$ erreicht hat:

$$0 = \frac{1}{RC}\int_{t_1}^{t_x} U_k \mathrm{d}t + u_{A1} \tag{14.20}$$

Durch diese Integration entsteht die „Aufwärtsrampe" der Spannung u_A.
Das Integral lässt sich ohne Schwierigkeiten lösen, da U_k konstant ist. Durch Einsetzen der Gl. (14.18) erhalten wir:

$$0 = \frac{U_k}{RC}(t_x - t_1) + u_{A1} \tag{14.21}$$

Zum Zeitpunkt t_1 wird der Taktgeber auf den Zähler geschaltet, der bis zum Zeitpunkt t_x insgesamt N_x Impulse zählt:

$$N_x = (t_x - t_1)\cdot f \tag{14.22}$$

Wir setzen diese Gleichung sowie die Gln. (14.18 und 14.19) in die Gl. (14.21) ein und erhalten:

$$\overline{u}_x = \frac{U_k}{N_1} N_x \tag{14.23}$$

Die Zahl N_x ist dem arithmetischen Mittelwert der Spannung u_x in der Zeitspanne von $t = 0$ bis $t = t_1$ proportional.
Das Ergebnis ist weder von der Frequenz f des Taktgebers noch von den Werten R bzw. C abhängig. Da die digitale Zahl $N1$ problemlos gespeichert werden kann, hängt die Genauigkeit des Zweirampen-Umsetzers lediglich vom Spannungswert U_k ab.

Entscheidend für die Unveränderlichkeit der Spannung U_k ist deren Temperaturabhängigkeit der Quelle, die als **Referenz-Spannungsquelle** bezeichnet wird. So lässt sich z. B. bei der **Bandabstand-Referenz** eine bezogene Änderung der Spannung $\Delta U/U < 10$ ppm = 0,001 % erreichen.

Bei der Herleitung wurde angenommen, dass die zu messende Spannung u_x positiv ist. Dies ist nicht unbedingt erforderlich. Mit einer Logikschaltung, welche den Richtungssinn der Spannung u_x erkennt und bei negativer Spannung u_x die konstante Spannung U_k umpolt, lässt sich das Verfahren für Spannungen beliebigen Richtungssinnes anwenden.

Bei netzbetriebenen Geräten können Einstreuungen dazu führen, dass die Spannung u_x überlagerte Schwingungen mit Netzfrequenz oder einem Vielfachen der Netzfrequenz aufweist. Die Auswirkung dieser Schwingungen auf das Messergebnis kann dadurch verhindert werden, dass man die Zeitdauer t_1 als Vielfaches der Periode der Netzspannung wählt. Der Zweirampen-Umsetzer arbeitet dann allerdings recht langsam; dies ist jedoch für Multimeter, deren Anzeige sich nicht zu schnell ändern darf, durchaus erwünscht.

Ein weiteres Verfahren für AD-Wandler ist die **sukzessive Approximation**.
Bei diesem Verfahren der schrittweisen Näherung wird die AD-Wandlung in n Schritten durchgeführt. Beim ersten Schritt wird festgestellt, ob die zu wandelnde Spannung u_x größer oder kleiner als die halbe Referenzspannung ist. Ist sie größer, so wird das erste Bit der Dualzahl auf 1, andernfalls auf 0 gesetzt. Ist das erste Bit gleich 1, so wird im zweiten Schritt verglichen, ob u_x größer oder kleiner als 3/4 der Referenzspannung ist. Ist das erste Bit gleich 0, so wird im zweiten Schritt verglichen, ob u_x größer oder kleiner als 1/4 der Referenzspannung ist. Entsprechend wird das zweite Bit gesetzt. Das Verfahren wird fortgesetzt, bis das letzte Bit gesetzt ist.

AD-Wandler nach dem Verfahren der sukzessiven Approximation sind preisgünstig; sie werden daher häufig eingesetzt. Außerdem sind sie relativ schnell; so benötigen z.B. 12 Bit-Wandler eine Umsetzzeit zwischen 1 und 10 µs. Im Handel sind Wandler mit Schrittzahlen zwischen $n = 8 \dots 16$ erhältlich.

Zum Schluss unserer kleinen Einführung wollen wir uns noch mit dem **Flash-Converter** befassen; er ist, wie der Name sagt, sehr schnell, aber wegen des hohen Schaltungsaufwandes relativ teuer.
Ein n-bit-Converter besteht aus 2^n Widerständen und 2^n Komparatoren. Da sämtliche Bits des Flash-Konverters gleichzeitig gesetzt werden, wird der Konverter auch als **paralleler AD-Wandler** bezeichnet.

Die Widerstände des Flash-Konverters bilden einen Spannungsteiler, durch welchen die Referenzspannung U_{ref} in 2^n Teilspannungen unterteilt wird. Jede Teilspannung dient als Bezugsspannung für einen ihr zugeordneten Komparator. Mit diesen Bezugsspannungen wird die zu wandelnde Spannung u_x verglichen: Sämtliche Komparatoren, für die $u_x > U_{ref}$ ist, geben die Spannung U_{Amax} aus, die von der weiterverarbeitenden Logik als Binärwert 1 interpretiert wird; die übrigen Komparatoren geben die Spannung U_{Amin} aus und erzeugen damit jeweils den Binärwert 0.

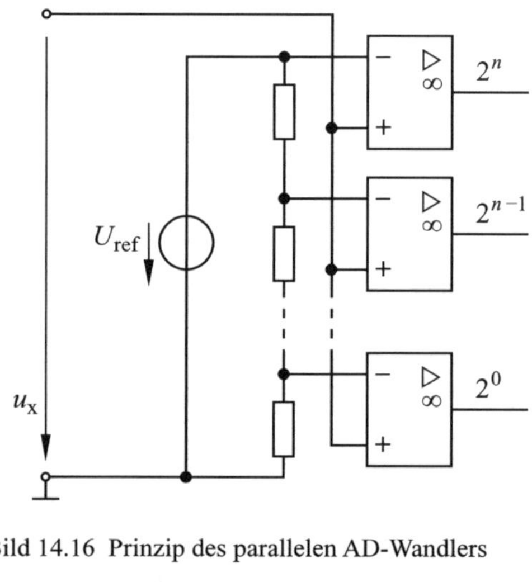

Bild 14.16 Prinzip des parallelen AD-Wandlers

In der folgenden Übersicht werden die drei beschriebenen Verfahren verglichen und es werden typische Werte genannt.

Tabelle 14.1 Analog-Digital-Umsetzer

Typ	Umsetzzeit	Wortbreite
Dual-Slope-Converter	10 ms	> 14 bit
Sukzess. Approximation	10 µs	12 ... 14 bit
Flash-Converter	10 ns	6 ... 8 bit

14.4.3 Digital-Multimeter

Mit den üblichen Digitalmultimetern können die Größen Spannung, Strom und Widerstand gemessen werden.
Die Eingangsbuchsen sind z.B. mit „HI" (*high*) und „LO" (*low*) bezeichnet. Im Allg. wird „erdfrei" gemessen, d.h. zwischen LO und Masse (Schutzerde) darf entweder die maximale Eingangsspannung oder ein Teil davon liegen.

In der Betriebsart Spannungsmessung (Schalter „V" geschlossen) wird die Eingangsspannung von einem frequenzkompensierten Teiler (s. 14.3) auf einen niedrigen Wert (z.B. 0 ... 200 mV) herabgesetzt. Bei einfachen Geräten muss hierzu ein Bereichswahlschalter betätigt werden, während bei besser ausgestatteten Modellen eine automatische Bereichsumschaltung dafür sorgt, dass jeweils der günstigste Messbereich gewählt wird.

Der Eingangswiderstand für Gleichspannungsmessungen liegt bei einfachen Geräten in der Größenordnung 10 MΩ; bei teuren Geräten kann er bis 1 GΩ betragen.

Bei Wechselspannungsmessungen ist am Eingang die Parallelschaltung aus einem OHMschen Widerstand (z.B. 10 MΩ) und einem kapazitiven Eintor (z.B. C = 75 pF) wirksam.

Üblicherweise können zwei Spannungsarten gemessen werden:

- Bei Gleichspannungsmessungen (Schalter „DC" geschlossen) werden die Wechselspannungsanteile durch einen Tiefpass abgetrennt. Ein Komparator erkennt das Vorzeichen der Spannung. Ist diese negativ, so werden das Zeichen „–" und der Betrag der Spannung angezeigt.
- Wenn der Schalter „AC" geschlossen ist, dann wird lediglich der Wechselspannungsanteil weiterverarbeitet und der Gleichspannungsanteil durch einen Hochpass abgetrennt.

Durch zwei unterschiedliche Verfahren wird bei Wechselspannungsmessungen erreicht, dass der Effektivwert angezeigt wird:

Bei einfachen Geräten wird lediglich der Gleichrichtwert (s. Kap. 3) gemessen und der 1,1107-fache Anteil davon gelangt zur Anzeige; es wird also nur der Effektivwert von Sinusgrößen richtig angezeigt.

- Besser ausgestattete Geräte besitzen ein Echt-Effektivwert-Modul, das den Effektivwert mit analogen Rechenverfahren ermittelt; damit kann der **Echt-Effektivwert** *(true RMS, TRMS)* bei (fast) beliebiger Kurvenform für einen weiten Frequenzbereich gebildet werden.

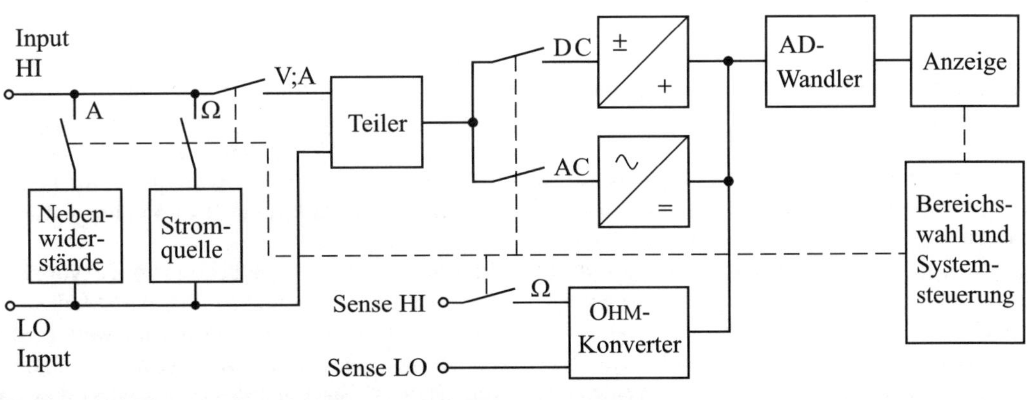

Bild 14.17 Digitalmultimeter (Prinzip)

In der Betriebsart Strommessung (Schalter „A" geschlossen) werden die Stromwerte durch Nebenwiderstände in Spannungswerte umgesetzt; dies bedingt einen Spannungsabfall (z. B. 0,1 ... 1 V). Der höchste Messbereich ist vielfach durch eine Schmelzsicherung geschützt.

In der Betriebsart Widerstandsmessung (Schalter „Ω" geschlossen) wird der zu messende Widerstand von einer Konstantstromquelle gespeist. Bei der **Zwei-Leitermessung** (*two-wire measuring,* 2W) wird der Spannungsabfall an den Eingangsbuchsen weiterverarbeitet; für nicht zu kleine Widerständen ergibt dies ausreichende Genauigkeit.

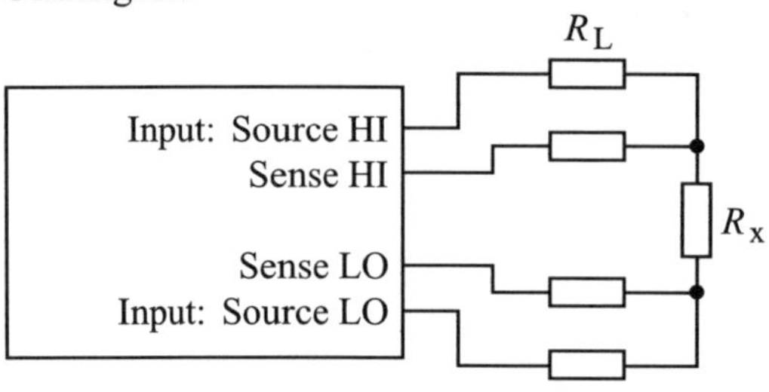

Bild 14.18 Vier-Leitermessung eines Widerstandes

Wesentlich genauer als die Zwei-Leitermessung ist die **Vier-Leitermessung** (*four-wire measuring,* 4W), die vor allem bei kleinen Widerständen ($R < 1\ \Omega$) zweckmäßig vorgenommen wird (Bild 14.18). Die Konstantstromquelle ist hierbei mit den Ausgängen Source HI und Source LO verbunden. Die Leitungswiderstände R_L haben keinen Einfluss auf den Konstantstrom.
Die Sense-Leitungen werden möglichst nahe am zu messenden Widerstand R_x angeschlossen. Da die Spannungsmessung mit hohem Eingangswiderstand durchgeführt wird, stören die Leitungswiderstände R_L nicht.

Einfache Geräte zeigen lediglich den Zahlenwert der gemessenen Größe an. Bei gut ausgestatteten Geräten werden nicht nur die Betriebsart (DC oder AC), sondern auch die Art der zu messenden Größe und der Messbereich auf der Anzeige dargestellt.
Digitalmultimeter mit besonders hohem Eingangswiderstand ($10^{12} \ldots 10^{16}\ \Omega$) werden als **Elektrometer** bezeichnet.

Ein Digitalmultimeter, das in einem Messsystem eingesetzt werden kann, wird als **System-Multimeter** bezeichnet. Außer dem Multimeter und dem Messobjekt gehören zu einem Messsystem auch ein Computer, einstellbare Quellen, Funktionsgeneratoren und Messstellenumschalter. Mit einem derartigen Messsystem lassen sich häufig wiederkehrende Aufgaben automatisiert durchführen.
Für die Steuerung und den Datenaustausch besitzt ein System-Multimeter geeignete Schnittstellen, z.B. die sog. serielle Schnittstelle und/oder die IEC-Bus-Schnittstelle (s. Abschn. 14.4.7).

14.4.4 Digitale Speicher-Oszilloskope

Beim digitalen Speicher-Oszilloskop wird die Eingangsspannung periodisch abgetastet. Nach der Analog-Digital-Wandlung, die bei nicht zu aufwändigen Geräten mit einem parallelen AD-Wandler durchgeführt wird, werden die Werte gespeichert; sie können dann beliebig oft ausgelesen und nach einer Digital-Analog-Wandlung auf dem Bildschirm dargestellt werden.

Die Abtastung des Signals wird jeweils nach der Zeitspanne Δt_A vorgenommen, deren Kehrwert als **Abtastrate** f_A bezeichnet wird. Ist das Signal periodisch mit dem höchsten Frequenzanteil f_{max}, so besagt das **Abtasttheorem** (C. SHANNON, 1949), dass $f_A > 2\, f_{max}$ sein muss, damit sich das Signal aus den abgetasteten Werten rekonstruieren lässt; bei der Abtastrate 20 MHz eines Standard-Speicheroszilloskops darf die Signalgröße den höchsten Frequenzanteil 10 MHz aufweisen.

Das Standard-Speicheroszilloskop hat zwei Kanäle und eine Speichertiefe von 2048 × 8 bit pro Kanal. Die Auflösung 8 bit bedeutet, dass z.B. bei 8 div vertikaler Bildbreite eine Auflösung von 32 Punkten je div erreicht wird; bei 10 div beträgt die horizontale Auflösung 204,8 Punkte je div.

Im „Single"-Betrieb werden einmalige Vorgänge festgehalten, während im „Refresh"-Modus mit jedem Abtastzyklus ein neuer Messwert in den Speicher eingelesen wird. Wird nach der Aufnahme die „HOLD"-Taste gedrückt, so bewirkt dies das Einfrieren des jeweiligen Speicherinhalts; die

Werte können danach auf einen x-y-Schreiber oder auf einen Computer übertragen werden.

Speicheroszilloskope eignen sich nicht nur für die Aufnahme einmaliger Vorgänge; man kann damit auch langsame Vorgänge ($f < 10$ Hz) aufnehmen, die sich ohne Speicherung mit einem Oszilloskop nicht als geschlossene Kurve darstellen lassen.
Bei modernen Speicheroszilloskopen kann das Signal auch vor dem Triggerzeitpunkt dargestellt werden; dabei sind verschiedene Pre-Trigger-Zeitpunkte wählbar.

14.4.5 Digital-Analog-Wandler

Beim Speicheroszilloskop müssen die im Speicher abgelegten digitalen Spannungswerte in analoge umgewandelt werden, damit sie auf dem Bildschirm der Elektronenstrahlröhre dargestellt werden können. Die Digital-Analog-Wandlung wird im Allg. mit einer Schaltung vorgenommen, die ein *R*-2*R*-Netzwerk (Bild 14.19) enthält.
Bei einer Digitalzahl mit n bit ist eine Konstantstromquelle und ein Schalter für jedes bit zuständig. Hat das bit den Wert $s_j = 1$, so ist der Schalter S_j geschlossen.
Die Widerstände des *R*-2*R*-Netzwerks lassen sich zusammenfassen. Jede Stromquelle treibt für $s_j = 1$ den Strom I_q durch den Widerstand:

$$R_j = \frac{2R}{3} \tag{14.24}$$

Ist lediglich der Schalter S_{n-1} geschlossen, so entsteht die Ausgangsspannung:

$$U_A = \frac{2R}{3} I_q \tag{14.25}$$

Ist lediglich der Schalter S_{n-2} geschlossen, so liegt die Spannung $2RI_q/3$ an einem Spannungsteiler aus zwei Widerständen R und es entsteht die Ausgangsspannung:

$$U_A = \frac{1}{2} \cdot \frac{2R}{3} I_q \tag{14.26}$$

Ist lediglich der Schalter S_j geschlossen, so entsteht die Ausgangsspannung:

$$U_A = \frac{2R}{3} I_q \cdot 2^{j-n+1} \tag{14.27}$$

Die Ausgangsspannung bei beliebiger Stellung jedes Schalters berechnen wir mit dem Überlagerungssatz:

$$U_A = \frac{2R}{3} I_q \sum_{j=0}^{n-1} s_j \cdot 2^{j-n+1} \tag{14.28}$$

Die Ausgangsspannung des Digital-Analog-Wandlers ist nicht analog im eigentlichen Sinn des Wortes; da ihr Informationsgehalt nicht größer als der der digitalen Zahl sein kann, ändert sich die Ausgangsspannung nur in diskreten Stufen.

14.4.6 Elektrizitätszähler

Seit 1991 sind von der PTB (Physikalisch-Technische Bundesanstalt, Braunschweig) für Haushalte auch elektronische Zähler zugelassen. Mit ihnen können unterschiedliche Tarife angewendet und die Kosten aufsummiert werden; außerdem ist eine Fernabfrage möglich, mit der die Zählerwerte zum Energieversorgungsunternehmen übertragen werden.

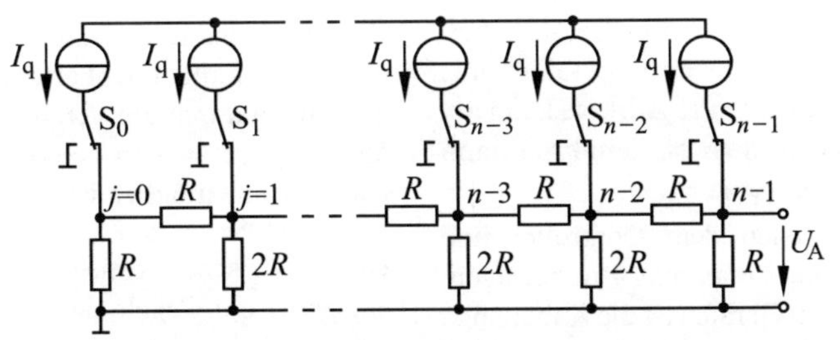

Bild 14.19 Analog-Digital-Wandler (Prinzip)

14.4.7 IEC-Bus

Ein **Bus** ist eine Gruppe von Daten- und Steuerleitungen, durch die zwei oder mehr digital arbeitende Geräte miteinander verbunden werden.

Der Vorläufer des IEC-Busses wurde im Jahr 1965 von der Firma *hp* entwickelt; er wurde als **HP-IB** *(Hewlett Packard Interface Bus)* oder auch **GPIB** *(General Purpose Interface Bus)* bezeichnet.
Auf dieser Grundlage wurde das System im Jahr 1975 durch das **I**nstitute of **E**lectrical and **E**lectronic **E**ngineers standardisiert und erhielt die Bezeichnung **IEEE 488**; danach wurde es von der **I**nternational **E**lectrotechnical **C**ommission in Genf als **IEC 625** genormt.

Die am Bus angeschlossenen Geräte sind mit einer der folgenden Grundfunktionen ausgestattet:

- **Steuerfunktion**: Der ***Controller*** steuert die Vorgänge auf dem Bus und kontrolliert den Datenaustausch zwischen den Geräten. Es darf immer nur ein Controller am Bus aktiv sein.
- **Senderfunktion**: Der ***Talker*** kann durch den Controller in die Lage versetzt werden, Daten über den Bus an andere Geräte zu übertragen. Es darf immer nur ein Talker aktiv sein.
- **Empfängerfunktion**: Der ***Listener*** kann Daten vom Bus empfangen. Es können mehrere Listener gleichzeitig aktiv sein.

Viele Geräte sind mit mehreren Funktionen ausgestattet. So kann z. B. ein Digitalmultimeter als Listener adressiert werden, wenn es in den gewünschten Messbereich umschalten soll; zur Bereitstellung der Messwerte wird die Talkerfunktion eingeschaltet, wobei die Daten auf den Bus übertragen werden.
Da in einem System mehr als zwei Geräte arbeiten können, wird jedem Listener bzw. Talker eine 5-bit-Adresse zugeordnet. Diese Adresse kann am Gerät eingestellt werden; sie muss dem Programm des Controllers bekannt sein.

Die Kabellänge zwischen dem Controller und dem nächsten Gerät darf maximal 4 m betragen. Zwischen zwei weiteren Geräten ist die Kabellänge auf 2 m begrenzt. Die gesamte Kabellänge darf höchstens 20 m betragen.

Der IEC-Bus besteht aus 16 Signalleitungen, die sich bezüglich ihrer Funktion in drei Gruppen einteilen lassen:

- 8 Datenleitungen (DIO 0 ... DIO 7)
- 5 Steuerleitungen (ATN, EOI, IFC, REN, SRQ)
- 3 Handshakeleitungen (DAV, NDAC, NRFD)

Die übrigen Kontakte des Steckers sind mit der Abschirmung bzw. mit GND (ground) verbunden.

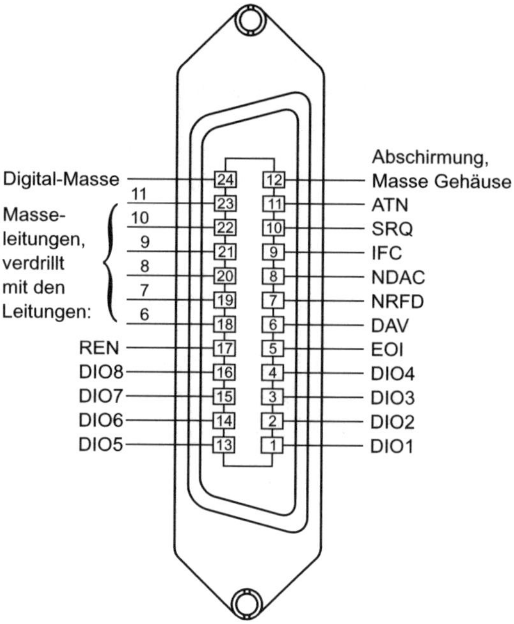

Bild 14.20 IEC-Bus-Stecker

Die Geräte sind parallel am Bus angeschlossen. Dabei können die Stecker „huckepack" aufeinander gesteckt werden, wodurch sich die Vernetzung der Geräte sehr flexibel gestalten lässt.

Zur Steuerung des gesamten Systems ist nur eine einzige Schnittstellenkarte im Controller erforderlich, da durch die Vergabe von Busadressen an die Einzelgeräte eine eindeutige Zuordnung der Datenströme möglich ist.

Die elektrische Festlegung der Signalleitungen entspricht den Pegeln der Standard-TTL-Familie:

- HIGH-Zustand $\geq 2{,}0$ V
- LOW-Zustand $\leq 0{,}8$ V

Zur Erhöhung der Störsicherheit sind in jedem Gerät für jede Daten- oder Steuerleitung zwischen Leitung und Masse ein Widerstand 6,2 kΩ sowie zwischen Leitung und Versorgungsspannung ein Widerstand 3 kΩ vorgeschrieben. Im ungünstigsten Fall nimmt ein Gerät 3,4 mA auf einer Busleitung auf. Für den Treiber auf der Controller-Karte schreibt die IEC-Norm 48 mA vor; dabei können am Bus außer dem Controller maximal 14 Geräte betrieben werden.

Der **Datenbus** besteht aus acht Leitungen, die mit DIO0 ... DIO7 *(data input/output)* bezeichnet werden. Auf dem Datenbus werden acht bit parallel übertragen, wobei die Signale mit positiver Logik dargestellt werden.
Die Codierung der Daten ist nicht vorgeschrieben; meist wird der ISO-7-bit-Code verwendet, der weitgehend dem ASCII-Code entspricht.

Die Datenübergabe erfolgt asynchron, sie wird von der Arbeitsgeschwindigkeit der angeschlossenen Geräte bestimmt. Vor Beginn der Datenübergabe legt der Controller fest, welches Gerät als Talker arbeitet und welche Geräte als Listener die Daten übernehmen.
Die Datenübergabe wird mit den Handshakeleitungen DAV *(data valid)*, NRFD *(not ready for data)* und NDAC *(not data accepted)* gesteuert; diese drei Leitungen werden als **Übergabebus** oder auch als **Handshakebus** bezeichnet.

Die Signale auf dem Übergabebus werden „aktiv-LOW" übertragen: Dies bedeutet, dass der logische Zustand „1" ein LOW-Signal und der logische Zustand „0" ein HIGH-Signal auf der Busleitung darstellt.

Das Handshake-Verfahren läuft in vier Schritten ab:

- Der Talker legt die Daten auf den Bus und wartet, bis sämtliche Listener empfangsbereit sind; dies ist dann der Fall, wenn die NRFD-Leitung HIGH-Signal führt.
- Der Talker setzt die DAV-Leitung auf LOW: Die Daten sind gültig. Dies erkennen die Listener, sie setzen die NRFD-Leitung auf LOW und beginnen mit der Datenübernahme.
- Ist ein Listener mit der Datenübernahme fertig, so versucht er, die NDAC-Leitung auf HIGH zu setzen. Diese Leitung führt aber das HIGH-Signal erst dann, wenn sämtliche Listener die Datenübernahme abgeschlossen haben. Dies erkennt der Talker und setzt die DAV-Leitung auf HIGH.
- Die Listener erkennen, dass keine gültigen Daten vorliegen, und schalten ihre NDAC-Leitung auf LOW. Wenn die Listener die Daten weiterverarbeitet haben, zeigen sie dies dem Talker dadurch an, dass sie die NRFD-Leitung auf HIGH legen. Ist dies bei allen Listenern geschehen, so wiederholt sich der Vorgang mit dem ersten Schritt.

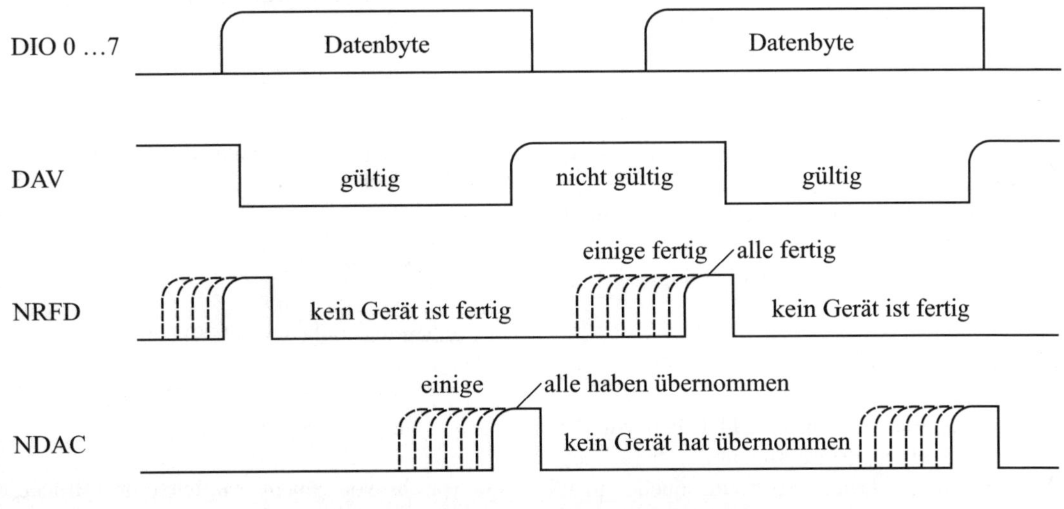

Bild 14.21 Signale beim 3-Draht-Handshake

Unter dem Begriff **Steuerbus** werden fünf Leitungen zusammengefasst, auf denen sog. **Eindrahtnachrichten** übertragen werden. Auch diese Signale sind „aktiv-LOW"; dies bedeutet, dass der logische Zustand „1" ein LOW-Signal und der logische Zustand „0" ein HIGH-Signal auf der Busleitung darstellt.

- **REN** (*remote enable*, Fernsteuerung einschalten): Diese Leitung wird vom Controller aktiviert. Ist REN = LOW, so werden alle Geräte am Bus vom Lokalbetrieb (Frontbedienung) auf den Fernsteuerbetrieb umgeschaltet.
- **IFC** (*interface clear*, Schnittstellensystem zurücksetzen): Der Controller kann die IFC-Leitung kurzzeitig auf LOW setzen und damit einen *reset* bewirken: Alle Geräte brechen ihre Aktivitäten ab und werden in einen Grundzustand zurückgesetzt.
- **ATN** (*Attention*, Achtung): Diese Leitung wird durch den Controller aktiviert; er zeigt die Art der Datenbussignale an. Bei ATN = LOW werden auf dem Datenbus Adressen oder Befehle übertragen; bei ATN = HIGH werden gerätespezifische Daten (z.B. Messwerte) übertragen.
- **SRQ** (*service request*, Bedienungsruf): Kann von jedem Gerät gesendet werden, jedoch nicht vom Controller. Setzt ein Gerät SRQ = LOW, so zeigt es an, dass es bedient werden möchte, weil z. B. Daten anliegen oder ein Fehler vorliegt. Der Controller veranlasst daraufhin eine Identifizierung des anfordernden Geräts.
- **EOI** (*end or identify*, Ende oder Kennung): Wird das Signal vom Talker gesendet, so ist dabei ATN = HIGH; in diesem Fall wird durch EOI = LOW das Ende der Datenübertragung angezeigt. Wird das Signal vom Controller gesendet, so ist dabei ATN = LOW; der Controller fordert durch EOI = LOW die Geräte auf, zu melden, welches von ihnen einen Datentransfer benötigt.

14.5 Messbrücken

In den Beispielen 2.13 bzw. 2.14 haben wir die Ersatzquelle einer Brückenschaltung berechnet, die von einer idealen Spannungsquelle bzw. Stromquelle gespeist wird. Derartige Brückenschaltungen werden in der Messtechnik häufig verwendet, wenn eine kleine Änderung ΔR eines Widerstandes, z.B. eines Sensors, erfasst werden soll.

Die von einer idealen Spannungsquelle gespeiste Brücke wird auch **spannungsgespeiste Brücke** genannt; die **Diagonalspannung** U_D der unbelasteten Brücke haben wir im Beispiel 2.13 ermittelt:

$$U_D = U \cdot \frac{R_2 R_3 - R_1 R_4}{(R_1 + R_2)(R_3 + R_4)} \tag{14.29}$$

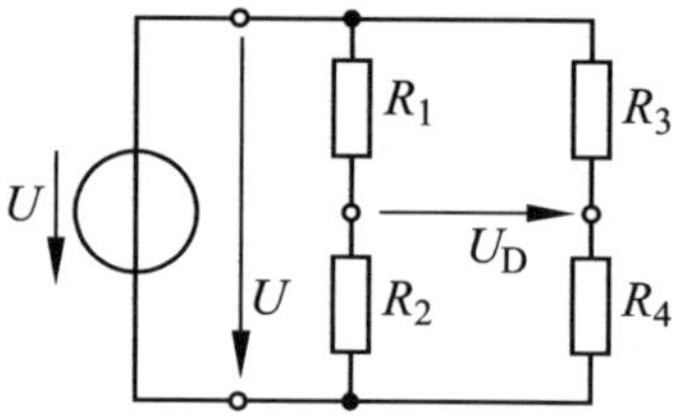

Bild 14.22 Spannungsgespeiste Brücke

Die von einer idealen Stromquelle gespeiste Brücke wird **stromgespeiste Brücke** genannt.

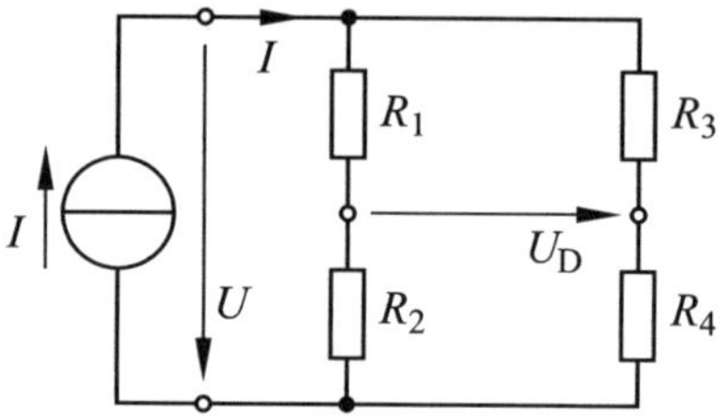

Bild 14.23 Stromgespeiste Brücke

Der Strom I fließt in die Parallelschaltung aus $(R_1 + R_2)$ und $(R_3 + R_4)$, wodurch der Spannungsabfall U entsteht:

$$I = \frac{U}{R_1 + R_2} + \frac{U}{R_3 + R_4} \tag{14.30}$$

Dies setzen wir in die Gl. (14.29) ein:

$$U_D = I \cdot \frac{R_2 R_3 - R_1 R_4}{R_1 + R_2 + R_3 + R_4} \tag{14.31}$$

Man spricht von einem **Abgleich** der Brücke, wenn $U_D = 0$ ist; dabei ist $R_2 R_3 = R_1 R_4$.

Der entscheidende Vorteil der Brückenschaltung liegt darin, dass die Widerstandsänderung ΔR in eine proportionale Spannung umgewandelt wird. Eine gleichsinnige Änderung sämtlicher Widerstände, wie sie z. B. durch Erwärmung entsteht, wirkt sich für $R_2 R_3 = R_1 R_4$ auf die Diagonalspannung U_D der Brücke nicht aus.

Bei der Messung mit einer Brückenschaltung 14.22 bzw. 14.23 ändern sich einer oder mehrere Widerstände in Abhängigkeit von der zu messenden physikalischen Größe. Folgende Bezeichnungen sind üblich:

- Ändert sich nur *ein* Widerstand und die übrigen sind konstant, so wird die Brücke als **Viertelbrücke** bezeichnet;
- ändern sich *zwei* Widerstände, so wird die Brücke als **Halbbrücke** bezeichnet;
- ändern sich alle *vier* Widerstände, so wird die Brücke als **Vollbrücke** bezeichnet.

Die Diagonalspannung U_D kann linear oder nichtlinear von der Widerstandsänderung ΔR abhängen. Wir befassen uns im Folgenden ausschließlich mit Brücken, bei denen eine *lineare* Abhängigkeit $U_D = f(\Delta R)$ vorliegt; dies ist z. B. bei den in der Tab. 14.2 angegebenen Halbbrücken der Fall.

Tabelle 14.2 Lineare Halbbrücken

	R_1	R_2	R_3	R_4	Speisung
1	R	$R+\Delta R$	$R+\Delta R$	R	I
2	R	$R+\Delta R$	R	$R-\Delta R$	I
3	$R-\Delta R$	$R+\Delta R$	R	R	I ; U

Für die Diagonalspannung einer dieser Halbbrücken gilt:

$$U_D = 0{,}5\ I\ \Delta R = 0{,}5\ U \cdot \frac{\Delta R}{R} \qquad (14.32)$$

Bei einer Vollbrücke mit $R_1 = R - \Delta R; R_2 = R + \Delta R; R_3 = R + \Delta R;\ R_4 = R - \Delta R$ ist sowohl für Spannungs- als auch für Stromspeisung die Diagonalspannung U_D linear von ΔR abhängig:

$$U_D = I\ \Delta R = U \cdot \frac{\Delta R}{R} \qquad (14.33)$$

14.6 Sensoren

Mit einem **Sensor** *(sensor)* kann eine nichtelektrische Größe in eine elektrische gewandelt werden.

Von einem Sensor wird verlangt, dass er bei einer Änderung der Messgröße schnell sein Ausgabesignal ändert, also keine große Zeitkonstante oder gar eine Totzeit aufweist. Das bedeutet z. B. für einen Temperatursensor, dass er keine große Masse haben darf, da er raschen Temperaturänderungen möglichst unverzögert folgen soll.
Erwünscht ist ferner eine hohe Empfindlichkeit des Sensors und, wenn möglich, Linearität: Das Ausgangssignal soll streng proportional zum Eingangssignal sein. Eine von der Wirkungsweise her unvermeidliche Nichtlinearität lässt sich allerdings durch eine elektronische Linearisierungsschaltung ausgleichen.
Außer diesen Eigenschaften wird vom Sensor eine hohe Dauerstandfestigkeit erwartet, er darf sein Übertragungsverhalten auch in jahrelangem Betrieb unter ungünstigsten Betriebsbedingungen nicht wesentlich verändern; tut er dies dennoch, so spricht man von einer **Drift** des Sensors.

Im Folgenden können wir nur wenige Sensoren beispielhaft behandeln. Die Auswahl aus der unübersehbaren Menge von Sensoren musste dabei im Wesentlichen willkürlich getroffen werden, wobei wir uns auf die Beschreibung von Längen-, Winkel-, Kraft- und Temperatursensoren beschränken wollen.

14.6.1 Längensensoren

Die nichtelektrische Größe, die bei einem Längensensor der Messung zugeführt werden soll, ist die Länge l einer Strecke, um die z. B. ein Werkstück verfahren wird. Beim **potentiometrischen Sensor** wird der Schleifer S eines Widerstandes verstellt (Bild 14.24); dadurch ändert sich die Länge l_2 des Teilwiderstandes und damit auch der Teilwiderstand R_2 des Potentiometers. Bei konstanter Spannung U ist die Teilspannung U_2 der Länge l_2 proportional:

$$U_2 = U \cdot \frac{R_2}{R} = U \cdot \frac{l_2}{l} \qquad (14.34)$$

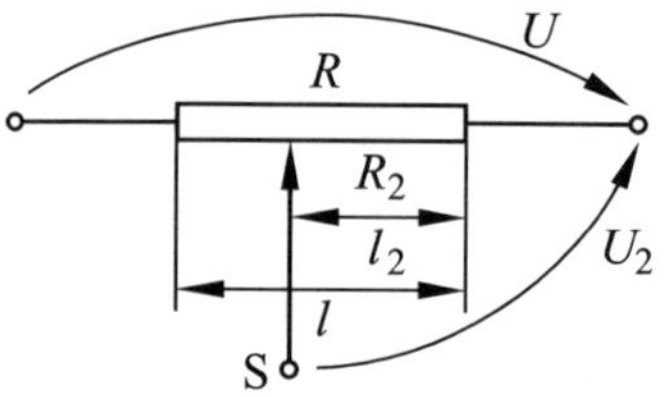

Bild 14.24 Schleifdrahtpotentiometer als Längensensor

Die Widerstandsbahn des Potentiometers kann aus einer Drahtwendel bestehen. Die Drähte sind voneinander isoliert, aber die Bahn für den Schleifer ist blankgeschliffen; diese Schleiferfläche muss entsprechend vorbehandelt sein, damit der Sensor korrosionsbeständig ist.
Eine hohe Abriebfestigkeit erreicht man mit einem harten, elektrisch leitenden Kunststoff, der etwa 10^8 Schleifspielen standhalten kann. Durch eine in das Leitermaterial eingefräste Korrekturrille lässt sich die Linearität auf Werte um 0,1 % verbessern, d.h. die Spannung U_2 weicht höchstens 0,1 % von dem nach Gl. (14.34) berechneten Wert ab.

Potentiometrische Sensoren werden für Längen im Bereich 1 cm bis etwa 1 m verwendet. Für größere Längen werden optische Verfahren eingesetzt. Auch für die digitale Messung einer Länge z. B. mit einem Codierlineal werden optische Systeme verwendet.

Beim **induktiven Sensor** taucht ein Eisenkern in eine Spule ein; man spricht dabei auch von einem **Tauchkernsensor**. Gegenüber dem potentiometrischen Sensor ist von Vorteil, dass der bewegliche Kern die Spule nicht berührt und dadurch ein Abrieb vermieden wird. Von Nachteil ist allerdings, dass die Induktivität L der Spule, die als elektrische Größe gemessen wird, nichtlinear vom Weg s abhängt.

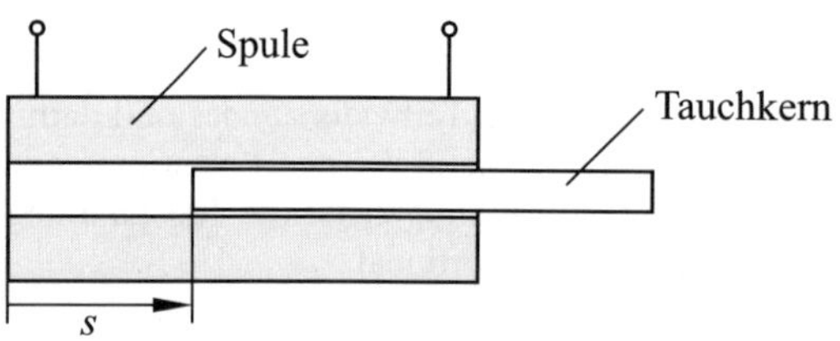

Bild 14.25 Tauchkernsensor, prinzipieller Aufbau

Als Beispiel für einen **kapazitiven Sensor** wollen wir die Füllstandsmessung einer elektrisch nichtleitenden Flüssigkeit betrachten. Der Sensor besteht aus einem Kondensator, der bis zur Höhe h mit dem Dielektrikum Flüssigkeit ($\varepsilon_r > 1$) gefüllt ist; der Rest mit der Höhe $l - h$ enthält das Dielektrikum Luft ($\varepsilon_r = 1$).

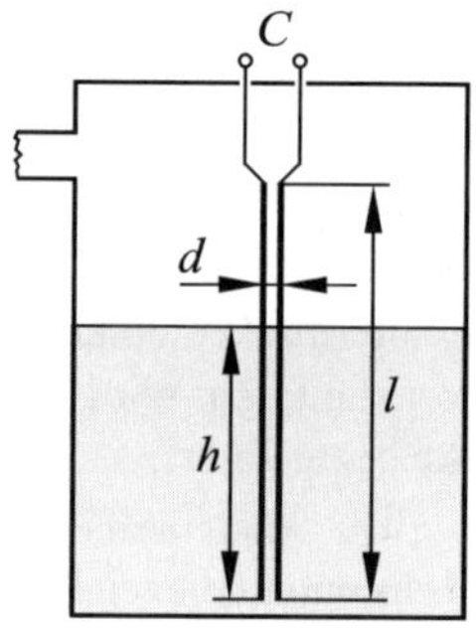

Bild 14.26 Kapazitive Füllstandsmessung

Die Kapazität C des Kondensators, die als elektrische Größe gemessen wird, ist linear von der Füllhöhe h abhängig.

14.6.2 Winkelsensoren

Die Winkellage eines Motorläufers wird mit einem **Resolver** gemessen, der eine Kombination aus einer rotierenden elektrischen Maschine und einem Transformator darstellt.
Die elektrische Maschine besitzt eine Läuferwicklung und zwei um 90° versetzt angeordnete Ständerwicklungen. Über den Transformator wird in

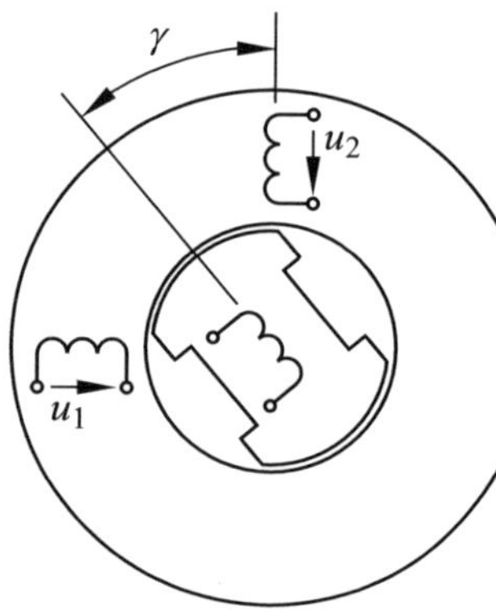

Bild 14.27 Resolver

die Läuferwicklung kontaktlos ein Trägersignal mit einer Frequenz von einigen kHz eingekoppelt. Das Magnetfeld der Läuferwicklung induziert in den Ständerwicklungen die Spannungen u_1 und u_2, aus denen mit integrierten Schaltkreisen der Winkel γ ermittelt wird.
Der Resolver selbst enthält keine elektronischen Bauteile; er arbeitet zuverlässig auch bei hohen Temperaturen und Erschütterungen, also unter rauen Umgebungsbedingungen.

14.6.3 Kraftsensoren

Die Messung einer Kraft wird meist mit **Dehnungsmessstreifen** *(strain gage)* vorgenommen. Dehnungsmessstreifen (**DMS**) werden entweder aus Metalldraht (Drahtdicke 15 ... 25 µm), als Folien-DMS mit geätzten Widerstandsbahnen oder als Dünnschicht-DMS hergestellt. Außerdem gibt es Halbleiter-DMS, bei denen das dehnungsempfindliche Sensorelement aus Silizium besteht.

Wirkt eine Zugkraft auf einen Leiter ein, so wird er gedehnt: Seine Länge l nimmt geringfügig um Δl zu, sein Durchmesser geringfügig ab. Die relative Längenänderung bei Krafteinwirkung wird als **Dehnung** ε bezeichnet:

$$\varepsilon = \frac{\Delta l}{l} \qquad (14.35)$$

Wirkt eine Druckkraft auf den Leiter ein, so ist die Dehnung negativ; dies wird häufig auch als **Stauchung** bezeichnet. Selbstverständlich muss der DMS gleichmäßig mit dem Untergrund verklebt sein, der die Druckkraft aufnimmt.
Die Dehnung des Widerstandsdrahtes muss im Elastizitätsbereich des Materials erfolgen. Die maximal zulässige Dehnung von Draht- und Folien-DMS liegt im Bereich $\varepsilon = 50 \cdot 10^{-3} \ldots 80 \cdot 10^{-3}$; in der Praxis wird eine maximale Dehnung im Bereich $5 \cdot 10^{-3} \ldots 8 \cdot 10^{-3}$ gewählt. Eine Überdehnung hat bleibende Verformung oder Zerstörung zur Folge.

Die relative Widerstandsänderung ist um den Faktor k größer als die Dehnung:

$$\frac{\Delta R}{R} = k\,\varepsilon \qquad (14.36)$$

Der k-Faktor wird als **Empfindlichkeit** oder als **Gage-Faktor** des DMS bezeichnet. Während Draht- und Folien-DMS einen k-Faktor im Bereich 2 ... 6 aufweisen, haben Halbleiter-DMS einen k-Faktor im Bereich 100 ... 200. Die Halbleiter-DMS besitzen jedoch eine sehr große Temperaturempfindlichkeit, eine geringe Linearität und eine kleine Dehngrenze (ca. $5 \cdot 10^{-3}$); außerdem sind sie sehr spröde, was ihre Handhabung erschwert.

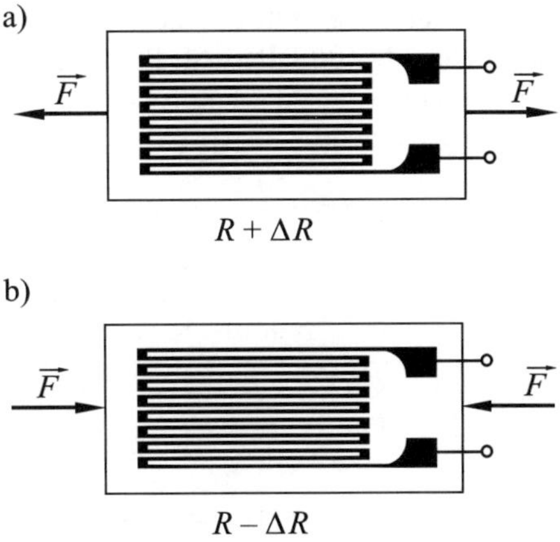

Bild 14.28 Widerstandsänderung eines Folien-DMS bei Dehnung (a) bzw. Stauchung (b)

Bei der Messung einer Biegespannung eines einseitig eingespannten Stabes werden z. B. zwei DMS so angebracht, dass der eine gedehnt und der andere gestaucht wird. Die Widerstandsänderung kann in einer Halbbrücke als Spannung angezeigt werden.

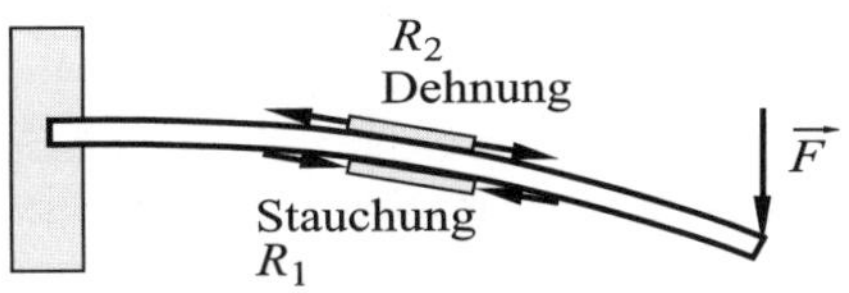

Bild 14.29 Messung einer Biegespannung

Bei einer **Kraftmessdose** werden vier DMS gedehnt bzw. gestaucht. Diese Kraftmessdosen werden als Messelemente in Waagen verwendet, die für Zug- und Druckbelastungen mit einem Messbereich 50 N ... $5 \cdot 10^9$ N hergestellt werden, wobei die Messunsicherheit etwa bei 0,05 % liegt.

14.6.4 Temperatursensoren

Der Widerstand eines elektrischen Leiters ist von seiner Temperatur ϑ abhängig; diesen Effekt nutzt man beim **Widerstandsthermometer** aus. Als metallische Sensoren werden Nickel (Ni) und Platin (Pt) verwendet, sie sind für Temperaturbereiche −60 °C … +180 °C (Ni) bzw. −200 °C … +850 °C (Pt) geeignet.
Genormte Widerstandsthermometer haben bei 0 °C den Widerstand 100 Ω; dies führt zu den Bezeichnungen Ni 100 DIN bzw. Pt 100 DIN. Die Bezugstemperatur (s. Abschn. 1.4.6) dieser Widerstandsthermometer ist 0 °C.

Tabelle 14.3 Temperaturkoeffizienten von Widerstandsthermometern nach DIN IEC 751

Sensor	Bereich in °C	α in 10^{-3} K^{-1}	β in 10^{-6} K^{-2}
Pt 100	0 … 850	3,90802	−0,580195
Ni 100	−20 … 130	5,45060	7,2742

Der eigentliche Messwiderstand ist eine dünne Drahtwendel, die von einem Schutzrohr aus Metall oder Keramikwerkstoff umschlossen ist; dieses schützt vor aggressiven Einwirkungen des umgebenden Mediums, wie z. B. chemischen Einwirkungen oder hohem Druck.
Während für Rauchgasmessungen bis 250 °C ein Messing-Schutzrohr ausreicht, muss für Gastemperaturen bis 500 °C unlegierter Rohrstahl St35 vorgesehen werden. Höchste Anforderungen werden z. B. bei der Temperaturmessung in Kunststoff-Spritzgussmaschinen gestellt; hierbei kommt austenitischer Stahl mit Molybdän- und Titanzusatz (V4A) zur Anwendung.
Messtechnisch ist das Schutzrohr ungünstig, da durch seine Wärmekapazität Verzögerungszeiten entstehen; seine Masse ist deswegen so gering wie möglich zu halten.

Gewöhnlich befindet sich der Sensor mit seinem Messwiderstand R_{M} in einiger Entfernung von der Umformerschaltung; hierdurch ergeben sich Probleme für seinen Anschluss. Die einfachste Methode ist die Zweidrahtschaltung; bei ihr werden zwei Drähte zum Messumformer geführt. Da ihre Widerstände in die Messung eingehen, eignet sich diese Schaltung nicht für genaue Messungen, sie wird deshalb nur bei kleinen Leitungslängen angewendet.
Für genaue Messungen bzw. bei großen Entfernungen zum Messort verwendet man die Vier-Leitermessung (s. Kap. 14.3); die Leitungswiderstände gehen hierbei nicht in die Messung ein.

Halbleiter-Temperatursensoren enthalten entweder NTC- oder PTC-Bauelemente. Sie verändern ihren Widerstand stärker mit der Temperatur als Metallsensoren, sind also empfindlicher als diese. Da ihre Kennlinie jedoch stark nichtlinear ist, kommt man hier ohne Linearisierungseinrichtungen nicht aus. Vorteilhaft ist das kleine Bauvolumen und die damit verbundene kurze Ansprechzeit des Sensors; man verwendet ihn deswegen bevorzugt bei Messungen von Oberflächentemperaturen und bei raschen Temperaturschwankungen. Der Messbereich liegt bei −70 °C … +300 °C.

Eine weitere Art von Temperatursensoren sind Thermoelemente (s. Kap. 7.3).

14.7 Messung von Spannung und Strom

14.7.1 Widerstand des Messwerks

Wird mit einem Messwerk eine Spannung U gemessen, so nimmt das Messgerät mit dem Widerstand R_{M} die Leistung $P = U^2 / R_{\mathrm{M}}$ auf. Damit diese Leistung, die dem Messobjekt entnommen wird, möglichst klein bleibt, wählt man den Widerstand R_{M} des Messgeräts möglichst groß.
Wird mit einem Messwerk ein Strom I gemessen, so nimmt das Messgerät mit dem Widerstand R_{M} die Leistung $P = I^2 \cdot R_{\mathrm{M}}$ auf. Damit diese Leistung, die dem Messobjekt entnommen wird, möglichst klein bleibt, wählt man den Widerstand R_{M} des Messgeräts möglichst klein.

Ein Multimeter mit Strom- und Spannungsmessbereichen stellt man nach dem Abschluss einer Messreihe zweckmäßig auf den höchsten Spannungsmessbereich um. Wird das Gerät erneut in Betrieb genommen, so kann eine hohe Spannung keinen Schaden anrichten.

14.7.2 Messung der Ersatzgrößen

Von einem linearen zweipoligen Netzwerk können zwei Ersatzgrößen angegeben werden, nämlich die Quellenspannung U_{qe} und der Innenwiderstand R_{ie} bzw. der Quellenstrom I_{qe} und der Innenleitwert G_{ie}.

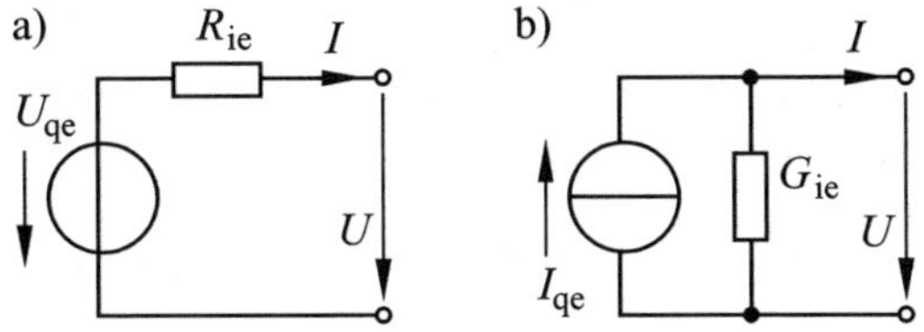

Bild 14.30 Ersatzgrößen eines linearen zweipoligen Netzwerks: a) Lineare Spannungsquelle, b) lineare Stromquelle

Zur Messung der Ersatzgrößen sind im Allg. zwei Messungen erforderlich. Nur im Sonderfall lässt sich *eine* Ersatzgröße mit einer einzigen Messung erfassen.
Ein derartiger Sonderfall liegt z. B. vor, wenn lediglich U_{qe} gesucht ist und der Messwerkwiderstand R_M des Spannungsmessers wesentlich größer als R_{ie} ist. Entsprechend genügt eine einzige Messung, wenn lediglich I_{qe} gesucht ist und der Messwerkwiderstand R_M des Strommessers wesentlich kleiner als $R_{ie} = 1/G_{ie}$ ist.

Beispiel 14.7
Die Quellenspannung U_{qx} und der Innenwiderstand R_{ix} eines unbekannten Netzwerks werden mit Hilfe eines Voltmeters ermittelt, das den Messwerkwiderstand $R_M = 1\ \text{M}\Omega$ aufweist.
Dazu werden zwei Messungen vorgenommen. Bei der ersten Messung mit $G_L = 0$ wird die Spannung $U_1 = 4{,}5$ V abgelesen. Bei der zweiten Messung mit $R_L = 100\ \text{k}\Omega$ wird die Spannung $U_2 = 2{,}4$ V abgelesen. Wir wollen die Spannung U_{qe} und den Ersatzwiderstand R_{ie} berechnen.

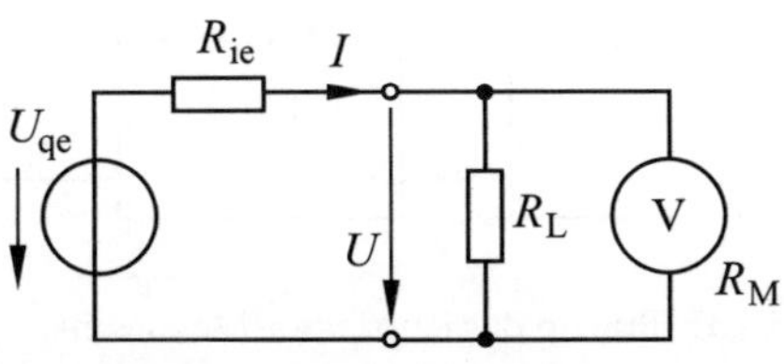

Wir berechnen die Ströme $I_1 = U_1/R_M = 4{,}5\ \mu\text{A}$ und $I_2 = (G_L + G_M)\, U_2 = 26{,}4\ \mu\text{A}$. Damit setzen wir zwei Maschengleichungen an:

$$R_{ie} I_1 + U_1 = U_{qe}$$

$$R_{ie} I_2 + U_2 = U_{qe}$$

Das lineare Gleichungssystem hat die Lösungen:

$U_{qe} = 4{,}93$ V ; $R_{ie} = 95{,}9\ \text{k}\Omega$

14.7.3 Strommesszange

Soll ein Strom mit einem „normalen“ Amperemeter gemessen werden, so muss der Stromkreis aufgetrennt werden. Die damit verbundenen Probleme entfallen bei der Verwendung einer **Strommesszange**, einem aufklappbaren Magnetjoch, das sich um den stromführenden Leiter schließen lässt.

Strommesszangen nur für Wechselstrom arbeiten nach dem Prinzip des Stromwandlers (s. Abschn. 12.1.9). Der stromführende Leiter dient als Primärwicklung und das Magnetjoch als Magnetkern; die Sekundärwicklung ist in der Zange eingebaut. Ein Messgerät, das meist mit der Zange kombiniert ist, mißt den Strom der Sekundärwicklung.
Strommesszangen, bei denen der Magnetkreis einen Luftspalt mit eingebautem HALL-Generator (s. Abschn. 5.11.3) enthält, werden zur Messung von Gleich- und Wechselströmen verwendet. Der magnetische Widerstand des Magnetkreises ist fast ausschließlich durch den Luftspalt bestimmt; dadurch ist die magnetische Flussdichte B, welche durch die HALL-Spannung gemessen werden kann, proportional zu dem im Primärkreis fließenden Strom.

14.7.4 Nicht sinusförmige Spannungen

Eine periodische nichtsinusförmige Spannung lässt sich als Summe einer Gleichspannung U_0 und vieler Teilspannungen U_k darstellen:

$$u = U_0 + \sum_{k=1}^{n} \hat{u}_k \cos(k\omega_1 t + \varphi_k) \qquad (14.37)$$

Eine derartige Reihe wird als **Fourier-Reihe** bezeichnet. Für $n \to \infty$ wird die Funktion genau dargestellt; in der Praxis begnügt man sich mit einem endlichen Wert für n, wobei die Funktion angenähert wird.

Die Teilschwingung mit der Ordnungszahl $k = 1$ heißt **Grundschwingung**; die übrigen Teilschwingungen werden **Oberschwingungen** *(harmonics)* genannt.
Sämtliche Amplituden und Nullphasenwinkel der Teilschwingungen einer periodischen Größe bezeichnet man als ihr **Spektrum** *(spectrum)*. Im **Amplitudenspektrum** werden die Amplituden $\hat{u}_k$ und im **Phasenspektrum** die Nullphasenwinkel φ_k über der Ordnungszahl k oder über der Frequenz $f = k\omega_1/(2\pi)$ aufgetragen.

Ist die Funktion $u(t)$ mathematisch definiert, so kann man das Spektrum berechnen oder einschlägigen Tabellen entnehmen. Das Bild 14.31 zeigt als Beispiel das Amplitudenspektrum einer Rechteck- und einer Sägezahnspannung.

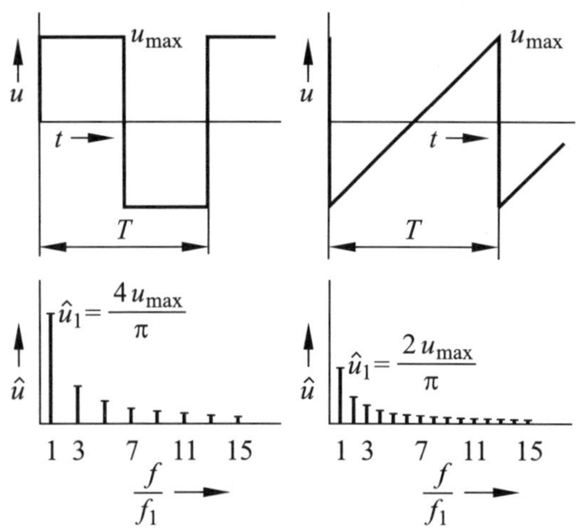

Bild 14.31 Amplitudenspektrum einer Rechteckspannung und einer Sägezahnspannung

Ist die Funktion $u(t)$ punktweise gemessen worden, so kann man mit der Diskreten Fourier-Transformation (DFT) das Spektrum bestimmen, was aber sehr rechenintensiv ist. Bei der schnellen Fourier-Transformation *(fast Fourier transform,* **FFT***)* ist die Anzahl der Rechenoperationen reduziert, wodurch sich eine entscheidende Verkürzung der Rechenzeit ergibt.
Mit einem FFT-**Spektrumanalysator** *(spectrum analyzer)* kann eine Spannung abgetastet und ihr Spektrum berechnet werden. Derartige Geräte werden bei Frequenzen bis zu einigen MHz eingesetzt.
Auch mit manchen Digitaloszilloskopen ist es möglich, die gespeicherten Spannungswerte mit einer FFT in den Frequenzbereich zu transformieren und das Spektrum darzustellen.

Eine einfache Bewertung eines Spektrums ist mit Hilfe des **Klirrfaktors** *(distortion factor) k* möglich; dabei wird der Effektivwert sämtlicher Oberschwingungen ins Verhältnis zum Effektivwert der Gesamtschwingung gesetzt:

$$k = \frac{\sqrt{U_2^2 + U_3^2 + \ldots + U_n^2}}{U} \tag{14.38}$$

Eine Sinusspannung hat den Klirrfaktor $k = 0$. Die im Bild 14.31 dargestellte Rechteckspannung hat den Klirrfaktor $k = 0{,}435$ und die Sägezahnspannung den Klirrfaktor $k = 0{,}532$.

Ein Klirrfaktor-Messgerät besteht aus einem Verstärker, einer Bandsperre und einem Verstärker, einer Bandsperre und einem Echt-Effektivwert-Messgerät. Zu Beginn der Messung wird der Verstärker direkt auf das Messgerät geschaltet (Schalterstellung 1) und die Verstärkung wird so eingestellt, dass das Messgerät 100 % anzeigt; außerdem wird die Bandsperre auf den Wert f_1 der Grundschwingung eingestellt, so dass U_1 nicht mehr im Spektrum enthalten ist.
Wird nun das Messgerät auf den Ausgang der Bandsperre umgeschaltet, so zeigt es den Klirrfaktor k an.

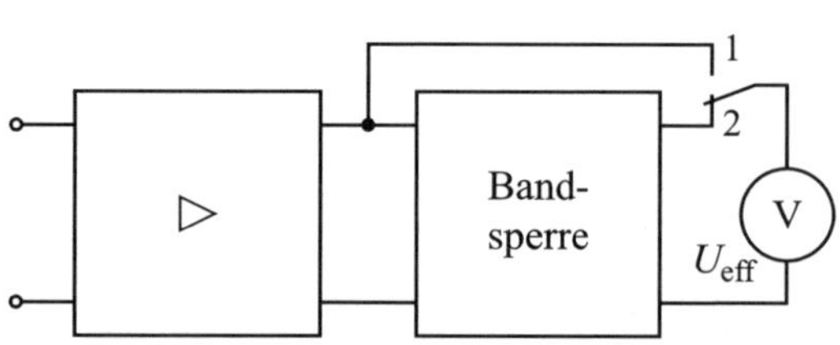

Bild 14.32 Prinzip des Klirrfaktor-Messgeräts

14.8 Leistungs- und Energiemessung

14.8.1 Leistungsmessung im Gleichstromnetz

Mit dem elektrodynamischen Messgerät lässt sich die Leistung $P = k\,I_1\,U_2$ eines Verbrauchers R_V sowohl in der spannungsrichtigen als auch in der stromrichtigen Schaltung messen; dabei ist k die Skalenkonstante und die Indizes stehen für den Strompfad (1) und den Spannungspfad (2).

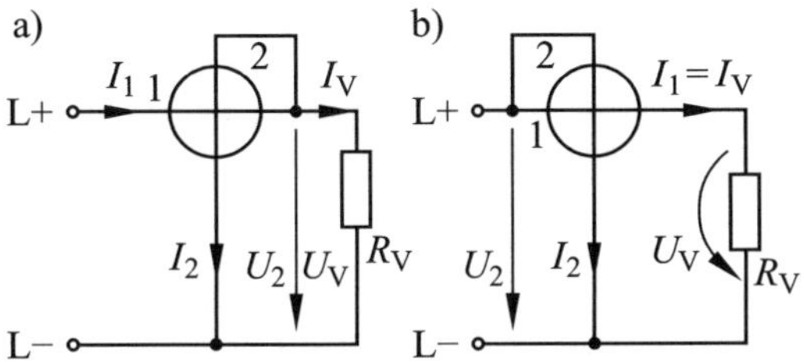

Bild 14.33 Leistungsmessung: a) spannungsrichtig; b) stromrichtig

Bei der spannungsrichtigen Schaltung ist die angezeigte Leistung um die im Spannungspfad verbrauchte Leistung zu hoch; bei der stromrichtigen Schaltung ist die angezeigte Leistung um die im Strompfad verbrauchte Leistung zu hoch.

Da der Leistungsmesser das *Produkt* aus Spannung und Stromstärke anzeigt, kann sein Strom- oder sein Spannungspfad schon überlastet sein, obwohl der Zeiger noch mitten im Anzeigebereich steht. Mindestanforderung nach VDE ist daher eine Dauerüberlastbarkeit des Strompfades um 20 %. Viele Hersteller bieten mehr, z. B. 100 %. Da es sich beim Strompfad um die feststehende Spule handelt, ist dies relativ leicht zu verwirklichen. Trotzdem sollte zur Sicherheit stets ein Amperemeter in Reihe mit dem Strompfad geschaltet werden.

Die bewegliche, aus dünnem Draht gewickelte Spannungsspule muss nach VDE ebenfalls dauernd um 20 %, kurzzeitig sogar um 100 % überlastbar sein. Meist ist der Spannungspfad weniger gefährdet, weil bei Betriebsmessungen die Spannung im Allg. bekannt ist und sich nicht überraschend erhöht.

Der Messbereich eines Leistungsmessers kann durch einen Nebenwiderstand R_N zum Strompfad bzw. durch einen Vorwiderstand R_{vor} zum Spannungspfad erweitert werden.

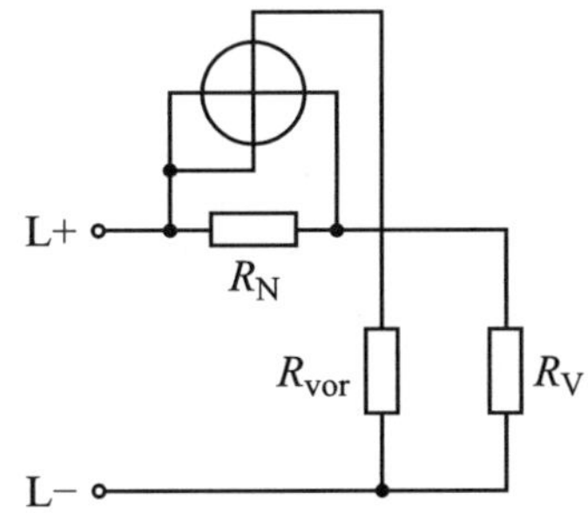

Bild 14.34 Messbereichserweiterung beim Leistungsmesser

14.8.2 Leistungsmessung im Wechselstromnetz

Sind der Strom i_1 und die Spannung u_2 Sinusgrößen der Frequenz f, so bildet das elektrodynamische Messgerät (s. Abschn. 14.2.3) die Leistung $P(t)$, die nach Bild 3.5 mit der Frequenz $2f$ um den arithmetischen Mittelwert P schwingt.
Weil das Messwerk wegen seiner mechanischen Trägheit dieser Schwingung nicht folgen kann, wird ihr Mittelwert $P = U\,I\cos\varphi$ angezeigt; das elektrodynamische Messgerät misst also die Wirkleistung.

Ist der Leistungsmesser an ein Eintor angeschlossen, das ausschließlich Blindleistung verursacht, so wird wegen $\varphi = 90°$ die Wirkleistung $P = 0$ angezeigt. Soll die Blindleistung $Q = U\,I\sin\varphi$ angezeigt werden, so muss der Strom im Spannungspfad gegen die Spannung U um 90° phasenverschoben werden. Wir wollen uns mit der hierzu erforderlichen Schaltung jedoch nicht befassen, weil die Messung der Blindleistung im Einphasen-Wechselstromnetz nur sehr selten vorgenommen wird.

Die Messbereichserweiterung wird bei der Leistungsmessung im Wechselstromnetz mit Messwandlern vorgenommen. Dabei muss jeder Wandler sekundärseitig an einer Klemme geerdet werden, damit die Potenziale im Strom- und Spannungspfad eindeutig festgelegt sind.

14.8.3 Leistungsmessung im Drehstromnetz

Vierleiternetz

Im Vierleiternetz sind die Verbraucher an die drei Außenleiter L1, L2 und L3 sowie an den Neutralleiter N angeschlossen.

Sind die Stränge einer Verbrauchergruppe untereinander gleich, so spricht man von **symmetrischer Last**. Dabei reicht zur Messung der gesamten Wirkleistung ein einziger Leistungsmesser aus, dessen Anzeige mit dem Faktor 3 zu multiplizieren ist. Meist verwendet man jedoch drei Leistungsmesser, weil man dann auch den möglicherweise auftretenden Fall unsymmetrischer Last erkennen kann.

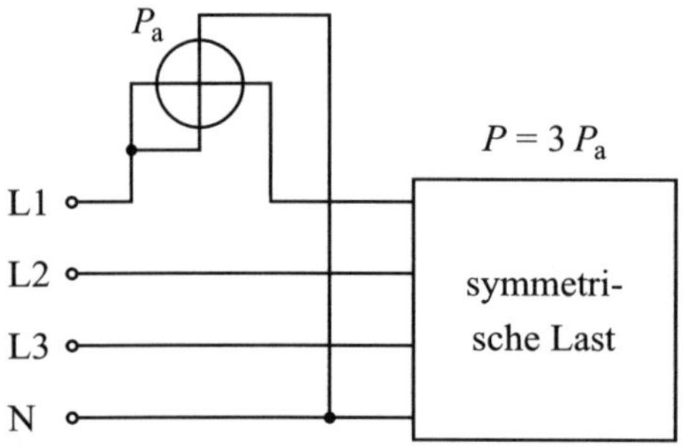

Bild 14.35 Messung der Wirkleistung bei symmetrischer Last im Vierleiternetz

Dreileiternetz

Ist der N-Leiter nicht vorhanden, so liegt ein **Dreileiternetz** vor. Für die Messung der Wirkleistung bei symmetrischer Last mit einem einzigen Leistungsmesser ist ein künstlicher Sternpunkt KSt (Bild 14.36) erforderlich, der mit zwei zusätzlichen Widerständen R_2 gebildet wird; der dritte Widerstand R_2 ist der des Spannungspfades.

Die Messung der Wirkleistung bei unsymmetrischer Last ist mit zwei Leistungsmessern in der **Aron-Schaltung** (Bild 14.37) möglich. Wir berechnen die komplexe Leistung eines Dreileiternetzes mit den Gln. (6.34 und 6.49):

$$\underline{S} = \underline{U}_{1N}\,\underline{I}_1^* + \underline{U}_{2N}\,\underline{I}_2^* + \underline{U}_{3N}\,\underline{I}_3^* \tag{14.39}$$

Im Dreileiternetz gilt nach dem Knotensatz:

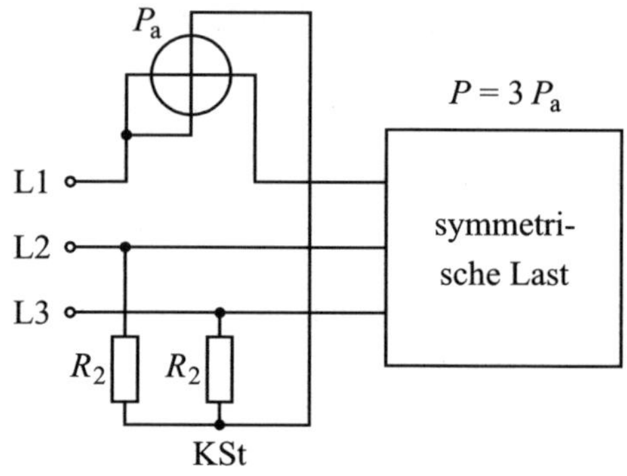

Bild 14.36 Messung der Wirkleistung bei symmetrischer Last im Dreileiternetz

$$\underline{I}_1^* + \underline{I}_2^* + \underline{I}_3^* = 0 \tag{14.40}$$

Wir setzen dies in die Gl. (14.39) ein:

$$\begin{aligned}\underline{S} &= \underline{U}_{1N}\,\underline{I}_1^* + \underline{U}_{2N}\,\underline{I}_2^* + \underline{U}_{3N}\,(-\underline{I}_1^* - \underline{I}_2^*)\\ &= (\underline{U}_{1N} - \underline{U}_{3N})\,\underline{I}_1^* + (\underline{U}_{2N} - \underline{U}_{3N})\,\underline{I}_2^*\end{aligned} \tag{14.41}$$

Mit den Außenleiterspannungen

$$\underline{U}_{1N} - \underline{U}_{3N} = \underline{U}_{13}\,;\;\; \underline{U}_{2N} - \underline{U}_{3N} = \underline{U}_{23}$$

erhalten wir:

$$\underline{S} = \underline{U}_{13}\,\underline{I}_1^* + \underline{U}_{23}\,\underline{I}_2^* \tag{14.42}$$

In der Aron-Schaltung lässt sich die gesamte Leistung mit nur zwei Leistungsmessern erfassen, deren Strompfade in den Leitern L1 und L2 und deren Spannungspfade zwischen L1 und L3 bzw. L2 und L3 angeschlossen sind.

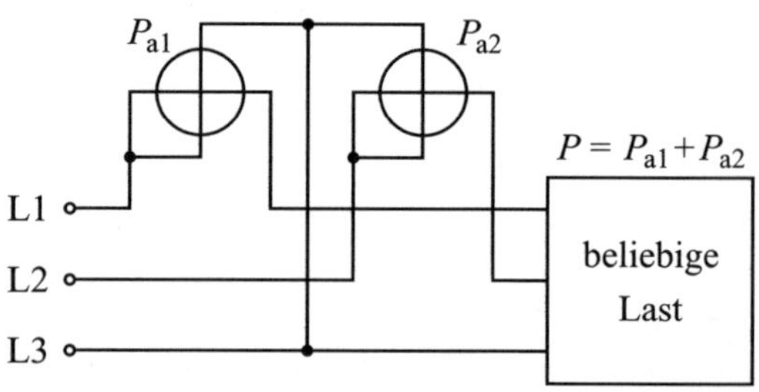

Bild 14.37 Messung der Wirkleistung mit der Aron-Schaltung bei beliebiger Last im Dreileiternetz

Wird die Leistung mit zwei oder drei Messwerken gemessen, so können diese an einer gemeinsamen Welle angeordnet sein, wodurch sich ihre Drehmomente addieren. Dadurch erhält man ein Messgerät, das die gesamte Leistung auf einer einzigen Skale unmittelbar anzeigt.

Zur Messung der Blindleistung benötigt man im Drehstromnetz keine Schaltung zur Phasenverschiebung um 90°. Wie das Bild 6.14 zeigt, gibt es zu jeder Strang- bzw. Außenleiterspannung eine weitere Spannung, die um 90° phasenverschoben ist; zu beachten ist lediglich, dass diese Spannung um den Faktor $\sqrt{3}$ größer oder kleiner ist.
Das Bild 14.38 zeigt als Beispiel die Messung der Blindleistung bei symmetrischer Last; dabei ist es unerheblich, ob es sich um ein Vier- oder ein Dreileiternetz handelt.

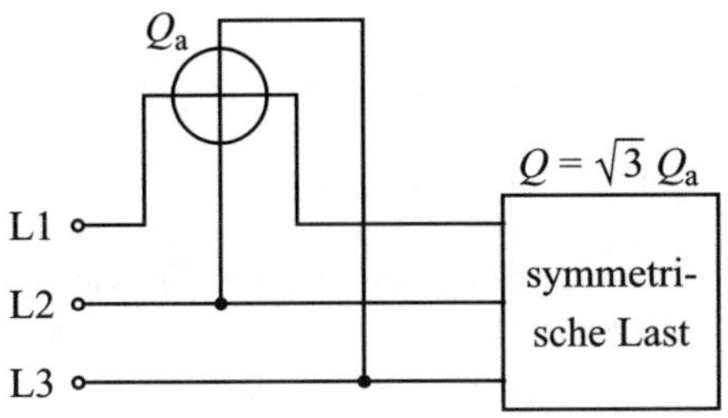

Bild 14.38 Messung der Blindleistung bei symmetrischer Last

Auch im Drehstromnetz werden Messbereichserweiterungen mit Spannungs- bzw. Stromwandlern vorgenommen.

14.8.4 Energiemessung im Drehstromnetz

Zur Messung der Wirkarbeit im Vierleiternetz werden drei Spannungs- und Stromeisen am Umfang der Aluminiumscheibe des Induktionsmesswerks angeordnet; zur Messung im Dreileiternetz sind für die Aron-Schaltung nur zwei Spannungs- und Stromeisen erforderlich.

Zur Messung der Blindarbeit werden die Spannungseisen an diejenigen Außenleiterspannungen geschaltet, die gegen die Strangspannungen um 90° phasenverschoben sind.

Die Kosten K der Arbeit W werden mit dem Kostenfaktor k ermittelt:

$$K = k\, W \tag{14.43}$$

Auf Antrag der Abnehmer werden unterschiedliche Kostenfaktoren k_T für betriebliche Tagzeiten (im Allg. 6 … 22 Uhr) und k_N für betriebliche Nachtzeiten (im Allg. 22 … 6 Uhr) angesetzt:

$$K = k_T\, W_T + k_N\, W_N \tag{14.44}$$

Die Energie wird in diesem Fall mit einem Induktionsmesswerk gemessen, das zwei Zählwerke besitzt. Beim Übergang auf die betriebliche Tagzeit wird auf das Zählwerk umgeschaltet, das die Arbeit W_T ermittelt; beim Übergang auf die betriebliche Nachtzeit wird auf das Zählwerk umgeschaltet, das die Arbeit W_N ermittelt.

Verbraucher hoher Leistung, die aus dem Drehstrom-Mittelspannungsnetz mit Spannungen 10 … 30 kV versorgt werden, müssen nicht nur die Energiekosten, sondern auch Kosten für die bereitgestellte Scheinleistung bezahlen:

$$K = \frac{P_{max}}{\cos\varphi}\, k_P + W_T\, k_T + W_N\, k_N \tag{14.45}$$

Der Leistungsfaktor $\cos\varphi$ wird mit der Wirkarbeit und mit der Blindarbeit berechnet.

Außer den beiden Zählwerken für W_T und W_N hat das Messgerät noch ein weiteres Zählwerk für die Energie W_M, das zu Beginn jeder Messperiode $t_M = 15$ min auf den Wert $W_M = 0$ zurückgestellt wird. Dabei wird jeder Tag in 96 Messperioden unterteilt.
Am Ende jeder Messperiode zeigt das Zählwerk für die Energie W_M die mittlere Leistung P_M in dieser Messperiode an:

$$P_M = \frac{W_M}{t_M} \tag{14.46}$$

Das Zählwerk für P_M arbeitet auf ein Maximumzählwerk, welches das Maximum P_{Mmax} feststellt. Das Energieversorgungsunternehmen (EVU) liest einmal im Monat dieses Maximum ab und stellt diesen Zähler auf den Wert $P_{Mmax} = 0$ zurück.

Aus den drei höchsten Werten P_{Mmax} eines Abrechnungsjahres wird das arithmetische Mittel $P_{\max}$ gebildet, welches in die Gl. (14.45) eingeht.

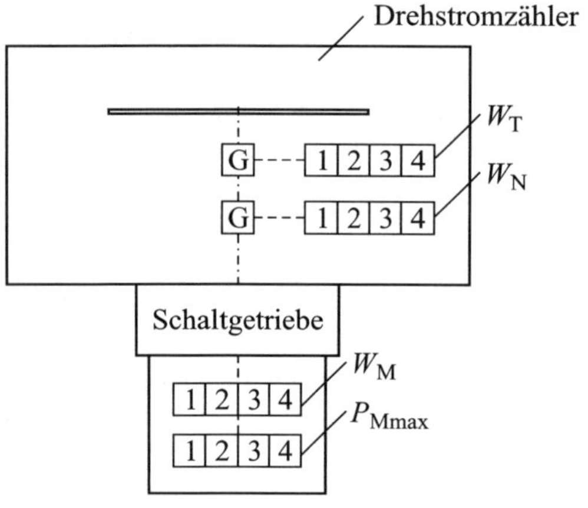

Bild 14.39 Prinzip des Maximumzählers

14.9 Messung von *C* und *L*

Eine verlustbehaftete Kapazität kann z. B. durch eine Reihenschaltung aus R_x und C_x ersetzt werden. Diese beiden Komponenten können z. B. mit der WIEN-Brücke gemessen werden.

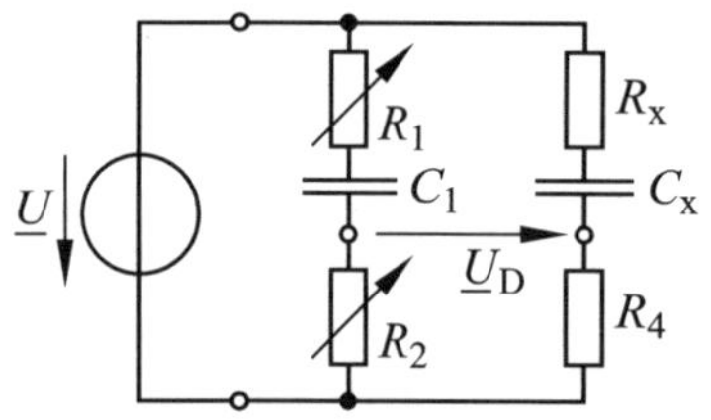

Bild 14.40 WIEN-Brücke

Die Speisespannung muss eine Sinusspannung mit dem Klirrfaktor $k = 0$ sein; diese Spannung darf also keine Oberschwingungen enthalten.
Die Widerstände R_1 und R_2 werden so lange verstellt, bis die Brücke abgeglichen ist, wobei $U_D = 0$ ist; in diesem Fall gilt:

$$R_x = R_1 R_4 G_2 ; \quad C_x = C_1 R_2 G_4 \tag{14.47}$$

Als Messinstrument für den Abgleich eignet sich z. B. ein Oszilloskop.

Mit der WIEN-Brücke kann auch die Änderung ΔC eines Sensors erfasst werden. Ist die Brücke zunächst abgeglichen und ändert sich danach die Kapazität um ΔC, so ergibt dies eine Diagonalspannung $\underline{U}_D$. Die Funktion $U_D = f(\Delta C)$ ist allerdings nichtlinear, da es sich um eine Viertelbrücke handelt.

Eine verlustbehaftete Induktivität kann z. B. durch eine Reihenschaltung aus R_x und L_x ersetzt werden. Diese beiden Komponenten können z. B. mit der MAXWELL-WIEN-Brücke gemessen werden.

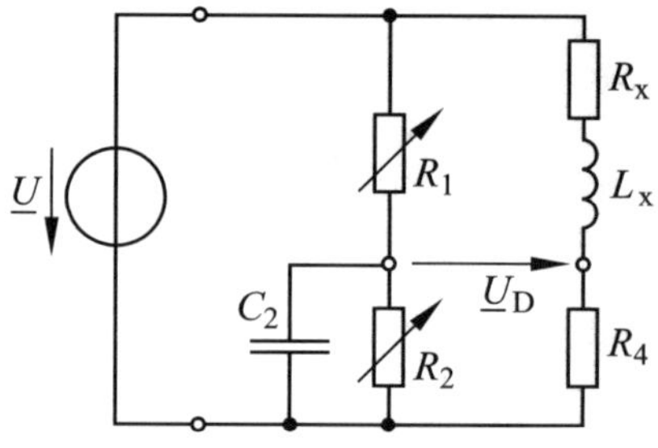

Bild 14.41 MAXWELL-WIEN-Brücke

Die Speisespannung muss eine Sinusspannung mit dem Klirrfaktor $k = 0$ sein; diese Spannung darf also keine Oberschwingungen enthalten.
Die Widerstände R_1 und R_2 werden so lange verstellt, bis die Brücke abgeglichen ist, wobei $U_D = 0$ ist; in diesem Fall gilt:

$$R_x = R_1 R_4 G_2 ; \quad L_x = R_1 R_4 C_2 \tag{14.48}$$

Als Messinstrument für den Abgleich eignet sich z. B. ein Oszilloskop. Mit der MAXWELL-WIEN-Brücke kann auch die Änderung ΔL eines Sensors erfasst werden.

Die Messung von *C* und *L* ist auch mit selbstabgleichenden Brücken möglich, die im mittleren bis höheren Preissegment erhältlich sind. Bei diesen Brücken entfällt der aufwändige Abgleich: Eines der beiden Abgleichelemente wird computergesteuert eingestellt, worauf die Brücke als Ausschlagbrücke arbeitet und die gewünschte Größe direkt anzeigt. Die Elemente der Ersatzschaltung dürfen weder von der Frequenz noch von der Spannung abhängig sein.

14.10 Zeitmessung

14.10.1 Tageszeit

Die Zeiteinheit Sekunde wird in **Atomuhren** als definiertes Vielfaches von Eigenschwingungen des Cäsium-Isotops ^{133}Cs genau bestimmt; eine solche Anlage steht bei der Physikalisch-Technischen Bundesanstalt PTB in Braunschweig.
Über den **Zeitzeichensender** DCF 77 in Mainflingen bei Aschaffenburg werden mit der Trägerfrequenz 77,5 kHz die von der PTB bestimmte Tageszeit und das Datum in einer Impulsfolge übertragen; diese Informationen werden von Funkuhren angezeigt.

Zeitgeber, die autark arbeiten wie z. B. die „normale“ Armbanduhr, enthalten einen Quarzoszillator (s. Abschn. 10.3.3) und einen Frequenzteiler.
Bei einer Armbanduhr kann die Frequenz des Quarzoszillators z. B. 2^{15} Hz = 32,768 kHz betragen. Sie wird mit einem Frequenzteiler herabgesetzt, der im Abschnitt 10.4.1 beschrieben ist.

Beträgt die Frequenz des Quarzoszillators z. B. $f_Q = 2^{15}$ Hz, so wird sie mit einem 15-stufigen Frequenzteiler auf den Sekundentakt mit der Frequenz $f_S = 1$ Hz heruntergeteilt.
Oszillator und Frequenzteiler sind in einem IC zusammengefasst. Mit der Frequenz 1 Hz wird ein Miniatur-Schrittmotor angetrieben, der den Sekundenzeiger direkt und die anderen Zeiger über ein Getriebe bewegt.

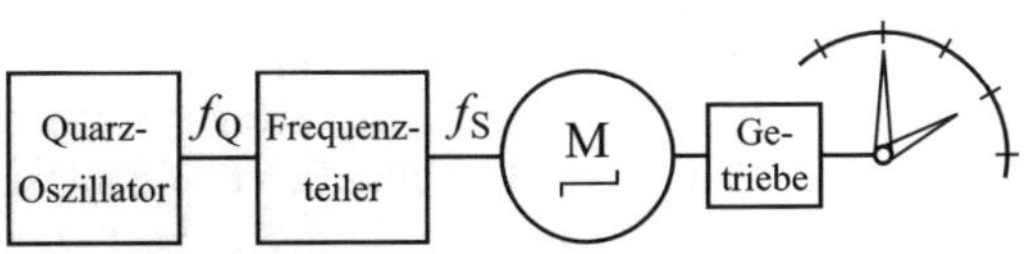

Bild 14.42 Prinzip des Zeitgebers

14.10.2 Zeitintervall

Auch die Messung eines Zeitintervalls wird mit Hilfe eines Quarzoszillators vorgenommen, der einen Takt vorgibt. Seine Impulse werden gezählt, so lange das vor dem Zähler liegende UND-Gatter geöffnet ist; dies ist der Fall, wenn über einen Startimpuls das RS-Flipflop gesetzt ist. Wird das Flipflop durch einen Stop-Impuls rückgesetzt, so wird die Zählung beendet.

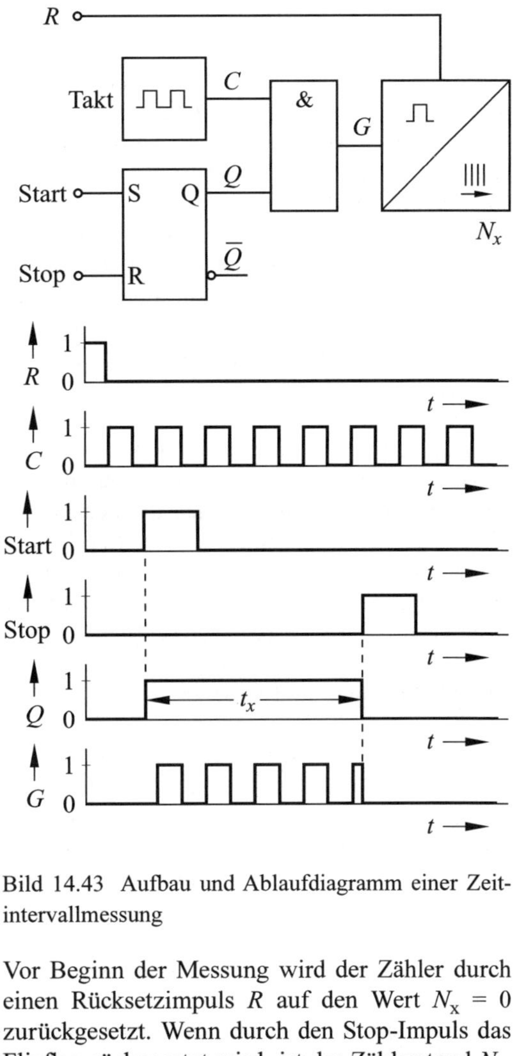

Bild 14.43 Aufbau und Ablaufdiagramm einer Zeitintervallmessung

Vor Beginn der Messung wird der Zähler durch einen Rücksetzimpuls R auf den Wert $N_x = 0$ zurückgesetzt. Wenn durch den Stop-Impuls das Flipflop rückgesetzt wird, ist der Zählerstand N_x. Mit der Frequenz f des Taktgebers berechnen wir das Zeitintervall:

$$t_x = \frac{N_x}{f} \qquad (14.49)$$

Da weder der Start- noch der Stop-Impuls mit dem Taktsignal synchronisiert sind, ist das Ergebnis um ein Ereignis unsicher. Die Unsicherheit im Ergebnis $N_x + 1$ fällt um so weniger ins Gewicht, je höher die Frequenz f des Taktgebers ist.

14.11 Elektromagnetische Verträglichkeit

14.11.1 Der Begriff EMV

Elektrische Anlagen oder Geräte müssen in ihrer Umgebung zufriedenstellend funktionieren und dürfen diese Umgebung nicht unzulässig beeinflussen. Man spricht dabei von **elektromagnetischer Verträglichkeit EMV** *(electro-magnetic compatibility,* EMC*).*
Einerseits dürfen die Anlagen oder Geräte bestimmte Emissionsgrenzwerte nicht überschreiten; andererseits müssen sie bestimmte Immissionsgrenzwerte tolerieren. Beides wird durch den gezielten Einsatz von Entstörmitteln bzw. -maßnahmen erreicht.

Man spricht auch von **Störquellen**, welche die Störungen verursachen, und **Störsenken**, die von den Störungen beeinflusst werden. Störquellen sind z. B. Kraftfahrzeug-Zündanlagen, Leuchtstofflampen, Universalmotoren, Geräte der Leistungselektronik, aber auch atmosphärische Entladungen (Blitze) oder ESD (s. Abschn. 10.7.4).

14.11.2 Normung und Gesetze

Die internationalen Normen der IEC (International Electrical Commission, Genf) werden von CENELEC (Comité Européen de Normalisation Electrotechnique, Brüssel) in Europanormen EN umgesetzt, die innerhalb der EG gelten und die Grundlage für die Harmonisierung nationaler Normen bilden.
Die Europanormen EN 50081 ff. und EN 61000 ff. betreffen z. B. die Störaussendung und die Störfestigkeit; sie stellen Fachgrundnormen für Prüf- und Messverfahren dar. Die Geräte werden in Produktfamilien zusammengefasst, für die spezielle Prüfverfahren festgelegt sind.

In Deutschland ist das EMV-Gesetz „EMVG" seit dem 13.11.1992 in Kraft. Es betrifft alle Geräte, die elektromagnetische Störungen verursachen können, und wendet sich sowohl an Hersteller und Importeure als auch an Betreiber von elektronischen Geräten. Eine Nichtbefolgung dieses Gesetzes stellt eine Ordnungswidrigkeit dar, die mit einer Geldstrafe geahndet wird.

14.11.3 Prüfung und Nachweis

Eine EMV-Prüfung findet in einem Prüflaboratorium statt, das von einem Akkreditierungsinstitut begutachtet wird; dabei wird auch das Personal geschult und geprüft.
Für die Prüflaboratorien und die Akkreditierungsinstitute gelten die Europanormen EN 45000 ff., in denen allgemeine Kriterien formuliert sind.

Im Folgenden ist eine Auswahl der Prüfungsarten aufgelistet, die zu einer EMV-Prüfung gehören können:

- Prüfung der Störfestigkeit gegen hochfrequente elektromagnetische Felder;
- Prüfung der Störfestigkeit gegen impulsförmige Magnetfelder;
- Prüfung der Störfestigkeit gegen schnelle transiente elektrische Störgrößen *(burst)*;
- Prüfung der Störfestigkeit gegen Stoßspannungen;
- Prüfung der Störfestigkeit gegen die Entladung statischer Elektrizität;
- Prüfung der Störfestigkeit gegen Spannungseinbrüche, Kurzzeitunterbrechungen und Spannungsschwankungen;
- Prüfung der Störfestigkeit gegen Funkstörungen.

Die Prüfung der Geräte nimmt der Hersteller entweder im eigenen Prüflaboratorium vor oder er lässt das Gerät bei einem EMV-Dienstleister prüfen. Auf der Grundlage des technischen Berichts einer erfolgreich bestandenen Typprüfung bzw. der Konformitätsbescheinigung einer externen Prüfstelle stellt der Hersteller eine formlose **Konformitätserklärung** aus, in der er bestätigt, dass das geprüfte Gerät und alle nach den gleichen Fertigungsunterlagen hergestellten Geräte den Anforderungen der Schutzziele der EG-Richtlinien genügen. Die Geräte erhalten die CE-Konformitätskennzeichnung.

Bild 14.44 CE-Konformitätskennzeichnung

15 Steuer- und Regelungstechnik

15.1 Die Begriffe Steuern und Regeln

Bei einer **Regelung** wird ein System beeinflusst, auf das Störgrößen einwirken. Dabei wird der Ist-Zustand des Systems durch eine oder mehrere Variablen erfasst und mit einem Soll-Zustand verglichen. Ergibt sich eine Abweichung des Ist-Zustandes vom Soll-Zustand, so erfolgt ein Eingriff in das System, durch den die Abweichung so weit wie möglich verringert wird.

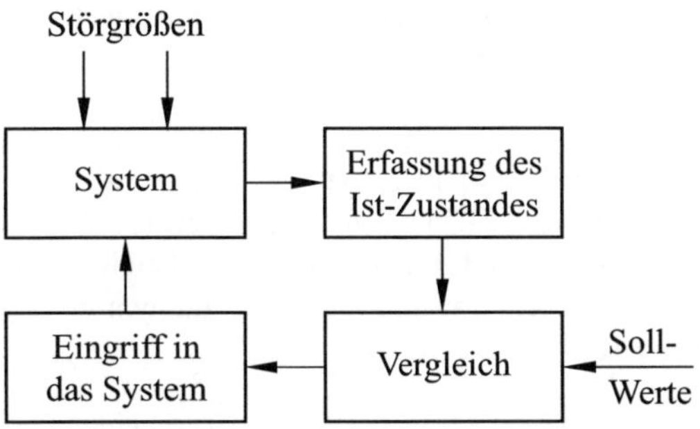

Bild 15.1 Wirkungsablauf einer Regelung

Ein einfaches Beispiel ist die Temperaturregelung eines Raumes. Störgrößen sind dabei:

- die Anzahl der Personen im Raum (je mehr Personen sich im Raum aufhalten, desto höher wird die Temperatur);
- das Öffnen von Fenstern oder Türen;
- der Wind, der durch die Fensterritzen bläst;
- die Sonne, die durch die Fenster scheint.

Bei der Temperaturregelung eines Raumes ist die Temperatur die Variable, die sich messen und mit einer Heizung oder einer Klimaanlage so beeinflussen lässt, dass die Werte für den Sollzustand nahezu erreicht werden.

Leider lässt sich nicht jedes System regeln, denn es gibt Systeme, bei denen man den Sollzustand nicht durch eine oder mehrere Variablen beschreiben kann, die bestimmte Werte annehmen sollen. Man spricht dabei von einem **Prozess**, bei dessen Ablauf Materie, Energie oder Information umgeformt, transportiert oder gespeichert wird. Ein Prozess wird durch eine **Steuerung** nach einer vorgedachten Strategie beeinflusst.

Ein einfaches Beispiel ist die Verkehrssteuerung durch eine Ampel an einer Straßenkreuzung. Dabei ist offensichtlich, dass es keine Variable gibt, die auf einen bestimmten Wert eingestellt werden soll.

Bei einer einfachen Steuerung wählt man einen bestimmten Zeitablauf der Grünphasen für die beiden Straßen. Will man die Steuerung einem unterschiedlichen Verkehrsfluss besser anpassen, so kann man mehrere Induktionsschleifen verlegen; damit kann die Anlage zwar besser reagieren, aber es lässt sich im Allg. nicht erreichen, dass jedes Fahrzeug ohne Wartezeit an der Ampel vorbeifährt.

Bei einer Steuerung gibt es zwei Arten des Wirkungsablaufes:

- Beim offenem Wirkungsweg beeinflusst der Steuerungsrechner über Stellwerte die Aktoren, die den Prozess steuern;
- beim geschlossenen Wirkungsweg geben Sensoren Messwerte an den Steuerungsrechner weiter, aber die Messgrößen wirken nicht kontinuierlich auf die Stellwerte ein.

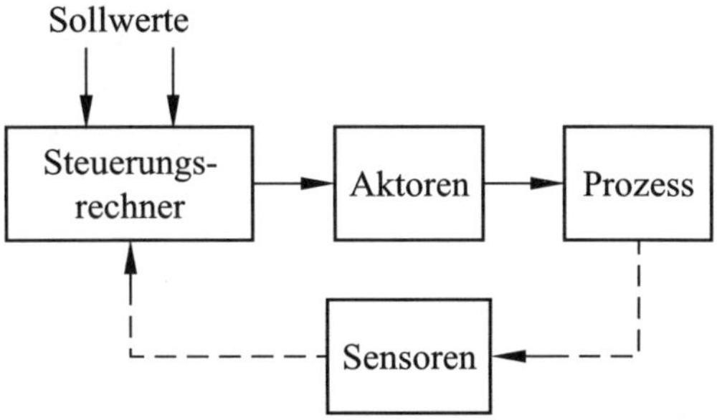

Bild 15.2 Aufbau einer Steuerkette

Die Begriffe Steuern und Regeln werden in der Umgangssprache nicht scharf getrennt. Bei dem Begriff „ein Auto steuern“ muss es sich um eine Regelung handeln, sonst würde das Fahrzeug bald vom Weg abkommen. Andererseits spricht man von einer „Verkehrsregelung“, die aber nur eine Verkehrssteuerung sein kann.

15.2 Entwicklung der Steuerungstechnik

15.2.1 Relaissteuerungen

Schon in der „Steinzeit" der Elektrotechnik wurden einfache Steuerungen mit Relais verwirklicht. Ein **Relais** *(relay)* ist ein Schalter, der von einer stromdurchflossenen Spule elektromagnetisch betätigt wird. Der Schalter kann geöffnet oder geschlossen werden.

Man bezeichnet einen Kontakt, der von der stromdurchflossenen Spule geöffnet wird, als **Öffner**; wird der Kontakt beim Einschalten der Spule geschlossen, so spricht man von einem **Schließer**. In Schaltplänen werden die Kontakte stets für den stromlosen Zustand der Spule gezeichnet.

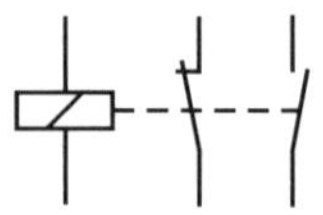

Bild 15.3 Relais mit Öffner und Schließer

Die in der Tab. 10.2 beschriebenen Grundgatter lassen sich auch mit Relais verwirklichen. Im Bild 15.4 sind die UND- sowie die ODER-Verknüpfung dargestellt. Die NICHT-Verknüpfung ist mit einem Relais zu realisieren, das einen Öffner betätigt.

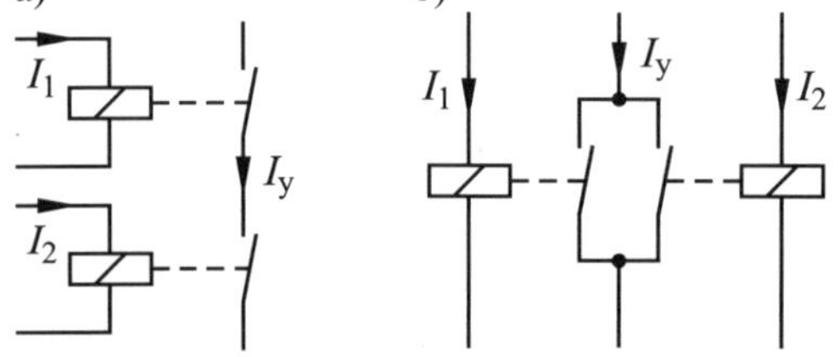

Bild 15.4 UND-Gatter (a) sowie ODER-Gatter (b)

Ein Relais für höhere Spannungen oder Ströme wird als **Schütz** bezeichnet. Derartige Geräte dienen auch in modernen Steuerungen dazu, größere Lasten zu schalten.

Relaissteuerungen für einfache, dezentrale Aufgaben werden auch heute vielfach verwendet, weil sie preisgünstig und zuverlässig sind. Im Abschn. 12.9.2 wird ein Beispiel beschrieben.

15.2.2 Speicherprogrammierbare Steuerungen

Die Schaltung einer Relaissteuerung ist durch Draht- oder Leiterplattenverbindungen festgelegt; man spricht dabei von einer **verbindungsprogrammierten** Schaltung. Eine derartige Schaltung lässt sich nachträglich kaum verändern und ist dementsprechend unflexibel.

Als dann die ersten **Mikrocontroller** *(micro controller,* µC*)* verfügbar waren, trennte man Hard- und Software; die Befehle für den Steuervorgang werden im Speicher des µC abgelegt und man spricht von einer **speicherprogrammierbaren Steuerung** (kurz: **SPS**).

Der Kern jeder SPS ist eine Zentralbaugruppe mit einem **Mikroprozessor** *(central processing unit,* CPU*)* mit Speichermedien für Programme und Daten, mit Schnittstellen zum Programmiergerät und mit Verbindungen zu den Ein-/Ausgabebaugruppen.

Bei der Arbeit mit einer SPS unterscheidet man drei Schritte:

- Mit Hilfe eines dialoggeführten Programmier- und Entwicklungssystems wird das Programm offline an einem PC entwickelt;
- über genormte Schnittstellen wie z.B. V-24 (s. Abschn. 10.6.3) wird das Programm in den Speicher der Steuerung geladen;
- in der online-Arbeitsphase werden die Eingangszustände zyklisch ermittelt und die Ausgänge entsprechend dem Steueralgorithmus beschaltet.

15.2.3 Steuerungen mit Prozessrechnern

Speicherprogrammierbare Steuerungen werden zunehmend mit Standard-PCs oder **Industrie-PCs** (IPC) realisiert. Diese zuletzt genannten PCs müssen je nach Einsatzort den mechanischen Beanspruchungen wie Stößen oder Vibrationen in der Nähe laufender Maschinen standhalten, dürfen bei hohen oder niedrigen Außentemperaturen nicht ausfallen und müssen das Eindringen von Stäuben, Spritzwasser oder Dämpfen in ihr Gehäuse verhindern. Außerdem wird von diesen PCs die EMV-Konformität gefordert.

Für umfangreiche Steuerungen sind PC und IPC im Allg. kostengünstiger als eine SPS. Über den ISA- bzw. PCI-Bus können AD- und DA-Wandler als Einsteckkarten in den PC integriert werden. Die PCs benutzen weitgehend bekannte Betriebssysteme (z. B. Windows NT); hierfür stehen viele Treiber und Entwicklungstools verschiedener Hersteller zur Verfügung.

15.3 Komponenten von Steuerungen

15.3.1 Mikrocontroller

Ein Mikrocontroller ist im Allg. als ***embedded controller*** in Geräte eingebettet und hat einen speziell strukturierten Rechnerkern mit Ein-/Ausgabesystem und Prozessperipherie.

Die Anforderungen an einen µC können sich erheblich von denen an einen Standardrechner unterscheiden:

- Der µC führt ein festes Programm aus;
- das Programm ist relativ kurz (< 200 kB);
- der µC arbeitet im Echtzeitbetrieb;
- beim Batteriebetrieb darf der µC nur eine geringe Leistung aufnehmen.

Moderne Mikrocontroller haben außer dem Prozessor *(central processing unit,* CPU*)*, einem ROM und einem RAM weitere Bausteine wie z. B.:

- Überwachungszeitgeber *(watchdog)*,
- mehrere Analog-Eingänge mit je einem AD-Wandler,
- Treiber für Peripherieregister,
- einen direkten Speicherzugriff *(direct memory access,* DMA*)* zwischen dem RAM und Peripheriebausteinen,
- Interruptcontroller,
- serielle Schnittstellen.

Für weitere Informationen zum Thema µC verweisen wir auf die Fachliteratur.

Eine andere Möglichkeit zur Realisierung von Steuerungsbaugruppen für eingebettete Systeme bilden die programmierbaren Logikbausteine FPGA (s. Abschn. 10.7.5).

15.3.2 Sensoren

Ein Sensor wandelt eine nichtelektrische physikalische Größe in eine elektrische um. Einige Beispiele für Sensoren werden im Kap. 14.6 genannt. Wir wollen uns im Folgenden lediglich mit **Näherungssensoren** befassen, die vor allem in der Steuerungstechnik eingesetzt werden.

Ein Beispiel für einen Näherungssensor haben wir bereits im Abschn. 12.8.3 beschrieben. Nähert sich ein Dauermagnet D einem HALL-Generator H, so wird dessen Spannung um so höher, je kleiner der Abstand *a* ist. Der SCHMITT-Trigger (s. Abschn. 10.3.1) gibt dann eine Spannung aus, wenn der Abstand einen bestimmten Wert unterschreitet.

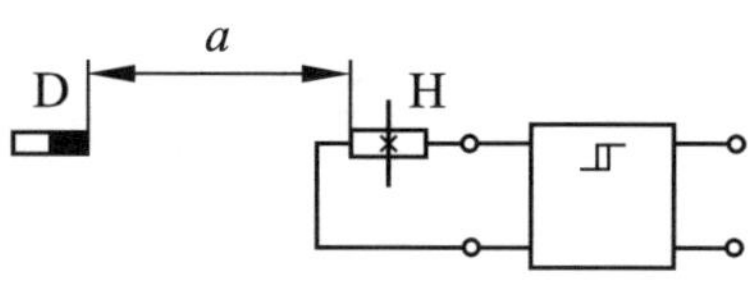

Bild 15.5 Näherungsschalter mit HALL-Generator

Mit einer **Induktionsschleife** *(inductive loop)* lässt sich feststellen, ob ein Fahrzeug einen bestimmten Bereich durchfährt. Je nach Schleifenumfang erhält die Schleife 2 … 5 Windungen.
Die Schleife ist Teil eines Oszillators; sie wird z. B. an Stelle des Quarzes in die Oszillatorschaltung nach Bild 10.27 eingefügt. Fährt ein Personen- oder Lastkraftwagen auf die Schleife, so wird deren Induktivität verändert und die Frequenz des Oszillators herabgesetzt.

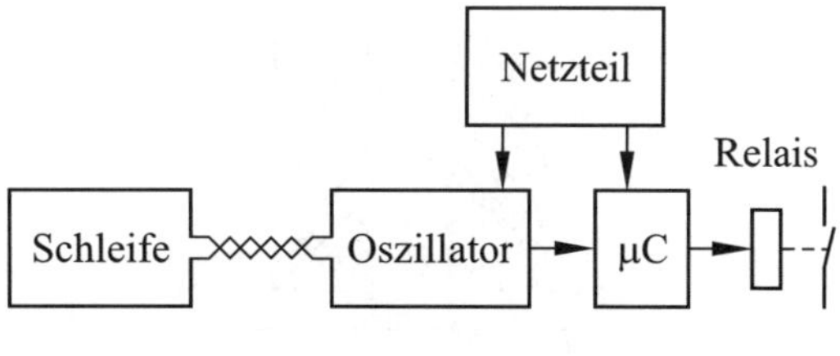

Bild 15.6 Induktionsschleife mit Auswertung

Werden in einem Parkhaus je eine Schleife in der Zufahrt und in der Ausfahrt verlegt, so kann man die Anzahl der freien Parkplätze ermitteln und anzeigen.

15.3.3 Aktoren

Mit **Aktoren** *(actuator)* werden die Masse-, Energie- und Informationsströme zielgerichtet beeinflusst.
So sind z.B. bei einer Verkehrssteuerung die Lichtzeichengeber die Aktoren.
In elektrischen Schaltungen und Anlagen kann man die Relais und Schütze als Aktoren ansehen. Stört bei zeitkritischen Steuerungen die Anzugszeit und das Kontaktprellen von Relais, so kann man **Optokoppler** einsetzen, bei denen eine Lumineszenzdiode, die Infrarotlicht aussendet, mit einem Phototransistor kombiniert ist.

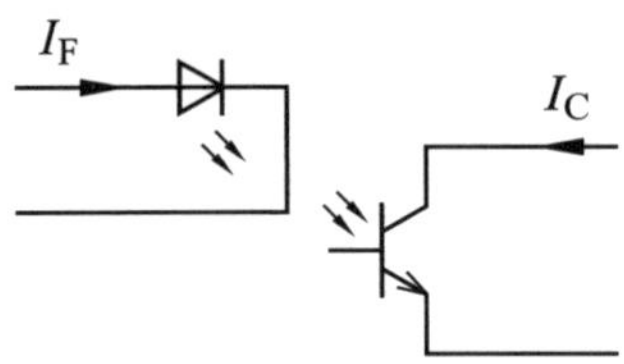

Bild 15.7 Optokoppler

Die Lumineszenzdiode und der Phototransistor sind elektrisch getrennt. Das **Übersetzungsverhältnis** $\alpha = I_F / I_C$ liegt im Bereich $\alpha = 0{,}1 \ldots 3{,}0$. Mit einem Optokoppler kann man nicht nur digitale Signale, sondern auch analoge Signale übertragen.

Zu den Stellantrieben gehört das **Magnetventil**, mit dem Gas- und Flüssigkeitsströme gesteuert werden können. Außerdem gibt es **Piezowandler**, die zwar nur kleine Stellwege bis 200 µm ermöglichen, aber hohe Stellkräfte bis 10 kN aufbringen können.

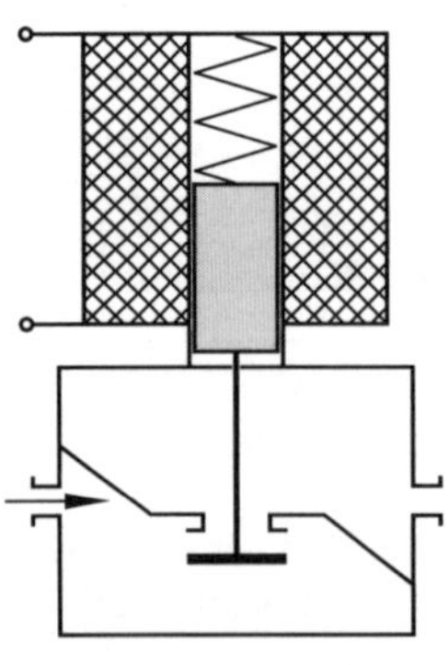

Bild 15.8 Magnetventil

Auch die meisten Arten von Elektromotoren lassen sich mit einer geeigneten Ansteuerung als Aktoren verwenden, wobei in letzter Zeit auch zunehmend Linearmotoren eingesetzt werden.

15.3.4 Feldbussysteme

Bei der Steuerung eines Prozesses wird die Ebene, auf der die Sensoren und Aktoren eingesetzt werden, als **Feldebene** bezeichnet. Ein **Feldbus** ist ein System von Leitungen, das die Sensoren und Aktoren auf dieser Ebene mit dem IPC verbindet.

Bei der „klassischen" Verdrahtungstechnik werden einige Leitungen von jedem Feldgerät zum Steuerrechner verlegt. Dieser hohe Aufwand wird durch die Feldbustechnik verringert.
Die wichtigsten Vorteile der Feldbustechnik sind:

- Einsparung von Leitungen
- Übertragung zusätzlicher Betriebsinformationen (Zustände, Grenzwerte, Betriebszeiten, Alarm)
- zentrale Diagnose (Fehlersuche vom Steuerrechner aus)
- Platzeinsparung im Schaltraum
- geringerer Montage- und Planungsaufwand

Bei der Feldbustechnik muss natürlich jeder Sensor und jeder Aktor über eine Busschnittstelle verfügen.
Zur Zeit gibt es mehrere Feldbussysteme, die sich für unterschiedliche Anwendungen durchgesetzt haben.

Mit dem **ASI-Bus** (**A**ktor-**S**ensor-**I**nterface) zur direkten Ankopplung einfacher Sensoren und Aktoren wie z. B. Lichtschranken, Magnetventile und Lampen können auch Energie- und Daten über die Busleitungen übertragen werden.

Über das **P-NET**, das mit abgeschirmten Zweidrahtleitungen arbeitet, können insgesamt bis zu 32 000 Teilnehmer über die RS-485-Schnittstelle angeschlossen werden.

Der **PROFIBUS** ***(Process Field Bus)***, der in der Norm EN 50 170 beschrieben ist, wird von vielen europäischen Firmen bevorzugt; von ihm gibt es drei Ausführungsformen:

- Der PROFIBUS DP ermöglicht die Ankopplung einer **d**ezentralen **P**eripherie;
- der PROFIBUS PA eignet sich für Anwendungen in explosionsgefährdeter Umgebung bei der **P**rozess**a**utomatisierung;
- mit dem PROFIBUS FMS *(**f**ield **m**essage **s**pecification)* ist eine Vernetzung mehrerer Steuerrechner möglich.

Der **CAN-Bus** *(Controller Area Network)* der Firma Bosch wird schon seit Jahrzehnten erfolgreich in der Automobilindustrie eingesetzt. Die Teilnehmerzahl ist nur durch die Leistungsfähigkeit der Treiberbausteine begrenzt. Bei der Übertragung mit maximal 1 MBit/s über verdrillte Zweidrahtleitungen ergibt sich eine sehr hohe Datensicherheit, da Fehler erkannt und signalisiert werden und defekte Stationen abgeschaltet werden können.

Der **INTERBUS** der Firma Phoenix Contact, Blomberg, ist ein schneller Feldbus für die digitale Datenkommunikation. Auch hierbei gibt es Ankopplungsmöglichkeiten für explosionsgefährdete Bereiche. Mehrere Schutzmechanismen gewähren eine hohe Datensicherheit.

Der im Kap. 14 beschriebene IEC-Bus ist für viele Anwendungen zu langsam; er hat sich nur im Bereich der Messtechnik durchgesetzt.

Der Feldbus hat den Vorteil einer erheblich kleineren Zahl von Leitungen; nachteilig ist dabei der erhöhte Zeitaufwand für die Datenübertragung, denn die Daten für die Feldgeräte müssen nacheinander übertragen und durch Start- und Stop-Bits voneinander getrennt werden.

Die Datenübertragung kann bei einem Feldbus nicht nur über Zweidraht- und Koaxialleitungen, sondern auch über Lichtwellenleiter LWL und durch Funk erfolgen (s. Kap. 17).

Zum Austausch der Daten müssen sowohl der Steuerrechner als auch die Feldgeräte auf den Bus zugreifen. Das für die Kommunikation erforderliche Verfahren wird als **Buszugriffsverfahren** bezeichnet. Hierbei gibt es mehrere unterschiedliche Arten:

- Beim ASI-Bus und beim IEC-Bus wird der Steuerrechner als **Master** und jedes Feldgerät als **Slave** bezeichnet. Das **Master/Slave-Verfahren** haben wir bereits beim IEC-Bus beschrieben.
- Beim INTERBUS werden die Informationen von einem Master durch eine Ringdatenleitung geschoben und von verschiedenen Busklemmen aufgenommen, die als Slave arbeiten.
- Bei einem **Multi-Master-System** (PROFIBUS, P-NET) können mehrere oder auch alle Kommunikationsteilnehmer zu einer bestimmten Zeit die Rolle eines Masters oder eines Slaves übernehmen. Damit keine Konflikte beim Buszugriff entstehen, wird auf einer höheren Leitebene festgelegt, wann welches Gerät als Master arbeitet.
- Beim CAN-Bus erfolgt der Buszugriff dadurch, dass die Teilnehmer am Bus hören, ob dieser frei ist. Greifen zwei Teilnehmer gleichzeitig auf einen freien Bus zu, so setzt sich der Teilnehmer mit der höheren Priorität durch.

15.3.5 Programme

In der Norm IEC 61 131 ist der weltweit gültige Standard für SPS-Modelle festgelegt. Die Normung der Teile 1 ... 4 ist abgeschlossen; weitere Teile der Norm werden noch erarbeitet.

Teil 1: Allgemeine Informationen und Definitionen
Teil 2: Hardwareanforderungen und Prüfungen
Teil 3: SPS-Programmiersprachen
Teil 4: Anwenderrichtlinien

Für die Erstellung von Programmen ist die Norm IEC 61 131-3 zuständig. Sie schreibt eine einheitliche Definition für Datentypen, Konstanten und Variablen verbindlich vor.

Das Softwaremodell beschreibt die Architektur des Programmiersystems. Auf jeder CPU können verschiedene Tasks ablaufen. Einer **Task** werden ein oder mehrere Programme zugeordnet, deren Ablauf durch sie organisiert werden.

In einer CPU können auch mehrere Tasks mit unterschiedlichen Zykluszeiten ablaufen. Dieses **Multitasking** hat den Vorteil, dass die Steuerung auf unteschiedliche Betriebszustände variabel reagieren kann.

Jedes Programm kann aus mehreren Funktionen oder Funktionsbausteinen bestehen:

- Eine **Funktion** kann mehrere Eingangsvariablen $x_1 \dots x_n$ haben, die zu einer einzigen Ausgangsvariablen y verarbeitet werden. Eine Funktion hat kein Gedächtnis; es ist nicht erlaubt, interne Zwischenwerte in einer Funktion zu speichern. Rekursive Aufrufe einer Funktion sind nicht zulässig.
- In einem **Funktionsbaustein** können Zwischenwerte gespeichert werden, die man als **Zustand** bezeichnet. Ein Funktionsbaustein kann mehrere Ausgänge $y_1 \dots y_n$ haben, die durch Verknüpfung der Eingänge $x_1 \dots x_n$ und der Zustände $z_1 \dots z_n$ erzeugt werden.

In der Norm IEC 61 131 ist auch eine Vielzahl von Standard-Funktionen und Standard-Funktionsbausteinen definiert.

Bei den Programmiersprachen unterscheidet die Norm zwischen den grafischen Sprachen (AS, KOP, FBS) und den Textsprachen (AWL, ST):

- Die Ablaufsprache AS ist für die Programmierung sequentieller Steuerungen vorgesehen;
- beim Kontaktplan KOP werden Relaissteuerungen abgebildet;
- bei der Funktionsbausteinsprache FBS werden Funktionen als Blöcke verwendet;
- die Anweisungsliste ist der Assemblerprogrammierung ähnlich;
- der strukturierte Text ST ist eine Hochsprache, die an die Syntax von ISO-Pascal angelehnt ist.

15.4 Steuerung elektrischer Maschinen

15.4.1 Ein- und Ausschalten

Das Bild 15.9 zeigt als Beispiel das Einschalten eines Gleichstrommotors mit zwei Tastern. Wird der Taster S1 kurzzeitig gedrückt, so zieht das Schütz K1 an und schließt die Kontakte 13; 14, die den Taster S1 überbrücken. Man bezeichnet ein solches System als **Halteglied**; der Motor läuft weiter, auch wenn der Taster S1 wieder losgelassen wird. Erst bei einer Betätigung von S2 fällt das Schütz ab und der Motor bleibt stehen.

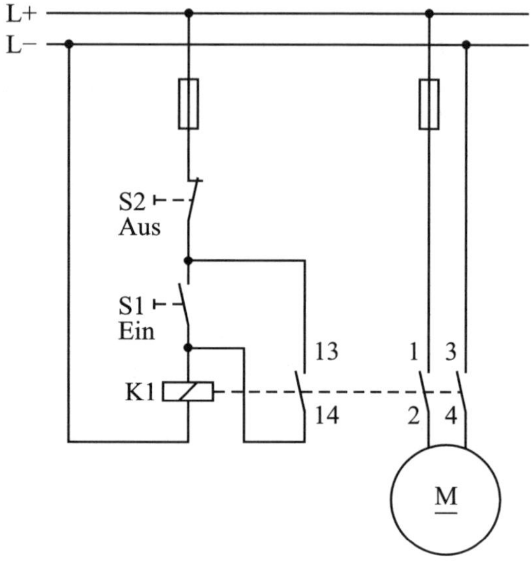

Bild 15.9 Haltegliedsteuerung eines Motors

15.4.2 Rechts- und Linkslauf

Der Drehrichtungswechsel einer Gleichstrommaschine ist bereits im Abschnitt 12.3.9 beschrieben worden. Bei einem Drehstrommotor ist der Drehrichtungswechsel durch das Vertauschen von zwei Zuleitungen mit einer **Wendeschützschaltung** möglich.

Das Bild 15.10 zeigt ein einfaches Beispiel für eine derartige Schaltung. Dabei muss verhindert werden, dass beide Schütze gleichzeitig anziehen, denn dadurch würde ein Kurzschluss entstehen.

Die gegenseitige Verriegelung der beiden Schütze erreicht man durch einen Öffner im jeweils anderen Steuerstromkreis. Wird z. B. der Taster S1 für Rechtslauf gedrückt, so betätigt das Schütz K1 den Öffner 13; 14 und macht es unmöglich, das Schütz K2 zu betätigen.
Jedes Schütz ist auch hierbei mit einer Selbsthaltung versehen.
Eine Umschaltung des Motors von Rechts- auf Linkslauf ist nur nach dem Drücken des Tasters S0 und damit einem Ausschalten des Motors möglich. Dies ist zweckmäßig, weil bei einem direkten Umschalten der Motor einen zu hohen Strom aufnehmen würde.

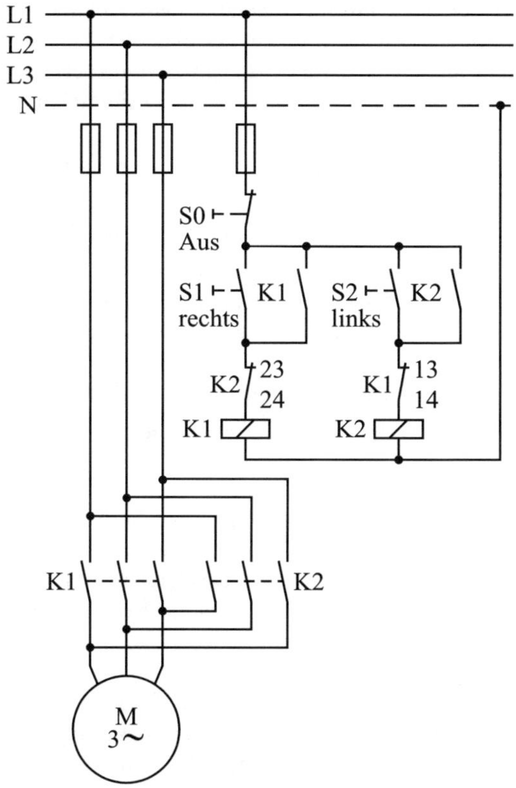

Bild 15.10 Wendeschützschaltung

15.4.3 Drehzahlstellung

Die Drehzahl eines fremderregten Gleichstrommotors ist gemäß Gl. (12.36) von der Ankerspannung U_a und vom Fluss Φ abhängig:

$$n = \frac{U_a - U_B - R_a I_a}{2\,\pi\, c \cdot \Phi} \qquad (12.36)$$

Wie diese Gleichung zeigt, ist die Steuerung des Motors nach zwei Verfahren möglich:

- Bei der **Spannungssteuerung** wird die Ankerspannung U_a verändert und der magnetische Fluss Φ bleibt konstant. Da die Bemessungsspannung U_{aN} nicht überschritten werden darf, ist nur der Spannungsbereich $0 < U_a \leq U_{aN}$ zulässig.
- Bei der **Flusssteuerung** wird der magnetische Fluss $\Phi < \Phi_N$ durch eine Verringerung des Erregerstromes I_f herabgesetzt; dadurch steigt die Drehzahl des Motors über den Nennwert an.

Im einfachsten Fall werden die Spannung U_a und der Erregerstrom I_f mit Hilfe je eines Vorwiderstandes herabgesetzt.

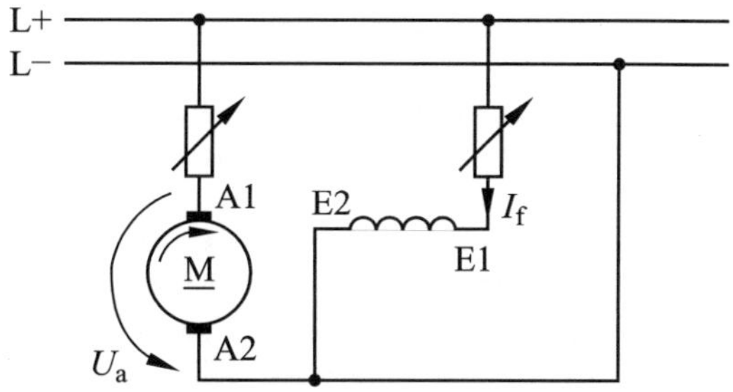

Bild 15.11 Drehzahlsteuerung eines Gleichstrommotors mit Hilfe von Vorwiderständen

Da die Verluste in den Widerständen den Wirkungsgrad herabsetzen, werden bei modernen Antrieben die Spannung U_a und der Erregerstrom I_f mit Hilfe der Leistungselektronik verändert.

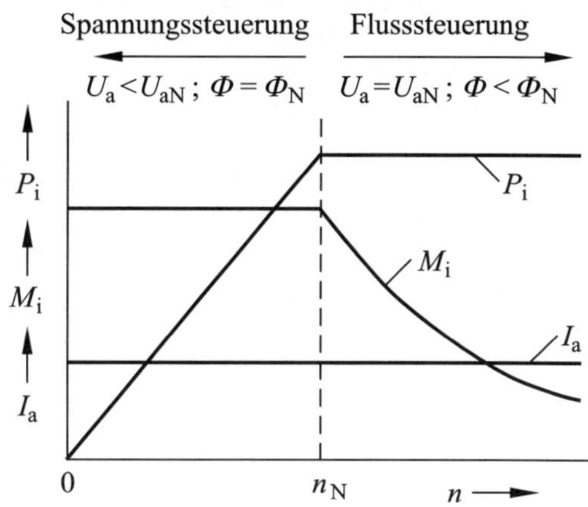

Bild 15.12 Steuerungskennlinien des fremderregten Motors

Wie die Gln. (12.26 und 12.30) zeigen, bleibt bei der Spannungssteuerung der Ankerstrom I_a näherungsweise konstant, wenn man den Spannungsabfall U_B an den Bürsten nicht berücksichtigt.

Die maximale Drehzahl n_{max}, die bei der Flusssteuerung erreichbar ist, beträgt für Motoren ohne Wendepole etwa 1,25 n_N; bei Motoren mit Wendepolen liegt n_{max} im Bereich 2 n_N ... 4 n_N.

15.5 Regelungstechnik

15.5.1 Regelkreis

Im Bild 15.1 ist der geschlossene Wirkungsablauf einer Regelung dargestellt. Die Gesamtheit der Elemente, die an diesem Wirkungsablauf beteiligt sind, bezeichnet man als **Regelkreis**.

Diejenige Größe in einem Regelkreis, die auf einen bestimmten Wert gebracht oder konstant gehalten werden soll, heißt **Regelgröße** x. Der Soll-Wert, den die Regelgröße annehmen soll, wird auch als **Führungsgröße** w bezeichnet. Der Vergleich zwischen dem Soll-Wert und dem Ist-Wert x_i der Regelgröße ergibt die **Regeldifferenz** x_d:

$$x_\mathrm{d} = w - x_\mathrm{i} \tag{15.1}$$

Das System, auf welches die Störgrößen $z_1 \ldots z_n$ einwirken, wird auch als **Regelstrecke** bezeichnet; an ihrem Ausgang steht die Regelgröße x an. Die Eingangsgröße y der Regelstrecke wird auch **Stellgröße** genannt; sie bewirkt die beabsichtigte Veränderung der Regelgröße x.

Das Bild 15.13 zeigt den prinzipiellen Aufbau eines Regelkreises. Der Sensor erfasst den Ist-Zustand und gibt den Ist-Wert x_i aus. Der **Regler** formt die Regeldifferenz x_d in die Stellgröße y um.

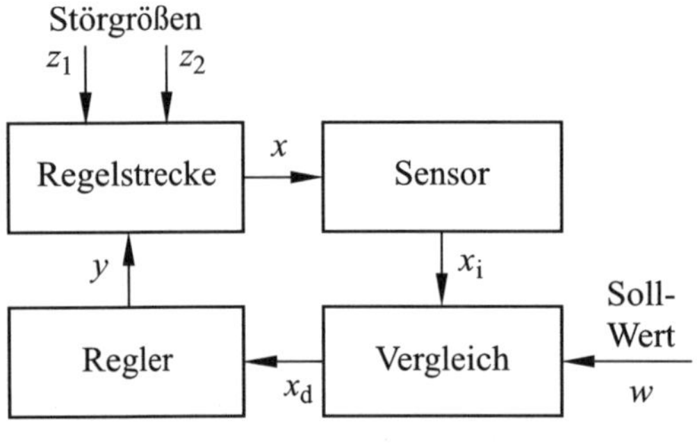

Bild 15.13 Prinzipieller Aufbau eines Regelkreises

Die Elemente des Regelkreises außerhalb der Regelstrecke bilden die **Regeleinrichtung**; im Bild 15.13 gehören hierzu der Sensor, die Vergleichseinrichtung und der Regler. Die Regeleinrichtung ist der informationsverarbeitende Teil der Anlage.

Wir befassen uns im Folgenden ausschließlich mit linearen Systemen, deren Koeffizienten konstant und nicht von der Zeit abhängig sind; derartige Systeme bezeichnet man auch als **zeitinvariant**.

Ein geregeltes System ist durch zwei Eigenschaften gekennzeichnet:

- Das System enthält eine Leistungsverstärkung;
- das System besitzt eine Rückkopplung, weil der Ausgang der Regelstrecke über den Regler mit dem Eingang der Regelstrecke verbunden ist.

Die Leistungsverstärkung ist erforderlich, damit die Regeleinrichtung auf die Regelstrecke einwirken kann.

Bei einer **Festwertregelung** ist der Sollwert konstant oder wird nur in größeren Zeitabständen verändert; man untersucht ein derartiges System dadurch, dass man eine sprunghafte Änderung der Störgröße z annimmt.

Wird dagegen der Sollwert w laufend verändert, so bezeichnet man ihn als **Führungsgröße** und spricht von einer **Folgeregelung**; man untersucht ein derartiges System dadurch, dass man eine sprunghafte Änderung der Führungsgröße w annimmt.

15.5.2 Eigenschaften von Regelstrecken

Die Eingangsgröße jeder Regelstrecke ist die Stellgröße y und die Ausgangsgröße ist die Regelgröße x. Außerdem wirkt die Störgröße z auf die Regelstrecke ein; wir gehen im Folgenden vereinfachend davon aus, dass nur eine einzige Störgröße vorliegt.

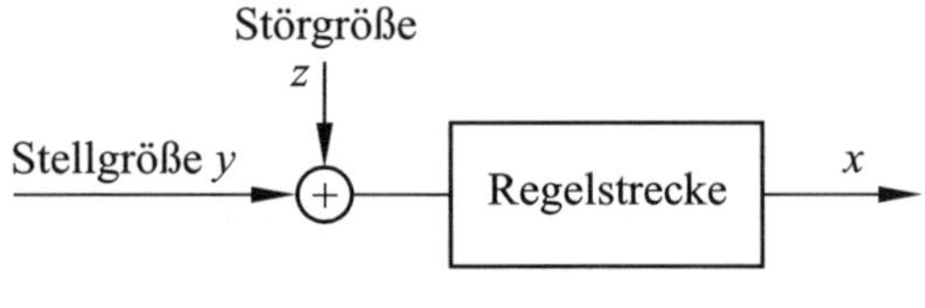

Bild 15.14 Regelstrecke

Die Funktion $x = f(y + z)$ wird als **Übertragungsfunktion** der Regelstrecke bezeichnet.

Bei der Darstellung der unterschiedlichen Arten des Übertragungsverhaltens von Regelstrecken geht man davon aus, dass die Stellgröße y zum Zeitpunkt t_0 vom Wert y_N auf den Wert y_1 springt und bezeichnet die Reaktion der Regelgröße als **Sprungantwort**. Die Störgröße bleibt bei dieser Beschreibung unberücksichtigt, man setzt $z = 0$.

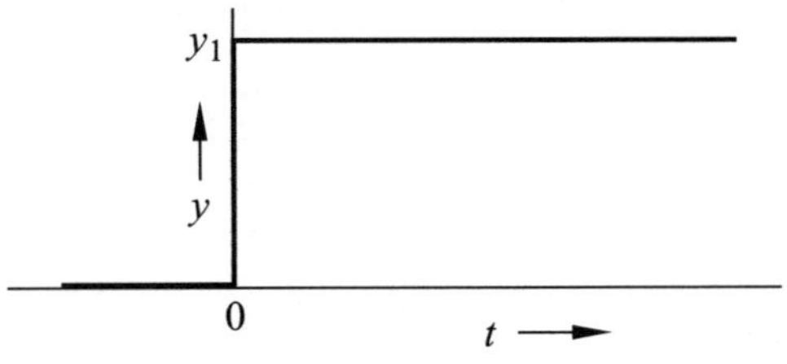

Bild 15.15 Sprung der Stellgröße zum Zeitpunkt $t = 0$ vom Wert $y_N = 0$ auf den Wert y_1

Bei der Sprungantwort gibt es folgende Arten:

- Beim proportionalen Verhalten $x = K_P \cdot y$ springt die Ausgangsgröße auf den Wert $x_1 = K_P \cdot y_1$; man nennt diese Regelstrecke **Proportionalstrecke** oder kurz **P-Strecke**.
- Beim integralen Verhalten $x = K_I \int y \, dt$ steigt die Ausgangsgröße linear an; man nennt diese Strecke kurz **I-Strecke**.
- Hat die Regelstrecke differenzierendes Verhalten, so steigt die Regelgröße $x = K_D \cdot dy/dt$ kurz an und fällt sofort wieder auf den alten Wert zurück; man nennt diese Strecke auch **D-Strecke**.
- Beim Totzeitverhalten springt die Ausgangsgröße erst nach der **Totzeit** T_t auf den Wert $x = K_P \cdot y$;
- Beim Verzögerungsverhalten ist die Sprungantwort die Lösung einer Differenzialgleichung n. Ordnung; man spricht dabei auch von einer **Verzögerungsstrecke** n. Ordnung.

Bei einer Verzögerungsstrecke 1. Ordnung verläuft die Sprungantwort nach einer e-Funktion, deren Tangente im Anfangspunkt auf dem oberen Beharrungswert die Zeitkonstante T_1 abschneidet. Durch sie wird das Zeitverhalten dieser Strecke, die man auch **P-T$_1$-Strecke** nennt, beschrieben.

Bei einer Verzögerungsstrecke 2. oder höherer Ordnung kann die Sprungantwort auch Schwingungen aufweisen.

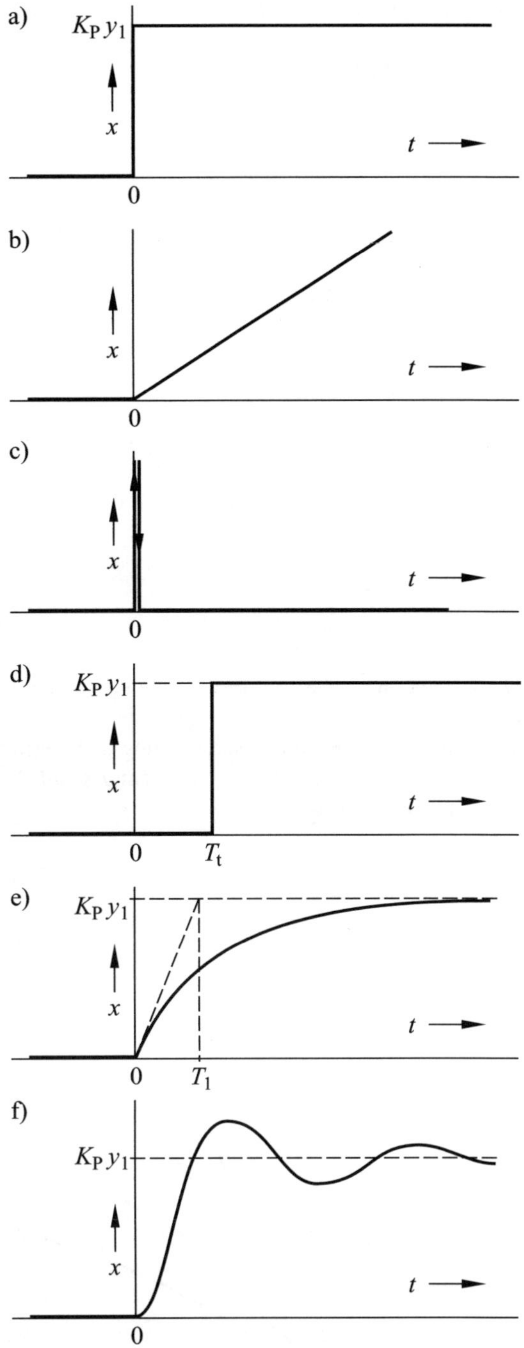

Bild 15.16 Sprungantwort von Regelstrecken: a) proportionales Verhalten; b) integrales Verhalten; c) differenzierendes Verhalten; d) Totzeitverhalten; e) PT$_1$-Verhalten; f) PT$_2$-Verhalten mit Schwingung

Die Differenzialgleichung der P-T_1-Strecke lautet:

$$T_1 \frac{dx}{dt} + x = K_P\, y \qquad (15.2)$$

Mit einer derartigen Differenzialgleichung 1. Ordnung haben wir uns bereits im Kap. 4.7 befasst. Für die Lösung benötigen wir zwei Größen, nämlich den Anfangswert $x = x_A$ für $t = 0$ und den Endwert $x = x_E$ für $t \to \infty$. Mit der Zeitkonstanten $\tau = T_1$ lautet die Lösung der Gl. (15.2):

$$x = x_E + (x_A - x_E) \cdot e^{-\frac{t}{\tau}} \qquad (15.3)$$

Im Bild 15.16e ist $x_A = 0$ und $x_E = K_P\, y_1$.
Eine Verzögerungsstrecke 2. Ordnung, die man auch **P-T_2-Strecke** nennt, wird durch eine Differenzialgleichung 2. Ordnung beschrieben:

$$T_2^2 \frac{d^2x}{dt^2} + T_1 \frac{dx}{dt} + x = K_P\, y \qquad (15.4)$$

Die Lösung dieser Differenzialgleichung kann um den stationären Endwert schwingen oder sich dem stationären Endwert ohne Schwingung annähern; entscheidend hierfür ist der **Dämpfungsgrad** ϑ (griech. Buchstabe theta):

$$\vartheta = \frac{T_1}{2T_2} \qquad (15.5)$$

Die Lösung der Gl. (15.4) nehmen wir für y nach Bild 15.15 vor; für $t \to \infty$ ist $x = x_E = K_P\, y_1$. Dabei sind die drei Fälle $\vartheta < 1$, $\vartheta = 1$ und $\vartheta > 1$ zu unterscheiden:

- Für $\vartheta < 1$ liegt der **periodische Fall** vor und es ergibt sich eine Schwingung mit der **Eigenfrequenz** *(natural frequency)* f_d, deren Amplitude exponentiell abnimmt; die Lösung lautet:

$$\frac{x}{x_E} = 1 - \left(\cos \omega_d t + \frac{a}{\omega_d} \sin \omega_d t\right) \cdot e^{-at} \qquad (15.6)$$

- Für $\vartheta > 1$ liegt der **aperiodische Fall** vor, bei dem *keine* Schwingung entsteht; die Lösung lautet:

$$\frac{x}{x_E} = 1 + \frac{\lambda_2}{2W} \cdot e^{\lambda_1 t} + \frac{\lambda_1}{2W} \cdot e^{\lambda_2 t} \qquad (15.7)$$

- Für $\vartheta = 1$ liegt der **aperiodische Grenzfall** vor, bei dem sich die Größe x dem stationären Endwert x_E schneller als bei jedem aperiodischen Verlauf nähert, wobei aber keine Schwingung entsteht; die Lösung lautet:

$$\frac{x}{x_E} = 1 - (1 + at) \cdot e^{-at} \qquad (15.8)$$

Das Bild 15.17 zeigt die unterschiedlichen Lösungen; die in den Gln. (15.6 … 15.8) verwendeten Abkürzungen bedeuten:

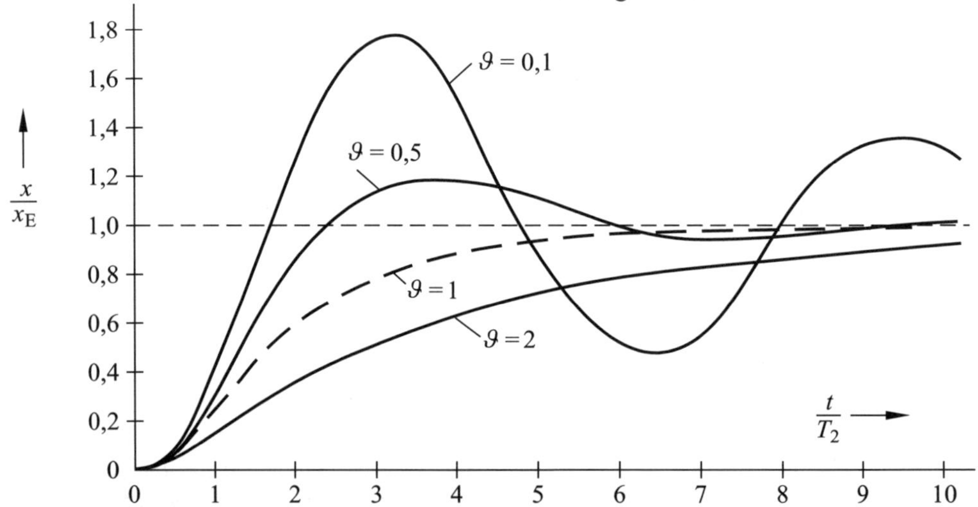

Bild 15.17 Lösungen der Gl. (15.4) für y nach Bild 15.15 und unterschiedliche Dämpfungsgrade

$$a = \frac{T_1}{2T_2^2}\ ;\ b = \frac{1}{T_2}$$

$$\omega_d = 2\,\pi\, f_d = \sqrt{b^2 - a^2} \qquad (15.9)$$

$$W = \sqrt{a^2 - b^2};\ \ \lambda_{1,2} = -a \pm W$$

Beim periodischen Fall wird die Differenz zwischen dem Maximum und dem stationären Endwert als **Überschwingweite** *ü* bezeichnet:

$$ü = e^{-\pi\vartheta/\sqrt{1-\vartheta^2}} \qquad (15.10)$$

Je niedriger der Dämpfungsgrad, desto höher ist die Überschwingweite; so ist z. B. für $\vartheta = 0{,}5$ die Überschwingweite $ü = 0{,}163$ und für $\vartheta = 0{,}1$ ist $ü = 0{,}729$ (Bild 15.17).

Strebt die Regelgröße x bei einer sprungförmigen Änderung der Stellgröße y einem Beharrungswert zu, so spricht man von einer Strecke mit **Ausgleich**; so ist z. B. die P-Strecke eine Strecke mit Ausgleich.
Bei einer Strecke ohne Ausgleich strebt die Regelgröße x keinem Beharrungswert zu, wenn sich die Stellgröße y sprungförmig ändert; dies ist z. B. bei der Strecke mit integralem Verhalten der Fall.

15.5.3 Regler

Ein **stetiger Regler** erfasst dauernd die Regelgröße x und ermittelt zu jedem Zeitpunkt eine geeignete Stellgröße y; ein derartiger Regler arbeitet *analog.* Ein *digitaler* Regler tastet dagegen die Regelgröße x zu diskreten Zeitpunkten ab, wonach mit einem Digitalrechner die Stellgröße y berechnet wird.

Nach der Art der vom Regler ausgeführten Operation unterscheidet man drei Grundtypen:

- Beim proportional wirkenden Regler, der auch kurz **P-Regler** genannt wird, ist die Stellgröße y proportional der Regeldifferenz x_d und es gilt:

$$y = K_R \cdot x_d \qquad (15.11)$$

- Beim integrierenden Regler, der auch kurz als **I-Regler** bezeichnet wird, ist die zeitliche Ableitung der Stellgröße y proportional der Regeldifferenz x_d und es gilt:

$$\frac{dy}{dt} = \frac{1}{T_I} \cdot x_d \qquad (15.12)$$

Wir lösen diese Gleichung nach der Stellgröße y auf:

$$y = \frac{1}{T_I} \int_0^t x_d \cdot dt \qquad (15.13)$$

- Beim differenzierenden Regler, der auch kurz **D-Regler** genannt wird, ist die Stellgröße y proportional der zeitlichen Ableitung der Regeldifferenz x_d und es gilt:

$$y = T_D \cdot \frac{dx_d}{dt} \qquad (15.14)$$

Die Grundtypen der Regler werden auch zum PI-, PD- oder PID-Regler kombiniert. So gilt z. B. für die Stellgröße des PID-Reglers:

$$y = K_R \cdot x_d + \frac{1}{T_I} \int_0^t x_d \cdot dt + T_D \cdot \frac{dx_d}{dt} \qquad (15.15)$$

15.5.4 Simulation des Regelkreises

Beim Regelkreis nach Bild 15.13 nehmen wir einen Aufbau der Regelstrecke nach Bild 15.14 an, bei der nur eine einzige Störgröße auf die Regelstrecke einwirkt. Wir nehmen im Folgenden an, dass die Größen x, y und z sowie x_d, x_i und w bezogene und damit einheitenlose Größen sind. Außerdem nehmen wir den Sensor als ideal an und setzen $x_i = x$.

Außer der Gl. (15.1) wird der Regelkreis durch die Gleichung der Regelstrecke und die Gleichung des Reglers beschrieben.
Ist eine dieser drei Gleichungen eine Differenzialgleichung höherer Ordnung oder eine Integro-Differenzialgleichung wie die Gl. (15.15), so ist die Lösung des Gleichungssystems mit hohem Aufwand verbunden.
Wir ersetzen daher zweckmäßig den Regler, die Regelstrecke und die Vergleichsstelle durch ein elektrisches Modell und analysieren dieses Netz mit PSpice (s. Kap. 8).

Bei der Simulation des Regelkreises stellen wir die Variablen x, y und z sowie x_d, x_i und w als Spannungen dar.
In der Schaltung 15.18 wird die Spannung x_i von der Spannung w subtrahiert; das Ergebnis ist die Spannung x_d. Damit eignet sich die Schaltung 15.18 als Modell für die Vergleichsstelle.

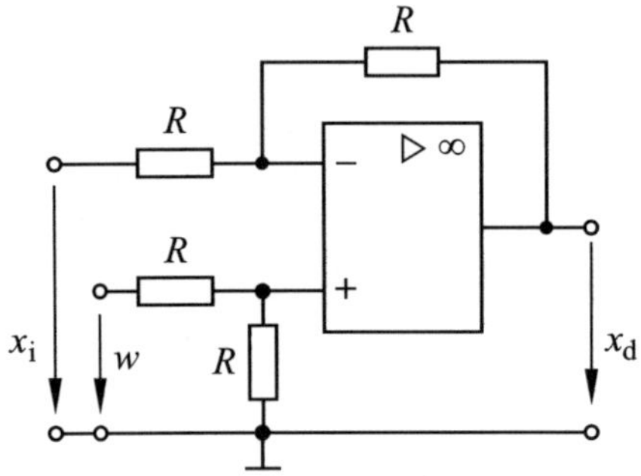

Bild 15.18 Subtrahierer als Modell für die Vergleichsstelle

Ist die Regelstrecke eine P-Strecke ohne Verzögerung, so ist ein leerlaufender Spannungsteiler das geeignete Modell für $K_P < 1$; für $K_P > 1$ verwenden wir zweckmäßig den nicht invertierenden Verstärker (Bild 9.14).

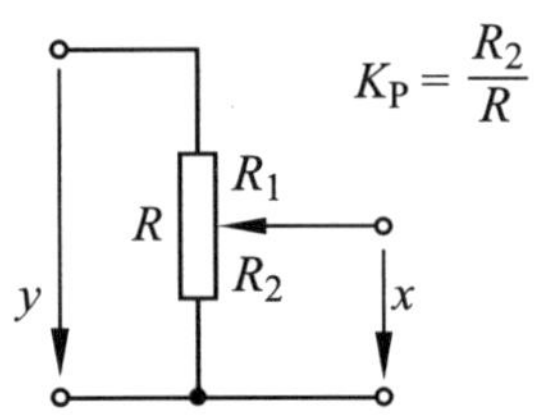

Bild 15.19 Spannungsteiler als Modell für eine P-Strecke ohne Verzögerung

Wird der Spannungsteiler durch eine nachfolgende Schaltung belastet, so sorgen wir durch einen Spannungsfolger dafür, dass die Bedingung für Leerlauf erfüllt ist.

Ist die Regelstrecke eine I-Strecke, so eignet sich der Integrierer nach Bild 9.16 als Modell, dem wir einen invertierenden Verstärker nachschalten. Für die Integrationskonstante gilt:

$$K_I = (R\,C)^{-1} \tag{15.16}$$

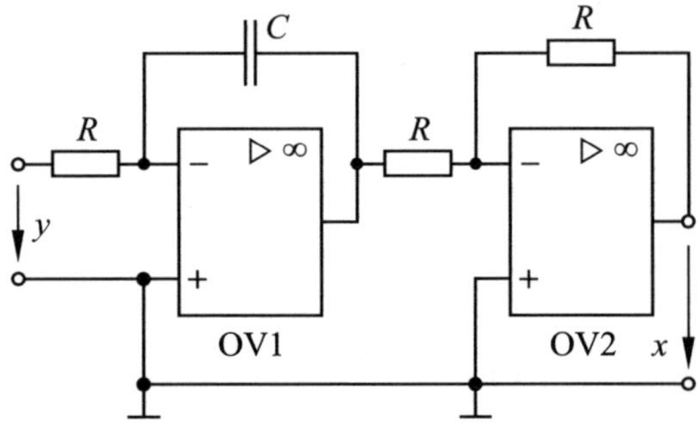

Bild 15.20 Modell für eine I-Strecke

Bei der Simulation einer Schaltung mit einer I-Strecke nach Bild 15.20 ist darauf zu achten, dass die Anfangsbedingung des Kondensators auf den Wert Null eingestellt wird; entsprechendes gilt für die D-Strecke mit der Konstanten:

$$K_D = R\,C \tag{15.17}$$

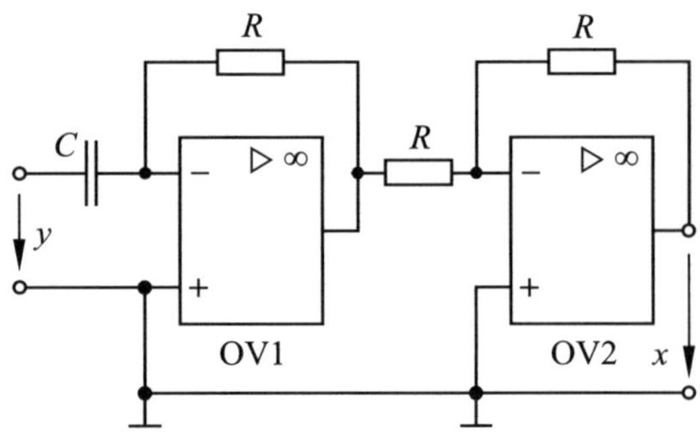

Bild 15.21 Modell für eine D-Strecke

Die Totzeitstrecke modellieren wir mit zwei gesteuerten Schaltern, die nach der Totzeit T_t öffnen

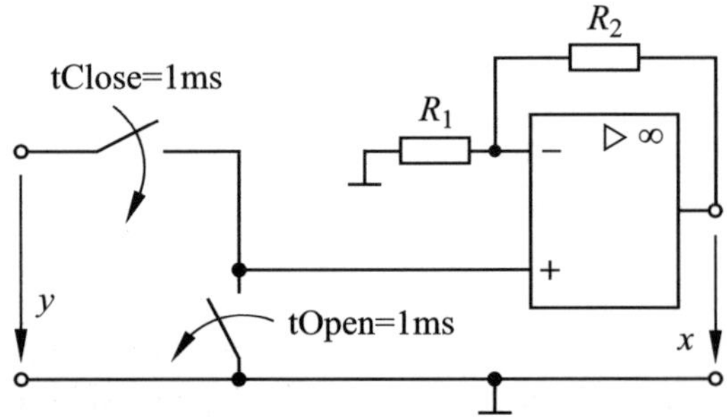

Bild 15.22 Modell für eine Totzeit-Strecke

bzw. schließen. Das P-Verhalten wird im Bild 15.22 für $K_P > 1$ mit einem nicht invertierenden Verstärker erreicht. Bei der P-Strecke haben wir bereits beschrieben, dass sich ein Faktor $K_P < 1$ mit einem Spannungsteiler und einem nachfolgenden Spannungsfolger modellieren lässt.

Die in der Gl. (15.2) beschriebene P-T_1-Strecke wird mit der Schaltung nach Bild 15.23 modelliert. Für die Faktoren der Gl. (15.2) gilt:

$$T_1 = R_2\, C_2;\;\; K_P = R_2 / R_1 \tag{15.18}$$

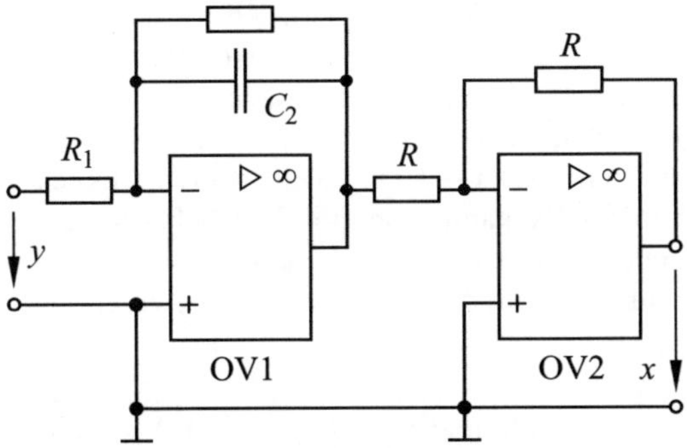

Bild 15.23 Modell der P-T_1-Strecke

Die in der Gl. (15.4) beschriebene P-T_2-Strecke wird mit der Schaltung nach Bild 15.24 modelliert. Für die Faktoren der Gl. (15.4) gilt:

$$T_2 = RC\,;\; T_1 = \frac{R^2 C}{R_2}\;;\; K_P = \frac{R_1}{R} \tag{15.19}$$

Beim Modell des PID-Reglers können die Parameter unabhängig voneinander eingestellt werden.

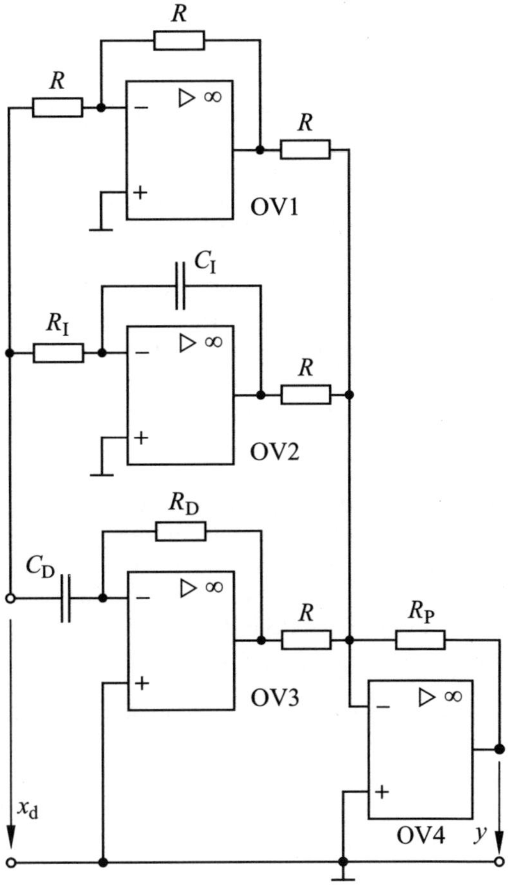

Bild 15.25 Modell des PID-Reglers

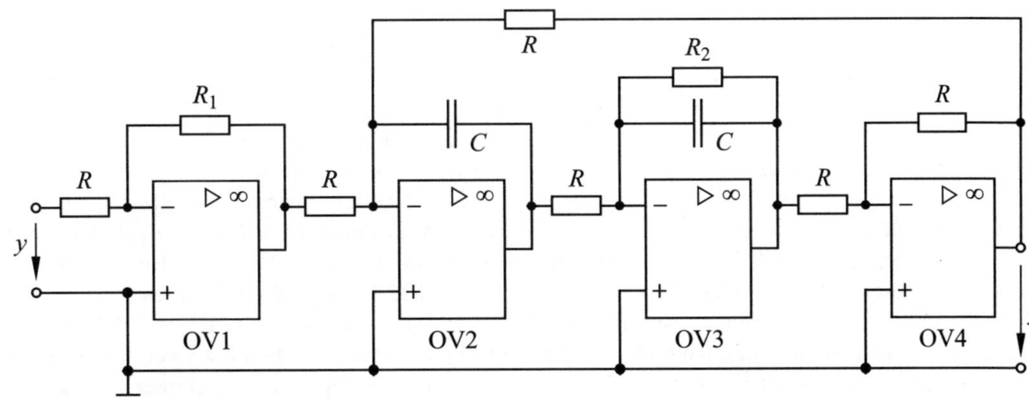

Bild 15.24 Modell der P-T_2-Strecke

Für die Parameter der Gl. (15.15) gilt:

$$K_R = \frac{R_P}{R}\;;\; T_I = C_I R_I\;;\; T_D = C_D R_D \qquad (15.20)$$

Schließt man in der Schaltung 15.25 den Kondensator C_I kurz, so liefert der Integrator keinen Beitrag und der Regler arbeitet als PD-Regler. Schließt man außerdem noch den Widerstand R_D kurz, so liefert auch der Differenziator keinen Beitrag und der Regler arbeitet als P-Regler.

Der Vorteil einer Analyse mit PSpice liegt darin, dass man das Ergebnis für den Zeitbereich erhält und keine mathematischen Operationen erforderlich sind. Von Nachteil ist dagegen, dass man keine allgemein gültigen Aussagen für Regelkreise erhält.

Sind die Daten der Regelstrecke bekannt, so kann man mit einer PSpice-Simulation die geeigneten Daten des Reglers ermitteln. In der folgenden Tabelle sind einige Hinweise zusammengestellt, welche Regler für welche Regelstrecken geeignet sind.

Tabelle 15.1 Auswahl von Reglern (+ geeignet; – ungeeignet)

Strecke	Regler				
	P	I	PI	PD	PID
P-Strecke	–	+	+	–	–
$P\text{-}T_1$-Strecke	+	+	+	+	+
$P\text{-}T_2$-Strecke	+	+	+	+	+
$P\text{-}T_t$-Strecke	–	+	–	–	–
I-Strecke	+	–	+	+	+

15.5.5 Simulation mit PSpice *student version*

Die Leistungsfähigkeit der kostenlosen Demo-Version von PSpice ist nicht nur bezüglich der Bauelemente beschränkt, die unter *(get new part)* zur Verfügung stehen. Auch die zu simulierende Schaltung darf nicht zu umfangreich sein. So sind z.B. maximal 64 Knoten, 10 Transistoren und 65 passive Elemente zugelassen; auch die Anzahl der Operationsverstärker ist beschränkt.

Um den Aufwand bei der Simulation zu verringern, verwenden wir im Folgenden für die Modelle der $P\text{-}T_2$-Strecke und des PID-Reglers nicht Operationsverstärker, sondern spannungsgesteuerte Spannungsquellen.

Eine gesteuerte Quelle ist ein Zweitor. Liegt bei der **spannungsgesteuerten Spannungsquelle** *(voltage controlled source)* am Tor 1 eine Spannung U_1, so entsteht am Tor 2 die Spannung $U_2 = k\,U_1$.
PSpice stellt eine spannungsgesteuerte Spannungsquelle unter dem Kennbuchstaben E bereit. Das Bauelement E wird wie üblich an der gewünschten Stelle platziert. Klickt man danach das Symbol zweimal mit der linken Maustaste an, so öffnet sich ein Fenster, in dem auch GAIN = 1 erscheint; das Bauelement ist also von vornherein auf den Wert $k = 1$ eingestellt. Durch Anklicken von GAIN kann man im Eingabefenster einen anderen Wert eingeben; vergessen Sie nicht, anschließend auf den Button *(save Attr)* zu klicken.

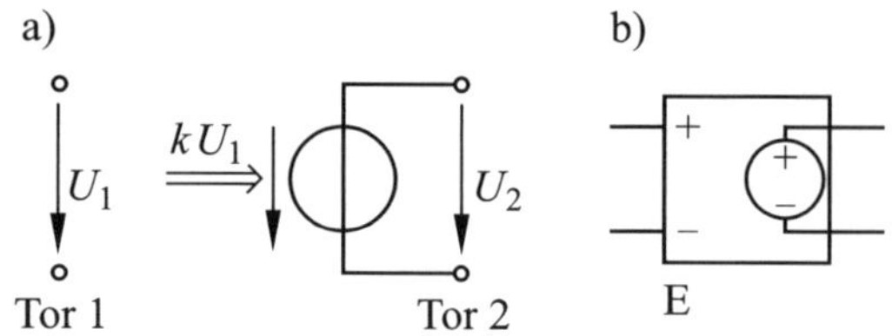

Bild 15.26 Spannungsgesteuerte Spannungsquelle, Schaltzeichen (a) und PSpice-Symbol (b)

Beispiel 15.1
Wir wollen einen Regelkreis untersuchen, der aus einer PT_2-Regelstrecke nach Bild 15.24 und einem P-Regler besteht. Die Regelstrecke mit $\vartheta = 1$ und $K_P = 1$ erfährt zum Zeitpunkt $t = 0$ eine sprungförmige Störgrößenänderung.
Für $K_P = 1$ setzen wir die Verstärkung der spannungsgesteuerten Spannungsquelle E1, die dem mit den Widerständen R und R_1 beschalteten Operationsverstärker OV1 im Bild 15.24 entspricht, auf den Wert GAIN = 1. Bei den Quellen E2 und E3 setzen wir GAIN = 200 000. Die Quelle E4 entspricht dem mit zwei Widerständen R beschalteten Operationsverstärker OV4, der als Inverter arbeitet; wir setzen bei E4 die Verstärkung auf den Wert GAIN = 1.

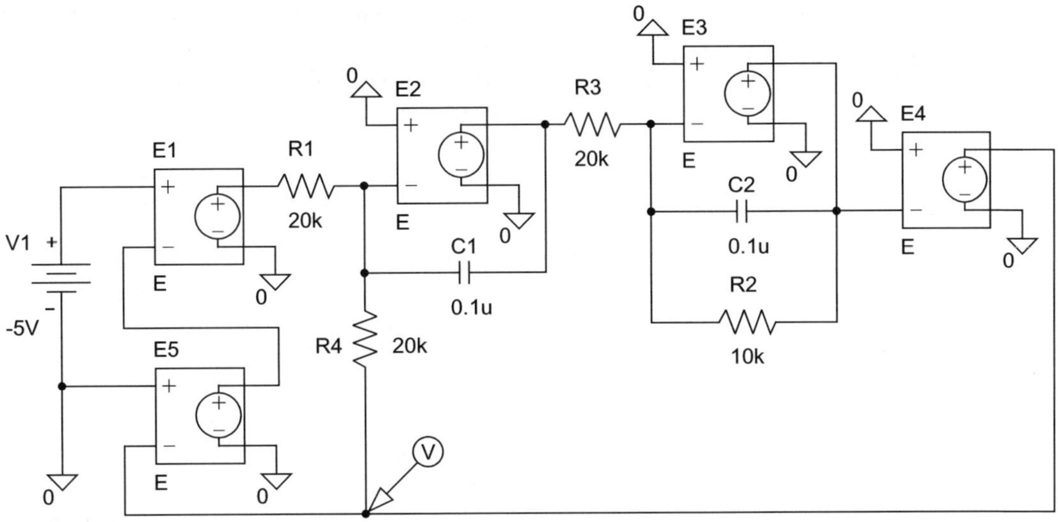

Bild 15.27 PSpice-Modell des Regelkreises zum Beispiel 15.1

Mit $R = 20\ \text{k}\Omega$, $C = 0{,}1\ \mu\text{F}$ und $R_2 = 10\ \text{k}\Omega$ hat die Regelstrecke die Werte $T_1 = 1$ ms und $T_2 = 2$ ms. Wir verändern die Verstärkung K_R des P-Reglers, die mit der die Verstärkung der spannungsgesteuerten Spannungsquelle E5 übereinstimmt. Der P-Regler ergibt zwar eine Verbesserung gegenüber dem ungeregelten Fall, aber es ist nicht möglich, die Wirkung der Störung vollständig zu beseitigen. Macht man K_R größer, so wird die bleibende Regeldifferenz zwar kleiner, aber der Regler fängt an, zu schwingen.

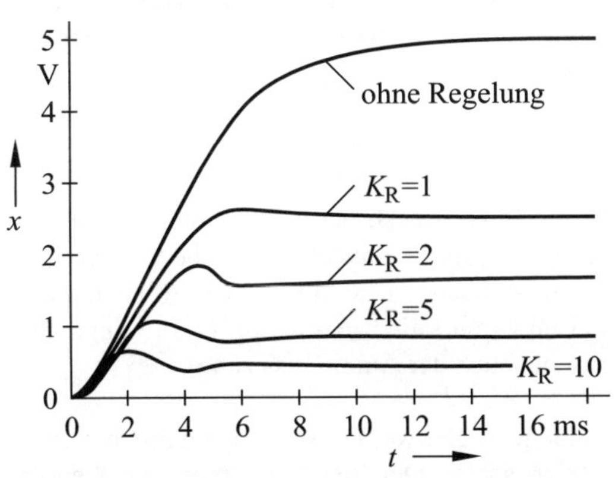

Bild 15.28 Regelgröße einer P-T_2-Regelstrecke nach einer sprungförmigen Störgrößenänderung für unterschiedliche Werte der Regelverstärkung des P-Reglers

Die Regeldifferenz kann mit einem PI-Regler beseitigt werden, der aber relativ langsam eingreift. Der PID-Regler wirkt einer Störung energisch entgegen und beseitigt die Regeldifferenz restlos.

Beispiel 15.2

Wir wollen untersuchen, wie sich die Anteile eines PID-Reglers bei der sprungförmigen Störgrößenänderung auf die Regelstrecke aus dem Beispiel 15.1 auswirken. Dazu erweitern wir die Schaltung 15.27 um einen D- und einen I-Regler (Bild 15.30).

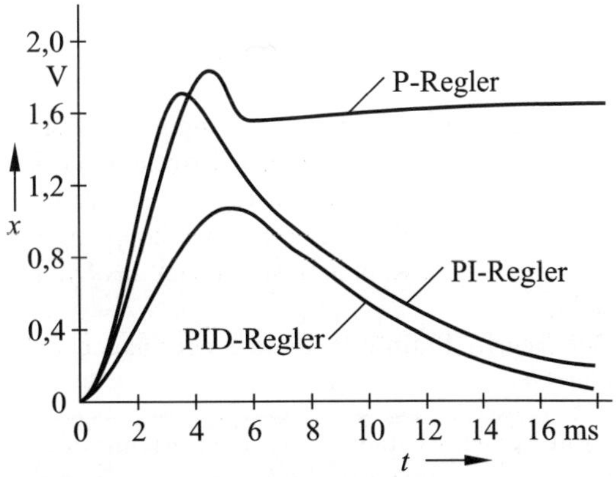

Bild 15.29 Liniendiagramme der Regelgröße für $K_R = 2$, $T_I = 3$ ms und $T_D = 10$ ms

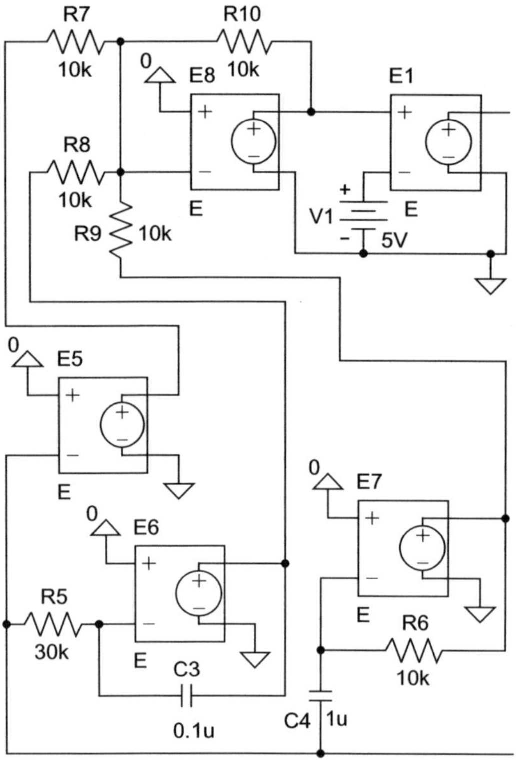

Bild 15.30 Ergänzung der Schaltung 15.28 zum PID-Regler

Mit $K_P = 2$ und $T_I = 3$ ms sowie $T_D = 10$ ms ergeben sich die im Bild 15.29 dargestellten Liniendiagramme der Regelgröße.

15.5.6 Stabilität von Regelkreisen

Ein Regelkreis stellt ein rückgekoppeltes System dar, weil der Ausgang der Regelstrecke über den Regler mit dem Eingang der Regelstrecke verbunden ist. Überwiegt dabei die Gegenkopplung die Mitkopplung (s. Kap. 9.4), so arbeitet das System stabil.
Der Begriff **Stabilität** ist folgendermaßen definiert:

> Ein System ist stabil, wenn die Systemgrößen aus einem beliebigen Anfangszustand heraus oder nach einem beliebigen Anstoß innerhalb bestimmter Grenzen bleiben.

Es gibt Kombinationen von Regelstrecke und Regler, bei denen von vornherein bekannt ist, dass sie nicht stabil arbeiten; dazu gehören z. B. ein I-Regler an einer I-Strecke und ein P-Regler an einer Totzeitstrecke. Aber auch bei einem PI-Regler kann ein zu großer P- oder I-Anteil zu einer Instabilität des Regelkreises führen.

Eine Prüfung der Stabilität mit mathematischen Methoden (z. B. der LAPLACE-Transformation oder dem NYQUIST-Kriterium) ist aufwändig. Bei unserer Simulation mit PSpice kann man eine Instabilität problemlos erkennen.

Beispiel 15.3
Wir wollen untersuchen, bei welcher Zeitkonstanten T_I der PI-Regler mit $K_R = 1$ an die Grenze der Stabilität kommt.

Wie die Gl. (15.15) zeigt, ist der I-Anteil des PI-Reglers um so größer, je kleiner die Zeitkonstante T_I ist. Bei $K_R = 1$ schwingt der Regler mit $T_I = 1$ ms schon ziemlich heftig, aber die Schwingungen klingen ab; in der Praxis ist der Regler dabei bereits unbrauchbar. Für $T_I = 0{,}5$ ms klingt die Schwingung der Regelgröße nicht mehr ab und der Regler ist instabil.

15.5.7 Auswahl des Reglers

Zur Erzielung eines guten Ergebnisses muss der Regler auf das Zeitverhalten der Regelstrecke abgestimmt sein. Die Suche geeigneter Parameter K_R, T_I und T_D kann bei bekannten Werten der Regelstrecke schon einigermaßen aufwändig sein.

Ist die Regelstrecke bei unbekannten Werten gegeben, so gibt es Einstellregeln, die von vornherein zu stabilen Einstellungen führen. Hierzu verweisen wir auf die Fachliteratur (z. B. Langmann, Taschenbuch der Automatisierung).

Analoge Regler werden zunehmend durch digitale Regler ersetzt. Der Regelkreis muss um Wandler zur Umformung der Regel- und der Stellgröße erweitert werden; außerdem wird ein Halteglied benötigt, das den Stellwert während der Abtastzeit festhält. Dies ist in der Fachliteratur beschrieben.

16 Leistungselektronik

16.1 Entwicklung der Leistungselektronik

Die Innovation in der **Leistungselektronik** *(power electronics)* wird vornehmlich durch die verfügbaren **Leistungshalbleiter** *(power semiconductor)* bestimmt. Ihre Eigenschaften und Kosten bestimmen, welche Schaltungen wirtschaftlich einsetzbar sind.

Der letzte große Innovationsschub begann Anfang der 90er Jahre mit Einführung des **IGBT** *(**I**nsulated **G**ate **B**ipolar **T**ransistor)*, durch den es erstmals möglich wurde, preisgünstige **Frequenzumrichter** *(frequency converter)* für drehzahlgeregelte Drehstromantriebe in hohen Stückzahlen zu bauen.

In den Jahrzehnten vorher wurde die Leistungselektronik vor allem durch Schaltungen mit **Thyristoren** dominiert, die das beste Preis-Leistungsverhältnis boten. Die häufigsten Anwendungen waren Steller für Dreh- und Wechselstrom sowie gesteuerte Gleichrichter für drehzahlgeregelte Gleichstromantriebe.

In den Jahren bis 2010 wird ein weiterer Innovationsschub der Leistungselektronik im Haushalts-, Telekommunikations- und Unterhaltungsbereich erwartet, wo Verbrauchssünder wie die allseits bekannten Steckernetzteile mit wirkungsgradarmen Netztransformatoren durch preisgünstige **Schaltnetzteile** mit hohem Wirkungsgrad ersetzt werden sollen. Hierfür werden zur Zeit integrierte Schaltungen entwickelt, die Leistungshalbleiter, Sensoren und Steuerung in einem IC-Gehäuse enthalten, wodurch sie in hohen Stückzahlen preisgünstig zu fertigen sind.

Nach 2010 werden Leistungsbauelemente mit dem Halbleiter-Grundmaterial **Si**lizium-**C**arbid **SiC** erwartet, die besonders hoch sperrend sind. Mit SiC, dessen Betriebstemperatur 250 °C erreichen darf, soll auch das Problem der Kühlung von Halbleitern, deren Grenztemperatur zur Zeit bei maximal 150 °C liegt, deutlich verringert werden; entscheidend ist dabei auch, dass die Wärmeleitfähigkeit von SiC etwa so hoch wie die von Kupfer ist.

16.2 Aufgaben der Leistungselektronik

Ein leistungselektronisches Gerät, das auch **Stromrichter** genannt wird, besteht nicht nur aus den Leistungshalbleitern, sondern auch aus der zugehörigen Kühlung, der Ansteuerschaltung der Halbleiter, der Gerätesteuerung sowie den Filtereinrichtungen, die zur Einhaltung von EMV-Grenzwerten erforderlich sind.

Aufgabe der Stromrichter ist die Umwandlung der *elektrischen* Energie von einer Energieart in eine andere und die Steuerung des Energieflusses zwischen den beiden Energiesystemen.

Bei der Umwandlung der elektrischen Energie durch Stromrichter werden die elektrischen Kenngrößen verändert, z. B. die Amplitude und Phasenzahl eines Spannungssystems.
Folgende Umwandlungen sind möglich:

- Beim **Gleichrichten** wird Wechsel- oder Drehstrom in Gleichstrom umgewandelt; die Energie fließt vom Wechsel- zum Gleichstromsystem.
- Beim **Wechselrichten** wird Gleichstrom in Wechselstrom umgewandelt; die Energie fließt vom Gleich- zum Wechselstromsystem.
- Beim **Wechselstromumrichten** wird Wechselstrom einer gegebenen Spannung, Frequenz und Phasenzahl in Wechselstrom einer anderen Spannung, Frequenz und Phasenzahl umgewandelt.
- Beim **Gleichstromumrichten** wird Gleichstrom einer vorgegebenen Spannung und Polarität in Gleichstrom einer anderen Spannung und Polarität umgewandelt.

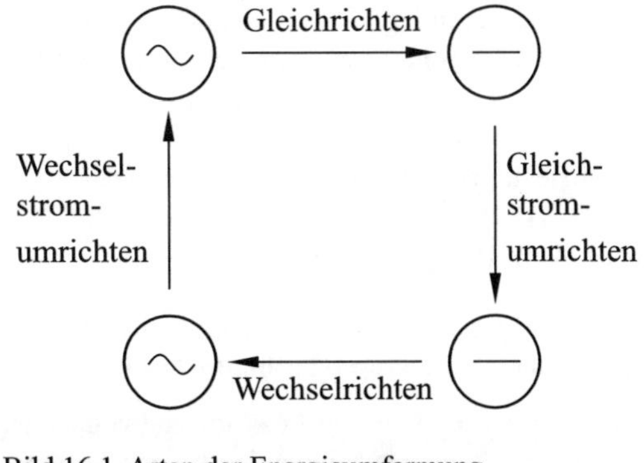

Bild 16.1 Arten der Energieumformung

Beim Umrichten kann der Energiefluss zwischen den Stromsystemen in beide Richtungen erfolgen. Für Stromrichter zum Wechselstromumrichten hat sich die Kurzbezeichnung **Umrichter** *(converter)* etabliert; unterscheiden sich Eingangs- und Ausgangsfrequenz, so spricht man von einem **Frequenzumrichter** *(frequency converter).*

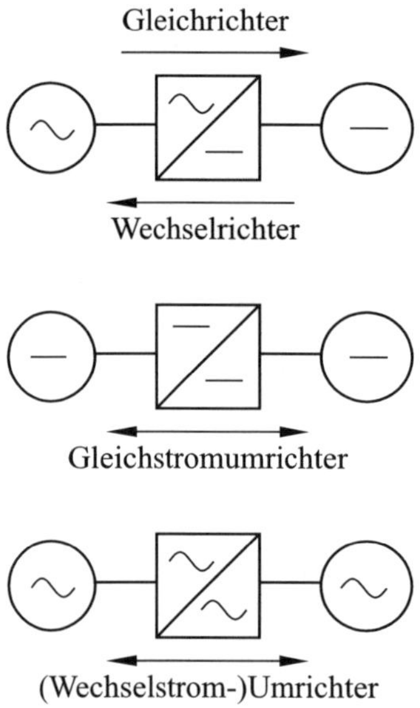

Bild 16.2 Stromrichterarten

Wird lediglich die Spannungshöhe einer Energieart verändert, so bezeichnet man dies als **Stellen**. Die zugehörigen Stromrichter sind Gleichstrom-, Wechselstrom- und Drehstromsteller.

Eine weitere Unterteilung der Umrichter erfolgt durch die Ansteuerung der Leistungshalbleiter. Wenn die Schaltzeitpunkte durch die Netz- oder Maschinenspannungen vorgegeben werden, dann spricht man von **netz-** oder **maschinengeführten** Stromrichtern; sind die Schaltzeitpunkte unabhängig vom Netz oder der Last, so werden die Stromrichter als **selbstgeführt** bezeichnet.

16.3 Leistungshalbleiter

Die Halbleiter-Bauelemente der Leistungselektronik werden als **Leistungshalbleiter** bezeichnet.

Ziel der Entwicklung von Leistungshalbleitern ist der *ideale Schalter* mit folgenden Eigenschaften:

- Der Durchlasswiderstand im eingeschalteten Zustand ist vernachlässigbar, es kann ein beliebiger Strom geführt werden;
- der Sperrwiderstand und das Spannungs-Sperrvermögen im ausgeschalteten Zustand ist unendlich groß;
- es wird keine Steuerleistung zum Ein- und Ausschalten benötigt;
- die Schaltzeiten sind extrem kurz;
- es treten keine Verluste beim Ein- und Ausschalten auf;
- die Spannungs- und Stromsteilheiten beim Schalten sind nicht begrenzt.

Am Markt verfügbare Schalter kommen in einigen Punkten diesen Anforderungen sehr nahe. Dies wird dadurch erreicht, dass sie für bestimmte Anwendungen optimiert werden. Im Betrieb treten aber Verluste auf (Durchlass-, Schalt-, Sperr- und Steuerverluste), die durch die Eigenschaften des realen Halbleiters bedingt sind. Sie fallen im Halbleiter an und müssen über sein Gehäuse an die Kühleinrichtung abgeführt werden. Durch die Temperaturerhöhung im Halbleiter sind die Schaltfrequenz und die Stromtragfähigkeit begrenzt.

Im Folgenden wollen wir uns mit den Eigenschaften der wichtigsten Leistungshalbleiter befassen.

16.3.1 Diode

Dioden sind die häufigsten Leistungshalbleiter. Die in der Leistungselektronik eingesetzten Dioden besitzen im Vergleich zu Dioden für Signalverarbeitung eine hohe Sperrspannung und eine hohe Stromtragfähigkeit in Vorwärtsrichtung. Dies wird durch abgestimmte Dotierungsprofile, große Halbleitervolumina und gute thermische Anbindung des Halbleiters an die Umgebung erreicht.

Dioden, die bei niedriger Frequenz, z. B. bei der Netzfrequenz 50 Hz arbeiten, werden **Netzdioden** genannt. Ihre hohe Sperrspannung wird durch eine breite, schwach dotierte p- oder n-Schicht zwischen den hoch dotierten p^+- und n^+-Zonen an Kathode und Anode erreicht.

Die Leitfähigkeit der schwach dotierten Schicht liegt in der Größenordnung der **Eigenleitfähigkeit** *(intrinsic conductivity)*; diese Schicht wird deshalb auch als **i-Schicht** und die Diode wegen ihrer Schichtfolge als **pin-Diode** bezeichnet.

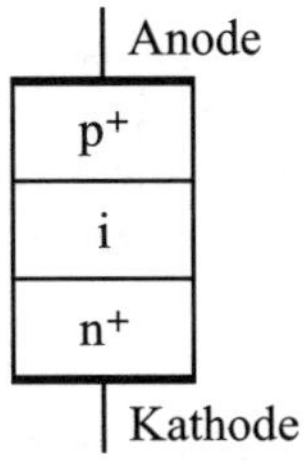

Bild 16.3 Schichtfolge der pin-Diode

An der schwach dotierten i-Schicht liegt im Sperrzustand der überwiegende Anteil der Sperrspannung.
Durch die breite i-Schicht müssen beim Übergang vom Durchlass- in den Sperrbereich sehr viele Ladungsträger aus der Sperrschicht entfernt werden. Die hierzu erforderliche Zeit wird **Sperrverzugszeit** genannt und dauert bei Netzdioden bis zu einigen 10 µs. Deshalb sind Netzdioden nur für geringe Frequenzen einsetzbar. Typische Werte für Netzdioden sind die maximale Sperrspannung $U_{Rmax} = 1{,}5 \ldots 5{,}5$ kV, die Durchlassspannung $U_F = 1 \ldots 1{,}5$ V und der maximale Strom $I_{Fmax} = 25 \ldots 10\,000$ A im Durchlassbereich.

Eine **Freilaufdiode** übernimmt den Strom einer induktiven Last, wenn ein abschaltbarer Halbleiter ausgeschaltet wird; dadurch werden Überspannungen vermieden.
Freilaufdioden für selbstgeführte Stromrichter werden auf den zugehörigen abschaltbaren Leistungshalbleiter abgestimmt. Sie sollen eine geringe Sperrverzugszeit unter 1 µs besitzen, damit während des Ausschaltvorganges keine hohen Schaltverluste in der Diode entstehen. Im Vergleich zu Netzdioden sind die Dotierungen geringer. Deshalb liegen die typischen Durchlassspannungen U_F zwischen 2 und 3 V.

16.3.2 Thyristor

Der **Thyristor** zählt zu den steuerbaren Leistungshalbleitern. Er kann eingeschaltet, aber nicht abgeschaltet werden. Ein Thyristor besitzt eine pnpn-Schichtenstruktur und hat einen Steuereingang, der als **Gate** bezeichnet wird.

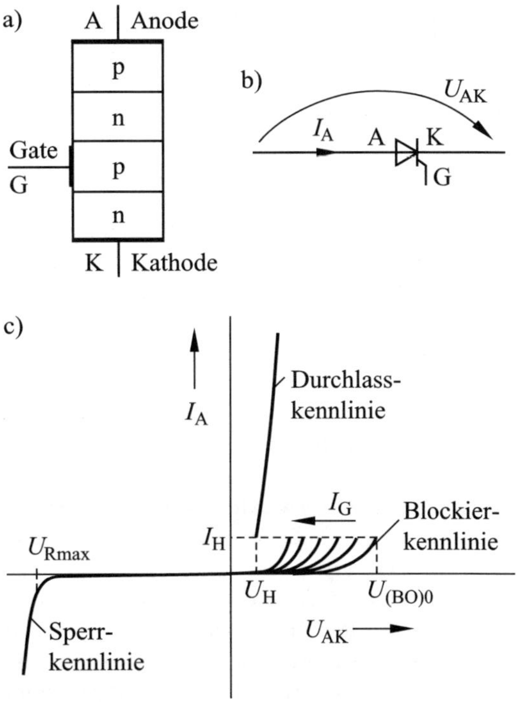

Bild 16.4 Thyristor: Schichtfolge (a), Schaltzeichen mit Bezugspfeilen (b) und Kennlinie (c)

Wird kein Strom in das Gate eingespeist, so sperrt der Thyristor wegen der drei pn-Übergänge sowohl in Vorwärts- als auch in Rückwärtsrichtung. Liegt eine positive Spannung U_{AK} am Thyristor, so genügt ein kurzer **Zündimpuls** ($I_G > 0$ für etwa 100 µs) am Gate, um den Thyristor einzuschalten. Danach verhält sich der Thyristor wie eine Diode.

Der Thyristor sperrt erst dann wieder, wenn der Strom I_A infolge der Vorgänge in der umgebenden Schaltung unter den Haltestrom I_H sinkt. Nach einer Freiwerdezeit (typisch 100 µs), während der eine Spannung $U_{AK} < 0$ am Thyristor anliegen muss, kann dieser erneut Spannung in Vorwärtsrichtung aufnehmen.

Für ein erneutes Einschalten müssen wieder die beiden Bedingungen $U_{AK} > 0$ und $I_G > 0$ erfüllt sein.

Der Thyristor war lange Zeit das wichtigste steuerbare Bauelement der Leistungselektronik. Seit jedoch abschaltbare Leistungshalbleiter zur Verfügung stehen, schwindet seine Bedeutung. Wir finden ihn heute im Wesentlichen in Wechsel- und Drehstromstellern und in Schaltungen zum Sanftanlauf von Asynchronmaschinen, in netzgeführten Stromrichtern, wie sie für Gleichstromantriebe üblich sind, und bei sehr großen Leistungen (Direktumrichter, HGÜ, dynamische USV). Thyristoren gibt es für Spannungen bis etwa 5 kV und für Ströme bis etwa 5 000 A; die Schaltfrequenzen liegen deutlich unter 1 kHz.

16.3.3 MOSFET

Im Gegensatz zu Thyristoren können Leistungstransistoren sowohl ein- als auch ausgeschaltet werden. Um die Forderung nach geringer Steuerleistung zu verwirklichen, werden Transistoren verwendet, die am Steueranschluss eine MOS-Struktur aufweisen.
Der MOSFET wird in der Leistungselektronik in Umrichtern und Gleichstromstellern sowie in Schaltnetzteilen eingesetzt. Es kommen fast ausschließlich selbstsperrende n-Kanal-Typen zum Einsatz.

Die Ansteuerung ist praktisch leistungslos. Nur zum Aufladen bzw. Entladen der Gate-Source-Kapazität muss die Ansteuerschaltung Strom liefern. Dabei liegt die Gate-Source-Spannung U_{GS} für das Einschalten je nach Typ zwischen 5 V und 15 V. Ausgeschaltet wird mit 0 V oder einer negativen Gate-Source-Spannung.

Der MOSFET ist sehr schnell, es sind Schaltfrequenzen bis 1 MHz möglich.
Ein wichtiger Parameter ist der Durchlasswiderstand $R_{DS(on)}$ zwischen Drain und Source im eingeschalteten Zustand:

$$R_{DS(on)} = \frac{\Delta U_{DS}}{\Delta I_D} \approx K \cdot U_{DSmax}^{2,5} \qquad (16.1)$$

Hierbei ist U_{DSmax} die größte Spannung U_{DS}, die in Vorwärtsrichtung bei $U_{GS} \leq 0$ am FET anliegen darf; man bezeichnet sie als **maximal sperrbare Vorwärtsspannung**. K ist eine Konstante.

Ein MOSFET für große Sperrspannungen hat einen verhältnismäßig großen Durchlasswiderstand und damit hohe Durchlassverluste. MOSFETs sind deshalb vorteilhaft für kleinere Spannungen (<400 V) und hohe Schaltfrequenzen.

Da im MOSFET eine parasitäre Diode wirksam ist, kann er keine negative Sperrspannung aufnehmen. Im Kennlinienfeld (Bild 16.5) ist die Wirkung der parasitären Diode im Sperrbereich zu erkennen.

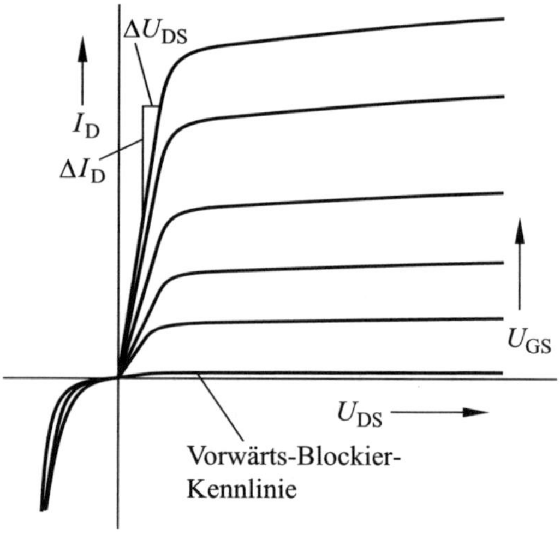

Bild 16.5 Kennlinien eines Leistungs-MOSFETs

16.3.4 IGBT

Der **IGBT** *(insulated gate bipolar transistor)* stellt gewissermaßen eine Kombination aus n-Kanal-MOSFET und bipolarem NPN-Transistor dar, was auch im Schaltzeichen zum Ausdruck kommt.

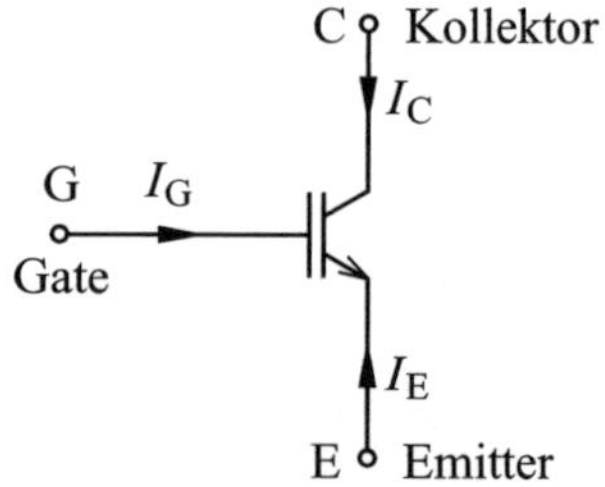

Bild 16.6 Schaltzeichen des IGBT mit Bezugspfeilen

In der Schichtstruktur (Bild 16.7) ist oben das isolierte Gate zu erkennen, darunter die NPN-Schichtenfolge eines Bipolartransistors, welche die Durchlasspannung bestimmt.

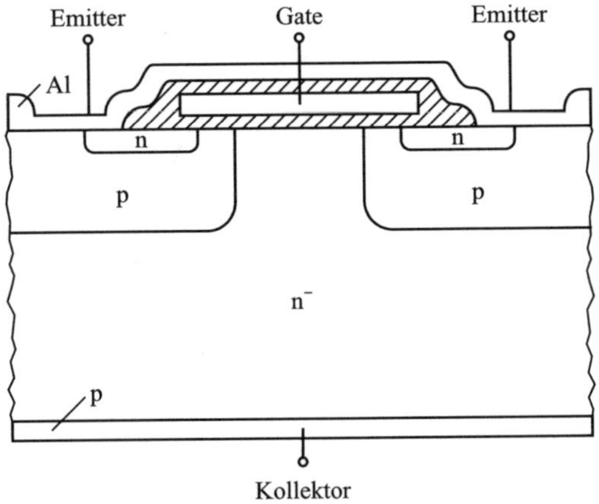

Bild 16.7 Schichtstruktur des IGBT

Der IGBT hat wie der MOSFET den Vorteil einer praktisch leistungslosen Ansteuerung und vermeidet den Nachteil des MOSFETs hinsichtlich des hohen Durchlasswiderstands bei höheren Sperrspannungen. Typische Durchlassspannungen liegen zwischen 2,5 und 3,5 V.

Das Bild 16.8 zeigt die Wirkung der Gate-Emitter-Spannung U_{GE}. Ist U_{GE} ausreichend hoch (≈ 11 V), so wird der IGBT im Sättigungsbereich des Bipo-

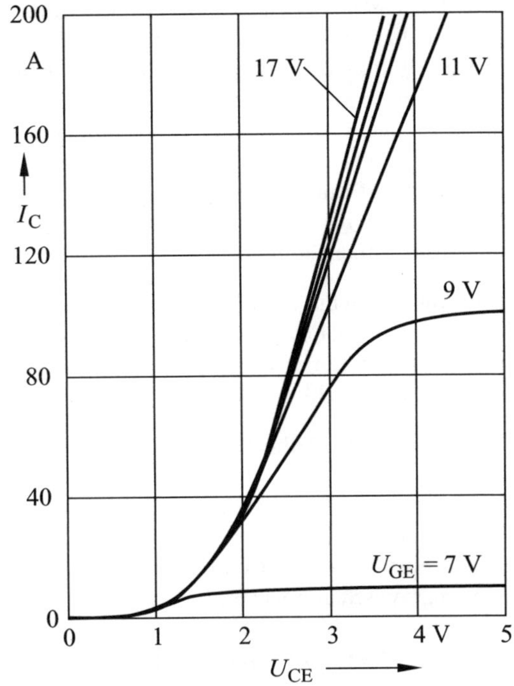

Bild 16.8 Durchlasskennlinienfeld eines IGBT

lartransistors betrieben; dabei ist $U_{CE} = f(I_C)$ näherungsweise eine Exponentialfunktion. Erhöht man U_{GE} weiter, so verringert sich die Durchlassspannung kaum noch. Die meisten IGBT-Typen werden mit U_{GE} = 15 V eingeschaltet, und die Ausschaltspannung liegt im Bereich –15 ... 0 V.

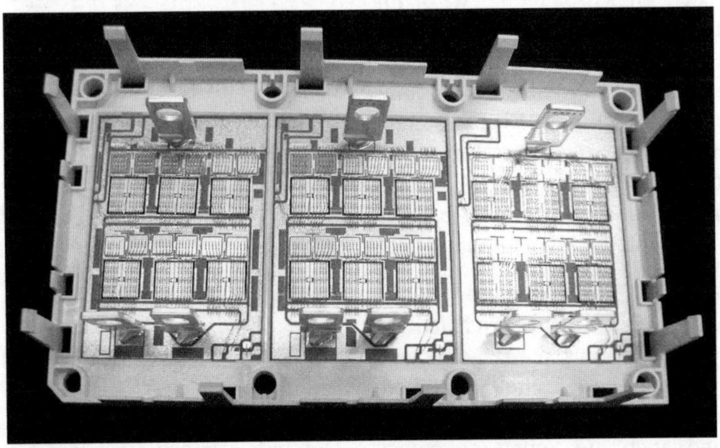

Bild 16.9 Offenes IGBT-Modul in Drehstrombrückenschaltung (Werkbild Semikron, Nürnberg); Mitte: IGBTs (große Quadrate) und Freilaufdioden (kleine Quadrate); in jedem Brückenzweig sind 3 IGBTs parallel geschaltet

Der IGBT wird insbesondere bei hohen Leistungen mit nicht allzu großen Schaltfrequenzen betrieben (3 kHz ... 100 kHz). IGBTs stehen heute für hohe Spannungen (bis 4,5 kV) und Ströme (ca. 1,5 kA) zur Verfügung. Es ist auch möglich, symmetrisch sperrende IGBTs zu bauen; im Allgemeinen werden aber IGBTs mit antiparalleler Freilaufdiode betrieben, wodurch sie keine negativen Sperrspannungen aufnehmen können.

In der Antriebstechnik werden Wechselrichter zum Betrieb von Asynchron- und Synchronmaschinen mit Leistungen von wenigen 100 W bis zu einigen MW fast ausschließlich mit IGBTs realisiert.

IGBTs sind als Einzelhalbleiter oder in Modulen verfügbar. Am bekanntesten ist der so genannte **Six-Pack**, bestehend aus 6 IGBTs und 6 antiparallelen Freilaufdioden in Drehstrom-Brückenschaltung für den Einsatz in Pulsstromrichtern mit Gleichspannungszwischenkreis (Bild 16.9).

16.4 Ungesteuerte Gleichrichter

16.4.1 Schaltungsarten

Ungesteuerte Gleichrichter sind die am häufigsten eingesetzten Stromrichter. Sie kommen überall dort zum Einsatz, wo ein- oder mehrphasige Wechselspannungen gleichgerichtet werden sollen und eine Regelung der Höhe der Gleichspannung nicht notwendig ist.

Der Mittelwert der Gleichspannung wird im Wesentlichen durch die Amplitude der Wechselspannungen, die Phasenzahl des Spannungssystems und die Schaltungsart (Mittelpunktschaltung oder Brückenschaltung) bestimmt. Als Leistungshalbleiter werden Dioden eingesetzt. Der Leistungsbereich erstreckt sich von <1 W (z.B. in Netzteilen) bis zu einigen hundert Megawatt bei der Hochspannungs-Gleichstrom-Übertragung HGÜ (s. Kap. 18).

Das Bild 16.10 zeigt die einfachste Gleichrichterschaltung, die lediglich aus einer einzigen Diode besteht. Wegen der Zeitabhängigkeit der Spannung u_d und des Stromes i_d werden beide Größen und auch die Schaltung selbst als **einpulsig** bezeichnet; das Kurzzeichen der **Einpuls-Schaltung** ist M1.

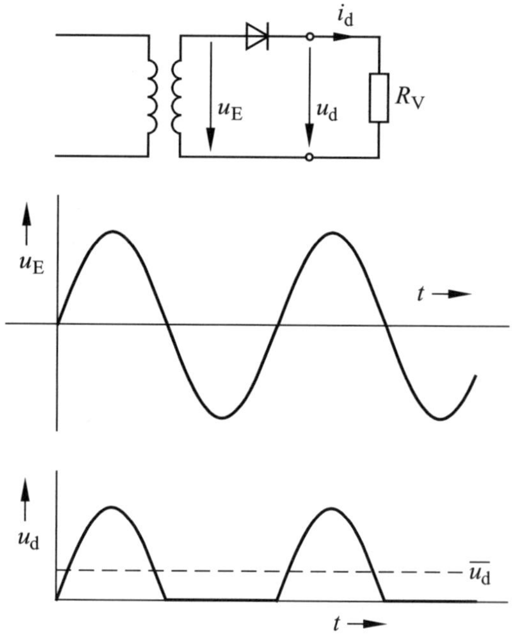

Bild 16.10 Einpuls-Gleichrichterschaltung M1 (a) und Spannungsverlauf (b)

Ist die Spannung u_E am Eingang der Gleichrichterschaltung M1 positiv, so wird die Diode im Durchlassbereich betrieben; da hierbei ihr Widerstand wesentlich kleiner als der Widerstand R_V des Verbrauchers ist, fällt praktisch die gesamte Spannung u_E an R_V ab. Wenn dagegen die Spannung u_E negativ ist, wird die Diode im Sperrbereich betrieben; da hierbei ihr Widerstand wesentlich größer als R_V ist, fällt praktisch die gesamte Spannung u_E an der Diode ab und die Verbraucherspannung ist $u_\mathrm{d} = 0$.

Die Einpuls-Gleichrichterschaltung M1 hat ungünstige Eigenschaften. Der arithmetische Mittelwert der Spannung u_d ist:

$$\overline{u}_\mathrm{d} = 0{,}3183\ \hat{u}_\mathrm{E} = 0{,}45\ U_\mathrm{E} \qquad (16.2)$$

Dabei ist U_E der Effektivwert der Eingangsspannung.

Den pulsierenden Verlauf von u_d kann man sich als eine mit einer Wechselspannung gemischte Gleichspannung vorstellen. Bei einer solchen

Mischspannung bezeichnet man den Quotienten aus dem arithmetischen Mittelwert und dem Effektivwert der überlagerten Wechselspannung als **Welligkeit** w. Bei der Einpuls-Gleichrichterschaltung M1 hat die Welligkeit den sehr hohen Wert $w = 1{,}21 = 121\ \%$.

Die Schaltungen der ungesteuerten Gleichrichter unterscheidet man nach der Art der Spannung, welche von den Dioden durchgeschaltet wird:

- Bei den **Mittelpunktschaltungen** (M1, M2, M3) ist die durchgeschaltete Wechselspannung eine Strangspannung;
- bei den **Brückenschaltungen** (B2, B6) ist die durchgeschaltete Spannung eine Außenleiterspannung.

Die Zahl nach der Schaltungsart wird als **Pulszahl** p bezeichnet; sie gibt die Anzahl der durchgeschalteten Wechselspannungen an.

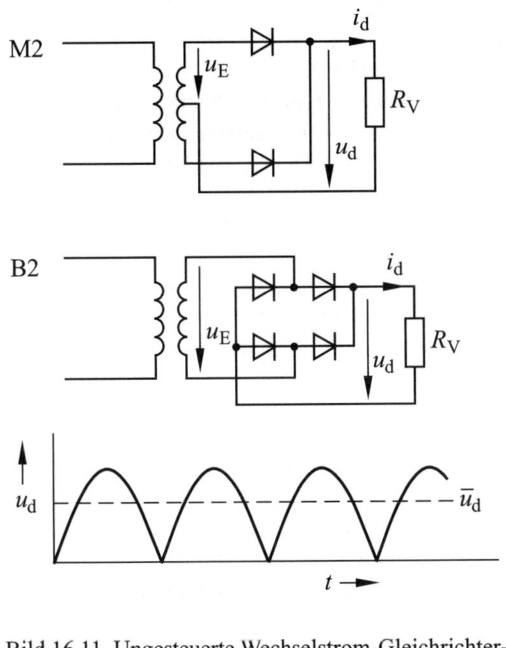

Bild 16.11 Ungesteuerte Wechselstrom-Gleichrichterschaltungen

Bei den Gleichrichterschaltungen in den Bildern 16.11 und 16.12 ist die Last jeweils ein Ohmscher Widerstand; das Liniendiagramm des Stromes i_d entspricht dabei dem der Gleichspannung u_d.

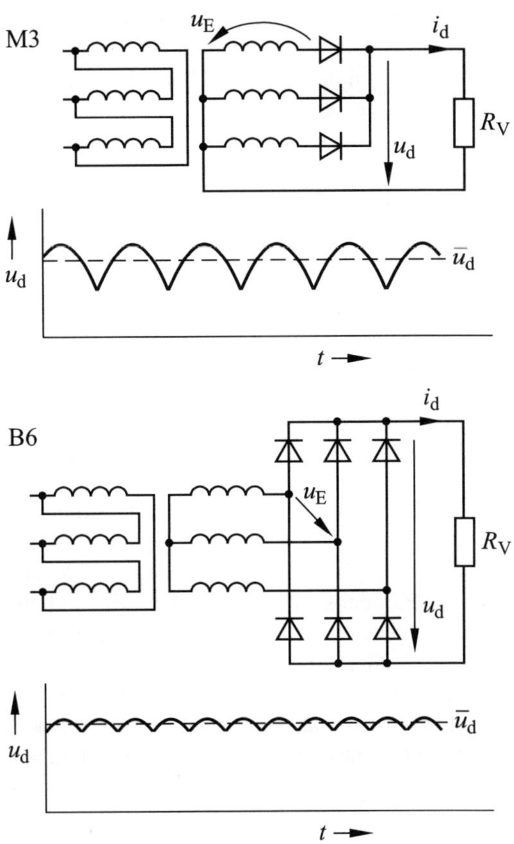

Bild 16.12 Ungesteuerte Drehstrom-Gleichrichterschaltungen

Der Zeitverlauf der Gleichspannung ist abschnittsweise sinusförmig entsprechend der gerade durchgeschalteten Wechselspannung. Je höher die Pulszahl p ist, desto geringer ist die Welligkeit der Gleichspannung $u_d(t)$.

Tabelle 16.1 Pulszahl und Welligkeit von ungesteuerten Gleichrichterschaltungen

Schaltung	Pulszahl p	$\bar{u}_d$	Welligkeit w
M1	1	$0{,}45\ U_E$	121 %
M2	2	$0{,}90\ U_E$	48,4 %
B2	2	$0{,}90\ U_E$	48,4 %
M3	3	$1{,}17\ U_E$	18,3 %
B6	6	$1{,}35\ U_E$	4,2 %

Zum Betrieb an einem Wechselstromnetz ist bei der M1-Schaltung wie auch bei den anderen Mittelpunktschaltungen ein Transformator erforderlich, der verhindert, dass der Gleichanteil des Eingangsstromes ins Netz übertragen wird. Bei den Brückenschaltungen ist ein Transformator nur dann erforderlich, wenn die Höhe der Gleichspannung angepasst werden muss.

16.4.2 Glättung

Die Welligkeit einer Mischspannung bzw. eines Mischstromes kann durch eine **Glättung** verringert werden, die mit Hilfe von Energiespeichern vorgenommen wird.

Das Bild 16.13 zeigt als Beispiel die Glättung der Gleichspannung einer M1-Schaltung mit einem Kondensator. Für $u_d < u_E$ wird die Diode leitend und der Kondensator C wird über R_E und die Diode aufgeladen. Für $u_d > u_E$ sperrt die Diode und der Kondensator wird über den Verbraucher R_V entladen. Der Schutzwiderstand R_E soll den Einschaltstrom herabsetzen, der bei ungeladenem Kondensator entsteht und die Diode beschädigen könnte.

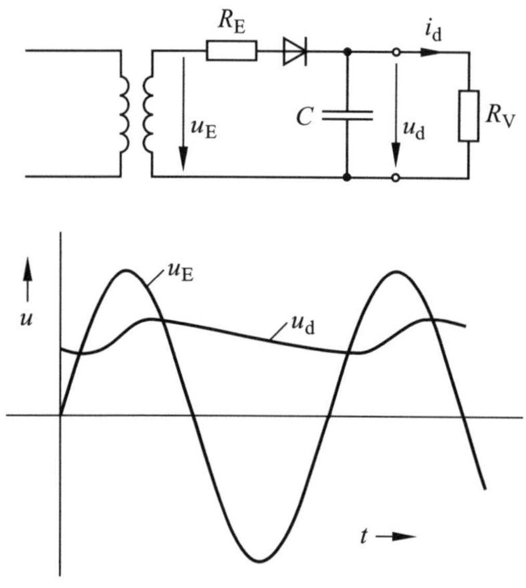

Bild 16.13 Stromglättung bei der Einpuls-Schaltung mit einem Kondensator (a) und Liniendiagramm der Spannungen (b)

Die hohe Welligkeit der M1-Schaltung kann in Verstärkern zu Schwankungen des Ausgangssignals führen. Bei Audiogeräten ist dieses als „Brummen" vernehmbar. Da die Kosten einer B2-Schaltung meist geringer sind (die Bauleistung des Transformators ist kleiner, da er keinen Gleichanteil aufnehmen muss), wird die Einpulsschaltung in der beschriebenen Form sehr selten und auch nur bei sehr kleinen Leistungen angewendet.

Mittelpunktschaltungen sind ansonsten nur dort anzutreffen, wo der Spannungsabfall so gering wie möglich sein muss. Da bei M-Schaltungen jeweils eine Diode leitet, bei B-Schaltungen aber zwei Dioden Spannungsabfälle verursachen, ist die Verlustleistung von Brückenschaltungen bei vorgegebenem Gleichstrom doppelt so hoch. Deshalb werden z. B. bei der Aluminiumelektrolyse (niedrige Gleichspannungen, hohe Gleichströme) vorwiegend Mittelpunktschaltungen eingesetzt.

Brückenschaltungen erfordern in vielen Anwendungen ebenfalls eine Glättung. So sind z. B. B2-Schaltungen mit Kondensatorglättung in fast jedem elektronischem Gerät mit Netzteil anzutreffen, das an Wechselspannung betrieben wird.

Wenn die Last eine Gleichspannungsquelle mit geringem Innenwiderstand ist (z. B. ein Gleichstrommotor oder ein Akkumulator) und der Strom größere Werte annimmt, dann ist die Glättung des Gleichstromes i_d mit einer Induktivität zweckmäßig, die auch als **Glättungsdrossel** bezeichnet wird. Die Induktivität entkoppelt die unterschiedlichen Augenblickswerte der Spannung u_d und der Last-(Gleich-)Spannung; dadurch werden Stromspitzen verhindert, welche die Bauelemente beschädigen könnten.

Eine Glättung wird auch mit einer Kombination aus einer Glättungsdrossel und einem Kondensator vorgenommen, wenn eine geringe Gleichspannungswelligkeit gefordert ist (z.B. Ladeerhaltung bei Bleiakkumulatoren). Der Kondensator und die Glättungsdrossel bilden hierbei ein Filter zweiter Ordnung.

16.5 Netzgeführte Stromrichter

16.5.1 Phasenanschnittsteuerung

Bei ungesteuerten Gleichrichtern bestimmt die Spannung U_E am Stromrichtereingang die Höhe der Gleichspannung. In vielen Anwendungsfällen, z. B. bei drehzahlgeregelten Gleichstromantrieben, muss aber die Gleichspannung über einen weiten Bereich *stufenlos* verstellt werden. Hierfür werden **netzgeführte Stromrichter** eingesetzt.

Ersetzt man die Dioden einer ungesteuerten Gleichrichterschaltung B2, M3 oder B6 durch Thyristoren, so erhält man einen netzgeführten Stromrichter. Da eine derartige Schaltung als **gesteuert** *(controlled)* bezeichnet wird, erhält die Schaltung zusätzlich den Kennbuchstaben C.

Die Gleichspannung wird durch die **Phasenanschnittsteuerung** verändert. Hierbei wird der Einschaltzeitpunkt der Thyristoren um den **Steuerwinkel** α gegenüber dem Schaltzeitpunkt der Dioden beim ungesteuerten Gleichrichter verzögert.
Der Zeitpunkt, zu dem eine Diode vom Sperrbereich in den Durchlassbereich übergeht, wird als **natürlicher Zündzeitpunkt** bezeichnet, für den wir im Folgenden die Abkürzung „n.Z." verwenden.

Die Bezeichnung *netzgeführt* weist darauf hin, dass die Schaltzeitpunkte von der Netzspannung abhängen; die Netzspannung führt quasi den Stromrichter. Die Gleichspannung setzt sich wie bei ungesteuerten Gleichrichtern aus Abschnitten der Stromrichtereingangsspannungen zusammen, jedoch bestimmt der Steuerwinkel α, welcher Abschnitt der Sinusspannung durchgeschaltet wird.

In den meisten Anwendungsfällen wird eine Glättungsdrossel eingesetzt, welche die Welligkeit des Stromes i_d herabsetzen soll.
Da bei einem Steuerwinkel $\alpha > 0$ die Ströme in den Netzzuleitungen sehr schnell ansteigen, werden in einer Schaltung ohne Transformator zusätzlich **Kommutierungsdrosseln** vorgesehen, die den Stromanstieg begrenzen.

16.5.2 Brückenschaltung B6C

Die B6C-Schaltung wird bei etwa 80 % der stromrichtergespeisten Gleichstromantriebe verwendet.

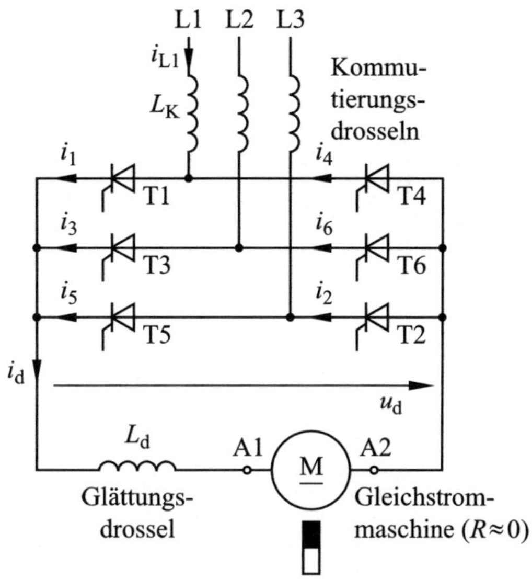

Bild 6.14 B6C-Schaltung mit einer Gleichstrommaschine als Last

Das Bild 16.15 erklärt die Phasenanschnittsteuerung der B6C-Schaltung ohne Kommutierungsdrosseln mit einer Gleichstrommaschine als Last für einen Steuerwinkel $\alpha = 60°$. Die Thyristoren T1 bis T6 werden durch Zündimpulse eingeschaltet, die das Steuergerät netzsynchron erzeugt.

Im Bild 16.15 ist auch der Zündimpuls für den Thyristor T1 eingezeichnet, der mit dem Steuerwinkel $\alpha = 60°$ nach dem n.Z. gezündet wird. Dem Hauptimpuls zum Zündzeitpunkt folgt 60° später ein Folgeimpuls, der notwendig ist, damit auch dann ein Strom fließen kann, wenn vor dem Zünden der Gleichstrom Null ist, etwa beim Starten. Somit erhalten immer zwei Thyristoren gleichzeitig einen Zündimpuls.
Wenn z.B. der Thyristor T1 durch den Hauptimpuls gezündet wird, dann erhält auch T6 seinen Folgeimpuls. Die Zahlen 1 ... 6 kennzeichnen wie bei den ungesteuerten Gleichrichtern die Reihenfolge, in welcher die Thyristoren eingeschaltet werden.

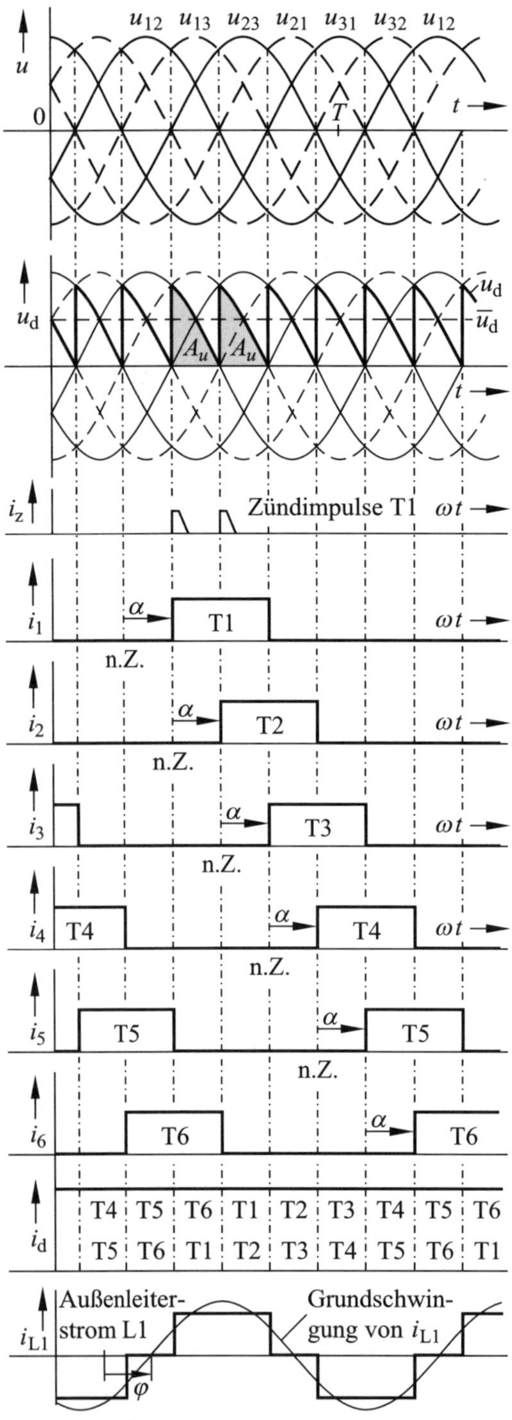

Bild 16.15 Spannungen und Ströme einer B6C-Schaltung ohne Kommutierungsdrosseln

Durch das Einschalten des Thyristors T1 wird gleichzeitig der Thyristor T5 gelöscht, da die zwischen den Außenleitern L1 und L3 liegende Netzspannung $u_{13}(t)$ einen Stromnulldurchgang im Thyristor T5 erzwingt.

Der Stromübergang von einem Thyristor zum nächsten wird **Kommutierung** *(commutation)* genannt. Eine die Kommutierung erzwingende Netzspannung heißt daher **Kommutierungsspannung**.

Die Kommutierung kann nur erfolgen, solange die Kommutierungsspannung größer als Null ist. Außerdem muss die Freiwerdezeit der Thyristoren berücksichtigt werden. Deshalb sind die Steuerwinkel auf Werte zwischen 0° und etwa 150° begrenzt.

Wenn T1 und T6 leitend sind, ist die Spannung $u_d(t)$ gleich der Spannung $u_{12}(t)$ und T1 sowie T6 führen dabei den Gleichstrom I_d.
Als nächstes Paar erhalten T1 und T2 Zündimpulse; somit wird $u_d(t)$ gleich der Spannung $u_{13}(t)$. An der schraffierten Fläche A_u unter dem Zeitverlauf von $u_d(t)$ ist zu erkennen, dass der Mittelwert $\overline{u}_d$ der Gleichspannung mit zunehmendem Steuerwinkel α sinkt. Es kann auch eine negative Gleichspannung eingestellt werden, wenn die induzierte Spannung des Motors kleiner als Null ist.

Die Welligkeit der Gleichspannung ist bei Phasenanschnittsteuerung wesentlich höher als die Welligkeit der Gleichspannung eines ungesteuerten Gleichrichters. Deshalb ist bei Phasenanschnittsteuerung eine ausreichend dimensionierte Glättungsdrossel erforderlich.

Die einzelnen Thyristoren führen in etwa rechteckförmige Strompulse, die bei den Drehstromschaltungen $T/3 \mathrel{\hat{=}} 120°$ und bei den Wechselstromschaltungen $T/2 \mathrel{\hat{=}} 180°$ lang sind.

In der Praxis dimensioniert man die Glättungsdrossel aus Kostengründen so, dass der Gleichstrom im Teillastbereich lückt, d.h. unter den Haltestrom der Thyristoren sinkt, wobei diese kurzzeitig verlöschen und erst beim nächsten Zündimpuls wieder ein Strom fließt.

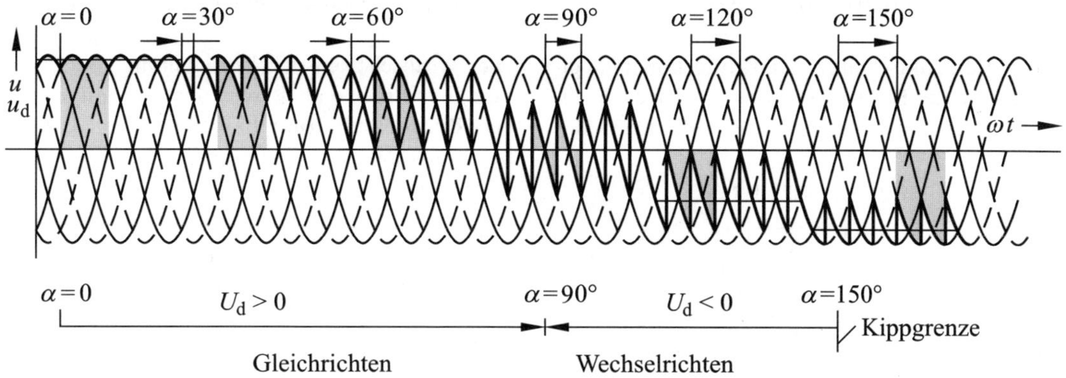

Bild 16.16 Gleichspannung der B6C-Schaltung bei unterschiedlichen Steuerwinkeln α

Durch den Zündverzug eilt der Außenleiterstrom i_{L1}, der bei Sternschaltung gleich dem Strangstrom i_S ist, der Strangspannung u_S nach. Die Strangspannung ist gegen die Außenleiterspannung um 30° phasenverschoben (Bild 6.14).

Das Bild 16.15 zeigt, dass der Phasenverschiebungswinkel φ der Grundschwingung von i_{L1} näherungsweise gleich dem Steuerwinkel α ist. Mit $\cos\varphi \approx \cos\alpha$ ist der Leistungsfaktor von gesteuerten Antrieben bei kleinen und mittleren Drehzahlen schlecht. Bei niedrigen Drehzahlen ist auch die Ankerspannung klein; dadurch nehmen der Steuerwinkel α und der Phasenverschiebungswinkel φ Werte an, die nur wenig unter 90° liegen, was eine hohe Blindleistung bedeutet.

Das Bild 16.16 zeigt, wie sich die Gleichspannung mit dem Steuerwinkel ändert. Für jeden Steuerwinkel α ist der Zeitverlauf der Gleichspannung $u_d(t)$ hervorgehoben. Der arithmetische Mittelwert der Gleichspannung $\overline{u}_d = U_d$ ist als waagerechter Strich eingezeichnet.

Der höchste Wert der Gleichspannung wird für $\alpha = 0°$ erreicht. Man bezeichnet die Betriebsart mit $\alpha = 0°$ als **Vollaussteuerung**. Bei $\alpha = 30°$ wird jeder Thyristor im Maximum der zugehörigen Außenleiterspannung gezündet und die Gleichspannung wird geringer. Bei $\alpha = 90°$ fließt auch bei negativer Außenleiterspannung ein Strom durch den Thyristor, weil die Induktivität L_d als Energiespeicher wirkt; dabei ist $\overline{u}_d = 0$.

Die Abhängigkeit des arithmetischen Mittelwertes der Gleichspannung vom Steuerwinkel wird durch die **Steuerkennlinie** wiedergegeben:

$$U_{di}(\alpha) = U_{di\alpha} = U_{di0} \cdot \cos\alpha \qquad (16.3)$$

Hierbei ist U_{di0} die Höhe der Gleichspannung bei Vollaussteuerung. Der Index i wird verwendet, wenn die Durchlassspannung der Thyristoren sowie sonstige Spannungsabfälle im Stromrichter, z.B. durch die Kommutierungsdrosseln, vernachlässigt werden.

Bei einem Steuerwinkel $\alpha < 90°$ ist $U_{di\alpha} > 0$. Da hierbei auch der Gleichstrom positiv ist, wird eine Wirkleistung $P > 0$ an die Last abgegeben; der Stromrichter arbeitet somit als Gleichrichter.

Bei $\alpha = 90°$ ist die Gleichspannung $U_{di\alpha} = 0$ und es wird keine Wirkleistung umgesetzt. Wenn der Steuerwinkel über 90° hinaus erhöht wird, ändert sich das Vorzeichen von $U_{di\alpha}$ und die Wirkleistung wird negativ; die Last gibt Leistung ab, die in das Netz gespeist wird. Der Stromrichter arbeitet dabei als **Wechselrichter** (s. Kap. 16.1).

Die Betriebsweise als Wechselrichter ist nur bei einer aktiven Last möglich, wie sie z. B. eine Gleichstrommaschine darstellt. Bei einer Ohmschen Last bleibt dagegen die Gleichspannung größer oder gleich Null; dies bedeutet, dass bei einem Steuerwinkel $\alpha > 120°$ kein Strom mehr fließen kann.

16.5.3 Mittelpunktschaltung M3C

Die Mittelpunktschaltung M3C findet man hauptsächlich in der Elektrolyse, wenn niedrige Gleichspannungen und große Ströme erforderlich sind.

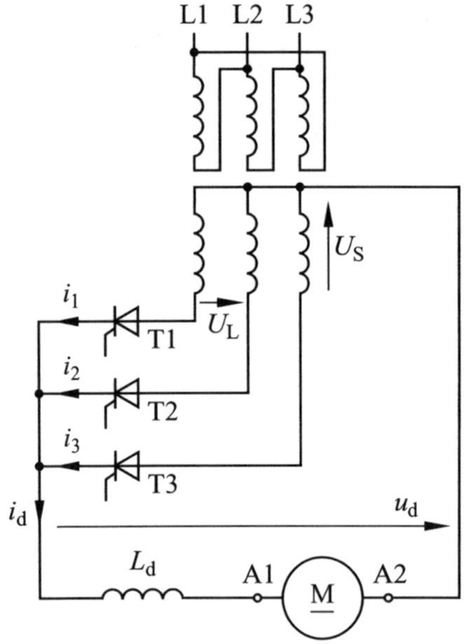

Bild 16.17 Mittelpunktschaltung M3C

Die Steuerkennlinie entspricht der Gl. (16.3). Im Bild 16.18 ist das Liniendiagramm der Gleichspannung für den Steuerwinkel α = 30° dargestellt.

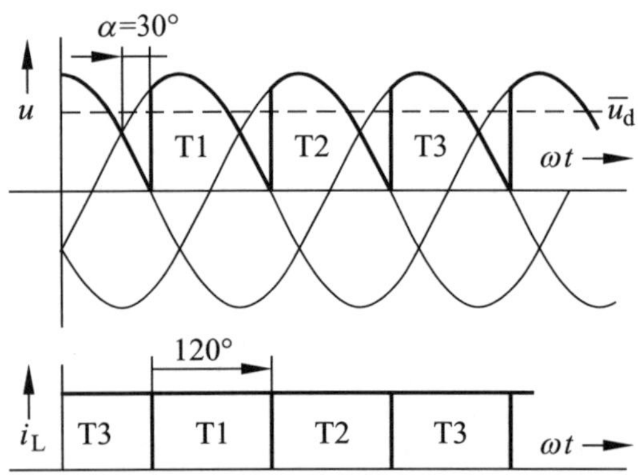

Bild 16.18 Spannungen und Außenleiterströme der Mittelpunktschaltung M3C für $\alpha = 30°$

16.5.4 Wechselstrom-Brückenschaltungen

Die Wechselstrom-Brückenschaltung B2C, die vier Thyristoren enthält, wird auch als **vollgesteuerte Brückenschaltung** bezeichnet; die Gl. (16.3) beschreibt ihre Steuerkennlinie.

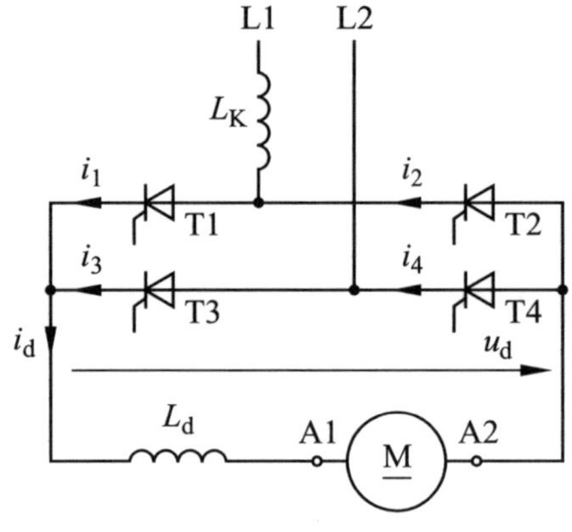

Bild 16.19 Vollgesteuerte Brückenschaltung B2C

Die **halbgesteuerte Brückenschaltung** B2HZ besitzt zwei Thyristoren und zwei Dioden.

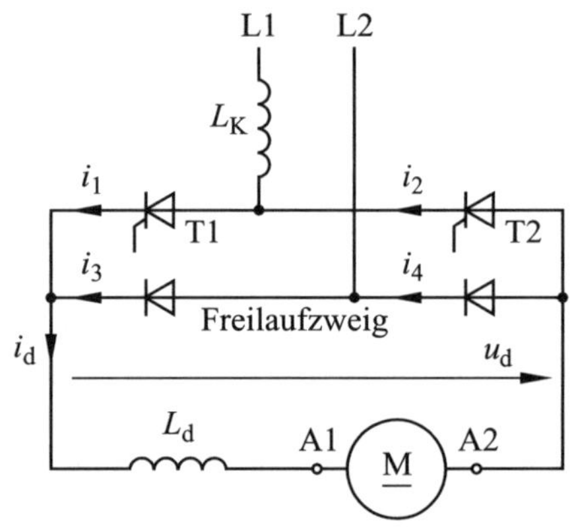

Bild 16.20 Halbgesteuerte Brückenschaltung B2HZ

Wegen der Dioden, die im **Freilaufzweig** liegen, ist keine negative Gleichspannung möglich, wodurch sich die Steuerkennlinie gegenüber den vollgesteuerten Ausführungen ändert.
Für die halbgesteuerte Brückenschaltung gilt:

$$U_{\mathrm{di}\alpha} = U_{\mathrm{di0}} \, \frac{1 + \cos\alpha}{2} \tag{16.4}$$

Tabelle 16.2: Kennwerte der wichtigsten netzgeführten Stromrichter

Schaltung	B2HZ	B2C	M3C	B6C
Gleichspannung U_{di0}/U_L U_{di0}/U_S	0,9	0,9	0,675 / 1,17	1,35 / 2,34
Pulszahl p	2	2	3	6
Spannungs-Welligkeit (bei $\alpha = 0$) w	0,48	0,48	0,18	0,042
Stromflusswinkel ϑ	180°	180°	120°	120°
Thyristorstrom I_A / I_d	0,5	0,5	0,33	0,33
Thyristorstrom I_{RMS} / I_d	0,707	0,707	0,577	0,577
Trafo-Bauleistung $S_T / P_{di} = S_T / (U_{di0}\, I_d)$	1,11	1,11	1,35 / 1,46* * Trafo Dzn, Yzn	1,05
Netzscheinleistung S / P_{di}	1,11	1,11	1,21	1,05

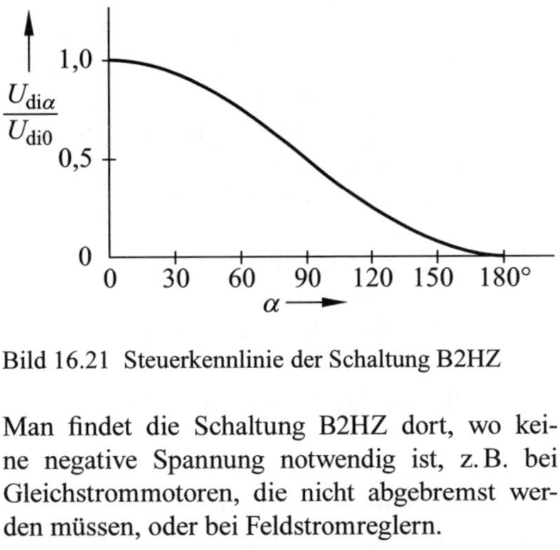

Bild 16.21 Steuerkennlinie der Schaltung B2HZ

Man findet die Schaltung B2HZ dort, wo keine negative Spannung notwendig ist, z. B. bei Gleichstrommotoren, die nicht abgebremst werden müssen, oder bei Feldstromreglern.

16.5.5 Vierquadrantenbetrieb

Die in der Tabelle 16.2 aufgeführten Schaltungen liefern eine variable Gleichspannung. Dabei ist der Gleichstrom I_d stets größer als Null. Dies reicht aus, um eine fremderregte Gleichstrommaschine in einer Drehrichtung anzutreiben ($U > 0, I > 0$).

Ein Abbremsen des Antriebs erfordert eine Stromumkehr, die schaltungsbedingt nicht möglich ist. Die negative Gleichspannung für einen Steuerwinkel $\alpha > 90°$ bei den vollgesteuerten Schaltungen B2C, M3C und B6C lässt sich im Betrieb nicht nutzen, da die Ankerspannung der Gleichstrommaschine invertiert werden müsste. Daher sind die Schaltungen in der Tabelle 16.2 nur für den Einquadrantbetrieb geeignet.

Für einen Vierquadrantenbetrieb (s. Abschn. 12.2.4) muss eine Drehrichtungsumkehr der Gleichstrommaschine erreicht werden, indem entweder der Erregerstrom oder der Ankerstrom invertiert wird, wobei die Ankerspannung positiv und negativ vorgegeben werden kann.

Das Bild 16.22 zeigt, wie die Umkehrung des Erregerstromes oder des Ankerstromes mit einem oder mit zwei Stromrichtern realisiert wird.

Die kostengünstigste Möglichkeit ist ein Feldumschalter in Verbindung mit einem vollgesteuerten netzgeführten Stromrichter. Die Umkehr des Drehmoments wird erreicht, indem zuerst der Ankerstrom auf Null gesteuert wird, dann der Stromrichter gesperrt wird und schließlich durch den Feldumsteller die Erregerspannung invertiert wird.
Sobald der negative Erregerstrom fließt, kann der Stromrichter im Wechselrichterbetrieb angefahren

werden. Da nun die Ankerspannung negativ ist, der Ankerstrom aber positiv, wird der Antrieb abgebremst.
Bedingt durch die hohe Induktivität der Erregerwicklung dauert es einige 100 ms, bis der Erregerstrom I_f invertiert ist. Somit muss man von Umsteuerzeiten bis etwa 1s ausgehen.

1. Ein-Stromrichter-Betrieb
a) Feldumschalter
I_f wird nach dem Umschalten negativ

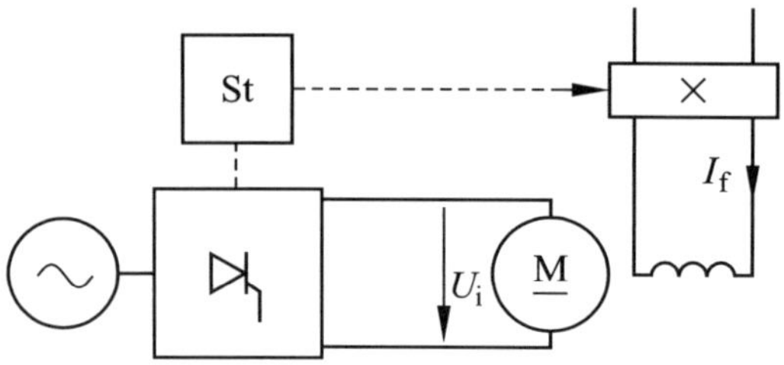

b) Ankerumschalter
I_d wird nach dem Umschalten negativ

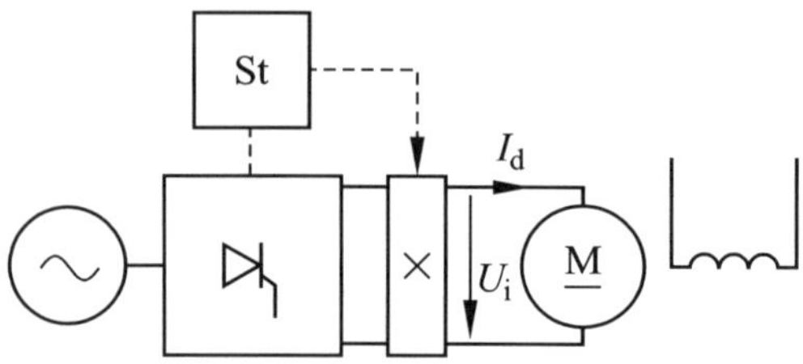

2. Zwei-Stromrichter-Betrieb
(Gegenparallelschaltung; ohne Kreisstrom)
Umschaltung der Steuerung von SR1 auf SR2

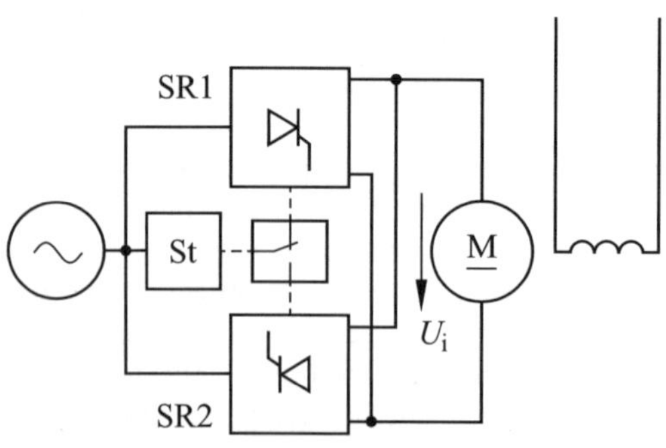

Bild 16.22 Möglichkeiten des Vierquadrantenbetriebes mit netzgeführten Stromrichtern

Ein schnellerer Umsteuervorgang lässt sich durch Invertieren des Ankerstromes I_d erreichen, da die Ankerzeitkonstante deutlich unter 100 ms liegt. Der Umsteuervorgang wird durch Steuern des Gleichstromes auf Null eingeleitet. Dann wird der Stromrichter gesperrt. Durch den Ankerumschalter wird das Vorzeichen des Ankerstromes invertiert. Danach erfolgt die Freigabe des Stromrichters, der nun im Wechselrichterbetrieb angefahren werden kann.
Die Ausführung mit Ankerumschalter ist teurer, da ein Umschalter höherer Leistung eingesetzt werden muss.

Wenn Umsteuerzeiten von wenigen ms erforderlich sind, ist ein Umkehrstromrichter erforderlich. Hierbei handelt es sich um die Gegenparallelschaltung von zwei gleichen netzgeführten Stromrichtern. Jeder Stromrichter ist für eine Stromrichtung zuständig, SR1 für $I_d > 0$ und SR2 für $I_d < 0$. Die Steuerung ST entscheidet, welche Stromrichtung gerade notwendig ist und steuert nur den zugehörigen Stromrichter an. Die Umschaltung der Ansteuersignale erfolgt, sobald der Strom Null ist. Dadurch ergibt sich eine kurze Wartezeit von einigen ms.
Ein Umkehrstromrichter ist die beim Umsteuern schnellste, aber auch teuerste Lösung für den Vierquadrantenbetrieb. Welche Lösung eingesetzt werden sollte, hängt von den Prozesserfordernissen und wirtschaftlichen Gesichtspunkten ab.

16.6 Selbstgeführte Stromrichter

Bei selbstgeführten Stromrichtern werden die Schaltzeitpunkte allein durch die Steuerung festgelegt. Hierfür sind abschaltbare Leistungshalbleiter erforderlich (IGBT oder MOSFET).
Mit selbstgeführten Stromrichtern lassen sich alle Umwandlungen der Leistungselektronik realisieren: Gleichrichten, Wechselrichten, Gleichstromumrichten und Wechselstromumrichten.

In den folgenden Abschnitte stellen wir die Grundschaltungen für Gleichstromumrichten und Wechselrichten vor. Als Anwendungsfälle werden elektrische Antriebe für Gleich- und Wechselstrom mit **Gleichspannungs-Zwischenkreis** beschrieben, da sie die größten Stückzahlen aufweisen.

16.6.1 Gleichstromsteller

Der **Gleichstromsteller** ist die Grundschaltung aller selbstgeführten Stromrichter. Er wandelt die Gleichspannung einer gegebenen Polarität und Höhe in eine Gleichspannung gleicher Polarität, aber unterschiedlicher Höhe um. Damit ist der Gleichstromsteller von der Umwandlungsart her ein Gleichstromumrichter.
Je nachdem, ob die Ausgangsspannung kleiner oder größer als die Eingangsspannung ist, wird der Gleichstromsteller als **Tiefsetzsteller** oder als **Hochsetzsteller** bezeichnet.

Das Bild 16.23 zeigt einen Tiefsetzsteller, an dem wir die Funktionsweise des Gleichstromstellers erläutern wollen.
Der Tiefsetzsteller besteht aus der Eingangsspannungsquelle U_E, dem abschaltbaren Leistungshalbleiter IGBT und der Freilaufdiode D. Zur Glättung des Ausgangsstromes i_A ist eine Glättungsdrossel L erforderlich.

Bei der Last kann es sich um einen Widerstand R handeln, aber auch z.B. um den Ankerzweig eines Gleichstrommotors.

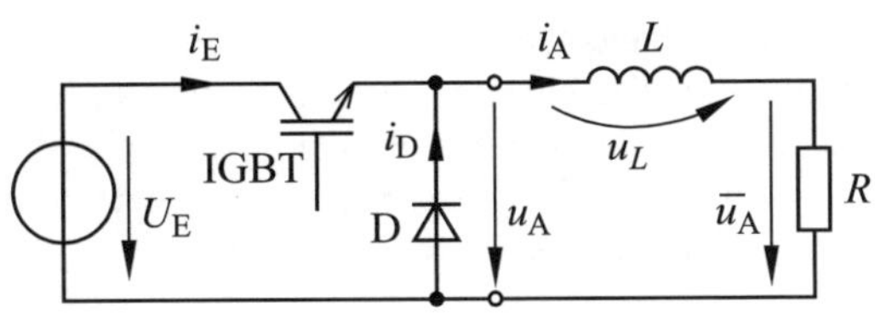

Bild 16.23 Gleichstromsteller als Tiefsetzsteller

Die Spannungseinstellung erfolgt nach dem Prinzip der **Puls-Weiten-Modulation PWM**. Dabei wird der Leistungshalbleiter für die Einschaltzeit t_e eingeschaltet und danach für die Ausschaltzeit t_a ausgeschaltet. Diese Schaltfolge wird kontinuierlich wiederholt.
Das Bild 16.24 zeigt das Liniendiagramm der Ströme und Spannungen im Tiefsetzsteller für den stationären Betrieb.
Bei eingeschaltetem Leistungshalbleiter ist die Ausgangsspannung u_A gleich der Eingangsspannung U_E und die Diode D sperrt. Der Ausgangsstrom i_A ist dabei gleich dem Eingangsstrom i_E.

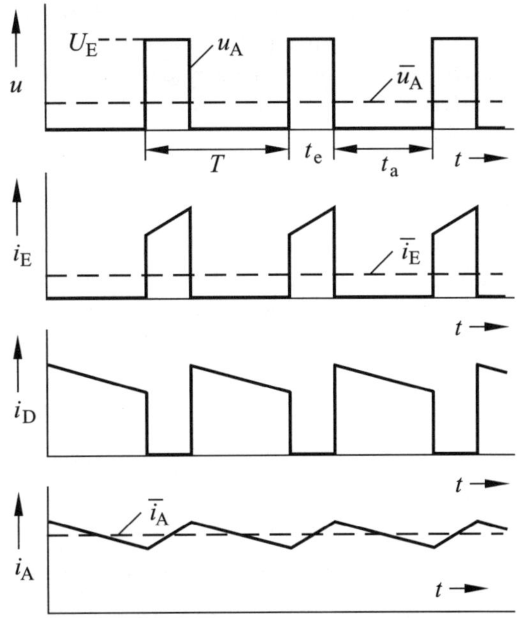

Bild 16.24 Liniendiagramm der Ströme und Spannungen beim Tiefsetzsteller

Die Induktivität L nimmt die Spannungsdifferenz zwischen u_A und $\overline{u}_A$ auf. Gemäß Gl. (5.29) gilt:

$$u_L = u_A - \overline{u}_A = L\,\frac{\mathrm{d}i_A}{\mathrm{d}t} \tag{16.5}$$

Dementsprechend steigt der Strom i_A während der Einschaltzeit t_e linear an.

Wenn der Leistungshalbleiter ausgeschaltet ist, sperrt dieser und der Eingangsstrom i_E ist Null. Da der Ausgangsstrom wegen der Induktivität weiterfließt, arbeitet die Diode D im Durchlassbereich und führt den Ausgangsstrom i_A.
Die Diode wird auch als **Freilaufdiode** bezeichnet, da während der Leitphase der Diode die Ausgangsspannung $u_A = 0$ ist.
Wegen $u_L = -\overline{u}_A$ sinkt der Ausgangsstrom i_A während der Ausschaltzeit t_a gemäß Gl. (16.5) linear ab.

Die Summe aus Einschaltzeit t_e und Ausschaltzeit t_a wird **Schaltperiode** T genannt:

$$T = t_e + t_a \tag{16.6}$$

Die Einschaltzeit t_e ist gleich der **Pulsweite** der Ausgangsspannung. Der Quotient aus der Einschaltzeit und der Schaltperiode wird als **Einschaltverhältnis** λ (griech. Buchstabe lambda) bezeichnet:

$$\lambda = \frac{t_e}{T} \quad (16.7)$$

Der Mittelwert $\overline{u}_A$ der Gleichspannung ist linear vom Einschaltverhältnis λ und der Eingangsspannung U_E abhängig:

$$\overline{u}_A = \lambda U_E \quad (16.8)$$

Wie das Bild 16.25 zeigt, lässt sich der Mittelwert $\overline{u}_A$ der Ausgangsspannung bei konstanter Schaltperiode durch unterschiedliche Einschaltzeiten ändern.

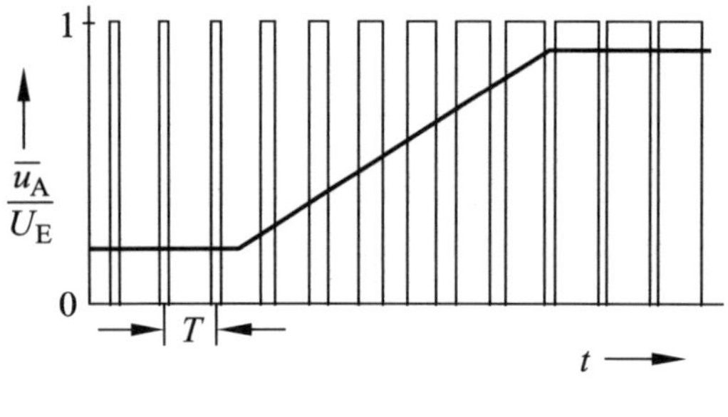

Bild 16.25 Spannungsverstellung beim Tiefsetzsteller durch Pulsweitenmodulation

Der Zusammenhang zwischen den Mittelwerten des Ein- und des Ausgangsstromes lässt sich mit der Leistungsbilanz berechnen. Dabei setzen wir voraus, dass in den Bauelementen der Schaltung 16.23 keine Verluste entstehen; in diesem Fall ist die Eingangs- gleich der Ausgangsleistung:

$$P_E = U_E \overline{i}_E = P_A = \overline{u}_A \overline{i}_A \quad (16.9)$$

Mit der Gl. (16.8) erhalten wir:

$$\overline{i}_A = \frac{\overline{i}_E}{\lambda} \quad (16.10)$$

Die Gln. (16.8 und 16.10) zeigen, dass der Gleichstromsteller eine Spannung $U_A \geq 0$ und einen Strom $I_A \geq 0$ liefern kann. Somit ist er ein Ein-Quadrant-Stromrichter, der einen fremderregten Gleichstrommotor nur in *einer* Drehrichtung antreiben und nicht abbremsen kann.

16.5.2 Vier-Quadranten-Steller

Für viele Anwendungen mit fremderregten Gleichstrommaschinen sind beide Drehrichtungen und Bremsbetrieb notwendig.

Beim netzgeführten Stromrichter haben wir gezeigt, dass man eine Drehrichtungsumkehr mit Schaltern oder mit zwei Einzelstromrichtern erreichen kann. Je nach Umsteuerzeit steigt der Aufwand; die schnellste Umsteuerzeit (< 10 ms) erreicht ein Umkehrstromrichter .

Noch kürzere Umsteuerzeiten im ms-Bereich oder darunter lassen sich mit einem selbstgeführten Stromrichter in Brückenschaltung erreichen. Das Bild 16.26 zeigt die zugehörige Schaltung, die als **Vier-Quadranten-Steller** bezeichnet wird. Wird die Leistung über das Wechsel- oder Drehstromnetz zugeführt, so ist ein Netzgleichrichter mit Kondensatorglättung erforderlich.

Im Prinzip handelt es sich beim Vier-Quadranten-Steller um vier einzelne Gleichstromsteller. Bei der Erläuterung betrachten wir aber nicht die vier einzelnen Gleichstromsteller, sondern die Schaltzustände jedes Brückenzweiges.

Der IGBT T_1 und die Diode D_1 bilden einen der vier Brückenzweige. Wird T_1 angesteuert, so ist dieser Brückenzweig 1 eingeschaltet. Das Vorzeichen des Ausgangsstromes i_A bestimmt, welcher der beiden Halbleiter T_1 bzw. D_1 den Strom führt. Ist $i_A > 0$, leitet der Transistor T_1; ist $i_A < 0$, leitet die Diode D_1.

Unzulässig ist es, dass gleichzeitig mit T_1 auch der Transistor T_2 angesteuert wird, da dann die Spannung U_E kurzgeschlossen wird. Dieser unzulässige Zustand wird durch die Steuerung verhindert.

In der Tab. 16.3 sind die Schaltzustände des Vier-Quadranten-Stellers zusammengefasst.

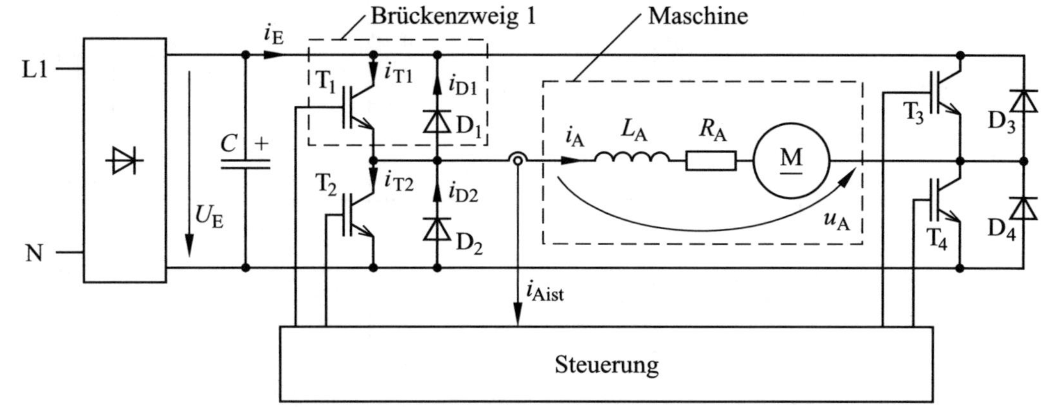

Bild 16.26 Vier-Quadranten-Steller mit Netzgleichrichter und einer Gleichstrommaschine als Last

Schalt-zustand	T_1	T_2	T_3	T_4	U_A
1	Ein	Aus	Aus	Ein	$+U_E$
2	Ein	Aus	Ein	Aus	0
3	Aus	Ein	Aus	Ein	0
4	Aus	Ein	Ein	Aus	$-U_E$

Tabelle 16.3 Schaltzustände des Vier-Quadranten-Stellers

Wie die Tab. 16.3 zeigt, gibt es zwei Schaltzustände, die eine Ausgangsspannung $U_A = 0$ erzeugen; sie werden als **Nullzustände** bezeichnet. Außerdem gibt es einen Schaltzustand mit der Spannung $U_A = U_E$ und einen Schaltzustand mit der Spannung $U_A = -U_E$; sie werden **Spannungszustände** genannt.

Zur Veränderung des Mittelwertes $\overline{u}_A$ der Ausgangsspannung werden die vier Schaltzustände mittels Pulsweitenmodulation unterschiedlich lange geschaltet. Dabei können alle vier Schaltzustände, aber auch nur drei oder zwei eingesetzt werden.

Das Bild 16.27 zeigt ein Beispiel für versetztes Pulsen beim Rechtslauf eines angeschlossenen Gleichstrommotors. Hierbei werden drei Schaltzustände während der Schaltperiode T genutzt, nämlich die beiden Nullzustände 2 und 3 sowie der Spannungszustand 1 mit $U_A = +U_E$.

Für Rechtslauf muss die Ausgangsspannung $\overline{u}_A > 0$ sein. Deshalb muss der Schaltzustand 1 benutzt werden. Die beiden Nullzustände werden wie beim Gleichstromsteller solange eingeschaltet, bis der Mittelwert erreicht ist. Für Linkslauf wird entsprechend der Schaltzustand 4 genutzt, um eine Ausgangsspannung $\overline{u}_A < 0$ zu erzielen.

Der Ausgangsstrom i_A ist ein Mischstrom; dabei ist dem arithmetischen Mittelwert ein Wechselanteil überlagert, der auch **Stromrippel** genannt wird. Der Stromrippel bewirkt wegen der Magnetostriktion (s. Kap. 5.5) Geräusche im Blechpaket der Maschinen.

Für die Einschaltzeiten t_{e1} und t_{e4} der Transistoren T_1 und T_4 gilt:

$$t_{e1} = t_{e4} = \frac{T}{2}\left(1 + \frac{\overline{u}_A}{U_E}\right) \quad (16.11)$$

Für die Transistoren T_2 und T_3 ergibt sich der Rest der Schaltperiode als Einschaltzeit:

$$t_{e2} = t_{e3} = T - t_{e1} \quad (16.12)$$

Die Ausgangsspannung im Bild 16.27 ist für Motor- und Generatorbetrieb gleich. Lediglich der Mittelwert des Laststromes ist unterschiedlich. Arbeitet die Maschine als Motor, ist der Mittelwert des Ausgangsstromes größer Null, im Generatorbetrieb kleiner Null. Der Stromrippel auf dem Ausgangsstrom bleibt gleich.

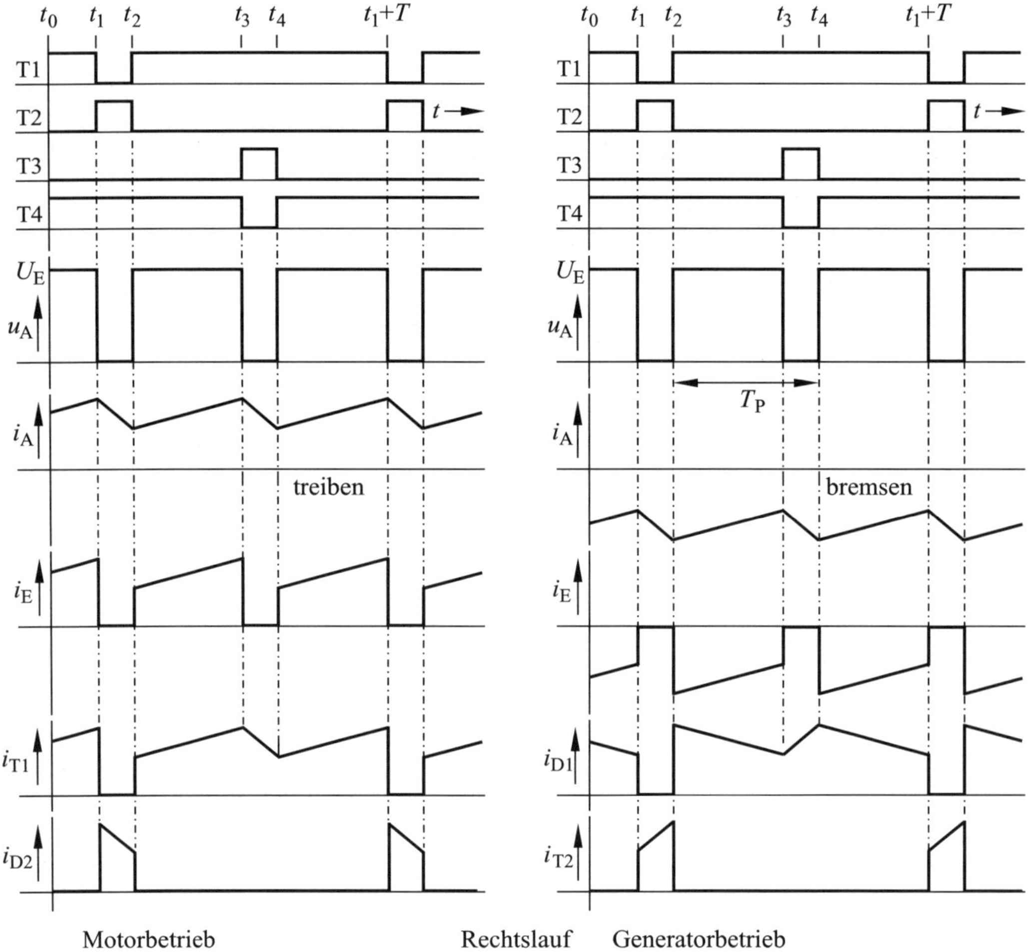

Bild 16.27 Liniendiagramme der Pulsmuster, Spannungen und Ströme beim Vier-Quadranten-Steller mit versetzten Pulsen

Die Versetzung der Pulse der Transistoren T_1; T_2 gegen die der Transistoren T_3; T_4, die im Bild 16.27 dargestellt ist, wird häufig verwendet, da die Pulsperiode T_P im Zeitverlauf der Lastspannung die Hälfte der Schaltperiode T beträgt. Somit halbiert sich der Stromrippel des Ausgangsstromes gegenüber einem gleichzeitigen Pulsen der Transistoren T_1; T_2 und der Transistoren T_3; T_4.
Bei dem versetzten Pulsen ist die Pulsfrequenz des Laststromes doppelt so hoch als beim gleichzeitigen Pulsen, was sich günstig auf das Geräusch auswirkt. An den Schaltverlusten der Halbleiter ändert sich dadurch nichts.

Da sich mit ein und demselben Stromrichter alle vier Betriebs-Quadranten erreichen lassen, ist die Umsteuerung vom Motor- zum Generatorbetrieb sehr schnell. Eine Wartezeit wie beim Umkehrstromrichter tritt nicht auf. Allerdings führt die generatorische Leistung (Bremsleistung) zum Aufladen des Glättungskondensators. Bevor die zulässige Spannungsbeanspruchung der Bauteile bzw. die Überspannungs-Abschaltschwelle der Steuerung erreicht ist, muss die Bremsleistung mit einem Brems-Chopper, über weitere Verbraucher im Gleichspannungskreis oder durch Netzrückspeisung abgeführt werden (s. Abschn. 16.7.2).

16.7 Frequenzumrichter

In den vorhergehenden Kapiteln haben wir Stromrichter für Gleichstrommotoren betrachtet. Gleichstrommotoren lassen sich allein durch die Höhe der Ankerspannung in ihrer Drehzahl stellen. Außerdem ist ihr Rundlaufverhalten gut, so dass sie über Jahrzehnte den Hauptanteil der drehzahlveränderlichen Antriebe darstellten.

Die beiden Hauptnachteile des Gleichstrommotors sind die aufwändige Wicklung und der Kommutator. Trotz fortgeschrittener Fertigungstechnik wird die Wicklung von Gleichstrommotoren noch immer von Hand eingelegt und mit dem Kommutator verlötet. Dies ist sehr kostenintensiv.

Der Kommutator besteht aus vielen einzelnen Lamellen, die ebenfalls aufwändig zu fertigen sind und einem Verschleiß unterliegen, der regelmäßige Instandsetzung verlangt. Üblich sind Bürstenstandzeiten unter 10000 Stunden.

Asynchronmaschinen mit Kurzschlussläufer können dagegen ebenso wie permanenterregte Synchronmaschinen zu einem großen Teil automatisiert gefertigt werden; damit sind sie wesentlich preisgünstiger. Um die Drehzahl dieser Maschinen zu steuern, ist ein Drehstromsystem veränderlicher Frequenz und Amplitude notwendig; die Erzeugung eines derartigen Drehstromsystems ist mit einem **Frequenzumrichter** möglich.

Den „Brot- und Butter"-Leistungshalbleiter für Frequenzumrichter stellt der IGBT dar. Bedingt durch sein asymmetrisches Sperrvermögen ist er für selbstgeführte Stromrichter mit Gleichspannungs-Eingang am besten geeignet. Deshalb sind die auf dem Markt verfügbaren Frequenzumrichter zu weit über 90% als Umrichter mit Gleichspannungs-Zwischenkreis ausgeführt.

16.7.1 Drehfelderzeugung

Für den Betrieb einer Drehfeldmaschine ist ein Drehstromsystem erforderlich. Die dreiphasige Spannung des versorgenden Netzes wird durch umlaufende Synchrongeneratoren erzeugt.

Die einzelnen Spannungen sind gleich groß, aber zeitlich um jeweils um 1/3 der Netzperiode verschoben (s. Kap. 6.3).

Ein Drehstromsystem lässt sich mit einem selbstgeführten Stromrichter in einer dreiphasigen Brückenschaltung erzeugen.

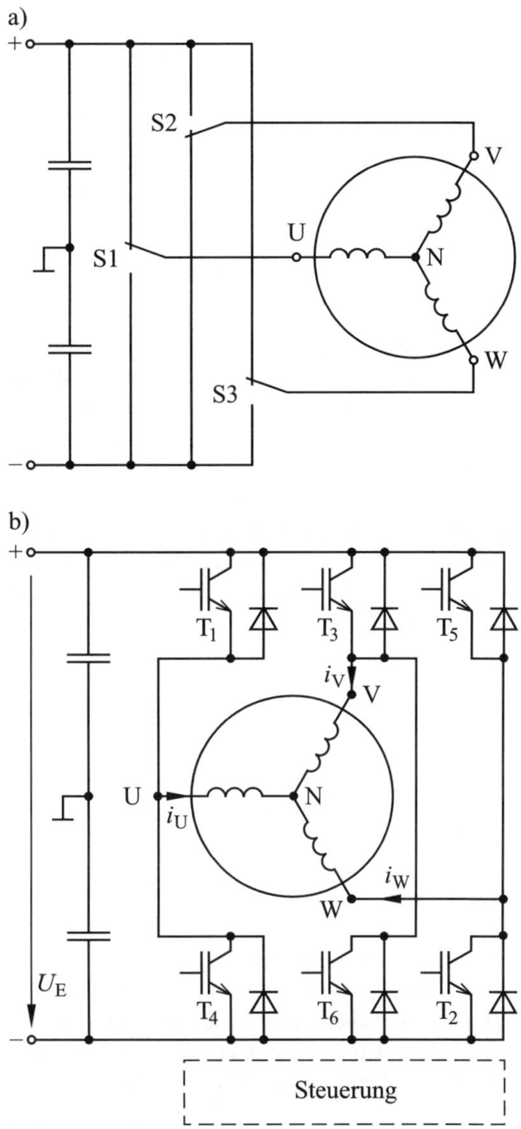

Bild 16.28 Selbstgeführter Stromrichter in dreiphasiger Brückenschaltung mit Gleichspannungseingang; a) Prinzipschaltung mit idealen Schaltern; b) reale Schaltungsanordnung mit IGBTs und Freilaufdioden

Tabelle 16.4 Schaltzustände des selbstgeführten Stromrichters in dreiphasiger Brückenschaltung

Schaltzustand Nr.	S1 T_1 ; T_4	S2 T_3 ; T_6	S3 T_5 ; T_2	Außenleiterspannungen			Strangspannungen		
	1: oberer Zweig ein 0: unterer Zweig ein			U_{UV}	U_{VW}	U_{WU}	U_{UN}	U_{VN}	U_{WN}
1	1	0	0	U_E	0	$-U_E$	$2U_E/3$	$-U_E/3$	$-U_E/3$
2	1	1	0	0	U_E	$-U_E$	$U_E/3$	$U_E/3$	$-2U_E/3$
3	0	1	0	$-U_E$	U_E	0	$-U_E/3$	$2U_E/3$	$-U_E/3$
4	0	1	1	$-U_E$	0	U_E	$-2U_E/3$	$U_E/3$	$U_E/3$
5	0	0	1	0	$-U_E$	U_E	$-U_E/3$	$-U_E/3$	$2U_E/3$
6	1	0	1	U_E	$-U_E$	0	$U_E/3$	$-2U_E/3$	$U_E/3$
7	1	1	1	0	0	0	0	0	0
8	0	0	0	0	0	0	0	0	0

Gegenüber dem Vier-Quadranten-Steller ist die Schaltung 16.28 um die dritte Brückenphase erweitert. Dadurch ergeben sich acht unterschiedliche Schaltzustände; sechs davon sind unterschiedliche Spannungs-Zustände und zwei sind Nullzustände. Wenn alle unteren oder alle oberen Brückenzweige eingeschaltet sind (Schaltzustände 7 und 8), sind alle Ausgangsspannungen gleich Null. Deshalb wird jeder dieser Zustände als **Nullzustand** bezeichnet. Für die restlichen sechs Schaltzustände ergeben sich Ausgangsspannungen, die von der Eingangsgleichspannung U_E abhängen (siehe Tab. 16.4).

Die einfachste Möglichkeit, mit den unterschiedlichen Schaltzuständen ein Dreiphasensystem zu erzeugen, ist die **Blocksteuerung**. Dafür werden alle Brückenzweige für jeweils 180° eingeschaltet und danach für 180° ausgeschaltet. Die einzelnen Einschaltsignale werden um jeweils 60° versetzt erzeugt.

Das Bild 16.29 zeigt die Einschaltsignale sowie die Verläufe der Spannungen und Ströme für eine induktive symmetrische Last. Die Außenleiterspannungen am Ausgang bestehen aus je zwei 120° breiten Spannungsblöcken $+U_E$ und $-U_E$.

Die drei Außenleiterspannungen sind um je 120° versetzt. Dadurch ergibt sich ein symmetrisches Dreiphasensystem mit blockförmigen Spannungen. Die Frequenz wird durch die Periodendauer bestimmt.

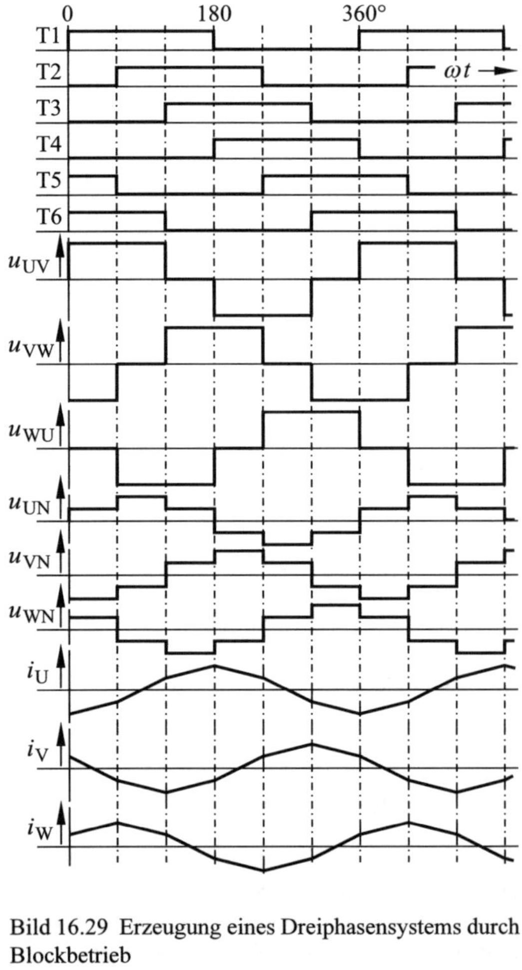

Bild 16.29 Erzeugung eines Dreiphasensystems durch Blockbetrieb

Das Bild 16.30 erklärt, wie die Augenblickswerte der Ausgangs-Strangspannungen entstehen. Da stets in einer Brückenhälfte zwei Brückenzweige eingeschaltet sind, ergibt sich eine Parallelschaltung von zwei Laststrängen, die mit dem dritten Strang in Reihe geschaltet sind.

Die Gesamtspannung U_E teilt sich dementsprechend auf. Die Parallelschaltung von zwei Strängen nimmt $U_E/3$ auf, und die restliche Spannung fällt an dem dritten Strang ab.

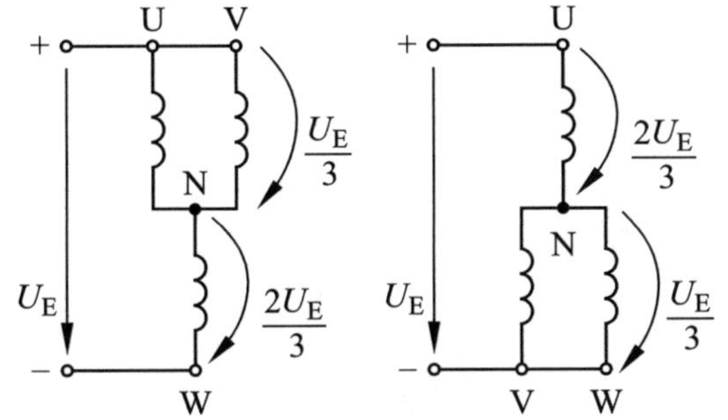

Bild 16.30 Entstehung der Strangspannungen durch Reihen-Parallelschaltung der Laststränge

16.7.2 Änderung der Ausgangsspannung durch Modulation

Um eine Drehfeldmaschine drehzahlvariabel zu betreiben, reicht die Verstellung der Periodendauer der Blocksteuerung allein nicht aus. Dies lässt sich aus der Ersatzschaltung der Asynchronmaschine herleiten (Bild 12.45).

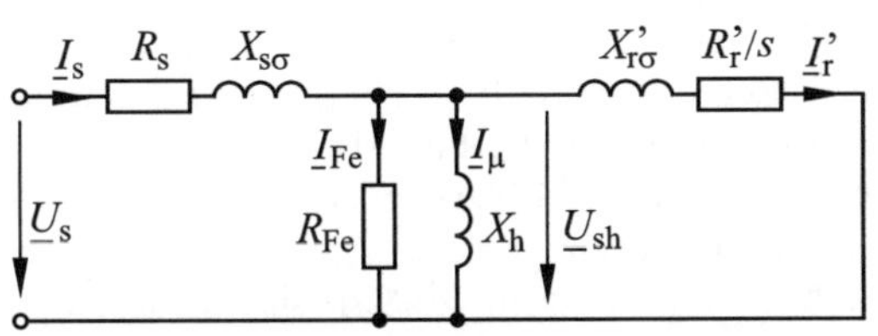

Bild 12.45 Ersatzschaltung für einen Strang der Drehstrom-Asynchronmaschine

Zur optimalen Ausnutzung der Maschine legt man den Magnetisierungsstrom I_μ nahe an den Sättigungsknick; dabei stellt sich im Arbeitspunkt der magnetische Fluss Φ_A ein (Bild 16.31).

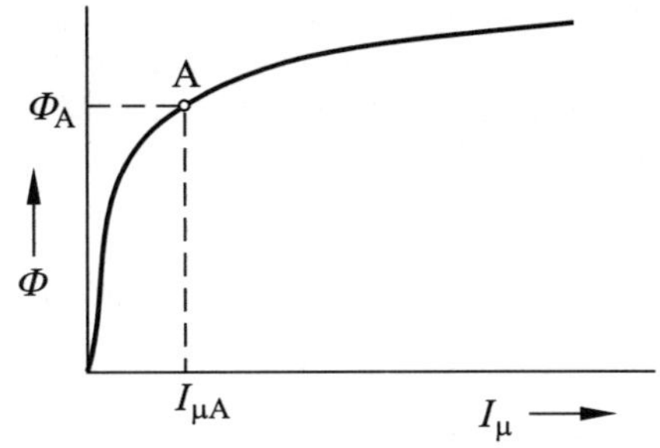

Bild 16.31 Magnetischer Arbeitspunkt der Asynchronmaschine

Die Hauptreaktanz $X_h = \omega L_h = 2\pi f L_h$ ist der Frequenz proportional. Bei einer Verringerung der Netzfrequenz muss daher auch der Effektivwert der Netzspannung proportional mit der Frequenz abgesenkt werden, damit sich der magnetische Arbeitspunkt nicht verändert und die Maschine optimal ausgenutzt wird; man bezeichnet diese Betriebsart als ***U/f*-Betrieb**.
Entsprechendes gilt auch für Synchronmaschinen.

Das Bild 16.32 zeigt die Drehzahl-Drehmoment-Kennlinien einer Asynchronmaschine beim *U/f*-Betrieb an einem Frequenzumrichter. Die Steilheit des Drehmomentenverlaufes bei der jeweiligen Leerlaufdrehzahl ist konstant, das Kippmoment ebenfalls. Der Drehmomentenverlauf wird quasi durch die Frequenzänderung parallel verschoben.

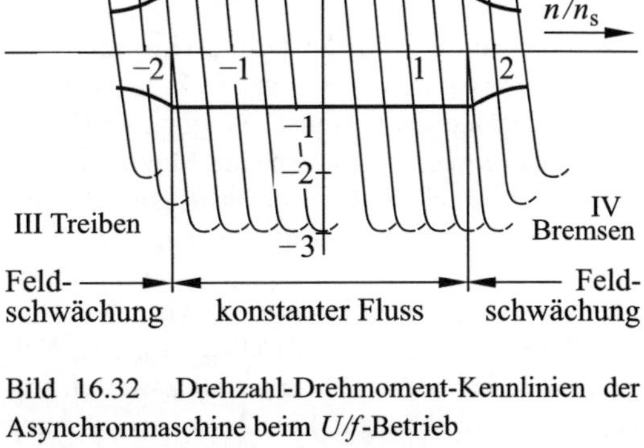

Bild 16.32 Drehzahl-Drehmoment-Kennlinien der Asynchronmaschine beim *U/f*-Betrieb

Oberhalb der Bemessungsfrequenz wirkt sich die begrenzte Spannung des Frequenzumrichters aus. Der Magnetisierungsstrom sinkt, die Maschine wird in Feldschwächung betrieben und das Kippmoment nimmt ab.

Bei einer Blocksteuerung kann der Effektivwert der Ausgangsspannung nur über die Gleichspannung U_E geändert werden. Deshalb ist bei diesem Verfahren eine variable Gleichspannung erforderlich, die von einem gesteuerten netzgeführten Stromrichter als Netzgleichrichter erzeugt wird. Da die Amplitude $\hat{u}_A$ der Ausgangsspannung geändert wird, bezeichnet man die Blocksteuerung mit variabler Amplitude als **Puls-Amplituden-Modulation** (kurz: **PAM**).

Wesentlich eleganter ist die **Puls-Weiten-Modulation** (kurz: **PWM**) der Ausgangsspannung mit einem **Pulsstromrichter**.

Das Bild 16.29 zeigt, dass bei der Blocksteuerung nur sechs der acht möglichen Schaltzustände genutzt werden; die beiden Nullzustände kommen nicht vor.

Bei der Puls-Weiten-Modulation PWM werden wie beim Gleichstromsteller die Nullzustände genutzt, um die Ausgangsspannung zu verringern. Je länger die Nullzustände im Verhältnis zu den Spannungszuständen anliegen, desto geringer wird die Ausgangsspannung.

Die Gleichspannung kann konstant bleiben, wodurch ein ungesteuerter Gleichrichter auf der Netzseite eingesetzt werden kann. Zusätzlich wird die Pulsweite während einer Periode sinusförmig verstellt.
Dies zeigt Bild 16.33 an der Grundschwingung der Außenleiterspannung am Ausgang. In der Nähe der Nulldurchgänge der Grundschwingung sind kurze Pulse zu erkennen, im Bereich des Maximums die längsten. Wie bei der Blocksteuerung sind die auftretenden Augenblickswerte $+U_E$, 0 und $-U_E$.

Solange die Augenblickswerte der Grundschwingung positiv sind, wird zwischen $+U_E$ und Null geschaltet; bei negativen Augenblickswerten treten nur $-U_E$ und Null auf. Eine Ausgangsspannung $u_A = 0$ ergibt sich, wenn nur die beiden Nullzustände während einer Schaltperiode verwendet werden. Maximal lässt sich als Amplitude der Grundschwingung die Gleichspannung U_E erreichen.

Die Schaltperiode T der einzelnen Puls-Pausen-Folgen, die auch **Pulsmuster** genannt werden, ist über einer Periode der Ausgangsspannung konstant.

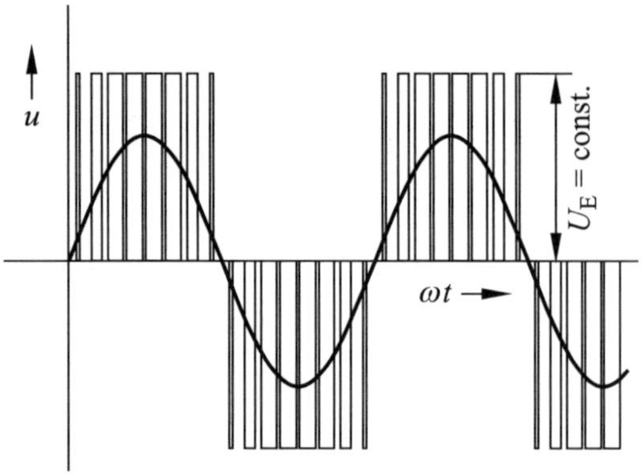

Bild 16.33 Puls-Weiten-Modulation beim Pulsstromrichter, Zeitverlauf einer Außenleiterspannung

Die Pulsmuster werden bei den meisten Pulsstromrichtern digital in der Steuerelektronik erzeugt. Hierfür enthalten die Mikroprozessoren spezielle PWM-Bausteine, die für eine dreiphasige Pulsmustererzeugung optimiert sind.

Bei Frequenzumrichtern für Antriebsanwendungen sind Schaltfrequenzen zwischen 2 und 20 kHz üblich. Begrenzt wird die Schaltfrequenz durch die Schaltverluste der Leistungshalbleiter. Hersteller von Frequenzumrichtern geben in den technischen Daten an, welche Ausgangsströme bei welcher Schaltfrequenz zulässig sind. In der Regel verringert sich der zulässige Ausgangsstrom mit zunehmender Schaltfrequenz.

Vorteilhaft sind hohe Schaltfrequenzen, um den Rippel auf dem Ausgangsstrom zu verringern; außerdem bewirkt der Stromrippel ein Geräusch im Blechpaket der Maschine, das mit zunehmender Frequenz eine geringere Lautstärke besitzt.

16.7.3 Ein-Quadrant- und Vier-Quadranten-Betrieb

Der Pulsstromrichter ist prinzipiell ein Vier-Quadranten-Stromrichter. Eine Drehrichtungsumkehr wird dadurch erreicht, dass im PWM-Baustein die Phasenfolge der Pulsmuster vertauscht wird.

Wie beim Vier-Quadranten-Steller bestimmt das Lastmoment, ob die Drehstrommaschine motorisch oder generatorisch betrieben wird. Wird im Ein-Quadarant-Betrieb ausschließlich ein motorisches Moment für eine Drehrichtung benötigt, wie z.B. bei Pumpen oder Lüftern, so reicht ein ungesteuerter Gleichrichter als Netzstromrichter aus, um die Gleichspannung bereitzustellen. Die zugehörige Schaltung zeigt das Bild 16.34.

Wenn ein generatorisches Lastmoment gefordert wird oder der Antrieb abgebremst werden soll, wird die generatorische Leistung in den Gleichspannungskondensator C zurückgespeist. Bei der Schaltung nach Bild 16.34 führt dies ziemlich schnell zum Abschalten des Frequenzumrichters durch die Steuerung, sobald die zulässige Gleichspannung U_{Emax} überschritten wird. Um dies zu verhindern, wird ein zusätzlicher Verbraucher oder eine Netzrückspeisung benötigt. Das Bild 16.35 zeigt die verschiedenen Möglichkeiten, die angewendet werden können:

a) Ein gepulster Widerstand, der die generatorische Leistung in Verlustwärme umsetzt; er wird als **Brems-Chopper** bezeichnet;

b) eine DC-Bremsung der Asynchronmaschine, bei der in die Ständerwicklung ein Gleichstrom eingeprägt wird;

c) ein netzgeführter Rückspeise-Stromrichter RSR mit Anpasstransformator;

d) eine Netz-Puls-Stromrichter (kurz: NPSR);

e) eine DC-Schiene zum Energieaustausch zwischen mehreren Antrieben.

Welche dieser Möglichkeiten eingesetzt wird, hängt von den Prozesserfordernissen ab. Am häufigsten wird ein Brems-Chopper eingesetzt, da er geringe Investitionskosten besitzt und oft nur geringe Bremsleistungen anfallen. Die meisten Frequenzumrichter haben den Brems-IGBT bereits integriert, so dass nur noch der Bremswiderstand angeschlossen werden muss.

Bei DC-Bremsung wird die generatorische Leistung in der Asynchronmaschine in Wärme umgesetzt, wodurch diese sich stärker erwärmt. Außerdem wird die Regelstrecke geändert, was zu Ausgleichsvorgängen führen kann.

Arbeiten mehrere Antriebe motorisch und generatorisch zusammen, wie dies z. B. bei Werkzeugmaschinen der Fall ist, so ist eine DC-Schiene die

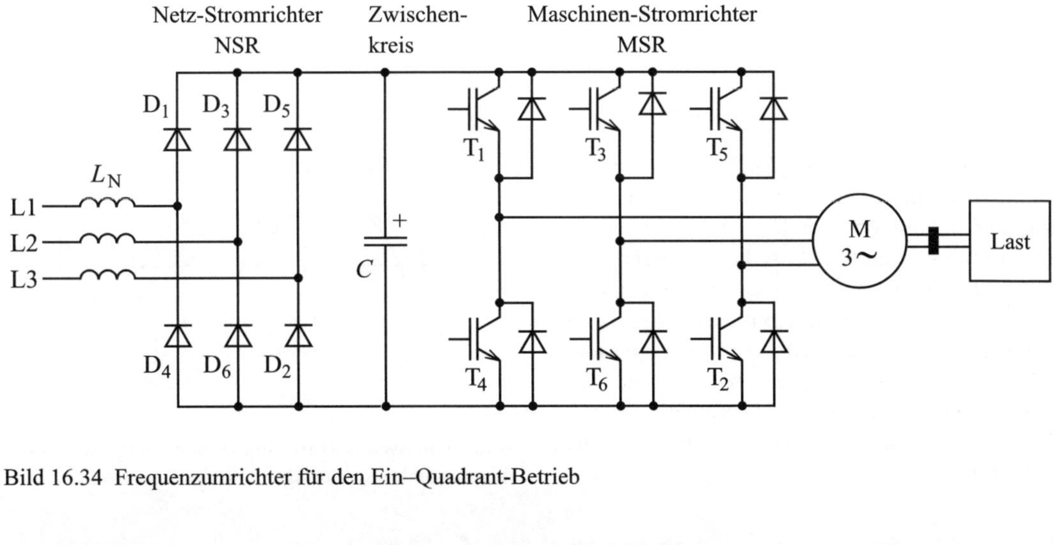

Bild 16.34 Frequenzumrichter für den Ein–Quadrant-Betrieb

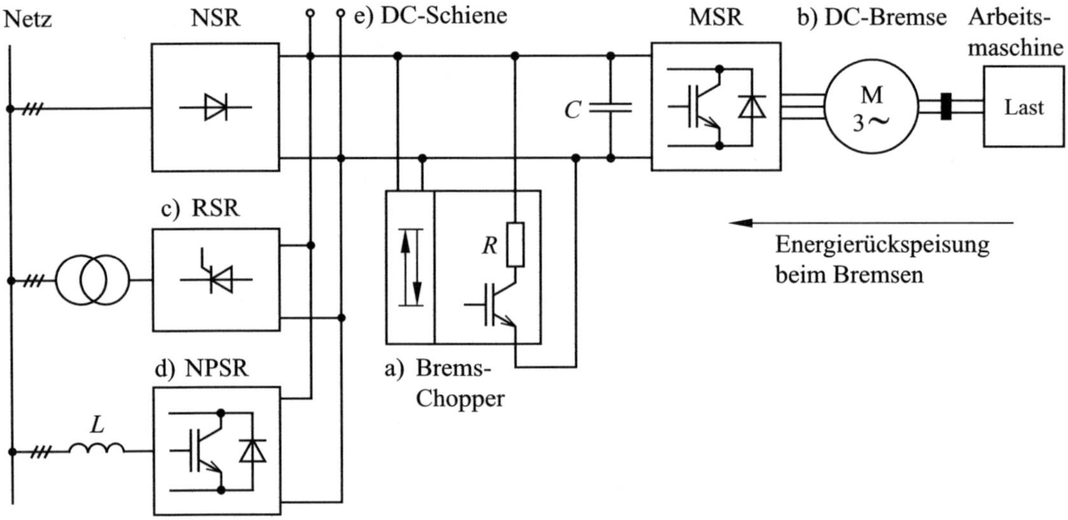

Bild 16.35 Möglichkeiten für den generatorischen Betrieb einer Drehstrommaschine

zweckmäßige Lösung; ein Einspeisestromrichter ist dabei nur einmal erforderlich.

Ein Rückspeisemodul ist teuer und wird angewendet, wenn die Verlustwärme des Brems-Choppers stört oder die Energieeinsparung sich rechnet.

16.8 Wechsel- und Drehstromsteller

Durch Wechsel- und Drehstromsteller werden die Effektivwerte von Wechsel- und Drehstromsystemen verändert, um die Leistung von Verbrauchern zu steuern.

Der Wechselstromsteller hat als **Dimmer** eine große Verbreitung im Haushalts- und Industriebereich gewonnen, da er sich preiswert herstellen lässt.

Die Lastspannung wird durch die Phasenanschnittsteuerung der beiden Thyristoren in Antiparallelschaltung verstellt. Das Bild 16.36 zeigt für eine OHMsch-induktive Last beim Steuerwinkel α = 120° den Verlauf des Laststromes i und der Lastspannung u_A. Zusätzlich ist der Strom i_φ eingezeichnet, der sich einstellt, wenn die Thyristoren ständig gezündet bzw. überbrückt sind. Die Lastspannung wird erst dann verringert, wenn der Steuerwinkel α größer wird als der Phasenwinkel φ der Last.

Die **Steuerkennlinie** $U_\alpha/U_0 = f(\alpha)$ stellt den Quotienten aus dem Effektivwert U_α der Lastspannung beim Steuerwinkel α und dem Effektivwert U_0 der Lastspannung bei Vollaussteuerung als Funktion des Steuerwinkels α grafisch dar.
Das Bild 16.37 zeigt, dass sich bei OHMscher Last die Lastspannung bereits ab α = 0° ändert; bei induktiver Last ändert sich die Lastspannung erst ab einem Steuerwinkel α > 90°.

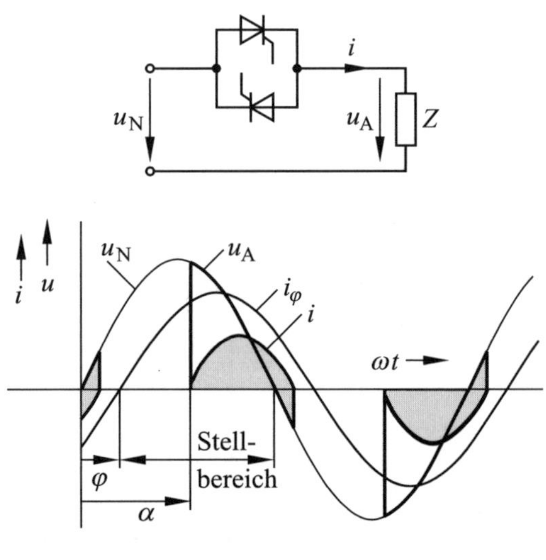

Bild 16.36 Wechselstromsteller, Schaltung und Liniendiagramm der Spannungen und des Laststromes

Ein zunehmender Steuerwinkel verringert die Ausgangsspannung, bis sie beim Steuerwinkel $\alpha = 180°$ zu Null geworden ist (Bild 16.37).

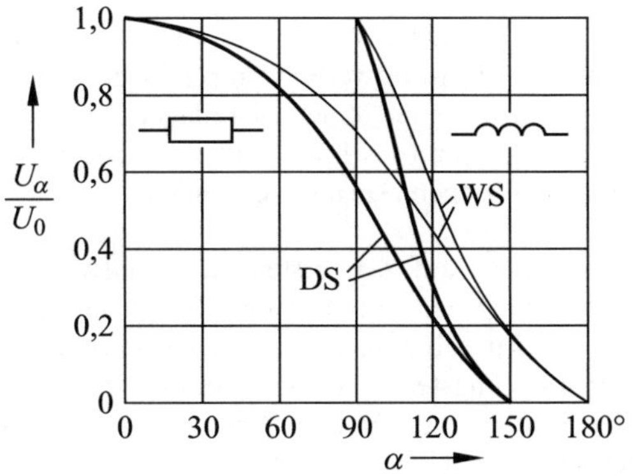

Bild 16.37 Steuerkennlinien des Drehstromstellers (DS) und des Wechselstromstellers (WS) für OHMsche und für induktive Last

Beim Drehstromsteller (Bild 16.38) ist die Steuerkennlinie ähnlich wie beim Wechselstromsteller, aber die Lastspannung Null wird bereits beim Steuerwinkel $\alpha = 150°$ erreicht.

Drehstromsteller werden vor allem zur Leistungssteuerung von Asynchronmaschinen eingesetzt, um den Anlaufstrom zu verringern.

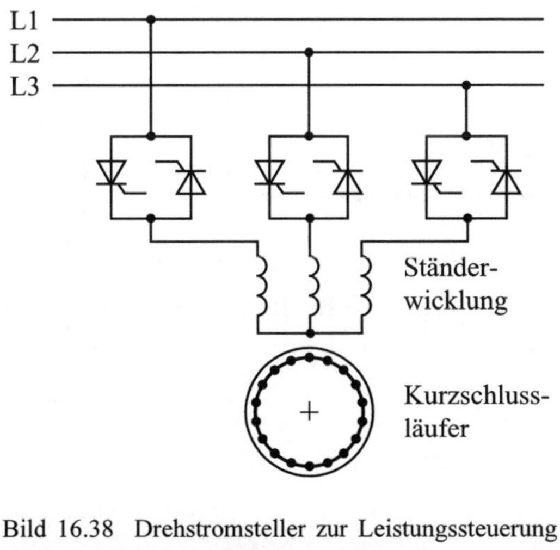

Bild 16.38 Drehstromsteller zur Leistungssteuerung einer Asynchronmaschine

Die **Kusa-Schaltung** ermöglicht beim Asynchronmotor mit **Ku**rzschlussläufer einen **Sa**nftanlauf; dazu wird z. B. in einen Strang der Drehstrommaschine ein Widerstand geschaltet.
An Stelle des Widerstandes kann auch ein Wechselstromsteller die Einstellung des Drehmomentes beim Anlauf übernehmen. Das Anlaufmoment des Asynchronmotors kann bis auf Null reduziert werden, indem die Maschine bei einem Steuerwinkel $\alpha = 150°$ betrieben wird. Benötigt wird die Kusa-Schaltung, wenn das Anlaufmoment einen Grenzwert nicht überschreiten darf.

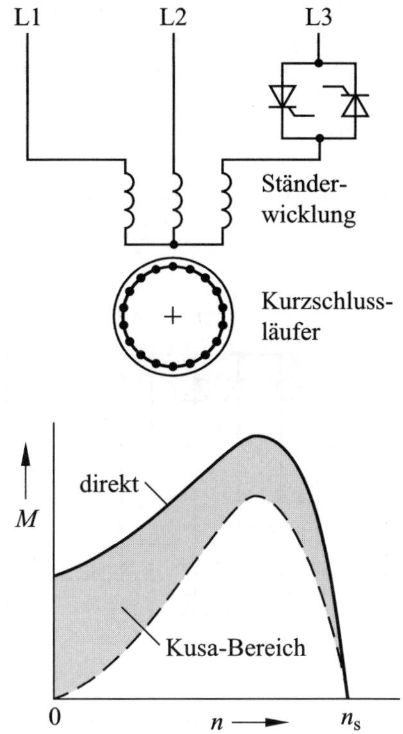

Bild 16.39 Kusa-Schaltung und Anlaufdrehmoment

16.9 EMV von Stromrichtern

Stromrichter zählen zu den größten Störquellen der Elektrotechnik. Grund sind die hohen Spannungssteilheiten an den Leistungshalbleitern beim Schalten; typisch sind Werte um 10 kV/µs. Diese Spannungssteilheiten können als leitungsgeführte Störungen über das speisende Netz zu anderen Geräte übertragen werden oder sie können im eigenen Schaltschrank zu Einkopplungen auf Signalleitungen führen.

In der Norm EN 61800-3 sind die für drehzahlveränderliche Antriebe gültigen EMV-Normen aufgelistet, die Hersteller und Anwender einhalten müssen. Um die angegebenen Grenzwerte einzuhalten, sind verschiedene EMV-Maßnahmen in und außerhalb der Stromrichtergeräte erforderlich, die beispielhaft für den Leistungsteil eines Frequenzumrichters erklärt werden sollen. Im Bild 16.40 sind vier Maßnahmen dargestellt. Netzseitig wird ein Funkentstörfilter (1) installiert, das zusammen mit der stromkompensierten Drossel (2) im Gleichspannungskreis verhindert, dass unzulässige leitungsgeführte Störungen in das Netz gelangen.

Am Pulsstromrichter treten die höchsten Spannungssteilheiten auf. Diese werden häufig durch eine Drossel (3) gemildert. Besonders wichtig ist ein geschirmtes Kabel zur Maschine. Der Schirm wird so nah wie möglich am Gerät mit dem für die Schirmung vorgesehenen PE-Kontakt (s. Kap. 18) verbunden (4). Häufig haben die Stromrichtergeräte Schirmauflagen für diesen Zweck. An der Maschine wird der Schirm mit dem metallischen Gehäuse verbunden.

Durch diese auf den ersten Blick aufwändige Verkabelung wird erreicht, dass Störströme über den Schirm eine niederimpedante Verbindung zum Leistungsteil angeboten bekommen; somit fließen sie nach der Stromteilerregel nur zu einem geringen Teil über andere PE-Verbindungen, wo sie Störspannungsabfälle verursachen können.

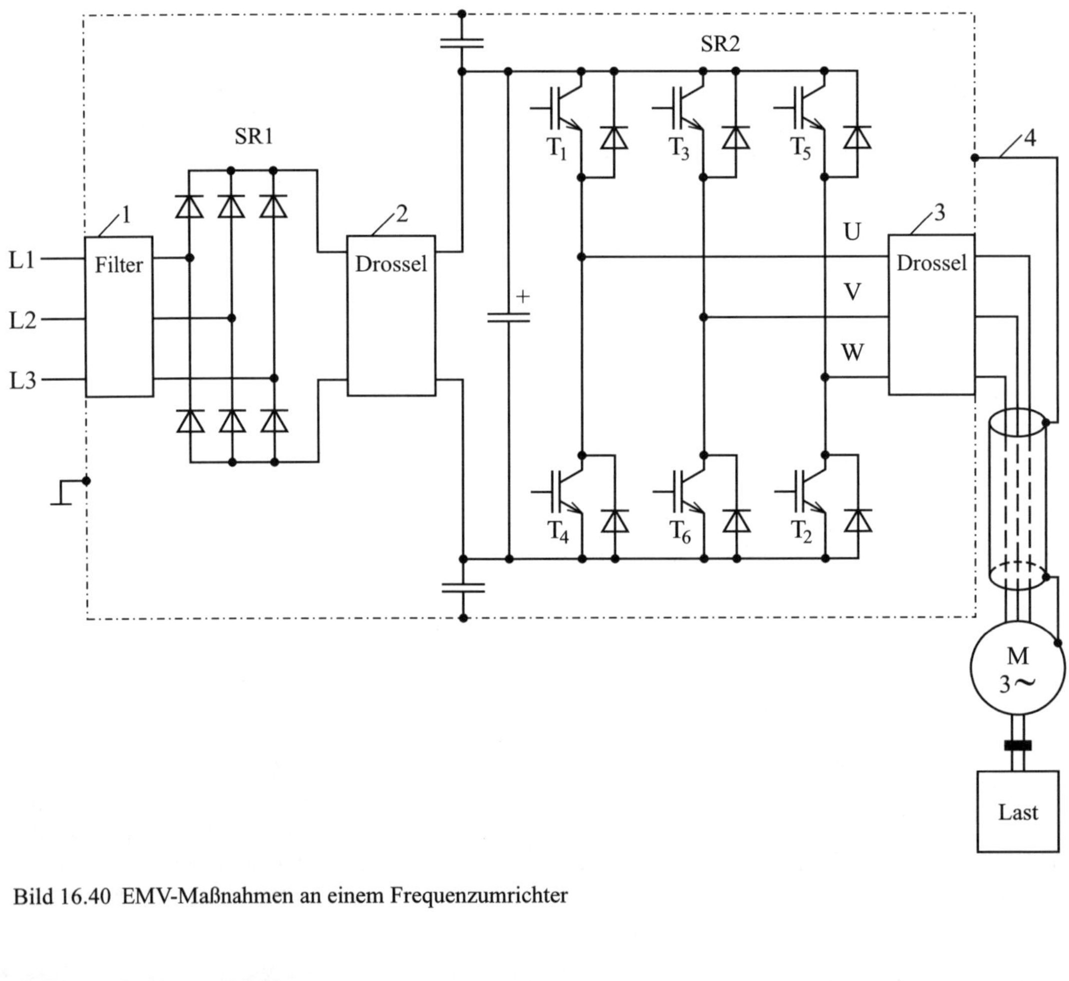

Bild 16.40 EMV-Maßnahmen an einem Frequenzumrichter

17 Informationsübertragung

Informationen werden heute fast ausschließlich mit *digitalen* Signalen übertragen.
Zwar gibt es noch analoge Signale, wie z. B. Sensor- und Aktorsignale der Automatisierungstechnik oder Mikrofon- und Lautsprechersignale der Medientechnik, doch werden diese Signale stets mit Analog-Digital-Wandlern konvertiert und in digitaler Form verarbeitet und übertragen.
Selbst seit langem existierende analoge Übertragungssysteme der Hörfunk- und Fernsehtechnik werden in wenigen Jahren vollständig durch die digitalen Systeme **DAB** *(digital audio broadcast)* und **DVB** *(digital video broadcast)* ersetzt.

Wir können uns im Folgenden auf die *serielle* Übertragung beschränken; die parallele Übertragung wird lediglich in Computern durchgeführt, wo die Übertragungsstrecken sehr kurz sind. Die parallele Anbindung von Druckern an Computer über die LPT-Schnittstelle wird zunehmend durch die serielle über **USB** *(universal serial bus)* ersetzt.

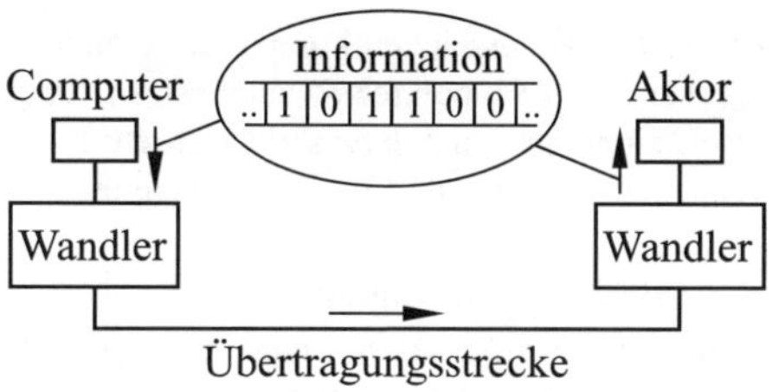

Bild 17.1 Übertragung digitaler Informationen

Das Ziel der Informationsübertragung besteht darin, eine Information möglichst *fehlerfrei* von einem Ort zu einem anderen zu übertragen. Dieses Ziel der Informationstechnik unterscheidet sich grundsätzlich von dem der Energietechnik, wo es gilt, die Verluste auf der Übertragungsstrecke zu minimieren.

Die fehlerarme Informationsübertragung wird durch verschiedene Maßnahmen erreicht:

- Das digitale Signal wird an die Bedürfnisse des Übertragungsmediums optimal angepasst; hierfür werden *Wandler* verwendet.
- Die Leistung des Senders und die Empfindlichkeit des Empfängers werden möglichst groß gewählt.
- Dem digitalen Signal werden als Redundanz zusätzliche Bits hinzugefügt, damit im Empfänger eine Fehlererkennung bzw. -korrektur möglich ist. Diese Datensicherung wird als **Kanalcodierung** *(channel coding)* bezeichnet.

Im Folgenden wollen wir zunächst einige informationstechnische Grundbegriffe erläutern. Anschließend werden die wichtigsten Übertragungskanäle mit ihren Vor- und Nachteilen einzeln vorgestellt und mit Beispielen verdeutlicht.

17.1 Grundbegriffe

Im Kapitel 10 haben wir gezeigt, dass sich mit $n = 1$ Bit die beiden Zustände logisch 0 und logisch 1 darstellen lassen.
Aus der Sicht der Informationsübertragung betrachtet man die zu übertragene Information als Folge von *Zeichen.* Entsprechend wird ein Bit als **Binärzeichen** *(binary digit)* bezeichnet, das entweder 0 oder 1 sein kann.
Werden mehrere Bit zu einer Gruppe zusammengefasst, so spricht man von einem **Symbol** *(symbol).* Das bekannteste Symbol heißt **Byte** *(byte)* und besteht aus $n = 8$ Bit:

$$1 \text{ Byte} = 8 \text{ Bit} \tag{17.1}$$

Mit einem Symbol aus n Bit können

$$m = 2^n \tag{17.2}$$

verschiedene Zeichen dargestellt werden. Für die Codierung der 26 Zeichen unseres Alphabets braucht man mindestens $n = 5$ Bit, womit sich sogar $2^5 = 32$ Zeichen darstellen lassen.

Möchte man zusätzlich noch Groß- und Kleinschreibung, Ziffern, Umlaute und Sonderzeichen übertragen, so sind mehr als 5 Bit notwendig. Bei der Übertragung von Texten zwischen Computern werden heute fast ausschließlich die 7-Bit-Symbole des **ASCII-Codes** (sprich: aski) verwendet *(American Standard Code for Information Interchange).* Damit lassen sich $2^7 = 128$ verschiedene Zeichen darstellen.

So besteht z. B. eine Textseite mit 3500 Zeichen im ASCII-Code aus 24500 Bit = 24,5 kBit oder aus 3062,5 Byte = 3,06 kByte.

Ist für die Übertragung von n Bit die benötigte Zeit T bekannt, so lässt sich damit die **Datenrate** *(data rate)* r in Bit/s berechnen:

$$r = \frac{n \text{ Bit}}{T} \tag{17.3}$$

Aus Sicht einer Anwendung, bei der z.B. der Text einer Seite übertragen werden soll, lässt sich mit der Gl. (17.3) die dafür benötigte Zeit berechnen. Doch wir werden noch sehen, dass neben den eigentlichen Daten häufig zusätzliche Dinge übertragen werden müssen, damit die Übertragung funktioniert. Bezeichnen wir mit T_B die Zeit für die Übertragung eines Bit, so berechnen wir mit

$$r_B = \frac{1 \text{ Bit}}{T_B} \tag{17.4}$$

die **Bitrate** *(bit rate)* in Bit/s, welche ein Maß für die Transportgeschwindigkeit auf der Übertragungsstrecke darstellt (Bild 17.2). Alternativ wird hierfür auch die Einheit **Baud** = Bd verwendet.

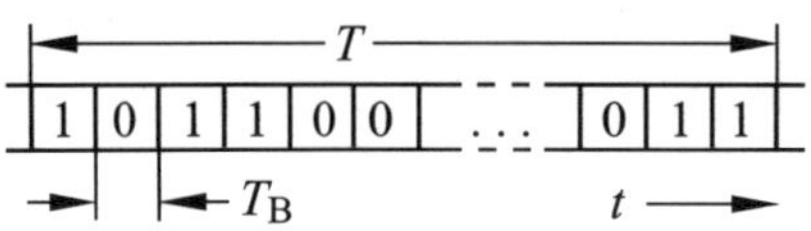

Bild 17.2 Übertragungszeit und Bitdauer

Vergleichen wir die Informationsübertragung mit einer Fahrt auf einer Autobahn, so entspricht die Bitrate der maximalen Geschwindigkeit (z.B. 130 km/h) und die Datenrate der durchschnittlichen Geschwindigkeit (z.B. 80 km/h). Die Bitrate ist somit die größtmögliche Datenrate.

Wie wir schon im Kap. 9.2 erläutert haben, wird in der Elektrotechnik eine Größe, die eine *Information* enthält, als **Signal** *(signal)* bezeichnet.

Für die Darstellung eines Signals gibt es verschiedene Möglichkeiten: Wir können z.B. die Spannung 5 V für die logische 1 und die Spannung 0 V für die logische 0 verwenden. Dies ist ein *unipolares Rechtecksignal* (Bild 17.3a) der TTL-Technik. Bei einem *bipolaren Rechtecksignal* wird der logischen 0 z.B. die Spannung –10 V und der logischen 1 die Spannung +10 V zugeordnet (Bild 17.3b). Möglich ist aber auch die Verwendung einer sinusförmigen Wechselspannung, bei der die Frequenz umgeschaltet wird (Bild 17.3c); dies wird als **Frequenzumtastung** *(frequency shift keying,* FSK*)* bezeichnet. Wird die Wechselspannung lediglich ein- und ausgeschaltet (Bild 17.3d), so nennt man dies **Amplitudentastung** *(amplitude shift keying,* ASK*)*.

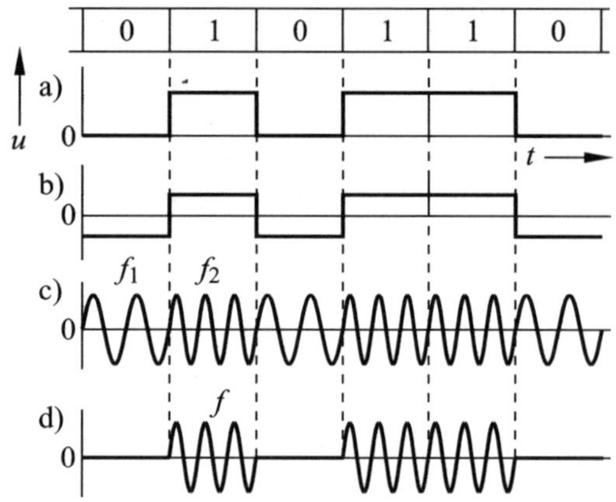

Bild 17.3 Die Binärzeichen können als a) unipolares Rechtecksignal, b) bipolares Rechtecksignal oder als Wechselspannungssignal dargestellt werden:
c) Frequenzumtastung, d) Amplitudentastung

Nicht jedes dieser Signale kann über jede Übertragungsstrecke übertragen werden. Daher ist es die Aufgabe der im Bild 17.1 angegebenen Wandler, die für die Übertragungsstrecke optimale Signalform zu erzeugen.

Bei jeder Übertragungsstrecke ist das Ausgangssignal am Ende der Strecke schwächer als das Eingangssignal am Anfang; dies wird als **Dämpfung** *(attenuation)* bezeichnet. Die unvermeidbare Dämpfung führt bei allen Strecken zu einer Begrenzung der Streckenlänge; dies wollen wir für die verschiedenen Strecken genauer betrachten.

Weitere Eigenschaften der Übertragungsstrecke und überlagerte Störungen können dazu führen, dass das Ausgangssignal eine andere Form als das Eingangssignal hat. Dies wird als **Signalverzerrung** *(signal distortion)* bezeichnet. Darauf werden wir hier nicht eingehen, weil wir in diesem Buch lediglich die Grundlagen der Informationsübertragung darstellen wollen.

Für Übertragungsstrecken mit metallischen Leitern und Lichtwellenleitern gilt, dass maximale Bitrate und maximale Streckenlänge gegeneinander austauschbar sind. Dies wird durch das **Bitraten-Längen-Produkt** $r_B \cdot L$ definiert. Bei vorgegebener Streckenlänge L gibt es eine maximale Bitrate r_B; entsprechend gibt es bei vorgegebener Bitrate eine maximale Streckenlänge. Je kleiner die Streckenlänge ist, desto größer kann somit die Bitrate sein.

Für den Anschluss einer Komponente an die Übertragungsstrecke ist eine **Schnittstelle** *(interface)* zu definieren. Hierdurch werden z.B. die Signalform, die Signalstärke, die Art der Übertragungsstrecke und die Anschlussstecker festgelegt.

Schließlich sind noch die *Verbindungsarten* zwischen verschiedenen Teilnehmern zu definieren (Bild 17.4).

Werden nur Informationen zwischen zwei Teilnehmern ausgetauscht, so spricht man von einer **Punkt-zu-Punkt-Verbindung** *(point-to-point link)*.
Kann einer der Teilnehmer nur senden und der andere nur empfangen, so erfolgt die Übertragung unidirektional, also nur in einer Richtung; dies nennt man *simplex (simplex)*.
Im *Duplex*-Betrieb *(duplex)* können beide Teilnehmer zur gleichen Zeit sowohl senden als auch empfangen.
Bei einer *Halbduplex*-Verbindung *(half duplex)* gibt es zu einem Zeitpunkt immer nur eine Übertragungsrichtung.
Teilen sich mehr als zwei Teilnehmer eine Übertragungsstrecke, so spricht man von einem Bussystem oder kurz von einem **Bus** *(bus)*. Wenn hierbei mehr als ein Teilnehmer senden kann, ist eine Steuerung des **Buszugriffes** *(medium access control,* MAC*)* erforderlich, weil immer nur ein Teilnehmer zu einem Zeitpunkt senden darf. Einige Beispiele hierfür werden im Abschn. 17.7 genannt.

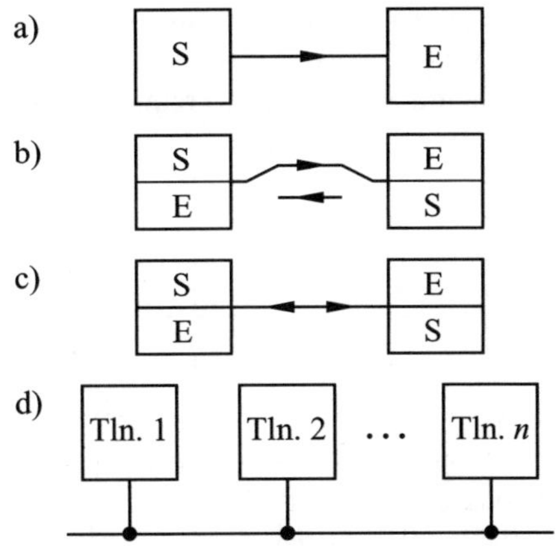

Bild 17.4 Die Informationen können auf verschiedene Arten zwischen den Teilnehmern (Tln.) übertragen werden: a) simplex, b) halbduplex, c) duplex, d) Bussystem (S: Sender, E: Empfänger)

17.2 Leitungen und Kabel

Als Leitungen oder Kabel werden vereinfachend metallische Leiter bezeichnet, die gewöhnlich aus Kupfer sind. Sie werden stets verwendet, wenn die Übertragungstrecke nicht zu lang ist (typisch bis zu 100 m) und das Kabel die Bewegungsfreiheit nicht stört. Jedes der Signale im Bild 17.3 kann verwendet werden.

Wir wollen nun die Auswirkung der Dämpfung bei einem Kabel betrachten. Die logische 1 möge der Spannung u_1 am Leitungsanfang und der Spannung u_2 am Leitungsende entsprechen. Die Dämpfung a des Kabels wird mit

$$a = 20\ \text{dB} \cdot \lg \frac{u_1}{u_2} \tag{17.5}$$

in dB angegeben. Diese Dämpfung ist mit

$$a = \alpha \cdot l \tag{17.6}$$

proportional zur Kabellänge l und zum **Dämpfungskoeffizienten** *(attenuation coefficient)* α. Der Dämpfungskoeffizient wird in dB/m angegeben. Er ist eine Eigenschaft des Kabels und abhängig von Material und Drahtdurchmesser. Das Bild 17.5 zeigt den Dämpfungsverlauf eines

Datenkabels, das bei **lokalen Netzen** *(local area network,* LAN*)* verwendet wird; die Dämpfung steigt dabei mit zunehmender Frequenz f stark an.

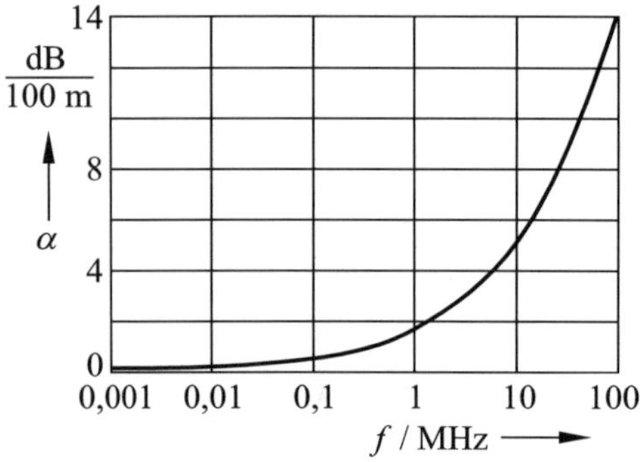

Bild 17.5 Dämpfungsverlauf eines Datenkabels (Twisted Pair, Kategorie 5, Drahtdurchmesser 0,6 mm)

Es bleibt zu klären, was unter der Frequenz f eines unipolaren oder bipolaren Signals zu verstehen ist. Als praktisch sehr häufig verwendete Näherung verwenden wir mit

$$f = \frac{1}{T_B} = r_B/\text{Bit} \qquad (17.7)$$

den Zahlenwert der Bitrate. Für das Signal im Bild 17.3c ist dies die Frequenz f_2.

Beispiel 17.1
Ein unipolares Signal der Bitrate 100 kBit/s soll mit einem Kabel übertragen werden, dessen Dämpfung dem Bild 17.5 entnommen werden kann. Am Kabelanfang wird die logische 0 mit 15 V dargestellt. Am Kabelende soll die entsprechende Spannung mindestens 3 V betragen. Wie lang darf die Leitung höchstens sein?

Wir entnehmen dem Bild 17.4 für 100 kHz den Dämpfungskoeffizienten $\alpha = 0{,}55$ dB / 100 m. Die maximale Kabeldämpfung ist gemäß Gl. (17.5):

$$a = 20\ \text{dB} \cdot \lg \frac{15\ \text{V}}{3\ \text{V}} = 14\ \text{dB}$$

Mit der Gl. (17.6) berechnen wir die maximale Kabellänge 2500 m.

17.2.1 RS 232 und MODEM

An jedem Computer ist (noch) die RS-232- bzw. V-24-Schnittstelle zu finden, die eine Punkt-zu-Punkt-Verbindung im Duplex-Betrieb ermöglicht. Sie wird am Computer auch als **COM-Port** bezeichnet. **RS 232** wurde 1962 von der Electronic Industries Alliance (EIA) als EIA-RS-232 vorgestellt und seitdem stets weiter entwickelt. Die neueste Version RS 232-F wurde 1997 verabschiedet. Am weitesten verbreitet ist die Version RS 232-C.

RS 232 verwendet ein bipolares Rechtecksignal, wobei die logische 0 durch den Spannungsbereich +3 ... +15 V und die logische 1 durch den Bereich –3 ... –15 V dargestellt wird; der Bereich –3 ... +3 V ist nicht zulässig. Die maximale Streckenlänge beträgt laut Norm ca. 15 m bei der maximalen Bitrate 20 kBit/s. Das Bitraten-Längen-Produkt beträgt somit 300 kBit/s·m. Ausgelegt ist diese Schnittstelle für die Übertragung von ASCII-Symbolen.

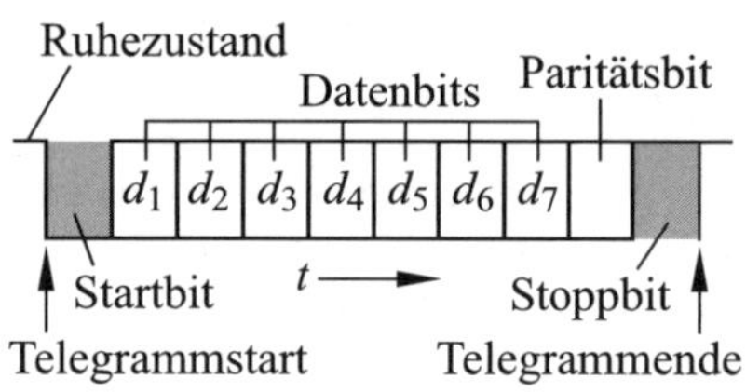

Bild 17.6 Datentelegramm der RS-232-Schnittstelle

Ausgehend vom Ruhezustand positiver Spannung, womit der Empfänger den einwandfreien Betriebszustand der Leitung feststellen kann, wird jedes ASCII-Symbol mit einem **Startbit** eingeleitet. Am Ende des Symbols wird ein **Paritätsbit** angehängt, welches von einem **Stoppbit** ergänzt wird. Das Stoppbit hat häufig die 1,5- bis 2-fache Bitlänge.

Die Darstellung der Information bei RS 232 ist ein erstes Beispiel für ein **Datentelegramm** bzw. **Datenprotokoll**: Es besteht aus 7 Bit Nutzdaten und zusätzlichen 3 Bit. Hiervon übernehmen Start- und Stoppbit die Steuerung des Datenflusses; das Paritätsbit sorgt für die Datensicherung und bildet die Redundanz.

Die Verwendung eines Paritätsbit ist die einfachste Form der Kanalkodierung: Sender und Empfänger einigen sich zunächst auf gerade oder ungerade Parität.
Wir nehmen *gerade* Parität an. In diesem Fall wird das Paritätsbit so eingestellt, dass die Anzahl der gesendeten Einsen pro Byte (ASCII-Zeichen + Paritätsbit) eine *gerade* Zahl ist. Stellt der Empfänger nun fest, dass die Anzahl ungerade ist, muss offensichtlich ein Übertragungsfehler vorliegen. Der Empfänger kann somit Übertragungsfehler erkennen.
Doch leider kann der Empfänger nicht feststellen, ob zwei Bit falsch übertragen worden sind, weil sich die Parität damit nicht ändert. Aber immerhin kann *ein* Bitfehler auf der Übertragungsstrecke festgestellt werden.

Wenn Daten von einem Start- und Stoppbit eingerahmt werden, so spricht man von einer **asynchronen Übertragung**. Asynchron deshalb, weil der Beginn des Datentelegramms zu einem beliebigen Zeitpunkt erfolgen kann und zeitlich nicht synchronisiert ist. Mehrere aufeinanderfolgende Datentelegramme des Bildes 17.6 können somit unterschiedliche zeitliche Abstände aufweisen.

Die im Bild 17.1 eingezeichneten Wandler sind für die Erzeugung der Datentelegramme verantwortlich. Sie werden als **UART** *(universal asynchronous receiver transmitter)* bezeichnet und von zahlreichen Herstellern angeboten. Dem Namen entnehmen wir, dass ein UART sowohl als **Empfänger** *(receiver)* als auch als **Sender** *(transmitter)* betrieben werden kann. Diese Bausteine übernehmen u.a. folgende Aufgaben:

- Einfügen und Entfernen von Start- und Stoppbit.
- Erzeugung des Paritätsbits und Paritätsprüfung.

Der Anwender braucht sich also lediglich um die Nutzdaten zu kümmern.

Als Datenkabel für eine Übertragung in Hin- und Rückrichtung ist ein mindestens 3-adriges Kabel erforderlich. Hierbei wird eine Ader als gemeinsame Leitung (Masse) verwendet. Diese auf Masse bezogenen Signale werden als *unsymmetrische* Signale bezeichnet. Als Stecker wird meistens ein 9-poliger D-Sub-Stecker (**sub**miniatur) verwendet; die Tab. 17.1 zeigt die Stiftbelegung.
Zwischen den Stiften 3 und 5 kann das Sendesignal und zwischen den Stiften 2 und 5 das Empfangssignal gemessen werden.

Tabelle 17.1 Belegung des 9-poligen D-Sub-Steckers (DEE: Datenendeinrichtung; DÜE: Datenübertragungseinrichtung)

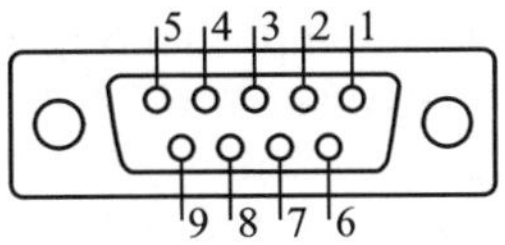

1	DCD	data carrier detect	Empfangspegel
2	**RXD**	**receive data**	**Empfangsdaten**
3	**TXD**	**transmit data**	**Sendedaten**
4	DTR	data terminal ready	DEE betriebsbereit
5	**GND**	**ground**	**Masse**
6	DSR	data set ready	DÜE betriebsbereit
7	RTS	request to send	DEE sendebereit
8	CTS	clear to send	DÜE empfangsber.
9	RI	ring indicator	ankommender Ruf

Wie die Tab.17.1 zeigt, gibt es weitere 6 Leitungen, die für die Steuerung der Übertragung verwendet werden können, aber nicht müssen. Mit DTR und DSR kann die Betriebsbereitschaft und mit RTS und CTS kann die Sende- und Empfangsbereitschaft der Geräte signalisiert werden. In der menschlichen Kommunikation entspricht dies einem Händeschütteln bevor geredet wird. Entsprechend werden diese Leitungen als *handshake*-Leitungen bezeichnet. Die Bezeichnungen stammen aus der Fernsprechtechnik. „Ankommender Ruf" entspricht dem Klingeln des Telefons. Darauf wollen wir hier aber nicht weiter eingehen.
Außerdem tauchen in der Tabelle 17.1 zusätzliche Begriffe auf, die hier zunächst verwirren, aber deren Kenntnis für den Betrieb einer seriellen Schnittstelle sehr nützlich sein kann.

Bei der Datenübertragung im Fernsprechnetz über Streckenlängen größer als 15 m kommt erschwerend dazu, dass nicht nur die Dämpfung eines Kabels, sondern auch die Dämpfung von Zusatzkomponenten berücksichtigt werden muss. Resultierend ergibt sich ein frequenzabhängiger Dämpfungsverlauf, der für Signale im Bereich 300 Hz bis 3,4 kHz gut geeignet ist und ein Dämpfungsminimum im Bereich 1 ... 2 kHz aufweist. Daher wird für die Übertragung ein Wechselspannungssignal mit Frequenzumtastung nach Bild 17.3c verwendet (logisch 1: 1300 Hz, logisch 0: 2100 Hz). Damit sind Strecken von einigen km im Fernsprechnetz möglich.

Für die Erzeugung dieses Signals werden ein Modulator auf der Sendeseite und ein Demodulator auf der Empfangsseite verwendet. **Mo**dulator und **Dem**odulator werden unter dem Begriff **MODEM** zusammengefasst.
Der Computer wird als Datenendeinrichtung (DEE) und das MODEM als Datenübertragungseinrichtung (DÜE) bezeichnet.

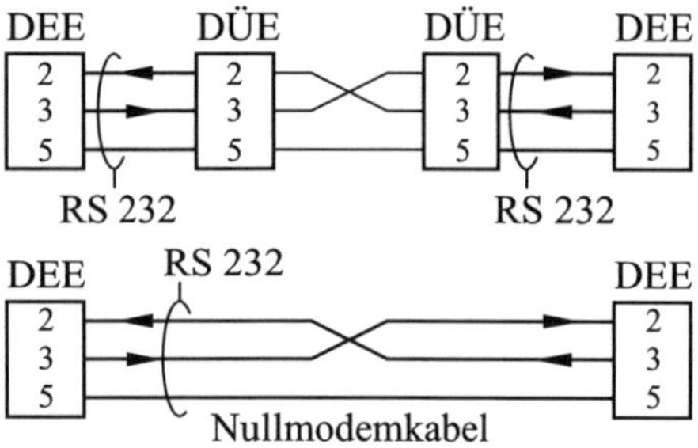

Bild 17.7 Eine Datenübertragung kann ohne und mit MODEM erfolgen. Das „Kreuzungsprinzip“ zwischen 2 und 3 gilt auch für die Stiftpaare 4-6 und 7-8. (DEE: Datenendeinrichtung = Computer; DÜE: Datenübertragungseinrichtung = MODEM)

Die in der Tab.17.1 angegebene Signalbezeichnung bezieht sich auf den Computer; so steht z. B. das Sendesignal am Anschluss 3 zur Verfügung. Aus der Sicht des angeschlossenen MODEMs ist es jedoch ein Empfangssignal.
Auf der Übertragungsstrecke zwischen den MODEMs werden die Anschlüsse 2 und 3 vertauscht. Das RS-232-Kabel zwischen Computer und MODEM vertauscht nicht.

Werden zwei Computer direkt miteinander verbunden, so ist ein „gekreuztes“ Kabel, das sogenannte *Nullmodemkabel,* zu verwenden. Ein falsches Verbindungskabel ist eine häufige Fehlerursache.

Übrigens ist bei einem digitalen Fernsprechanschluss, dem **ISDN-Anschluss** *(integrated services digital network),* kein MODEM mehr notwendig. Die Daten werden als Rechtecksignale übertragen.

Die asynchrone Datenübertragung wird sehr häufig angewendet, weil der Aufwand sehr gering ist. Die Steuerung der Übertragung wird vom Start- und Stoppbit und damit vom Datentelegramm selbst übernommen.
Verzichtet man auf Start- und Stoppbit, so muss mit einem zusätzlichen Taktsignal sichergestellt werden, dass jedes Datenbit richtig erkannt wird. Diese Art der Übertragung wird **synchrone Übertragung** genannt. Bei gleicher Bitrate kann bei der synchronen Übertragung eine größere Datenrate als bei der asynchronen Übertragung erreicht werden. Leider ist der Aufwand größer, weil ein zusätzliches Taktsignal verwendet werden muss. Die synchrone Datenübertragung wird in der Telekommunikationstechnik angewendet, wo es im Wesentlichen darauf ankommt, einen besonders großen Datendurchsatz zu erzielen.

17.2.2 RS 422

Die maximale Streckenlänge bei RS 232 liegt laut Norm bei ca. 15 m. Wie das Beispiel 17.1 zeigt, sind aus Sicht der Dämpfung durchaus größere Längen möglich, vorausgesetzt man nimmt ein sehr gutes Datenkabel. Begrenzende Effekte sind bei RS 232 Verzerrungen des Signals und äußere Störungen.
Dies vermeidet die **RS-422-Schnittstelle**, die 1975 vorgestellt wurde. Sie ermöglicht Streckenlängen bis zu 1200 m bei der Bitrate 100 kBit/s. Das Bitraten-Längen-Produkt beträgt somit $r_B \cdot L = 120$ MBit/s·m. Wird mit 10 MBit/s übertragen, so sind nur noch 12 m möglich.
Ein MODEM ist für die Übertragung nicht mehr erforderlich, sondern es können digitale Rechtecksignale verwendet werden. Notwendig ist allerdings ein spezielles Kabel, das sogenannte **Twisted-Pair-Kabel** *(twisted pair cable).*

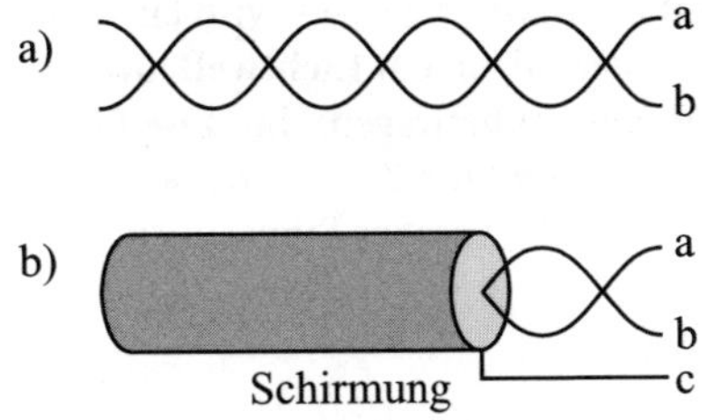

Bild 17.8 a) Ungeschirmtes (UTP) und b) geschirmtes (STP) Twisted-Pair-Kabel

Beim Twisted-Pair-Kabel werden zwei Leiter gleichmäßig über die gesamte Strecke verdrillt. Zusätzlich kann eine metallische Abschirmung verwendet werden. Entsprechend heißen die beiden Varianten *unshielded twisted pair* (UTP) bzw. *shielded twisted pair* (STP).
Eine Signalübertragung über dieses „verdrillte Paar“ ist sehr unempfindlich gegenüber äußeren Störungen. Wird das Kabel außerdem am Ende mit dem **Wellenwiderstand** *(characteristic impedance)* abgeschlossen, so werden auch die Signalverzerrungen reduziert.
Der Wert dieses Wellenwiderstandes beträgt bei einem Twisted-Pair-Kabel ca. 100 Ω. Bei einer *Koaxialleitung* beträgt der Wellenwiderstand 50 Ω oder 75 Ω.
Ein Wellenwiderstand wird übrigens nur bei einem Kabel angegeben, dessen Eigenschaften sich über die Kabellänge nicht ändern. Bei einer einfachen und damit billigen Klingeldrahtleitung hat der Wellenwiderstand an jeder Stelle einen anderen Wert; deshalb kann man ihn nicht angeben.

Für die Signalübertragung über Twisted-Pair-Kabel sind *symmetrische Signale* erforderlich.

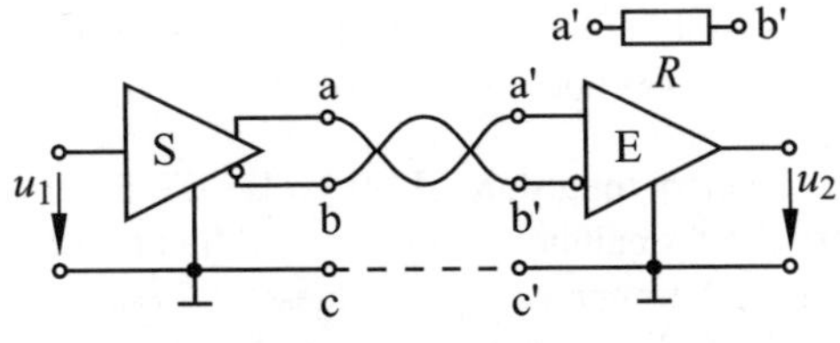

Bild 17.9 RS-422-Schnittstelle. Am Empfängereingang wird der Widerstand 100 Ω angeschlossen. Ist eine Schirmung vorhanden, so werden auch c und c‘ verbunden.

Diese sind im Gegensatz zu RS 232 nicht mehr auf Masse bezogen, also nicht mehr unsymmetrisch. Da Ein- und Ausgangssignale von Microcomputern stets unsymmetrisch sind, werden geeignete Signalwandler benötigt (Bild 17.9).

Die unsymmetrische Eingangsspannung u_1 wird beim Sender (S) in die symmetrische Spannung u_{ab} umgewandelt. Der Empfänger (E) setzt die symmetrische Spannung $u_{a'b'}$ in die unsymmetrische Ausgangsspannung u_2 um.

Wie bei RS 232 wird auch bei RS 422 ein bipolares Rechtecksignal verwendet. Für die logische 0 gilt $u_{ab} > 0{,}3$ V; für die logische 1 gilt $u_{ab} < -0{,}3$ V. Der Spannungsbereich $-0{,}3 \ldots +0{,}3$ V ist nicht zulässig.

RS 232 ermöglicht lediglich eine Punkt-zu-Punkt-Übertragung von *einem* Sender zu *einem* Empfänger. Im Gegensatz dazu können bei RS 422 bis zu 10 Empfänger parallel geschaltet werden. Diese werden von *einem* Sender im Simplex-Betrieb versorgt.

17.2.3 RS 485

Die **RS-485-Schnittstelle** ist eine Weiterentwicklung der RS-422-Schnittstelle aus dem Jahr 1983. Hierbei lassen sich maximal 32 Teilnehmer verbinden, die sowohl Sender als auch Empfänger sein können. Mit RS 485 lässt sich somit ein bidirektionaler Bus aufbauen: die Schnittstelle ist busfähig. Ein Teilnehmer kann Sender, Empfänger oder beides sein; im letzten Fall ist jedoch eine Umschaltung erforderlich.

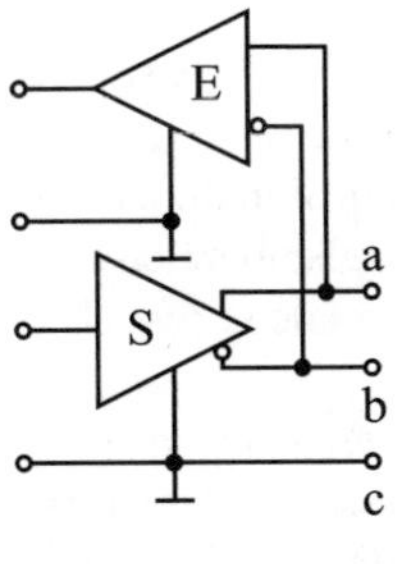

Bild 17.10 Teilnehmer mit Sende-Empfangs-Umschaltung

Von allen am Bus angeschlossenen Teilnehmern darf nur ein Teilnehmer senden. Es wird daher im Halbduplex-Betrieb übertragen.

Die maximal 32 Teilnehmer werden an ein Twisted-Pair-Kabel angeschlossen, das auf beiden Seiten mit dem Wellenwiderstand abgeschlossen ist (Bild 17.11). Die Länge der Leitungsabzweige sollte so kurz wie möglich sein. Die RS-485-Schnittstelle wird z.B. bei Feldbussystemen angewendet.

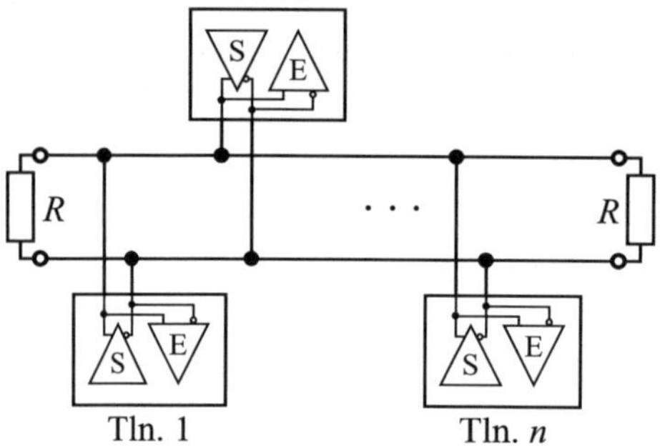

Bild 17.11 RS-485-Übertragungsstrecke

17.3 Lichtwellenleiter

Die Übertragung von Informationen mit Lichtsignalen bzw. optischen Signalen ist die älteste Form der Informationsübertragung, die bis zur Entdeckung der Telegrafie im neunzehnten Jahrhundert ausschließlich verwendet wurde. Bei der Telegrafie wurden erstmals Informationen mit elektrischen Signalen übertragen.

Über ein Jahrhundert lang – bis etwa zum Jahr 1980 – konnten die elektrischen Signale alle Wünsche der Informationsübertragung erfüllen. Danach begann die rasante Entwicklung der modernen optischen Signalübertragung. Heute werden je nach Aufgabenbereich entweder elektrische oder optische Signale verwendet.

Das Bild 17.12 zeigt das Prinzip einer optischen Übertragungsstrecke: ein elektrisches Signal wird mit einer **Leuchtdiode** *(light emitting diode,* **LED***)* oder einer **LASER-Diode** *(light amplification by stimulated emission of radiation)* in ein optisches Signal umgewandelt. Dieses wird entweder durch die Luft oder mit einem **Lichtwellenleiter** (LWL) *(optical fibre)* übertragen. Im Empfänger wandelt eine **Photodiode** *(photo diode)* das optische Signal in ein elektrisches Signal zurück.

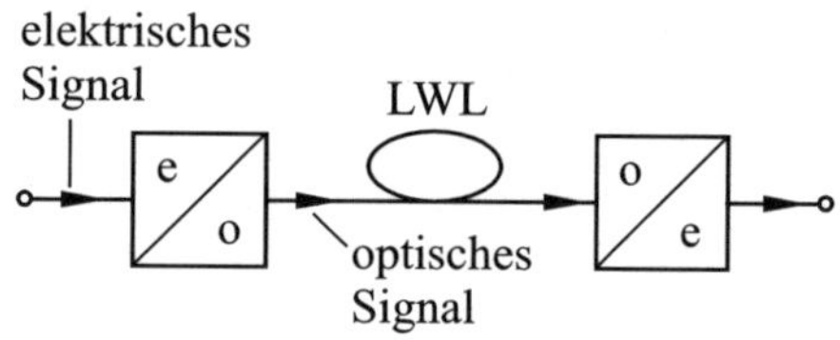

Bild 17.12 Grundprinzip der optischen Signalübertragung: Ein elektrisches Eingangssignal (e) wird gewandelt, als optisches Signal (o) übertragen und als elektrisches Signal ausgegeben. (LWL: Lichtwellenleiter)

Die *Form* eines optischen Signals ist übrigens bereits im Bild 17.3 als Wechselspannungssignal d) dargestellt. Wie bei einer Taschenlampe wird die optische Schwingung ein- oder ausgeschaltet.

Die Frequenz des Lichts beträgt ca. $3 \cdot 10^{14}$ Hz = 300 THz (Tera Hertz). Da es sehr unpraktisch ist, mit so großen Frequenzwerten zu arbeiten, wird anstelle der Frequenz f die **Wellenlänge** *(wavelength)* λ (griech. Buchstabe lambda) verwendet:

$$\lambda = \frac{c}{f} \tag{17.8}$$

Die **Ausbreitungsgeschwindigkeit** c hat in Luft den Wert $c = 3 \cdot 10^8$ m/s. Die Frequenz 300 THz entspricht dabei der Wellenlänge 1 µm und gehört zum Bereich des *infraroten* Lichtes. Das *sichtbare* Licht liegt etwa im Bereich 0,38 ... 0,78 µm.
In der Technik wird für die Signalübertragung fast ausschließlich der nicht sichtbare infrarote Bereich verwendet (Tab. 17.3).

Die Übertragung durch Luft – also die drahtlose optische Signalübertragung – wird heute fast nur noch bei Fernbedienungen eingesetzt. Leider muss stets eine Sichtverbindung zwischen Sender und Empfänger vorhanden sein. Diesen erheblichen Nachteil vermeiden Funksignale. Deshalb hat die drahtlose optische Signalübertragung technisch keine große Bedeutung. Wir können uns bei der optischen Signalübertragung somit ausschließlich auf die Übertragung mit Lichtwellenleitern (Bild 17.13) beschränken.

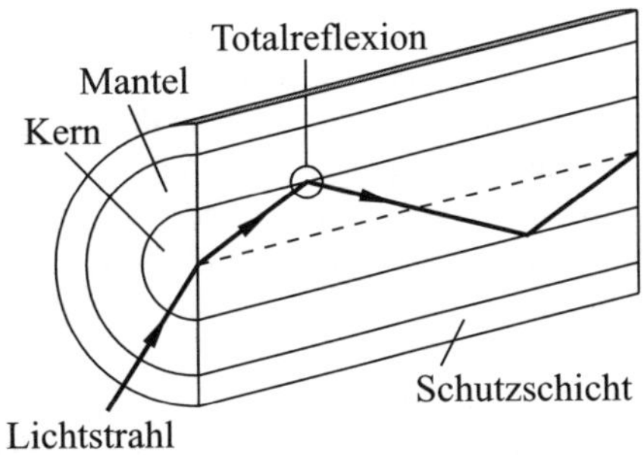

Bild 17.13 Aufbau eines Lichtwellenleiters

Die eigentliche Lichtleitung erfolgt im **Kern** *(core)*. Dieser ist von einem **Mantel** *(cladding)* und einer äußeren **Schutzschicht** *(jacket)* umgeben.
Damit ein in den Kern eingetretener Lichtstrahl nicht an der Kern-Mantel-Grenze wieder austritt, muss der Strahl dort total reflektiert werden. Dies wird dadurch erreicht, dass der Brechungsindex n_k des Kerns größer als der Brechungsindex n_m des Mantels ist und der Strahl nur unter einem flachen Winkel eintritt.

Die so unter ständiger Totalreflexion an der Kern-Mantel-Grenze geführten Lichtstrahlen bilden **Eigenwellen** *(modes)* des Lichtwellenleiters. Zu jeder Eigenwelle gehört ein bestimmter Ausbreitungswinkel.
Bei einem großen Kerndurchmesser gibt es sehr viele verschiedene Eigenwellen. Man nennt einen solchen Lichtwellenleiter **Multimode-LWL** *(multi mode fibre)*.

Das Bild 17.14 zeigt, dass es zwei Arten von Multimode-LWL gibt. Bei einem **Stufenprofil** *(step index)* ist der Brechungsindex im Kern konstant; bei einem **Gradientenprofil** *(graded index)* hingegen nimmt der Brechungsindex vom Maximum in der Kernmitte allmählich bis zum Mantel ab.
Wird bei einem Stufenprofil der Kern bis auf einen Durchmesser von weniger als 10 µm verringert, so wird der Ausbreitungswinkel schließlich so klein, dass nur noch eine einzige Eigenwelle geführt werden kann. Einen solchen Lichtwellenleiter nennt man **Monomode-LWL** *(single mode fibre)*.

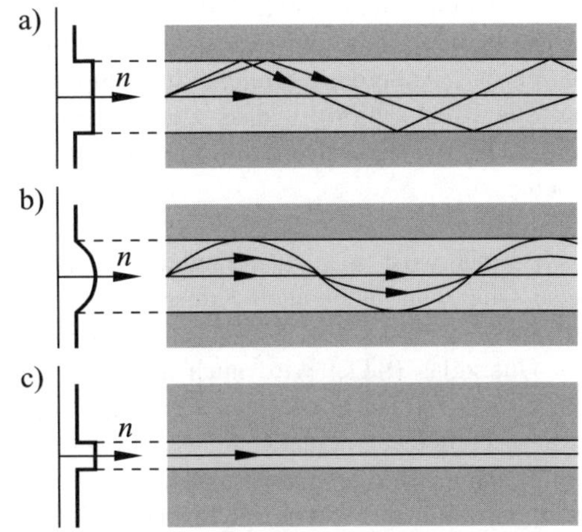

Bild 17.14 Es gibt verschiedene Arten von Lichtwellenleitern: a) Multimode mit Stufenprofil, b) Multimode mit Gradientenprofil, c) Monomode

Jeder dieser Lichtwellenleiter hat Vor- und Nachteile und wird daher bestimmten Anwendungsbereichen optimal zugeordnet.

Bei einem großen Kerndurchmesser lässt sich Licht leichter einkoppeln als bei einem kleinen Kerndurchmesser (s. Tab. 17.2).

Wird das optische Signal von vielen Eigenwellen mit unterschiedlichen Laufzeiten geführt, so hat ein Impuls am Ausgang eine größere Breite als am

Tabelle 17.2 Technisch verwendete Lichtwellenleiter (SP: Stufenprofil, GP: Gradientenprofil, MM: Monomode)

Typ	Kern-durchmesser	Mantel-durchmesser	Material
SP	980 µm	1000 µm	Kunststoff
SP	200 µm	230 µm	Quarzglas
GP	50 … 62,5 µm	125 µm	Quarzglas
MM	9 µm	125 µm	Quarzglas

Eingang. Bei sehr kleinen Impulsbreiten bzw. sehr großen Bitraten ist dies unerwünscht; daher wird die Monomodefaser angewendet.

Einen Kompromiss stellt der Gradienten-Lichtwellenleiter mit einem mittleren Kerndurchmesser dar. Außerdem erreicht man durch das spezielle Brechzahlprofil, dass alle Eigenwellen nahezu die gleiche Ausbreitungsgeschwindigkeit haben.

Als Material wird bei Lichtwellenleitern vorzugsweise Quarzglas, aber auch Kunststoff verwendet.
Das Quarzglas (SiO_2) wird auch als Silikatglas bezeichnet. Es ist hochreines Glas, das nicht etwa geschmolzener Quarzsand ist, sondern aus hochreinen Gasen gewonnen wird, die sich auf der Innenwand eines Quarzrohres niederschlagen. Dieses Quarzrohr, die sogenannte Vorform, wird anschließend zu der Glasfaser ausgezogen.

Die Dämpfung des Quarzglases ist stark frequenzabhängig. Das Minimum wird bei der Wellenlänge $\lambda = 1{,}55$ µm erreicht und beträgt weniger als 0,2 dB / km. Dies ist ein nahezu unvorstellbar kleiner Wert. Zum Vergleich: Fensterglas hat die Dämpfung 50.000 dB / km und selbst hochreine optische Gläser haben die Dämpfung 3.000 dB / km.
Die extrem niedrige Dämpfung des Quarzglases ist ein wesentlicher Grund für den Erfolg der optischen Übertragungstechnik.

Lichtwellenleiter aus Kunststoff haben eine weitaus größere Dämpfung. Sie beträgt bei $\lambda =$ 0,66 µm ca. 135 dB / km. Trotzdem werden sie verwendet, weil sie eine preislich sehr interessante Alternative für Signalübertragungen über kurze Strecken darstellen. Als Material wird das Polymer PMMA (Polymethyl-Methacrylat) verwendet. Die Fasern werden als **POF** *(polymer optical fibre)* bezeichnet.

Es gibt außerdem Fasern, deren Kern aus Quarzglas und deren Mantel aus Kunststoff besteht; sie werden als **PCS** *(polymer cladded silica)* bzw. **HCS** *(hard polymer cladded silica)* bezeichnet.

Die Tab. 17.3 zeigt die Dämpfung der verwendeten Materialien bei den technisch genutzten Wellenlängen. Die ersten speziell für die Lichtwellenleiter-Übertragung hergestellten LEDs arbeiteten bei 0,85 µm. Dieser Wellenlängenbereich wird als 1. **optisches Fenster** bezeichnet. Erst später, als die LASER-Diode entwickelt wurde, gelang auch die Herstellung von Strahlungsquellen für 1,3 µm und 1,55 µm; diese Bereiche werden als 2. bzw. 3. optisches Fenster bezeichnet.

Tabelle 17.3 Materialdämpfung

Material	Wellenlänge λ	Dämpfungskoeff. α
Kunststoff	0,66 µm	150 dB / km
	0,85 µm	1500 dB / km
Quarzglas	0,66 µm	5 dB / km
	0,85 µm	2 dB / km
	1,30 µm	0,5 dB / km
	1,55 µm	0,2 dB / km

Wir wollen nun die Signalübertragung über einen Lichtwellenleiter etwas genauer betrachten. Das Bild 17.15 zeigt hierfür die Kennlinien einer LED und einer LASER-Diode.

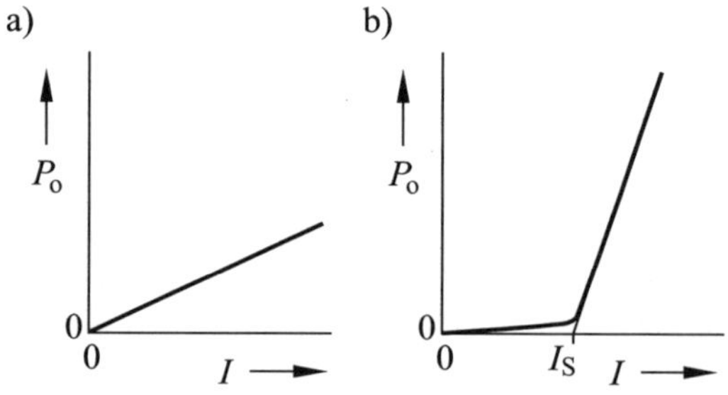

Bild 17.15 Die optische Leistung ist eine Funktion des Stromes. a) LED, b) LASER

Bei der LED ist die erzeugte optische Leistung P_o proportional zum Diodenstrom I. Bei einer LASER-Diode gibt es bei kleinen Strömen ebenfalls einen linearen Zusammenhang zwischen optischer Leistung und Strom. Tatsächlich arbeitet der LASER in diesem Bereich wie eine LED und gibt lediglich eine geringe optische Leistung ab. Oberhalb des Schwellenwertes I_S arbeitet die LASER-Diode im sog. **LASER-Betrieb** und gibt dabei eine viel größere optische Leistung ab.

Eine LASER-Diode ist anders aufgebaut als eine LED. Eine LED kann daher nicht durch Vergrößerung des Stromes in den LASER-Betrieb gebracht werden. Bedingt durch den konstruktiven Aufbau erzeugen LASER stets einen stark gebündelten Lichtstrahl. Diese Abstrahlcharakteristik gibt es auch bei LEDs, wenn sie als *Kantenemitter* aufgebaut sind. Doch weiter verbreitet und preiswerter ist bei einer LED der Aufbau als *Flächenemitter* mit einer breiten Abstrahlcharakteristik.

LEDs mit der breiten Abstrahlcharakteristik können lediglich bei Lichtwellenleitern mit großem Kerndurchmesser verwendet werden. Nur wenige Prozent der insgesamt erzeugten optischen Leistung können in den Lichtwellenleiter eingekoppelt werden. Die eingekoppelte Leistung beträgt z.B. 600 µW bei dem Lichtwellenleiter SP 980/1000 (siehe Tab.17.2), 120 µW bei SP 200/230 und 12 µW bei GP 50/125. Bei Monomode-LWL werden stets LASER-Dioden verwendet. Hierbei beträgt die eingekoppelte Leistung etwa 1 mW. Dies entspricht bis zu 50 % der erzeugten optischen Leistung.

Auch eine Photodiode weist einen linearen Zusammenhang zwischen der einfallenden optischen Leistung und dem abgegebenen Strom auf. Ihre Kennlinie entspricht somit der Kennlinie im Bild 17.15a, wobei P_o und I vertauscht sind.

Wie bei den Sendedioden gibt es auch zwei verschiedene Empfangsdioden. Der einfache Typ ist die **pin-Photodiode** *(PIN photo diode)*. Die Buchstaben stehen für die drei verwendeten Halbleiterschichten: **p**-leitend, eigenleitend (**in**trinsic) und **n**-leitend. Ein verbesserter und damit empfindlicherer Typ ist die **Lawinen-Photodiode** *(avalanche photo diode,* APD*)*.

Wir können damit das im Bild 17.12 angegebene Grundprinzip der optischen Signalübertragung detaillierter angeben (Bild 17.16): Die elektrischen Ein- und Ausgangssignale sind Ströme und das optische Signal ist eine optische Leistung.

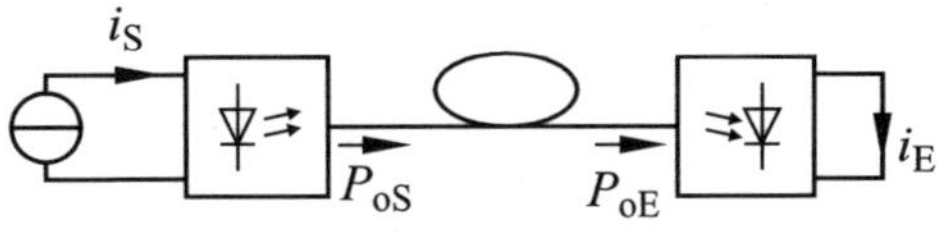

Bild 17.16 Aufbau der optischen Übertragungsstrecke

Man bezeichnet dieses Modulationsverfahren als **Intensitätsmodulation**, obwohl man es entsprechend Bild 17.3 auch als Amplitudentastung bezeichnen könnte.

Als Verbindungsart wird wie bei RS 232 mit einer Punkt-zu-Punkt-Verbindung im Simplex-Betrieb gearbeitet; für eine Duplex-Strecke sind zwei Lichtwellenleiter erforderlich.
Zwar könnten die optischen Signale in beiden Richtungen über *einen* Lichtwellenleiter übertragen werden, doch die zusätzlich benötigten Strahlteiler am Anfang und Ende sind meistens aufwändiger als der zweite Lichtwellenleiter.

Die Dämpfung des Lichtwellenleiters bezieht sich auf die in die Faser eingekoppelte optische Leistung P_{oS} des Senders und die ausgekoppelte optische Leistung P_{oE} am Ende:

$$a = 10\ \text{dB} \cdot \lg \frac{P_{oS}}{P_{oE}} \qquad (17.9)$$

Die Dämpfung der gesamten Übertragungsstrecke, berechnet mit dem Sendestrom i_S und dem Empfangsstrom i_E, ist um die elektro-optischen Umwandlungsverluste größer als die mit der Gl. (17.9) berechnete Dämpfung. Doch diese Verluste werden durch eine Verstärkungsstufe ausgeglichen und stören daher nicht.

Begrenzt werden die Streckenlänge bzw. die maximale Bitrate entweder durch die Dämpfung oder durch eine Signalverzerrung, die durch Laufzeiteffekte hervorgerufen wird. Die Tab. 17.4 gibt für die verschiedenen Lichtwellenleiter das erzielbare Bitraten-Längen-Produkt an; außerdem werden in dieser Tabelle auch typische Anwendungsgebiete genannt.

Tabelle 17.4 Bitraten-Längen-Produkt für verschiedene Lichtwellenleiter (Abkürzungen siehe Tab.17.2, AT: Automatisierungstechnik, LAN: lokale Netze, TK: Telekommunikationstechnik)

Typ	λ µm	$r_B \cdot L$ $\frac{\text{MBit}}{\text{s}} \cdot \text{km}$	Anwendung
SP 980 / 1000 Kunststoff	0,66	10	AT
SP 200 / 230 Quarzglas	0,85	250	AT, LAN
GP 50 / 125 Quarzglas	0,85 1,3	400 1000	LAN LAN
MM 9 / 125 Quarzglas	1,3 1,55	> 10 000 > 100 000	TK TK

In der **Automatisierungstechnik** werden Lichtwellenleiter bevorzugt eingesetzt, weil sie gegen elektromagnetische Störungen unempfindlich sind. Außerdem sind Sender und Empfänger elektrisch voneinander isoliert; dadurch vermeidet man einen Potentialabgleich und Probleme durch Masseschleifen. Weil das geringe Bitraten-Längen-Produkt 10 MBit/s·km häufig ausreicht und es auf preiswerte Produkte ankommt, werden bevorzugt Kunststoff-LWL eingesetzt.

Bei den **lokalen Netzen** *(local area network, LAN)*, wie z. B. Feldbussen und Ethernet, werden Quarzglasfasern mit Stufen- und Gradientenprofil verwendet. Hier gilt es, über Strecken bis zu 1 km mit 1 GBit/s zu übertragen. Dafür ist das Bitraten-Längen-Produkt 1000 MBit/s·km erforderlich.

Die **Telekommunikationstechnik** stellt die größten Anforderungen hinsichtlich Streckenlänge und Bitrate. Als anspruchsvollstes Einsatzgebiet seien hier transatlantische Strecken genannt. Mit Verstärkerabständen von ca. 100 km werden über einen Monomode-LWL 10 GBit/s bei *einer* Wellenlänge im 3. optischen Fenster um 1,55 µm übertragen. Zusätzlich werden im 3. optischen Fenster weitere 80 Wellenlängen mit den Abständen 0,4 nm verwendet, die ebenfalls jeweils 10 GBit/s übertragen. Dies nennt man **Wellenlängenmultiplex** *(wavelength division multiplex,* WDM*)*.

Ein einzelner Monomode-LWL mit dem Kerndurchmesser 9 µm überträgt damit 800 GBit/s verstärkerfrei über 100 km; dies entspricht dem Bitraten-Längen-Produkt 80.000 GBit/s·km. Mit integrierten rein optischen Verstärkern werden schließlich Strecken über 10.000 km überbrückt.

17.4 Funkkanäle

Bei einem **Funkkanal** *(radio channel)* werden Signale über den freien Raum übertragen, also ohne metallische Leiter oder Lichtwellenleiter. Als moderne Bezeichnung wird der Begriff **drahtlos** *(wireless)* verwendet. Streng genommen sollten auch drahtlose optische Strecken hinzugezählt werden. Doch wie bereits im Abschnitt 17.3 erwähnt wurde, dominieren die Funkwellen die technischen Anwendungen.

Ebenso wie Lichtwellen zählen auch Funkwellen zu den elektromagnetischen Wellen, nur ist ihre Frequenz geringer. Das Spektrum reicht von 30 kHz bis 300 GHz. Dies entspricht nach Gl. (17.8) dem Wellenlängenbereich 10 km bis 1 mm.

Funkwellen wurden erstmals 1886 von H. Hertz experimentell nachgewiesen; nach ihm wurde die Einheit der Frequenz benannt. Die technische Nutzung wurde entscheidend von dem Italiener G. Marconi bestimmt; ihm gelang bereits im Jahr 1901 die erste Funkverbindung über den Atlantik. Hierfür erhielt Marconi im Jahr 1909 den Nobel-Preis.

Schon bald danach begann mit der Versorgung durch Hörfunk- und später durch Fernsehprogramme die breite technische Nutzung der Funktechnik. Mit dem Übergang von den analogen zu den digitalen Systemen, verbunden mit einer preiswerten Herstellung, hielt die Funktechnik etwa ab 1990 Einzug in den Massenmarkt der Datenübertragung.

Das Bild 17.17 zeigt die wesentlichen Bestandteile eines Funksystems: Auf der Sendeseite wandelt ein Modulator das Eingangssignal in ein Funksignal, das mit einer Antenne abgestrahlt wird. Nach dem Empfang mit einer weiteren Antenne generiert der Demodulator das Ausgangssignal.

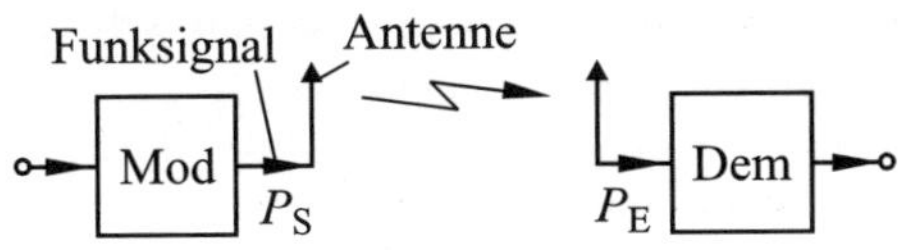

Bild 17.17 Komponenten eines Funksystems (Mod: Modulator, Dem: Demodulator)

Bei einem digitalen Funksystem werden Rechtecksignale (Bild 17.3: a, b) als Ein- und Ausgangssignale und getastete Sinussignale (Bild 17.3: c, d) als Funksignale verwendet.

Die Antennen können sehr unterschiedlich ausgeführt sein. Für den Fernsehempfang von Satelliten werden **Reflektorantennen** *(parabolic dish)* verwendet, die im Volksmund als „Schüsseln" bezeichnet werden. Sie bestehen aus zwei Komponenten: einem parabolisch geformten Blech, das einfallende Funkwellen fokussiert, und der eigentlichen Empfangsantenne im Brennpunkt dieses Reflektors. Hierbei handelt es sich um ein aufgeweitetes Metallrohr, das als **Hornstrahler** bezeichnet wird.
Bei Hörfunkempfängern (im Volksmund „Radios") werden meistens **Stab- oder Drahtantennen** *(wire antenna)* verwendet.

Bei allen Antennen gilt, dass die Abmessungen mindestens ein Viertel der Wellenlänge betragen sollte. Dies ergibt bei 30 kHz die minimale Länge 2,5 km, was nicht gerade einfach zu handhaben ist. Die Antennen werden bei niedrigen Frequenzen sehr groß. Dies ist der wesentliche Grund, warum es keine technischen Funkanwendungen bei niedrigen Frequenzen gibt. Einen weiteren Grund werden wir noch erläutern.

Drahtantennen werden als **Dipol** oder als **Monopol** betrieben (Bild 17.18). Die Dipolantenne ist symmetrisch aufgebaut. Ihre Länge beträgt eine halbe Wellenlänge. Die Monopolantenne ist unsymmetrisch aufgebaut und ist nur halb so groß. Doch sie benötigt ebenfalls eine zweite Elektrode, die sogenannte Gegenelektrode.

Bei technischen Geräten wird ein leitendes Gehäuse oder eine leitende innere Fläche als Gegenelektrode verwendet. In beiden Fällen besteht eine Drahtantenne somit aus zwei Elektroden, an die eine Zweidrahtleitung angeschlossen wird. Als Anschlussleitung wird häufig eine Koaxialleitung verwendet.

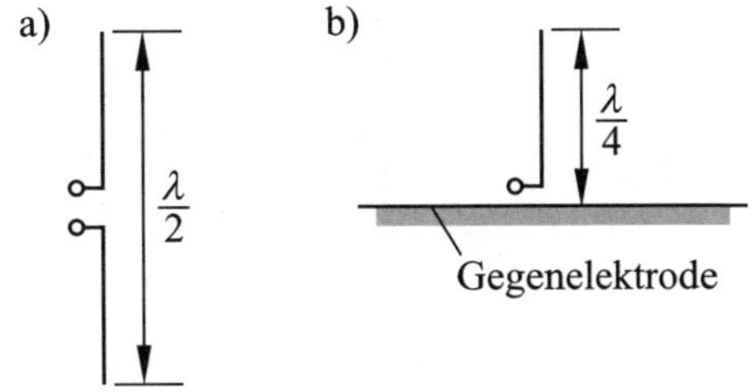

Bild 17.18 Drahtantennen: a) Dipolantenne, b) Monopolantenne

Beispiel 17.2
Mit einem „Kofferradio" und einer Stabantenne soll ein Hörfunkprogramm bei 100 MHz empfangen werden. Wie lang sollte die Antenne optimal sein?
Bei 100 MHz beträgt die Wellenlänge $\lambda = 3$ m. Da es sich um eine Monopolantenne handelt, sollte die Länge ein Viertel der Wellenlänge, also 75 cm betragen.

Doch warum verwendet man für den Satellitenempfang keine Drahtantennen? Die Sendefrequenz beträgt etwa 10 GHz. Dies entspricht der Wellenlänge 3 cm. Eine Dipolantenne wäre 1,5 cm lang, was unter Einbeziehung der Anschlussleitung schwierig zu fertigen ist. Ein weiterer Punkt ist der zu schwache Empfang, der mit dieser Antenne möglich wäre. Um dies zu verdeutlichen, betrachten wir Bild 17.19.

Wird mit einer Dipolantenne gesendet, so strahlt sie quer zur Dipolachse bestmöglich und längs der Dipolachse gar nicht. Dieses Abstrahlverhalten wird durch das **Richtdiagramm** *(radiation pattern)* beschrieben, das bei der Dipolantenne die Form eines Blattes hat.
Die eingezeichneten Pfeile symbolisieren Richtung und Stärke der Abstrahlung. Bei der im Bild 17.19 gewählten senkrechten Anordnung strahlt die Antenne horizontal isotrop, d. h. in alle Richtungen gleichmäßig.

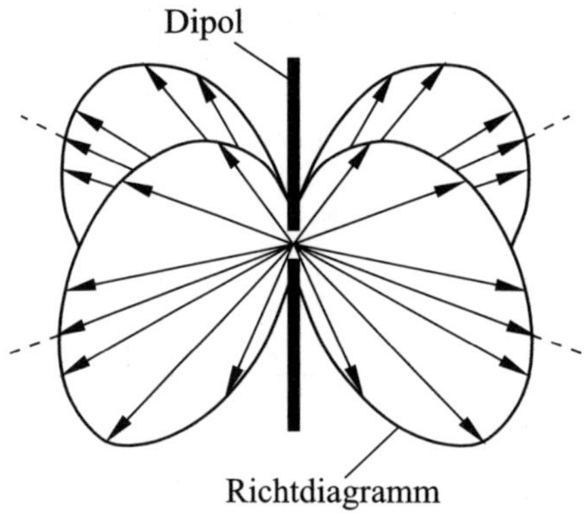

Bild 17.19 Abstrahlung einer Dipolantenne

Ein quantitatives Maß für die Richtwirkung einer Antenne ist der **Antennengewinn** *G (antenna gain)*. Je größer der Gewinn ist, desto stärker ist die Antennenstrahlung gebündelt. In der Tab.17.5 sind einige Beispiele genannt.

Tabelle 17.5 Gewinn von Antennen

Typ	Gewinn G
isotrope Antenne	1
$\lambda/2$ - Dipolantenne	1,6
Mehrelement-Drahtantenne	10 … 30
Reflektorantenne	1000 … 10 000

Eine Antenne, die in alle Richtungen gleichmäßig strahlt, wird als **isotrope Antenne** bezeichnet. Eine solche Antenne gibt es nicht, sie kann auch nicht hergestellt werden; sie dient vielmehr als theoretische Vergleichsantenne.
Die $\lambda/2$-Dipolantenne, deren Richtwirkung im Bild 17.19 beschrieben ist, hat den sehr kleinen Gewinn $G = 1{,}6$; sie kommt der isotropen Antenne also recht nahe.

Werden mehrere Dipole zu einer Mehrelement-Drahtantenne, z. B. der **Yagi-Antenne** kombiniert, so lässt sich der Gewinn auf Werte im Bereich 10 … 30 vergrößern.

Ein Gewinn $G > 1000$ ist jedoch nur mit einer Reflektorantenne möglich. Erst mit einem derart großen Gewinn kann man die sehr schwachen Satellitensignale empfangen.

Jede Antenne eignet sich gleichermaßen als Sende- und Empfangsantenne. Würde man jedoch mit einer vertikalen Dipolantenne senden, aber zum Empfang eine Dipolantenne horizontal ausrichten, so würde man bei ungestörter Wellenausbreitung nichts empfangen (Bild 17.20).

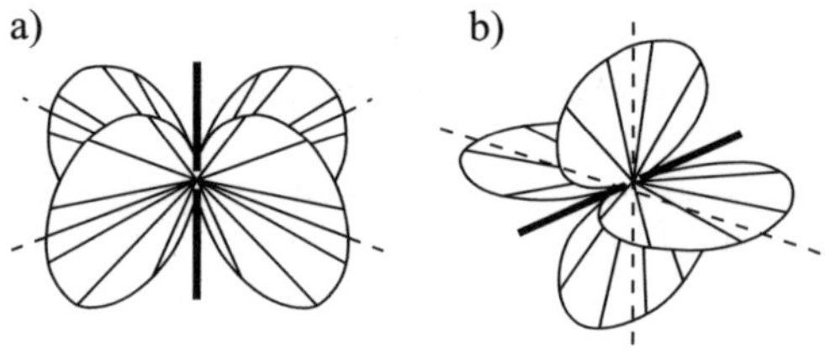

Bild 17.20 Vertikale (a) und horizontale (b) Polarisation

Die Ausrichtung einer Antenne wird durch die **Polarisation** *(polarization)* beschrieben. Eine senkrecht ausgerichtete Drahtantenne (Bild 17.20a) sendet oder empfängt eine *vertikal* polarisierte Welle. Entsprechend sendet oder empfängt eine horizontal ausgerichtete Drahtantenne eine *horizontal* polarisierte Welle (Bild 17.20b).

Dies wird bei Fernsehsatelliten technisch ausgenutzt: Einige Programme werden mit vertikaler und andere mit horizontaler Polarisation abgestrahlt. Dadurch wird die Übertragungskapazität der Funkstrecke vergrößert. Auch hier ist es wichtig, dass die Wellenausbreitung nicht gestört wird, sich also keine Hindernisse zwischen Satellit und Antenne befinden.

Erfahrungen mit drahtlosen Rechnernetzen scheinen das Gegenteil zu zeigen. Es wird zwar mit vertikaler oder horizontaler Polarisation gesendet, doch aufgrund von Streuungen an unregelmäßig geformten Gebäudebestandteilen wird die Polarisation der Wellen gedreht und ein geringer Empfang ist stets möglich.

Die Dämpfung der Funkstrecke wird wie bei den Lichtwellenleitern mit dem Quotienten aus der Sendeleistung P_S und der Empfangsleistung P_E berechnet:

$$a = 10\ \text{dB} \cdot \lg \frac{P_S}{P_E} \qquad (17.10)$$

Doch anders als bei den elektrischen und optischen Leitungen gibt es bei Funkkanälen keinen Dämpfungskoeffizienten. Vielmehr gilt bei optimaler Ausrichtung der Antennen und ungestörter Ausbreitung:

$$\frac{P_S}{P_E} = \left(\frac{4\pi L}{\lambda}\right)^2 \cdot \frac{1}{G_S G_E} \qquad (17.11)$$

Eine Ausbreitung unter diesen idealen Bedingungen wird als **Freiraumausbreitung** *(free-space propagation)* bezeichnet. Hierbei ist L die Streckenlänge, G_S der Gewinn der Sendeantenne und G_E der Gewinn der Empfangsantenne. Auch hier wird die Dämpfung mit zunehmender Länge der Strecke größer. Ebenso bewirkt eine Vergrößerung der Frequenz eine Dämpfungserhöhung. Erniedrigend auf die Dämpfung wirken hingegen größere Antennengewinne.

Das Bild 17.21 zeigt, dass die Dämpfung einer Funkstrecke anders von der Länge abhängt als bei einer elektrischen oder optischen Leitung.

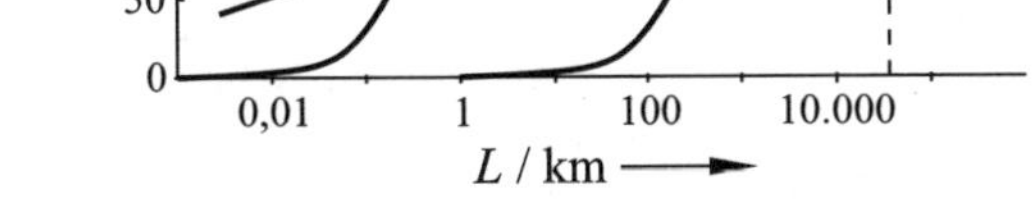

Bild 17.21 Vergleich einer Funkstrecke mit einer elektrischen und optischen Leitungsstrecke. Koax: 1 GHz, 0,3 dB/m; LWL: 1,5 µm, 0,3 dB/km; Funk: 1 GHz, isotrope Antennen; GEO: geostationärer Satellit bei 36.000 km *(geostationary earth orbit)*

Für die Funkstrecke haben wir isotrope Antennen angenommen. Aus Sicht der Funkstrecke ist dies der ungünstigste Fall, weil die Dämpfung hierbei am größten ist. Doch selbst hiermit zeigt sich Verblüffendes.

Bei geringen Längen ist aus Sicht der Dämpfung stets eine Leitung zu bevorzugen. Doch ab ca. 1 km ist die Funkstrecke bereits dämpfungsärmer als die Koaxialleitung. Nur der optische Wellenleiter ist noch besser. Aber auch dieser Vorsprung ist ab 1000 km aufgeholt. Damit sind selbst Strecken zu geostationären Satelliten (36.000 km) oder zum Mond (384.000 km) für Funksignale kein grundsätzliches Problem.

Die Gl. (17.11) kann auch bei einer Verbindung zwischen einem Satelliten und einer Antenne auf der Erde angewendet werden. Lediglich sehr starker Regen führt zu einer zusätzlichen Dämpfung. Aber es regnet ja zum Glück nicht immer.

Wesentlich kritischer sind die Ausbreitungsbedingungen im Innern von Gebäuden, insbesondere dann, wenn es keine Sichtverbindung zwischen Sende- und Empfangsantenne gibt. Die Gl. (17.11) kann hierbei nicht mehr angewendet werden.

In einem solchen Fall gelangt das gesendete Funksignal oft über mehrere verschiedene Wege zum Empfänger. Da sich die Weglängen unterscheiden, sind auch die Laufzeiten unterschiedlich. Das resultierende Empfangssignal kann dadurch erheblich verzerrt sein. Hinzu kommen bei solchen Funkkanälen oft auch zeitabhängige Effekte, wenn z. B. Personen die Sichtlinie kreuzen.

Moderne Funksysteme funktionieren aber trotzdem. Mit einem schnurlosen digitalen Telefon kann man beispielsweise während des Gehens telefonieren, ohne dass Störungen wahrgenommen werden. Doch diese Störungen treten zwar auf, aber sie werden korrigiert.

Für eine erfolgreiche Korrektur ist es erforderlich, dass die Nutzdaten um zusätzliche Bits ergänzt werden (Bild 17.22).

Im Vergleich zum Datentelegramm der RS-232-Schnittstelle (Bild 17.6) erkennt man bereits den deutlich größeren Aufwand.

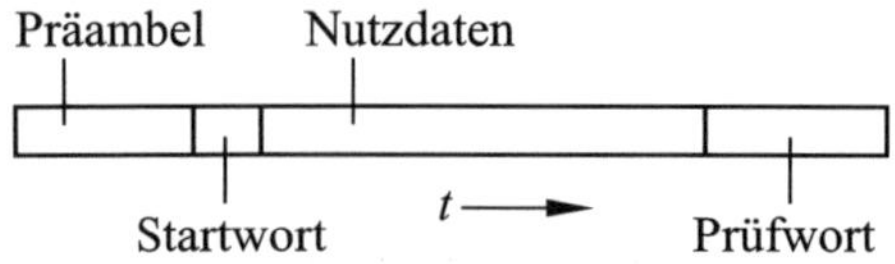

Bild 17.22 Datentelegramm eines Funksystems

Wie bei RS 232 erfolgt die Übertragung bei Funksystemen meist asynchron. Der Empfänger ist zunächst in einem Ruhezustand und muss den Beginn des Datentelegramms erkennen. Ein einzelnes Startbit reicht nicht aus. Vielmehr wird eine **Präambel** *(preambel)* vorangestellt, die aus einer periodischen 1-0-Folge besteht; ihre Länge kann bis zu 80 Bit betragen.
Hat der Empfänger den Empfang einer Präambel festgestellt, so muss er den Beginn der Nutzdaten erkennen. Dazu wird am Ende der Präambel ein definiertes **Startwort** angehängt (z.B. 0000 1100 1011 1101). Sobald dieses Wort erkannt ist, liest der Empfänger die Nutzdaten ein. Vereinfachend sei hier angenommen, dass dem Empfänger die Anzahl der Nutzdatenbits bekannt ist.

Da sehr wahrscheinlich Übertragungsfehler auftreten, sollte der Empfänger diese Fehler erkennen. Dazu wird im Sender ähnlich zum Paritätsbit des Bildes 17.6 aus den zu sendenden Nutzdaten ein spezielles Prüfwort berechnet und den Nutzdaten angehängt. Dieses Prüfwort kann aus 16 Bit bestehen. Der Empfänger prüft die empfangenen Nutzdaten und das empfangene Prüfwort auf mögliche Übertragungsfehler. Es können zwar nicht alle Fehler erkannt werden, aber es werden

- alle Fehler erkannt, die in einer Gruppe von 16 aufeinanderfolgenden Bits auftreten, und
- 99,9985 % aller fehlerhaften Gruppen, deren Länge 17 Bit übersteigt.

Die maximale Anzahl der Nutzdaten beträgt hierbei 32.751 Bit. Dieses Prüfverfahren wird als **16-Bit-CRC-Verfahren** *(cyclic redundancy check,* CRC*)* bezeichnet.

Damit haben wir zwei Verfahren der Kanalcodierung beschrieben, die Verwendung eines Paritätsbits und das 16-Bit-CRC-Verfahren.

Darüber hinaus gibt es eine erhebliche Anzahl weiterer Verfahren für spezielle Einsatzgebiete. Erst der Einsatz dieser Kanalcodierungsverfahren im Zusammenhang mit geeigneten Modulationsverfahren ermöglicht die sichere Datenübertragung selbst bei stark gestörten Funkkanälen.

Doch mit welchen maximalen Bitraten erfolgt die Übertragung über eine Funkstrecke? Diese Frage ist nicht so leicht zu beantworten wie bei den leitungsgebundenen Übertragungsstrecken.
Wir haben dort das Bandbreite-Bitraten-Produkt beschrieben. Bei gegebener Streckenlänge konnte damit die maximale Bitrate bestimmt werden. Dies ist bei Funkstrecken nicht möglich.
Vielmehr wird die maximale Bitrate r_B maßgeblich durch die Frequenz f der Funksignale bestimmt. Als *grobe* Orientierung gilt:

$$r_B = \frac{f}{1000}\,\text{Bit} \tag{17.12}$$

Mit f = 900 MHz berechnen wir r_B = 900 kBit/s als maximale Bitrate. Mit zunehmender Frequenz der Funksignale nimmt somit die maximale Bitrate zu. Dies erklärt, wieso moderne Funksysteme nicht mit 30 kHz arbeiten: 30 Bit/s wären einfach zu wenig.

Die Tab. 17.6 zeigt einige Beispiele, die nach dem ungefähren Zeitpunkt der Markteinführung und der Sendefrequenz geordnet sind.

Tabelle 17.6 Beispiele von Funksystemen und ihre Markteinführung. D-Netz: Mobilfunk; DECT: schnurloses Telefon *(digital European cordless telephone)*; DVB-S: digitales Satellitenfernsehen *(digital video broadcast satellite)*; WLAN: drahtloses lokales Netz *(wireless local area network)*; DVB-T: digitales terrestrisches Fernsehen *(digital video broadcast terrestric)*

System	Jahr	Frequenz	Bitrate
D-Netz	1991	900 MHz	271 kBit/s
DECT	1992	1,9 GHz	1,15 MBit/s
DVB-S	1995	11 GHz	30 MBit/s
WLAN	2000	2,4 GHz	2 MBit/s
DVB-T	2002	600 MHz	30 MBit/s
WLAN	2003	2,4 GHz	54 MBit/s

Vergleicht man die aufgelisteten Bitraten, so kann man bei den ersten vier Beispielen von einer Bestätigung der Gl. (17.12) sprechen. Doch die neusten beiden Systeme, das terrestrische digitale Fernsehen DVB-T und die drahtlosen lokalen Netze (WLAN, Standard 802.11g) bieten eine wesentlich größere Übertragungsgeschwindigkeit.

17.5 LAN, Ethernet

Werden Computer innerhalb eines *lokalen* Bereiches miteinander verbunden, so spricht man von einem **lokalen Netz**. Dies ist mittlerweile als **LAN** *(local area network)* noch besser bekannt. Sogar LAN-Parties gibt es bereits.

Von den verschiedenen technischen LAN-Lösungen hat sich schließlich das **Ethernet** durchgesetzt. Das Prinzip wurde 1972 von der Firma Xerox vorgestellt. 1985 verabschiedete das Institute of Electrical and Electronics Engineers (kurz IEEE, sprich „I triple E“) den Standard IEEE 802.3, mit dem das noch heute gültige Format der Ethernet-Datenpakete festgelegt wurde (Bild 17.23).

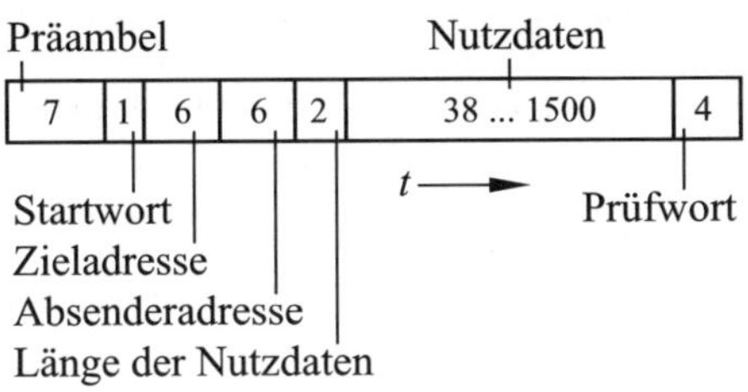

Bild 17.23 Datentelegramm bei Ethernet. Die Zahlen geben die Anzahl der Bytes an.

Die Begriffe Präambel, Startwort und Prüfwort haben wir bereits beim Datentelegramm des Bildes 17.22 erläutert.

Neu hinzugekommen sind zunächst Adressenangaben. Ein Ethernet-Datentelegramm wird damit genauso behandelt wie ein Brief, der mit Absender- und Zieladresse versehen ist. Eine beliebige Poststelle ist hiermit in der Lage, den Brief an die Zieladresse zu leiten. Ist eine Zustellung nicht möglich, so wird der Brief an den Absender zurück gesendet.

Bei Ethernet empfangen alle gleichberechtigten Computer ein Ethernet-Datentelegramm und lediglich der per Zieladresse angesprochene Computer wertet die Nutzdaten aus. Dieses einfache Prinzip war sehr wichtig für den Erfolg des Ethernets.

Für die Adressierung wird die sog. **MAC-Adresse** *(medium access control address)* bzw. Ethernet-Adresse verwendet. Jede Ethernet-Netzwerkkarte in einem Computer hat eine weltweit *einmalige* Adresse. 6 Byte = 48 Bit werden für die Adressierung verwendet. Die Adresse enthält eine Hersteller-Identifikation und eine Serien-Nummer pro Hersteller. Damit können ca. 4 Milliarden verschiedene Hersteller mit jeweils bis zu ca. 17 Milliarden Netzwerkkarten einmalig adressiert werden. Man ist bei der Festlegung offenbar davon ausgegangen, dass Ethernet ein weltweiter Erfolg wird.

Da die Menge der Nutzdaten mit 38 ... 1500 Byte variabel ist, muss dem Empfänger die Anzahl der gesendeten Bytes mitgeteilt werden. Dies erfolgt mit 2 Byte = 16 Bit. Damit lassen sich 2^{16} = 65.536 verschiedene Dezimalzahlen darstellen, also von 0 bis 65.535.

Die Verbindung zwischen den Computern wurde zunächst mit Koaxialleitern in einer **Bus-Topologie** durchgeführt (Bild 17.4d). Das Prinzip ist im Bild 17.11 dargestellt. Damit nicht zwei Computer gleichzeitig senden, ist eine Steuerung des Buszugriffs (MAC) notwendig.

Alle Computer sind im Ruhezustand als Empfänger geschaltet. Sobald ein sendewilliger Computer feststellt, dass kein anderer Computer gerade sendet, beginnt er mit dem Sendevorgang.

Die anderen Computer empfangen nach der Laufzeit auf der Übertragungsstrecke das gesendete Datentelegramm. Doch innerhalb der kurzen Zeitspanne zwischen Sendebeginn und Empfang könnte auch ein anderer Computer einen Sendevorgang einleiten und es käme zu einer **Kollision** *(collision)*. Dabei geht zwar nichts kaputt, doch die Telegramme sind nicht mehr lesbar.

Um dies frühzeitig zu erkennen, beobachtet ein sendender Computer weiterhin den Zustand auf der Leitung. Falls er eine Kollision feststellt, bricht er den Sendevorgang ab und wartet eine von einem Zufallsgenerator vorgegebene Zeit, bis er einen neuen Sendeversuch unternimmt.

Dieses bei Ethernet verwendete Zugriffsverfahren wird mit **CSMA/CD** *(carrier sense multiple access / collision detection)* bezeichnet. Es bedeutet frei übersetzt: Vielfachzugriff mit Beobachtung und Kollisionserkennung.

Koaxialleitungen in Verbindung mit einer Bus-Topologie werden heute nicht mehr bei Ethernet angewendet. Die Bus-Topologie wird durch eine **Stern-Baum-Topologie** *(star tree topology)* ersetzt.

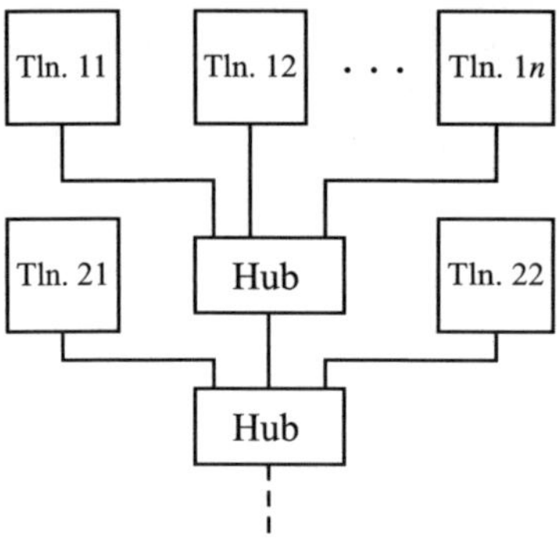

Bild 17.24 Stern-Baum-Topologie. Anstelle eines Hubs kann auch ein Switch verwendet werden.

Sämtliche Computer werden sternförmig mit einer Verteilstation ***(hub)*** verbunden. Von dort erfolgt, eventuell über weitere Hubs, eine Weiterleitung zu einem zentralen Bereich des LANs. Dies ergibt eine Baumstruktur, welche die Grundlage einer strukturierten Gebäudeverkabelung ist.

Wird anstelle des Hubs ein sogenannter **Switch** verwendet, so werden sogar Kollisionen vermieden. Gleichzeitig von den Computern ankommende Datentelegramme werden im Switch zwischengespeichert und nach einer Verzögerung weitergeleitet.

Das Ethernet wurde für Übertragungen mit der Bitrate 10 MBit/s ausgelegt. Das anfangs verwendete Koaxialkabel wurde durch Twisted-Pair-Leitungen und Lichtwellenleiter ersetzt. Das Bild 17.25 zeigt die Verbindungen zwischen einem Computer (DTE) und einem Hub oder Switch.

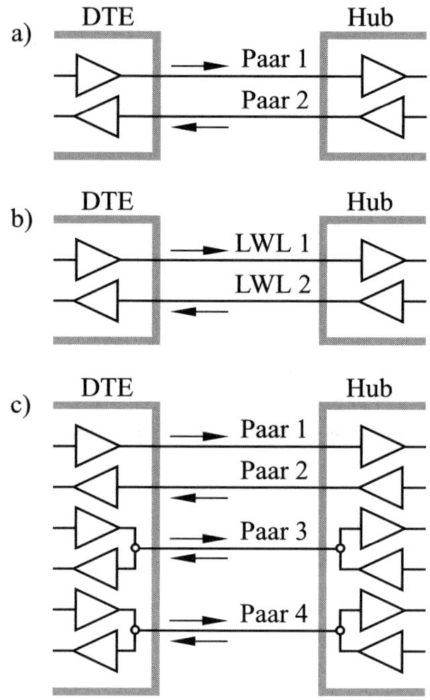

Bild 17.25 Verbindungsarten zwischen einem Datenendgerät DTE *(data terminal equipment)* und einem Hub oder Switch. a) Base T, b) Base F, c) Base 4T

Neben den verschiedenen Verbindungsarten gibt es mehrere Übertragungsgeschwindigkeiten.

Tabelle 17.7 Ethernet (10 MBit/s), fast Ethernet (100 MBit/s) und Gigabit Ethernet (1000 MBit/s). TP: Twisted Pair, LWL: Lichtwellenleiter, GP: Gradientenprofil, MM: Monomode

Typ	Eigenschaften
10 base T	10 MBit/s, 2 × TP, 100 m
10 base F	10 MBit/s, 2 × LWL (0,85 μm, GP 62,5), 500 m
100 base TX	100 MBit/s, 2 × TP, 100 m
100 base FX	100 MBit/s, 2 × LWL (0,85 μm, GP 62,5), 500 m
100 base T4	100 MBit/s, 4 × TP, 100 m
1000 base CX	1000 MBit/s, 2 × TP, 25 m
1000 base T	1000 MBit/s, 4 × TP, 100 m
1000 base SX	1000 MBit/s, 2 × LWL 275 m (0,85 μm, GP 62,5) 500 m (0,85 μm, GP 50)
1000 base LX	1000 MBit/s, 2 × LWL 550 m (1,3 μm, GP 62,5) 5 km (1,3 μm, MM 10)

Neben dem klassischen 10-GBit/s-Ethernet wird das **Fast Ethernet** mit 100 GBit/s und das **Gigabit Ethernet** mit 1000 MBit/s verwendet.

Bei Twisted Pair werden Kabel mit vier Paaren verwendet. Werden zwei Paare genutzt (Bild 17.25a), so werden sie simplex betrieben. Der Simplex-Betrieb wird auch bei Lichtwellenleitern verwendet (Bild 17.25b). Wird mit einer der beiden Strecken gesendet, so wird die andere Strecke zum Beobachten möglicher Kollisionen genutzt.
Die Twisted-Pair-Variante des Bildes 17.25c verwendet drei Paare pro Richtung. Bei 100 MBit/s überträgt jedes Paar 33,3 MBit/s. Um den Betrieb in beide Richtungen zu ermöglichen, werden die Paare 3 und 4 halbduplex betrieben. Die Paare 1 und 2 werden weiterhin zur Kollisionsüberwachung verwendet. Damit können die verschiedenen Geschwindigkeitsvarianten zusammen geschaltet werden.
Bei Twisted Pair wird der RJ-45-Stecker verwendet.

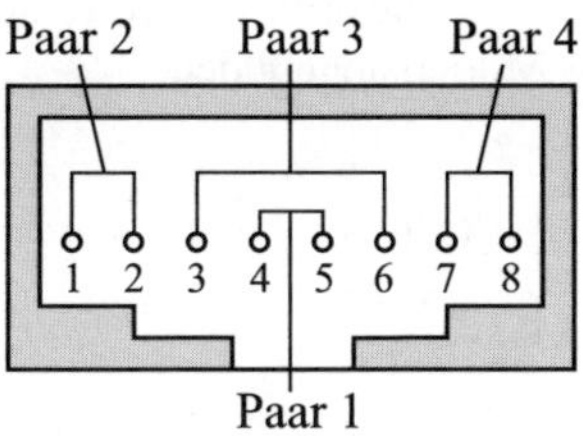

Bild 17.26 RJ-45-Stecker

Wie bei RS 232 ist übrigens auf das richtige Verbindungskabel zu achten. Wird ein Computer mit einem Hub oder Switch verbunden, so ist ein **Patch-Kabel** zu verwenden. Sollen jedoch zwei Computer direkt miteinander verbunden werden, so ist ein **Crossover-Kabel** zu verwenden, welches dem gekreuzten Nullmodemkabel bei RS 232 entspricht.

Wer eventuelle Probleme mit dem Verbindungskabel vermeiden möchte, sollte das **drahtlose Ethernet** (*wireless* LAN, WLAN) verwenden, das 1999 mit der Bezeichnung IEEE 802.11 standardisiert wurde. Als drahtlose Medien wurden dabei sowohl Funkwellen im 2,4-GHz-Bereich als auch infrarote Lichtwellen im Bereich 850 nm spezifiziert. Durchgesetzt haben sich eindeutig die Funksysteme. Der 1999 veröffentlichte Standard sah die maximale Bitrate 2 MBit/s vor. Im Jahr 2003 wurde der Funk-Standard IEEE 802.11g verabschiedet, der 54 MBit/s im 2,4-GHz-Bereich ermöglicht.

17.6 TCP/IP, OSI-Modell

Ethernet transportiert bis zu 1500 Byte Nutzdaten pro Paket von einem Sender zu einem Empfänger oder zu einer Gruppe von Empfängern. Dabei erfolgt keine Bestätigung einer erfolgreichen Übertragung oder eine Wiederholung verloren gegangener Datenpakete. Ethernet garantiert weder die Ablieferung noch die Vollständigkeit der zu übermittelnden Daten.
Für eine zuverlässige Übertragung wird ein Teil der Ethernet-Nutzdaten zur Steuerung der Übertragung genutzt. Am häufigsten wird hierbei das **TCP/IP-Protokoll** verwendet; das Bild 17.27 veranschaulicht das Prinzip.

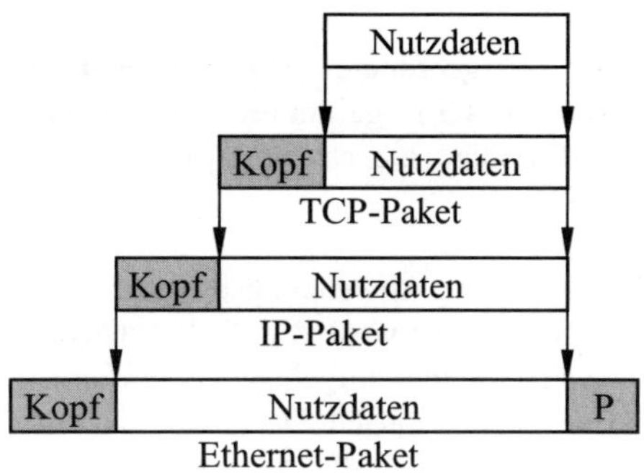

Bild 17.27 Protokollorientierte Übertragung am Beispiel Ethernet-TCP/IP (P: Prüfwort)

Das TCP/IP-Protokoll ist in den 80er Jahren entwickelt worden, also zeitgleich zur Entwicklung des Ethernets. Wir stellen das Prinzip als Beispiel einer von zahlreichen Formen einer *protokollorientierten* Übertragung vor.

Das **Internet-Protokoll (IP)** erweitert die Verbindungen zwischen zwei Teilnehmern zunächst um *beliebige* Netzwerke. Einer der beiden Teilnehmer könnte z. B. über Ethernet und der andere über ein Telefon-Modem ans Netz angeschlossen sein.

„Inter-net“ ermöglicht eine Übertragung „zwischen den Netzen“.
Zur Adressierung ist jedoch eine übergeordnete Adresse notwendig, die sogenannte IP-Adresse. Beiden Teilnehmern wird eine IP-Adresse vom Netzwerkverwalter (Provider) zugewiesen. Als Ziel- und Absenderadresse werden sie wie im Bild 17.23 im Kopf des IP-Paketes übertragen. Aus Sicht von Ethernet sind die Adressen Nutzdaten, für das IP-Protokoll sind es keine Nutzdaten.

Neben der netzwerkunabhängigen Adressierung übernimmt das IP-Protokoll die Aufgabe, die Datenpakete an die Protokolle des verwendeten Netzwerks anzupassen. Doch ebenso wie Ethernet ermöglicht auch das IP-Protokoll lediglich eine unzuverlässige Datenübertragung.
IP-Pakete können verloren gehen, mehrfach ankommen oder in einer anderen Reihenfolge ankommen als sie gesendet wurden. Man kann aber davon ausgehen, dass Fehler innerhalb eines IP-Paketes erkannt werden. Dies wird z. B. durch das 32 Bit breite Ethernet-Prüfwort garantiert.

Erst das übergeordnete **Transmission-Control-Protokoll (TCP)** garantiert eine fehlerfreie und vollständige Übertragung in der richtigen Reihenfolge.

Zwischen den Anwendungsprogrammen der beiden Teilnehmer wird von TCP zunächst eine Duplex-Verbindung aufgebaut. Erst *danach* erfolgt der Datenaustausch. Dabei wird der korrekte Empfang jedes TCP-Paketes vom Empfänger bestätigt und im Fehlerfall eine Wiederholung initiiert. Der Handskake-Mechanismus, den wir bei RS 232 erwähnt haben, wird von TCP per Software realisiert.

Das Protokoll TCP/IP ermöglicht eine fehlerfreie Übertragung zwischen Teilnehmern, die über beliebige Netzwerke verbunden sind. Das Protokoll wird weltweit von allen Herstellern verwendet.

Als Erweiterung von TCP/IP wurde im Jahr 1984 von der *International Organization for Standardization* (ISO) das **OSI-Modell** *(reference model for open system interconnection)* vorgestellt (Bild 17.28).

↓ Anwendungsdaten

7	Anwendung	*Application*
6	Darstellung	*Presentation*
5	Sitzung	*Session*
4	Transport	*Transport*
3	Netzwerk	*Network*
2	Verbindung	*Data Link*
1	Physikalisch	*Physical*

↓ Übertragungsdaten

Bild 17.28 OSI-Modell

Vom Prinzip stellt das OSI-Modell den im Bild 17.1 angegebenen Wandler dar, nur etwas detaillierter. OSI definiert einen Satz von Protokollen und Schnittstellen für die herstellerunabhängige Übertragung von Informationen. Die verschiedenen Ebenen werden als **Schichten** *(layer)* bezeichnet.

Im Bild 17.29 sind die bisher vorgestellten Begriffe auf das OSI-Modell abgebildet.

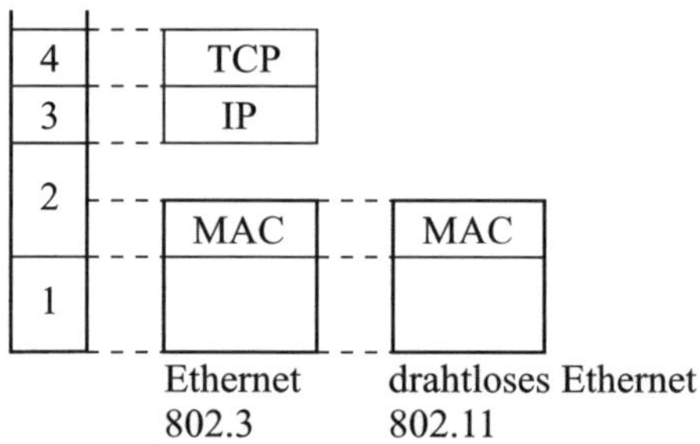

Bild 17.29 Ethernet, IP und TCP im OSI-Modell

Ethernet bzw. das drahtlose Ethernet sind Beispiele der physikalischen Übertragungsschicht und der MAC-Schicht, die den untersten Teil der Verbindungsschicht bildet. IP ist die bekannteste Möglichkeit, die Netzwerkschicht zu implementieren, und TCP ist ein Beispiel einer Transportschicht.

Die höheren Schichten werden von den Anwendungsprogrammen genutzt. Hierfür seien folgende Beispiele genannt:

- **FTP** *(file transfer protocol)* zum Versenden von Dateien,
- **TelNet** *(teletype network, remote terminal protocol)* zur Fernbedienung von Computern,
- **SMTP** *(simple mail transfer protocol)* für Email-Programme,
- **HTTP** *(hypertext transfer protocol)* für Browser-Programme.

Man kann sich das OSI-Modell bzw. eine protokollorientierte Übertragung mit der Versendung eines Briefes veranschaulichen:
- Jemand bringt seine Gedanken zu Papier, steckt den Brief in einen Umschlag und adressiert ihn (Schicht 7 – 5).
- Der Brief wird bei einer Poststelle abgegeben und per Einschreiben mit Rückantwort verschickt (Schicht 4).
- Er landet in einem Postsack zusammen mit anderen Briefen (Schicht 3).
- Der Postsack wird in einen Bus geworfen (Buszugriff = MAC) und zusammen mit anderen Postsäcken transportiert (Schicht 2 – 1).

17.7 Feldbusse

Auch in der Industrieautomation entstand in den 80er Jahren zunehmend der Wunsch, parallele Verdrahtungen durch serielle Bussysteme zu ersetzen. Das Bild 17.30 zeigt, dass in einem Betrieb recht heterogene Aufgaben zu erfüllen sind.

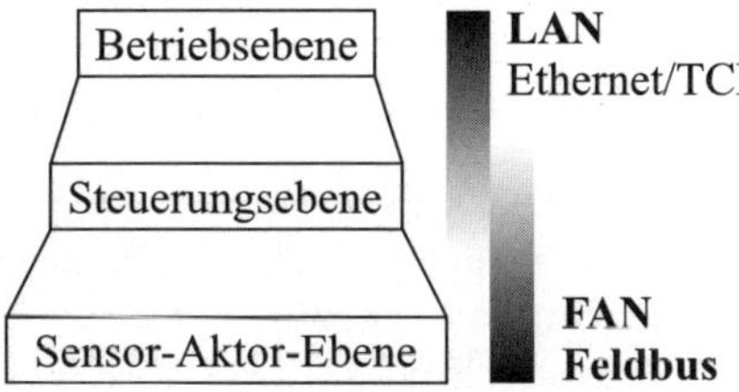

Bild 17.30 Bussysteme der Automatisierungstechnik

Für die Bürokommunikation in der Betriebsebene konnte Ethernet problemlos eingesetzt werden. Doch auf der maschinennahen Ebene bis hinab zur Sensor-Aktor-Ebene konnte Ethernet die geforderten Aufgaben nicht erfüllen. Die Hauptprobleme waren:

- fehlende Echtzeitfähigkeit,
- zu geringe Betriebssicherheit,
- keine industrietaugliche Installation,
- mangelnde Wirtschaftlichkeit.

Eine *echtzeitfähige* Übertragung garantiert eine Übertragung innerhalb einer vorgegebenen *maximalen* Zeit. Damit kann in einer vorhersagbaren Zeitspanne auf ein Ereignis reagiert werden. Aufgrund des bei Ethernet verwendeten Zugriffverfahrens können Kollisionen jedoch nicht ausgeschlossen werden. Damit kann nicht vorhergesagt werden, bis wann eine Übertragung erfolgt ist. Somit ist keine echtzeitfähige Übertragung möglich.

Im Vergleich zur Büroumgebung sind in industriellen Umgebungen mehr Störquellen vorhanden und zusätzliche Verschmutzungen zu berücksichtigen.

Die mangelnde Wirtschaftlichkeit mag überraschen, doch einfache Ein-/Ausgabe-Baugruppen erfordern auch geringe Anschlusskosten für die Busanbindung. Der Einsatz einer Ethernet-Netzwerkkarte war zunächst zu teuer.

Aus diesen Gründen wurden spezielle serielle Bussysteme für diese Anwendungen entwickelt. Sie werden als **Feldbusse** bezeichnet. Als Pendant zu LAN spricht man auch von **FAN** *(field area network)*.

Neben der Vermeidung der zuvor angegebenen Ethernet-Nachteile wurden die Übertragungsverfahren an die zu übertragenen Daten angepasst. Hierbei unterscheidet man *Prozessdaten* und *Diagnose-* bzw. *Parameterdaten.*

Die Prozessdaten, z. B. der Erregerstrom eines Motors, sind zeitkritische zyklisch anfallende Daten in geringen Mengen. Bei Zykluszeiten im Bereich 1 … 2 ms werden z. B. 50 Byte in Echtzeit übertragen.

Die Parameterdaten hingegen fallen azyklisch an und können auch größere Datenpakete bilden. Dies sind z. B. Zustandsinformationen von Maschinen.

Zum Leidwesen der Anwender konnte sich die Industrie nicht auf einen gemeinsamen Standard einigen. Von den ca. 15 verschiedenen Feldbussen seien hier einige angeführt:
Im Jahr 1984 wurde von der Firma INTEL der **BITBUS** vorgestellt. Er dient hauptsächlich zum Austausch von Daten zwischen speicherprogrammierbaren Steuerungen (SPS).
Der **PROFIBUS** *(process field bus)* wird von sehr vielen Firmen angewendet. Er ist mit verschiedenen Ausführungsformen der komplexeste und am meisten verwendete Feldbus.
Der **CAN-Bus** *(controller* ***a****rea* ***n****etwork)* wurde von der Firma Bosch für den Einsatz in Kraftfahrzeugen entwickelt. Der Einsatzbereich hat sich seit dem stark erweitert.
Der **INTERBUS** wurde von der Firma Phoenix Contact entwickelt. Er ist in vielen Bereichen der Produktions- und Verfahrenstechnik anzutreffen.

Die meisten Feldbusse verwenden den RS-485-Standard mit der Bus-Topologie nach Bild 17.11. Interbus hingegen arbeitet mit einer Punkt-zu-Punkt-Verbindung nach Bild 17.9. Alternativ werden bei allen Feldbussen auch Lichtwellenleiter eingesetzt.

Sehr unterschiedlich ist jedoch der für die Echtzeitfähigkeit ausgelegte Buszugriff:

- BITBUS und PROFIBUS arbeiten nach dem **Master-Slave-Prinzip**: Jeder Slave kann nur nach vorheriger Aufforderung durch den Master senden. Damit sind Kollisionen ausgeschlossen.
- INTERBUS verwendet ein **Summenrahmenprotokoll**. Die Busteilnehmer sind in einem Ring angeordnet und entsprechend ihrer Position haben sie Zugriff auf eine bestimmte Position in einem durchlaufenden Datentelegramm. Auch hierbei kann es keine Kollisionen geben.
- Beim CAN-Bus erfolgt der Buszugriff beliebig nach dem CSMA-Prinzip (siehe Ethernet). Doch sobald zwei Teilnehmer gleichzeitig zugreifen, wird die Kollision durch ein **Arbitrierungsverfahren** aufgelöst. Hierbei setzt sich der Busteilnehmer mit der höheren Priorität durch. Aus der Sicht des Siegers gibt es keine Kollision, und damit ist eine echtzeitfähige Übertragung möglich.

Zur Zeit gibt es eine sehr starke Migration der Feldbusse mit Ethernet, wobei die Grenzen zwischen den Bussen oft nicht mehr klar zu unterscheiden ist.
Parallel zu dieser Entwicklung wird Ethernet zum **Industrial-Ethernet** bzw. **Echtzeit-Ethernet** weiterentwickelt. 2003 starteten in Genf bei der internationalen Normungsorganisation IEC die Normungsarbeiten für „*Real Time Ethernet*" (RTE).
Und – die Geschichte wiederholt sich – es gibt bereits jetzt zahlreiche verschiedene Versionen für Echtzeit-Ethernet. Allen gemeinsam ist jedoch eine Eigenschaft: Sie sind kompatibel zu Ethernet.

17.8 USB

USB *(universal serial bus)* ist für den vereinfachten Anschluss von Peripheriegeräten an Computer entwickelt worden. Vereinfachend deshalb, weil zuvor verschiedene Peripheriegeräte wie Maus, Tastatur oder Drucker jeweils eine eigene Schnittstelle hatten. Bei der Herstellung von Notebooks kann durch mehrere gleiche und kleine USB-Schnittstellen wertvoller Platz eingespart werden. Als weitere Vereinfachung erlaubt USB, Geräte während des Betriebs anzuschließen oder abzuklemmen *(hot plug and play)*. Auch das leidige Thema der Interruptadressen wurde durch USB beendet. Dies führte vorher häufig zu Konflikten bei der Einrichtung der Peripheriegeräte.
Zur Zeit gibt es die USB-Varianten 1.1 und 2.0.

Tabelle 17.8 USB-Varianten

Typ	Bitrate	Bezeichnung
USB 1.1	1,5 MBit/s	low speed
USB 1.1	12 MBit/s	full speed
USB 2.0	480 MBit/s	high speed

Die Bustopologie ist wie bei den lokalen Netzen eine Stern-Baum-Topologie (Bild 17.31). Bis zu 127 Geräte dürfen an einen PC angeschlossen werden, der als ***Host-Controller*** bezeichnet wird, was frei übersetzt „steuernder Gastgeber" bedeutet.

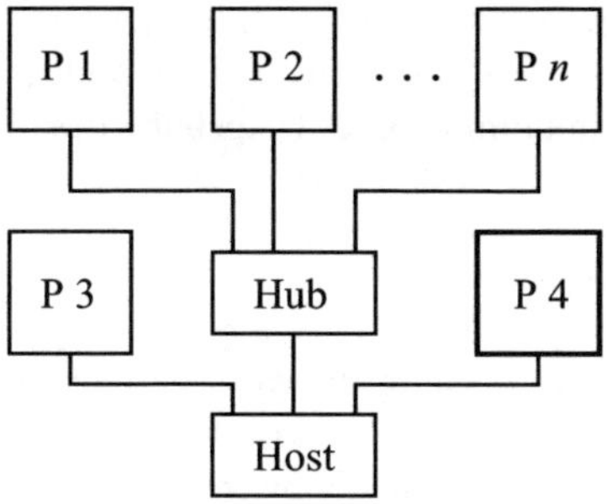

Bild 17.31 USB-Topologie (P: Peripheriegerät, n = 127)

Anders als bei Ethernet treten bei USB keine Zugriffskonflikte auf. Der Buszugriff erfolgt über das **Master-Slave-Verfahren**. Der Computer ist als Host der alleinige Master und alle Peripheriegeräte sind Slaves.

Das USB-Verbindungskabel besteht aus vier Adern. Zwei Adern werden als Twisted-Pair-Leitung für eine Duplex-Datenübertragung verwendet. Die beiden anderen Adern können für die Stromversorgung von Peripheriegeräten mit geringem Energieverbrauch genutzt werden. Zwei verschiedene Steckverbindungen werden eingesetzt.

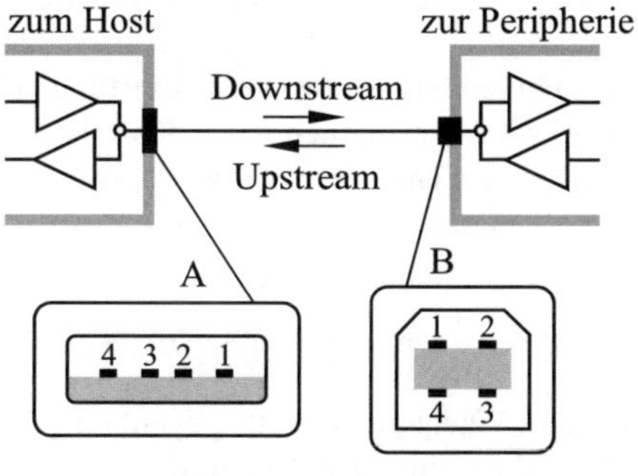

Bild 17.32 Steckverbindungen bei USB

Der A-codierte Stecker befindet sich am Host und an den Hub-Anschlüssen, die zum Host hinführen. Die Peripheriegeräte und der Hub-Anschluss, der zur Peripherie zeigt, verwendet einen B-codierten Stecker.
Damit Peripheriegeräte während des Betriebs angeschlossen oder entfernt werden können, muss der Host erkennen, ob ein Steckplatz frei oder belegt ist.

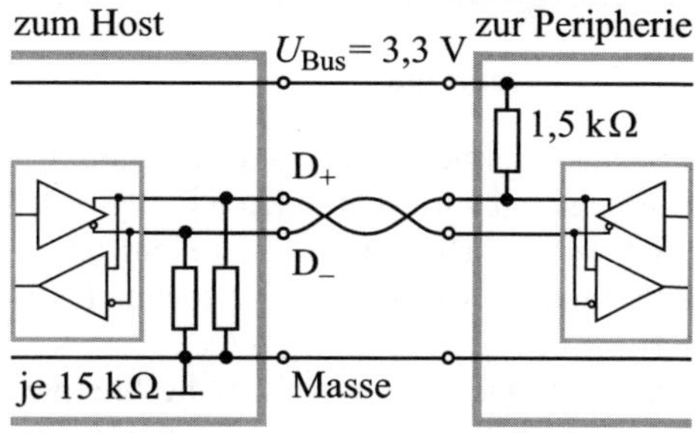

Bild 17.33 Beschaltung der Datenleitung *(full speed, high speed)*

Dafür werden die beiden Adern der Datenleitung der A-Steckverbindung innerhalb des Gerätes über jeweils einen 15-kΩ-Widerstand gegen Masse geschaltet. Bei einem freien Steckplatz beträgt das Potential beider Adern 0 V.

Bei der B-Steckverbindung wird im Geräteinnern bei Full- und High-Speed-Geräten die D_+-Leitung über einen 1,5-kΩ-Widerstand an den Pluspol der Versorgungsspannung angeschlossen. Bei einem Low-Speed-Gerät wird der Widerstand an die D_--Leitung angeschlossen.

Werden die beiden Geräte miteinander verbunden, so wechselt entweder das Potential der Ader D_+ oder der Ader D_- auf ca. 3 V und der Host stellt den Anschluss eines Peripheriegerätes fest.

Nachdem der Host ein Gerät erkannt hat, beginnt eine aufwändige Konfigurationsphase (*Enumeration*). Hierbei erkennt der Host, um was für ein Peripheriegerät es sich handelt. Nachdem der Host diesem Gerät eine temporäre Adresse zugewiesen hat, erfolgt der Datenaustausch über eine „logische“ Punkt-zu-Punkt-Verbindung zwischen Host und Peripheriegerät. Hierfür stehen verschiedene Datentelegramme zur Verfügung.

USB ist lediglich für Netze mit geringen Ausdehnungen ausgelegt. Die maximale Länge zwischen A- und B-codiertem Stecker beträgt 5 m. Ein solches Netz wird als **PAN** *(personal area network)* bezeichnet.

18 Energieübertragung

18.1 Energieumwandlung

18.1.1 Primärenergie

Elektrische Energie muss in jedem Zeitpunkt, zu dem sie benötigt wird, aus anderen Energiequellen erzeugt werden. Die Begriffe Erzeuger und Verbraucher haben wir bereits im Abschn. 1.3.1 erläutert.
Die Energie, aus der die elektrische Energie erzeugt wird, bezeichnet man als **Primärenergie** *(primary energy)*. Die Umwandlung findet in einem **Kraftwerk** *(power station)* statt.

Insgesamt wurde in Deutschland im Jahr 2002 die elektrische Energie $545 \cdot 10^9$ kWh erzeugt (Quelle: VDEW, Verband der Elektrizitätswirtschaft, Berlin); die Tab. 18.1 nennt den Anteil der dabei eingesetzten Primärenergie.

Tabelle 18.1 Primärenergieanteil 2002

Primärenergie	Anteil
Kernenergie	29 %
Baunkohle	27 %
Steinkohle	23 %
Erdgas	9 %
Wasser	5 %
Wind	3 %
Heizöl	1 %
sonstige	3 %

Von den erneuerbaren Energieträgern liefern nur Wasser und Wind einen nennenswerten Beitrag.

18.1.2 Verfügbarkeit der Primärenergie

Deutschland verfügt über große Vorräte an Steinkohle (Ruhrrevier, Saarrevier, Aachener und Ibbenbürener Revier) und an Braunkohle (rheinisches Revier sowie Niederlausitzer, Leipziger und Helmstedter Revier). Da jedoch der Preis der deutschen Steinkohle etwa dreimal so hoch wie der Weltmarktpreis ist, geht die eigene Kohleförderung zurück und es wird zunehmend Steinkohle importiert.

Die Braunkohle wird ausschließlich im Tagebau abgebaut und größtenteils in Kraftwerken verfeuert, die in unmittelbarer Umgebung des Tagebaus stehen. Wegen des niedrigen Heizwerts der Rohbraunkohle ist ein Transport über größere Entfernung nicht wirtschaftlich.

Das für die Kernkraftwerke benötigte Uran wird vor allem in den USA, in Südafrika, Australien und Kanada abgebaut. Obwohl das im Natururan mit 0,7 % enthaltene Isotop ^{235}U durch aufwändige Verfahren auf etwa 3,5 % angereichert wird, sind die Brennstoffkosten eines Kernkraftwerks günstiger als die eines Kohlekraftwerks. Hinzu kommen Kosten für die Wiederaufbereitung der abgebrannten Brennstäbe und die Endlagerung der zur Zeit nicht verwertbaren Spaltprodukte.

Das in Deutschland insgesamt verfeuerte Erdgas stammt zu etwa 20 % aus eigener Förderung; der Rest wird aus Russland, den Niederlanden und Norwegen importiert.

18.1.3 Installierte Leistung

Bei einem Kraftwerk ist der Quotient aus Baukosten und installierter Leistung um so kleiner, je höher die installierte Leistung ist; man spricht dabei von einem **Wachstumsgesetz**.

Mit zunehmender installierter Leistung eines Kraftwerks steigen jedoch zwei Kostenarten in dem Netz, in welches das Kraftwerk einspeist:
- Die Leistungslänge wird größer, weil mehr Verbraucher versorgt werden;
- es wird mehr Reserveleistung benötigt.

Diese zum Wachstumsgesetz gegenläufigen Effekte bewirken eine Obergrenze der installierten Leistung für jede Kraftwerksart, die man aus wirtschaftlichen Gründen nicht überschreitet:
- Bei einem Kernkraftwerk liegt die installierte Leistung in der Größenordnung 1300 MW;
- bei einem Kohlekraftwerk liegt die installierte Leistung in der Größenordnung 700 MW.

Bei einem Gasturbinenkraftwerk erreicht man aus konstruktiven Gründen maximal etwa 300 MW.

18.1.4 Wirkungsgrad

Der Wirkungsgrad eines Kraftwerks ist der Quotient aus dem Heizwert des eingesetzten Brennstoffs und der ins Netz abgegebenen elektrischen Wirkleistung. Bei einem Kernkraftwerk liegt der Wirkungsgrad aus konstruktiven Gründen bei 33 %. Bei Kohlekraftwerken liegt der Wirkungsgrad im Bereich 35 ... 40 %.

Bei einem Gasturbinenkraftwerk hängt der Wirkungsgrad von der installierten Leistung ab; die größten Gasturbinenkraftwerke erreichen Wirkungsgrade bis 40 %.
Weil die Abgase mit hoher Temperatur anfallen, wird dem Gasturbinenkraftwerk nicht selten ein Wärmetauscher nachgeschaltet. Wird die Abwärme zur Fernwärmeversorgung herangezogen, so spricht man von **Kraft-Wärme-Kopplung**.
Beim Gas- und Dampfkraftwerk (kurz: **GuD**) wird zwei Gasturbinen ein sog. **Abhitzekessel** nachgeschaltet, der Dampf für eine Dampfturbine erzeugt. Solche Kraftwerke haben Wirkungsgrade bis 60 %.

18.1.5 Tagesbelastungskurven

Die Abnahme der elektrischen Energie durch die Verbraucher ist tageszeitlichen Schwankungen unterworfen. In der **Tagesbelastungskurve** wird die Wirkleistung als Funktion der Tageszeit aufgetragen; das Bild 18.1 zeigt den prinzipiellen Verlauf. Dabei sind drei unterschiedliche Belastungsarten zu erkennen:

- **Grundlast** ist der während des gesamten Zeitraumes gleichbleibende Teil der Last; die Grundlast wird von Laufwasserkraftwerken, Kernkraftwerken und Braunkohlekraftwerken übernommen.
- **Mittellast** steigt morgens vorhersehbar an und geht abends wieder auf den Wert Null zurück; die Mittellast wird vor allem von den Steinkohlekraftwerken übernommen.
- **Spitzenlast** besteht aus kurzzeitigen, unvorhersehbaren Belastungen; die Spitzenlast wird von den Speicherwasserkraftwerken, den Pumpspeicherwerken und Gasturbinenkraftwerken übernommen.

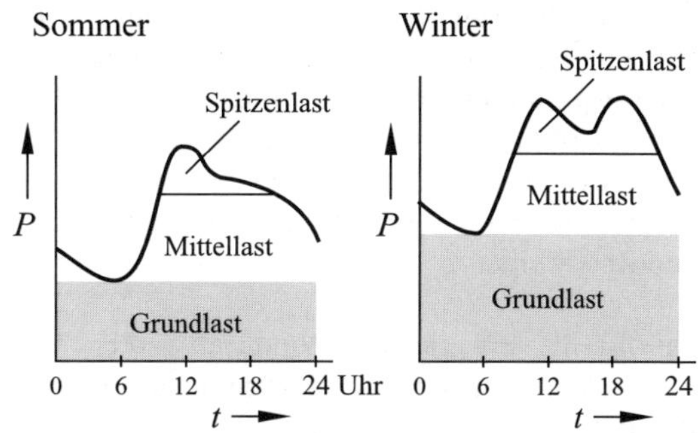

Bild 18.1 Typische Tagesbelastungskurven der elektrischen Energieerzeugung in Deutschland

Während die Energieträger Kernenergie, Kohle, Erdgas und Wasser langfristig eingeplant werden können, steht die Windkraft nur unvorhersehbar zur Verfügung. Auf Dauer können daher die Windkraftwerke keinen einzigen Verbraucher versorgen; für jedes Windkraftwerk muss vielmehr ein anderes Kraftwerk jederzeit zur Versorgung bereit sein.

18.1.6 Kostenstruktur

Die Kosten der elektrischen Energie setzen sich aus **festen Kosten**, die von der Menge der erzeugten Energie unabhängig sind, und **variablen Kosten** zusammen; letztere sind von der Menge der erzeugten Energie abhängig.

Feste Kosten entstehen in erster Linie durch den Kapitaldienst (Zinsen, Tilgung) und die Personalkosten. Variable Kosten entstehen in erster Linie durch die Brennstoffe; diese Kosten entfallen bei den Wasser- und bei den Windkraftwerken.

Bei den **Grundlastkraftwerken**, die dauernd in Betrieb sind, kommt es entscheidend darauf an, dass die variablen Kosten niedrig sind; bei diesen Kraftwerken kann man höhere Festkosten in Kauf nehmen.

Bei den **Spitzenlastkraftwerken**, die nur kurzzeitig in Betrieb sind, kommt es entscheidend darauf an, dass die Festkosten niedrig sind; bei diesen Kraftwerken kann man höhere variable Kosten in Kauf nehmen.

Die Energie von Windkraftwerken muss dann abgenommen werden, wenn die Windstärke zur Energieproduktion ausreicht; dies bedeutet, dass die Produktion anderer Kraftwerke zurückgefahren wird. Windkraftwerke können daher weder den Grund- noch den Spitzenlastkraftwerken zugeordnet werden.

Da für die Energie aus Windkraftwerken eine hohe Vergütung bezahlt werden muss, werden dadurch insgesamt die Kosten für die elektrische Energie erhöht.

18.2 Betriebsmittel und -verfahren

18.2.1 Spannungsebenen

Für die Energieübertragung auf einer Leitung sind der Spannungsabfall und die Verluste die maßgebenden Größen; wir wollen dies am Beispiel einer Gleichstromleitung betrachten, die einem Verbraucher mit dem Widerstand R_V die Leistung $P_V = U\,I$ zuführt.

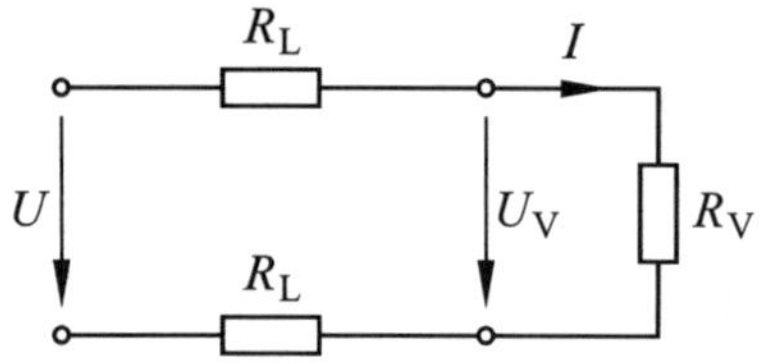

Bild 18.2 Energieübertragung mit Gleichstrom

Sowohl die Hinleitung als auch die Rückleitung haben den Widerstand R_L. Der Spannungsabfall U_L auf der gesamten Leitung ist dem Strom proportional:

$$U_L = U - U_V = 2\,R_L\,I \tag{18.1}$$

Die Verlustleistung P_L auf der gesamten Leitung ist dem Quadrat des Stromes proportional:

$$P_L = 2\,R_L\,I^2 \tag{18.2}$$

Wie die Gl.(1.26) zeigt, könnte man zur Verringerung der Verluste den Widerstand der Leitung dadurch herabsetzen, dass man den Querschnitt erhöht. Wesentlich günstiger ist es jedoch, zur Übertragung der Leistung $P_V = U_V\,I$ den Strom I zu verkleinern und die Spannung U_V zu erhöhen.

Auch bei der Energieübertragung mit Drehstrom sind die Verluste auf einer Leitung quadratisch vom Strom abhängig. Da man die Spannung der Verbraucher aus Sicherheitsgründen nicht erhöhen kann, trennt man mit Hilfe von Transformatoren die Leitungen der Energieübertragung und die Verbraucher (s. Abschn. 12.1.6).

Je größer die Entfernung zwischen Einspeise- und Abnahmeort *und* je höher die zu übertragende Leistung sind, desto höher wählt man die Spannung.
In der Energieübertragungstechnik sind folgende Bezeichnungen üblich:

- Spannungen im Bereich 110 ... 380 kV werden **Hochspannung** genannt;
- Spannungen im Bereich 10 ... 30 kV bezeichnet man als **Mittelspannung**;
- die Spannung 0,4 kV wird **Niederspannung** genannt.

Bei den genannten Spannungen handelt es sich jeweils um die Außenleiterspannung. Der Ausdruck Niederspannung bedeutet keineswegs, dass diese Spannung ungefährlich ist (s. Kap. 18.4).

Transformatoren, die von Hoch- auf Mittelspannung umspannen (Bild 12.13), erhalten mehrere Anzapfungen, zwischen denen unter Last umgeschaltet werden kann. Mit diesen **Stelltransformatoren** wird die Einspeisespannung bei größerer Leistung der Verbraucher und damit größerem Spannungsabfall auf den Leitungen erhöht; dadurch erhalten die Verbraucher etwa die gleiche Spanunng.

18.2.2 Verbesserung des Leistungsfaktors

Wird ein Verbraucher, der die Wirkleistung P aufnimmt, mit Wechsel- oder Drehstrom versorgt, so hängt der Strom auch von seinem Leistungsfaktor $\cos\varphi$ ab. Für Drehstrom gilt gemäß Gl.(6.50):

$$I = \frac{P}{\sqrt{3}\,U\cos\varphi} \tag{18.3}$$

Bei konstanter Wirkleistung und konstanter Spannung ist der Strom um so höher, je niedriger der Leistungsfaktor cos φ ist. Ein hoher Strom bedeutet aber auch hohe Verluste auf den Leitungen.

Bei der Abrechnung der Wirkarbeit werden die Verluste, die durch einen höheren Strom infolge von Blindarbeit entstehen, nicht erfasst. Die Energieversorgungsunternehmen (EVU) stellen daher den Verbrauchern, die aus dem Mittelspannungsnetz versorgt werden, die Blindarbeit dann in Rechnung, wenn sie 50 % der Wirkarbeit übersteigt, wobei der Leistungsfaktor $\cos\varphi < 0{,}894$ ist (s. Beispiel 6.12).

Ein ungünstiger Leistungsfaktor wird durch induktiv wirkende Verbraucher (z. B. Motoren) verursacht, die induktive Blindleistung zum Aufbau der Magnetfelder benötigen.
Der Leistungsfaktor derartiger Geräte kann durch Parallelschaltung von Kondensatoren verbessert werden. Dabei wird der (nacheilende) induktive Blindstrom I_{Vb} des Verbrauchers (Bild 18.3) durch einen (voreilenden) kapazitiven Blindstrom kompensiert. Diese Maßnahme wird als **Blindstromkompensation** oder kurz als **Kompensation** bezeichnet.

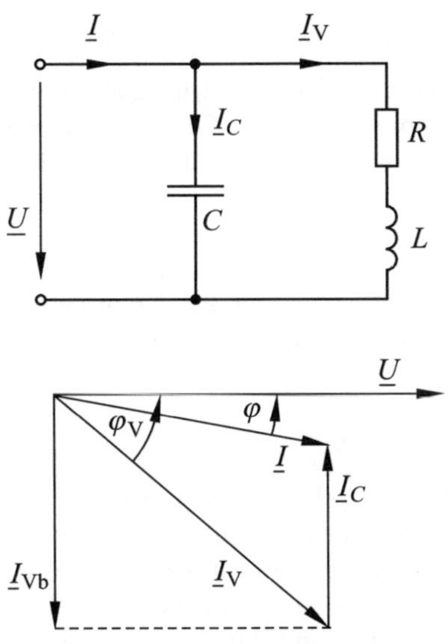

Bild 18.3 Blindstromkompensation eines Wechselstromverbrauchers, Schaltung und Zeigerdiagramm

Zur Berechnung der Kapazität des für die Kompensation erforderlichen Kondensators setzen wir gemäß Gl.(6.27) die Blindleistung Q des kompensierten Geräts als Summe der Blindleistung Q_{V} des Verbrauchers und der Blindleistung Q_C des Kondensators an:

$$Q = Q_{\mathrm{V}} + Q_C \qquad (18.4)$$

Der Verlustfaktor der verwendeten Kondensatoren liegt im Bereich $d = 0{,}002 \ldots 0{,}003$ (s. Abschn. 6.1.5). Die Verlustleistung, also die Wirkleistung des Kondensators, beträgt nur 2 ... 3 W je kvar Blindleistung. Näherungsweise ist also der Kondensator verlustfrei und die Wirkleistung P des kompensierten Geräts ist gleich der Wirkleistung P_{V} des Verbrauchers.

Beispiel 18.1
Eine Leuchtstofflampe 230 V; 0,43 A; 48 W soll so kompensiert werden, dass der Leistungsfaktor den Wert 1,0 bzw. 0,9 aufweist. Welcher Kondensator ist für 50 Hz jeweils erforderlich?

Zunächst berechnen wir mit der Gl.(6.22) die Scheinleistung der Lampe:

$$S_{\mathrm{V}} = U I_{\mathrm{V}} = 230\ \mathrm{V} \cdot 0{,}43\ \mathrm{A} = 98{,}9\ \mathrm{VA}$$

Die Blindleistung der Lampe ist:

$$Q_{\mathrm{V}} = \sqrt{S_{\mathrm{V}}^2 - P_{\mathrm{V}}^2} = 86{,}5\ \mathrm{var}$$

Für die Kompensation auf $\cos\varphi = 0{,}9$ ist der Winkel $\varphi = \arccos 0{,}9 = 25{,}8°$. Dem Bild 6.10 entnehmen wir den Zusammenhang für die Blindleistung der kompensierten Lampe:

$$Q = P \tan\varphi = 48\ \mathrm{W} \cdot \tan 25{,}8° = 23{,}2\ \mathrm{var}$$

Mit der Gl.(18.4) berechnen wir:

$$Q_C = Q - Q_{\mathrm{V}} = 23{,}2\ \mathrm{var} - 86{,}5\ \mathrm{var} = -63{,}3\ \mathrm{var}$$

Mit der Gleichung $Q = -\omega C U^2$ aus der Tab. 6.2 berechnen wir $C = 3{,}8\ \mu\mathrm{F}$ für $\cos\varphi = 0{,}9$.

Für $\cos\varphi = 1{,}0$ ist $\varphi = 0$ und $Q = 0$. Mit $Q_C = -Q_{\mathrm{V}} = -86{,}5$ var erhält man die Kapazität $C = 5{,}2\ \mu\mathrm{F}$.

Die technisch zweckmäßige Lösung ist die **Einzelkompensation**. Dabei wird jedem einphasigen Gerät *ein* Kondensator parallelgeschaltet, während zur Kompensation eines Drehstromgeräts *drei* Kondensatoren verwendet werden.

Bei Niederspannung 400 V werden die Kondensatoren in Dreieck geschaltet; dies ergibt wegen der um den Faktor 1/3 kleineren Kapazitätswerte eine wirtschaftlich günstigere Lösung als die Sternschaltung der Kondensatoren. Letztere wird in Mittel- und Hochspannungsanlagen angewendet, weil dabei die Isolationskosten kleiner sind als bei der Dreieckschaltung.

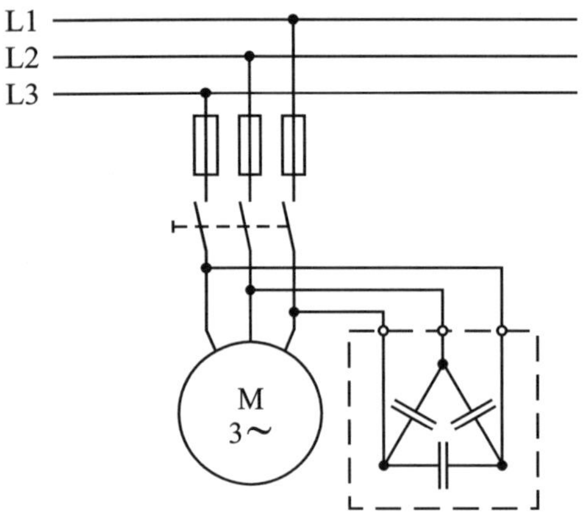

Bild 18.4 Kompensation eines Drehstrommotors

Der Vorteil der Einzelkompensation ist, dass die Zuleitungen der Geräte weitgehend vom Blindstrom entlastet sind. Aus Kostengründen werden vor allem Motoren nur bis etwa $\cos\varphi = 0{,}95$ kompensiert; der Leistungsfaktor ist dann auch bei Unterbelastung noch ausreichend.

Beispiel 18.2
Ein Drehstrommotor 22 kW; 230/400 V; 82/47 A; $\cos\varphi = 0{,}81$; 50 Hz soll für Nennbetrieb auf den Leistungsfaktor $\cos\varphi = 0{,}95$ kompensiert werden. Welche Kapazität ist erforderlich, wenn die Kondensatoren in Dreieck geschaltet werden?

Im Nennbetrieb läuft der Motor in Dreieckschaltung; die Strangspannung beträgt 400 V und es fließt der Außenleiterstrom 47 A. Der unkompensierte Motor mit $\cos\varphi_V = 0{,}81$ nimmt die Wirkleistung P_V auf:

$$P_V = \sqrt{3}\, U I \cos\varphi_V = 26{,}4\ \text{kW}$$

Dem Bild 6.10 entnehmen wir den Zusammenhang für die Blindleistung des unkompensierten Motors:

$$Q_V = P_V \tan\varphi_V = 19{,}1\ \text{kvar}$$

Der kompensierte Motor nimmt die gleiche Wirkleistung auf wie der unkompensierte und es ist $P = P_V = 26{,}4$ kW.
Der Phasenverschiebungswinkel des kompensierten Motors ist:

$$\varphi = \arccos 0{,}95 = 18{,}2°$$

Damit berechnen wir die Blindleistung des kompensierten Motors:

$$Q = P \tan\varphi = 8{,}7\ \text{kvar}$$

Die Blindleistung der drei Kondensatoren ist:

$$3\, Q_C = Q - Q_V = -10{,}4\ \text{kvar}$$

Mit der Gleichung $Q = -\omega C U^2$ aus der Tab. 6.2 berechnen wir die Kapazität $C = 69\ \mu\text{F}$ eines Kondensators.

In größeren Betrieben wird, im Allg. zusätzlich zur Einzelkompensation, die **Gruppenkompensation** vorgenommen. Dabei wird an zentraler Stelle, meist in der Niederspannungs-Verteilungsanlage, ein Blindleistungsregler eingebaut. Durch Zu- bzw. Abschalten von Kondensatoren wird der Leistungsfaktor der vom Betrieb insgesamt bezogenen Leistung etwa beim Wert $\cos\varphi = 1$ gehalten.

Beispiel 18.3
Ein in zwei Schichten arbeitender Betrieb bezieht monatlich im Durchschnitt 82 000 kWh und 64 000 kvarh aus einem 400-V-Drehstromnetz. Diejenige Blindarbeit, die 50 % der Wirkarbeit übersteigt, wird mit 0,014 € je kvarh zusätzlich berechnet.

1 Monat = 20 Arbeitstage; 1 Schicht = 8 h

Welche Kosten entstehen monatlich für die Blindarbeit? Wir wollen außerdem berechnen, für welche Blindleistung eine Regeleinheit bestellt werden müsste, wenn der Leistungsfaktor auf $\cos\varphi = 1$ verbessert werden soll, und nach welcher Zeit sich diese Anlage amortisiert, wenn sie mit 40 € je kvar veranschlagt wird.

Monatliche Kosten für die Blindarbeit:

$$K = (64000 - 41000)\,\text{kvarh} \cdot \frac{0{,}014\,€}{\text{kvarh}} = 322\,€$$

Monatliche Arbeitszeit: $t = 20 \cdot 2 \cdot 8\,\text{h} = 320\,\text{h}$

Mittelwert der Blindleistung:

$$Q = \frac{64000\,\text{kvarh}}{320\,\text{h}} = 200\,\text{kvar}$$

Kosten der Anlage: $200\,\text{kvar} \cdot \dfrac{40\,€}{\text{kvar}} = 8000\,€$

Amortisationszeit ohne Berücksichtigung des Kapitaldienstes:

$$\frac{8000\,€}{322\,€\,/\,\text{Monat}} \approx 25\,\text{Monate}$$

18.2.3 Freileitungen

Für die Energieübertragung bei Hochspannung werden **Freileitungen** verwendet. Dabei werden die Leiter als Seile ausgebildet, die auf den Masten an Isolatoren aufgehängt sind; als Isolierung zwischen den Leitern dient die Luft.

Hochspannungsmaste sind im Allg. Stahlgittermaste. Die meisten Maste sind **Tragmaste**, die lediglich das Gewicht der Leitung tragen. Etwa jeder 5. Mast ist ein **Abspannmast**, der einen Festpunkt im Leitungszug bildet.
Relativ häufig ist in Deutschland der Donaumast für eine Drehstrom-Doppelleitung. Das Bild 18.5 zeigt das Mastbild. Ein solcher Mast mit dem Gewicht 11 t für eine 380-kV-Doppelleitung hat z.B. die Höhe 47 m und die Breite 29 m; die Trassenbreite ist allerdings wesentlich größer.

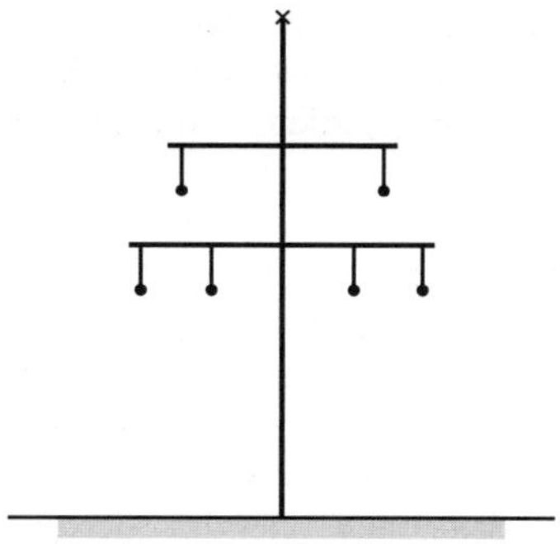

Bild 18.5 Mastbild Donaumast

Die Isolatoren sind Langstabisolatoren aus Hartporzellan, die für Spannungen bis 110 kV ausgelegt sind; für höhere Spannungen werden Langstäbe in Reihe angeordnet (2 Langstäbe für 220 kV bzw. 3 Langstäbe für 380 kV).

Bild 18.6 Langstabisolator

Durch die Schirme wird der Kriechweg verlängert. Bei höherer Luftverschmutzung, z.B. durch Salz in Meeresnähe, werden Isolatoren mit einer höheren Zahl von Schirmen gewählt.

Das Bild 18.6 zeigt als Beispiel einen Langstab mit 14 Schirmen. Ein derartiger Isolator mit der Länge 1,3 m kann etwa 2,5 t Gewicht tragen.

Die Leiter einer Freileitung sind **Verbundseile**. Die Seele besteht aus verzinkten Stahldrähten, über denen sich zwei gegenläufig verseilte Lagen von Aluminiumdrähten befinden. Bei einem Leiterseil Al/St 240/40 beträgt z.B. der Aluminiumquerschnitt 240 mm² und der Stahlquerschnitt 40 mm².

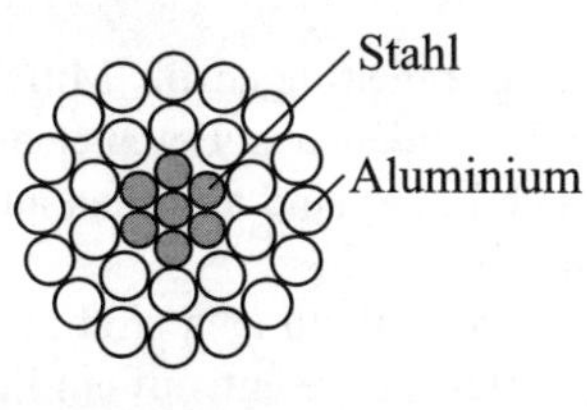

Bild 18.7 Verbundseil Al/St

Das **Erdseil**, das an jeder Mastspitze befestigt ist, schützt die Freileitung vor Blitzeinschlägen; es ist leitend mit jedem geerdeten Mast verbunden.

Zur Herabsetzung der Luftionisation und der dielektrischen Verluste aufgrund der Luftfeuchtigkeit werden die Leiterseile als **Bündelleiter** angeordnet, die durch elektrisch leitende Metallstäbe im Abstand von 400 mm gehalten werden. Für 220 kV wird stets das Zweierbündel verwendet, für 380 kV das Dreier- oder das Viererbündel.

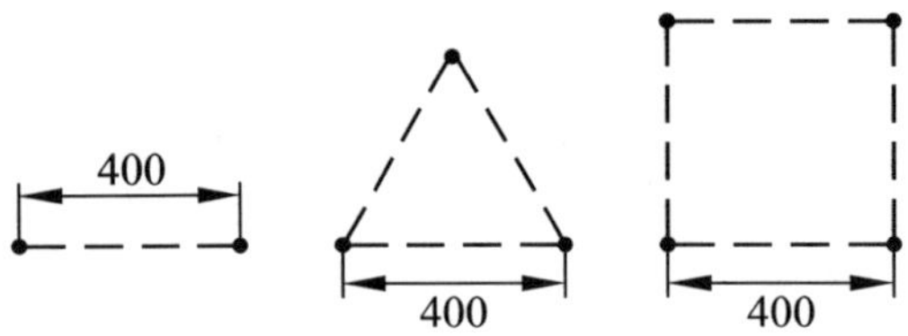

Bild 18.8 Bündelleiter

Die Wirkung einer Leitung hängt von der Höhe der Last am Leitungsende ab. Wir betrachten lediglich den Fall, dass am Ende der Leitung eine Wirkleistung P_2 abgenommen wird. Ist P_2 niedrig, so wirkt die Leitung kapazitiv; ist P_2 hoch, so wirkt die Leitung induktiv. Die Grenze zwischen diesen beiden Zuständen liegt bei einer Leistung, die als **natürliche Leistung** P_{nat} bezeichnet wird.

Tabelle 18.2 Natürliche Leistung von Freileitungen

Spannung U in kV	110	220	380
Leistung P_{nat} in MW	33	165	600

Zweckmäßig wird eine Leitung bei $P_2 < P_{nat}$ betrieben, weil die dabei kapazitiv wirkende Leitung die induktive Blindleistung von Verbrauchern (z. B. Motoren) kompensiert.

Die Maste von Freileitungen für Mittelspannung (10 … 30 kV) werden aus Beton-Schleuderguss hergestellt. Die Leiter sind an ihnen auf Kappenisolatoren angebracht.
Mittelspannungs-Freileitungen sind meist für *ein* Drehstrom-System ausgelegt; auf ein Erdseil wird im Allg. verzichtet.

18.2.4 Kabel

Zur Energieverteilung werden **Kabel** im Allg. in Mittel- und Niederspannungsnetzen eingesetzt.

Niederspannungskabel für Vierleiternetze sind meist mit PVC und nur selten mit PE isoliert. Das Leitermaterial ist Kupfer oder Aluminium.

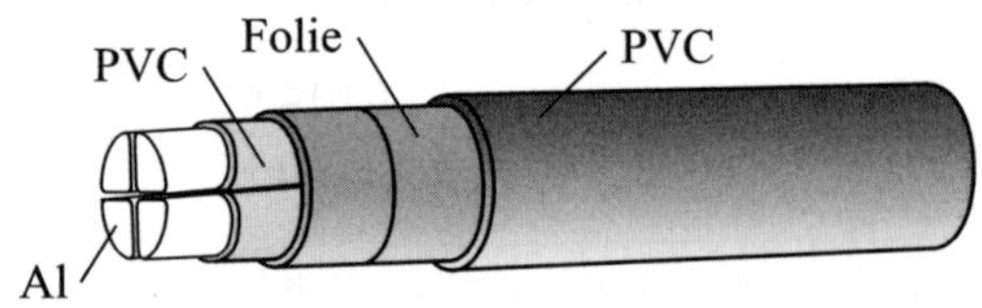

Bild 18.9 Vieradriges Niederspannungs-Kunststoffkabel mit Sektorleitern

Kabel für Mittelspannungsnetze enthalten drei Leiter. Beim Dreimantelkabel ist jeder Leiter mit einer geerdeten Abschirmung umgeben, die eine gleichmäßige Beanspruchung der Isolation sicherstellt. Es werden aber auch drei einadrige Kabel mit einer Isolation aus vernetztem Polyethylen verwendet; diese Kabel können einfacher durch Extrudieren hergestellt und auch einfacher verlegt werden.

18.2.5 HGÜ

Bei einer einzelnen Drehstrom-Freileitung ist die Entfernung, über welche die Energie übertragen werden kann, aus Stabilitätsgründen auf 800 km begrenzt; bei einem Drehstrom-Kabel liegt diese Grenze bei 30 km. Bei Freileitungen und Landkabeln kann man durch Blindleistungskompensation mit einigem Aufwand diese Grenzen heraufsetzen, aber bei Seekabeln ist dies technisch unmöglich.
Mit der **Hochspannungs-Gleichstrom-Übertragung** HGÜ *(high voltage direct current,* HVDC*)* ist es möglich, Energie auf Seekabeln über mehr als 30 km Entfernung zu transportieren. Zwar ist der Aufwand hoch, aber die mit Thyristoren arbeitenden Umrichter haben eine hohe Zuverlässigkeit erreicht; Anlagen mit IGBTs sind in der Entwicklung.
Weltweit sind viele HGÜ-Anlagen in Betrieb, von denen wir zwei Beispiele nennen wollen:

- Das „Baltic Cable“ überträgt zwischen Deutschland und Schweden 600 MW bei 450 kV über die Entfernung 230 km;
- vom Kraftwerk Itaipu am Grenzfluss Parana zwischen Brasilien und Paraguay wird die Leistung 6300 MW bei 600 kV über 900 km nach São Paulo transportiert.

Das zuletzt genannte Beispiel zeigt noch eine weitere Eigenschaft der HGÜ: Die Generatoren auf der Paraguay-Seite von Itaipu arbeiten mit 50 Hz, während in Brasilien 60 Hz üblich sind. Mit einer HGÜ ist die Kupplung dieser beiden Netze möglich.

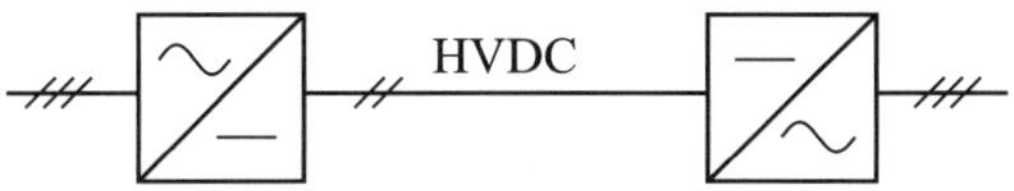

Bild 18.10 Prinzip der HGÜ

Wie das Bild 18.10 zeigt, verbindet eine HGÜ zwei Drehstromnetze zwischen zwei Punkten. Die Entwicklung von Umrichterstationen mit IGBTs hat eine HGÜ mit mehreren Einspeise- und Abnahmestellen zum Ziel.

18.3 Überstromschutz

Die Leiterisolation, die Anschluss- und Verbindungsstellen sowie die Umgebung der Leitungen und Kabel müssen vor schädlicher Erwärmung infolge von Überlast und Kurzschlussströmen geschützt werden. Die erforderlichen Schutzorgane, z. B. Leitungsschutzsicherungen oder Leitungsschutzschalter, müssen in der Lage sein, jeden Überstrom bis zum Strom bei vollkommenem Kurzschluss zu unterbrechen.

> Der Neutralleiter darf auf keinen Fall abgesichert sein; eine Unterbrechung dieses Leiters muss aus Sicherheitsgründen unbedingt vermieden werden.

Bei einer **Leitungsschutzsicherung** bringt der Überstrom einen Metallfaden niedriger Schmelztemperatur zum Schmelzen und unterbricht dadurch den Leiterweg.

Eine durchgeschmolzene Sicherung muss stets durch eine neue ersetzt werden. Ein „Flicken“ oder Überbrücken des Schmelzeinsatzes ist auch in Ausnahmefällen verboten, weil dadurch der Schutz der Anlage aufgehoben wird.

Leitungsschutzsicherungen werden z.B. als Niederspannungs-Hochleistungs-Sicherungen (kurz: NH-Sicherungen) für die Nennspannung 500 V (Wechselspannung) bzw. 440 V (Gleichspannung) und für Nennströme 6 … 1250 A hergestellt. Die Kennbuchstaben gL besagen, dass die Sicherung nur für den Leitungsschutz geeignet ist und Ströme bis zum Nennstrom dauernd führen sowie Ströme vom kleinsten Schmelzstrom bis zum Nennausschaltstrom ausschalten kann. NH-Sicherungen werden mit Hilfe eines Isoliergriffs ausgewechselt.

Außer den NH-Sicherungen gibt es die Schraubsicherungen (Diazed-System: **Di**ametral **a**bgestufter **z**weiteiliger **Ed**isonschraubstöpsel) für Nennstromstärken bis 100 A. Diese D-Sicherungen sind nennstromunverwechselbar und berührungssicher; sie sind auch für Hausinstallationen geeignet und durch den Laien bedienbar.

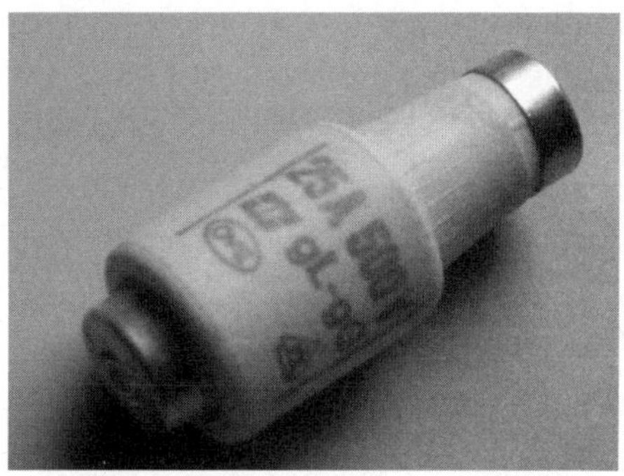

Bild 18.11 Ganzbereichs-Sicherung für Kabel- und Leitungsschutz

Die Schmelzzeit ist von der Höhe des zu unterbrechenden Stromes abhängig. So unterbricht z.B. eine 100-A-Sicherung einen Strom 200 A in 500 s, 500 A in 40 s, 1000 A in 3 s und 2000 A in 0,2 s. Die Abschaltung wird also im Überstrombereich träge und im Kurzschlussstrombereich flink durchgeführt.

Die Abhängigkeit der Schmelzzeit vom zu unterbrechenden Strom bewirkt die **Selektivität** des Überstromschutzes: Bei einem Fehler im Netz durch Überlast oder Kurzschluss schaltet nur das Überstromschutzorgan ab, das unmittelbar vor der Fehlerstelle liegt.

Das Bild 18.12 zeigt als Beispiel ein Strahlennetz mit mehreren Abzweigen, die durch Leitungsschutzsicherungen geschützt sind, deren Nennströme sich um den Faktor 1,6 unterscheiden. Ein Kurzschlussstrom I_k durchfließt zwar alle Schutzorgane $S_1 \dots S_3$, aber aufgrund der kürzesten Schmelzzeit unterbricht lediglich die Sicherung S_3 und das übrige Netz bleibt betriebsbereit.

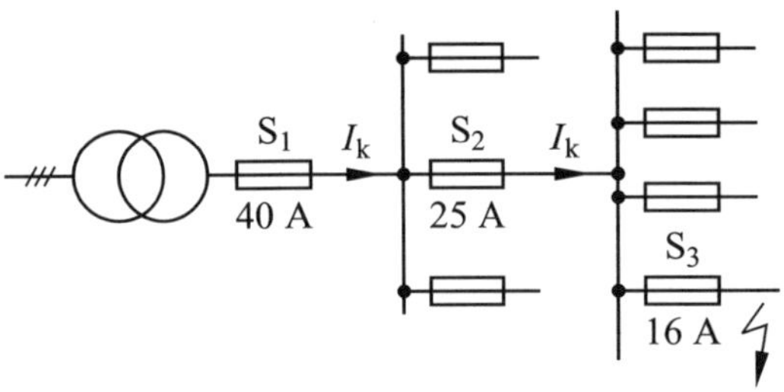

Bild 18.12 Kurzschluss in einem Strahlennetz

Ein **Leitungsschutzschalter** (kurz: LS-Schalter) enthält eine Schaltstrecke, die entweder von einer thermischen Überstromauslösung, deren Bimetallauslöser eine der Erwärmungskurve von Leitungen angepasste Kennlinie besitzt, oder von einer elektromagnetisch arbeitenden Überstromauslösung, die bei einem Kurzschluss schnell auslöst, unterbrochen wird. Der Vorteil eines Leitungsschutzschalters gegenüber einer Schmelzsicherung liegt darin, dass er nach einer Abschaltung nicht ausgewechselt werden muss.

18.4 Erder und Erdung

Ein **Erder** ist ein Leiter, der in den Erdboden eingebettet ist und so mit diesem in leitender Verbindung steht. Ein Erder kann auch in Beton eingebettet sein, der das Erdreich großflächig berührt; dies ist z. B. beim **Fundamenterder** eines Gebäudes der Fall. Die Erdung eines Punktes der elektrischen Anlage, die für den ordnungsgemäßen Betrieb der Geräte notwendig ist, wird als **Betriebserdung** bezeichnet.

Wird an einen Erder E (Bild 18.13) eine Spannung U_E gelegt, so fließt ein Strom zur weit entfernten **Bezugserde** ab. Diesem Strom steht in der Nähe des Erders nur ein kleiner Querschnitt des Erdreichs zur Verfügung und die Stromdichte ist hier hoch. Damit fällt in der Nähe des Erders der größte Teil der Erderspannung U_E ab, während in weiter Entfernung die Spannung nur noch klein ist. Die Bezugserde liegt in dem Abstand, in dem das Potenzial praktisch auf den Wert $\varphi = 0$ abgesunken ist.

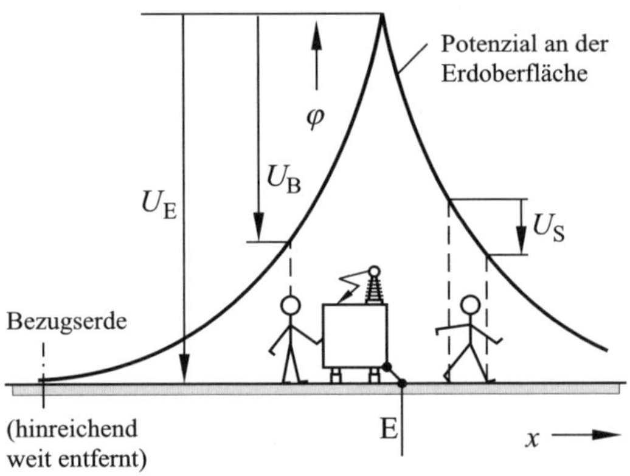

Bild 18.13 Spannungen in der Umgebung eines stromdurchflossenen Erders

Ein Mensch, der sich in der näheren Umgebung des Erders aufhält, ist entweder durch die **Berührungsspannung** U_B (Stromweg Hand – Fuß oder Hand – Hand), waagrechter Abstand vom berührbaren Teil etwa 1 m) oder durch die **Schrittspannung** U_S (Stromweg Fuß – Fuß, Schritt von 1 m Länge) gefährdet.

Der Widerstand des Erdreichs zwischen dem Erder und der Bezugserde wird **Ausbreitungswiderstand** R_A des Erders genannt. Dieser Widerstand hängt sowohl von der Form des Erders als auch vom spezifischen Widerstand ρ des Erdbodens (s. Tab. 18.3) ab.

Man unterscheidet die Erder nach ihrer Form und Lage. Ein **Oberflächenerder** wird in geringe Tiefe, meist 0,5 m bis etwa 1 m eingebracht. Er kann z. B. aus feuerverzinktem Band-, Rundmaterial oder Seil bestehen und als Strahlen-, Ring- oder Maschenerder ausgeführt sein (Bild 18.14).

Tabelle 18.3 Spezifischer Widerstand des Erdreichs

Art des Erdreichs	ρ in Ω m
Moorboden	5 ... 10
Lehm, Ton, Humus	20 ... 200
Sand	200 ... 2500
Kies	2000 ... 3000
verwittertes Gestein	< 1000
Granit, Grauwacke	2000 ... 3000

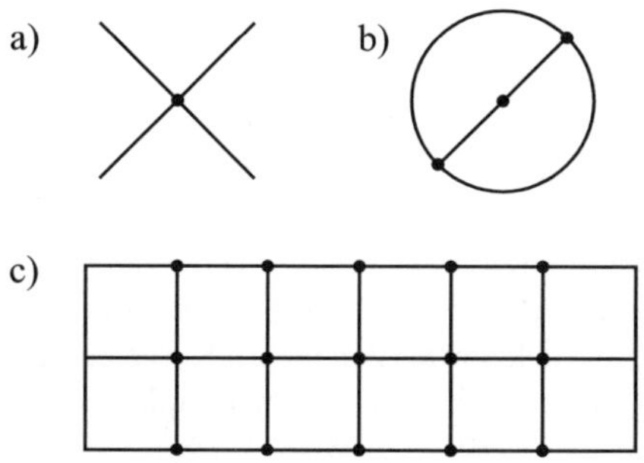

Bild 18.14 Arten von Oberflächenerdern: a) Strahlenerder, b) Ringerder, c) Maschenerder

Ein **Tiefenerder** wird lotrecht in größere Tiefe eingebracht und besteht z. B. aus feuerverzinktem Rohr- oder Rundmaterial. Der Ausbreitungswiderstand eines Tiefenerders mit der Länge l im Erdreich lässt sich für überschlägige Rechnungen nach folgender Faustformel ermitteln:

$$R_A = \frac{\rho}{l} \tag{18.5}$$

Mit dieser Gleichung lässt sich auch der Ausbreitungswiderstand eines Oberflächenerders näherungsweise berechnen, wenn für l folgende Werte eingesetzt werden:

- Strahlenerder, Gesamtlänge l_S: $l = 0{,}5\ l_S$
- Ringerder, eingeschlossene Fläche A: $l = 1{,}7\sqrt{A}$
- Maschenerder, umschloss. Fläche A: $l = 2{,}3\sqrt{A}$

Beispiel 18.4

Ein Erder soll in Lehm ($\rho = 100\ \Omega$ m) den Ausbreitungswiderstand 20 Ω haben. Welche Länge muss er erhalten, wenn er als Tiefenerder ausgeführt wird? Wir wollen außerdem berechnen, welchen Durchmesser der Ring haben müsste, wenn der Erder als Ringerder ausgeführt würde.

Mit der Gl.(18.5) berechnen wir die Länge l des Tiefenerders:

$$l = \frac{\rho}{R_A} = \frac{100\ \Omega\,\mathrm{m}}{20\ \Omega} = 5\ \mathrm{m}$$

Für den Ringerder setzen wir mit $l = 5$ m und der eingeschlossenen Fläche $A = \pi D^2/4$ an:

$$5\ \mathrm{m} = 1{,}7\sqrt{\frac{\pi D^2}{4}}$$

Diese Gleichung lösen wir nach D auf und erhalten den Durchmesser $D = 3{,}32$ m des Ringes.

18.5 Schutzmaßnahmen

18.5.1 Gefahren durch den elektrischen Strom

Menschen und Tiere müssen vor den Gefahren des elektrischen Stromes geschützt werden. Eine Gefährdung entsteht, wenn gleichzeitig zwei Stellen mit unterschiedlichem Potenzial berührt werden, zwischen denen also eine elektrische Spannung liegt.

Die Berührungsstellen können unisolierte Teile einer elektrischen Anlage sein, die unter normalen Betriebsbedingungen unter Spannung stehen; dementsprechend ist ein **Schutz gegen direktes Berühren** erforderlich. Bei den Berührungsstellen kann es sich aber auch um andere Metallteile handeln, die infolge einer Fehlfunktion der Anlage unter Spannung stehen; dementsprechend ist ein **Schutz bei indirektem Berühren** erforderlich.

Die Maßnahmen zum Schutz gegen direktes Berühren und zum Schutz bei indirektem Berühren werden in der Norm DIN 57100 'Errichten von Starkstromanlagen mit Nennspannungen bis 1000 V' beschrieben. Diese Norm ist zugleich die VDE-Bestimmung VDE 0100; sie liegt auch den Unfallverhütungsvorschriften VGB4 der Berufsgenossenschaften zu Grunde.

Bestimmend für den Grad der Gefährdung ist der Strom, der durch den Körper des Menschen fließt. Besonders gefährlich ist ein Strom, der durch den Bereich des Herzens fließt.
Ein Wechselstrom 50 Hz über 20 mA Effektivwert ist für einen Menschen gefährlich; ein Wechselstrom über 100 mA ist tödlich. Die Gefährdung ist auch von der Frequenz des Stromes abhängig; so sind z. B. bei Gleichstrom höhere Werte zulässig als bei Wechselstrom 50 Hz.

Im Gefahrenfall werden zwei Teile mit unterschiedlichem Potenzial berührt, zwischen denen also eine Spannung liegt. Für die Stromstärke sind dabei der Hautwiderstand und der Widerstand des menschlichen Körpers maßgebend. Da jedoch die Haut je nach Beschaffenheit bereits bei relativ niedrigen Spannungen ($U > 20$ V) durchschlagen wird, begrenzt dann nur noch der Widerstand des Körperinneren den Strom.
Dieser Widerstand ist vom Stromweg abhängig: Im ungünstigsten Fall bei einem Stromweg von beiden Händen zu beiden Füßen beträgt der Widerstand des Körperinneren etwa 500 Ω.

Nach VDE 0100 hat die höchste, dauernd zulässige Berührungsspannung bei 50 Hz den Effektivwert 50 V; bei Gleichspannung sind 120 V zulässig. Diese Werte sind international vereinbart. Für besondere Anwendungsfälle wie z. B. Spielzeug (s. Abschn. 12.1.9) oder Behälterschweißen (großflächiges Aufliegen mit schweißnassem Rücken) werden niedrigere Werte gefordert.

18.5.2 Schutzkleinspannung

Eine Art des Schutzes gegen gefährliche Ströme, die durch den menschlichen Körper fließen, ist die **Schutzkleinspannung**; eine Wechselspannung darf dabei 50 V und eine Gleichspannung 120 V nicht überschreiten. An die Stromquellen und die Anordnung der Stromkreise werden einige Forderungen gestellt, die wir im Folgenden kurz zusammenfassen.

Als Stromquellen sind Transformatoren mit sicherer elektrischer Trennung der beiden Stromkreise, elektrochemische Stromquellen und elektronische Geräte zugelassen.

Die spannungführenden Teile von Stromkreisen dürfen weder mit Erde noch mit Leitern anderer Stromkreise verbunden werden. Leitungen von Schutzkleinspannungs-Stromkreisen sind getrennt von Leitungen anderer Stromkreise zu verlegen. Steckvorrichtungen dürfen nicht in Stromkreisen mit anderen Schutzmaßnahmen verwendet werden; die Stecker der Kleinspannungsgeräte erhalten z. B. einen dritten Stift, der die Einführung in normale Steckdosen verhindert.

Mit Schutzkleinspannung lassen sich lediglich Geräte kleiner Leistung und Stromkreise geringer Ausdehnung betreiben. Außerdem ist die Spannungserzeugung relativ teuer. Deshalb kommt die Schutzkleinspannung nur für wenige Anwendungen in Frage. Bei einigen Anwendungen ist jedoch Schutzkleinspannung vorgeschrieben, ggf. mit einer Spannung < 50 V, z. B. bei Elektrowerkzeugen im Kesselbau und bei elektromotorisch angetriebenem Spielzeug.

18.5.3 Körperschluss

Sämtliche **aktiven Teile** einer Anlage, die bei normalen Betriebsbedingungen unter Spannung stehen, müssen gegen direktes Berühren geschützt sein. Dieser Schutz wird durch eine Isolierung der aktiven Teile, durch Abdeckungen oder Umhüllungen sichergestellt.

Vielfach haben elektrische Geräte oder Anlagenteile ein Gehäuse aus Metall. Derartige leitfähige Teile werden als **Körper** bezeichnet. Im Fehlerfall, der auch **Körperschluss** genannt wird, steht der Körper unter Spannung.

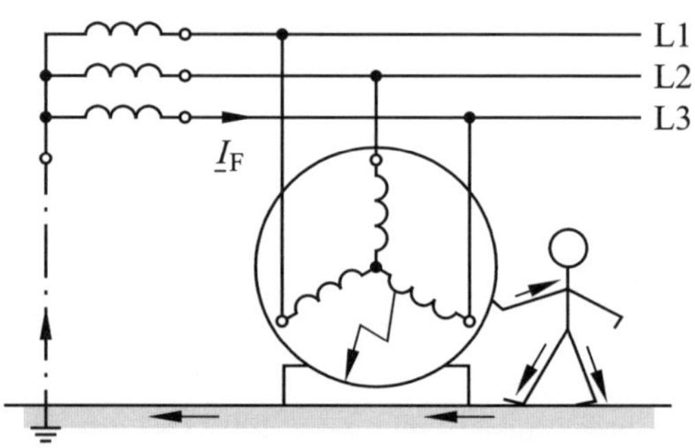

Bild 18.15 Körperschluss eines Motors

Das Bild 18.15 zeigt als Beispiel den Weg eines Fehlerstromes I_F, der über den Menschen nach Erde abfließt.
Die Gefahren, die sich aus einer Berührung von Körpern oder fremden leitfähigen Teilen im Fehlerfall ergeben können, erfordern den Schutz bei indirektem Berühren; dieser wird im Allg. durch eine Abschaltung erreicht, die entweder von der Überstrom-Schutzeinrichtung oder von einem Fehlerstrom-Schutzschalter herbeigeführt wird.

Fremde leitfähige Teile sind z. B. Metallkonstruktionen von Gebäuden oder Einrichtungsteilen sowie Gas-, Wasser- und Heizungsrohre aus Metall; auch diese Teile können in einem Fehlerfall unter Spannung stehen und müssen in den Schutz bei indirektem Berühren einbezogen werden. Dies geschieht durch den **Hauptpotenzialausgleich**, der bei jedem Hausanschluss oder jeder gleichwertigen Versorgungseinrichtung den Schutzleiter, die Erdungsleitung, den Blitzschutzerder, die Wasser- und Gasrohre sowie andere metallene Rohrsysteme, z. B. Steigeleitungen zentraler Heizungs- und Klimaanlagen, miteinander verbindet.

18.5.4 Fehlerstrom-Schutzeinrichtung

Eine **Fehlerstrom-Schutzeinrichtung**, die auch kurz als **FI-Schutzschalter** *(residual current protective device,* RCD*)* bezeichnet wird, schaltet die Anlage ab, wenn ein Fehlerstrom zur Erde fließt. Sie schützt dadurch vor Gefahren, die sich bei direktem Berühren aktiver Anlagenteile oder bei indirektem Berühren im Fall eines Körperschlusses ergeben können.

Ein FI-Schutzschalter besteht aus einem Stromwandler, einem Auslöserelais und einer Prüfeinrichtung. Der Stromwandler ist ein Transformator; jeder Netzleiter stellt einen Teil der Primärwicklung dar. An die Sekundärwicklung ist die Spule Sp des Auslöserelais angeschlossen.
Das Bild 18.16 zeigt einen zweipoligen FI-Schutzschalter im eingeschalteten Zustand. Im ungestörten Betrieb haben die Ströme in L1 und N gleichen Betrag, aber entgegengesetzten Richtungssinn. Die Teildurchflutungen in der Primärwicklung heben sich auf und in der Sekundärwicklung wird keine Spannung induziert.

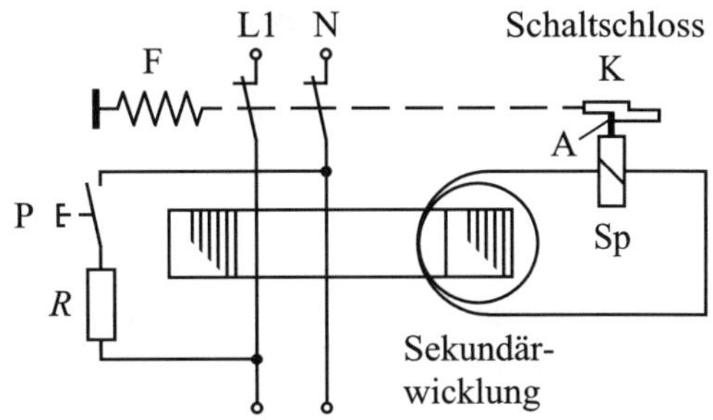

Bild 18.16 Zweipoliger FI-Schutzschalter (Prinzip)

Bei einem Fehler fließt der Fehlerstrom I_F entweder über die Erdleitung des Körpers oder über den Menschen nach Erde ab (Bild 18.15). In der Primärwicklung des Stromwandlers heben sich die Teildurchflutungen nicht mehr restlos auf. Das Magnetfeld im Wandlerkern induziert eine Spannung in der Sekundärwicklung, die einen Strom durch die Spule Sp bewirkt. Der Anker A wird angezogen und gibt die Klinke K des Schaltschlosses frei, so dass die Feder F die Schaltkontakte öffnet und der FI-Schutzschalter die Anlage allpolig abschaltet.

Jeder FI-Schutzschalter enthält eine Prüftaste P, mit der das einwandfreie Funktionieren des Schalters selbst überprüft werden kann.

Im Fehlerfall muss der FI-Schutzschalter nach 0,2 s allpolig (also auch den N-Leiter) abschalten; die meisten Fabrikate schalten in weniger als 0,1 s ab. Dies ist wichtig, da bei geringer Einwirkungszeit die Gefährdung des Menschen durch den Strom herabgesetzt wird.

FI-Schutzschalter werden sowohl zweipolig für Wechselstrom als auch vierpolig für Drehstrom mit Nennströmen 25 … 100 A gebaut.

Einen Schutz gegen Ströme, die für Menschen gefährlich sind, bieten nur FI-Schutzschalter mit einem maximalen Nennfehlerstrom 30 mA; dabei darf der Schalter ab 15 mA und muss ab 30 mA auslösen. Seit Oktober 1985 dürfen nur noch derartige FI-Schutzschalter eingebaut werden; in älteren Anlagen können sich aber noch FI-Schutzschalter mit höheren Nennströmen befinden.

Moderne FI-Schutzschalter lösen auch bei pulsierenden Fehler-Gleichströmen aus, die bei Geräten mit Leistungselektronik, z. B. bei Staubsaugern, auftreten können. Die Nennfehlerströme sind dabei höher, weil ein Gleichstrom für den Menschen weniger gefährlich ist als ein Wechselstrom.

Ein FI-Schutzschalter schaltet nur bei Fehlerströmen ab, die gegen Erde abfließen; er ist also keine Schutzeinrichtung gegen Überlast oder Kurzschluss; hierfür sind zusätzlich geeignete Schutzeinrichtungen vorzusehen.

18.5.5 Schutzmaßnahmen in Netzen

Ein Netz der elektrischen Energieversorgung erhält zwei Kennbuchstaben. Der erste Kennbuchstabe gibt die Erdungsart der Stromquelle an:

T direkte Erdung eines Punktes;

I Isolierung aller aktiven Teile von Erde (oder Verbindung eines Punktes mit Erde über eine Impedanz)

Der zweite Kennbuchstabe gibt die Erdungsart der Körper in der elektrischen Anlage an:

T Körper direkt geerdet (unabhängig von der eventuell bestehenden Erdung eines Punktes der Stromquelle);

N Körper direkt mit dem Betriebserder verbunden.

Der Schutz in den Netzen erfolgt durch Abschaltung oder in Ausnahmefällen auch durch Meldung. Die Körper werden an einen **Schutzleiter PE** *(protection earth)* angeschlossen, der grün-gelb gekennzeichnet ist.

Die wichtigsten Netzarten sind das TN-Netz und das TT-Netz.
Im **TN-Netz** ist der Sternpunkt der Stromquelle (im Allg. der des Transformators) am Betriebserder der Anlage geerdet und die Körper sind direkt mit diesem Betriebserder verbunden.

Sind der Neutralleiter N und der Schutzleiter PE zu einem einzigen Leiter, dem **PEN-Leiter**, zusammengefasst, so wird das Netz als **TN-C-Netz** *(C: common)* bezeichnet. In diesem Netz muss der Schutz durch Überstrom-Schutzeinrichtungen vorgenommen werden.

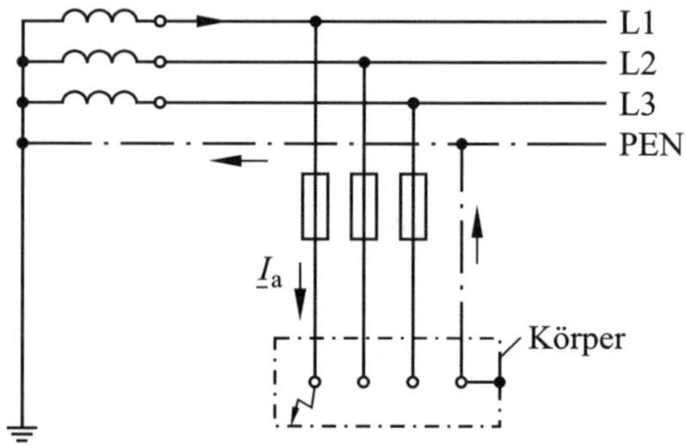

Bild 18.17 TN-C-Netz bei einem Körperschluss

Der Strom I_a, der im TN-C-Netz bei einem Körperschluss vom Außenleiter über den Körper zum PEN-Leiter fließt, muss die Abschaltung der Überstrom-Schutzeinrichtung in 0,2 s bewirken. Die Bedingung hierfür lautet:

$$Z_S \cdot I_a \leq U_0 \tag{18.6}$$

Dabei ist U_0 die Spannung zwischen einem Außenleiter und dem geerdeten Leiter. Z_S ist die Impedanz der Fehlerschleife, also des Stromweges von I_a; diese Impedanz kann durch Rechnung oder Messung bestimmt werden.

Der Schutz im TN-C-Netz ist wegen seiner Einfachheit weit verbreitet; er entspricht der früher bekannten „Nullung". Die Installation ist zwar einfach, aber das System weist einige problematische Eigenschaften auf:

- So lange der Fehler vorliegt, fällt die Spannung U_0 an den Leitungen und am Überstrom-Schutzorgan ab; dies kann dazu führen, dass die Spannung zwischen Körper und Erde > 50 V ist. Zweckmäßig wird deshalb der PEN-Leiter in den Hauptpotenzialausgleich einbezogen.
- Da bei einem Bruch des PEN-Leiters eine erhebliche Gefahr besteht, darf das TN-C-Netz nur bei fest verlegten Leitungen mit Leiterquerschnitten von mindestens 10 mm² Cu verwirklicht werden.
- Ein Schutz durch FI-Schalter ist wirkungslos.

Sind in einem Gebäude mit einem TN-C-Netz koaxiale Informationsleitungen installiert, deren Mäntel geerdet sind, so können die

Ströme im PEN-Leiter zu Spannungen in den Informationsleitungen führen, welche die Elektronik zerstören. Auch deshalb ist das **TN-S-Netz** *(S: separate)* mit getrenntem N- und PE-Leiter vorzuziehen. In diesem Netz kann der Schutz bei indirektem Berühren entweder durch Überstrom-Schutzorgane, wobei die Bedingung (18.6) gilt, oder durch FI-Schutzschalter sichergestellt werden.

Im **TT-Netz** ist der Sternpunkt der Stromquelle direkt am Betriebserder der Anlage geerdet und die Körper sind über den PE-Leiter mit Erdern verbunden, die vom Betriebserder getrennt sind.

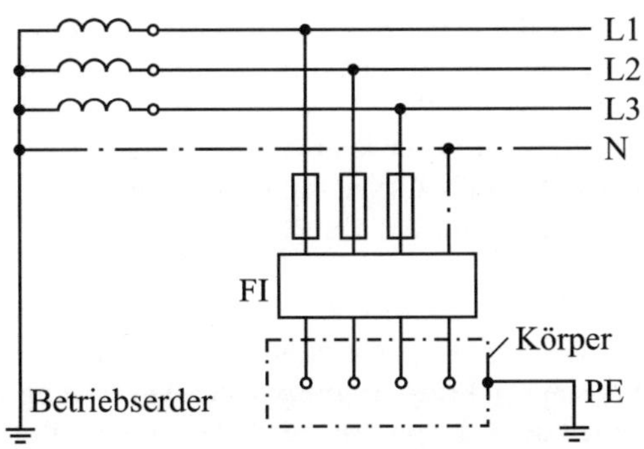

Bild 18.18 Schutz in einem TT-Netz

Der Schutz bei indirektem Berühren wird im TT-Netz im Allg. durch einen FI-Schalter mit dem Nennfehlerstrom I_F erreicht und es gilt:

$$R_A \cdot I_F \leq 50 \text{ V} \qquad (18.7)$$

Dabei ist R_A der Ausbreitungswiderstand sämtlicher Erder, an welche die Körper angeschlossen sind. Bei $I_F = 30$ mA darf der Widerstand R_A also maximal 1,67 kΩ betragen.

18.5.6 Schutzisolierung

Der Schutz bei indirektem Berühren ist auch bei der Verwendung schutzisolierter Geräte gegeben. Diese Geräte besitzen zusätzlich zur **Basisisolierung**, welche die aktiven Teile abdeckt, eine weitere Isolierung, die bei einem Defekt der Basisisolierung verhindert, dass spannungsführende Teile berührt werden können.

Durch die Isolierstoffumhüllung dürfen keine leitfähigen Teile geführt werden, denn durch diese können Spannungen verschleppt werden. Schutzisolierte Geräte dürfen auch nicht an einen Schutzleite angeschlossen werden; sie haben deshalb im Allg. Stecker ohne Schutzkontaktstücke.

Ein Gerät mit **Schutzisolierung** ist durch das Symbol ⧈ gekennzeichnet.
Wegen der höheren Sicherheit werden vor allem diejenigen Geräte in schutzisolierter Ausführung hergestellt, die auf Grund ihrer Funktion in der Hand gehalten werden oder anderweitig vom menschlichen Körper berührt werden; hierzu gehören z. B. Rasierapparate, Staubsauger, Bohrmaschinen u. dergl.

18.5.7 Schutztrennung

Durch die **Schutztrennung** eines einzelnen Stromkreises werden Gefahren beim Berühren von Körpern vermieden, die durch einen Fehler in der Basisisolierung des Stromkreises Spannung annehmen können. Wie bei der Schutzkleinspannung wird auch bei der Schutztrennung ein Gerät von einem Transformator mit sicherer Trennung der beiden Stromkreise versorgt.
Da jedoch die Spannung höher als 50 V sein darf (auch Drehstrom ist zulässig), kann der Verbraucher mit höherer Leistung betrieben werden. Schutztrennung wird z. B. in Baderäumen bei Rasiersteckdosen oder auf Baustellen beim Betrieb elektrischer Werkzeuge vorgenommen.

Die aktiven Teile des Sekundärstromkreises dürfen weder mit Erde noch mit einem anderen Stromkreis verbunden werden; entsprechendes gilt für die Körper, die auch nicht an Schutzleiter angeschlossen sein dürfen. Bewegliche Leitungen müssen an allen Stellen, an denen sie mechanischen Beanspruchungen ausgesetzt sind, sichtbar sein.

Die Schutzwirkung ergibt sich bei der Schutztrennung daraus, dass bei einem Körperschluss wegen der fehlenden Erdung nicht zwei Punkte berührt werden können, zwischen denen eine Spannung liegt.

18.6 USV

Viele Verbraucher benötigen elektrische Energie, die mit hoher Sicherheit zur Verfügung steht.
Zu diesen Verbrauchern gehören nicht nur Datenverarbeitungs-Zentren. Auch bei Industrieanwendungen reagieren die Fertigungsprozesse wegen der zunehmenden Automatisierung häufig sehr empfindlich auf Netzstörungen.

Dass ein langfristiger Netzausfall Schäden hervorrufen kann, ist ohne weiteres einsichtig. So kann z. B. bei einem Druckereibetrieb die Walze irreparabel durch einen Stromausfall beschädigt werden, wenn Farbe antrocknet; bei Elektroöfen für die Glasfertigung kann ein längerer Stromausfall zur Zerstörung des Tiegels oder des Ofens führen.

Aber auch kurzfristige Abweichungen der Spannung und der Frequenz von den Nennwerten, auch wenn sie nur im Millisekundenbereich stattfinden, können zu folgenschweren Ausfällen führen. So kann z. B. ein Computernetzteil im günstigsten Fall einen Spannungsausfall bis 30 ms puffern.

Eine **u**nterbrechungsfreie **S**trom**v**ersorgungsanlage (**USV**) übernimmt die sichere Versorgung kritischer Verbraucher mit Wechselspannung. Die Ausgangsleistung einer derartigen Anlage kann im Bereich von wenigen 100 VA bis zu einigen MVA liegen. Die notwendige Überbrückungszeit kann wenige Minuten, aber auch viele Stunden betragen.

Das Bild 18.19 zeigt die Grundschaltung einer USV: Der Gleichrichter GR speist den Gleichstrom-Zwischenkreis mit dem Bleiakku, und der Wechselrichter stellt die Versorgung der Verbraucher sicher.

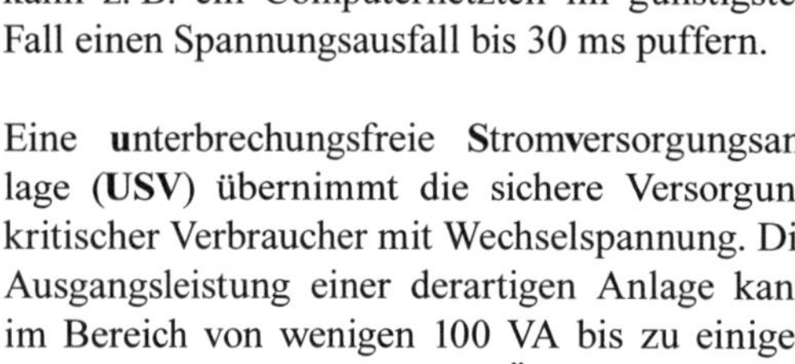

Bild 18.19 Unterbrechungsfreie Stromversorgung USV

Da die Energie zweimal gewandelt wird, spricht man von einem **Doppelwandler**. Der Wirkungsgrad einer derartigen Anlage liegt im Bereich 85 ... 93 %.
Bei einem Kurzschluss im Netz muss der Gleichrichter ausgangsseitig durch einen elektronischen Schalter abgeschaltet werden.
Durch eine Überwachung der USV kann sichergestellt werden, dass die Anlage funktionsfähig ist.

Die im Akku gespeicherte Energie bestimmt die Überbrückungszeit; wird eine lange Überbrückungszeit gefordert, so schaltet man zweckmäßig ein motorbetriebenes Notstromaggregat zu.

DIN 57 100 empfiehlt für Elektroinstallationen das TN-S-Netz, in dem der Neutralleiter N und der Schutzleiter PE getrennt sind. Dieses Netz ist besonders für Datenverarbeitungsanlagen zweckmäßig. Beim TN-C-Netz kann eine Überspannung entstehen, wenn ein Fehler vorliegt (s. Abschn. 18.5.5).

Eine USV mit Doppelwandler ist sehr aufwändig. Für weniger kritische Einzelplatz-Anwendungen werden deshalb von den Herstellern sog. Offline-Geräte angeboten, die man auch als **Standby-USV** bezeichnet. Da diese Geräte sehr preisgünstig sind, werden sie in großer Zahl gekauft.

Eine Standby-USV „lauscht" am Stromnetz und schaltet beim Unterschreiten einer Mindestspannung auf den Notbetrieb um, bei dem die Wechselspannung durch einen „Zerhacker" erzeugt wird; dabei entsteht keine Sinusspannung, sondern eine abgestufte Rechteckspannung. Das Schaltnetzteil eines Computers kann mit einer derartigen Standby-USV zusammenarbeiten; die Energie reicht aus, um den PC oder Server ordnungsgemäß „herunterzufahren". Ob auch z. B. eine Telefonanlage im Störungsfall mit einer Standby-USV weiterarbeitet, sollte vor dem Kauf zweckmäßig getestet werden.
Die Zeitdauer für den Umschaltvorgang liegt in der Größenordnung 20 ms, da ein mechanisches Relais benutzt wird. Ob das Computernetzteil einen solch langen Ausfall überbrücken kann, sollte ebenfalls vor dem Kauf einer Standby-USV geprüft werden.

Verwendete Formelzeichen

(in Klammern: Kapitel-Nr.)

A	Fläche, Querschnitt
a	Abstand; Beschleunigung
a	Dämpfung (17)
B	magnetische Flussdichte (5)
B	Blindleitwert (6)
b	Breite
C	elektrische Kapazität (4)
c	Lichtgeschwindigkeit im Vakuum
c	Ausbreitungskonstante (17)
D, d	Durchmesser
D	elektrische Flussdichte (4)
d	Verlustfaktor (6)
E	elektrische Feldstärke (1)
e	Elementarladung (1)
e	Basis des natürlichen Logarithmus
F	Kraft (1)
F	FARADAY-Konstante (11)
f	Frequenz (3)
f_r	relative Abweichung (14)
G	elektrischer Leitwert (1)
G	Antennengewinn (17)
g	Fallbeschleunigung
g	Genauigkeitsklasse (14)
H	magnetische Feldstärke (5)
h	Höhe
I, i	elektrische Stromstärke (1)
J	elektrische Stromdichte (1)
J	Trägheitsmoment (13)
j	imaginäre Einheit
K, k	allgemein verwendete Konstanten
k	Klirrfaktor (14)
k	Steuerkoeffizient (15)
L, l	Länge (1)
L	Induktivität (5)
M	molare Masse (11)
M	Drehmoment (12)
m	Masse; Steigung einer Geraden
N	Windungszahl (5)
n	Stoffmenge (11); Drehzahl (12)
P	Leistung (1); Wirkleistung (6)
p	Druck
p	Polpaarzahl (12); Pulszahl (16)
Q, q	elektrische Ladung (1)
Q	Blindleistung (6)
R	elektrischer Widerstand (1)
R_m	magnetischer Widerstand (5)
r	Radius; Datenrate (17)
S	Scheinleistung; komplexe Leistung (6)
s	Streufaktor (5)
s	Schlupf (12)
T	thermodynamische Temperatur
T	Periodendauer (3)
T_u	Spannungs-Übertragungsfaktor (9)
t	Zeit (1)
U, u	elektrische Spannung (1)
$ü$	Übersetzungsverhältnis (12)
V_m	magnetische Spannung (5)
υ	Geschwindigkeit
W	Arbeit; Energie (1)
w	Führungsgröße (15)
w	Welligkeit (16)
X	Blindwiderstand, Reaktanz (6)
x	Regelgröße (15)
Y	Scheinleitwert; komplexer Leitwert (6)
y	Eingangsgröße der Regelstrecke (15)
Z	Scheinwiderstand; komplexer Widerstand
Z	Zählerstand (10)
z	Wertigkeit (11)

α (alpha)	Winkel
α	Dämpfungskoeffizient (17)
α	Temperaturkoeffizient (1)
β (beta)	Temperaturkoeffizient (1)
γ (gamma)	Leitfähigkeit (1)
Δ (Delta)	Vorsatz: Änderung einer Größe
ε (epsilon)	Permittivität (4)
ε	Dehnung (14)
ε_0	elektrische Feldkonstante (4)
η (eta)	Wirkungsgrad (1)
Θ (Theta)	Durchflutung (5)
ϑ (theta)	Celsius-Temperatur (1)
ϑ	Polradwinkel (12)
Λ (Lambda)	magnetischer Leitwert (5)
λ (lambda)	Leistungsfaktor (6)
λ	Einschaltverhältnis (16)
λ	Wellenlänge (17)
μ (my)	Permeabilität (5)
μ_0	magnetische Feldkonstante (5)
π (pi)	Kreiszahl
ρ (rho)	spezifischer Widerstand (1)
σ (sigma)	Streufaktor (5)
τ (tau)	Zeitkonstante (4)
Φ (Phi)	magnetischer Fluss (5)
φ (phi)	Winkel; Potenzial (2)
ω (omega)	Kreisfrequenz (3)

Komplexe Rechnung

Eine komplexe Zahl, wie z.B. 4+j3, ist die Summe aus einer reellen Zahl (im Beispiel: 4) und einer imaginären Zahl (im Beispiel: j 3); letztere entsteht durch Multiplikation der reellen Zahl 3 mit der **imaginären Einheit** j, für welche die quadratische Gleichung $j^2 = -1$ gilt.
In der Mathematik ist für die imaginäre Einheit das Formelzeichen i üblich; in der Elektrotechnik verwendet man wegen der Verwechselungsgefahr mit einem zeitabhängigen Strom i den Buchstaben j.

Eine komplexe Zahl, wie z. B. $\underline{r} = a + \mathrm{j}\,b$, wird durch einen Unterstrich gekennzeichnet; man nennt a den **Realteil** und b den **Imaginärteil** der komplexen Zahl $\underline{r}$. In der komplexen Ebene wird der Realteil auf der **reellen Achse** (re) und der Imaginärteil auf der **imaginären Achse** (im) aufgetragen.

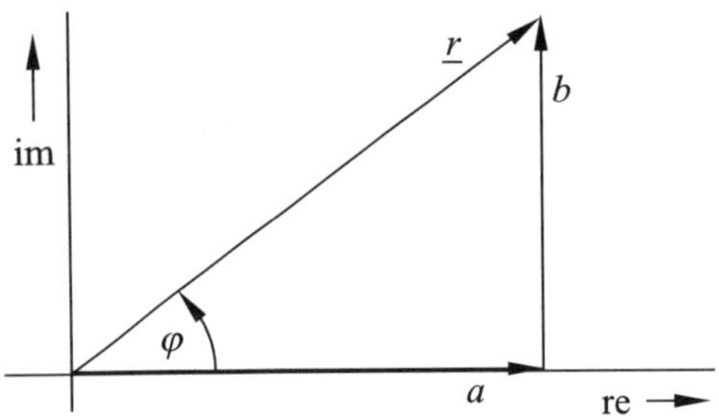

Die komplexe Zahl $\underline{r}$ kann auch durch ihren **Betrag** r und ihren **Winkel** φ mit Hilfe des Versorzeichens $\underline{/\quad}$ beschrieben werden:

$$\underline{r} = a + \mathrm{j}b = r\,\underline{/\varphi}$$

Im Allgemeinen wird der Winkel φ für den Bereich $-180° \le \varphi \le +180°$ angegeben. Liegt ein Winkel außerhalb dieses Bereiches, so addiert bzw. subtrahiert man zweckmäßig 360°.

Sind der Realteil a und der Imaginärteil b gegeben, so können damit der Betrag und der Winkel berechnet werden:

$$r = \sqrt{a^2 + b^2}\ ; \quad \varphi = \arctan \frac{b}{a}$$

Beispiele

$4 + \mathrm{j}\,3 = 5\ \underline{/36{,}9°}\ ; \quad 5 - \mathrm{j}\,1 = 5{,}1\,\underline{/-11{,}3°}$

Sind der Betrag r und der Winkel φ gegeben, so können damit der Realteil a und der Imaginärteil b berechnet werden:

$$a = r \cdot \cos\varphi\ ; \quad b = r \cdot \sin\varphi$$

Die Koordinatenumwandlungen von Betrag und Winkel in Real- und Imaginärteil und umgekehrt sind in wissenschaftlichen Taschenrechnern implementiert und können direkt durch Tastendruck aufgerufen werden.

Bei der **Addition** werden die Realteile und die Imaginärteile getrennt addiert; entsprechendes gilt für die **Subtraktion**. Bei der **Multiplikation** werden die Beträge multipliziert und die Winkel addiert. Bei der **Division** werden die Beträge dividiert und die Winkel subtrahiert.

Beispiele

$(4 + \mathrm{j}\,3) + (5 - \mathrm{j}\,1) = 9 + \mathrm{j}\,2 = 9{,}22\ \underline{/12{,}5°}$

$(4 + \mathrm{j}\,3) - (5 - \mathrm{j}\,1) = -1 + \mathrm{j}\,4 = 4{,}12\ \underline{/114°}$

$5\ \underline{/36{,}9°} * 5{,}1\,\underline{/-11{,}3°} = 25{,}5\ \underline{/25{,}6°}$

$$\frac{5\ \underline{/36{,}9°}}{5{,}1\,\underline{/-11{,}3°}} = 0{,}98\ \underline{/48{,}2°}$$

Die zu $\underline{r}$ **konjugiert komplexe Zahl** $\underline{r}^*$ hat sowohl beim Winkel als auch beim Imaginärteil entgegengesetztes Vorzeichen. Die Summe von $\underline{r}$ und $\underline{r}^*$ ist reell.

Beispiel

$\underline{r} = 4 + \mathrm{j}\,3 = 5\ \underline{/36{,}9°}$

$\underline{r}^* = 4 - \mathrm{j}\,3 = 5\,\underline{/-36{,}9°}$

$\underline{r} + \underline{r}^* = 8$

Literatur

Kap. 1 - 6

Clausert, H.; Wiesemann, G.: Grundgebiete der Elektrotechnik. 2 Bände. Oldenbourg, München 1999, 2000

Führer, A.; Heidemann, K.; Nerreter, W.: Grundgebiete der Elektrotechnik. 3 Bände. Hanser, München 2003

Haase, H.; Garbe, H.: Elektrotechnik. Springer, Berlin 1998

Küpfmüller, K.; Kohn, G.: Theoretische Elektrotechnik und Elektronik. Springer, Berlin 2000

Lautz, G.: Elektromagnetische Felder. Teubner, Stuttgart 1985

Lexikon der Physik. 6 Bände. Spektrum, Heidelberg 1998 - 2000

Simonyi, K.: Theoretische Elektrotechnik. Wiley-VCH, Weinheim 1993

Kap. 7: Bauelemente

Bauer, W.; Wagener, H. H.: Bauelemente und Grundschaltungen der Elektronik. 2 Bände. Hanser, München 1989, 1990

Brauer, H.: Elektronik-Aufgaben. Band I: Bauelemente und Grundschaltungen. Fachbuchverlag Leipzig 1994

Bystron, K.; Borgmeyer, J.: Grundlagen der Technischen Elektronik. Hanser, München 1990

Goetzberger, A.; Voß, B.; Knobloch, J.: Sonnenenergie: Photovoltaik. Teubner, Stuttgart 1997

Müller, R.; Schmitt-Landsiedel, D.: Halbleiter-Elektronik. Springe, Berlin 2003

Münch, W. v.: Einführung in die Halbleitertechnologie. Teubner, Wiesbaden 1993

Löcherer, K.-H.: Halbleiterbauelemente. Teubner, Stuttgart 1992

Reisch, M.: Elektronische Bauelemente. Springer, Berlin 1998

Sze, S. M.: Physics of Semiconductor Devices. John Wiley & Sons, New York 1981

Sze, S. M.: Modern Semiconductor Device Physics. John Wiley & Sons, New York 1998

Kap. 8: Rechnergestützte Simulation

Baumann, P.; Möller, W.: Schaltungssimulation mit Design Center. Fachbuchverlag Leipzig 1994

Brayton, R.K.; Gustavson, F.G.; Hachtel, G.D.: A New Efficient Algorithm for Solving Differential-Algebraic Systems Using Implicit Backward Differentiation Formulas. Proceedings IEEE, Vol. 60, 1972, 98-108

Heinemann, R.: PSPICE. Hanser, München 2004

Nagel, L.W.; Pederson, D.O.: SPICE (Simulation Program with Integrated Circuit Emphasis). Berkeley, Ca.: University of California, Electronics Research Laboratory. Memorandum ERL-M382, Apr. 12, 1973

Meier, U.; Nerreter, W.: Analoge Schaltungen. Hanser, München 1997

Kap. 9: Analoge Schaltungen

Böhmer, E.: Elemente der angewandten Elektronik. Vieweg, Braunschweig 2000

Bystron, K.; Borgmeyer, J.: Grundlagen der Technischen Elektronik. Hanser, München 1990

Ehrhardt, D.: Verstärkertechnik. Vieweg, Braunschweig 1992

Ehrhardt, D.: Integrierte analoge Schaltungstechnik. Vieweg, Braunschweig 2000

Herter, E.; Lörcher, W.: Nachrichtentechnik. Hanser, München 2003

Horenstein, M. N.: Microelectronic Circuits and Devices. Prentice Hall, New Jersey 1990

Horowitz, P.; Hill, W.: The Art of Electronics. Cambridge University Press, Cambridge 1994

Lehmann, C.: Elektronik-Aufgaben. Band II: Analoge und digitale Schaltungen. Fachbuchverlag Leipzig 1994

Meier, U.; Nerreter, W.: Analoge Schaltungen. Hanser, München 1997

Seifart, M.: Analoge Schaltungen. Technik, Berlin 1996

Tietze, U.; Schenk, Ch.: Halbleiter-Schaltungstechnik. Springer, Berlin 1999

Wangenheim, L.v.: Aktive Filter in RC- und SC-Technik. Hüthig, Heidelberg 1991

Kap. 10: Digitale Schaltungen

Baumgärtner, H.; Gärtner, R.: ESD - elektrostatische Entladungen. Oldenbourg, München 1997

Berndt, H.: Elektrostatik. VDE, Berlin 1998

Borgmeyer; J.: Grundlagen der Digitaltechnik. Hanser, München 2001

Borucki, L.: Digitaltechnik. Teubner, Stuttgart 1996

Herter, E.; Lörcher, W.: Nachrichtentechnik. Hanser, München 2003

Jansen, D.: Handbuch der Electronic Design Automation. Hanser, München 2001

Lichtberger, B.: Praktische Digitaltechnik. Hüthig, Heidelberg 1997

Liebig, H.: Logischer Entwuf digitaler Systeme. Springer, Berlin 1996

Scarbata, G.: Synthese und Analyse Digitaler Schaltungen. Oldenbourg, München 1996

Seifart, M.; Beikirch, H.: Digitale Schaltungen. Technik, Berlin 1998

Siemers, C.; Sikora, A.: Taschenbuch Digitaltechnik. Fachbuchverlag Leipzig 2002

Sikora, A.: Programmierbare Logikbauelemente. Hanser, München 2001

Tietze, U.; Schenk, Ch.: Halbleiter-Schaltungstechnik. Springer, Berlin 1999

Urbanski, K.; Woitowitz, R.: Digitaltechnik. Springer, Berlin 2000

Kap. 11: Elektrochemie

CRC Handbook of Chemistry and Physics. 76th edition. Boca Raton 1996

Hamann, C. H.; Vielstich, W.: Elektrochemie. Wiley-VCH, Weinheim 1998

Ledjeff-Hey, K.; Mahlendorf, F.; Roes, J.: Brennstoffzellen. C. F. Müller, Heidelberg 2001

Riedel, E.; Janiak, C.: Anorganische Chemie. Springer, Berlin 2002

Schwister, K.: Taschenbuch der Chemie. Hanser, München 1999

Trueb, L. F.; Rüetschi, P.: Batterien und Akkumulatoren. Springer, Berlin 2001

12 Elektrische Maschinen

Fischer, R.: Elektrische Maschinen. Hanser, München 2003

Stölting, H.-D.; Kallenbach, E.: Handbuch Elektrische Kleinantriebe. Hanser, München 2002

Weh, H.: Die Integration der Funktionen magnetisches Schweben und elektrischer Vortrieb. ETZ-A, Band 96 (1975), S. 131 - 135

Weh, H.: Synchroner Langstatorantrieb mit geregelten, anziehend wirkenden Normalkräften. ETZ-A, Band 96 (1975), S. 409 - 413

13 Elektrische Antriebe

Brosch, P. F.: Praxis der Drehstromantriebe. Vogel, Würzburg 2002

Fischer, R.: Elektrische Maschinen. Hanser, München 2003

Riefenstahl, U.: Elektrische Antriebstechnik. Teubner, Stuttgart 2000

Schönfeld, R.: Elektrische Antriebe. Springer, Berlin 1995

Schröder, D.: Elektrische Antriebe. 4 Bände. Springer, Berlin 1994 - 1997

Stölting, H.-D.; Kallenbach, E.: Handbuch Elektrische Kleinantriebe. Hanser, München 2002

Vogel, J.: Elektrische Antriebstechnik. Hüthig, Heidelberg 1999

Weh, H.: Permanentmagneterregte Synchronmaschinen hoher Kraftdichte nach dem Transversalflußkonzept. etz-Archiv Bd. 10 (1988) H. 5, Seiten 143 - 149

14 Messtechnik

Bantel, M.: Grundlagen der Messtechnik. Hanser, München 2000

Bergmann, K.: Elektrische Meßtechnik. Vieweg, Wiesbaden 1996

Brigham, E.O.: Fast Fourier Transformation. Oldenbourg, München 1995

Felderhoff, R.: Elektrische und elektronische Messtechnik. Hanser, München 2002

Göpel, W.; Hesse, J.; Zemel, J.N.(edit.): Sensors. 9 vol. VCH Verlag Weinheim

Hart, H.; Lotze, W.; Woschni, E.: Meßgenauigkeit. Oldenbourg, München 1997

Hoffmann, J.(Hrsg.): Taschenbuch der Messtechnik. Fachbuchverlag Leipzig 1998

Kiencke, U.; Kronmüller, H.: Meßtechnik. Springer, Berlin 2001

Mühl, T.: Einführung in die elektrische Messtechnik. Teubner, Wiesbaden 2001

Rahmes, D.: EMV Rechtsvorschriften. Franzis-Verlag, München 1993

Schmidt, W.-D.: Sensorschaltungstechnik. Vogel, Würzburg 2002

Schmusch, W.: Elektronische Meßtechnik. Vogel, Würzburg 1998

Schrüfer, E.: Elektrische Messtechnik. Hanser, München 2004

Schwab, A. J.: Elektromagnetische Verträglichkeit. Springer, Berlin, 1996

15 Steuer- und Regelungstechnik

Bermbach, R.: Embedded Controller. Hanser, München 2001

Dörrscheidt, F.; Latzel, W.: Grundlagen der Regelungstechnik. Teubner, Stuttgart 1993

Kolb, F.; Künzel, O.: Regelungstechnik. Zwei Bände. VDI-Verlag, Düsseldorf 1989

Kreidl, H.; Kupris, G.; Thamm, O.: Mikrocontroller-Design. Hanser, München 2002

Langmann, R. (Hrsg.): Taschenbuch der Automatisierung. Fachbuchverlag Leipzig 2004

Mann, H.; Schiffelgen, H.; Froriep, R.: Einführung in die Regelungstechnik. Hanser, München 2000

Phoenix Contact (Hrsg.): Grundkurs Feldbustechnik. Vogel, Würzburg 2000

Pritschow, G.: Einführung in die Steuerungstechnik. Hanser, München 2004

Pusch, K.: Grundkurs IEC 1131. Vogel, Würzburg 1999

Seitz, M.: Speicherprogrammierbare Steuerungen. Fachbuchverlag Leipzig 2003

Unger, J.: Einführung in die Regelungstechnik. Teubner, Stuttgart 1990

16 Leistungselektronik

Brosch, P. F.: Moderne Stromrichterantriebe. Vogel, Würzburg 2002

Felderhoff, R.: Leistungselektronik. Hanser, München 2000

Hagmann, G.: Leistungselektronik. Aula, Wiesbaden 1998

Heumann, K.: Grundlagen der Leistungselektronik. Teubner, Stuttgart 1996

Jäger, R.; Stein, E.: Leistungselektronik. VDE-Verlag, Berlin, Offenbach 2000

Jäger, R.; Stein, E.: Übungen zur Leistungselektronik. VDE-Verlag, Berlin, Offenbach 2001

Stephan, W.: Leistungselektronik interaktiv. Fachbuchverlag Leipzig 2000

17 Informationsübertragung

Furrer, F. J.: Ethernet-TCP/IP für die Industrieautomation · Grundlagen und Praxis. Hüthig, Heidelberg 2002

Glaser, W.: Von Handy, Glasfaser und Internet · So funktioniert moderne Kommunikation. Vieweg, Braunschweig 2001

Grünigen, D. C. von: Digitale Signalverarbeitung. Fachbuchverlag Leipzig 2004

Herter, E.; Lörcher, W.: Nachrichtentechnik. Hanser, München 2000

Kauffels, F.-J.: Lokale Netze. MITP-Verlag, Bonn 2002

Kelm, H.-J.: USB 2.0 · Das Praxisbuch. Franzis', München 2003

Kriesel, W.; Heimbold, T.; Telschow, D.: Bustechnologien für die Automation. Hüthig, Heidelberg 1998

Meyer, M.: Kommunikationstechnik · Konzepte der modernen Nachrichtenübertragung. Vieweg, Braunschweig 2002

Scheithauer, R.: Signale und Systeme. Teubner, Stuttgart 1998

Stallings, W.: Data and Computer Communications. Prentice-Hall, New Jersey 2000

Wrobel, C. P.: Optische Übertragungstechnik in der Praxis. Hüthig, Heidelberg 1998

18 Elektrische Energieversorgung

Asplund, G.; Carlsson, L.; Tollerz, O.: 50 Jahre HGÜ. ABB Technik 4/2003

Goetzberger, A.; Voß, B.; Knobloch, J.: Sonnenenergie: Photovoltaik. Teubner, Stuttgart 1997

Hasse, P.; Wiesinger, J.: Handbuch für Blitzschutz und Erdung. Pflaum, München 1993

Hilgarth, G.: Hochspannungstechnik. Teubner, Stuttgart 1997

Knies, W.; Schierack, K.: Elektrische Anlagentechnik. Hanser, München 2003

Küchler, A.: Hochspannungstechnik. Springer, Berlin 1997

Nelles, D.; Tuttas, C.: Elektrische Energietechnik. Teubner, Stuttgart 1998

Noack, F.: Einführung in die elektrische Energietechnik. Fachbuchverlag Leipzig 2003

Quaschning, V.: Regenerative Energiesysteme. Hanser, München 2003

Schymroch, H. D.: Hochspannungs-Gleichstrom-Übertragung. Teubner, Stuttgart 1985

Strauß, K.: Kraftwerkstechnik. Springer, Berlin 1998

VDEW: www.vdew.de

Wichtige Konstanten

Elektrische Feldkonstante	$\varepsilon_0 = 8{,}8541878 \cdot 10^{-12}\ \dfrac{\mathrm{A\,s}}{\mathrm{V\,m}}$
Elementarladung	$e = 1{,}6021977 \cdot 10^{-19}\ \mathrm{A\,s}$
Kreiszahl	$\pi = 3{,}141592653589793$
Lichtgeschwindigkeit im Vakuum	$c = 299\,792\,458\ \mathrm{m\,s^{-1}}$
Magnetische Feldkonstante	$\mu_0 = 1{,}25663706 \cdot 10^{-6}\ \dfrac{\mathrm{V\,s}}{\mathrm{A\,m}}$

Namenverzeichnis

Sachwortverzeichnis

Und zum Schluss: Bloß nicht ...

... den Zusammenhang $U = R\,I$ als „OHMsches Gesetz" bezeichnen. Dies ist nur dann zulässig, wenn hinzugefügt wird, dass es sich bei dem Widerstand R um einen OHMschen Widerstand R = const. handelt, der von Strom und Spannung unabhängig ist.

... zwei Punkte in einer Schaltung, die elektrisch leitend miteinander verbunden sind, als „galvanisch verbunden" bezeichnen. Es gibt zwar das GALVANIsche Element (s. Kap. 11), aber eine „galvanische Verbindung" ist Nonsens; entsprechendes gilt für die „galvanische Trennung".

... in einem Gerät zwei Batterien parallel schalten. Sobald die Quellenspannungen U_{q1} und U_{q2} voneinander abweichen, fließt ein Ausgleichstrom $I_a = (U_{q1} - U_{q2}) / (R_{i1} + R_{i2})$, der eine Batterie belastet und damit ständig entlädt.

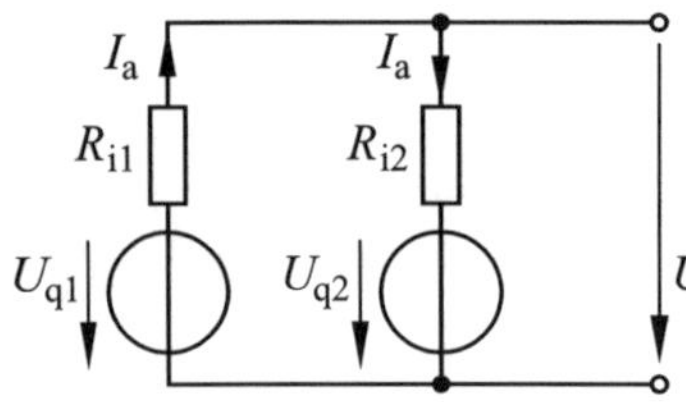

... die sog. Niederspannung der elektrischen Energieversorgung als ungefährlich ansehen. Die Sternspannung 230 V ist wesentlich höher als die Spannung 50 V, die nach internationaler Normung als zulässig angesehen wird; aber auch 50 V können in Sonderfällen gefährlich sein (s. Kap. 18).

... den Spitze-Spitze-Wert (s. Kap. 3) einer Spannung durch den Zusatz „pp" zur Einheit 1 V = 1 Volt kennzeichnen. Ein Zusatz zu einer Einheit ist grundsätzlich nicht zulässig. Richtig wäre z. B.: $U_{pp} = 2{,}5$ V

... einen Hochspannungswiderstand durch einen normalen Widerstand ersetzen. Jeder Widerstand hat eine Bemessungsspannung; wird diese überschritten, so bildet sich eine Glimmentladung aus, die den Widerstand nach einiger Zeit zerstört.

... einen hochwertigen Dauermagnet lose auf einen Tisch legen, auf dem auch noch eine Schere liegt (ist dem Autor W. N. passiert; der Dauermagnet fühlte sich von der Schere angezogen, sauste quer über den Tisch und zerschellte – Keramik! – in mehr als 12 Bruchstücke).

... die magnetische Flussdichte B als „Induktion" bezeichnen, wie dies früher üblich war. Unter dem Begriff Induktion versteht man die Spannungserzeugung bei der Änderung des Magnetfeldes, das eine Spule durchsetzt (s. Kap. 5.8).

... einen Bezugspfeil als „Zählpfeil" bezeichnen. Durch den Pfeil wird ein Bezugssinn festgelegt und nichts „gezählt".

... bei einer Hausinstallation den grün-gelben PE-Leiter mit dem blauen N-Leiter vertauschen; das ist zwar im Prinzip ungefährlich, weil der FI-Schutzschalter beim ersten Einschalten sofort auslöst, kann aber problematisch werden, wenn man die Anlage nicht gleich testet und den Test dem Kunden überlässt.

... ein Grundstück unter einer Hochspannungsleitung bei schönem Wetter kaufen. Warten Sie lieber auf schlechtes Wetter und prüfen Sie, ob die Geräusche, die als Folge der Polarisationsverluste bei Nebel oder Regen entstehen (s. Kap. 4.6), als erträglich anzusehen sind.

... bei Gewitter den Unterstand unter einer Buche für ungefährlich halten, weil dies die Redensart „den Eichen sollst du weichen, die Buchen sollst du suchen" nahelegt. Zwar zersplittern Buchen bei einem Blitzeinschlag nicht so spektakulär wie Eichen, aber dennoch kann ein Blitz auch in eine Buche einschlagen. Fassen Sie nie am Stamm an, sondern hocken Sie sich in einigen Metern Entfernung vom Stamm mit geschlossenen Füßen auf den Boden.

... einen Stuhl auf einen Tisch stellen und ihn besteigen, um eine Glühlampe in einer Leuchte auszuwechseln; ein Kollege von uns hat es ausprobiert und ist mit einem Knöchelbruch im Krankenhaus gelandet.